通信光电子器件与系统的测量及仿真

赵同刚 任建华 崔岩松 饶 岚 编著

科学出版社

北 京

内 容 简 介

本书介绍光纤通信系统的测量及仿真,主要内容包括常用测量仪表的使用和原理介绍,光纤与光缆的测量,常用通信光电子器件的工作原理和测量,光纤和光电子器件测量基本型实验,光纤通信系统的测量,包括 SDH 系统特性、WDM 特性、接入网等,PSpice、OptiSystem 等仿真软件在光纤通信中的应用,以及光纤通信系统测试和综合设计型实验。通过对本书的学习,读者可以了解如何对光纤通信系统和光电子通信器件进行准确测量,如何合理地确立测量方案,加深对光纤通信系统各个部分的认识。

本书既可作为工科院校通信专业的教材,亦可供工程技术人员和科研人员学习参考。

图书在版编目(CIP)数据

通信光电子器件与系统的测量及仿真/赵同刚等编著. —北京:科学出版社,2009
 ISBN 978-7-03-026097-0

Ⅰ. 通… Ⅱ. 赵… Ⅲ. ①光纤通信-光电器件②光纤通信-通信系统 Ⅳ. TN929.11

中国版本图书馆 CIP 数据核字(2009)第 214989 号

责任编辑:刘红梅 杨 凯 / 责任制作:董立颖 魏 谨
责任印制:赵德静 / 封面设计:李 力
北京东方科龙图文有限公司 制作

http://www.okbook.com.cn

科 学 出 版 社 出版
北京东黄城根北街 16 号
邮政编码:100717

http://www.sciencep.com

北京天时彩色印刷有限公司 印刷
科学出版社发行 各地新华书店经销

*

2010 年 1 月第 一 版　　开本:787×1092　1/16
2010 年 1 月第一次印刷　　印张:23 3/4
印数:1—4 000　　字数:607 000

定 价:45.00 元
(如有印装质量问题,我社负责调换)

前 言

著名科学家门捷列夫曾经说过:没有测量就没有科学。这句话充分概括了测量手段、测试技术在现代科学发展中的重要地位。

光纤通信技术是一门迅猛发展的新兴技术。从 1960 年 7 月世界上第一台红宝石激光器出现、提出利用光导纤维进行激光通信的设想的二三十年里,在全世界范围内开始了利用光纤通信取代电缆通信的进程。光纤通信以其巨大的带宽潜力、超长距离传输等方面的突出优势,逐渐成为全球高速骨干网的主要传输方式。在这个发展过程中,光纤通信测试技术也在不断地完善和进步。光纤通信新技术的迅猛发展,以及高速光电子器件的不断涌现,对光纤通信系统测量技术、光电子检测的精度不断提出新要求、新课题。准确的测试技术为光通信的发展提供了保障和依据。

现阶段,着眼于光通信发展的美好前景,众多高等院校的通信相关专业都开设了光纤通信系统、光电子技术、光纤通信器件、激光原理、光信息处理等相关理论课程。然而,相关的测量和实验课程却相对薄弱。理论课程的设置应该和实验技术相结合,这样将达到更好的教学效果。从这个角度出发,我们结合北京邮电大学已经开展的光纤通信系统和光电子器件测量的实验状况,编写了本书。在这本书里,不仅介绍光纤通信系统和光电子器件测量的基本原理,还列出通信类专业学生必须掌握的相关实验。读者通过对光纤通信系统的测量和光电子通信器件工作特性的测量,可以加深对光纤通信系统各个部分的认识,理解光电子器件的物理特性,熟悉各类光通信测试仪表的使用,巩固和促进自己在这一领域的学习。

本书分别对光纤、光电子器件、光纤通信系统网络特性等光通信中最核心的内容进行重点论述,并通过相应的实践环节提高读者的动手能力,使读者掌握光通信测量的原理、熟悉各种光通信仪表的使用,达到理论和实践相结合的目的。书中的部分实验涵盖了传统光通信测量中的实验内容,如半导体激光器输出静态特性测量、PIN 光电二极管的静态特性和动态特性分析、电光调制实验、光纤熔接技术等;另一部分实验则是笔者结合近几年的科研成果和光通信发展的主流,自主开发的一些设计型、综合型、创新型实验,如 OADM 光交换综合实验、光纤光栅传感实验、全光波长转换实验等。目的在于使读者通过实验提高动手能力、更深刻地把握专业知识,并不断激发读者的创新能力。本书中重点介绍的实验平台基本上都是自行搭建,主要针对高校电子、信息类的本科生和研究生的学科特点设计,有着浓郁的通信特色。

另外,科研和工程人员可以通过本书了解如何对光纤通信系统和光电子通信器件进行准确测量、如何合理地确立测量方案,加深对光纤通信系统各个部分的认识,为工程施工和维护带来方便,这也是我们编写本书的一个重要原因。

因此,本书不仅可以作为一本专业课教材,也可以作为光纤通信系统的设备研发人员、工程技术人员的学习参考书。

本书由赵同刚、任建华、崔岩松、饶岚等共同编写,书中很多相关实验都是笔者多年工作经验的积累。一些光电子器件测量实验紧紧围绕通信技术的发展,具有创新性,可谓本书的特色之一。赵荣华、李蔚、李乐坚、黄惠英、忻向军、杨腾、王葵如等也为本书的编写作了很大贡献,在此向他们表示衷心感谢。

最后需要特别指出的是:光电子测量技术目前仍在不断地完善和发展,加之笔者水平有限,书中难免存在一些缺点和疏漏,殷切希望广大读者批评指正。

作 者

目 录

第1章 概 述
1.1 光纤通信的发展 ··· 1
1.2 光纤通信系统的基本概念 ··· 4
1.3 光网络技术的发展 ·· 11
1.4 光纤通信测量的主要内容 ··· 14
1.5 光纤通信测量的 ITU-T 建议和国标 ··· 15

第2章 常用测量仪表的使用和基本常识
2.1 光功率计 ·· 17
2.2 光 源 ··· 18
2.3 光时域反射仪 ·· 23
2.4 误码分析仪 ··· 27
2.5 SDH 综合测试仪 ··· 28
2.6 光纤熔接机 ··· 31
2.7 光谱分析仪 ··· 36
2.8 示波器和眼图测试 ··· 38
2.9 其他常用的通信测量基本仪器 ·· 42
2.10 常用光电子元器件的识别 ··· 44
2.11 常用电子元器件的识别 ·· 50
2.12 光通信测试仪表的选择和防护 ·· 61

第3章 光纤和光缆的测量
3.1 光纤和光缆基本理论 ··· 67
3.2 光纤的主要性能参量 ··· 71
3.3 光纤参数的测试 ·· 77
3.4 光纤机械特性参数测试 ·· 90
3.5 光缆机械和环境性能测试 ··· 92
3.6 通信系统中的光缆自动监测系统 ··· 93

第4章 通信光电子器件的性能与测量
4.1 半导体激光器特性与测量 ··· 99
4.2 半导体光探测器的静态特性与测量 ·· 108
4.3 光纤放大器 ··· 111

- 4.4 全光波长转换器 …… 118
- 4.5 光纤活动连接器、光耦合器等无源器件的测量 …… 122
- 4.6 光复用/解复用器件 …… 131
- 4.7 光开关特性和测量 …… 135
- 4.8 光调制器 …… 139
- 4.9 光纤光栅 …… 150
- 4.10 光通信器件中光纤光栅的应用实例 …… 156

第 5 章 光纤和光电子器件测量基本型实验
- 5.1 单模光纤截止波长测量 …… 167
- 5.2 光纤衰减常数测量和 OTDR 测光纤链路特性 …… 170
- 5.3 光纤色散测量 …… 172
- 5.4 光纤偏振模色散特性的测量 …… 175
- 5.5 半导体光源静态特性测试实验 …… 179
- 5.6 光电探测器静态特性测试实验 …… 184
- 5.7 半导体光源的动态特性测试 …… 187
- 5.8 PIN 光电二极管和 APD 的动态特性测试 …… 189
- 5.9 掺铒光纤放大器特性 …… 194
- 5.10 光纤喇曼放大器原理演示 …… 198
- 5.11 全光波长转换综合实验 …… 203
- 5.12 光纤活动连接器 …… 209
- 5.13 耦合器、分路器、隔离器、环形器等无源器件特性测试 …… 213
- 5.14 光开关转换时间的测量 …… 217
- 5.15 电光效应与电光调制综合实验 …… 220
- 5.16 声光效应与声光调制综合实验 …… 224
- 5.17 马赫-曾德尔光纤干涉仪综合实验 …… 228
- 5.18 光纤光栅传感特性的测试 …… 232
- 5.19 光纤光栅外腔半导体激光器综合实验 …… 238
- 5.20 光纤激光器综合实验 …… 240

第 6 章 光纤通信系统的测量
- 6.1 点到点光纤通信系统 …… 245
- 6.2 SDH 光传输设备及其测试 …… 250
- 6.3 波分复用光传输技术及其测试 …… 269
- 6.4 宽带光接入网的特性和测量 …… 292

第 7 章 光纤通信系统仿真和仿真软件
- 7.1 光纤通信系统仿真软件的现状 …… 313
- 7.2 OptiSystem 在系统仿真中的应用 …… 314
- 7.3 光电子器件的电路级仿真和 PSpice 应用 …… 319
- 7.4 MATLAB 在光通信中的应用 …… 331

第 8 章　光纤通信系统测试和综合设计型实验

- 8.1　光发端机指标测试实验 ………………………………………………………… 339
- 8.2　光接收单元指标测试实验 ……………………………………………………… 340
- 8.3　光波分复用系统实验及其误码率测量 ………………………………………… 342
- 8.4　OADM 综合实验 ………………………………………………………………… 344
- 8.5　红外光通信收发模块的设计 …………………………………………………… 346
- 8.6　简易光功率计设计实验 ………………………………………………………… 350
- 8.7　CPLD 电路设计实验(综合设计型) …………………………………………… 351
- 8.8　声音和图像的光纤传输系统 …………………………………………………… 363

附录 1　专业词汇及缩略语 …………………………………………………………… 365

附录 2　常用物理和数学符号 ………………………………………………………… 367

参考文献 ………………………………………………………………………………… 369

第 1 章 概 述

1.1 光纤通信的发展

信息技术是当今世界应用范围广、产生效益高、前景广阔的科学技术。在过去的数十年间,以计算机、光纤通信等高科技产业为主体的信息技术得到了空前的发展,这场技术革命对人类社会影响之深刻丝毫不逊色于百年前的工业革命,它大大地改变了人们传统的思维方式、生活模式,冲击着资本市场、人才市场、现存的产业界限和运作模式。随着新世纪的到来,人类在物质、精神文明领域永无止境的追求与这场方兴未艾的变革相得益彰,人类社会真正全方位地进入了一个日新月异的信息时代。

作为信息技术支柱之一,光纤通信技术的地位相当重要,光通信技术的发展经历了三次飞跃:

第一次飞跃以 1962 年第一个半导体激光器诞生为标志。1966 年科研人员首次提出用玻璃制成通信光导纤维作为通信媒质的设想。很快,1970 年康宁公司就制出了 20dB/km 的光纤,光纤通信系统的实际研究基本条件得以具备。

第二次飞跃的起点是 1970 年 LD 的双异质结构的发明,光源与光检测器的寿命达到了 10 万小时的实用化水平。与此同时,1310nm 和 1550nm 新的光纤低损耗窗口被发现,单模光纤问世。光纤的衰减系数一下降到 0.5dB/km。光纤通信迈入实用化阶段。随后,长波长多模激光器和单频半导体激光器的研制成功使通信光纤从多模光纤过渡到低色散的单模光纤,光通信的波长也从短波长过渡到低损耗的长波长,光纤通信系统陆续占领世界的电信市场,成为重要的通信手段。

第三次飞跃在 20 世纪 90 年代初,以掺铒光纤放大器 EDFA 的研制成功为标志。EDFA 的应用不仅解决了光纤传输衰减的补偿问题,而且为一批光网络器件的应用创造了条件。同时,EDFA 具有高增益、宽带宽、偏振无关、噪声小和接入方便等优点。作为一种全光器件,避免了再生中继中的光电-电光转换过程,解决了 $1.55\mu m$ 光传输窗口中近 40nm 带宽内的多波长的同时功率补偿问题。EDFA 与色散/非线性补偿技术相结合,大大提高了通信中继距离。同时,紫外诱导光纤光栅制作技术的突破改变了自 70 年代末光纤光敏性现象发现以来光纤光栅实用化进程停滞不前的局面,光纤光栅很快被应用到各类 WDM 光器件中,作为一种在滤波和色散特性上独具特色的全光纤型器件,不仅为器件设计提供了新颖、简便的构思,而且大大提高了器件性能。光纤光栅使各种全光纤型器件走向实用化,使光通信领域的技术不断创新和飞跃。

在整个光通信领域飞速发展的背景下,光通信测试技术作为基础和保障也不断向高速化、智能化蓬勃发展。

近几年,随着信息技术的进步,各种迅速发展的新型电信业务对通信网的带宽和容量提出了更高的要求。点到点光纤传输系统在提高电信网的容量方面已经取得了很大的成功,光波分复用(WDM:Wavelength Division Multiplexing)传输技术的引入,大大提高了现阶段网络的传输容量,不断满足日益增长的网络需求方面的要求。如今,光通信网的发展一方面要求传输链路具有足够的传输容量及良好的扩容升级性能;另一方面又要求网络节点具有灵活的高速数据处理能力,以实现大批量数据的无阻塞、无延迟的交换与路由。

1. 超高速时分复用系统发展

从过去20多年的电信发展史来看,电时分复用(ETDM:Electric Time-Division Multiplexing)和光时分复用(OTDM:Optical Time-Division Multiplexing)技术的发展都很快。光纤通信商用系统的速率已从45Mbit/s增加到10Gbit/s,其速率在20年时间里增加了200多倍。

OTDM是一种利用时隙传送信息的技术,其结构与ETDM技术类似,所不同的是ETDM的复用和解复用是在电域内进行的,OTDM的复用和解复用是在光域内完成的,从而克服了ETDM存在的"电子瓶颈"问题。"电子瓶颈"来源于数字集成电路的限制、E/O和O/E转换中由于驱动激光器或调制器的高功率和低噪声线性放大器的速度限制,以及激光器和调制器带宽的限制。OTDM技术克服了"电子瓶颈",因此在许多方面具有不可比拟的优势。OTDM光纤通信传输系统,主要由超快超短脉冲光源、数据编码和调制器件、光纤传输媒介、光纤放大器、全光时钟提取和恢复器件、全光复用和解复用技术器件等关键部分组成,其典型的通信系统工作原理如图1.1所示。

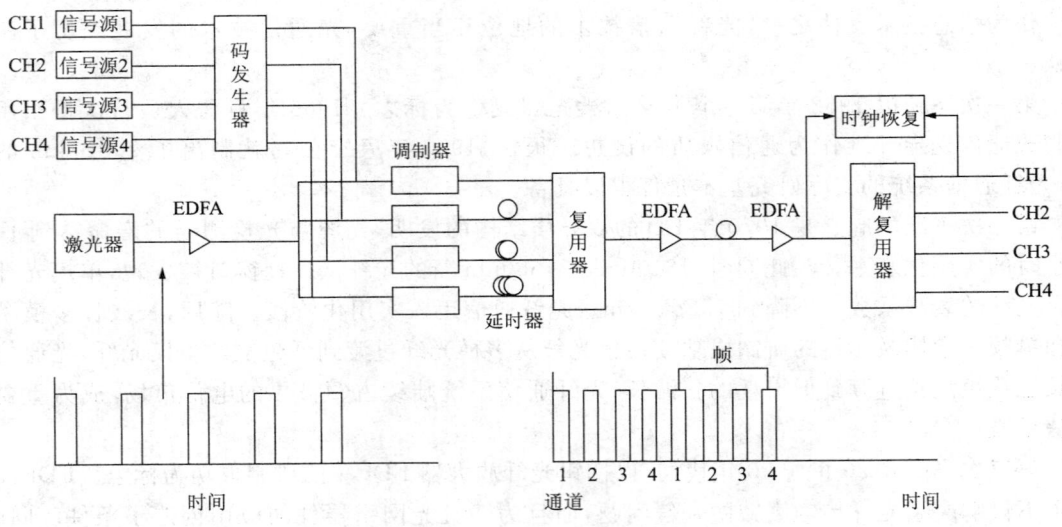

图1.1 高速光时分复用OTDM光纤通信

在OTDM中采用单一光波长传输,它的关键技术包括高重复率超短光脉冲源、超短光脉冲传输技术、时钟提取技术、光时分解复用技术、全光中继再生技术。

2. 光码分多址的发展

光码分多址(OCDMA:Optical Code-Division Multiple Access)技术经过十几年的研究也取得了重大突破。

码分多址是一种扩频通信技术,由于具有保密性好、抗干扰性强等特点,早先主要应用于军事领域,最近十几年更是广泛应用于卫星通信和移动通信,特别是在移动通信中的应用已经逐步商业化。CDMA在光纤通信中应用的研究也在逐步开展。

在OCDMA系统中,系统给每个用户分配一个唯一的地址码字,用户的信号用地址码字序列来填充,这样不同用户信号可调制在同一光载波上在光纤信道中传输,接收时只要用相应的地址码字进行相关接收,即可恢复原用户信息。系统的地址码之间应当是正交的,因此进行相关接收时,其他用户的信号不会构成同信号干扰,而只相当于噪声。

OCDMA 系统工作在低色散窗口,通过直接光编码和光解码,实现光信道的复用和信号交换,能较好地发挥光纤信道频带宽的潜力,它具有地址分配灵活、用户可随机接入、动态分配带宽、网络容易扩展、多址连接和控制灵活方便、网管简单、保密性强等优点,适合于对实时要求高、业务突发性强、速率高的宽带通信。而且 OCDMA 对光源的稳定性、谱线宽度等的要求比波分复用低,用现已成熟的通信系统光源即可;用户所用设备可规格化,便于制造和维护,因此对今后的本地网、用户接入网来说有很好的应用前景。

OCDMA 系统的原理框图如图 1.2 所示。

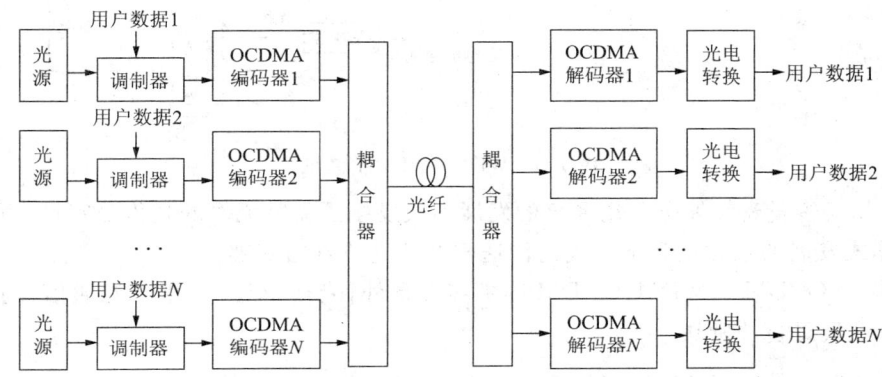

图 1.2 OCDMA 光纤通信系统

用户数据信号首先对光源进行调制,调制后的光信号通过 OCDMA 编码器进行编码,然后经过耦合器耦合进入光纤,经过传输后,在接收端在经过 OCDMA 解码器进行解码,再经过光电转换和必要的电信号处理,就可以得到最初的用户数据信号。

光码分多址中的关键技术主要有地址码的设计、编解码器的实现、光源技术、功率控制技术等。

OCDMA 网络能提供大的光纤网容量、光交叉连接、无源光上下路、光交换和故障恢复能力,无需 OXC 和 OADM,所用系统器件少,从而增加了网络的可靠性,简化了网络管理并降低了成本,同时对传输光纤无特殊要求,对光源无需精确控制波长,同 OTDM 一样,是实现全光网的重要技术,具有广阔的应用前景。

3. 超大容量超长距离波分复用系统的发展

WDM 方式利用了在光纤上可同时传输多个不同波长的光载波的原理,从而大大增加了光纤上传输的信息容量。WDM 方式可利用已敷设的光纤,使单根光纤的传输容量在高速率的基础上成 N 倍地增加。既不需要敷设新的光缆线路,也不必废弃原有光传输设备,还可建立新传输方式的光传输网,能迅速解决通信网络传输能力不足的问题,达到系统扩容的目的。

WDM 实质上是在光纤上进行光频分复用,因为光波通常采用波长而不是用频率来描述、监测与控制。目前广泛应用的光纤低损耗窗口为 1310nm 和 1550nm,1310nm 窗口低损耗区为 1260～1360nm,共 100nm;而 1550nm 窗口低损耗区为 1480～1580nm,共 100nm。两个工作区约 200nm 低损耗区可用,这相当于 30THz 带宽资源。若波长间隔为 5nm,则可复用约 40 个载波。在实际应用中的波分复用传输系统发送端,采用光波合波器将待传输的多个光载波长(信道)复用至一根光纤,而在接收端采用光分波器,将已复用的各波长信道分开或实现光波长(信道)的上下复用。

典型的 WDM 光纤通信系统如图 1.3 所示。

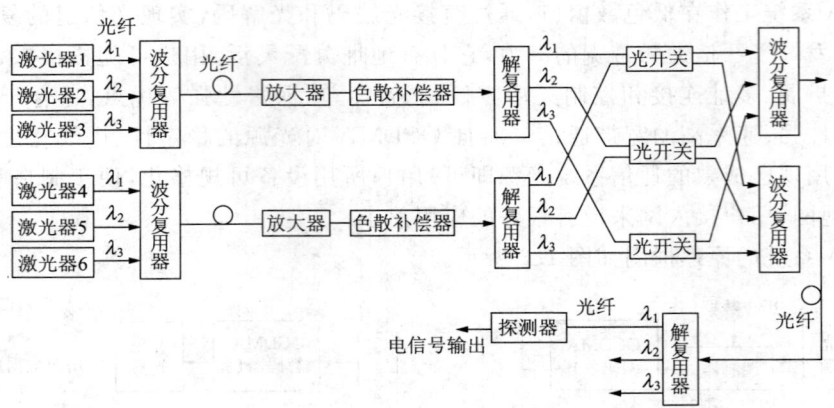

图 1.3 WDM 光纤通信系统

近年来超大容量密集波分复用系统的发展不仅发掘了无穷无尽的光传输容量,而且也成为 IP 业务爆炸式发展的催化剂和下一代光传送网灵活光节点的基础。

另外,除了 OCDMA、WDM、OTDM 等扩容方案外,光孤子通信、相干光通信、副载波复用技术(SCM)发展得也非常快。

1.2 光纤通信系统的基本概念

1.2.1 光波的频谱

光载波与通信用的无线电磁波一样,也是一种电磁波,光波的波长很短。光波是指波长从零点几毫米到大约 $0.1\mu m$ 波长范围内的电磁波。图 1.4 所示为光波在电磁波谱中的位置,可见光的波长为 $0.36\sim0.76\mu m$,包括红、橙、黄、绿、蓝、靛、紫。比红光波长更长的光是不可见的红外光,比紫光波长更短的光称为紫外光,目前光通信的波段在近红外波。

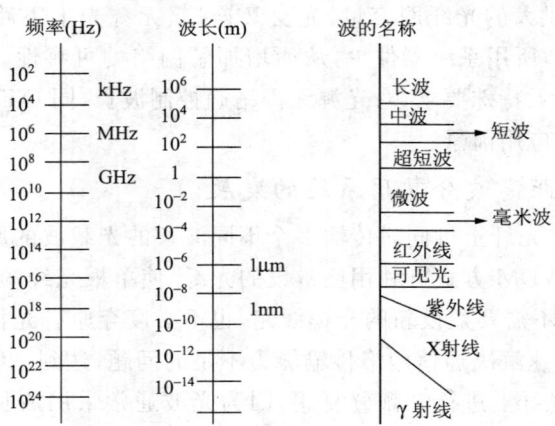

图 1.4 电磁波的波长范围及相应的种类

光通信的理论基础在历史上是按照这样的顺序发展起来的:几何光学→波动光学→电磁光学→量子光学。毫无疑问,这些理论越来越复杂和艰深,它们是越来越精密和复杂的光学试验产物。

光波传播的时候,碰到尺寸远远大于其波长的物体时,光的波动特性就很难被观测到,这时可以用遵守一定几何规律的光线来描述其行为,即几何光学。严格地讲,只有光波长无限短时,光波才变成几何上的直线。所以几何光学适用范围是:光学边界条件远远大于光波长。

波动光学理论是光通信常用的分析手段,电磁波在空间以相互正交的两个矢量波向前传播:一个电场波和一个磁场波。但对于许多光学现象,只用一个单一的标量波函数来描述已经足够。这种对光的近似处理方法,一般被称为标量波动光学,简称波动光学。

光的电磁波理论(电磁光学)包含波动光学,波动光学又包含几何光学。波动光学和几何光学只是两种近似的模型,但它们导出的结果与运用严格的电磁波理论推导出的结果基本一致,这就是这两种模型的成功之处。

运用光的电磁波理论可以解决几乎所有经典光学问题,但也存在一些经典理论所不能解释的现象。这些现象本质上属于量子机制,可以用量子电磁理论即量子电动力学来阐明,该理论也称为量子光学。

1.2.2　DWDM 光纤通信系统

1. 点到点光纤通信系统

一个简单的点到点光纤通信系统如图 1.5 所示,电端机(交换机)将来自信号源的信号进行模-数转换、多路复用等处理。在光端机中,电信号变成光信号,输入光纤,经光收端机通过光检测器还原成电信号,再经过放大、整形、恢复后输入电端机(交换机或远端模块),完成通信。光端机间的传输距离在长波长达到 100km,超过距离则用中继器将光纤衰减和畸变后的弱光信号再生成,继续向前传输。

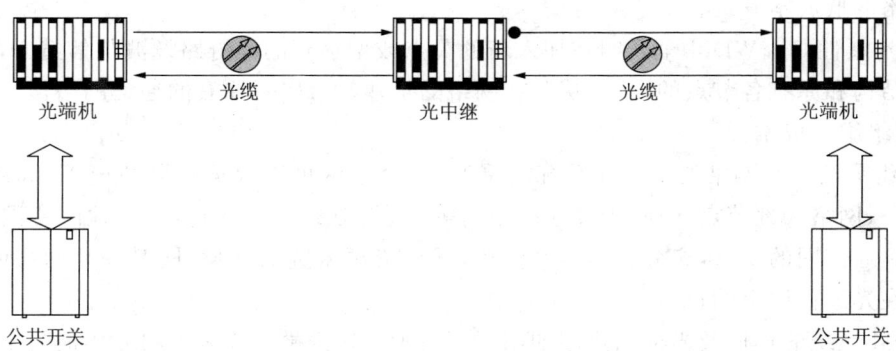

图 1.5　点到点光纤通信系统

光纤通信可采用模拟和数字调制,电信号到光信号的转变通常有两种光调制方法:其一是直接调制,电信号直接对激光器调制,激光器输出随电信号变化的光信号;其二为外调制,电信号没有直接加载在激光器上,如电光调制,而是加载在电光晶体调制器上,激光器输出稳定功率后通过该外调制器,得到随电信号变化的光信号。光源外部调制的调制速率高,调制速率可达 $10\sim20\text{Gbit/s}$。

2. DWDM 技术

传统的光纤通信系统都是在一根光纤中传输一路光信号,没有充分利用光纤的巨大带宽资源。为充分发挥光纤的超大容量的通信传输能力,多采用光波分复用的 WDM 技术,通常把光通道间隔较大(甚至在光纤不同窗口上)的复用称为粗波分复用(CWDM),把在同一窗口中通道间隔较小的 WDM 称为密集波分复用（DWDM：Dense Wavelength Division Multiplexing）。DWDM 复用技术可在光纤中开发出 100～200 个光频道，每个频道可容纳 10～20Gbit/s 的信息容量，这样将使单根光纤的传输容量迅速增加，是一种很好的扩容方案。

在未来全光网络中，各种电信业务的上下、交叉连接等将在光层上通过对光信号波长的改变和调整来实现。DWDM 利用单模光纤低损耗区的巨大带宽，由于几十个甚至上百个波长可以在一根光纤里同时传输，基于波长的光交换才成为可能，由于波分复用技术，不同体制的信号如语音、数据、视频才有可能在一起传输。DWDM 技术已经成为实现全光网的核心技术。

与通用的单通道系统相比，DWDM 技术不仅极大地提高了网络系统的通信容量，而且具有扩容简单和性能可靠等诸多优点，特别是它可以直接接入多种业务的特点更使得其应用前景一片光明。DWDM 技术的发展与成熟是推动全光通信网络发展的最重要因素。DWDM 全光网的优点包括：

① 简单可靠。全光网结构简单，端到端采用透明光通路连接，沿途没有光电转换与存储，网中许多光器件都是无源的，便于维护，可靠性高。

② 传输透明。全光网以波长来选择路由，具有对传输码率、数据格式及调制方式透明的优点。一旦两个用户在某个波长上建立了连接，则任意格式和速率的信号都可以在这个连接上传送，与信号的内容没有关系。这样，整个网络中间如同有一个透明的媒质层，网络可以提供多种协议业务，能不受限制地提供端到端业务。

③ 与现有通信网络兼容。全光网是基于 WDM 传输以及波长路由方式的新的光网络层，具有独立的控制管理体系，比较容易地与现有的通信网络兼容，并且支持未来的综合业务数字网以及网络的低成本升级。

④ 可扩展性好。WDM 全光网在加入新的节点或增加新的光链路及波长信道时，不影响原有的网络结构和原有各节点的设备，从而在网络的扩建时可以对原有的通信网络作尽量少的改动，降低网络维护成本。

⑤ 重组灵活。在网络控制管理系统的调度下，全光网可以根据不同情况下（如统计规律、突发性业务、网络局部节点坏损、光纤连接中断等）通信业务量的变化，动态地改变网络的结构以满足实际通信网的要求，充分利用网络资源，减少资源闲置的现象，同时提高网络的可靠性，实现网络在光通信层上的自愈。

DWDM 系统的构成及光谱示意图如图 1.6 所示。发送端的光发射机发出波长不同而精度和稳定度满足一定要求的多路光信号，经过光波分复用器复用在一起送入掺铒光纤功率放大器（掺铒光纤功率放大器主要用来补偿波分复用器引起的功率损失，提高光信号的发送功率），再将放大后的多路光信号送入光纤传输，中间可以根据实际情况选用光线路放大器，到达接收端经前置放大器（主要用于提高接收灵敏度）放大以后，送入光波分解复用器分解出原来的各路光信号。

按一根光纤中传输的光通道是单向的还是双向的，DWDM 系统可以分成单纤单向和单纤双向两种。

这几年，随着各国相继制定的信息高速公路计划，DWDM 全光网在此机遇下得到了长足的发展。包括多波长激光器阵列、光波长转换器、光滤波器以及光分插复用器、光互联单元等 WDM 器件在内的各种新型光电子器件不断出现，交换和路由得以在光域上实现，DWDM 全光网已经成为国家通信骨干网，它承担着大量语音、数据、多媒体业务。

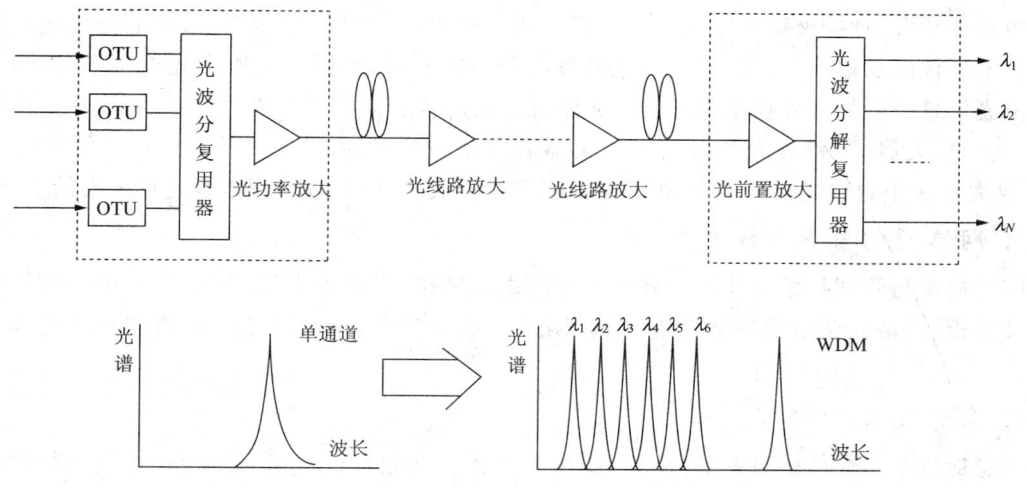

图 1.6 DWDM 系统的构成及频谱示意图

另外,由于多媒体宽带通信的需求,特别是近几年来,IP 业务呈爆炸性增长,通信具有突发性和不对称性,业务量难于预测。这些特点导致了基于电路交换的传统光网络在传输 IP 业务时的效率较低。为了要求光网络向着灵活、高效、智能化方向演变,波分复用系统的波长通道的波段正由常用的 C 波段扩展到 L 波段,同时单波长通道的传输速率也进一步提高,通过光分插复用(OADM:Optical Add and Drop Multiplexer)技术和光交叉互联(OXC:Optical Cross-Connect)技术,在同步数字体系(SDH:Synchronous Digital Hierarchy)传输网络上逐步实现光波长通道的互联。

1.2.3 全光网的关键技术

全光网的迅速发展离不开该系统中一些关键技术的相继突破,从整体上看,当代光纤通信技术的发展方向是超大容量、全光网络、低成本和集成化。这些巨大发展得益于材料和器件的发展。例如,掺铒光纤放大器(EDFA:Erbium-doped Optical Fiber Amplifier)技术的广泛应用,集成声光器件、聚合物波导光开关、波长转换滤波器、AWG(阵列波导光栅,Arrayed Waveguide Grating)、光路由器和可变光衰减器等新器件的应用使整个系统的性能获得极大改善。全光网络是当今光通信的最高形式,它的普及关键在一些新技术的进步和成熟。这主要包括以下几方面。

1. 光交换节点技术

在全光网中,主要有光上下路 OADM 和光交叉互连 OXC 两种全光交换节点。OADM 负责将本地需要的光波长信号从 WDM 信号中分离出来,同时将本地上路的光波长复用到 WDM 信号中,让与本节点无关的其他各个波长的光信号顺利通过。OXC 属于大型的交换节点,负责网络和网络之间的波长信道交换。这些 WDM 器件中有的由于工作原理复杂、功能强大,有的因为提高性能的需要,其配置往往是基于多种光器件的结构,如 OXC 节点本身就由波分复用/解复用器对、光开关阵列、波长转换器和可调谐滤波器等组成。这些光器件的发展对全光网未来实用化进程十分重要。

2. 全光中继技术

色散和损耗是限制光通信中继距离的两个主要因素。损耗导致光信号的幅度随传输距离按指数规律衰减,通过全光放大器可以提高光信号功率。色散将会导致光脉冲发生展宽,随着传输距离的增大,脉冲展宽带来的码间干扰问题会使系统的误码率增大,影响通信质量。全光中继技术不仅能从根本上消除损耗和色散等不利因素的影响,而且克服了光电中继器的缺点,成为全光信息处理的基础技术之一。全光中继用到的核心器件是全光放大器,可以作为前置放大器、功率放大器、线路放大器等。光放大器有光纤放大器、掺铒光纤放大器、光纤喇曼(Raman)放大器和半导体光放大器几种。其中 EDFA 很成熟,已经成为现阶段光放大器的主流。

3. 网络控制与管理技术

网络控制与管理技术主要是用来实现对网络的操作、维护和管理,完成网络配置管理、故障定位及分析、网络的路由控制和动态重构、网络流量统计和分析、网络性能监测和分析等多项功能。

4. 自愈技术

自愈应该包括性能的自愈和故障自愈两个方面。性能自愈是指对一定程度上网络性能的下降实现自愈,例如线路中某个 EDFA 功率的下降或升高,应该由其后面的 EDFA 自动补偿,从而实现总体功率水平的稳定。故障自愈是指当网络出现故障,如光缆断裂时,网络应该自动启动备用资源,避开故障点,保证网络通信的正常进行,待故障解决后再自动恢复。

5. 光源技术

全光网波分复用技术所采用的光源,其发光波长必须精确稳定,而且便于集成。所以光源技术是一项非常重要的核心技术。一个稳定工作的光源还包括波长监测和稳频技术,可靠性不仅要高,而且成本要低。DWDM 还要求光源高速、大容量、低啁啾、增大传输距离、工作波长可调并且高度稳定。激光器与调制器的集成成为趋势。目前已有分布反馈(DFB: Distributed Feedback)半导体激光器与电吸收调制器的单片集成、DFB 半导体激光器与 Z 型调制器的单片集成、分布布拉格反射(DBR: Distributed Bragg Reflector)激光器与调制器的单片集成和半导体与光纤光栅构成的混合集成激光器产品。它们的调谐范围可大于 40nm,它们在未来光网络中的应用主要表现在动态波长分配,通过可调激光以及可调滤波器等器件,实现基于波长的通道分配。

6. 实现全光网的其他关键器件

事实上,在当今光通信领域,最为活跃的研究主要面对各类光子器件和高速光电子器件,每一次在光器件上的技术突破都极大地推动了光通信整个系统、网络的进步。另外,全光器件不仅作为光纤通信设备的重要组成部分,也是传感技术和其他应用领域不可缺少的器件,例如光纤传感技术。传感和信号处理的基础是光纤本身以及由其制造成的各种全光纤器件,包括光纤熔锥耦合器、光纤延迟线、光纤马赫-曾德尔(M-Z: Mach-Zehnder)光纤干涉仪、迈克尔逊(Michelson)干涉仪、光纤法布里-珀罗(F-P: Fabry-Perot)干涉腔、萨格奈克干涉仪和光纤陀螺仪等。

新型器件可使整个系统的性能大大改善,有时会推翻整个旧系统。目前,许多公司或科研单位都投入较大的力量开发新型的光器件,其中包括集成开关矩阵、滤波器、波长转换器、新型光纤、OADM 和 OXC 等关键器件,重点要解决高速光传输、复用器、高性能的探测器和可调激光器阵列以及集成阵列波导器件等关键器件,这些光器件与光纤一起构成了全光网络的物质基础。

(1) 光开关

光开关在光网络中是非常关键的器件,其主要集成在光网络设备中,用途很广泛。最根本的应用就是实现光网络的自动保护倒换。另外,还可以实现全光层次的路由选择、波长选择、光交叉连接、自愈保护等功能。用光开关实现的光分插复用器 OADM 可以通过软件控制动态上下任意波长,极大地增加了网络配置的灵活性。光开关切换时间是衡量其性能的主要因素,例如,核心光网络的交叉连接、实现故障保护和动态光路径管理等应用要求光开关阵列响应速度快,信道切换通常要求达到毫秒量级,实现信元/包交换至少要达到微秒(μs)量级,而计算机网络的准实时交换要求达到纳秒(ns)量级。同时还要求光开关单片集成度大,因为网络信息资源的利用率取决于 OXC 的集成规模和运行的灵活程度。

光开关是目前相当热门的研究领域。在实现光开关的众多技术之中,微机电系统(MEMS:Micro-Electromechanical System)技术由于可在极小的晶片上排列大规模机械矩阵,解决了 OXC 发展中容量限制瓶颈的一大问题,同时在技术不断改进之后,MEMS 开关的回应速度和可靠性也将大大提升。因此,从目前的情况来看,利用 MEMS 设计的 OXC 极有可能成为今后 OXC 和光交换的主要发展方向。例如,采用 MEMS 技术的微镜阵列光开关技术,每个微镜的直径约 300μm,用静电就能使其弹起偏转,将入射光反射到任意方向的输出光纤中完成光交叉连接,具有成本低、体积小和容量大等优点。MEMS 还可以制作光衰减器、光功率稳定器、光功率均衡器和光波段开头等。

(2) 可调式滤波器

发展全光网络的一个先决条件是必须做到光层面的网络监控与管理。就目前的技术而言,若要对光信号进行监控,必须先将光信号取样后,经过光电转换,才能进行下一步的信号监控或路由控制。然而,这种方式不但所需的设备昂贵,而且线路复杂、管理不易,随着网络业务的快速增加,显然没有经济效益。利用可调式滤波器为基础的光纤监控和管理则不需针对每一个波长分别设置光电转换及监测设备,只需要透过可调式滤波器,将要处理的波长筛选出来即可,因此可大大简化光纤监管系统的架构。

目前,声光可调滤波器 AOTF(Acousto-Optic Tunable Filter)技术逐渐成熟,其原理是将声波信号加于光的传播介质,使光在特定的正交方向产生衍射现象,此时使用偏振器即可从入射光束(主信号)中分离出一个或多个波长的光信号。除 AOTF 之外,其他的技术还包含微机械式、阵列波导式(Array Wave-guide Grating)及布拉格光纤光栅式(FBG:Fiber Bragg Grating)等。

(3) 光纤熔锥器件

熔锥型光纤器件是全光器件中最具代表性的,也是构成其他器件的一种基础器件,在光纤通信中得到广泛应用,它具有以下特点:

① 极低的附加损耗。目前,利用熔锥法制作的标准 X(或 Y)型耦合器的附加损耗已低于 0.05dB,这是其他方法所难以达到的。

② 方向性好。这类器件的方向性指标一般都超过 60dB,保证了传输信号的定向性,并极大地减少了线路之间的串扰。

③ 良好的环境稳定性。在经过适当保护后,环境条件的影响可以限制到很小的程度。

④ 控制方法简单、灵活。可以方便地改变器件的性能参数。

⑤ 制作成本低廉、适于批量生产。

(4) 波长转换器

通过波长转换器(WC:Wavelength Converter),光网中的光通道在不同链路上可由不同波长建立起来,有效解决了全光网特别是多用户环形网、星形网中的波长路由竞争问题,降低了信道阻塞率,实现了波长再利用,在充分挖掘 WDM 带宽资源的同时提高了网络的灵活性和可扩充性。这类器件的构成,有基于半导体光放大器(SOA:Semiconductor Optical Amplifier)中的交叉增益调制效应(XGM:Cross Gain Modulation);有基于 SOA 中的交叉相位调制(XPM:Cross Phase Modulation);有基于半导体光放大器或无源波导的四波混频(FWM:Four Wave Mixing)。由于混波是一种非线性相干效应,这类 WC 具有偏振敏感等本质弱点,但提供了严格的格式透明度,且比特率不受限。

全光波长转换器不需要经过光—电—光过程,它在光开关、光交换、波长路由和波长再用等技术中广泛应用。全光网对波长转换器的主要要求是:数据传输速率、信噪比、消光比、灵敏度、偏振不敏感性、转换稳定性、转换效率、带宽等。目前在全光波长转换的多种技术中,在半导体放大器中基于交叉相位调制原理集成的 Mach-Zehnder 干涉仪,以及基于半导体放大器四波混频的研究是热点,它们的波长转换范围大,信号比特率高,但需要攻克转换效率低等致命弱点。

(5) OXC 和 OADM

OXC 和 OADM 是实现光联网和构成 WDM 节点的关键技术。OADM 通常由复用器、解复用器和光开关阵列组成,直接在光路上对不同波长的信号实现上下和交叉连接功能。OADM 从传输链路中下路通往本地的光信号,同时上路本地用户发送的光信号,其功能类似于 SDH 电分插复用器,但是作用在光域内。分插控制滤波单元可以基于阵列波导光栅、光纤光栅、F-P 腔滤波器、Mach-Zehnder 干涉仪、声光可调谐滤波器、光开关阵列等,因此 OADM 的结构有多种配置形式。OADM 的核心技术集中在:波长转换器件实现可重构的网络节点;阵列波导光栅 AWG;提高 AWG 与石英光纤的耦合效率使插入损耗降低;厚层波导的制备技术。

OXC 允许在波长域内进行网络重配置以优化网络流量、控制网络拥塞、提高网络扩充力和生存性,是多波长光网中最重要的技术之一。从交叉连接的作用域来讲,可分为两类:①基于波长路由(空间域)的 OXC,空间交换由光开关实现;②基于波长转换(波长域)的 OXC,波长交换功能由波长转换器完成。各类光滤波器、波分复用/解复用器、耦合器等光器件作为波长选择、合路、分路单元也广泛用于 OXC 中。

(6) 全波光纤技术

随着对通信业务的巨大需求,需要有数以百计信道的波分复用系统,原来普通单模光纤 SF(ITT-U G.652)在 1310nm 和 1550nm 之间的波段由于"水峰"存在,不适合承载如此宽带的 DWDM。而全波(All-wave)光纤消除了"水峰",在 1350~1450nm 窗口的损耗小于 0.3dB,波长范围增加。

另外,非零色散位移光纤 NZ-DSF(G.655)通过设计光纤折射率剖面,把零色散点移到 1550nm 窗口,与光纤的低损耗窗口重合,可以使 10Gbit/s 的电路时分复用方式的光单波长传输达到 300km 以上,并且使该波长区的四波混频得到最大抑制,特别有利于 DWDM 系统。建议新敷设的干线光纤要尽量选用新型的光纤品种,以适应今后大容量的 DWDM 的应用与发展。全波光纤因为其承载的波长数量更多,将主要用于城域网和接入网。

(7) Raman 放大器和 EDFA

Raman(喇曼)放大器用强泵浦光束通过光纤传输产生的受激 Raman 散射效应将信号光放大。Raman 放大器的最大优势是巨大的带宽。

掺铒类型光纤放大器 EDFA 具有频带宽、增益高、噪声低和泵浦效率高等许多优点而获得广泛应用。常规 EDFA 的带宽为 30nm 左右,对 EDFA 的研究主要热点是:进一步提高 EDFA 的带宽,寻求新基质材料和新掺杂材料,能够在 1300~1600nm 波长范围获得 300nm 超宽带,实现 5Tbit/s 的 WD 干线网络目标。

1.3 光网络技术的发展

除了光传输链路的发展,光传送节点的发展也呈现了新的发展趋势,即融合多业务节点。已有人将传送节点与各种业务节点融合在一起,构成具有更大融合程度、业务层和传送层一体化的下一代网络节点。光网络的发展,可以将 ATM 交换机、IP 边缘路由器、数字环路载波系统、分插复用器(ADM)、数字交叉连接器(DXC)节点、波分复用设备乃至最终将光分插复用器/光交叉连接器(OADM/OXC)光传送节点结合在一个物理实体中,统一控制和管理,减少了大量独立的业务节点和传送节点设备,大大简化了节点结构,减少了设备安装开通时间和业务提供时间,降低了节点设备网络的成本,节省了大量机房空间和连接电缆以及设备功耗。

1. 城域网 WDM 技术的发展

WDM 技术正从长途传输领域向城域网领域扩展,其主要特点和要求可以归纳如下:

① 低成本是城域网 WDM 系统最重要的特点,特别是按每波长计其成本必须明显低于长途网用的 WDM 系统。幸运的是由于城域网范围传输距离通常不超过 100km,因而长途网必须用的外调制器和光放大器可以不必使用。

② 没有光放大器,也就不需任何形式的通路均衡,从而减少了分波器和合波器的复杂性,也不会遭受与光放大器有关的非线性损伤。

③ 由于没有光放大器,波长数的增加和扩展也不再受光放大器频带的限制,可以容许使用波长间隔较宽、波长精度和稳定度要求较低的光源、合波器、分波器和其他元件,降低了整个系统的成本。

④ 应用城域网 WDM 系统容许网络运营者提供透明的以波长为基础的业务。这样用户可以灵活地传送任何格式的信号而不必受限于 SDH 的结构和格式。特别是对于应用在城域网边缘的系统,直接与用户接口,需要能灵活快速地支持各种速率和信号格式的业务,因而要求其光接口可以自动接收和适应 10Mbit/s~2.5Gbit/s 范围的所有信号,包括 SDH、ATM、IP、ESCON、FDDI、千兆比以太网和光纤通路等。而对于应用在城域网核心的系统,则将来有可能还会要求支持 10Gbit/s 的 SDH 信号和 10Gbit/s 的以太网信号。

2. 全光接入网的发展

光接入网(OAN)就是采用光纤作为主要的传输媒体取代传统的铜双绞线的接入网,泛指本地交换机或远端交换模块与用户之间采用光纤通信或部分采用光纤通信的光传输系统。

OAN 是针对接入网环境所设计的特殊的光传输系统。根据光接入网室外传输设施中是否含有有源设备,OAN 可以划分为 PON 无源光网络和 AON 有源光网络。

PON 的"无源"特点使其成为光接入网的首选方案。PON 的优势主要体现在以下几个方面:①由于不含有源器件,体积小,设备简单,安装维护费用低,网络投资小。②PON 组网方式灵活,拓扑结构可支持树形、星形、总线型以及混合型、冗余型等网络拓扑结构。③安装方便。室外设备可直接挂在墙上或置于"H"形杆上,无需租用或建造机房。相比之下,有源系统需进行光电-电光转换,设备制造费用高,要使用专门的场地和机房,远端供电问题也不好解决,日常维护工作量大。④PON 适用于点对多点通信,仅采用简单的无源光分路器就可实现。⑤PON 是纯介质网,彻底避免了电磁干扰和雷电影响,非常适合在自然条件恶劣的野外地区使用。⑥从技术发展角度看,PON 对各种业务透明,扩容升级较为容易。

在接入领域,采用 PON 无源光网可以说是一种理想接入手段,也是电信运营商长期以来追求的目标。当前,国际上已经提出来的主流 PON 技术标准有三种,即 ITU 制定的 BPON 和

GPON 标准，以及美国电气与电子工程师学会(IEEE)制定的 EPON 标准。这三种 PON 技术标准都是采用 TDM/TDMA 复用/多址方式。

3. 光传送联网的发展

普通的点到点波分复用通信系统尽管有着巨大的传输容量，但只提供了原始的传输带宽，需要有灵活的节点才能实现高效的灵活组网能力。然而现有的电 DXC 系统十分复杂，其系统开发和改进的速度要慢于网络传输链路容量的增长速度。于是，业界的注意力开始转向光节点，即光分插复用器和光交叉连接器，靠光层面上的波长连接来解决节点的容量扩展问题，即能直接在光路上对不同波长的信号实现上下和交叉连接功能。

光传送联网已经成为继 SDH 电联网之后的又一次新的光通信发展高潮。其初步标准化工作已基本完成，市场正开始启动。建设一个尽可能透明、高度灵活、超大容量的国家骨干光网络不仅可以为未来的国家信息基础设施奠定坚实的物理基础，而且对我国的信息产业和国民经济的腾飞以及国家的安全有极其重要的战略意义。

4. IP 光传送技术的发展

IP(Internet Protocol)是 20 世纪 70 年代作为网间互联协议提出的，IP 网传统上是由路由器和专线组成的。用专线将地域上分离的路由器连接起来，不同的网络和主机分配不同的 IP 地址，构成 IP 网。数据包分组后，每组都作为独立的数据包传送，一直等到达目的网点的主机后，才对它们重组。因此，IP 网存在着逐条寻址与转发等问题，它是无连接的、有时延的、尽力传送的网络。

然而，经过 20 年的发展，特别是近几年，IP 网由于技术新、容量大、成本低、效率高已逐步成为世界上覆盖面最广、规模最大、信息资源最丰富的网络。由于光纤的高品质、大带宽及低成本，物理层已经成为首选的物理介质。目前较为流行的 IP 传送技术有三种，即 IP over ATM、IP over SDH 和 IP over WDM。

(1) IP over ATM

IP over ATM 的基本原理是将 IP 数据包在 ATM 层全部封装为 ATM 信元，以 ATM 信元形式在信道中传输。当网络中的交换机接收到第一个 IP 数据包时，它首先根据 IP 数据包的 IP 地址通过某种机制进行路由地址处理，按路由转发。随后按已计算的路由在 ATM 网上建立虚电路。以后的 IP 数据包将在此虚电路上以直通方式传输，而不再经过路由器，从而有效解决 IP 的路由器的瓶颈问题，并将 IP 数据包的转发速度提高到第二层交换的速度。

IP 与 ATM 的结合是面向连接的 ATM 与无连接的 IP 的统一，也是选路和交换的优化组合。它综合利用 ATM 的速度快、容量大、多业务支持能力的优点以及 IP 的简单、灵活、易扩容和统一性的特点，达到优势互补的目的。但其网络体系结构复杂且重复，传输效率低，ATM 和 TCP/IP 都具有寻址、选路和流量控制功能，开销损失达 25% 以上，因而主要用于网络边缘多业务的收集和一般 IP 骨干网，不太适合超大型 IP 骨干网应用。

(2) IP over SDH

SDH 信号是一种以字节结构为基础的矩形块状帧结构，有 9 行和 270×N 列 8 字节组成。整个帧结构主要分为三个部分：段开销、管理单元指针和信息净负荷。其中信息净负荷区可以封装各种信息，而不管其具体信息结构，所以称信息净负荷区具有透明性。因此，在 SDH 高速传输网上可以直接实现 IP over SDH 技术，也可间接承载 ATM 业务。

IP over SDH 技术使用 PPP(Point to Point Protocol)协议对 IP 数据包进行封装，并采用 HDLC 的帧格式，即 IP/PPP/HDLC/SDH。HDLC 的主要功能是区分通过同步传输网络传输的,使用 PPP 封装的 IP 数据包。具体做法是先把 IP 数据包封装进 PPP 分组,然后利用高层数据链路控制(HDLC)组帧,再将字节同步映射进虚容器(VC)包封中,再加上相应的 SDH 开销置入 STM-N 帧中。

IP over SDH 技术的实现需要高速路由器和 PPP 协议,采用传统路由器的逐包转发方式,其基本思路是将路由计算与包的转发分开,采用缓冲(Cache)技术、硬件芯片快速处理技术(即 ASIC 技术)以及 ATM 信元交换矩阵作为路由器内部体系构架的交换路由技术,将路由器的逐包转发速度控制到与第二层交换的速度相当。它无需利用广域网上的 ATM 交换机来建立虚电路 VC。

IP 数据包通过 PPP 协议直接映射到 SDH 帧结构上,省去了中间的 ATM 层,在本质上保留了因特网作为 IP 网的无连接特性,形成统一的平面网,简化了 IP 网络体系结构,提高了数据传输效率,降低了成本;将 IP 网络技术建立在 SDH 传输平台上,可以很容易地跨越地区和国界,兼容各种不同的技术和标准,实现网络互联;可以利用 SDH 技术的各种优点,如自动保护切换(APS),保证网络的可靠性;有利于实施 IP 多播技术;适用于大型 IP 骨干网。

(3) IP over WDM

波分复用技术的使用将导致最终省掉中间的 ATM 层和 SDH 层,IP 直接在光路上传输,即实现所谓 IP over WDM/Optical。这是一种最简单直接的体系结构(图 1.7),省掉了中间的 ATM 层和 SDH 层,简化了层次,减少了网络设备;减少了功能重叠,简化了设备,减轻了网管

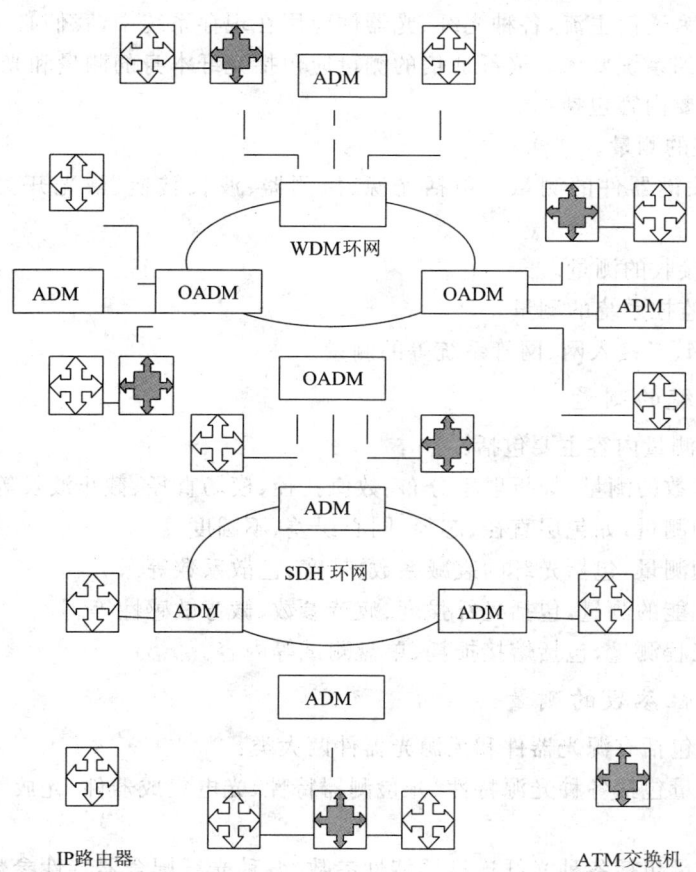

图 1.7　IP over WDM 光互联网体系结构

复杂性；减轻了网络复杂性，特别是网络配置的复杂性；使额外的开销最低，传输效率最高；通过业务量工程设计，可与 IP 的不对称业务量相匹配；下一步可以采用不同波长来承载不同的协议与业务，从而代替了 ATM 业务汇集平台。

IP over WDM 应该说是宽带 IP 网络的较好解决方案。全光网在网络节点处采用波长可选的光元件将不同波长的光信号分离，从而进行光的复用与解复用，并可进行光选路和光交换。IP 技术和 WDM 技术结合，IP 数据流直接进入光通道，可充分综合 WDM 技术大容量和 IP 技术统计复用的优势，真正达到 IP 优化的目的。

目前，国际上普遍采用的在 WDM 网中的 IP 接入技术仍是先将 IP 包封装在固定长度的 TM 信元或 SDH 帧中，然后在 WDM 线路上传输。虽然这种方式没有体现光网络所具有的优势，而且有各种缺点，但从目前提出的各种光包（光分组）交换的设想和方案来看，仍是一种简单的、小容量的光包交换形式。

建立基于 IP 和 WDM 技术的全球网络，使之具有健全的互联互通体制，这一点将是最关键的。虽然目前无论是接入标准还是适配标准都未成熟，一些技术细节尚未明确规定，但从数据通信业务的发展来看，以 IP over WDM 技术为核心的第三代 Internet 光互联网有可能成为技术主流。

1.4 光纤通信测量的主要内容

光通信已经成为通信主流，各种光纤、光器件应用在现存系统中，我们必须对其进行测量以确定其是否能够达到系统要求。光纤通信的测量应包括光纤本身的测量和光端机、各种光器件的测量。测量的主要内容包括：

① 光纤和光缆的测量。
② 光通信中关键器件的测量。包括光源、探测器、波长转换器、光开关、光放大器、耦合器等。
③ 光发射、光接收的测量。
④ 自动测试、监控系统的测量。
⑤ SDH、WDM、光接入网、网管系统等的测量。

1. 光纤和光缆的测量

光纤和光缆的测量内容主要包括：
① 光纤特性参数的测量，如折射率分布、数值孔径、模场直径、截止波长等。
② 几何尺寸的测量，如包层直径、芯径、同心误差、不圆度等。
③ 传输特性的测量，包括光纤的衰减系数、带宽、色散系数等。
④ 光纤机械性能的测量，包括光纤强度、疲劳参数、微弯敏感性等。
⑤ 光缆线路工程测量，包括熔接损耗、单盘测试等内容。

2. 光器件特性参数的测量

光器件的测量包括有源光器件和无源光器件两大类：

有源器件的测量包括各种光源特性、光检测器特性、光电集成器件、光放大器特性和全光波长转换器的测量。

无源器件的测量包括各种光纤连接器特性参数、各种光纤耦合器特性参数、光衰减器、光隔离器、光环形器、光波分复用器特性、光开关特性参数、光调制器-电光效应、声光效应、M-Z 调制器的测量及光纤光栅特性的测量。

3. 光端机的测量

光纤通信系统的测量主要指对端机的测试，包括：

① 光发射机的主要技术指标。包括光发射机平均发送光功率、光源消光比、光谱特性和电端机眼图的测量。

② 光接收机的主要技术指标。包括光接收机灵敏度和光接收动态范围的测量。

③ 电接口的主要技术指标。包括输入口抖动容限、抖动转移特性、接口反射损耗、无输入抖动输出抖动、输出口信号波形和输入口抗干扰能力的测量。

④ 点到点光纤通信系统的测量。包括误码性能、抖动特性和可靠性的测量。

4. 光网络的测试

现在的光网络向智能化、大容量、高性能不断演变，现阶段光网络的测量可以归结为WDM系统测量、光传送网SDH性能的测试、光接入网性能测试及自动交换光网络性能测试等。

① WDM系统测量。WDM本质上是光域的频分复用，需要测试的主要指标有：波长中心频率和波长间隔的测量；光信噪比的测量；光路中各点的光功率的测量，包括合路和分路点；光监控通道误码和抖动特性的测量。

② 光传送网SDH性能的测试。包括SDH信号误码率和SDH信号抖动特性的测量。

③ 光接入网性能测试。包括光接口指标测试；PON的基本功能测试，包括PON测距和PON加密；网络特性功能测试，包括多点控制协议、动态带宽分配、TDM业务支持能力等。

④ 自动交换光网络性能测试。包括控制面功能和性能及管理面功能的测试。

1.5 光纤通信测量的ITU-T建议和国标

在光纤通信测量中，需要测量的参数很多。在光纤通信发展的前期，测量标准和测量方法没有统一。为了推进光纤通信技术的发展，也为了世界范围内的标准化问题，国际电报电话咨询委员会(CCITT，后更名为国际电信联盟电信标准化部门ITU-T)相继制定了一系列关于光纤通信结构、系统组成、各组成参数测量方法的建议作为国际标准。例如，在光纤光缆方面有G.650-655建议，在光器件方面有G.957、G.917-918等建议，光端机方面有G.711、G.712、G.921等建议。

我国的标准以GB表示，称为国标。信息产业部颁布通信行业标准(编号为YD/T)，国标的制定是参照ITU-T等国际标准和我国实际情况制定。例如，关于光纤几何尺寸参数测量方法在GB 8402-87中说明。

特别应指出的是：光纤通信还在不断地发展，ITU-T的建议和国标也在不断地修改和完善。我们在实际的工程测量中，应根据工程条件和要求选择成熟的建议和标准。这些相关的建议和标准是工程测量中的主要依据。表1.1给出了工程中光纤通信测量常用的一些国家标准。

表1.1 光纤通信测量的相关标准

标准编号	标准名称
YD/T 1339-2005	城市光传送网波分复用(WDM)环网测试方法
YD/T 1345-2005	基于SDH的多业务传送节点(MSTP)技术要求——内嵌弹性分组环(RPR)功能部分
YD/T 1346-2005	基于SDH的多业务传送节点(MSTP)测试方法——内嵌弹性分组环(RPR)功能部分
YD/T 1347-2005	接入网技术要求——不对称数字用户线(ADSL)用户端设备远程管理
YD/T 1348-2005	接入网技术要求——不对称数字用户线(ADSL)自动测试系统
YD/T 1350.1-2005	波分复用(WDM)系统网络管理接口技术要求 第一部分：接口功能部分
YD/T 1350.2-2005	波分复用(WDM)系统网络管理接口技术要求 第二部分：通用信息模型部分

续表 1.1

标准编号	标准名称
YD/T 1350.3-2005	波分复用(WDM)系统网络管理接口技术要求　第三部分:基于 GDMO/CMIP 的信息模型部分
YD/T 1351-2005	粗波分复用光收发合一模块技术要求和测试方法
YD/T 1352-2005	千兆比以太网用光收发合一模块技术要求和测试方法
YD/T 1353-2005	光通信用高速光探测器——前置放大器组件技术要求及测试方法
YD/T 1354-2005	光梳状分波器技术要求及测试方法
YD/T 1355-2005	小型局站同步时钟设备技术要求和测试方法
YD/T 1258.4-2005	室内光缆系列　第四部分:多芯光缆
YD/T 1258.5-2005	室内光缆系列　第五部分:光缆带光缆
YD/T 1272.2-2005	光纤活动连接器　第二部分:MT-RJ 型
YD/T 814.2-2005	光缆接头盒　第二部分:光纤复合架空地线光缆接头盒
YD/T 814.3-2005	光缆接头盒　第三部分:浅海光缆接头盒
YD/T 1362-2005	电话交换设备总体技术规范(补充件 1)的测试方法
YD/T 1055-2005	接入网设备测试方法——不对称数字用户线(ADSL)
YD/T 1383-2005	波分复用(WDM)网元管理系统技术要求
YD/T 1272.3-2005	光纤活动连接器　第三部分:SC 型
YD/T 1417-2005	接入网设备测试方法——单线对高比特率数字用户线(SHDSL)
YD/T 1418-2005	接入网技术要求——综合接入系统
YD/T 1419.1-2005	接入网用单纤双向三端口光组件技术条件　第一部分:用于宽带无源光网络(BPON)光网络单元(ONU)的单纤双向三端口光组件
YD/T 1419.2-2005	接入网用单纤双向三端口光组件技术条件　第二部分:用于基于以太网方式的无源光网络(EPON)光网络单元(ONU)的单纤双向三端口光组件
GB/T 13993.4-2002	通信光缆系列　第四部分:接入网用室外光缆
GB/T 13993.2-2002	通信光缆系列　第二部分:核心网用室外光缆
GB/T 16850.7-2001	光纤放大器试验方法基本规范　第七部分:带外插入损耗的试验方法
GB/T 16850.6-2001	光纤放大器试验方法基本规范　第六部分:泵浦泄漏参数的试验方法
GB/T 16850.5-2001	光纤放大器试验方法基本规范　第五部分:反射参数的试验方法
GB/T 13993.3-2001	通信光缆系列　第三部分:综合布线用室内光缆
GB/T 16850.3-1999	光纤放大器试验方法基本规范　第三部分:噪声参数的试验方法
GB/T 16850.2-1999	光纤放大器试验方法基本规范　第二部分:功率参数的试验方法
GB/T 15972.5-1998	光纤总规范　第五部分:环境性能试验方法
GB/T 15972.4-1998	光纤总规范　第四部分:传输特性和光学特性试验方法
GB/T 15972.3-1998	光纤总规范　第三部分:机械性能试验方法
GB/T 15972.2-1998	光纤总规范　第二部分:尺寸参数试验方法
GB/T 15972.1-1998	光纤总规范　第一部分:总则
GB/T 16850.1-1997	光纤放大器试验方法基本规范　第一部分:增益参数的试验方法
GB/T 14733.12-1993	电信术语　光纤通信
GB/T 16849-1997	光纤放大器总规范
GB/T 15941-1995	同步数字体系(SDH)光缆线路系统进网要求
GB/T 15940-1995	同步数字体系信号的基本复用结构
GB/T 15515-1995	光功率计技术条件
GB/T 15409-1994	同步数字体系信号的帧结构
GB/T 14275-1993	纤维光学调制器　第二部分:分规范　波导电光调制器(可供认证用)
GB/T 14138-1993	架空光缆通信系统进网要求
GB/T 14137-1993	光纤机械式固定接头插入损耗测试方法
GB/T 14075-1993	光纤色散测试仪技术条件
GB/T 13997-1999	2048kbit/s、8448kbit/s、34 368kbit/s、139 264kbit/s 光端机技术要求
GB/T 13714-1992	纤维光学分路器　第三部分:分规范　1 至 n 个波长复用器/解复用器(可供认证用)
GB/T 13713-1992	纤维光学分路器　第一部分:总规范(可供认证用)
GB/T 13712-1992	纤维光学调制器　第一部分:总规范(可供认证用)

第 2 章
常用测量仪表的使用和基本常识

要保证光纤通信系统的质量,不仅有严格的检测手段,而且离不开专用的光电检测仪器仪表。由于光纤通信技术发展很快,对测试设备的精度、可靠性的要求也越来越高。本章将对光纤通信测量的一些常用仪器和仪表的原理和操作进行简要介绍,以便在后续的学习、实验中能正确合理地使用这些仪表。通信光电子器件测量和系统测试常用仪表有光功率计、稳定光源、光时域反射仪、光故障定位仪、误码分析仪、光纤熔接机、光谱分析仪、示波器及 SDH 分析仪等。

2.1 光功率计

光功率计是测量光功率大小的仪器,它是光缆通信干线铺设、设备维护、科研和生产中必不可少的仪器之一,主要用于测量光发端机的输出功率及输出功率稳定度、光收端机的灵敏度、各种无源器件的插入损耗和衰减量等。光功率计测量结果的单位用 W 或 dBm 表示。

在光纤通信测量过程中,光功率的测量是最基本的。光功率计非常像电路与系统里的万用表。通过测量发端机或光网络的绝对功率,就能够评价光端设备的性能。用光功率计与稳定光源组合使用,则能够测量连接损耗并帮助评估光纤链路传输质量。它也是测试光学元器件的性能指标的关键仪器。

光功率计测量光功率的方法主要有热学法和光电法。热学法在波长特性、测量精度等方面较好,但响应速度慢、灵敏度低、设备体积大。光电法利用光电二极管将光信号转换成电信号,有较快的响应速度、良好的线性特性,而且灵敏度高,测量范围大,但其波长特性和测量精度方面不如热学法。工程上光通信测量中经常采用的光功率计一般根据光电转换的基本原理进行设计。

光功率计的电路设计原理主要包括光电转换、模拟信号处理、模-数变换、单片机数据处理、光功率液晶显示五部分。测量原理如图 2.1 所示,光电检测器首先检测被测光的光功率,产生微弱电流,后续将该信号放大、模-数变换、数据处理后得到数字显示的光功率值。

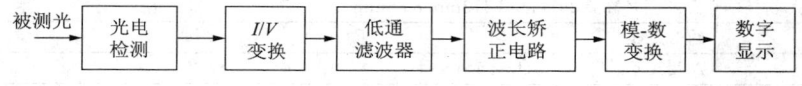

图 2.1 光功率计原理方框图

1. 光功率计的主要技术指标

光功率计的主要技术指标包括:

① 波长范围。主要由光电检测器的特性决定,由于不同半导体材料制成的光电二极管对不同波长的光强响应度不同,所以一种探头只能在某一波长范围内适用,而且每种探头都是在其中心响应波长上校准的,为了覆盖较大的波长范围,一台光功率计可能配备几个不同波长范围的探头。

② 待测光功率的测量范围。主要由光电检测模块中所采用的光电二极管的灵敏度和动态范围决定。使用不同的探头有不同的光功率测量范围。确定这些型号与测量范围及显示分辨率相一致。

③ 探头类型和接口类型。光探头是最应仔细选择的部件。光探头是一个固态光电二极管，它从光纤网络中接收耦合光，并将之转换为电信号。

④ 具备直接插入损耗测量的 dB 功能。基于选定波长的校准因子，光功率计电路将探头输出信号转换，把光功率读数以 dBm 方式显示。大多数光功率计具备 dB 功能（相对功率），直接读取光损耗，在测量中非常实用。低成本的光功率计通常没有 dB 功能，技术人员必须记下单独的参考值和测量值，然后计算其差值。

2. 使用光功率计时注意事项

使用光功率计时应注意：
① 选择与待测光源相匹配的波长范围进行测量。
② 如果待测光由活动连接器输出，应将活动连接器端面清洗干净。

3. 工程用光功率计实例

图 2.2 所示为 AV6335 光功率计，是工程中常用的一种光功率计。其特点是动态范围大、灵敏度高、线性好、测试速度快、操作简单、工程上应用很广泛。可进行交直流两种方式测量。在交流方式下，可连接光源的同步输出信号，从合波光中自动选择与同步信号频率相同的调制光进行测量，并将其他干扰光滤除。

AV6335 光功率计的主要技术指标见表 2.1。

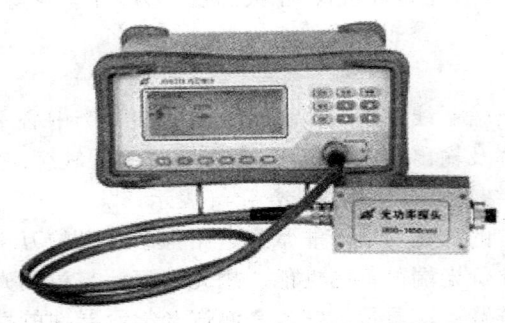

图 2.2　AV6335 光功率计

表 2.1　AV6335 光功率计主要技术指标

波长范围	800～1650nm
光接口类型	FC
光敏材料	InGaAs
功率范围	－90～0dBm（交流测量方式）；－70～＋3dBm（直流测量方式）
功率准确度	±0.2dB
数据存储	可存储 500 个测量结果
自动功能	自动调零、自动量程、波长响应补偿、数据平均、数据存储
合波测量功能	当测量光为 270Hz、非测量光为 1000Hz 时，允许非测量光大于测量光 18dB；当测量光为 1000Hz、非测量光为 270Hz 时，允许非测量光大于测量光 11dB
外形尺寸	长×宽×高＝251mm×213mm×88mm
重　量	约 3.5kg
电　源	AC220V±10％，50Hz±5％
标准配置	探测器、探测器电缆、电源线

2.2　光　源

光源是光纤通信系统中发信装置的心脏，根据应用的不同场合，光源大体可分为三类：可见光源、稳定光源和宽谱线光源（白色光源、卤素灯光源等）。其中稳定光源是目前工程上最为常用的。

稳定光源最主要的要求就是半导体激光器（LD）在高输出功率下能长期稳定地工作。从这个角度出发,在设计稳定光源时,半导体激光器稳恒控制的概念显得越来越重要。稳恒控制包括恒电流控制、恒功率控制(APC:Automatic Power Control)和恒温度控制(ATC:Automatic Temperature Control)。LD作为电流驱动型器件,高稳定度的驱动电流是输出功率稳定的前提。恒功率控制是以稳定输出功率为目的的,它直接以输出光功率作为反馈信号,控制驱动电流源,以消除温度和浪涌等因素造成的输出功率的不稳定。此外,LD是对温度很敏感的元件,环境温度的波动不仅能引起供给电流的波动,还会使激光器的阈值电流和输出功率发生变化。因此,保证半导体激光器连续工作在室温下是极其重要的外部条件。图2.3绘出了一般稳定光源的原理方框图。

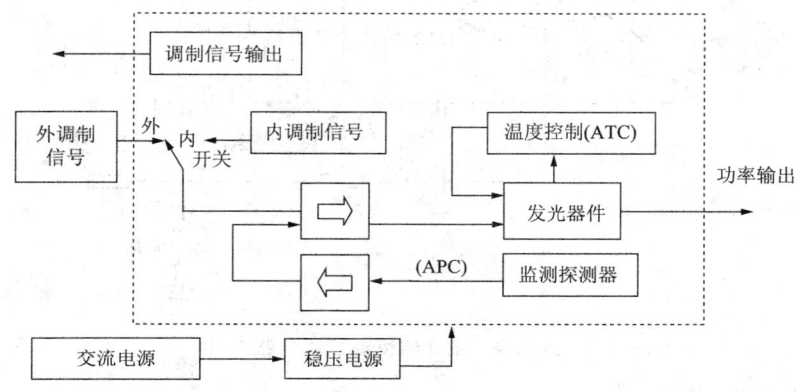

图 2.3 稳定光源的工作原理图

1. 稳定光源的技术指标

稳定光源的主要技术指标有中心波长、谱宽(指光谱的半幅值宽度)、输出光功率、稳定性、供电电源、工作温度等。

2. 光源的发光元器件

根据用途,稳定光源的发光元件通常分为两种:LD和LED(发光二极管)。LD发射的光,波长带宽窄,几乎是单色光,即单波长。另外,LD光源能提供更大的功率。LD作为光源通常用于长距离测量系统。

LED具有比LD更宽的光谱,通常范围为50~200nm。LED光是非干涉光,因而输出功率更加稳定。LED光源比LD光源便宜得多,但对最坏情况损耗测量显得功率不足。LED光源典型应用在短距离网络和多模光纤的局域网中。

3. 光源的恒流原理

驱动电流的稳定性直接影响波长的稳定性,另外,在LD的开启和关断时产生的电压、电流浪涌冲击以及外界干扰产生的浪涌影响都有可能造成半导体激光器的击穿和损坏。因此,LD的开启电路中可以设计延时和软启动电路。

设计中采用了负反馈的控制方法可以得到稳定的输出电流。由于LD是电流驱动型器件,反馈量是电流,用取样电阻将电流量转换为电压量,与输入信号共同构成一个电流串联负反馈网络。延时电路是利用RC电路的充放电实现时间上的延迟,对于一般情况足够保证安全。

4. 恒温度控制原理

一般,半导体激光器(LD)和发光二极管(LED)等发光器件都有温度特性,随着温度的变化(包括环境温度的变化和光源本身因工作而发热所引起的温度变化),其输出功率会发生变化。

因此,稳定光源都设有自动温度控制电路(ATC),控制发光器件的环境温度在一定范围内。一般常见的 ATC 电路是利用微型(半导体)制冷器,再用温度传感器(如热敏电阻等)将温度的变化信息传递给控制电路,后者用来控制制冷器的电流,以改变其制冷量,从而保持发光器件周围的温度恒定,如图 2.4 所示。

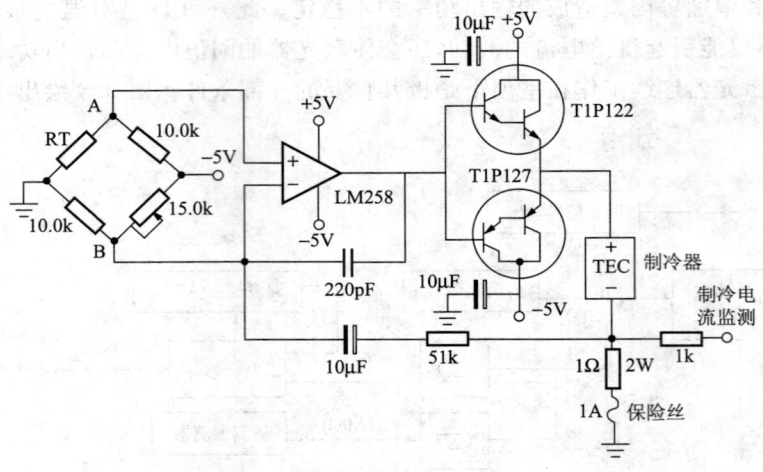

图 2.4　激光器恒温控制电路

5. 恒功率控制原理

恒功率控制电路的目的是自动补偿由于环境温度的变化和激光器老化而引起的输出光功率变化,后者通过自动温度控制是无法进行补偿的。为简化控制电路,本系统采用直接探测激光器发射的平均光功率,控制偏置电流,维持输出光功率恒定的方案。如图 2.5 所示,它的工作原理也是负反馈,将封装在激光器内的监控二极管探测激光器的后向光,和参考电平比较、放大后控制激光器的偏置电流,当输出光功率下降时,驱动电流增加,反之亦然,从而保持输出光功率恒定。

图 2.5 中,滑动变阻器 R_1 可以控制光发送机的偏置电流,当半导体激光器由于温度升高(下降)等原因导致其输出功率减小(增大)时,流过监控二极管的监测电流减小(增大),这样就使取样电压减小(增大),于是通过反向放大器和负反馈电路使激光器两端的电压升高(降低),从而使激光器功率保持不变。

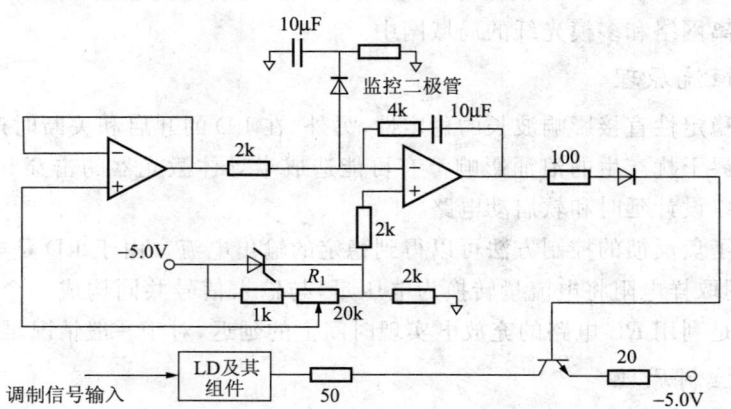

图 2.5　恒功率控制电路

6. 稳定光源的调制电路

稳定光源输出的光功率一般有两种形式：一种是连续光，它是由直流信号驱动的；另一种由调制信号驱动，这种调制信号可以是机内振荡器产生，称为内调制信号，也可以用外部调制信号产生（即外调制）。内调制信号一般是 270Hz 左右的一定幅度的方波，而外调制信号则根据需要选择，但其幅度和频率一定要符合原机要求。

7. 稳定光源使用注意事项

稳定光源使用注意事项如下：

① 使用稳定光源时，必须弄清楚技术指标，根据自己的需要选用合适的稳定光源。

② 应注意使用的波长，稳定光源的波长应与之相符。

③ 发光元件、输出光功率和输出稳定性这三者往往要综合考虑，一般激光器光源输出光功率较大，谱线窄（这在某些对光谱宽度有严格要求的场合特别重要），而发光二极管光源输出光功率较小，光谱宽度要比 LD 光源大十倍以上乃至数十倍，应根据使用的场合全面考虑。

④ 一般光源都是用光纤耦合输出的，因此要注意连接光纤的特性（是单模还是多模）、连接器的型号等问题。同时要注意连接器必须保持清洁，不用时必须盖上防尘罩，这也是所有光学仪表均应注意的问题。

⑤ 应注意稳定光源的调制方式，以便使用外调制时选择适合的调制信号。

8. 工程实例中的几种光源

（1）ASE 光源

图 2.6 是 AV6316 型 ASE 光源，它是一种高稳定、高功率输出的宽带光源，广泛应用于光无源器件的生产和测试中。其主要技术指标见表 2.2。

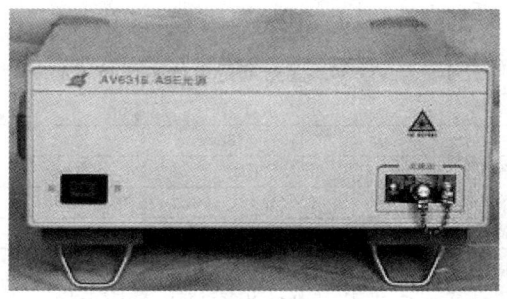

图 2.6　AV6316 型 ASE 光源

表 2.2　**AV6316 型 ASE 光源的主要技术指标**

光纤类型	SMF,9/125μm
光纤连接器	FC/PC
谱密度	≥-13dBm/nm(1530nm、1550nm、1560nm)
总输出功率	≥5.5dBm
短期稳定度(恒温,CW)	±0.02dB/15min
长期稳定度(恒温,CW)	±0.05dB/6h
工作温度	0~40℃
储存温度	-40~+60℃
电源	AC220V±10%,50Hz,20W
外形尺寸	宽×高×深=212mm×88mm×250mm
重量	约 2.2kg
标准配置	电源线
选件	C 波段:1525~1565nm;L 波段:1565~1610nm;C+L 波段:1525~1610nm

(2) 光万用表

在通信测试过程中,光源和光功率计一样,都是不可缺少的仪表。工程上,通常将光功率计和稳定光源组合在一起来使用,这种便携式工程用的仪表,经常被称为光万用表。

如图 2.7 所示,AV6372 型光万用表具有一机多用、操作简便等优点,适合光缆线路施工、维护单位使用,对光缆线路进行常规测试、实现光纤线路上的通话联络。允许话音通信和测试同时执行,提供精密光功率和损耗的测量功能。还内置了光纤识别功能,使测试操作更方便。仪器也可通过 RS232 串口输出到微机进行分析处理。具有先进的电源及充电管理系统,内部配有高性能的镍氢充电电池。带有背景光的大屏幕显示器使野外操作更容易。主要技术指标见表 2.3。

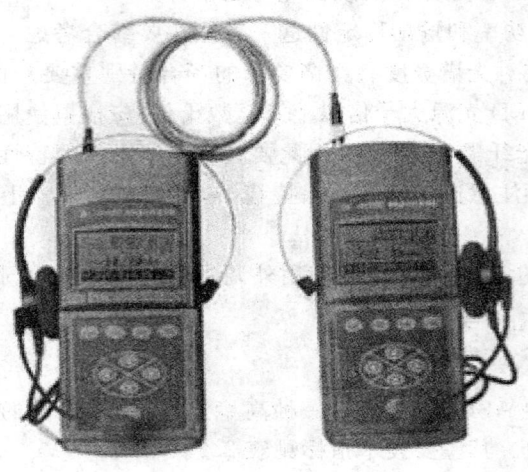

图 2.7　AV6372 型光万用表

表 2.3　AV6372 型光万用表的主要技术指标

光功率计模块	定标波长	850nm,1310nm,1550nm
	功率范围	−50～+3dBm
	测量准确度	±0.20dB
	显示分辨率	对数显示 0.01dB;线性显示 0.1%～1%
	接口形式	FC/PC
光源模块	工作波长	1310nm,1550nm
	调制频率	CW,270Hz,1kHz,2kHz
	输出功率	≥−10dBm
	稳定度	±0.08dB/1h
	接口形式	FC/PC
光电话模块	通话方式	数字全双工
	动态范围	≥35dB
	接口形式	FC/PC
整机特性	外部电源输入	9V
	内部镍氢电池组	6V,2A·h
	数据输出接口	RS232C
	工作温度	−25～55℃
	储存温度	−50～70℃
	尺寸及重量	226mm×100mm×57.5mm,≤1.3kg
	标准配置	耳机麦克风、串口电缆、多用表数据接收软盘

2.3 光时域反射仪

光时域反射仪(OTDR：Optical Time Domain Reflectometer)又称光时域计或光时域反射计，它是通过检测光纤中产生的背向散射信号来工作的，所以又叫做背向散射仪。其机理就是发射高强度、窄的光脉冲进入光纤，同时采用高速光探头记录返回信号，测量结果表现为光纤损耗与距离的函数。借助于OTDR，技术人员能够看到整个系统的轮廓。根据所记录返回信号的强度，在所测量曲线上反映出接续点、连接器和故障点的位置以及损耗大小。工程技术人员可以根据测量曲线得到光纤长度、光纤故障点、光纤衰耗以及光纤接头损耗等重要参数。

OTDR是经典的光纤仪器装备，它与光功率计和光万用表的两端测试不同，其通过光纤的一端就可测得光纤损耗，并通过OTDR轨迹线给出系统衰减值的位置和大小，用法上比光功率计更直观。

2.3.1 OTDR工作原理

图2.8是OTDR的组成框图。光时域反射收集各种散射以及反射等背向散射光，根据其强度进行测量。背向散射光通常有两种情况：瑞利散射和菲涅耳反射。

瑞利散射是由光纤材料中比波长小的不均匀粒子所引起，根据瑞利散射，可以测量由光纤而导致的衰减(损耗/距离)程度。测量的轨迹是一条向下的曲线，它说明了背向散射的功率不断减小。给定了光纤参数后，瑞利散射的功率就可以标明。当波长一定时，瑞利散射就与信号的脉冲宽度成比例：脉冲宽度越长，背向散射功率就越强。瑞利散射的功率还与发射信号的波长有关，波长较短则功率较强，即1310nm信号产生的轨迹会比1550nm信号产生的轨迹的瑞利背向散射要高。

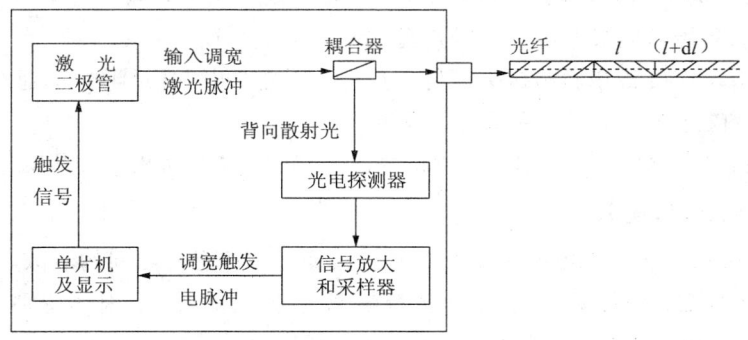

图2.8 OTDR的组成

菲涅耳反射是离散的反射，它是由整条光纤中的个别点引起，例如，玻璃与空气的间隙。光脉冲注入被测光纤以后，遇到光纤连接处、断裂点、缺陷及断面或尾端时，都会发生菲涅耳反射。在这些点上，背向散射光会比较强。OTDR就是利用菲涅耳反射的信息来定位连接点、光纤终端或断点的。

OTDR各主要组成部分的原理如下。

(1) 光　源

通常包括多个光源，若按标称中心波长可分为850nm、1310nm或1550nm，或按光纤产品规范规定。中心波长应在规定值的15nm以内。光源均方根谱宽应不大于10nm，或者光源半幅全宽应不大于25nm。

(2) 光分路器/耦合器

光分路器/耦合器将光源输出光耦合到待测光纤,同时将线路的后向散射光耦合到回测器,同时避免光源与探测器的直接耦合。光分路器/耦合器不应有偏振效应。

(3) 光接收器

通常包括光电二极管探测器。探测器的带宽、灵敏度、线性度及动态范围应与采用的脉宽和接收信号电平相适应。

(4) 信号处理单元

用一个对数响应的信号处理器处理信号,并采用信号平均技术提高信噪比。

(5) 显示器

显示器可以是阴极射线管和/或液晶显示器,也可以是计算机的部件。显示器上垂直分度标尺为分贝数,水平分度标尺为 m 或 km。仪器面板控制器可对显示器上的曲线进行定位,并能对长度或分贝的较小区域显示的部分曲线进行扩展。可控制一个或多个能对曲线上某些点定位的可移动光标,显示器上给出移动光标的坐标和一些适合于本仪器的辅助信息。

(6) 接头和连接器

为了将 OTDR 曲线的附加影响减至最小,OTDR 所要求的任何接头或连接器应具有低插入损耗和低反射(高回波损耗)。同时,为了减少 OTDR 连接处初始反射对结果的影响,通常在 OTDR 连接器和被测光纤之间采用一段盲区光纤。

2.3.2　OTDR 的性能参数和正确使用

1. OTDR 的性能参数

在选用 OTDR 时,应该考虑其特性参数,经常通过以下几个方面进行。

① 动态范围:初始背向散射电平和噪声低电平的差值(dB)。

② 盲区:有活动连接器和机械接头等特征点产生反射(菲涅耳反射),引起 OTDR 接收端饱和而带来的一系列"盲点",主要有衰减盲区和事件盲区。

③ 距离精度:和仪表的采样间隔、时钟精度、光纤折射率、光缆的成缆因素有关。

2. OTDR 的正确使用

光时域反射仪只需在一端即可测试光纤的全程衰耗和任意两点间的衰减,还可以观察光纤波导结构的均匀性,无需对端配合,也不需剪断被测光纤,无破坏性,因此特别适合现场施工和维护测试。另外,还可以测量光纤长度、测量接头的位置和接头的衰减,这是剪断法和插入法测衰减所不能达到的。要正确使用光时域反射仪,必须注意下面几点:

① 根据被测光纤的模式及待测的波长窗口,选择合适的插件,使光信号的模式及波长与被测光纤保持一致。一般光时域反射仪主机均带有多个光信号插件,可以根据需要选择。

② 根据被测光纤的长度及衰减大小,选择合适的量程及光脉冲的宽度。

③ 设置精确的折射率 n 值时,仪表屏幕上显示的光纤长度、故障点位置都是仪表内部微机根据测试者设置的 n 值后推算得来的,因此 n 值的设置直接影响测试精度,测试者必须根据被测光纤精确选择。

④ 一般测试时,为了消除前端反射脉冲产生的盲区,以及因饱和耦合对开始一段光纤测量造成的影响,都在仪器的输出口先接一段 0.5~2km 的"过渡光纤",前端面饱和及其他不稳定因素造成的影响均反映在"过渡光纤"区间,而被测光纤始终落在仪表的线性稳定区,减小了测试误差。当然,"过渡光纤"的特性应和被测光纤一致。

2.3.3 OTDR 的测量

OTDR 利用其接收到的背向散射光强度的变化来衡量被测光纤上各事件损耗的大小,只要设法将反向传至输入端的背向散射光收集并进行适当的处理,就可以测出这段光纤沿线各点的衰减情况(当然也包括其中的接头衰减),以及断点的位置和光纤的长度。

假设光纤的入射光功率为 P_0,光纤 l 处的背向散射光返回到光纤初始端时,经过的路程为 $2l$,则背向散射光功率为

$$P_S = P_0 e^{-2\alpha l} \tag{2.1}$$

式中,α 为损耗系数,单位为 km^{-1}。光纤中 l_A 和 l_B 之间的平均损耗系数为

$$\alpha_{AB} = \frac{1}{2}\frac{1}{l_{AB}}\left[\ln\left(\frac{P_A}{P_0}\right) - \ln\left(\frac{P_B}{P_0}\right)\right] = \frac{1}{2l_{AB}}\ln\left(\frac{P_A}{P_B}\right) \tag{2.2}$$

式中,$l_{AB} = |l_A - l_B|$,将 α_{AB} 的单位化为 dB/km 后衰减公式为

$$\alpha_{AB}(dB/km) = \frac{10}{2l_{AB}}\lg\left(\frac{P_A}{P_B}\right) \tag{2.3}$$

OTDR 测量曲线的纵坐标为对数坐标,因此背向散射光功率是一条直线。

光纤长度是通过激光器发出激光脉冲与接收到背向散射光之间的时间差进行测量的。先确定从发射信号到返回信号所用的时间,再确定光在玻璃物质中的速度,就可以计算出距离。以下的公式就说明了 OTDR 是如何测量距离的。

由散射衰减曲线两端之间的时延 t 和光纤的群折射率 N 来计算光纤的长度 L_f,即

$$L_f = \frac{ct}{N} \tag{2.4}$$

式中,c 为真空中的光速。而 t 是信号发射后到接收到信号(双程)的总时间(两值相乘除以 2 后就是单程的距离)。因为光在玻璃中要比在真空中的速度慢,所以为了精确地测量距离,必须要指明被测光纤的折射率。

将光标置于试样末端反射脉冲上升边缘的一点进行测量,也可以得出试样长度。为了准确测量,可以切割试样远端,使那里产生较强的菲涅耳反射。

根据工程情况,衰减系数和长度可以用两点法给出,也可以用最小二乘(LSA)法拟合曲线给出。利用两点法可以确定衰减系数。LSA 法得出的结果可能与两点法得出的结果不同,但 LSA 法的重复性更好。如果有条件,应进行双向测量,将双向测量获得的数值取平均得到精确衰减和衰减系数。

下面,以一个测量实例对测量曲线的含义进行说明。

激光二极管发出一个窄脉冲光信号,通过光纤耦合器注入光纤。沿光纤各 l 点上,都会产生瑞利散射。瑞利散射光中有一部分传输方向是与入射光相反的,这部分背向瑞利散射光通过光纤耦合器,进入光电探测器,经过处理后得到的背向散射测量曲线如图 2.9 所示。

显然,利用 OTDR 测出的回波曲线,就可以测出光纤的平均损耗、接头损耗、光纤长度和断点位置。

2.3.4 OTDR 工程实例

如图 2.10 所示,AV6413 型光时域反射计的主要特性有:42/40dB 大动态范围;坚固、防溅式设计;1.6m 事件盲区;优质、耐用型触摸屏;0.1m 采样分辨率,65K 采样点;可提供多种语言界面;机内大容量数据存储;可通过并口/串口与 PC 机同步传送数据;超过 8h 的电池操作时间;智能电池,电量指示功能;具有 USB 接口功能;支持 Bellcore GR196 文件格式。

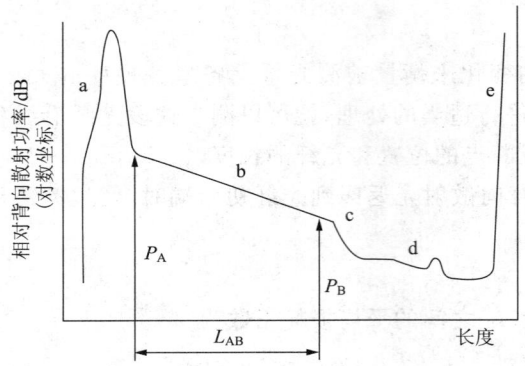

a——由于耦合部件和光纤前端面引起的菲涅耳反射脉冲。
b——光脉冲沿具有均匀损耗的光纤段传播时的背向瑞利散射曲线。
c——由于接头或耦合不完善引起的损耗,或由于光纤存在某些缺陷引起的高损耗区。
d——光纤断裂处,此处损耗峰的大小反映出损坏的程度。
e——光纤末端引起菲涅耳反射脉冲。

图 2.9 单向后向散射衰减曲线

AV6413 型光时域反射计的主要技术指标见表 2.4。

图 2.10 AV6413 型光时域反射计

表 2.4 AV6413 型光时域反射计的主要技术指标

脉 宽	10～20480ns				
模 块	3542	3537	3532	5636	8332
中心波长	1310/1550±20nm	1310/1550±20nm	1310/1550±20nm	1550/1625±20nm	850/1300±30nm
适用光纤类型	单模	单模	单模	单模	多模
动态范围	42/40dB	37/35dB	32/30dB	36/36dB	28/32dB
事件盲区[1]	≤1.6m	≤1.6m	≤2.5m	≤1.6m	≤3m
测距量程	1.6～512km				
测距分辨率	0.1～32m				
取样点数	65K				
测距准确度	±(1m+测量值×0.002%)[2]				
显 示	640×480,7.7in(英寸。1in=2.54cm)彩色 LCD(触摸屏操作)				
接 口	USB,RS232,打印,键盘				
光输出连接器	FC/UPC(万能接头,选件)				
电 源	直流:17～22V(3A)(AC 适配器:100～240V,50/60Hz,1.5A)内部锂电池,电池工作时间:8h[3]				
外形尺寸	长×宽×高=258mm×198mm×90mm				
重 量	约 2.7kg				

1) 脉冲宽度 10ns,端面反射损耗≥40dB,典型值。
2) 不包括折射率误差、取样间隔。
3) 低亮度、不测试。

2.4 误码分析仪

误码率是通信测试的重要指标,进行误码测试的仪表通常称为误码分析仪。

2.4.1 误码特性参数

误码性能参数是衡量光纤数字通信系统的重要质量指标。误码的基本含义是:在数字传输系统中,当发送端发送"1"码时,接收端收到的却是"0"码,而当发送端发送"0"码时,接收端收到的却是"1"码,这种收发信码的不一致就称为误码。造成误码的原因是由于系统的噪声、脉冲抖动和光纤的色散等情况造成的。误码特性参数反映了数字信号的传输过程受到损害的程度。

误码率是指在某段时间内出现误码的码元与传输码流的总码元数之比,可表示为

$$BER_{AV} = \frac{误码的码元数}{传输码元总数} \tag{2.5}$$

误码率与系统的传输码速和测试时间的长短有关。同时,由于误码是随机的,所以还与具体的时间有关,误码率沿数字段长度是线性积累的,数字段内的中继段越多,误码率越大。

在测试结果中,误码测试仪上显示多项指标,可以即时观察到 EC(误码计数)、SER(秒误码率)、ER(误码率)、EFS(无误码秒)、ES(误码秒)、SES(严重误码秒)、US(不可用秒)、DM(劣化分)、ES%(误码秒百分数)、SES%(严重误码秒百分数)、US%(不可用秒百分数)、DM%(劣化分百分数)等。

ITU-T 建议 64kbit/s 接口处的三项误码性能参数包括误码秒、严重误码秒、劣化分。这三项参数的定义和要求如下。

(1) 误码秒

在可用时间内,至少出现一次误码的秒。对于 27 500km 的假设参考数字连接而言,其指标要求为:从总观测时间 TL 中扣除不可用时间(当误码率连续 10s 劣于 10^{-3} 时,不可用秒开始,加上前面 10s,看作不可用时间)后累积的误码秒数目/TL 中的可用秒数目≤8%。

(2) 严重误码秒

在可用时间里,误码率劣于 10^{-3} 的秒,称为严重误码秒。其指标要求为:从总测量时间 TL 中扣除不可用时间后积累的严重误码秒数目/TL 中的可用时间秒数目≤0.2%。

(3) 劣化分

因为当全程平均误码率高于 10^{-5} 时,对于低声讲话的干扰影响刚可以觉察到。为留有余地,取 10^{-6} 为判别劣化分的门限值。平均误码率高于 10^{-6} 的分钟称为劣化分。其指标要求为:从总观测时间 TL 中扣除不可用时间和严重误码秒后所得的分钟数为可用分,在 TL 内积累的劣化分数目/可用分数目≤10%。

2.4.2 误码分析仪工作原理

误码分析仪是可用于以光纤、微波、卫星、同轴电缆等为传输媒质误码测试,集发射与接收于一体,可对被测试系统的传输质量进行综合评价。现以 AV5233C 型误码分析仪为例进行说明。

1. 发射部分工作原理

AV5233C 误码分析仪发射部分原理框图如图 2.11 所示。发射部分是一个通信信号源,用以产生各种速率和各种编码格式的图形信号。可以设两种伪随机(PRBS)图形和一种 1-16BIT 字图形,并可在这些图形中插入所要求的误码率。输出电路对图形进行 AMI、HDB3 编码,或形成 NZ、NRZ 信号,CPU 根据面板设置控制上述各电路。

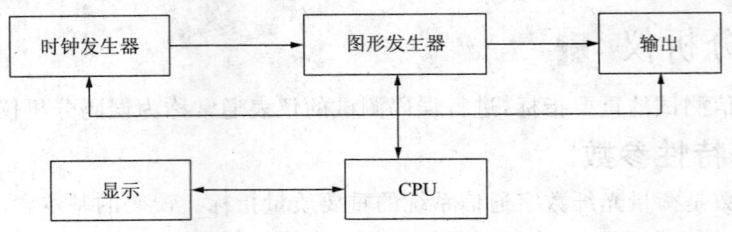

图 2.11　误码分析仪发射部分原理框图

2. 接收部分工作原理

接收部分是误码分析仪的核心,用以检测设备和线路能否无丢失地传送数据,其原理框图如图 2.12 所示。

输入放大器将接收的数据放大,整形后送入解码器进行编码误码的解码或数据的解码。将编码误码直接送入计数器。数据解码为二进制 NRZ 并送入误码检测器。误码检测器产生标准的本地码图形(PRBS 或字图形)并与解码后的接收数据图形(应与本地图形一样)逐位进行比较,如有差异即为比特误码。误码检测器检出的误码送入计数器计数,再送 CPU 处理。

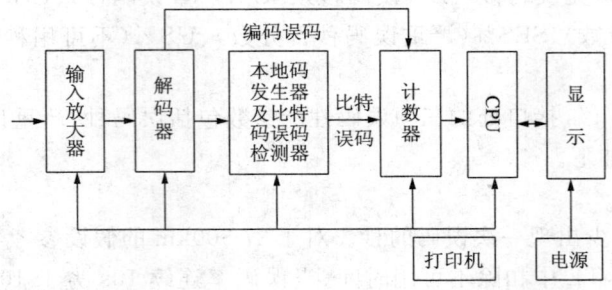

图 2.12　接收部分原理框图

3. 常用测量方案

各类误码分析仪表性能不尽相同,但工作原理基本相似,图 2.13 和图 2.14 表明了误码分析仪在测量中的应用。

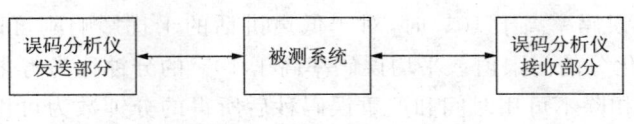

图 2.13　误码分析仪远端测量方案(1)

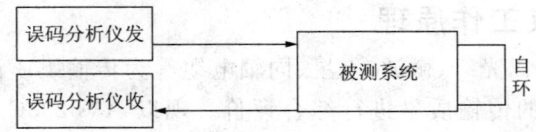

图 2.14　误码分析仪远端测量方案(2)

2.5　SDH 综合测试仪

SDH 综合测试仪覆盖 SDH、SONET、PDH 和 T-载波各项参数测试功能,适用传输速率有 1.5Mbit/s、2Mbit/s、8Mbit/s、34Mbit/s、45Mbit/s、52Mbit/s、140Mbit/s、155Mbit/s 及更高速

率的信号测试,可供选择的线路编码制式有 AM、B3ZS、B8ZS、HDB3 和 CMI。对于光接口为 NRZ 编码。

2.5.1 STM-16/OC-48 型 SDH 综合测试仪的测试指标

STM-16/OC-48 型 SDH 综合测试仪的测试指标如下。

① 采用多种操作模式,包括 SDH/SONET 复用器及解复用器测试模式、SDH/SONET 路径模式、由 PDH/ANSI 映射的 SDH/SONET 路径模式、去映射的 PDH/ANSI 模式、映射 PDH/ANSI 模式、SDH/SONET 在线测试模式(不中断业务)、PDH/ANSI 在线测试模式(不中断业务)和直通模式。

② 不中断业务在线测试(ISM):通过实时监测网络中的信息流的各种差错和校验位,从而展开预防性维护措施,而且可不中断业务对网络进行长时间的监测,以便找出问题及问题发生的时间段。

③ 误码率测试(BER):可对 SDH 的虚拟容器(VC)和 SONET 的同步净荷包络(SPE)的各种误码率进行测试,也可对它们的段开销字节进行误码率测试。Jitter/Wander 可以产生伪随机二进制位序列(ITU-T 标准),并让其通过网络设备,逐位比较其输入输出字节而精确计算出误码率。

④ 激励-响应测试:可以模拟产生一些故障信号来检验网络设备是否能检测到它们,并检验其能否产生相应告警或差错信号传递给相邻的网络,如 RDI、REI、RFI 及 AIS 等告警信号。

⑤ 误码情况监测:可通过检验 B-n(n=1,2,3,亦即 Bip-24,Bip-8,Bip-2)校验位来判断各段(包括复用段、再生段及通道段)的误码情况。

⑥ 告警 & 差错扫描:可检测到 SDH/SONET 各支路信号中的告警和差错,又可检测到 PDH/ANSI 各帧中的告警和差错,从而显示出各层(指差错 & 告警出现的位置)的告警和差错个数及类型。

⑦ 频率偏移及指针测试:对于 PDH/ANSI 信号,通过引入频率偏差(Max100ppm,step0.1ppm)来检验网络设备对频率偏差的容限值及是否能正确产生差错或告警信号;对 SDH/SONET 信号,Jitter/Wander 可编辑产生指针调整或序列,并检验通过网络设备后的结果及差错 & 告警情况。

⑧ SDH/SONET 复用/解复用测试:通过 MUX/DEMUX 测试检验 ADM 等其他网络设备能否正确将净荷或低阶信号映射到 SDH 线路高阶 VC 中去,反之,能否将其成功分解出来。可用来任意配置映射途径,模拟产生低速率或高速率信号用来做复用或解复用,既用作信号发生器又用作分析仪。

⑨ 信道标识符测试:预先产生一个带信道标识符的信号输入给网络设备,并设置网络设备使其能正确接收,然后可编辑 Jitter/Wander 让其改变信道标识符的值(J0、J1 或 J2),并检验网络设备能否产生相应的误码告警(如 RDI、TIM 等)。

⑩ 同步 & 时钟测试:通过编辑信号输出端内部时钟相位偏差,从而引入不同网络间的时钟偏差超过 ITU-T 规定的范围,并检验是否有滑码告警(SLIP)产生,可以检测到输入信号的频率及其与标准频率间的偏差,并判断其是否在 ITU-T 规定范围内。

⑪ 误码性能评估:可以根据 ITU-T 建议 G.821、G.826、M.2100、M.2101.1 对 SDH/SONET/PDH/ANSI 信号的误码情况进行评估,其结果以表格形式显示出来,非常直观地反映出信号的质量。

⑫ 信号传输时延测量:精确测量信号由仪器发出,经过网络及传输设备再回到设备的时间

间隔,精确到 1μs,最大到 10s。

⑬ 频率测量:能够根据相应的线路编码,对 155Mbit/s、140Mbit/s、52Mbit/s、45Mbit/s、34Mbit/s、8Mbit/s、2Mbit/s 和 1.5Mbit/s 的信号进行精确的频率测量,根据测量值与标准值的偏差,判断是否在 ITU-T 或 ANSI 规定的范围内。

⑭ 时间间隔误差测量:可以测量输入信号与参考时钟的相位偏差(亦即 TIE),它是相对于一段时间的偏差积累值。

⑮ 自动保护切换测试:能测量由于线路故障或服务质量降级而启动备用信道所需的时间。这是 SDH 的一个特征,但其切换时间间隔必须在 ITU-T G.841 和 ANSI T1.105.1 规定范围内(<50ms)。

⑯ 光功率测量:内置光功率计,可以通过其光接口测量光纤传输的信号功率(光功率)。

⑰ 串联连接监视(TCM):比较进入和离开网络时信号中某特定字节(N1/Z5 或 N2/Z6)的变化,来判断该网络是否存在问题,通过这项功能可进行快速故障查找及不同的运营者间的问题定位。

⑱ 抖动发生与分析:可产生带抖动的正弦/非正弦调制信号(符合 ITU-T O.171&O.172 建议)又可进行固有抖动、抖动容限、抖动传递函数及结合抖动等参数的测量、分析,其结果以表格和图形的形式显示,其衡量参数有 Uipp、Max Uipp、RMS 等。并可对抖动调制信号、抖动容限设置、抖动容限结果、抖动传递设置及抖动传递结果以文件的形式进行编辑和存储。

⑲ 漂移发生及分析:可产生带漂移的正弦/非正弦调制信号(符合 ITU-T O.171&O.172 建议)又可进行固有漂移、漂移容限、漂移传递函数等参数的测量、分析。其衡量参数有 TIE、MTIE、MRTIE、TDEV 等,结果以图形和表格形式显示,并可对漂移调制信号、漂移容限设置、漂移容限结果、漂移传递设置及漂移传递结果以文件的形式进行编辑和存储。

2.5.2 Victoria STM-16/OC-48 型 SDH 综合测试仪

如图 2.15 所示,以 Victoria STM-16/OC-48 型为例说明 SDH 综合测试仪的主要功能和指标。

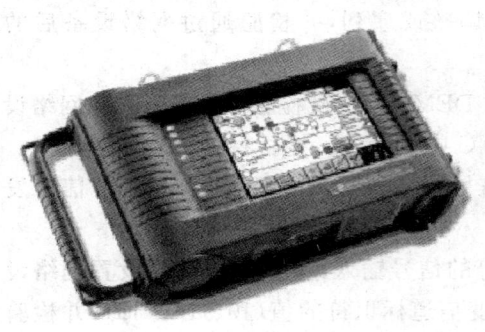

图 2.15 STM-16/OC-48 型 SDH 综合测试仪

① 通过 STM-16/OC-48 模拟产生一些预先设定的信息流,并让其通过网络设备后,通过比较输入和输出而判断网络设备的各项参数(如误码率测试),即可对 SDH 的虚拟容器和 SONET 的同步净荷包络的各种误码率进行测试,也可对它们的开销字节进行误码率测试。

② 可发送和接收 PING 信息包,也可仅仅响应接收到的 PING 包,以检验网络连接是否畅通,既支持以 AAL5 方式封装的 IP 包,又支持报头为 LLC-SNAP 形式。

③ 对于 PDH/ANSI 信号,通过引入频率偏差(Max100ppm,step0.1ppm)来检验网络设备对频率偏差的容限值及是否能正确产生差错或告警信号;对 SDH/SONET 信号,可编辑产生指针调整或序列,并检验通过网络设备后的结果及差错 & 告警情况。

④ 可通过 MUX/DEMUX 测试检验 ADM 等其他网络设备能否正确将净荷或低阶信号映射到 SDH 线路高阶 VC 中去,反之,能否将其成功分解出来。

⑤ 可以预先产生一个带信道标识符的信号输入给网络设备,并设置网络设备使其能正确接收,然后可编辑 STM-16/OC-48 让其改变信道标识符的值(J0、J1 或 J2),并检验网络设备能否产生相应的误码告警(如 RDI、TIM 等)。

⑥ 通过编辑信号输出端内部时钟相位偏差,从而引入不同网络间的时钟偏差超过 ITU-T 规定的范围(± 4.6ppm),并检验是否有滑码告警(SLIP)产生。可以检测到输入信号的频率及其与标准频率间的偏差,并判断其是否在 ITU-T 规定范围内。

⑦ 可以根据 ITU-T 建议 G.821、G.826、M.2100、M.2101.1 对 SDH/SONET/PDH/ANSI 信号的误码情况进行评估,其结果以表格形式显示出来。

⑧ 能进行有关 ATM 的测试,如 ATM 误码率、服务质量(QoS)、OAM 测试等。

⑨ 能测量由于线路故障或服务质量降级而启动备用信道所需的时间。

⑩ 内置光功率计,可以通过其光接口测量光纤传输的信号功率(光功率)。

⑪ 通过 TCM 测试,即比较进入和离开网络时信号中某特定字节(N1/Z5 或 N2/Z6)的变化,来判断该网络是否存在问题,通过这项功能可进行快速故障查找及不同的运营者间的问题定位。

⑫ 可产生带抖动的正弦/非正弦调制信号(符合 ITU-T O.171&O.172 建议)又可进行固有抖动、抖动容限、抖动传递函数及结合抖动等参数的测量、分析,其结果以表格和图形的形式显示,其衡量参数有 Uipp、Max Uipp、RMS 等。

⑬ 既可产生带漂移的正弦/非正弦调制信号(符合 ITU-T O.171&O.172 建议),又可进行固有漂移、漂移容限、漂移传递函数等参数的测量、分析。其衡量参数有 TIE、MTIE、MRTIE、TDEV 等,结果以图形和表格形式显示,并可对漂移调制信号、漂移容限设置、漂移容限结果、漂移传递设置及漂移传递结果以文件的形式进行编辑和存储。

2.6 光纤熔接机

光纤熔接机是用熔接法(电弧放电式)连接光纤的设备,是光纤光缆施工和维护工作中的主要工具之一。光纤熔接机在操作程序方面可分为自动熔接机和非自动(或半自动)熔接机两种。

一般光纤熔接机由熔接部分和监控部分组成。熔接部分为执行机构,主要有光纤调芯平台、放电电极、计数器、张力试验装置以及监控系统的传感器(TV 摄像头)和光学系统等。张力试验装置和光纤夹具装在一起,用来试验熔接后接头的强度,传感器和光学系统示意图如图 2.16 所示,由于光纤径向折射率各点分布不同,光线通过时透过率不同,经反射进入摄像管的光亦不相同,这样即可分辨出待接光纤而在监视器荧光屏上成像。从而监测和显示光纤耦合和熔接情况,并将信息反馈给中央处理机,后者再回控微调架执行调接,直至耦合最佳。

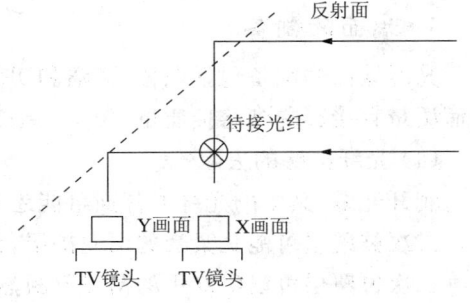

图 2.16 熔接机监控光学系统及传感器

光纤熔接机必须具备下述性能:

① 必须具有能固定光纤的精密光纤夹具,放置发射光纤和接收光纤的夹具的轴向应有极高的平行度。

② 要有精密的微调功能,一般要求能在 x、y、z 三个方向上能进行精密调整,调节精度

达 0.1μm。

③ 电弧放电要稳定，光纤熔接条件可调节，以适应各类光纤的熔接。

2.6.1 光纤固定熔接的几种方法

1. 套管连接

光纤经过去除涂层、清洁处理后，插入图 2.17 所示的套管，直到两个端面接触。一般需要在切割好的光纤端面上先蘸上折射率匹配材料再进行对接。套管的内径应与光纤外径相当，这样可得到满意的连接效果。

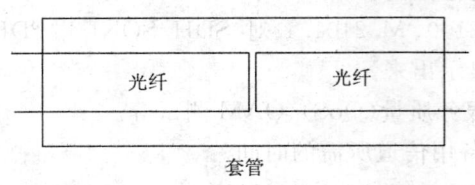

图 2.17 套管连接

2. V 形槽连接

将处理好的光纤放入 V 形槽内，放上盖板，然后轻轻推插光纤，使两个端面接触。必要时端面之间应加注匹配材料。V 形槽的深浅和光纤外径的一致性可以保证满意的连接效果。

3. 三棒连接

棒的直径约为光纤外径的 6.5 倍，外面套有弹性材料，用以固定棒的位置。用类似于套管连接的方法使光纤在三棒的空隙中对接。

4. 熔融连接

用电弧、火焰或激光加热要连接的光纤的两个端面（已处理过的），使它们熔融直至"烧结"在一起。这种方法连接光纤都是在专门的光纤熔接机上完成的。

2.6.2 利用光纤熔接机进行接续

光纤熔接机的发展史，已经经历了几代商品过程，最早的光纤电弧熔接机中，光纤的对中和熔接过程都是手动操作的。从只适用于多模光纤发展到适用于多模光纤单模光纤的熔接，以后发展成光功率监测调整，现今的自动对中熔接机融入了显微摄像、微机技术和图像校正等新技术，形成了"纤芯直视"式自动熔接机，甚至可以一次熔接多根光纤。目前，工程上应用光纤熔接机进行接续的步骤如下。

1. 端面的制备

光纤端面的制备包括剥覆、清洁和切割这几个环节。合格的光纤端面是熔接的必要条件，端面质量直接影响到熔接质量。

(1) 光纤护层的去除

剥开光缆，其中的光纤的外面可能还有两层塑性保护层。一般，最外层是光纤的二次被覆层。二次被覆层可能是紧套的尼龙护层，也可能是松套的聚丙烯、聚酯、聚四氟氯乙烯等塑料套管。二次被覆层可以用专用的割刀割断然后用手剥去；在没有专用工具时，用单面或双面刀片割断被覆层，用手剥去套管。但除去紧套的尼龙护层必须用刀片来削除。

(2) 光纤涂面层的剥除

紧贴着石英玻璃光纤外表面上还有一层塑料涂层，即光纤的一次涂覆层，这一层涂覆材料一般用两种方法来去除。

① 机械方法。可用刀削去，也可用火焰把它烧掉，最好利用专用工具来剥除一次涂覆层。用机械方法剥除光纤的一次涂覆层可能会损伤石英玻璃光纤的外表面，特别是用火焰方法去除涂覆层，将使光纤本身的机械强度大大降低。

② 化学方法。用某种化学溶剂来去除光纤上的一次涂覆材料，根据一次涂覆层材料的不同选用不同的化学溶剂。紫外固化的丙烯酸酯涂覆层，可以用二氯甲烷或二氯乙烷和三氯甲烷中任何一种作为溶剂，将带有涂层的光纤在溶剂中浸泡数分钟，这类涂覆层便会溶胀，甚至脱落。当光纤的一次涂覆层材料是有机硅树脂时，需把它放在浓硫酸中浸泡，直到把有机硅树脂涂覆层全部溶解掉；如果光纤的一次涂覆层材料是环氧树脂，那么就要用热的(约200℃)强酸(如浓硫酸)来浸泡、去除。硫酸有很强的腐蚀性，使用时必须千万小心，务必慎用。

光纤的一次涂覆层去除后，需仔细检查一下一次涂覆层是不是已经去除干净了。一次涂覆层去除干净以后，用蘸有酒精(无水乙醇)或丙酮的纱布或脱脂棉捏住光纤轻轻擦洗，务必使去除了一次涂覆层的裸光纤外表面上没有被污染、没有水分及灰尘，否则会影响光纤熔接质量，甚至出现气泡。

③ 剥线钳。现在工程上通常采用剥线钳对光纤涂覆层进行剥除，一定要掌握平、稳、快三字剥纤法。"平"，即持纤要平。左手拇指和食指捏紧光纤，使之成水平状，所露长度以5cm为准，余纤在无名指、小拇指之间自然打弯，以增加力度，防止打滑。"稳"，即剥纤钳要握得稳。"快"即剥纤要快，剥纤钳应与光纤垂直，上方向内倾斜一定角度，然后用钳口轻轻卡住光纤，右手随之用力，顺光纤轴向平推出去，整个过程要自然流畅。

(3) 裸纤的清洁

裸纤的清洁应按下面的两步操作：

① 观察光纤剥除部分的涂覆层是否全部剥除，若有残留，应重新剥除。如有极少量不易剥除的涂覆层，可用棉球蘸适量酒精，一边浸渍，一边逐步擦除。

② 将棉花蘸少许酒精，折成"V"形，夹住已剥除的光纤，顺光纤轴向擦拭，力争一次成功。一块棉花使用两三次后要及时更换，每次要使用棉花的不同部位和层面，这样既可提高棉花利用率，又防止了光纤的二次污染。

(4) 裸纤的切割

裸纤的切割是光纤端面制备中最为关键的部分，精密、优良的切刀是基础，而严格、科学的操作规范是保证。

切刀有手动和电动两种。前者操作简单，性能可靠，随着操作者水平的提高，切割效率和质量可大幅度提高，且要求裸纤较短，但该切刀对环境温差要求较高。后者切割质量较高，适宜在野外寒冷条件下作业，但操作较复杂，工作速度恒定，要求裸纤较长。

操作人员首先要清洁切刀和调整切刀位置，切刀的摆放要平稳，切割时，动作要自然、平稳、勿重、勿急，避免断纤、斜角、毛刺及裂痕等不良端面的产生。合理分配和使用自己的右手手指，使之与切口的具体部件相对应、协调，提高切割速度和质量。

现在商品光纤熔接机都附有性能很好的光纤切割器。

特别注意：热缩套管应在剥除前穿入，严禁在端面制备后穿入。裸纤的清洁、切割和熔接的时间应紧密衔接，不可间隔过长，特别是已制备的端面，切勿放在空气中。移动时要轻拿轻放，防止与其他物件擦碰。在接续中应根据环境，对切刀"V"形槽、压板、刀刃进行清洁，谨防端面污染。

2. 光纤熔接

光纤熔接是接续工作的中心环节，因此高性能熔接机和熔接过程中的科学操作是十分必要的。应根据光缆工程要求，配备蓄电池容量和精密度合适的熔接设备。

熔接前根据光纤的材料和类型，设置好最佳预熔主熔电流和时间及光纤送入量等关键参数。熔接过程中还应及时清洁熔接机"V"形槽、电极、物镜、熔接室等,随时观察熔接中有无气泡、过细、过粗、虚熔、分离等不良现象,注意用 OTDR 测试仪表跟踪监测结果,及时分析产生上述不良现象的原因,采取相应的改进措施。如多次出现虚熔现象,应检查熔接的两根光纤的材料、型号是否匹配,切刀和熔接机是否被灰尘污染,并检查电极氧化状况,若均无问题则应适当提高熔接电流。

光纤熔接的过程包括：

(1) 光纤对中

利用光纤熔接的精密微调机构,将两根要连接的光纤面准确地对中。可以将光纤的外表面作为基准面使被连接光纤对中;也可以以透过的光功率大小为依据进行对中;或者以光纤纤芯中心为基线进行对中。这一过程在自动光纤熔接机上是由机器自动完成的,光纤对准精度优于 $0.1\mu m$,调节范围为数十 μm。一般,对中过程需在 x、y、z 三个方向反复进行,直至达到一个最佳位置。有些光纤熔接机只有一维调节机构(z 方向)。

(2) 放 电

在光纤熔接机的电极上加上直流电压、交流电压或高频电压都能引起两个电极间的火花放电。光纤自动熔接机中,由微机自动控制放电电流的大小和放电时间的长短,甚至有的还通过气压传感器自动调整放电强度。

(3) 熔 接

把光纤熔接起来是使光纤对中状态固定下来的一种最好的定位方式,是获得高质量光纤接头的最后的关键过程。

自动光纤熔接机中有二十多种熔接参数,使用时必须根据光纤类型预先选用设定,有些可能要先经熔接试验后,才能选定。

光纤的放电熔接要在一定的条件下进行,表 2.5 列出一些主要的熔接参数供参考。

表 2.5 光纤熔接参数

熔接参数 \ 光纤类型	偏心量≤$1\mu m$ 的单模光纤,多模渐变光纤	偏心量>$1\mu m$ 的单模光纤
电极距离	$1.5\mu m$	$0.8mm$
端面间距	$20\mu m$	$10\mu m$
光纤推进速度	$160\mu m/s$	$50\mu m/s$
光纤推进量	$20\mu m$	$10\mu m$
预热时间	$0.12s$	$0.12s$
熔融时间	$3s$	$1s$

3. 盘 纤

盘纤是一门技术,也是一门艺术。科学的盘纤方法,可使光纤布局合理、附加损耗小、经得住时间和恶劣环境的考验,可避免因挤压造成的断纤现象。

① 沿松套管或光缆分歧方向进行盘纤。前者适用于所有的接续工程,后者仅适用于主干光缆末端且为一进多出。分支多为小对数光缆。该规则是每熔接和热缩完一个或几个松套管内的光纤、或一个分支方向光缆内的光纤后,盘纤一次。优点是避免了光纤松套管间或不同分支光缆间光纤的混乱,使布局合理、易盘、易拆,便于日后维护。

② 以预留盘中热缩管安放单元为单位盘纤。此规则是根据接续盒内预留盘中某一小安放区域内能够安放的热缩管数目进行盘纤。避免了由于安放位置不同而造成的同一束光纤参差不齐、难以盘纤和固定,甚至出现急弯、小圈等现象。

③ 特殊情况的处理。如在接续中出现光分路器、上下路尾纤、尾缆等特殊器件时，要先熔接、热缩、盘绕普通光纤，再依次处理上述情况。为了安全常另盘操作，以防止挤压引起附加损耗的增加。

盘纤的方法如下：

① 先中间后两边，即先将热缩后的套管逐个放置于固定槽中，然后再处理两侧余纤。优点是有利于保护光纤接点，避免盘纤可能造成的损害。在光纤预留盘空间小、光纤不易盘绕和固定时，常用此种方法。

② 从一端开始盘纤，固定热缩管，然后再处理另一侧余纤。优点是可根据一侧余纤长度灵活选择铜管安放位置，方便、快捷，可避免出现急弯、小圈现象。

③ 特殊情况的处理。如个别光纤过长或过短时，可将其放在最后，单独盘绕；带有特殊光器件时，可将其另盘处理，若与普通光纤共盘时，应将其轻置于普通光纤之上，两者之间加缓冲衬垫，以防止挤压造成断纤，且特殊光器件尾纤不可太长。

④ 根据实际情况采用多种图形盘纤。按余纤的长度和预留空间大小，顺势自然盘绕，切勿生拉硬拽，应灵活地采用圆、椭圆、"CC"、"～"等多种图形盘纤（注意 $R \geqslant 4cm$），尽可能最大限度地利用预留空间和有效降低因盘纤带来的附加损耗。

4. 确保光缆接续质量

加强 OTDR 测试仪表的监测，对确保光纤的熔接质量、减小因盘纤带来的附加损耗和封盒可能对光纤造成的损害，具有十分重要的意义。在整个接续工作中，必须严格执行 OTDR 测试仪表的四道监测程序：

① 熔接过程中对每一芯光纤进行实时跟踪监测，检查每一个熔接点的质量。

② 每次盘纤后，对所盘光纤进行例检，以确定盘纤带来的附加损耗。

③ 封接续盒前对所有光纤进行统一测定，以查明有无漏测，以及光纤预留空间对光纤及接头有无挤压。

④ 封盒后，对所有光纤进行最后监测，以检查封盒对光纤是否有损害。

2.6.3 工程实例：AV6496 型光纤熔接机

AV6496 型光纤熔接机（图 2.18）的主要特点是：体积小，重量轻，速度快；电极可更换；新光纤夹具系统易操作；全自动操作，方便快捷；加热时间短，工作效率高；高清晰 LCD 显示，屏幕可任意调整角度；可存储显示 2000 组接续数据。

AV6496 型光纤熔接机的主要技术指标如表 2.6 所示。

图 2.18　AV6496 型光纤熔接机

表 2.6　AV6496 型光纤熔接机的主要技术指标

适用光纤	符合 ITU-T G.651～G.655 建议的通信光纤
平均接续损耗	≤0.02dB SMF（典型值）；≤0.01dB MMF（典型值）；≤0.04dB DSF（同根光纤）
操作方式	自动，手动
环境适应性	温度范围：-10～50℃；湿度：95%RH（40℃，不结露）；海拔高度：0～3500m
电　源	交流 100～240V，50～60Hz；直流 11～14.5V
外形尺寸	长×宽×高=180mm×150mm×140mm
重　量	3.4kg（含电源）

2.7 光谱分析仪

光谱分析仪是研究、测定光辐射的频率、强度特性及其变化规律的光学仪器。它应用光的色散原理、衍射原理或光学调制原理,将不同频率的光辐射按照一定的规律分解开,形成光谱,配合一系列光学、精密机械、电子和计算机系统,实现对光辐射的频率及强度的精密测定和研究。光谱分析仪涉及的光辐射不仅仅是人眼所能感受到的(即可见光)辐射,而且还包含从远红外区到远紫外区的不可见光辐射。

2.7.1 工作原理

1. 光谱分析仪的工作原理

典型的光谱分析仪包含以下几个部分:光源和照明系统、分光系统及接收系统,其中分光系统是所有光谱分析仪的核心。

光谱分析仪是检测光波光谱的仪器,在光功率、信噪比、信道增益的测量方面能够得到较为理想的结果,其工作原理如图 2.19 所示。在光谱分析仪中,通过调节衍射光栅的角度,使衍射光栅分离出不同的波长,分离出来的特定光波由反射镜聚焦到光阑孔/探测器;旋转衍射光栅可对波长范围进行扫描。

2. 多波长计工作原理

若需要更精确的波长测量,可选用多波长计,其工作原理参见图 2.20。在多波长计中,利用光波的干涉效应能将同相位的光信号加强的原理对不用的光波进行区分。从光纤来的光信号在通过分束镜后,一部分由于反射到固定反射镜,然后返回;另一部分透射到可移动的反射镜,然后返回,这两束同源但不同路径的光束在重新汇合时,某些特定波长的光信号将由于同相位而产生干涉、光强增加,被探测器捕获。对可移动反射镜进行微调,可改变两光束的光程差,以此来选择对不用光波的扫描。多波长计对波长的测试非常精确,分辨率可达 0.0004nm,能看到系统的噪声平台,但在功率测量方面不如光谱分析仪。

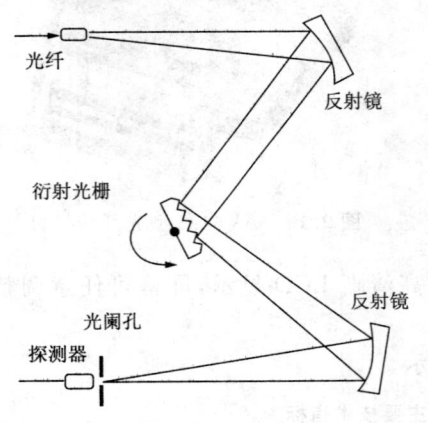

图 2.19 光谱分析仪的工作原理

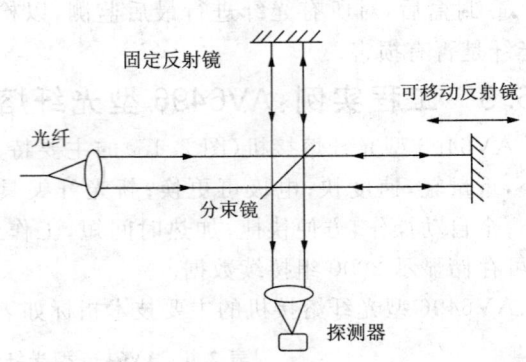

图 2.20 多波长计的工作原理

3. 傅里叶变换光谱法工作原理

在光谱分析仪中,还有一种方案是通过傅里叶变换光谱法直接分析布拉格光纤光栅的波长光谱,如图 2.21 所示。来自光栅阵列的反射光入射到光纤 Michelson 干涉仪,其中,该干涉仪的一端由压电光纤延伸器控制以改变相对光程。当光程差为零时,探测器会接收到拍频信号。

在该方法中,光栅的反射离散波长导致了明显的音频信号。可通过外部扰动场对这种频率进行调制。在整个相干长度范围内,通过光栅反射光谱产生的干涉图,对 Michelson 光程差进行扫描。FFT 分析仪的分辨率为 6×10^{-6} Hz,这表示等价的波长移位分辨率为 0.015nm。

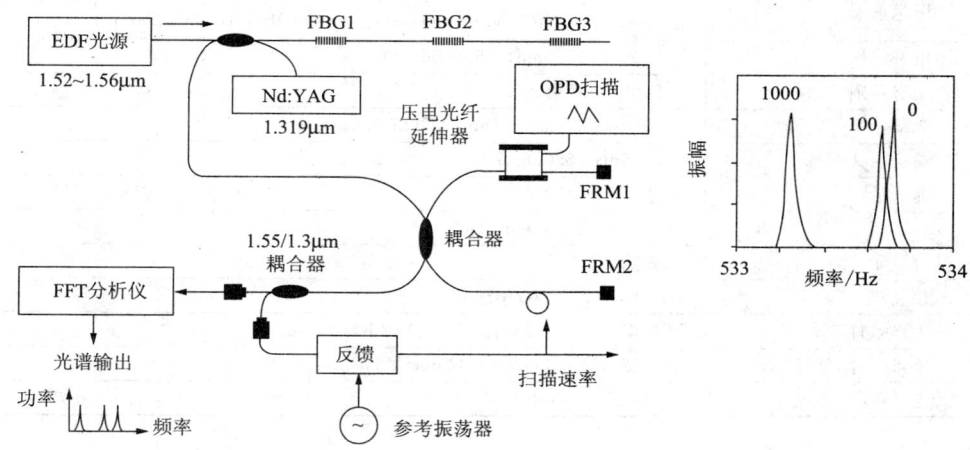

图 2.21 傅里叶变换光谱法检测传感光栅的原理

傅里叶变换光谱法克服了干涉波长移位检测中检测范围的限制,提供了相当高的波长分辨率,在整个相干长度范围内,通过获得光栅反射光谱产生的干涉图,从而实现传感光栅的波分复用。

2.7.2 工程实例

AV6362 型光谱分析仪是一种新型的高性能光谱分析仪,如图 2.22 所示,它采用先进的双通光栅单色仪、高分辨率直接驱动衍射光栅、光学楔形消除偏振、电子数字滤波等技术研制而成。适用于 600~1700nm 波段范围的 LED、LD、SLD、DFB-LD、EDFA、光纤、光纤光栅、光学滤波器、光纤放大器、波分复用器等光电子技术基础元器件及有关系统的测试。

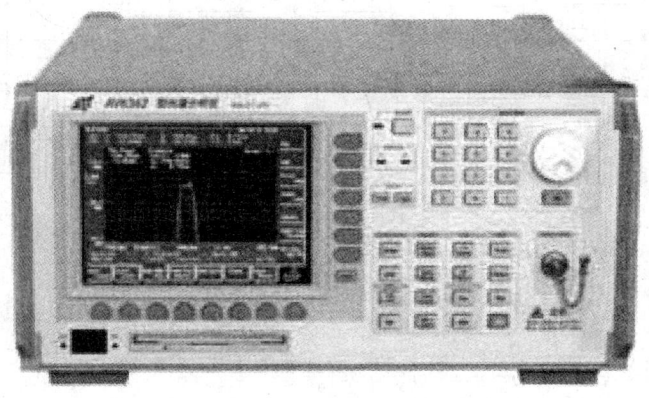

图 2.22 AV6362 型光谱分析仪

AV6362 型光谱分析仪的主要特征是:70dB 动态范围;-90dBm 电平测量灵敏度;跟踪可调谐激光源;调制光和脉冲光测量;用于 DWDM、PMD 和 EDFA 的 NF 及增益测量。

AV6362 型光谱分析仪的主要技术指标见表 2.7。

表 2.7 AV6362 型光谱分析仪的主要技术指标

波长范围	600～1700nm
波长准确度	±0.3nm；±0.05nm(1520～1600nm)
电平范围	+10～-90dBm(1250～1600nm)；+10～65dBm(600～1000nm)；+10～-75dBm(1600～1700nm)；+10～85dBm(1000～1250nm)
电平线性	±0.05dB(1550nm，-50～0dBm)
动态范围	≥70dB(距峰值±1nm处)
光谱分辨带宽	0.05nm，0.07nm，0.1nm，0.2nm，0.5nm，1nm
偏振相关度	±0.05dB(1550nm)；±0.1dB(1310nm)
显示	彩色 TFT-LCD
存储	A/B(2 曲线)，3.5in FDD
打印	内置热敏打印机
接口	GP-IB，RS232，VGA 输出
工作条件	环境温度：10～40℃；湿度：≤90%RH
外形尺寸,重量	长×宽×高=350mm×320mm×177mm，≤17kg
电源	220V±10%，50Hz

2.8 示波器和眼图测试

2.8.1 示波器的原理

示波器是利用电子射线的偏转来复现电信号瞬时值图像的一种仪器。不但可以像电压表、电流表、功率表那样测量信号幅度，也可以像频率计、相位计那样测试信号周期、频率和相位，而且还能测试调制信号的参数、估计信号的非线性失真等。

图 2.23 描述了示波器的组成。

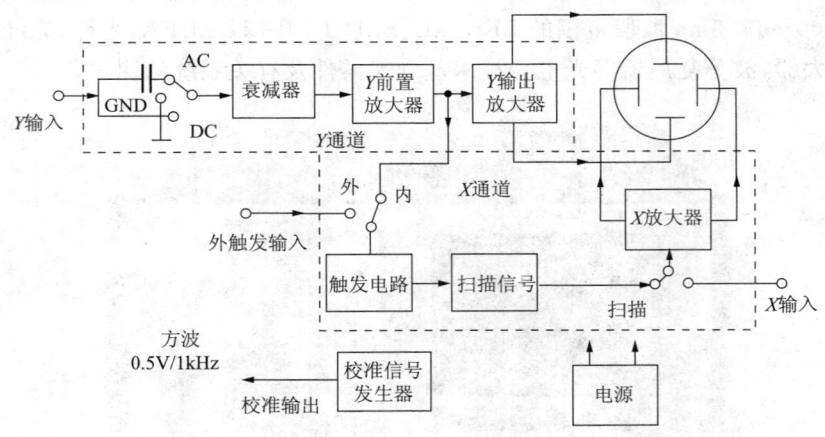

图 2.23 示波器的组成

Y 通道是由 Y 轴衰减器和 Y 轴放大器组成的，以适应观察不同幅度的各种电信号。X 通道中的扫描电路是一个能连续产生周期性线性电压的锯齿波发生器。为了能在荧光屏上看到一个稳定的待测信号波形，必须使锯齿波电压的周期是待测信号周期的整数倍。图 2.23 中同步电路的作用就是迫使锯齿波电压的周期满足上述要求。其中，"内"同步是利用被测信号强迫同步，而"外"同步则是利用外部所加的电压强迫同步。X 通道中还有一个外部输入(X 输入)，有了它可以扩展示波器的功能，观察 $Y=f(X)$ 的图形。例如测二极管的伏安特性、电机的转矩特性等。

示波器还包括电源系统、辅助性调节电路(亮度、聚焦、垂直和水平位移等)及示波器电源和校正信号等。校正信号发生器是专门用来产生频率和幅度都固定的连续方波(幅度 0.5V,频率 1kHz),以校准 X 轴及 Y 轴的刻度。

2.8.2 示波器的应用

1. 测量电压和电流

① 注意被测信号的频率,一般测量高频时可采用同轴电缆。

② 测交流电压时,一般是测量交流电压波形的峰值电压或某两点的电位差值。其测量结果经过计算得出被测两点间的电位差。用屏面上被测两点之间的垂直偏转距离乘以 Y 轴偏转灵敏度,即被测两点间的电位差。

③ 测直流电压时,所用示波器频响必须是从直流开始。首先调节垂直位移按钮,使扫描线处于某一水平刻度线上作为零电平线,输入被测电压信号,测出扫描线从零电平偏移的垂直距离,即被测直流电压=垂直偏转距离×Y 轴偏转灵敏度×探头衰减系数。

④ 测量电流时需要一个精度高、阻值很小而且是已知的无感电阻器,测得电压后根据欧姆定律换算成实测电流值。

2. 测量波形时间、频率和相位

示波器可以直接测得整个波形(或波形的任何部分),可利用时间测量法测量周期后,再确定频率。对于双踪示波器,在示波器屏幕上同时显示两条光迹,按坐标刻度测量这两条光迹有关点间的距离,将测得的距离换算成相位差。

2.8.3 用示波器测眼图

眼图是在时域进行的用示波器显示二进制数字信号波形的失真效应的测量方法。测量中,示波器显示的扫描图形与人眼相似,因此称该扫描图为眼图。这是估计数字传输系统性能的一种十分有效的实验方法,这种方法在光纤数字通信评价系统中非常重要。

1. 眼图测试基本原理

用眼图法测量系统时应有多种码型,可以采用各比特位上 0 和 1 出现的概率相等的伪随机数字信号进行测试。在这里"伪随机"的意义是伪随机码型发生器产生 N 比特长度的随机二进制数字信号,是数字序列在 N 比特后发生重复,并不是测试时间内整个数字序列都是随机的,因此称为"伪随机"。伪随机序列如果由 2 比特位组成,则共有 4 种组合,3 比特数字信号有 8 种组合,N 比特数字信号有 2^N 种组合。伪随机数字信号的长度为 2^N-1,这种选择可保证码型不与数据率相关。例如,N 可取 7、10、15、23、31 等。

如果只考虑 3 比特非归零码,将这 8 种组合同时叠加,就可形成如图 2.24 所示的眼图。

许多数字通信系统的重要性能可以从眼图测试中得到。为了理解眼图测量的意义,考虑图 2.25 所示的简化的眼图,可以定义信号幅度失真、定时抖动和系统上升时间等系统性能参数。

数字信号系统的幅度噪声会使眼开度减小,纵向眼开度的高度 Y_{max} 与最大信号电平 V_2 定义了最大的幅度畸变。眼闭合度越大(纵向眼开度越小),说明正确判断信号中"1"与"0"越困难。在最佳取样时间 t_1 处的眼开度的大小定义了系统的噪声容限。

$$噪声容限 = \frac{V_1}{V_2} \times 100\%$$

(2.6)

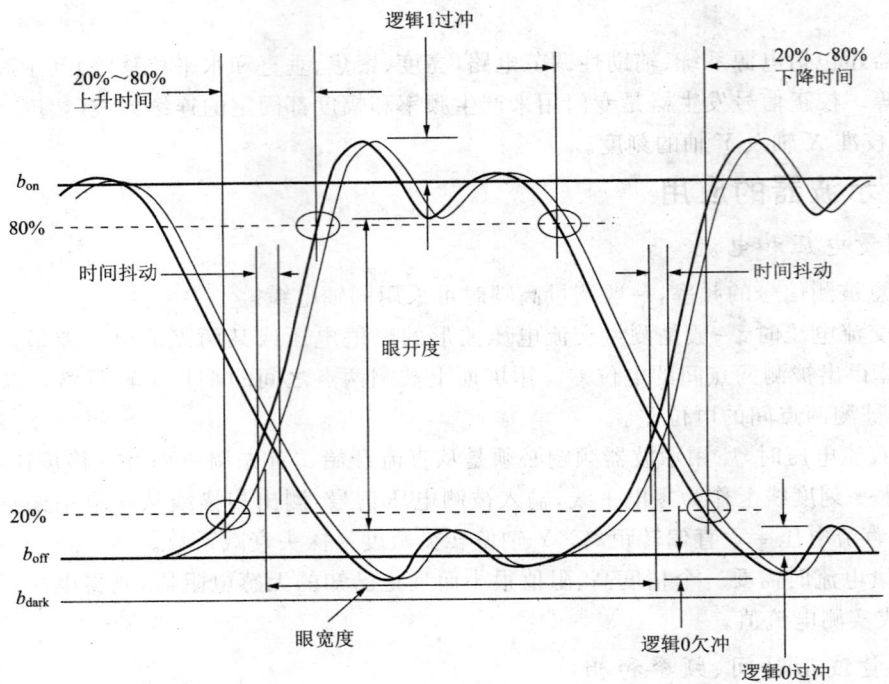

图 2.24　8 种组合同时叠加形成的眼图

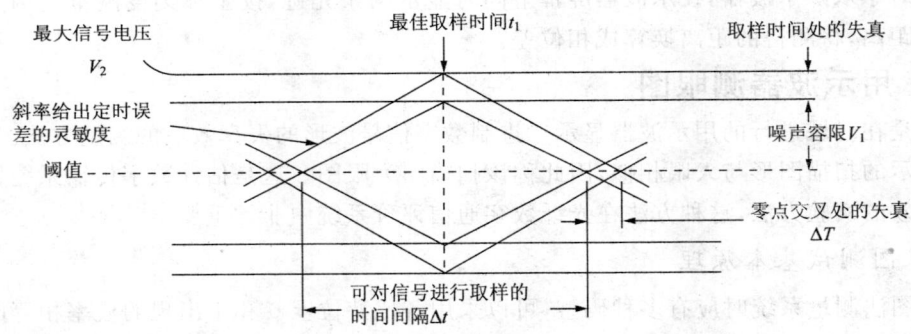

图 2.25　简化的眼图

取样时间改变时,眼图边线的斜率定义了系统时间误差的灵敏度;当斜率较小时,时间误差的概率增加。在光纤系统中由于接收机噪声和光纤的脉冲畸变,会产生时间抖动。如果取样时间正好在信号电平与判断阈值水平相交的时刻的中点,则判断阈值电平处的失真量 ΔT 表示了时间抖动大小,用百分率表示为

$$定时抖动 = \frac{\Delta T}{T_b} \times 100\% \tag{2.7}$$

式中,T_b 是 1 比特的时间间隔。

通常上升时间定义为上升沿从幅度的 10% 上升到幅度的 90% 所需要的时间。当进行光信号的测量时,这些点经常由于噪声和抖动效应变得模糊,因此我们更经常用比较清晰的 20%~80% 幅度作为测量值,并用以下近似关系将 20%~80% 上升时间变换为 10%~90% 上升时间:

$$T_{10\sim 90} = 1.25 \times T_{20\sim 80} \tag{2.8}$$

下降时间的测量与变换关系与上升时间类似。

如果理想的随机数据流通过一个理想的线性系统,所有眼图开度应该是相同的,并且保持对称。而如果信道传输过程中存在任何非线性效应,都会使眼图产生不对称。

2. 眼图的测量方案

图 2.26 是测量眼图的装置图。由误码分析仪产生一定长度的伪随机二进制数据流(AMI 码、HDB3 码、RZ 码、NRZ 码)调制单模光产生相应的伪随机数据光脉冲并通过光纤活动连接器注入单模光纤,经过光纤传输后,再与光接收机相接。光接收机将从光纤传输的光脉冲变为电脉冲,并输入到示波器接收。

2.8.4 工程实例

图 2.27 所示为 AV4445 型数字示波器,其具有 100MHz 带宽和 200MSa/s 取样速率,适合大多数电子测量场合。内部采用多处理器,使显示更新更快。

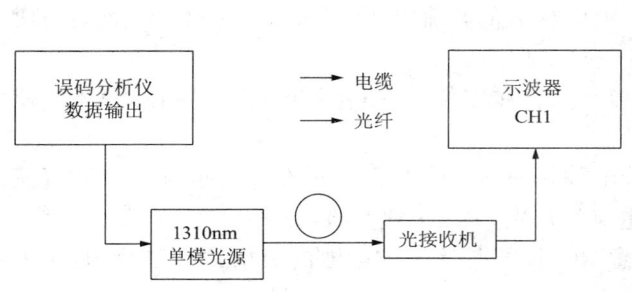

图 2.26 眼图测量装置

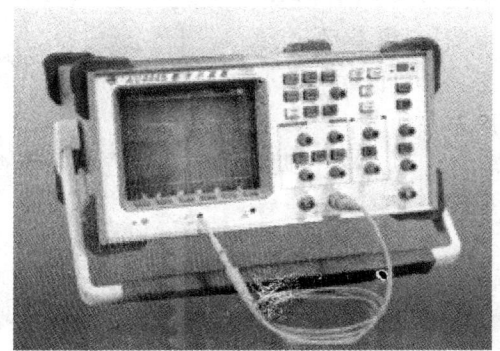

图 2.27 AV4445 型数字示波器

AV4445 型数字示波器的主要技术指标如表 2.8 所示。

表 2.8 AV4445 型数字示波器的主要技术指标

垂直系统	带宽(−3dB)	DC~100MHz(≥10mV/div);DC~60MHz(<0mV/div)
	输入耦合	DC、AC、GND
	输入电阻	1MΩ
	输入电容	≤12pF
	最大输入电压	400V
	垂直偏转因数	1mV/div~5V/div,1、2、5 步进(可细调)
	垂直偏移范围	±2V(<200mV/div);±40V(≥200mV/div)
水平系统	时基范围	1ns/div~50s/div,1、2、5 步进(可细调)
	延迟范围	正延迟(后触发):500s;负延迟(预触发):一屏或 2.5ms
	分辨率	40ps
	延迟时基	2ns/div~1/2 主时基
触发系统	触发源	CH1、CH2,外触发,交流 50Hz,TV
	触发方式	自动、自动电平、常态
	耦合方式	AC、DC、HF 抑制(约 50kHz)、F 抑制(约 50kHz)、噪声抑制
	释抑时间	200ns~25s
采集系统	最高取样率	200MSa/s
	峰值检测	始终 200MSa/s
	记录长度	每通道 1Mbit/s
	显示方式	平均、平滑、滚动、矢量

续表 2.8

显示系统	CRT 分辨率	520×300
	CRT 尺寸	7in
通用特性	外形尺寸	长×宽×高＝360mm×380mm×170mm
	重　量	小于 7.5kg
	电　压	交流 220V±10%
	功　耗	小于 100W
	工作温度	0～40℃

2.9　其他常用的通信测量基本仪器

2.9.1　万用表

万用表(Multimeter)是一种用来测量电流、电压、电阻、晶体管等的多用表,具有量程广、使用和携带方便等优点。万用表分为模拟和数字两种。

1. 模拟万用表

这里以实验室常用的 MF500 型万用表为例,该表的直流电压灵敏度为 20kΩ/V,正确的使用方法如下:

① 机械零位调整。使用前应首先检查指针是否在零位,若不在零位,调整零位调整器,使指针调至零位。

② 正确连接表笔。红表笔应插入标有"＋"的插孔,黑表笔插入标有"－"的插孔。测直流电流和直流电压时,红表笔连接被测电压、电流的正极,黑表笔接负极。

用欧姆挡"Ω"判断二极管的极性时,注意"＋"插孔是接表内电池的负极,"－"插孔是接表内电池的正极。

③ 电压电流的测量。测量电压时,万用表应与被测电路并联;测量电流时,要把被测电路断开,将万用表串联接在被测电路中。注意:测量电流时应估计被测电流的大小,选择正确的量程,MF500 型的保险丝为 0.3～0.5A,被测电流不能超过此值。某些万用表有 10A 的挡位,可以用来测量较大电流。

④ 量程转换。应先断电,绝对不容许带电换量程;根据被测量放在正确的位置,切不可使用电流挡或欧姆挡测电压,否则会损坏万用表。

⑤ 合理选择量程。测量电压、电流时,应使表针偏转至满刻度的 1/2 或 2/3 以上;测量电阻时,应使表针偏转至中心刻度附近(电阻挡的设计是以中心刻度为标准的)。测交流电压、电流时,注意被测量必须是正弦交流电压、电流,而被测信号的频率也不能超过说明书上的规定。

⑥ 测电阻时,应先进行电表调零。如调不到零点,说明万用表内电池电压不足,需要更换新电池。测量大电阻时,两手不能同时接触电阻,防止人体电阻与被测电阻并联造成测量误差。每变换一次量程,都要重新调零。如果以上方法不能调零,有可能万用表的绕线电阻(阻值约为几欧的电阻)烧断,需拆开进行维修并校正。

⑦ 万用表使用完毕,将转换开关放在交流电压最大挡位,避免损坏仪表。万用表长期不用时,应取出电池,防止电池漏液,腐蚀和损坏万用表内零件。万用表的电池有普通 5 号(1.5V)和层叠电池(9V)两种。其中 9V 用于测量 10kΩ 以上的电阻和判别小电容的漏电情况。由于万用表的电阻挡 R×10k 采用 9V 电池,所以不可检测耐压值很低的元件。

2. 数字万用表

数字万用表采用了集成电路模-数转换器和数显技术,将被测量的数值直接以数字形式显示出来。数字万用表显示清晰直观,读数正确。

① 插孔的选择。数字万用表一般有四个表笔插孔,测量时黑表笔插入 COM 插孔,红表笔则根据测量需要,插入相应的插孔。测量电压和电阻时,应插入 V、Ω 插孔;测量电流时注意有两个电流插孔,一个是测量小电流的,一个是测量大电流的,应根据被测电流的大小选择合适的插孔。

② 量程的选择。当数字万用表仅在最高位显示"1"或"－1"时,说明已超过量程,需调整量程。用数字万用表测量电压时,应注意它能够测量的最高电压(交流有效值),以免损坏万用表的内部电路。测量未知电压、电流时,应将功能转换开关先置于高量程挡,然后再逐步调低,直到合适的挡位。测量交流信号时,被测信号波形应是正弦波,频率不能超过仪表的规定值,否则将引起较大的测量误差。测量 10Ω 以下的小电阻时,必须先短接两表笔测出表笔及连线的电阻,然后在测量中减去这一数值,否则误差较大。

③ 注意事项:与模拟万用表不同,数字万用表红表笔接内电池的正极,黑表笔接内部电池的负极。测量二极管时,将功能开关置于"→⊢"挡,这时的显示值为二极管的正向压降,单位为 V。若二极管接反,则显示为"1"。测量晶体管的 h_{fe} 时,由于工作电压仅为 2.8V,测量的只是一个近似值。测量完毕,应立即关闭电源;若长期不用,则应取出电池,以免漏电。

3. 工程实例

AV1851 型数字万用表由单片机控制、处理,采用软件校正,具有较高的测量准确度,由一节锂电池作为掉电备用电源,以保护校正数据不致丢失。其采用多斜积分原理,解决了一般双斜积分中测量速度与准确度之间的矛盾,能进行 20Hz～100kHz 频带内各种波形(包括噪声)的电压、电流有效值的测量。

AV1851 型数字万用表的主要技术指标见表 2.9。

表 2.9　AV1851 型数字万用表的主要技术指标

直流电压	量　程	300mV;3V;30V;300V
	准确度	0.007%
直流电流	量　程	3A
	准确度	0.08%
交流电压	频率范围	20Hz～100kHz
	量　程	300mV;3V;30V;300V(rms),可扩展
	准确度	0.3%
交流电流	频率范围	20Hz～20kHz
	量　程	300mA;3A(rms)
	准确度	1%(50Hz～20kHz)
直流电阻	量　程	300Ω;3kΩ;30kΩ;300kΩ;3MΩ;30MΩ
	准确度	0.01%(除 30MΩ 量程)
	电　源	220V±10%;50Hz±5%
	外形尺寸	长×宽×高＝260mm×250mm×90mm
	重　量	2.2kg
	工作温度	0～40℃

2.9.2　信号发生器

通常的信号器都能直接产生正弦波、三角波、方波、斜波、脉冲波,直流电平可连续调节,频率计可作内部频率显示,也可外测频率。

如图 2.28 所示,SP1461 数字合成标准高频信号发生器,采用先进的 DDS 频率合成技术。1μHz(≤80MHz)、1Hz(＞80MHz)的频率分辨率,频率覆盖 100μHz～300MHz,电平覆盖

−127～+13dBm，与一般传统信号源相比，具有高精度、多功能、高可靠性。

图 2.28　SP1461-Ⅳ DDS 高频信号发生器

2.10　常用光电子元器件的识别

1. 光跳线（光纤+两端的活动连接器）

无跳线的传输模式有多模、单模。活动连接器形式有 FC/PC、ST/PC、SC/PC（两端活动连接器可相同也可不同）。具体形式如图 2.29 所示。

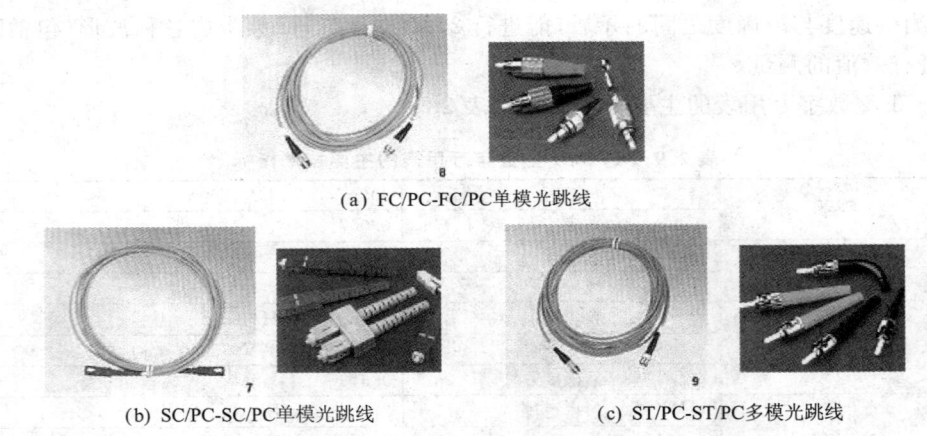

(a) FC/PC-FC/PC 单模光跳线

(b) SC/PC-SC/PC 单模光跳线　　　(c) ST/PC-ST/PC 多模光跳线

图 2.29　工程中常用的光跳线和活接头

工程上，一般单模光纤跳线为黄色，多模光纤跳线为橙色。

2. 波分复用器

波分复用器一般为单模耦合，如图 2.30 所示。接口类型有：适配器输出型，一般采用 FC（普遍）；尾纤输出型，一般采用 FC/PC、SC/PC。工作波长为 1310nm 和 1550nm、1480nm 和 1550nm 等。隔离度大于 18dB。

3. Y 型分路器

Y 型分路器一般为单模耦合，如图 2.31 所示。接口类型有：适配器输出型，一般采用 FC（普遍）；尾纤输出型，一般采用 FC/PC、SC/PC。工作波长为 1310nm 或 1550nm。分光比为 50/50 和 10/90。

 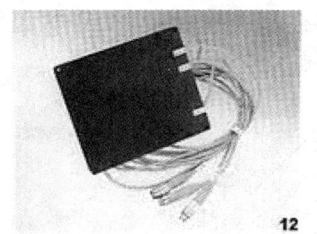

(a) 适配器输出型（只有FC型）　　(b) 尾纤输出型（FC型、SC型）

图 2.30　波分复用器的外观

4. 小可变衰减器

接口一般采用 FC/PC-FC/PC 这种型号。法兰式小可变衰减器如图 2.32 所示。

 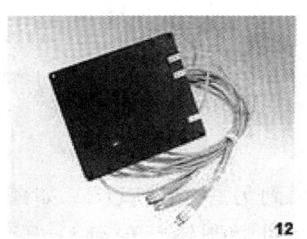 

(a) 适配器输出型（只有FC型）　　(b) 尾纤输出型（FC型、SC型）

图 2.31　Y 型分路器的外观　　　　　　　图 2.32　法兰式小可变衰减器

5. 适配器（法兰盘）

接口类型一般采用 FC、ST、SC 型。FC、SC、ST 型适配器如图 2.33 所示。

(a) FC 型适配器

(b) SC 型适配器　　　　　　　　　　(c) ST 型适配器

图 2.33　工程中常用适配器的外观

6. 平面镜和抛物镜

平面镜、抛物镜是光学中的常用仪器。如图 2.34 所示，P_1 点发出的光经过平面镜反射后，反射光线仿佛从镜后面的 P_2 点直接发出。P_2 点称为 P_1 点的像。

抛物镜由抛物线旋转而成，它能够把与其旋转轴平行的光会聚到一点，该点称为焦点。如

图 2.34 所示的距离 $PF=f$ 称为焦距。抛物镜在望远镜中常被用作聚光元件。抛物镜的另一种用途是将从焦点发出的光变为平行光,如手电筒。

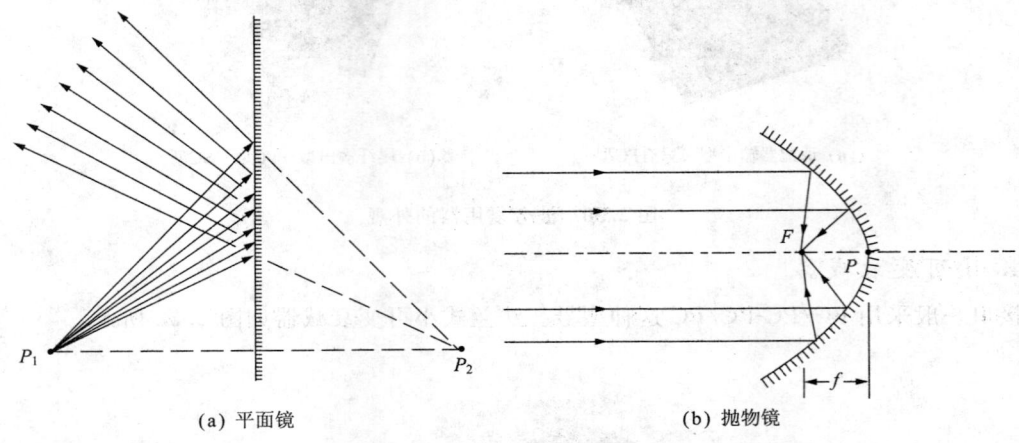

(a) 平面镜　　　　　　　　　　　　(b) 抛物镜

图 2.34　平面镜、反射抛物面镜聚焦

7. 椭圆镜

椭圆镜将一个焦点 P_1 发出的光会聚到另一个焦点 P_2,如图 2.35 所示。由椭圆的几何特性可知,从 P_1 点发出的光,沿任何方向经过椭圆镜反射到达 P_2 点,其路径都是相等的。这一点也和 Hero 原理相符合。

8. 球面镜

球面镜比椭圆镜和抛物镜都容易制造。然而,它既没有抛物镜的聚光特性又无椭圆镜的成像特性。它们的包络面称为聚光曲线。不过,近轴的平行光近似地相交于一点 F,F 与球心 C 的距离为 $-R/2$。一般规定凹面镜的 R 为负值,凸面镜的 R 为正值。

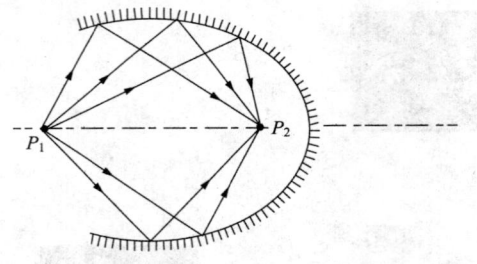　　　　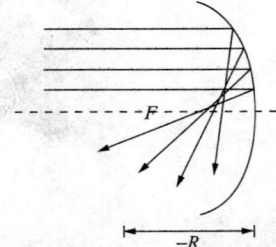

图 2.35　椭圆镜的聚焦　　　　　　　图 2.36　凹面镜反射平行光线

9. 棱镜和分光镜

棱镜是光学工程中的常用的分光仪器,对应棱镜夹角不同时偏转角与入射角的关系如图 2.37 所示。

顶角为 α、折射率为 n 的棱镜,当一束光以 θ 角入射时,在棱镜的两界面上两次运用斯涅耳定律可得其出射角为

$$\theta_d = \theta - \alpha + \arcsin[(n^2 - \sin^2\theta)^{1/2}\sin\alpha - \sin\theta\cos\alpha] \tag{2.9}$$

当 α 很小时(薄棱镜),且 θ 也很小时(傍轴近似),上述公式近似为

$$\theta_d \approx (n-1)\alpha \tag{2.10}$$

2.10 常用光电子元器件的识别 **47**

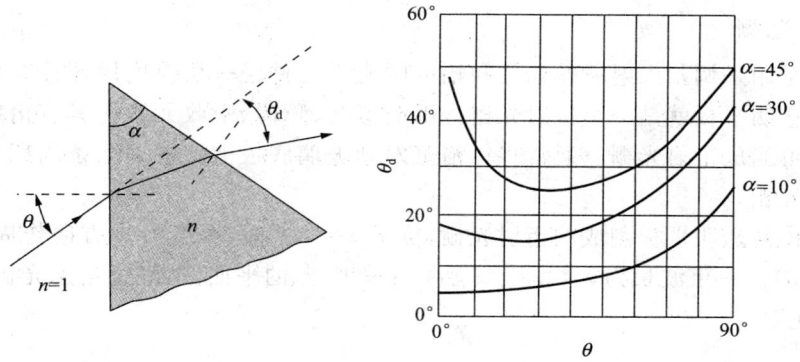

图 2.37 棱镜折射,对应棱镜夹角不同时偏转角与入射角的关系

10. 透 镜

球面透镜由两个球形表面合成。因此,透镜的形状完全由两个表面的半径 R_1 和 R_2 决定,它的厚度为 Δ,如图 2.38 所示。

空气中的玻璃透镜由一个玻璃到空气的边界和一个空气到玻璃的边界所组成。

光线入射到第一个球面的高度为 y[图 2.39(a)],当透镜为薄透镜时,可以假设光线到达透镜第二个球面的高度也为 y。在以上假设下,有以下规律:

折射角和入射角之间的关系为

$$\theta_2 = \theta_1 - \frac{y}{f} \tag{2.11}$$

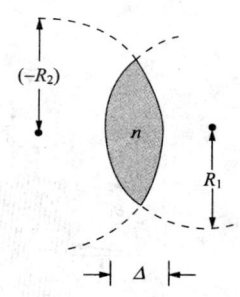

图 2.38 两面凸的球面透镜

f 称为焦距,由下式决定:

$$\frac{1}{f} = (n-1)\left(\frac{1}{R_1} - \frac{1}{R_2}\right) \tag{2.12}$$

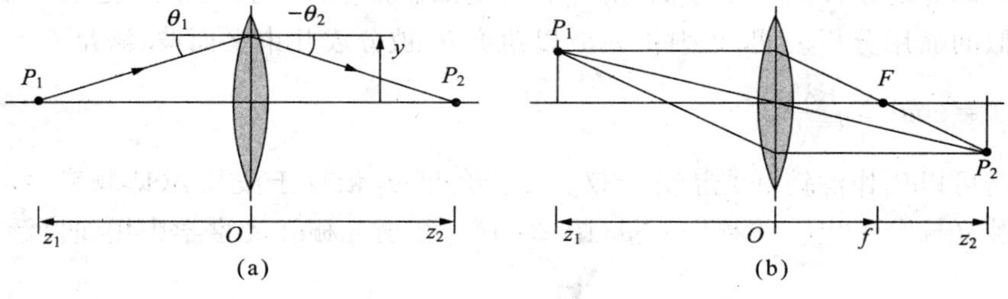

图 2.39 薄透镜使光线弯曲和薄透镜成像

所有经过点 $P_1 = (y_1, z_1)$ 的光线相交于点 $P_2 = (y_2, z_2)$[图 2.41(b)],有

$$\frac{1}{z_1} + \frac{1}{z_2} = \frac{1}{f} \tag{2.13}$$

$$y_2 = -\frac{z_2}{z_1} y_1 \tag{2.14}$$

成立。这意味着 $z = z_1$ 平面上的每一点都成像于 $z = z_2$ 平面上的对应点,并且放大了 $-z_2/z_1$ 倍。所以一个透镜的焦距完全决定了它对傍轴光线的作用效果。对凸面镜,R 取正值,而对凹面镜,R 取负值。

11. 衍射光栅

衍射光栅是用来调制入射波的相位和幅度的光学元件。一块厚度周期性变化或折射系数周期性变化的透明平板就是一个折射光栅。由类似孔、障碍、吸收元素等具有衍射性质的单元组成的阵列也可当成衍射光栅。通常将铝箔蒸发到玻璃底板上形成一条条周期变化的窄带制成反射式衍射光栅。

考虑一个由薄透明平板制成的衍射光栅，位于 $z=0$ 平面，厚度沿 x 方向作周期性变化，周期为 Λ（图 2.40）。一束波长为 $\lambda \ll \Lambda$，与 z 轴成小角度 θ_i 的平面波，经过衍射光栅后，被分成几束平面波，角度为

$$\theta_q = \theta_i + q\frac{\lambda}{\Lambda} \tag{2.15}$$

式中，$q=0,\pm 1,\pm 2,\cdots$ 称为衍射阶数。如图 2.40 所示，衍射波按角度 $\theta=\lambda/\Lambda$ 分开。

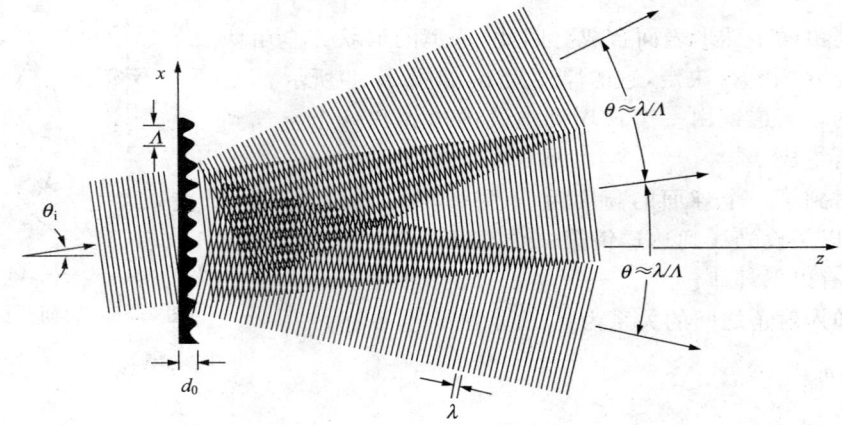

图 2.40 厚度沿 x 方向周期性变化的薄透平板衍射光栅，它将入射平面波分成沿着不同方向传播的多个平面波

式(2.15)成立的条件是傍轴近似（所有的角度都非常小），并且周期 Λ 远大于波长 λ。一个忽略傍轴近似的通用分析表明，入射平面波以角度 θ_q 被分成几束平面波，满足

$$\sin\theta_q = \sin\theta_i + q\frac{\lambda}{\Lambda} \tag{2.16}$$

衍射光栅可以用作滤镜和光谱分析仪。由于角度 θ_q 依赖于波长 λ（即频率 ν），所以一束入射的多谐波被光栅分解出它的频谱分量（图 2.41）。衍射光栅在光谱学中用途广泛。

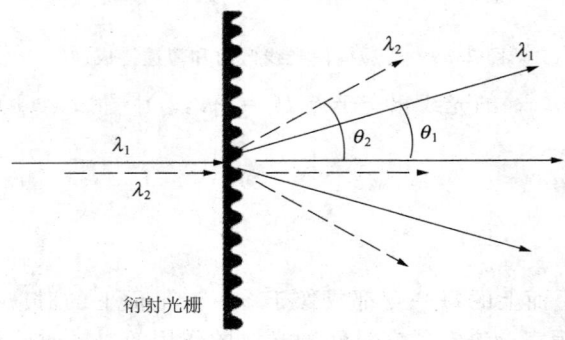

衍射光栅

图 2.41 衍射光栅将两种不同波长的光分开，因此它可作为光谱分析仪

12. 干涉仪

干涉仪是这样一种光学仪器:用分光镜将一列波分成两束,延迟不同的距离,再通过镜面变向,用另一个(或同一个)分光镜重新组合,再检测它们叠加的光强。三种重要的干涉仪是马赫-曾德尔(Mach-Zehnder)干涉仪、迈克尔逊(Michelson)干涉仪和 Sagnac 干涉仪,如图 2.42 所示。

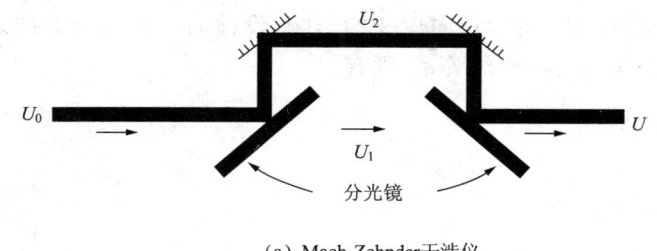

(a) Mach-Zehnder干涉仪

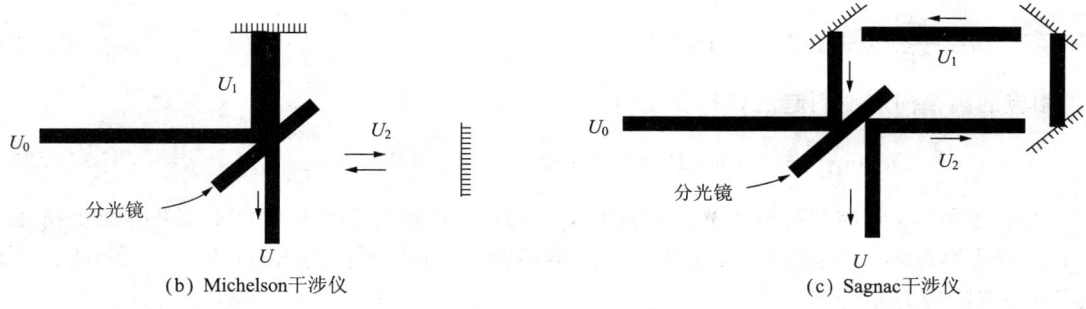

(b) Michelson干涉仪 (c) Sagnac干涉仪

图 2.42 干涉仪结构图

13. 偏振控制器

光纤弯曲形成的应力变化如图 2.43 所示。光纤折射率变化时,其折射率椭球方程为

$$\frac{x_1^2+x_2^2+x_3^2}{n^2}+\Delta\left(\frac{1}{n^2}\right)_{ij}x_ix_j=1 \tag{2.17}$$

在不存在扭转力时,应变产生的折射率增量可由光弹效应描述:

$$\begin{bmatrix} \Delta\left(\frac{1}{n^2}\right)_1 \\ \Delta\left(\frac{1}{n^2}\right)_2 \\ \Delta\left(\frac{1}{n^2}\right)_3 \end{bmatrix} = \begin{bmatrix} P_{11} & P_{12} & P_{12} \\ P_{12} & P_{11} & P_{12} \\ P_{12} & P_{12} & P_{11} \end{bmatrix} \begin{bmatrix} \varepsilon_1 \\ \varepsilon_2 \\ \varepsilon_3 \end{bmatrix} \tag{2.18}$$

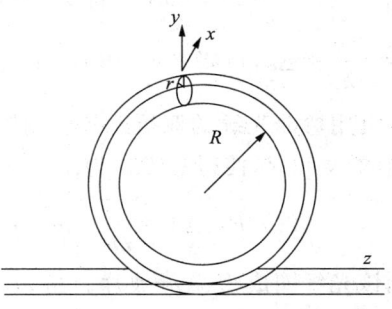

图 2.43 光纤弯曲形成的应力变化

其中,P_{ij} 为介质的光弹系数,ε_i 为对应应力形成的应变分量。

相应的折射率增量为

$$\Delta n_1 = -\frac{n^3}{2}(P_{11}\varepsilon_1+P_{12}\varepsilon_2+P_{12}\varepsilon_3)$$

$$\Delta n_2 = -\frac{n^3}{2}(P_{12}\varepsilon_1+P_{11}\varepsilon_2+P_{12}\varepsilon_3) \tag{2.19}$$

$$\Delta n_3 = -\frac{n^3}{2}(P_{12}\varepsilon_1 + P_{12}\varepsilon_2 + P_{11}\varepsilon_3)$$

这里,下标 1 和 2 表示 x 和 y。因此,横向上的折射率差为

$$\Delta n = \Delta n_2 - \Delta n_1 = -\frac{n^3}{2}[(\varepsilon_2 - \varepsilon_1)(P_{11} - P_{12}) + \varepsilon_3(P_{11} - P_{12})] \tag{2.20}$$

若仅考虑光纤受到的横向应力,忽略径向应变的影响,设横向上两正交方向之间的应力差为 $\Delta S = S_2 - S_1$,根据横向上应变与应力的关系,则有

$$\varepsilon_1 = \frac{1}{E}[S_1 - \nu(S_2 + S_3)]$$
$$\varepsilon_2 = \frac{1}{E}[S_2 - \nu(S_1 + S_3)] \tag{2.21}$$

式中,E 为杨氏模量,ν 为泊松比。在横向上产生的折射率差为

$$\Delta n = \frac{n^3}{2E}(1+\nu)(P_{12} - P_{11})\Delta S \tag{2.22}$$

相应的因横向应变引起的位相变化为

$$\delta = \frac{2\pi}{\lambda}\Delta n = \frac{\pi}{\lambda}\frac{n^3}{E}(1+\nu)(P_{12} - P_{11})\Delta S \tag{2.23}$$

假定光纤没有固有双折射。光纤弯曲时,y 方向上的外边缘受拉伸变长,内边缘受挤压变短;x 方向受对称向外的推力。设光纤横截面半径为 A,弯曲半径为 R,且 $R \gg A$。由此可求出光纤中心点的应力差为

$$\Delta S = S_y - S_x = \frac{A^2 E}{2R^2} \tag{2.24}$$

将上式代入式(2.23),因纯粹弯曲引起的位相差为

$$\delta = \frac{2\pi}{\lambda}\frac{n^3 E}{4}(1+\nu)(P_{12} - P_{11})\left(\frac{A}{R}\right)^2 \tag{2.25}$$

当石英光纤弯曲时,将 $P_{11} = 0.121$、$P_{12} = 0.27$、$n = 1.46$、$\nu = 0.17$ 代入式(2.25),并利用 $\delta = \frac{2\pi}{\lambda} = \Delta n$,可得 $\Delta n = 0.133\left(\frac{A}{R}\right)^2$。其快轴位于弯曲平面内,慢轴垂直于弯曲平面。因此,可利用弯曲光纤的双折射效应制成波片,对于 y-z 平面内弯曲半径为 R 的 N 圈光纤,若选择适当的 N 和 R,使得总光程为

$$2\pi NR|\Delta n| = \frac{\lambda}{m} \quad m = 1, 2, 3, 4, \cdots \tag{2.26}$$

则该光纤圈成为 λ/m 波片。当 $m=2$ 和 4 时,分别对应 1/2 和 1/4 波片。

2.11 常用电子元器件的识别

电子元器件种类很多,常用的有电阻器、电容器、电感器、半导体器件和集成电路等。电阻器(简称电阻)是在电子电路中用得最多的元件之一,在电路中起限流和分压的作用。

2.11.1 电阻器

1. 电阻器的分类

(1) 从结构上的分类

从结构上,可将电阻器分为固定电阻器和可变电阻器两大类。固定电阻器的阻值是固定

不变的,阻值的大小即为它的标称阻值。固定电阻器在电路中的文字符号用大写字母"R"表示。固定电阻器按其材料的不同可分为碳质电阻器、碳膜电阻器、金属膜电阻器、线绕电阻器等。

(2) 按使用场合不同的分类

按使用场合不同,可将电阻器分为精密电阻器、大功率电阻器、高频电阻器、高压电阻器、热敏电阻器、光敏电阻器、熔断电阻器等。图 2.44 列出了几种典型的电阻器。

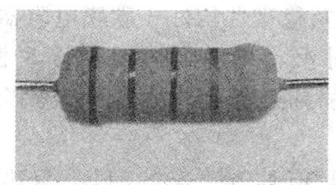 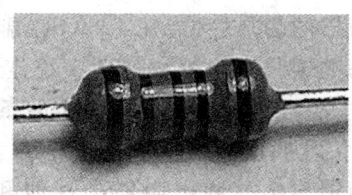

(a) 碳膜电阻器(体积小,精度高,稳定性稍差)　　(b) 金属氧化膜电阻器(功率负荷大,温度系数小,稳定性好)

 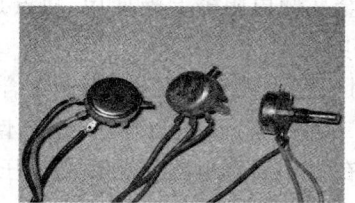

(c) 水泥电阻器(体积大,功率负荷大)　　(d) 可调电位器(阻值可调)

图 2.44　几种典型的电阻器

2. 阻值和允许误差在电阻器上常用的标注方法

用色环标注电阻器的准确度和标称值的优点是电阻器被安装在电路中后,能清楚地读出阻值和误差,色环电阻器分为四道环电阻器和五道环电阻器。

(1) 四道环标注法

第一色环表示标称阻值的第一位数字,第二色环表示阻值的第二位数字,第三色环表示这两位数字后应乘的倍乘率,第四色环表示阻值的容许误差。

(2) 五道环标注法

精密电阻器通常用五道色环标注法。第一、二、三色环分别表示标称阻值的前三位有效数字,第四色环表示这三位数字后应乘的倍乘率,第五色环表示阻值的容许误差。

色环表示的数值见表 2.10。

表 2.10　色环表示的数值

颜　色	银	金	黑	棕	红	橙	黄	绿	蓝	紫	灰	白
数　字	—	—	0	1	2	3	4	5	6	7	8	9
乘　数	10^{-2}	10^{-1}	10^0	10^1	10^2	10^3	10^4	10^5	10^6	10^7	10^8	10^9
精度(%)	±10	±5	—	±1	±2	—	—	0.5	0.2	0.1	—	—

例如,某电阻器的五道色环为橙橙红红棕,则其阻值为 $332\times10^2\pm1\%\Omega$。

在色环电阻器的识别中,找出第一道色环是很重要的,可用下法识别:在四环标志中,第四道色环一般是金色或银色,由此可推出第一道色环;在五环标志中,第一道色环与电阻的引脚距离最短,由此可识别出第一道色环。

采用色环标志的电阻器,颜色醒目,标志清晰,不易退色,从不同的角度都能看清阻值和允许偏差。目前在国际上都广泛采用色标法。

3. 常用电阻器性能介绍

(1) 碳膜电阻器

这种电阻器的阻值稳定性好，温度系数小，高频特性好，可在 70℃ 的温度下长期工作，应用在收音机、电视机等一些电子产品中。碳膜电阻器是由结晶碳在高温与真空的条件下沉淀在瓷棒或瓷管骨架上制成的，外表常涂成绿色或橙色。

(2) 金属膜电阻器

这种电阻器的耐热性（能在 125℃ 的温度下长期工作）及稳定性均好于碳膜电阻器，且体积远小于同功率的碳膜电阻器。适用于稳定性和可靠性要求较高的场合（如用在各种测试仪表中）。金属膜电阻器是用合金粉在真空的条件下蒸发于瓷棒骨架表面制成的，外表常涂成红色。

(3) 金属氧化膜电阻器

这种电阻器与金属膜电阻器的性能和形状基本相同，但具有更高的耐压、耐热性（可达 200℃），可与金属膜电阻器互换使用，缺点是长期工作时的稳定性稍差。

(4) 线绕电阻器

这种电阻器是由镍、铬、锰铜、康铜等合金电阻丝绕在瓷管上制成的，外表涂有耐热的绝缘层（酚醛层）。线绕电阻器的精度高、稳定性好，并能承受较高的温度（300℃ 左右）和较大的功率，因此常用在万用表和电阻箱中作为分压器和限流器，但因其固有电容和固有电感较大，故不宜用于高频电路中。

(5) 热敏电阻器

这种电阻器的特点是：电阻值随温度的变化而发生明显的变化。主要用在电路中作温度补偿用，也可在温度测量电路和控制电路中作为感温元件。

热敏电阻器可分为两大类，分别是负温度系数（NTC 型）和正温度系数（PTC 型）热敏电阻。热敏电阻的外形有片状、杆状、垫圈状和管状等。

测量热敏电阻时不宜用普通万用表，因普通万用表的电流过大，会使其发热而造成阻值的变化。

(6) 贴片电阻器

贴片电阻器属于新一代电阻元件，是超小型电子元器件。它占用的安装空间很小，没有引线，其分布电容和分布电感均很小，使高频设计易于实现。贴片电阻器的形状有矩形和圆柱形两种。矩形贴片电阻器很薄，有两种型号：3216 型（长 3.2mm、宽 1.6mm、厚 0.45～0.6mm）和 2125 型（长 2.0mm、宽 1.25mm、厚 0.35～0.5mm），适于制作超薄型产品。

2.11.2 电容器

电容器（简称电容）是一种能存储电能的元件，其特点是通交流、隔直流、阻低频、通高频，在电路中常用于耦合、旁路、滤波、谐振等用途。

1. 电容器的类型

电容器按结构可分为固定电容和可变电容，可变电容中又有半可变（微调）电容和全可变电容之分。电容器按材料介质可分为气体介质电容、纸介电容、有机薄膜电容、瓷介电容、云母电容、玻璃釉电容、电解电容、钽电容等。电容器还可分为有极性和无极性电容。图 2.45 表示出了几种不同种类的电容。

2. 电容器的型号命名法

根据国标 GB 2470-1995 的规定，电容器的标称容量、误差标示方法如下：

2.11 常用电子元器件的识别 53

(a) 贴片电容(便于高度集成)

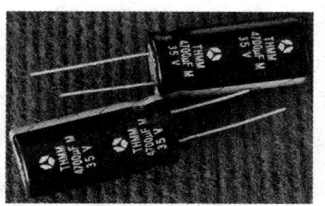
(b) 电解电容(体积大,有固定极性)

(c) 涤纶电容(电性能优良,温度特性比较差)

(d) 独石电容(体积小,温度特性好,漏电较少)

图 2.45 电容的种类

① 直标法。在产品的表面直接标示出产品的主要参数和技术指标的方法。例如在电容器上标示:$33\mu F \pm 5\%,32V$。

② 文字符号法。将需要标示的主要参数与技术性能用文字、数字符号有规律的组合标示在产品的表面。采用文字符号法时,将容量的整数部分写在容量单位标示符号前面,小数部分放在单位符号后面。如 3.3pF 标示为 3p3,1000pF 标示为 1n,6800 标示为 6n8,2.2μF 标示为 2μ2。

③ 数字标示法。体积较小的电容器常用数字标示法。一般用三位整数,第一位、第二位为有效数字,第三位表示有效数字后面零的个数,单位为皮法(pF),但是当第三位数是 9 时表示 10^{-1}。如"243"表示容量为 24 000pF,而"339"表示容量为 33×10^{-1}pF(3.3pF)。

例如,一些小容量瓷片、独石电容的容值表示如下:

104 代表 10×10^4pF=100 000pF=0.1μF;

223 代表 22×10^3pF=22 000pF=0.022μF;

2n2 代表 2.2nF=2200pF。

3. 电容器的测试

对电容器进行性能检查,应视型号和容量的不同而采取不同的方法。

(1) 电解电容器的测试

对电解电容器的性能测量,最主要的是容量和漏电流的测量。对正负极标志脱落的电容器,还应进行极性判别。

用万用表测量电解电容的漏电流时,可用万用表电阻挡测电阻的方法来估测。万用表的黑表笔应接电容器的"+"极,红表笔接电容器的"-"极,此时表针迅速向右摆动,然后慢慢退回。待指针不动时,其指示的电阻值越大表示电容器的漏电流越小;若指针根本不向右摆,说明电容器内部已断路或电解质已干涸而失去容量。

用上述方法还可以鉴别电容器的正负极。对失掉正负极标志的电解电容器,或先假定某极为"+",让其与万用表的黑表笔相接,另一个电极与万用表的红表笔相接,同时观察并记住表针向右摆动的幅度;将电容放电后,把两只表笔对调重新进行上述测量。哪一次测量中,表针最后停留的摆动幅度较小,说明该次对其正负极的假设是对的。

(2) 中小容量电容器的测试

这类电容器的特点是无正负极之分。若用万用表的电阻挡直接测量其绝缘电阻,则表针摆动范围极小不易观察,用此法主要是检查电容器的断路情况。

对于 0.01μF 以上的电容器,必须根据容量的大小,分别选择万用表的合适量程,才能正确加以判断。如测 300μF 以上的电容器可选择"R×10k"或"R×1k"挡;测 0.47~10μF 的电容器可用"R×1k"挡;测 0.01~0.47μF 的电容器可用"R×10k"挡等。具体方法是:用两表笔分别接触电容的两根引线(注意双手不能同时接触电容器的两极),若表针不动,将表针对调再测,仍不动说明电容器断路。

对于 0.01μF 以下的电容器不能用万用表的欧姆挡判断其是否断路,只能用其他仪表(如 Q 表)进行鉴别。

(3) 可变电容器的测试

对可变电容器主要是测其是否发生碰片(短接)现象。选择万用表的电阻(R×1)挡,将表笔分别接在可变电容器的动片和定片的连接片上。旋转电容器动片至某一位置时,若发现有直通(即表针指零)现象,说明可变电容器的动片和定片之间有碰片现象,应予以排除后再使用。

4. 电容器的主要性能

电容器的电气性能一般有四个主要参数。

(1) 标称电容量及偏差

某一个电容器上标有 220nT,表示该电容器的标称电容量为 220nF,实际电容量在 220nF ±5% 之内,此处 T 表示容量误差为 ±5%。若 T 改为 K,表示误差为 ±10%;改为 M 表示误差为 ±20%。

(2) 额定电压

电容器上还标有额定电压值,在不注明的情况下,均指直流额定工作电压。电容器在工作时,其上承受的直流电压应小于额定电压。

(3) 绝缘电阻

理想的电容器,在其上加有直流电压时,应没有电流流过电容器,而实际上存在微小的漏电流。直流电压除以漏电流的值,即为电容器的绝缘电阻。

(4) 损耗角正切值

损耗角正切值,简称损耗。当交流电流通过电容器时,其上有一个交流电压降,对于理想的电容器,其两端的交流电压乘以流过的电流所得的值称为无功功率,此时,电容器不会发热。实际的电容器会产生微小的热量,其发热的功率称为有功功率。有功功率与无功功率之比称为损耗角正切值。

除了以上四个主要参数外,还有一个重要参数就是电容量的温度系数。实际电容器的电容量是随着温度变化而变化的。当温度升高时,有的电容量会变大,称为正温度系数的电容器;有的则变小,称为负温度系数的电容器。

5. 电容在电路设计中的作用

作为无源元件之一的电容,其作用不外乎以下几种:应用于电源电路,起到旁路、去耦、滤波和储能的作用。

(1) 旁　路

旁路电容是为本地器件提供能量的储能器件,它能使稳压器的输出均匀化,降低负载需求。就像小型可充电电池一样,旁路电容能够被充电,并向器件进行放电。为尽量减少阻抗,旁路电容要尽量靠近负载器件的供电电源管脚和地管脚。这能够很好地防止输入值过大而导致的地电位抬高和噪声。

(2) 去 耦

去耦,又称解耦。从电路来说,总是可以区分为驱动的电源和被驱动的负载。如果负载电容比较大,驱动电路要把电容充电、放电,才能完成信号的跳变,在上升沿比较陡峭的时候,电流比较大,这样驱动的电流就会吸收很大的电源电流,这种电流相对于正常情况来说实际上就是一种噪声,会影响前级的正常工作。去耦电容就是起到一个"电池"的作用,满足驱动电路电流的变化,避免相互间的耦合干扰。将旁路电容和去耦电容结合起来将更容易理解。旁路电容实际也是去耦合的,只是旁路电容一般是指高频旁路,也就是给高频的开关噪声提供一条低阻抗泄放途径。高频旁路电容一般比较小,根据谐振频率一般取 $0.1\mu F$、$0.01\mu F$ 等;而去耦合电容的容量一般较大,可能是 $10\mu F$ 或者更大,依据电路中分布参数及驱动电流的变化大小来确定。旁路是把输入信号中的干扰作为滤除对象,而去耦是把输出信号的干扰作为滤除对象,防止干扰信号返回电源。这应该是它们的本质区别。

(3) 滤 波

从理论上说,电容越大,阻抗越小。但实际上超过 $1\mu F$ 的电容大多为电解电容,有很大的电感成分,所以频率高后阻抗反而会增大。有时会看到有一个电容量较大的电解电容并联了一个小电容,这时大电容通低频,小电容通高频。电容的作用就是通高阻低,即通高频阻低频。电容越大,低频越容易通过,电容越小,高频越容易通过。具体用在滤波中,大电容($1000\mu F$)滤低频,小电容(20pF)滤高频。

(4) 储 能

储能型电容器通过整流器收集电荷,并将存储的能量通过变换器引线传送至电源的输出端。电压额定值为 $40\sim450VDC$、电容值在 $220\sim150\,000\mu F$ 之间的铝电解电容器。根据不同的电源要求,器件有时会采用串联、并联或其组合的形式,对于功率超过 10kW 的电源,通常采用体积较大的罐形螺旋端子电容器。

6. 电容的分类

电容的分类方式及种类很多,基于电容的材料特性,其可分为以下几大类:

① 铝电解电容。电容容量范围为 $0.1\sim22\,000\mu F$,广泛应用于电源滤波、解耦等场合。

② 薄膜电容。电容容量范围为 $0.1pF\sim10\mu F$,具有较小公差、较高容量稳定性及极低的压电效应,因此是 X、Y 安全电容及 EMI/EMC 的首选。

③ 钽电容。电容容量范围为 $2.2\sim560\mu F$。脉动吸收、瞬态响应及噪声抑制都优于铝电解电容,是高稳定电源的理想选择。

④ 陶瓷电容。电容容量范围为 $0.5pF\sim100\mu F$,独特的材料和薄膜技术的结晶,迎合了当今"更轻、更薄、更节能"的设计理念。

⑤ 超级电容。电容容量范围为 $0.022\sim70F$,具有极高的容值。主要特点是:超高容值、良好的充放电特性,适合于电能存储和电源备份。缺点是耐压较低,工作温度范围较窄。

2.11.3 电感器和变压器

电感器(简称电感)一般用导线绕制成环形,具有一定电感量,有空心电感、铁心电感和磁心电感。主要用于显示器、充电器、逆变器等小型电子设备中。电感器和变压器的分类如图 2.46 所示。

电感器也是构成电路的基本元件,在电路中有阻碍交流电通过的特性。其基本特性是通低频、阻高频,在交流电路中常用于扼流、降压、谐振等。

(a) 普通电感线圈:用于扼流、谐振滤波回路　(b) 变压器:调节交流电的电压和电流

图 2.46 电感器和变压器的分类

1. 电感器

电感器可分为固定电感和可变电感两大类。按导磁性质可分为空心线圈、磁心线圈和铜心线圈等;按用途可分为高频扼流线圈、低频扼流线圈、调谐线圈、退耦线圈、提升线圈和稳频线圈等;按结构特点可分为单层、多层、蜂房式、磁心式等。

(1) 小型固定式电感线圈

这种电感线圈是将铜线绕在磁心上,再用环氧树脂或塑料封装而成。它的电感量用直标法和色标法表示,又称色码电感器。它具有体积小、重量轻、结构牢固和安装使用方便等优点,因而广泛用于收音机、电视机等电子设备中,在电路中用于滤波、陷波、扼流、振荡、延迟等。固定电感器有立式和卧式两种,其电感量一般为 $0.1 \sim 3000 \mu H$,工作频率为 $10kHz \sim 200MHz$。

(2) 低频扼流圈

低频扼流圈又称滤波线圈,一般由铁心和绕组等构成。其结构有封闭式和开启式两种,封闭式的结构防潮性能较好。低频扼流圈常与电容器组成滤波电路,以滤除整流后残存的交流成分。

(3) 高频扼流圈

高频扼流圈用在高频电路中用来阻碍高频电流的通过。在电路中,高频扼流圈常与电容串联组成滤波电路,起到分开高频和低频信号的作用。

(4) 可变电感线圈

在线圈中插入磁心(或铜心),改变磁心的位置就可以达到改变电感量的目的。如磁棒式天线线圈就是一个可变电感线圈,其电感量可在一定的范围内调节。它还能与可变电容组成调谐器,用于改变谐振回路的谐振频率。

2. 变压器

变压器是用作变换电路中电压、电流和阻抗的器件,按其工作频率的高低可分为低频变压器、中频变压器、高频变压器。

(1) 低频变压器

低频变压器又分为音频变压器和电源变压器两种,它主要用在阻抗变换和交流电压的变换上。音频变压器的主要作用是实现阻抗匹配、耦合信号、将信号倒相等,因为只有在电路阻抗匹配的情况下,音频信号的传输损耗及其失真才能降到最小。电源变压器是将 220V 交流电压升高或降低,变成所需的各种交流电压。

(2) 中频变压器

它是超外差式收音机和电视机中的重要部件,又叫中周。中周的磁心和磁帽是用高频或低频特性的磁性材料制成的,低频磁心用于收音机,高频磁心用于电视机和调频收音机。中周的调谐方式有单调谐和双调谐两种,收音机多采用单调谐电路。常用的中周有 TFF-1、TFF-2、

TFF-3等型号为收音机所用，10TV21、10LV23、10TS22等型号为电视机所用。中频变压器的适用频率范围从几千赫到几十兆赫，在电路中起选频和耦合等作用，在很大程度上决定了接收机的灵敏度、选择性和通频带。

(3) 高频变压器

高频变压器又分为耦合线圈和调谐线圈两类。调谐线圈与电容可组成串、并联谐振回路，起到选频等作用。天线线圈、振荡线圈等都是高频线圈。

(4) 行输出变压器

它又称为逆行程变压器，接在电视机行扫描的输出级，将逆行程反峰电压进行升压整流、滤波，为显像管提供阳极高压、加速极电压、聚焦极电压以及其他电路所需的直流电压。

3. 电感器的选用常识

① 首先应明确其使用的频率范围。铁心线圈只能用于低频，铁氧体线圈、空心线圈可用于高频；其次要弄清楚线圈的电感量和适用的电压范围。

② 在使用时，要注意通过电感器的工作电流要小于它的允许电流。否则，电感器将发热，使其性能变坏甚至烧坏。

③ 在安装时，要注意电感器的相互位置，因电感线圈是磁感应元件，一般应使相互靠近的电感线圈的轴线互相垂直。

4. 电感器与变压器的测试

(1) 电感器的测试

首先进行外观检查，看线圈有无松散，引脚有无折断、生锈现象。然后用万用表的欧姆挡测线圈的直流电阻，若为无穷大，说明线圈（或与引出线间）有断路；若比正常值小很多，说明有局部短路；若为零，则线圈被完全短路。对于有金属屏蔽罩的电感器线圈，还需检查它的线圈与屏蔽罩间是否短路；对于有磁心的可调电感器，螺纹配合要好。

(2) 变压器的测试

主要测试变压器的直流电阻和绝缘电阻。

由于变压器的直流电阻很小，所以一般用万用表的 R×1Ω 挡来测绕组的电阻值，可判断绕组有无短路或断路现象。对于某些晶体管收音机中使用的输入、输出变压器，由于它们体积相同，外形相似，一旦标志脱落，直观上很难区分，此时可根据其线圈直流电阻值进行区分。一般情况下，输入变压器的直流电阻值较大，初级多为几百欧，次级多为 $100\sim200\Omega$；输出变压器的初级多为几十欧至上百欧，次级多为零点几欧至几欧。

变压器各绕组之间以及绕组和铁心之间的绝缘电阻可用 500V 或 1000V 兆欧表（摇表）进行测量。

2.11.4 半导体二极管

1. 普通二极管的分类

如图 2.47 所示，二极管由一个 PN 结构成，具有单向导电性。根据材料，可以分为硅、锗、砷化镓二极管；按照制作工艺，可以分为面接触和点接触二极管；按照用途，可分为整流、检波、稳压、变容、光电、发光二极管。

2. 常用二极管的选用

应根据用途和电路的具体要求来选择二极管的种类、型号及参数。

选用检波管时，主要使其工作频率符合要求。用锗高频三极管的发射结进行检波的效果较好,因为发射结结电容很小。

选择整流二极管时,主要考虑其最大整流电流、最高反向工作电压是否满足要求,常用的硅桥(硅整流组合管)为 QL 型。

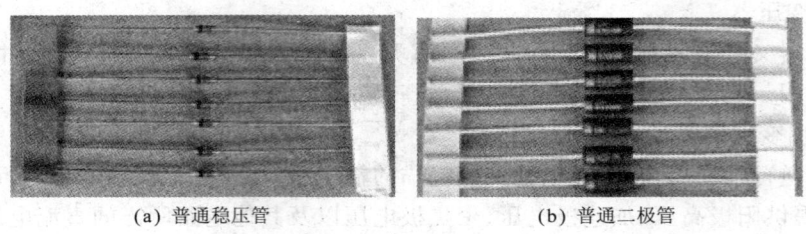

(a) 普通稳压管　　　　　　　　(b) 普通二极管

图 2.47　二极管

3. 二极管的测试

(1) 普通二极管的测试

普通二极管外壳上均印有型号和标记。标记方法有箭头、色点、色环三种,箭头所指方向或靠近色环的一端为二极管的负极,有色点的一端为正极。若型号和标记脱落时,可用万用表的欧姆挡进行判别。主要原理是根据二极管的单向导电性,其反向电阻远远大于正向电阻。具体过程如下。

① 判别极性:将万用表选在 R×100 或 R×1k 挡,两表笔分别接二极管的两个电极。若测出的电阻值较小(硅管为几百欧~几千欧,锗管为 100Ω~1kΩ),说明是正向导通,此时黑表笔接的是二极管的正极,红表笔接的则是负极;若测出的电阻值较大(几十千欧~几百千欧),为反向截止,此时红表笔接的是二极管的正极,黑表笔接的是负极。

② 检查好坏:可通过测量正、反向电阻来判断二极管的好坏。一般小功率硅二极管正向电阻为几百千欧~几千千欧,锗管为 100Ω~1kΩ。

③ 判别硅、锗管:若不知被测的二极管是硅管还是锗管,可根据硅、锗管的导通压降不同的原理来判别。将二极管接在电路中,当其导通时,用万用表测其正向压降,硅管一般为 0.6~0.7V,锗管为 0.1~0.3V。

(2) 稳压管的测试

① 极性的判别:与上述普通二极管的判别方法相同。

② 检查好坏:万用表置于 R×10k 挡,黑表笔接稳压管的"-"极,红笔接"+"极,若此时的反向电阻很小(与使用 R×1k 挡时的测试值相比较),说明该稳压管正常。因为万用表 R×10k 挡的内部电压都在 9V 以上,可达到被测稳压管的击穿电压,使其阻值大大减小。

(3) 光电二极管的测试

把光电二极管用黑纸盖住,将万用表打到 R×1k 挡,两表笔分别接两个管脚,若指针读数为几千欧左右,则黑表笔接的是正极。这是正向电阻,是不随光照而变化的。将两表笔对调测反向电阻,一般读数应在几百千欧到无穷大(注意测量时窗口应避开光)。然后用手电筒光照管子的顶端窗口,这时表头指针偏转应明显加大,光线越强,反向电阻应越小(仅几百欧)。关掉手电筒,指针读数应立即恢复到原来的阻值,这样的光电二极管才是好的。

2.11.5　半导体三极管和场效应管

半导体三极管又称双极型晶体管,简称三极管,是一种电流控制型器件,最基本的作用是放大。它具有体积小、结构牢固、寿命长、耗电省等优点,被广泛应用于各种电子设备中。

1. 三极管的种类

按材料与工艺,三极管可分为硅平面管和锗合金管;按结构可分为 NPN 型与 PNP 型;按工作频率可分为低频管和高频管;按用途可分为电压放大管、功率管和开关管等(图 2.48)。

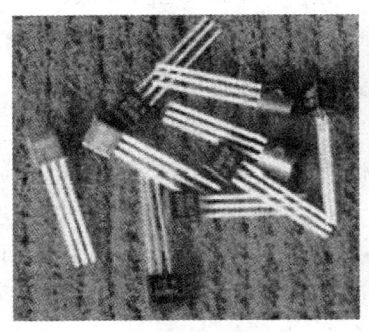
(a) 实验常用的 8050 NPN 型三极管

(b) 大功率三极管

图 2.48 三极管

2. 三极管的测试

常用的小功率管有金属外壳封装和塑料封装两种,其外形及管脚排列次序可直接观测出三个电极 E、B、C。但不能只看出三个电极就说明管子的一切问题,仍需进一步判断管型和管子的好坏。一般可用万用表的"R×100"和"R×1k"挡进行判别。

(1) B 极和管型的判断

黑表笔任接一极,红表笔分别依次接另外两极。若两次测量中表针均偏转很大(说明管子的 PN 结已通,电阻较小),则黑表笔接的电极为 B 极,同时该管为 NPN 型;反之,将表笔对调(红表笔任接一极),重复以上操作,则也可确定管子的 B 极,其管型为 PNP 型。

(2) 管子好坏的判断

若在以上操作中无一电极满足上述现象,则说明管子已坏。也可用万用表的 hFE 挡,当管型确定后,将三极管插入"NPN"或"PNP"插孔,将万用表置于"hFE"挡,若 $h_{EF}(\beta)$ 值不正常(如为 0 或为大于 300),则说明管子已坏。

3. 场效应管的分类

场效应晶体管简称场效应管(FET),又称单极型晶体管,它属于电压控制型半导体器件。其特点是输入电阻很高、噪声小、功耗低、无二次击穿现象,受温度和辐射影响小,特别适用于要求高灵敏度和低噪声的电路。场效应管和三极管一样都能实现信号的控制和放大,但由于它们的构造和工作原理截然不同,所以二者的差别很大。在某些特殊应用场合,场效应管优于三极管,是三极管所无法替代的。

4. 场效应管的选择和使用

选择场效应管要适应电路的要求。当信号源内阻高,希望得到好的放大作用和较低的噪声系数时;当信号为超高频和要求低噪声时;当信号为弱信号且要求低电流运行时;当要求作为双向导电的开关等场合,都可以优先选用场效应管。

使用场效应管注意事项如下:

① 结型场效应管的栅源电压不能反接,但可以在开路状态下保存。MOS 场效应管在不使用时,必须将各极引线短路。焊接时,应将电烙铁外壳接地,以防止由于烙铁带电而损坏管子。

不允许在电源接通的情况下拆装场效应管。

② 结型场效应管可用万用表定性检查管子的质量,而绝缘栅型场效应管则不能用万用表检查,必须用测试仪。测试仪需有良好的接地装置,以防止绝缘栅击穿。

③ 在输入电阻较高的场合使用时,应采取防潮措施,以免输入电阻降低。

5. 场效应管的测试

下面以结型场效应管(JFET)为例说明有关测试方法。

(1) 电极的判别

根据 PN 结的正、反向电阻值不同的现象可以很方便地判别出结型场效应管的 G、D、S 极(栅极、漏极、源极)。

方法一:将万用表置于 R×1k 挡,任选两电极,分别测出它们之间的正、反向电阻。若正、反向的电阻相等(约几千欧),则该两极为漏极 D 和源极 S(结型场效应管的 D、S 极可互换),余下的则为栅极 G。

方法二:用万用表的黑表笔任接一个电极,另一表笔依次接触其余两个电极,测其阻值。若两次测得的阻值近似相等,则该黑表笔接的为栅极 G,余下的两个为 D 极和 S 极。

(2) 放大倍数的测量

将万用表置于 R×1k 或 R×100 挡,两只表笔分别接触 D 极和 S 极,用手靠近或接触 G 极,此时表针右摆,且摆动幅度越大,放大倍数越大。

对 MOS 管来说,为防止栅极击穿,一般测量前先在其 G-S 极间接一只几兆欧的大电阻,然后按上述方法测量。

(3) 判别 JEET 的好坏

检查两个 PN 结的单向导电性,PN 结正常,管子是好的,否则为坏的。测漏-源间的电阻 R_{DS},应约为几千欧;若 $R_{DS} \rightarrow 0$ 或 $R_{DS} \rightarrow \infty$,则管子已损坏。测 R_{DS} 时,用手靠近栅极 G,表针应有明显摆动,摆幅越大,管子的性能越好。

2.11.6 集成电路

集成电路(图 2.49)是近几十年半导体器件发展起来的高科技产品,其发展速度异常迅猛,从小规模集成电路发展到今天的超大规模集成电路。集成电路的体积小,耗电低,稳定性好,从某种意义上讲,集成电路是衡量一个电子产品是否先进的主要标志。

集成电路按功能可分为数字集成电路和模拟集成电路;按其制作工艺可分为半导体集成电路、薄膜集成电路、厚膜集成电路和混合集成电路等;按其集成度可分为小规模集成电路(SSI)、中规模集成电路(MSI)、大规模集成电路(LSI)和超大规模集成电路(VLSI),它表示了在一个硅基片上所制造的元器件的数目。

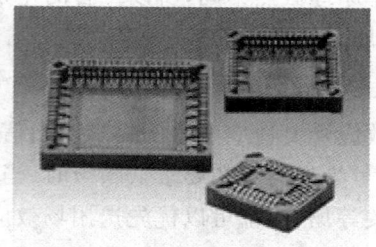

图 2.49 集成电路

集成电路的封装形式有晶体管式封装、扁平封装和直插式封装。集成电路的管脚排列次序有一定的规律,一般是从外壳顶部向下看,从左下脚按逆时针方向读数,其中第一脚附近一般有参考标志,如凹槽、色点等。

1. 数字集成电路

数字集成电路按结构不同可分为双极型和单极型电路。其中双极型电路有 DTL、TTL、ECL、HTL 等多种;单极型电路有 JFET、NMOS、PMOS、CMOS 等四种。

数字集成电路在实际工程中,最常用的主要有 TTL 和 CMOS 两大系列。

2. 模拟集成电路

模拟集成电路按用途可分为运算放大器(简称运放)、直流稳压器、功率放大器和电压比较器等。模拟集成电路的功能多种多样,所以其封装形式也具有多样性,封装形式有金属外壳、陶瓷外壳和塑料外壳三种。金属外壳封装为圆形,陶瓷外壳封装和塑料外壳封装均为扁平形。

(1) 集成运算放大器(集成运放)的种类及参数

集成运放的品种繁多,大致可分为"通用型"和"专用型"两大类。"通用型"集成运放的各项指标比较均衡,适用于无特殊要求的一般场合。"专用型"集成运放有低功耗型、高速型、高阻型、高精度型、高压型、宽带型等。

集成运放的主要参数主要包括:

① 差模开环放大倍数(增益)A_{UD},是指运放在无反馈情况下的差模放大倍数,是衡量放大能力的重要指标。

② 共模开环放大倍数 A_{UC},是衡量运放抗温漂、抗共模干扰能力的重要指标。

③ 共模抑制比 KCMR,此参数为反映运放的放大能力尤其是抗温漂、抗共模干扰能力的重要指标。

④ 单位增益带宽 BWG,它代表运放的增益带宽积。

⑤ 还有输入失调电压、输入失调电流、转换速率等。

(2) 集成运放使用注意事项

集成运放在使用前应进行下列检查:能否调零和消振,正负向的线性度和输出电压幅度。若数值偏差大或不能调零,则说明器件已损坏或质量不好。集成运放在使用时,因管脚较多,必须注意管脚不能接错。更换器件时,注意新器件的电源电压和原运放的电源电压是否一致。

3. 集成电路的测试

① 检查集成电路各引脚的直流电压。用万用表测量集成电路各引脚与地之间的电压,并与标准值相比较,就可以发现故障部位。

② 测量集成电路各脚与地之间的电阻值。用万用表欧姆挡测量集成块各脚与地之间的电阻值,并与正常值相比较,可以判断出不正常的部位。当然采用这种方法时也必须事先知道集成电路各脚正常时的对地电阻值。

2.12 光通信测试仪表的选择和防护

2.12.1 测量仪表的选择

选择光纤测试仪表,一般需考虑以下四个方面的因素,即确定系统参数、工作环境、比较性能要素、仪表的维护。

1. 温度因素

当选择仪表时,温度或许是最严格的标准。环境温度也是在选取仪表时经常疏忽的环节;对用户/购买者来讲,选择一台野外现场用仪表,温度标准或许是最严格的。野外现场测量可能是严峻的环境,如推荐现场便携式仪表的工作温度应该为 −18~50℃,而实验室的仪器仅需在较窄的控制范围 5~50℃工作。

2. 工作波长的选取

选取工作波长的三个主要的传输窗口为 850nm、1300nm 及 1550nm。

3. 光源和光纤的选择

光源种类的选取:在短距离应用中,由于经济实用的原因,大多数低速局域网(<100Mbit/s)通常使用 LED 光源。大多数高速系统>100Mbit/s 使用激光光源长距离传输信号。

光纤种类以及芯/涂覆层直径的选取:标准单模光纤为 $9/125\mu m$,典型的多模光纤包括 $50/125\mu m$、$62.5/125\mu m$。

4. 连接器的选择

国内常见的连接器包括 FC-PC、FC-APC、SC-PC、SC-APC、ST 等。最新的连接器则有 LC、MU、MT-RJ 等。

5. 电源因素的考虑

电源是系统的核心,电源和电池的选取直接关系到最终的结果。实验室仪表能够采用交流电源供电,而在特殊野外环境都采用便携式仪表。对便携式仪表电源的要求通常较为苛刻,否则会影响工作效率。另外,仪器的电源供电问题是引起仪器故障或损坏的一个重要原因。因此,用户应该考虑和权衡如下因素:

① 内装电池的位置应便于用户更换。

② 新电池或满充电池的最短工作时间要达到 10h(一个工作日)。然而电池工作寿命的目标值应在 40~50h(一周)以上,以确保技术人员和仪器的最佳工作效率。

③ 使用电池的型号越普通越好,如通用 9V 或 1.5V 5 号干电池等,因为这些通用电池非常容易找到。

④ 普通干电池优于可充电电池(如铅-酸、镍镉电池),因为充电电池大多存在"记忆"问题、包装不标准、不容易买到、环保问题等。

⑤ 以前,要找到符合上述四个标准的便携式测试仪器几乎是不可能的。现在,采用 CMOS 电路制造技术的艺术化光功率计仅用一般的 5 号干电池(随处可得),即可工作 100h 以上。另外一些实验室型号提供双电源(AC 和内部电池)以增加其适应性。

2.12.2 测量仪表的防护

高速的光通信测量仪表价格一般都比较昂贵,正确的防护非常必要。

1. 静电的危害及防护

仪器的防护令工程师所想到的第一个词必定是静电放电(ESD:Electrostatic Discharge)。有些元件受 ESD 损伤后往往在经过一段时间后才失效,使人们难于追踪并确定为 ESD 引起的损坏。

实际上,人的身体上、衣服上经常带有几百伏到几千伏的静电,只要构成通路,积累的静电就会放电。由于在极短的时间内释放出大量的能量,常常导致电路元器件损坏,因为这种放电通常大大超过许多电路元器件所能承受的限度。

(1) ESD 基本防护措施

ESD 的基本防护措施包括：

① 树立静电有害的牢固意识。

② 要把所有的电子器件、电路板都看成是对 ESD 敏感的。

③ 在接触元器件、电路板之前先带上接地手腕环。若一时没有手腕环，可先用手触摸一下接地的机壳或框架等金属表面，以放掉人体上所带的静电。

④ 拿握元器件、电路板时，不得接触引线和接线片。

⑤ 不得在任何表面上滑动敏感元器件。所有元器件、电路板在使用前都应保存在原防静电包装袋内。

(2) 静电安全工作区

静电安全工作区必须满足以下几点：

① 工作台面铺有防静电桌垫并通过 $1M\Omega$ 电阻接地，每个工作台垫上必须有两个可转动的接头，用于连接防静电腕带。其中一个供操作人员使用，另一个供主管或检验人员使用。

② 腕带应与皮肤直接接触，并通过 $1M\Omega$ 电阻与桌垫上的连接器相连，不允许用鳄鱼夹夹在桌垫上，因为它的接触面太小，而且也不能到内部导电层（连接器是贯穿垫子的）。

③ 所有设备都要接地。工作台、机械、电气设备、焊台、夹具、放元件的转桌等必须接地。

④ 任何一个工作区都要有一个公共接地点。接地良好的市电配电盘上的地线端是最好的接地点。设备和桌垫的接地线都与此接地端相连。

⑤ 衣服绝对不允许接触元器件及组件。最好穿短袖衣；长袖衣的袖子应扣紧或卷起，以防止与敏感元件接触或接近。最好穿上合乎标准的防静电服。

2. 电子测量仪器及其系统的环境要求

电子测量仪器及其系统的安装和操作环境是否良好直接影响仪器的性能及使用寿命。

(1) 电子测量仪器及系统的场地选择

① 场地的选择应避免下列诸因素，包括电磁场、易燃物或易燃性气体、磁场、易爆炸物品、高压、潮湿气体、腐蚀性气体、灰尘。

② 仪器设备安装后应该仍有足够的空间由操作或维修人员使用，同时设备周围也应有足够的散热空间。

③ 场地应保持清洁少尘。

④ 场地应禁止铺设地毯，仪器设备间的入口处应设置消除静电的脚垫，操作人员在使用仪器时也应佩戴防静电腕带。

⑤ 应避免阳光直接照射。

(2) 仪器设备的环境规划

为了减少仪器故障和保障设备的性能指标，良好的操作环境规划是必不可少的。环境的考虑因素包括场地的温湿度、空气的含尘量、场地的颤动度、电磁场干扰度等。

① 温湿度。电子元器件在工作过程中要散发热量，电子仪器本身也有一定范围的工作温度。工作温度或环境温度越接近仪器工作温度的上限，电子元器件的性能指标就越呈现几何级数地变差。换句话说，在 25℃ 环境下可以正常工作 10 年的仪器也许只能在 45℃ 环境下正常工作 3 年。适宜的工作温度是仪器"长寿"的必要条件。

注意，每台仪器的使用条件各不相同，有些适合野外作业，有些则适合实验室使用，请仔细阅读操作手册,确保仪器在规定的温湿度环境下工作。

② 湿度的改善。我国北方地区气候干燥,建议使用加湿器。南方地区气候潮湿,建议用去湿器。而对于野外使用的仪器,建议在储存箱内放置干燥剂以去湿。

③ 电磁场干扰。使用场地附近无线电干扰应低于使用手册规定的标准。如果场地附近有强力磁场或大型的微波发射机站,应迁移使用场地,否则请将使用场地四周用金属隔离屏蔽,使干扰降至标准之下。

3. 电源规则

安装任何仪器及系统,电源均为重要的考虑因素。外电源品质(指电压、频率变化、滤波效果)愈优则使用效果愈佳。如果对于使用电源品质存有疑虑,可用电源检测器或示波器监测电源的变化情况,以便了解其可靠性。

电压、频率允许变化规范为:电压为单相 220V+(5%～10%),频率为 48～66Hz。

瞬间变动电压不能超过 220V±15%,并且必须在 25 个周期(0.5s)内恢复至 220V,对于计算机系统则必须于 3 个周期内恢复。

4. 接地系统

为了避免仪器设备受到外界电力干扰,同时顾及操作人员的安全,需要有良好的接地系统,其标准如下:

① 接地线必须同任何导线完全隔离及绝缘,且仅能在建筑物的真正接地线处和电源中性线(零线)相接。

② 接地线线径至少为 3.5mm。

③ 接地线不是电源中性线(零线),且必须与中性线分开。

④ 接地阻抗在电源插座中性线与接地线之间测量时不得大于 2Ω(使用接地阻抗测试器测量)。

⑤ 在电源输出插座所测得的零线与地线间的电压不得大于 1.0V,同时无论设备是否开启,电压的变化量不得超过 1.0V。

⑥ 不能用铁管代替接地线。

⑦ 在接地线的接地端测得的接地电阻不大于 1Ω。

⑧ 仪器的机壳大都和仪器自身的地线相连,所以仪器接地不良的直接后果是造成机身带电,这对于操作者和仪器自身都是潜在的危险。

5. 电源插座

每台仪器至少有一个电源插座。有些仪器可能在其后面板另有附加电源插座,则该插座可供其他外围设备使用,这样就可减少外加的电源插座数量。

电源插座与插头上,L 表示火线,N 表示中线(零线),G 表示接地线。

6. 电源选择开关

为了适应不同国家的电源制式,仪器上附有电压选择开关(220VAC 或 110VAC),用户在第一次验收或使用仪器时必须确认仪器上的电源开关设在目前正在应用的电源制式上。否则会造成仪器的非正常损坏。

7. 额定电流

如果要决定测试系统所需的额定电流,先将系统所包含的各种仪器设备所需电流列出,然后将所有设备电流之和乘以 2,即得出该系统所需的额定电流。该电流值足以容忍突发性的电流波动及供给偶尔添加的设备使用,配电施工时的导线线径的大小尺寸也是据此计算得出的。

8. 电源配线工程

电源配线工程施工时,请注意以下几点:

① 使用专用的开关箱。

② 空气开关的容量需大于分路上全部仪器设备容量的总和。

③ 空调系统不得和测试系统使用同一电源。

第 3 章

光纤和光缆的测量

光纤是目前通信系统的最主要传输媒质,光纤的传输特性和光学特性对光纤通信系统的工作波长、传输速率、传输容量、传输距离和信息质量等都有着至关重要的影响。其在整个通信系统的重要地位就好比一条条已经建成的"高速公路",这些"公路"性能的优劣将直接影响到整个通信系统的容量、传输性能等,那么如何才能准确评估这些"公路"的性能呢? 这就需要对光纤的特性参数进行准确评估。

光纤和光缆性能参量的测量内容很多,主要包括:
① 光纤特性参数的测量,如折射率分布、数值孔径、模场直径、截止波长等。
② 几何尺寸的测量,如包层直径、芯径、同心误差、不圆度等。
③ 传输特性的测量,包括光纤的衰减系数、带宽、色散系数等。
④ 光纤机械性能的测量,包括光纤强度、疲劳参数、微弯敏感性等。
⑤ 光缆线路工程测量,包括熔接损耗、单盘测试等。

本章着重介绍光纤的各个具体特性参数的定义,给出测量原理描述,介绍试验装置和试验程序。读者应当重点掌握描述光纤传输特性和光学特性各参数的基本概念、物理意义,在此基础上再深入理解光纤传输特性和光学特性各参数和测量原理及试验方法的实质。

3.1 光纤和光缆基本理论

1966 年,英籍华人高锟(C. K. Kao)和 Hockham 实验证明利用玻璃可以制作光导纤维(Optic Fiber)。随后,光纤的研究得到长足进步,并出现了多组成分玻璃光纤、塑料光纤、液芯光纤等。最终,石英光纤以其衰减小、性能高、强度大的特点占据了优势,利用介质全反射原理制作的石英光纤现在已经被广泛采用,应用在骨干网、城域网、接入网中。

制造光纤的方法很多,主要有化学气相沉积法、等离子体化学气相沉积法和轴向气相沉积法等。

在不同场合,光纤有多种结构形式,现在通信中绝大多数是由石英材料做成的双层同心圆柱体。分析光纤中光信号的传输通常用两种理论:几何光学和波动光学理论。几何光学理论可以简单分析光信号在多模光纤的导光原理,其适用范围是光波波长 λ 远小于光纤的横向尺寸。波动光学法是一种较严格、全面的分析方法,根据电磁场理论对光波导的基本问题进行求解,单模光纤中的传输问题通常采用此法。

利用几何光学的分析手段,根据全反射原理,光线在光纤中的传播路径如图 3.1 所示。

3.1.1 光纤的结构

通信用光纤主要是由纤芯和包层构成,包层外是涂覆层,整根光纤呈圆柱形。光纤的典型结构如图 3.2 所示。

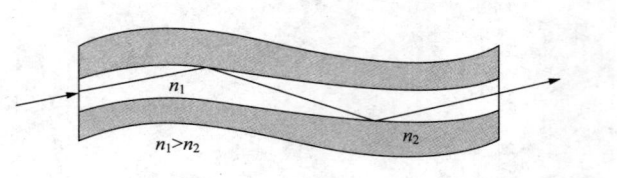

图 3.1 光纤导光原理

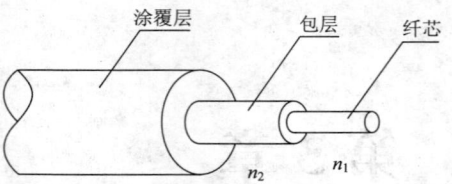

图 3.2 光纤的典型结构

1. 纤芯

纤芯位于光纤的中心部位（直径 d_1 为 9～50μm），其成分是高纯度的二氧化硅，此外还掺有极少量的掺杂剂如二氧化锗、五氧化二磷等，以适当提高纤芯的光折射率 n_1。

2. 包层

包层位于纤芯的周围（其直径 d_2 约为 125μm），其成分也是含有极少量掺杂剂的高纯度二氧化硅。而掺杂剂（如三氧化二硼）的作用则是适当降低包层的光折射率 n_2，使之略低于纤芯的折射率。

3. 涂覆层

光纤的最外层是由丙烯酸酯、硅橡胶和尼龙组成的涂覆层，其作用是增加光纤的机械强度与可弯曲性。

3.1.2 光纤的分类

光纤的分类有多种方式。按制造材料分为石英系光纤、塑料包层石英芯光纤、全塑光纤等。按光纤中所能传输的模式分为单模光纤和多模光纤。按纤芯折射率分布分为阶跃型和渐变型光纤。阶跃型光纤中心芯到玻璃包层的折射率是突变的。渐变型光纤中心芯到玻璃包层的折射率是逐渐变小的，可使高模光按正弦形式传播，这能减少模间色散，提高光纤带宽。

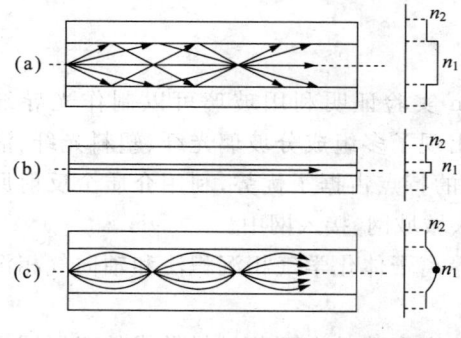

图 3.3 光线在不同光纤中的几何形状折射率剖面图

图 3.3 示出了光线在不同光纤中的几何形状折射率剖面。其中，(a) 为多模阶跃光纤，(b) 为单模阶跃光纤，(c) 为多模渐变光纤。

单模光纤具有低损耗、带宽大、易于扩容和成本低等特点，目前国际上已一致认同 SDH/DWDM 光传输系统使用单模光纤作为传输媒质。

ITU-T 在 G.652、G.653、G.654 和 G.655 建议中分别定义了四种单模光纤，G.651 中定义了多模光纤。

(1) G.651 光纤

G.651 光纤是一种折射率渐变型多模光纤，主要用于 850nm 和 1310nm 两个波长区域的模拟或数字信号传输。其纤芯直径为 50μm，包层直径为 125μm。

(2) G.652 光纤

G.652 光纤即指零色散点在 1310nm 波长附近的常规单模光纤，这也是到目前为止应用最为广泛的单模光纤。可以应用在 1310nm 和 1550nm 两个波长区域，但在 1310nm 波长区域具有零色散点，低达 3.5ps/(nm·km) 以下。在 1310nm 波长区域，其衰减系数也较小，规范值为 0.3～0.4dB/km。在 1550nm 波长区域，G.652 光纤呈现出极低的衰减，其衰减系数规范值为

0.15~0.25dB/km。但在该波长区域的色散系数较大,一般约20ps/(nm·km)。

(3) G.653光纤

G.653光纤即零色散点在1550nm波长附近的常规单模光纤,又称色散移位光纤。它主要应用于1550nm波长区域。在光纤制造时已对光纤的零色散点进行了移位设计,即通过改变光纤内折射率分布的办法把光纤的零色散点从1310nm波长移位到1550nm波长处,所以它在1550nm波长区域的色散系数最小,低达3.5ps/(nm·km)以下。而且其衰减系数在该波长区域也呈现出极小的数值。在1550nm波长区域,因为G.653光纤的色散系数极小,所以特别适合传输单波长、大容量的SDH信号。但是,用它来传输WDM信号则会遇到麻烦,即出现严重的四波混频效应(FWM)。

(4) G.654光纤

G.654光纤又称1550nm波长衰减最小光纤,它以降低光纤的衰减为主要目的,在1550nm波长区域的衰减系数低达0.15~0.19dB/km,而零色散点仍然在1310nm波长处。G.654光纤主要应用于需要中继距离很长的海底光纤通信。

(5) G.655光纤

G.655光纤是近几年涌现的新型光纤,基本设计思想是在1550nm窗口工作波长区域具有合理的、较低的色散,足以支持10Gbit/s以上速率的长距离传输而无需色散补偿,从而节省了色散补偿器件及其附加光放大器的成本;同时,其色散值又保持非零特性,具有最小数值限制,足以压制四波混频和交叉相位调制等非线性影响,并能满足TDM和WDM两种发展方向的需要。

3.1.3 新一代光纤

1. 非零色散光纤

即指G.655非零色散光纤。其基本设计思想是在1550nm窗口工作波长区域具有合理的较低色散;同时,其色散又保持非零特性,具有一个最小数值[例如2ps/(nm·km)以上],足以压制四波混频和交叉相位调制等非线性影响。而且第二代的G.655光纤——大有效面积光纤和小色散斜率光纤也已经大规模应用,前者具有较大的有效面积,可以更有效地克服光纤非线性的影响;后者具有更合理的色散规范值,简化了色散补偿,更适合于L波段的应用。

2. 全波光纤

全波光纤采用了一种全新的生产工艺,几乎可以完全消除水吸收峰引起的衰减。除了没有水峰以外,全波光纤与普通的G.652匹配包层光纤一样,这就使光纤可以开放第5个低损窗口,从而带来一系列好处:首先可用波长范围增加了100nm,可复用的波长数大大增加;由于上述波长范围内光纤的色散仅为1550nm波长区域的一半,因而容易实现高比特率长距离传输;可以分配不同的业务给最适合这种业务的波长传输,改进网络管理;当可用波长范围大大扩展后,容许使用波长间隔较宽、波长精度和稳定度要求较低的光源、合/分波器和其他元件,使元器件特别是无源器件的成本大幅下降,从而降低整个系统的成本。

3. 塑料光纤

长距离通信中光纤早已唱起了主角,而在短距离如家庭、交通工具、办公大楼及办公室内的通信和多媒体传输中光纤的运用目前却还很少。但随着INTENRET数据通信、视频点播、可视电话、电视会议等多媒体业务的迅速扩大,对物理网络的宽带化、高速化提出了更高的要求,使光纤到户和光纤到桌面的传输网络逐步取代现有的光电混合形式成为最理想的传输网络。

在全光交换网络中,石英光纤传输带宽和电磁兼容完全能满足使用要求,且网络技术很成熟,但由于维护及器件成本高使其作为接入媒介主力受到限制。而塑料光纤(POF)在高速短距离通信传输中成本低,在 100m 范围内传输带宽也可达数 GHz,且可挠性好、易于弯曲,使其在未来短距离通信中所担当的角色不可忽视。

与石英光纤相比,塑料光纤具有以下优点:

① 模量低,芯径大(0.3～1.0mm),接续时可使用简单的 POF 连接器,即使是光纤接续中心对准产生 $30\mu m$ 的偏差也不会影响耦合损耗。

② 数值孔径大(NA＝0.5 左右),受光角可达 60°,而石英光纤只有 16°,可用便宜的 LED,并且耦合效率高。

③ 挠曲性好,易于加工和使用。

④ 在可见光区有低损耗窗口。

⑤ 重量轻。

⑥ 成本及加工费用低。

3.1.4 光 缆

通信光缆自 20 世纪 70 年代开始应用以来,现在已经发展成为长途干线、市内电话中继、水底和海底通信以及局域网、专用网等有线传输的骨干,并且已开始向用户接入网发展,由光纤到路边(FTTC)、光纤到大楼(FTTB)等向光纤到户(FTTH)发展。针对各种应用和环境条件等,通信光缆有架空、直埋、管道、水底、室内等敷设方式,适应各种光纤环境。

1. 架空光缆

架空光缆是架挂在电杆上使用的光缆。这种敷设方式可以利用原有的架空明线杆路,节省建设费用、缩短建设周期。架空光缆挂设在电杆上,要求能适应各种自然环境。架空光缆易受台风、冰凌、洪水等自然灾害的威胁,也容易受到外力影响和本身机械强度减弱等影响,因此架空光缆的故障率高于直埋和管道式的光纤光缆。一般用于长途二级或二级以下的线路,适用于专用网光缆线路或某些局部特殊地段。

架空光缆的敷设方法有两种。

① 吊线式:先用吊线紧固在电杆上,然后用挂钩将光缆悬挂在吊线上,光缆的负荷由吊线承载。

② 自承式:用一种自承式结构的光缆,光缆呈"8"字形,上部为自承线,光缆的负荷由自承线承载。

2. 直埋光缆

这种光缆外部有钢带或钢丝的铠装,直接埋设在地下,要求有抵抗外界机械损伤的性能和防止土壤腐蚀的性能。要根据不同的使用环境和条件选用不同的护层结构,例如在有虫鼠害的地区,要选用有防虫鼠咬啮的护层的光缆。

根据土质和环境的不同,光缆埋入地下的深度一般为 0.8～1.2m。在敷设时,还必须注意保持光纤应变在允许的限度内。

3. 管道光缆

管道光缆敷设一般是在城市地区,敷设的环境比较好,因此对光缆护层没有特殊要求,无需铠装。

管道光缆敷设前必须选下敷设段的长度和接续点的位置。敷设时可以采用机械旁引或人工牵引。一次牵引的牵引力不要超过光缆的允许张力。

制作管道的材料可根据地理条件选用混凝土、石棉水泥、钢管、塑料管等。

4. 水底光缆

水底光缆是敷设于水底穿越河流、湖泊和滩岸等处的光缆。这种光缆的敷设环境比管道敷设、直埋敷设的条件差得多。水底光缆必须采用钢丝或钢带铠装的结构,护层的结构要根据河流的水文地质情况综合考虑。例如在石质土壤、冲刷性强的季节性河床,光缆遭受磨损、拉力大的情况,不仅需要粗钢丝做铠装,甚至要用双层的铠装。施工的方法也要根据河宽、水深、流速、河床、流速、河床土质等情况进行选定。

水底光缆的敷设环境条件比直埋光缆严峻得多,修复故障也困难得多,所以对水度光缆的可靠性要求也比直埋光缆高。

海底光缆也是水底电缆,但是敷设环境条件比一般水底光缆更加严峻、要求更高。对海底光缆系统及其元器件的使用寿命要求在25年以上。

在海底光缆的结构方面:要求能经受强大的压力和拉力,特别是深海光缆(敷设在水深1000m以上海底的光缆),在敷设和维修作业中除了光缆本身的重量外,还要加上海浪加到光缆上的动态应力,在如此大的负荷条件下,光缆的应变要限制在0.7%～0.8%之内;海底光缆的结构要求坚固、材料轻,但不能用轻金属铝,因为铝和海水会发生电化学反应而产生氢气,氢分子会扩散到光纤的玻璃材料中,使光纤的损耗变大。为此,在20世纪90年代初期,研制开发出一种涂碳或涂钛层的光纤,能阻止氢的渗透和防止化学腐蚀。光纤接头也要求是高强度的,要求接续保持原有光纤的强度和原有光纤的表面不受损伤。

海底光缆的基本结构是将经过一次或两次涂层处理后的光纤螺旋地绕包在中心加强构件(用钢丝制成)的周围。光纤设在螺旋形的U形槽塑料骨架中,槽内填满油膏或弹性塑料体形成纤芯。纤芯周围用高强度的钢丝绕包,在绕包过程中要把所有缝隙都用防水材料填满,再在钢丝周围绕包一层铜带并焊接搭缝,使钢丝和铜管形成一个抗压和抗拉的联合体,这个铜管还是传送远供电流的导体。在钢丝和铜管的外面还要再加一层聚乙烯护套。这样严密多层的结构是为了保护光纤、防止断裂以及防止海水的侵入,同时也是为了在敷设和回收修理时可以承受巨大的张力和压力。

3.2 光纤的主要性能参量

3.2.1 光纤特性参数

1. 光纤的几何尺寸

光纤几何尺寸为圆对称结构。2000年10月国际电信联盟电信标准化部(ITU-T)最新推荐的用来表征光纤几何尺寸的特征参数是包层、包层中心、包层直径、包层直径偏差、包层容差范围、包层不圆度、芯中心、预涂覆层直径等。

光纤的尺寸参数标准既是光纤制造的几何尺寸依据,又是光纤制造中严格控制的指标,还是判别光纤产品合格与否的质量标准。

光纤尺寸参数的测量方法有近场图像法、折射近场法、俯视法、传输近场法等。借助这些几何尺寸参数测量方法,可对光纤的几何尺寸参数进行单个几何尺寸参数测量,也可进行多个几何参数测量。

2. 模场直径

模场直径是描述光纤横截面上基模场强分布的物理量。

单模光纤中的场并不完全集中在纤芯中,而有相当部分的能量在包层中传输,所以一般不用纤芯的几何尺寸作为单模光纤能量传输的特性参数,而是用模场直径作为描述单模光纤中光能集中程度的度量。

阶跃单模光纤中,基模场强在光纤横截面上的场强分布近似为高斯型。可以观察到,光纤截面上轴芯处场强最强,因此把沿纤芯直径方向上相对场强最大点功率下降了 $1/e$ 的两点之间的距离称为单模光纤的模场直径。

模场直径是单模光纤所特有的一个重要参数。它的标称值和容差大小与光纤的连接损耗和抗弯性有着密切的关系,而且可以从模场直径随波长的变化谱估算单模光纤的色散值、单模光纤连接损耗、弯曲损耗和单模光纤有效面积等。因此,在单模光纤生产光缆、施工接续和实际使用中,人们非常重视模场直径这一参数。

模场直径 $2w$ 的数学表达式为式(3.1),其表示光纤横截面基模的电磁场强度横向分布的度量,其值由远场强度分布 $F(\theta)$ 来定义,θ 为远场角。

$$2w = \frac{\lambda}{\pi}\left[\frac{2\int_0^{\frac{\pi}{2}} F^2(\theta)\sin\theta\cos\theta d\theta}{\int_0^{\frac{\pi}{2}} F^2(\theta)\sin^3\theta\cos\theta d\theta}\right]^{\frac{1}{2}} \tag{3.1}$$

3. 光纤的有效面积

单模光纤有效面积是一个影响光纤系统(特别是远距离传输系统)、传输质量,并与光纤非线性效应直接相关的参数。有效面积 A_{eff} 的定义如下:

$$A_{\text{eff}} = \frac{2\pi\left[\int_0^\infty I(r)r\mathrm{d}r\right]^2}{\int_0^\infty I(r)^2 r\mathrm{d}r} \tag{3.2}$$

式中,$I(r)$ 是半径为 r 的光纤的基模的场强分布。如果假定一个高斯近似:

$$I(r) = \exp\left(\frac{-2r^2}{w_0^2}\right) \tag{3.3}$$

高斯近似下,G.652 光纤、G.654 光纤和 G.653 光纤的有效面积采用经验公式:

$$A_{\text{eff}} = k\pi w_0^2 \tag{3.4}$$

其中,k 是修正系数,与波长和光纤参数有关,如折射率分布、模场直径和零色散波长等。经过实验证实,通常波长增大,G.652、G.653、G.655 光纤模场直径和有效面积都会增大。G.652 光纤、G.653 光纤和 G.654 光纤的修正系数 k 的范围参见表 3.1。

表 3.1 几种光纤的修正系数 k

光纤类型	工作波长	
	~1310nm	~1550nm
G.652	0.970~0.980[1]	0.960~0.970
G.654	0.970~0.980	0.975~0.985[1]
G.653	0.940~0.950	0.950~0.960[1]
G.655		1.020~1.160

[1] 最佳波长范围。

4. 光纤的数值孔径

数值孔径(NA)是多模光纤的一个重要光学参数,它表征多模光纤集光能力大小及与光源耦合的难易程度。从物理上看,光纤的数值孔径表示光纤接收入射光的能力。NA 越大,则光纤接收光的能力也越强。阶跃型光纤，NA 大对光纤的对接有利，但是同时也会影响光纤的带宽。因此，在光纤通信系统中，对光纤的数值孔径有一定的要求。

可利用几何光学理论来分析多模光纤中光的传输问题。入射到光纤端面的光并不能全部被光纤所传输，只是在某个角度范围内的入射光才可以。

光纤中，把受光角的一半的正弦定义为光纤的数值孔径 NA，如果入射进光纤的光线与光纤轴的角小于临界角 $\bar{\theta}_c$，则光线将被导向。

在空气和芯的边界，应用 Snell（斯涅耳）定律，空气中的角 θ_a 和芯中的临界角 $\bar{\theta}_c$ 有如下关系：

$$1 \cdot \sin\theta_a = n_1 \sin\bar{\theta}_c \tag{3.5}$$

$$\sin\theta_a = n_1(1-\cos^2\bar{\theta}_c)^{1/2} = n_1[1-(n_2/n_1)^2]^{1/2} = (n_1^2-n_2^2)^{1/2} \tag{3.6}$$

数值孔径定义为

$$NA = \sin\theta_a$$

根据式(3.5)，有

$$NA = (n_1^2-n_2^2)^{1/2} \approx n_1(2\Delta)^{1/2} \tag{3.7}$$

其中，θ_a 是光纤导向的最大入射角，相对折射率差 $\Delta = \dfrac{n_1-n_2}{n_1}$。

5. 单模传输条件和截止波长

利用波动光学的理论，光纤中的光场服从麦克斯韦方程组，利用电磁场边界条件，可以得到光纤中符合电磁场基本方程的节的基本特征。

单模光纤的定义就是指在给定工作波长上只能传输一种模式的光纤。其避免了模式色散问题，传输带宽增大，适用于大容量、长距离的光纤通信。

定义归一化频率

$$\nu = \sqrt{2\Delta}\, n_1 a \frac{2\pi}{\lambda} \tag{3.8}$$

$0<\nu<2.405$ 是阶跃光纤的单模传输条件。

利用光纤的单模传输条件，当对应归一化截止频率 $\nu_c = 2.405$，得到的波长称为截止波长，用 λ_c 表示。

$$\lambda_c = \sqrt{2\Delta}\, n_1 a \frac{2\pi}{2.405} \tag{3.9}$$

3.2.2 光纤的传输特性

要实现长距离、大容量的光纤通信，必须减少光纤的衰减，并且要求光纤有很宽的带宽。

1. 光纤的衰减

衰减是最重要的光纤参数之一，它描述了光纤对光能的传输损耗。光纤损耗是通信距离的固有限制，在给定发送功率和接收机灵敏度的条件下，它决定了从光发送机到光接收机之间的最大距离，损耗过大将严重影响通信系统的性能。

高锟指出，降低玻璃内过渡金属杂质离子是降低光纤衰减的主要因素。1980 年，$1.55\mu m$ 波长光纤衰减达到 0.2dB/km，接近理论值。

图 3.4 是光纤衰减的分类。

光纤的损耗分为固有损耗和附加损耗。固有损耗包括散射损耗、吸收损耗。它们是由光纤材料本身的特性决定的，在不同的工作波长下引起的固有损耗也不同。

吸收损耗是光纤中过量金属杂质和氢氧根离子 OH⁻ 吸收光而产生的光功率损耗。

散射损耗通常是由于光纤材料密度的微观变化,以及所含 SiO_2、GeO_2 和 P_2O_5 等成分的浓度不均匀,从而导致光散射所引起的损耗。

附加损耗是指由于弯曲、挤压、杂质、不均匀和对接等产生的损耗。纤芯和包层交界面上的某些缺陷、残留气泡等将引起与波长无关的散射损耗。

图 3.5 是光纤衰减系数随波长的变化曲线。

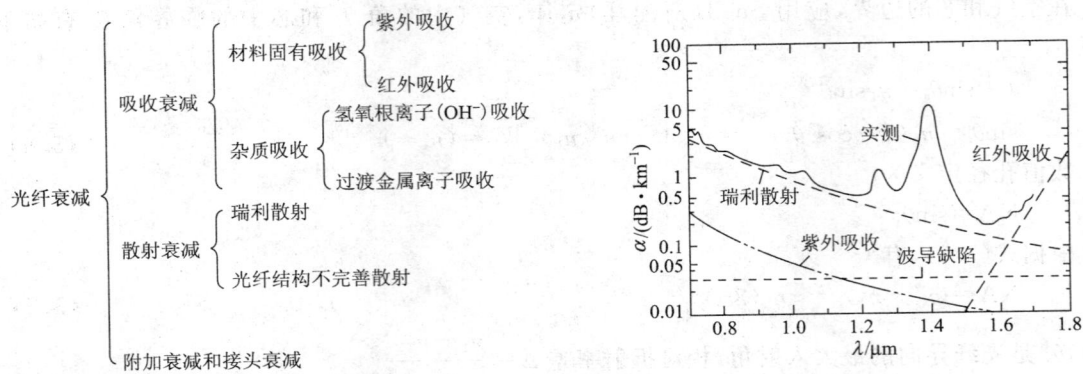

图 3.4　光纤衰减的分类　　　　　图 3.5　单模光纤的损耗谱特性

由于各种损耗的影响,光在光纤中传播时,平均光功率沿光纤长度方向呈指数规律减少,即

$$P(L) = P(0)10^{-\alpha L/10} \tag{3.10}$$

衰减系数 α 则定义为单位长度光纤引起的光功率衰减

$$\alpha = -\frac{10}{L}\lg\frac{P(L)}{P(0)} \quad (\text{dB/km}) \tag{3.11}$$

对于衰减系数的测量有很多方法,如剪断法、背向散射法、插入损耗法。

特别要提出的是,背向散射法是一种非破坏性的测量方法,利用背向散射原理做成的测试仪表——光时域反射仪(OTDR),能够检测光纤的物理缺陷、断点位置、测定接头损耗和位置、光纤长度等参量,OTDR 在光纤光缆传输系统工程上有着广泛的应用。

2. 带宽与色散

在光纤数字通信系统中,由于信号的各频率成分或各模式成分的传输速度不同,信号在光纤中传输一段距离后,将互相散开,脉冲展宽。严重时,前后脉冲将互相重叠,形成码间干扰,增加误码率,限制了光纤的传输容量和传输距离。我们把这种现象称为光纤色散。

光纤色散和带宽是光通信应用中的两个非常重要的数据,对它们进行准确测量,才能为光通信容量设计提供有力保障。与光纤色散有关的系统性能损伤主要有:码间干扰、模分配噪声和啁啾噪声。

光纤色散根据形成的机理可分为模式色散、材料色散、波导色散、偏振模色散。单模光纤中消除了模式色散。

(1) 模式色散

模式色散是光纤中携带同一个频率信号能量的各种模式成分在传输过程中由于不同模式的时间延迟不同而引起的色散。多模光纤传输的模式很多,不同的模式,传输路径不同,到达终点的时间也就不同。模式色散是引起脉冲展宽的主要原因。

(2) 材料色散

材料色散是由于光纤纤芯材料的折射率随频率变化,使得光纤中不同频率的信号分量具有不同的传播速度而引起的色散。

玻璃是色散介质,即它的折射率是波长的函数,光脉冲以 $v=c_0/N$ 的速度在折射率为 n 的色散介质中传播,其中,$N=n-\lambda_0\dfrac{dn}{d\lambda_0}$。脉冲是一个波包,由以不同的群速传播的不同波长成分组成的频谱的脉冲展宽。谱宽为 σ_λ(nm)的光脉冲在传播距离 L 后的宽度为

$$\sigma_T = \left|\dfrac{d}{d\lambda_0}\left(\dfrac{L}{v_0}\right)\right|\sigma_\lambda = \left|\dfrac{d}{d\lambda_0}\left(\dfrac{LN}{c_0}\right)\right|\sigma_\lambda \tag{3.12}$$

由材料色散造成的脉冲展宽量为

$$\sigma_\tau = |D_\lambda|\sigma_\lambda L \tag{3.13}$$

其中,定义色散系数 D_λ 为

$$D_\lambda = -\dfrac{\lambda_0}{c_0}\dfrac{d^2 n}{d\lambda_0^2} \tag{3.14}$$

响应时间随距离 L 线性增加,L 的单位为 km,σ_τ 的单位为 ps,σ_λ 的单位为 nm。D_λ 的单位为 ps/(nm·km)。

(3) 波导色散

波导色散的物理机制是:光纤中具有同一个模式但携带不同频率的信号因为传播群速度不同而引起色散。

波导色散是由芯径与波长的比例决定光纤的场分布产生的。

群速 $v=(d\beta/d\omega)^{-1}$ 和传播常数可由特征方程确定。特征方程则由光纤的结构参量 $V=2\pi(a/\lambda_0)\mathrm{NA}=(a\cdot\mathrm{NA}/c_0)\omega$ 确定。材料色散不存在时(即 NA 独立于 ω 时),V 与 ω 成比例:

$$\dfrac{1}{v} = \dfrac{d\beta}{d\omega} = \dfrac{d\beta}{dv}\dfrac{dv}{d\omega} = \dfrac{a\mathrm{NA}}{c_0}\dfrac{d\beta}{dV} \tag{3.15}$$

谱宽 σ_λ 光源展宽的脉冲可由 $\sigma_\tau = \left|\dfrac{d}{d\lambda_0}\dfrac{L}{v}\right|\sigma_\lambda$,可得与时延 L/v 的关系,于是

$$\sigma_\tau = |D_w|\sigma_\lambda L \tag{3.16}$$

其中,波导色散系数

$$D_w = \dfrac{d}{d\lambda_0}\left(\dfrac{1}{v}\right) = -\dfrac{\omega}{\lambda_0}\dfrac{d}{d\omega}\left(\dfrac{1}{v}\right) \tag{3.17}$$

将式(3.15)代入式(3.17),得到

$$D_w = -\left(\dfrac{1}{2\pi c_0}\right)V^2\dfrac{d^2\beta}{dv^2} \tag{3.18}$$

群速与 $d\beta/dV$ 成正比,色散系数与 $V^2 d^2\beta/dv^2$ 成正比,波导色散系数本身是 V 的函数,同时也是波长的函数。可以通过改变芯径光纤折射率的渐变分布来控制 D_w 与 λ_0 的关系。

几种典型光纤的色散特性如图 3.6 所示。

当光纤的材料色散和波导色散在某个波长互相抵消时,光纤总的色度色散为零,该波长即为零色散波长。一般来讲,G.652 光纤的零色散波长位于 1310nm 波长区域内,可以通过波导结构设计使光纤的零色散波长移到我们所希望的波长区域内,如色散移位光纤 G.655。

在零色散波长附近,光纤的色度色散系数随波长而变化的曲线斜率称为零色散斜率。其值越小,说明光纤的色散系数随波长的变化越缓慢,因此越容易一次性地对其区域内的所有光波

长进行色散补偿,这一点对于 WDM 系统尤其重要,因为 WDM 系统是工作在某个波长区而不是某个单波长。

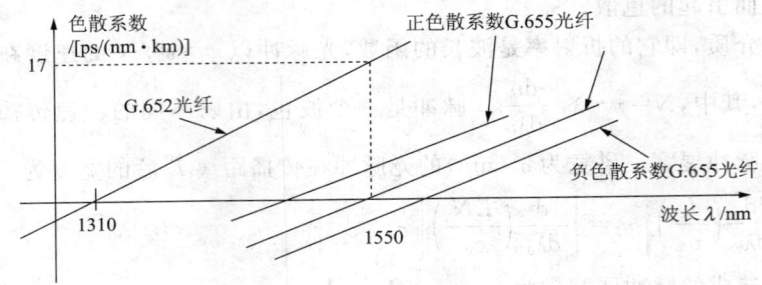

图 3.6 典型光纤的色散特性

(4) 偏振模色散

偏振模色散(PMD:Polarization Mode Dispersion)是指单模光纤中的两个正交偏振模之间的差分群时延。

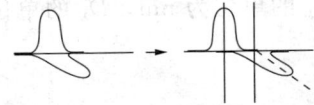

图 3.7 PMD 极化模传输图

随着单模光纤的不断发展和 G.655 光纤的广泛应用,光纤衰减和色散特性(材料色散和波导)已不是制约长距离传输的主要因素,偏振模色散特性越来越受到重视。偏振是与光的振动方向有关的性能参数,光在单模光纤中只有基模 HE_{11} 传输,由于 HE_{11} 由两个相互垂直的极化模 HE_{11x} 和 HE_{11y} 简并构成,在传输过程中极化模的轴向传播常数 β_x 和 β_y 往往不等,从而造成光脉冲在输出端展宽现象。如图 3.7 所示。

一般,PMD 的度量单位为 ps 量级。光纤的 PMD 系数单位为 $ps/\sqrt{km}$。

光纤是各向异性的晶体,一束光入射到光纤中被分解为两束折射光。如果光纤为理想的情况,即指其横截面无畸变,并且纤芯内无应力存在,本身无弯曲现象,这时双折射的两束光在光纤轴向传输的折射率是不变的,跟各向同性晶体完全一样,这时 PMD＝0。但实际应用中的光纤并非理想情况,由于各种原因使 HE_{11} 两个偏振模不能完全简并,产生偏振不稳定状态。

造成单模光纤中光的偏振态不稳定的原因,有光纤本身的内部因素,也有光纤的外部因素。

① 内部因素。通常包含两方面的内容:一个是光纤横截面的几何畸变引起的波导形状双折射;另一个是光纤内部的应力引起的应力双折射。

在光纤拉丝过程中,由于种种原因不可能拉制出理想圆形的纤芯,光纤纤芯的椭圆度使其产生波导形状的双折射。

另外,光纤是由芯、包层和涂覆层等数层结构组成的,它们各自的组成材料不一样,热膨胀系数不一样。因此,在横截面上即使有很小的热应力不对称,也会产生很大的应力不平衡,结果导致纤芯材料各向异性,从而引起双折射。

② 外部因素。外部因素引起光纤双折射特性变化的原因在于外部因素造成光纤新的各向异性。例如光纤在成缆或施工的过程中可能受到弯曲、扭绞、震动和受压等机械力作用,这些外力的随机性可能使光纤产生随机双折射。另外,光纤有可能在强电场和强磁场以及温度变化的环境下工作。光纤在外部机械力作用下,会产生光弹性效应;在外磁场的作用下,会产生法拉第效应;在外电场的作用下,会产生克尔效应。所有这些效应都会使光纤产生新的各向异性,导致外部双折射的产生。

为了减小光纤的偏振,稳定光纤中光的偏振状态可以从两方面着手。一个是在光纤生产厂家对光纤内部采取措施,另一个是通过外部因素对偏振模色散进行补偿。

单模光纤中两个相互正交的偏振模 HE_{11x} 和 HE_{11y}，在传输的过程中产生的相位差 δ 主要取决于这两个偏振模间的传播常数差 $\Delta\beta$。因此，可设法在制作光纤的过程中使 $\Delta\beta$ 尽可能低，即生产低椭圆率的光纤；另一种方法是生产旋光型光纤，在光纤拉丝时，快速地旋转预制棒或者转动光纤，使光纤芯横截面的长、短轴拉丝炉的熔融区周期性变化。这样，两个偏振模在光纤中传输时，其相对相位时延可逐渐抵消，从而达到减小传播常数差的目的。

3.3 光纤参数的测试

光纤参数的测试方法需要参照国标中相关的试验方法进行。在这个领域，所参照的标准包括：

① 国家参考国际电工委员会 IEC 793-1-2:1995《光纤第 1 部分：总规范第 2 篇：尺寸参数试验方法》。

② IEC 793-1-4:1995《光纤第 1 部分：总规范第 4 篇：传输特性和光学特性试验方法》。

③ 国际电联 ITU-T G650:1997《单模光纤相关参数的定义和试验方法》，ITU-T G651:1993《50/125μm 多模渐变折射率光纤缆的特性》等相关国际标准。

④ 光纤光缆的国家标准 GB/T 15972.2-1998《光纤总规范第 2 部分：尺寸参数试验方法》和 GB/T 15972.4-1998《光纤总规范第 4 部分：传输特性和光学特性试验方法》，其对光纤的基本测试参数和试验方法做出了相关规定。

3.3.1 光纤几何特性参数测试

光纤几何特性包括包层直径、包层不圆度、芯-包层同心度误差、光纤的折射率分布。经常采用的测试方案包括以下几种。

1. 折射近场法

折射近场测量能直接测量光纤（纤芯和包层）横截面折射率变化。其是多模光纤和单模光纤折射率分布测定的基准试验方法（RTM），也是多模光纤尺寸参数测定的基准试验方法和单模光纤尺寸参数测定的替代试验方法（ATM）。由折射率剖面图可确定多模光纤和单模光纤的几何参数及多模光纤的最大理论数值孔径。折射近场法的优点是测试精度高，空间分辨率小。折射近场法试验装置如图 3.8 所示。

其中，激光器应使用稳定激光器，输出模式为 TEM_{00} 模。一个 1/4 波片将光束从线偏振变为圆偏振。置于透镜 1 焦点处的小孔作为空间滤波器。透镜组等注入光学系统应满足光纤的数值孔径满注入，并将光束聚焦到光纤平的输入端面上。对多模光纤，光斑尺寸小于 $1.5\mu m$；对单模光纤，光斑尺寸小于 $1.0\mu m$。试验装置应确保聚焦光斑应能沿整个光纤横截面扫描。

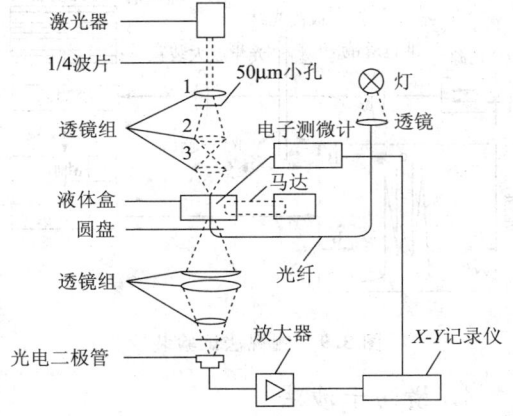

图 3.8 折射近场法试验装置示意图

测量方法如下：

① 试样长度应小于 2m，浸入液体盒中那段光纤的被覆层应去除，试样两个端面应清洁、光滑，与光纤轴垂直。

② 收集通过圆盘的全部折射光并聚焦到探测器光电二极管上。聚焦的激光光斑扫描整个

光纤端面,直接获得光纤折射率的二维分布图。由这个折射率分布曲线就可以计算出光纤的几何参数。

③ 一旦完成了折射率剖面测量,将芯-包折射率边界处各点分别与平均的芯折射率和包层折射率之间的平均值相重合就获得了芯轮廓。包层轮廓的确定方法与芯轮廓相同,通过测得的折射率分布图形确定出包层直径、芯同心度误差、包层不圆度、芯直径等。

2. 侧视法

侧视法是单模光纤尺寸参数测定的第二替代试验方法。侧视法的测量原理是通过测量光纤中折射光的光强分布来确定光纤的尺寸参数:芯同心度误差、包层直径和包层不圆度。

侧视法试验装置如图 3.9 所示。有关试验装置的主要组成部分的作用简述如下:

装置校准是通过扫描一段试样长度来测量光学放大装置的放大倍数。记录这个放大倍数。将光纤固定在试样夹中,并放入测量系统。调整光纤轴与测量系统光轴垂直,对不同观察方向(绕光纤轴旋转光纤,保持光纤轴与观察平面距离恒定),记录下与光纤轴垂直线(如图 3.9A 中的 a-a′)的观察面的光强分布。通过分析放大的图像、径向光强分布的对称性,就能确定包层直径和光纤的中心位置。芯的中心位置是通过分析聚焦光的光强分布来确定的。

3. 机械法

机械法的测量原理是通过两个平砧与受试光纤直径方向上的两个相对侧面的机械接触来测量光纤试样的直径。

机械法适用于多模光纤和单模光纤包层直径的精度测量,用来向工厂提供作为校准光纤的样品。这种方法也用来测量光纤涂覆层直径和缓冲层直径。

试验装置如图 3.10 所示。采用两个表面很平的平砧,平砧与光纤侧面相接触。两平砧的表面互相平行,平砧与光纤的接触力应足够小,以保证平砧对光纤不产生物理变形。如果平砧表面不平坦,或者平砧对光纤产生变形,则应对测量结果进行修正。

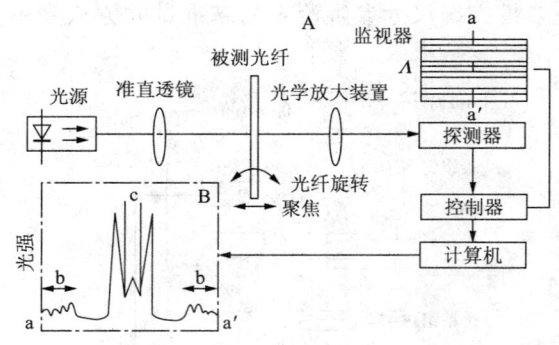

图 3.9　侧视法试验装置

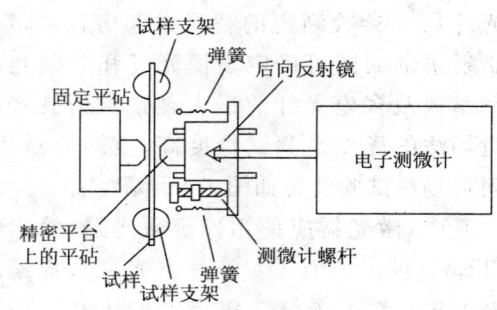

图 3.10　机械法试验装置

4. 横向干涉法

横向干涉法是折射率剖面和尺寸参数测定的替代试验方法(ATM)。横向干涉法采用干涉显微镜,在垂直于光纤试样轴线方向上照明试样,产生干涉条纹,通过视频检测和计算机处理获取折射率剖面。

注意事项:

① 试样制备时应注意试样端面清洁、光滑,并垂直于光纤轴。

② 测量包层时,端面倾斜角应小于 1°。控制端面损伤,使其对测量精度的影响最小。

③ 注意避免光纤的小弯曲。

④ 将被测光纤被覆层剥除,用专用光纤切割刀切割出平整的端面,放入光纤样品盒中,样品盒中注入折射率稍高于光纤包层折射率的折射率匹配液。

⑤ 将光纤样品盒垂直放在光纤折射率分布测量仪的光源和光探测器之间,进行 x-y 方向的扫描测试。

⑥ 通过分析得到光纤折射率分布、包层直径、包层不圆度、芯-包层同心度误差的测试数据。

3.3.2 光纤长度和群折射率的测试

对光纤长度和群折射率进行测试时采用脉冲延迟法。

光纤群折射率已知时,通过测量光脉冲或脉冲串的传输时间进行光纤长度测定。同时对已知长度的光纤可以进行群折射率测定。

光脉冲通过长度为 L,平均群折射率为 N 的光纤的传输/延时时间 Δt 为

$$\Delta t = \frac{NL}{c} \tag{3.19}$$

式中,c 为真空中光速。如果 N 已知,测量 Δt 可得出 L;反之,当 L 已知,测量 Δt 可得出 N。

有两种测量光脉冲传输时间的方法:传输脉冲延迟和反射脉冲延迟法。

测量传输脉冲的延迟时间(测量 Δt),对应的试验装置如图 3.11 所示。

测量反射脉冲的延迟时间(测量 $2\Delta t$),对应的试验装置如图 3.12 所示。

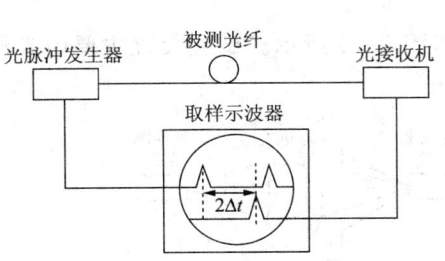

图 3.11 测量传输脉冲延迟时间的试验装置

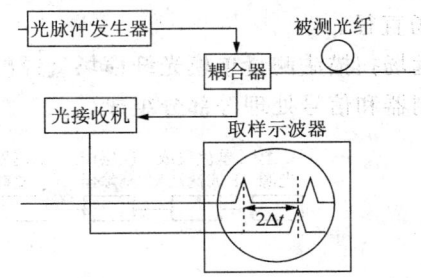

图 3.12 测量反射脉冲延迟时间的试验装置

试验装置中,光脉冲发生器最好是大功率激光器,它由宽度可调的电脉冲系列发生器激励。两脉冲之间的时间,或大于传输脉冲的传输时间(采用计数器时为 Δt),或大于反射脉冲的传输时间(采用后向散射装置时为 $2\Delta t$)。光接收机中光探测器选用高速光电二极管,其在测量波长上应有足够的灵敏度,并且带宽应足够宽,使得光脉冲形状不受影响。

对一根长度已知的光纤进行测量,测量出 Δt,计算出光纤平均群折射率 N。

由传输脉冲法,可以求得光纤长度为

$$L = \frac{\Delta t \cdot c}{N} \tag{3.20}$$

由反射脉冲法,求得光纤长度为

$$L = \frac{\Delta t \cdot c}{2N} \tag{3.21}$$

3.3.3 光纤光学特性参数测试

1. 单模光纤模场直径的测试

模场直径(MFD)可在远场用远场光强分布、互补孔径功率传输函数,在近场用近场光强分

布来测定。模场直径测量方法有远场扫描法、可变孔径法和近场扫描法等。

远场扫描法是测量单模光纤模场直径的基准试验方法(RTM)。它直接按照柏特曼(Petermann)远场定义,通过测量光纤远场辐射图计算出单模光纤的模场直径。

远场可变孔径法是测量单模光纤模场直径的替代试验方法(ATM)。它通过测量光功率穿过不同尺寸孔径的二维远场图计算出单模光纤的模场直径,计算模场直径的数学基础是柏特曼远场定义。

近场扫描法是测量单模光纤模场直径的替代试验方法(ATM)。它通过测量光纤径向近场图计算出单模光纤的模场直径。

(1) 远场扫描法

按照式(3.1)模场直径定义有

$$2w = \frac{\lambda}{\pi}\left[\frac{2\int_0^{\frac{\pi}{2}} F^2(\theta)\sin\theta\cos\theta d\theta}{\int_{\frac{\pi}{2}}^{\frac{\pi}{2}} F^2(\theta)\sin^3\theta\cos\theta d\theta}\right]^{\frac{1}{2}}$$

用远场光强分布 $F(\theta)$ 来确定模场直径。其测量原理是将光纤的注入端与入射光纤对准,光纤输入端对中探测器件,以固定的程序启动扫描探测器,探测器将各个角度上探测到的功率转化为电信号,由放大器放大后送入信号处理部分。与相应的测角仪的角信号进行处理后送入计算机就可得出远场光强度分布 $F(\theta)$,再按定义编制好的积分程序计算出光纤的模场直径。

远场扫描法测量单模光纤模场直径的试验装置如图 3.13 所示。试验装置主要由光源、扫描探测器和信号处理等部分组成。

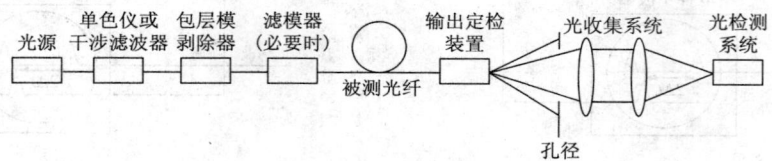

图 3.13 远场扫描法试验装置

在完成整个测量过程中,光源位置、光强和波长应保持稳定。用来对光纤远场光强分布进行扫描的检测器是一个具有针孔或一个带尾纤的扫描光电探测器。探测器离开光纤输出端面至少 10mm,其光敏面的远场张角不应太大,否则会引起大的测量误差。

(2) 可变孔径法

远场扫描法是测量模场直径的基准试验方法,其测量精度高,但是由于动态范围大,对系统要求高,实现的技术难度大,因而实际上远场扫描法很少使用。人们更常用的是替代试验法,特别是可变孔径法。可变孔径法是测量单模光纤模场直径的第一替代试验法。

可变孔径法的测量原理如图 3.14 所示,光源发出的光耦合到被测单模光纤中,经滤模和剥除包层模后,将光纤的出射端面对准光学系统的光轴。光学系统由微调架、透镜系统和光探测器组成。在光纤端面与透镜之间,装有一个与光学系统光轴垂直的转盘。转盘上开有至少 12 个以上直径不同的圆孔,要求这些圆孔半径对应的远场半张角的数值孔径覆盖 0.02~0.25 的范围。测量单模光纤模场直径时,将被测光纤放入测量装置依次转动转盘,测量通过每一个孔径 θ 的光功率 $P(\theta)$,求出透射互补函数 $F(\theta)$ 为

$$F(\theta)=1-\frac{P(\theta)}{P_{\max}} \tag{3.22}$$

计算出 $F(\theta)$ 后,即可按上式由远场可变孔径法测得的互补孔径功率传输函数 $F(\theta)$ 确定模场直径 $2w_0$ 的等效式为

$$2w_0=\frac{\sqrt{2}\lambda}{\pi}\left[\int_0^\infty F(\theta)\sin 2\theta \mathrm{d}\theta\right]^{-\frac{1}{2}} \tag{3.23}$$

式中,λ 为测量波长;$P_{\max}$ 为通过最大孔径的光功率;θ 为偏离光纤轴的远场测量角。

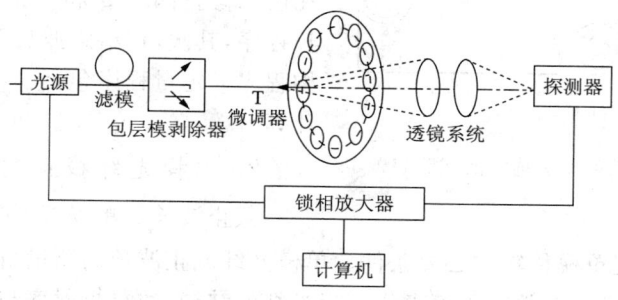

图 3.14 可变孔径法试验装置

（3）近场扫描法

近场扫描法是测量单模光纤模场直径的第二替代试验法。近场扫描法测量单模光纤模场直径的试验装置如图 3.15 所示。

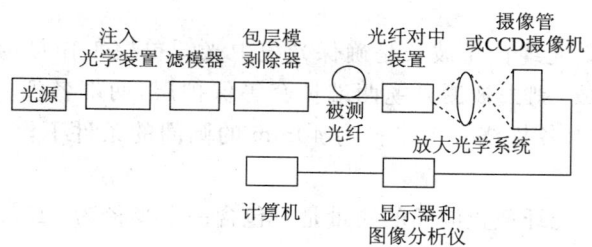

图 3.15 近场扫描法试验装置

近场扫描法与远场扫描法试验装置所不同的是扫描组件。其使用具有针孔的扫描光探测器或摄像机,在近场图上沿一经过模场中心的直线扫描,测量出近场光强度与分布 $F(r)$,由式(3.24)计算出被测光纤的模场直径为

$$2w_0=2\left\{2\frac{\int_0^\infty r\cdot F^2(r)\mathrm{d}r}{\int_0^\infty r\left[\frac{\mathrm{d}F(r)}{\mathrm{d}r}\right]^2\mathrm{d}r}\right\}^{\frac{1}{2}} \tag{3.24}$$

式中,r 为径向坐标。

（4）双向后向散射差法

双向后向散射差法是测量单模光纤模场直径的第三替代试验法。双向后向散射差法的测量原理是由两个方向的后向散射通过一根已知模场直径的盲区光纤接头所产生的双向后向散射差来确定被测光纤的模场直径 w_s:

$$w_s=w_d 10^{\frac{g(L_d-L_s)+f}{20}} \tag{3.25}$$

式中，w_d 为盲区光纤的模场直径；L_d 为由盲区光纤测量时通过接头的后向散射的变化(dB)；L_s 为由测量被测光纤时通过接头的后向散射的变化(dB)；g 为与波长和光纤结构有相关的修正因子；f 为与波长和光纤结构有关的修正因子。

双向后向散射差法测量光纤模场直径所使用的试验装置如图 3.16 所示。

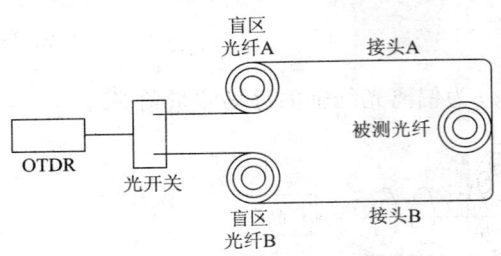

图 3.16 双向后向散射差法选定的试验装置

测试过程中应注意：盲区光纤应足以防止由接头或与被测光纤的对偶接点造成的盲区。双向后向散射差法试验程序分为两个步骤。首先，在已知修正因子 g 和 f 的情况下求出光纤和波长程序，其次，在给定波长下，验证光纤类型和结构程序。定量程序包括 g 和 f 修正因子的精确计算。

2. 单模光纤截止波长的测试

截止波长是单模光纤所特有的重要参数之一，它是保证光纤实现单模传输的必要条件。单模光纤截止波长的测量目的是确保单模光纤在系统规定的波长以上进行有效的单模工作。当光纤的结构参数(折射率与芯径)确定后，光纤是否工作于单模状态完全决定于其中传播光的波长。由于最临近基模 LP_{01} 的高阶模是 LP_{11}。因此，定义使 LP_{11} 模截止的波长为单模光纤的截止波长。

为了使实际测得的截止波长更具工程实用价值，国际电信联盟标准化部门在 ITU-T G.650(2000)中将实际测量的截止波长分为三类：光缆截止波长、光纤截止波长和跳线光缆截止波长。

① 光缆截止波长。光缆截止波长是确保光缆中光纤单模工作最为直接有效的参数。预先将 22m 光缆平直安放，剥去被测光缆两端护套等保护层，两端各裸露出 1m 长的预涂覆光纤，并在两根裸露光纤上各松绕一个半径为 40mm 的圆圈的条件下，可以测得成缆光纤截止波长。

② 光纤截止波长。光纤截止波长的测量是对包含一个半径为 140mm 松绕圆圈、其他部分保持平直的 2m 长光纤测得的截止波长。

③ 跳线光缆截止波长。跳线光缆截止波长是对包含一个半径为 76mm 圆圈、其他部分保持平直的 2m 长跳线光缆测得的截止波长。

测量单模光纤的截止波长和成缆单模光纤的截止波长的常用测试方法是传输功率法和替代法。

(1) 传输功率法

传输功率法是测量单模光纤截止波长、跳线光缆单模光纤和成缆单模光纤截止波长的基准试验方法。传输功率法的测量原理是在规定的试验条件下，通过测试被测的一段短光纤传输的功率随波长变化与参考的传输功率之比来确定截止波长的。

根据截止波长的定义，当光纤中的模大体上被均匀激励的情况下，包括注入较高次模在内的总光功率与基模光功率之比随波长减小到规定值(0.1dB)时所对应的较大波长就是截止波长。

理论上，单模光纤的截止波长仅取决于光纤的结构参数。实际测量研究表明，光纤的截止波长与光纤的长度和光纤所处的状态，如弯曲和受到应力作用等有关。任何不完善的接续点都会产生一些高阶模(LP_{11})功率。

光纤截止波长和模场直径可用来估算光纤的弯曲敏感性。大的光纤截止波长和小的模场直径会得到更好的抗弯曲光纤。

光纤截止波长的测量可按照 ITU-T G.650(2000)规定取 2m 长度被测光纤作为试样。传输功率法测量光纤截止波长的试验装置如图 3.17 所示。这个试验装置主要组成部分有：光源、包层模剥除器、光探测器等。

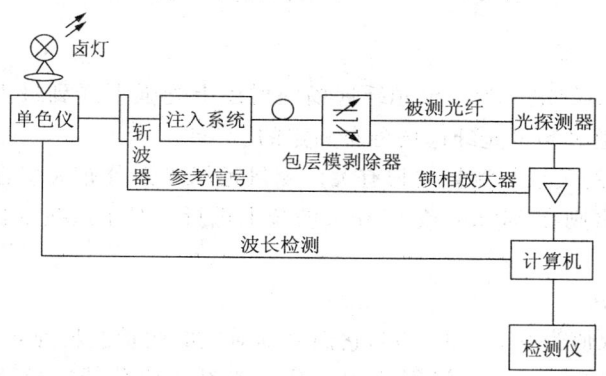

图 3.17 传输功率法试验装置

试样光纤插入试验装置中，形成一个半径为 140mm 的完整圈。光纤试样其他部分应基本未受到外部应力作用。尽管光纤试样上允许半径大于 140mm 偶然弯曲，但是这些偶然弯曲不会对测量结果产生明显的影响。在预计测量的截止波长附近的足够宽范围内，记录输出功率 $P_1(\lambda)$ 与 λ 的关系曲线。

采用待测光纤试样，保持注入条件不变，在被测光纤试样上至少打一个小半径圆圈滤掉 LP_{11} 模，再在截止波长附近的足够宽的范围内测量输出功率 $P_2(\lambda)$。这个圆圈的半径典型值是 30mm。

采用 1~2m 的短多模光纤，在上述相同的波长范围内测量输出功率 $P_3(\lambda)$。多模光纤作为参考试样时，泄漏模的存在会使测得的传输谱出现不希望的波纹，影响测量结果。为了减小波纹，对多模光纤的注入条件进行限制，只对多模光纤芯直径和数值孔径进行 70% 的注入或用合适的滤模器。

可计算出：

$$\alpha(\lambda) = 10\lg \frac{P_1(\lambda)}{P_2(\lambda)} \tag{3.26}$$

光纤截止波长就是 $\alpha(\lambda)$ 等于 0.1dB 所对应的最大波长。

(2) 替代法

为了测量光纤截止波长的方便和容易实现，ITU-G.650(2000)还介绍了替代法。这种方法不是在成缆光纤上进行测量，而是在未成缆光纤上进行测量。为了确保 λ_{cc} 的测量结果与对成缆光纤的测量结果相一致，必须采用合适的测量条件。有关用未成缆光纤替代成缆光纤进行截止波长的使用条件和具体方法如图 3.18 所示。

未成缆光纤是预涂覆光纤或完整的二次套塑光纤。将 22m 长的光纤插入试验装置。除了在 22m 光纤两端各打一个半径 $X = 40$mm 的圆圈外，其余 20mm 光纤松绕成半径 $r \geqslant 140$mm 的 n 个松圆圈。未成缆光纤截止波长 λ_{cc} 的试验程序和确定方法与成缆光纤完全相同。

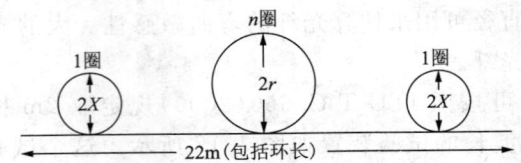

图 3.18 用未成缆光纤测量 λ_{cc} 的试样条件

3. 数值孔径的测量

远场数值孔径 NA_{ff} 的定义为多模光纤远场辐射图上光强下降到最大值 5% 的半角的正弦值。远场数值孔径是通过测量光纤远场分布确定的。

NA_{ff} 和 NA_{th} 之间的关系与测量波长有关。测量远场光强分布大多在 850nm 波长上进行,而测量折射率分布通常则在 540nm 或 633nm 波长上进行。对于这些波长,NA_{ff} 和 NA_{th} 之间的关系如下:

$$NA_{ff} = k \cdot NA_{th} \tag{3.27}$$

式中,k 为修正系数,取值为 0.95 和 0.96,它们分别对应的测量波长为 540nm 和 633nm。

通常,我们应将 850nm 波长上测得的 NA_{ff} 作为光纤数值孔径。光纤的数值孔径可直接通过测量 850nm 波长上的远场光强分布获得,或间接由 NA_{th} 来获得。

多模光纤的数值孔径的测量方法有测量短段光纤远场辐射图(远场光强分布法)和测量光纤折射率分布(折射近场法)两种。

(1) 远场光强分布法

远场光强分布法是测量多模光纤数值孔径的基准试验法。远场光强分布法测量原理是先测量出光纤远场角辐射光强分布,再利用远场分布法的 NA_{ff} 定义式(3.27)计算出光纤的数值孔径。

多模光纤数值孔径的远场光强分布法的试验装置如图 3.19 所示。

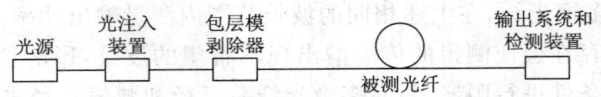

图 3.19 远场光强分布法试验装置

(2) 折射近场法

折射近场法是用来测量光纤最大理论数值孔径的方法。折射近场法是替代试验法。折射近场法的测量原理是,首先用折射近场法测出光纤的折射率分布曲线,然后从折射率分布曲线上求出纤芯中最大折射率 n_1 和包层折射率 n_2,再计算出光纤的最大理论数值孔径。

4. 有效面积的测量

有效面积 A_{eff} 可借助单模光纤模场直径的测量方法来确定。ITU-T 推荐的单模光纤有效面积测量方法有远场扫描法和可变孔径法。

(1) 远场扫描法

远场扫描法的测量原理是将光纤注入端与注入光束对准,光纤输出端与合适的输出装置对准,通过变换扫描角度测量远场辐射光功率,再利用合适的数值积分法计算出近场光强,通过扫描一定长度的试样(其尺寸精度已知)来校正放大用光学器件的放大倍数,并记录这个光放大倍数。叠加远场辐射光功率数据,记录该光功率值求出单模光纤的有效面积。

远场扫描法测量单模光纤有效面积的典型试验装置和测量模场直径的方法类似。这里不再详述。

(2) 可变孔径法

单模光纤的有效面积 A_{eff} 可用可变孔径法测量。其测量原理是通过测量已知数值孔径的光纤对应的远场角 θ 总的归一化功率，由四次方函数拟合成远场孔径数据，再由半径为 r 的近场光功率分布 $I(r)$ 求出单模光纤的有效面积。

四次方函数拟合成远场孔径数据的公式如下：

$$\int(\theta) = A\theta^4 + B\theta^3 + C\theta^2 + D\theta + E \tag{3.28}$$

单模光纤的有效面积 A_{eff} 可由作为半径 r 的函数的近场光功率分布 $I(r)$ 求得。

$$A_{\text{eff}} = 2\pi \frac{\left[\int_0^\infty I(r) r \mathrm{d}r\right]^2}{\int_0^\infty I(r)^2 r \mathrm{d}r} \tag{3.29}$$

如已知远场光功率分布 $F(\theta)$，用逆 Hankel 变换可将计算的近场光功率分布 $I(r)$ 表示为半径 r 的函数：

$$I(r) = \left[\int_0^\infty \sqrt{F^2(\theta)} J_0\left(\frac{2\pi r}{\lambda}\right) \sin 2\theta \mathrm{d}\theta\right] \tag{3.30}$$

为进行计算，必须对积分的光功率数据 $F(\theta)$ 进行一次微分求出远场光功率分布 $F(\theta)$ 为

$$F^2(\theta) = \frac{\mathrm{d}f(\theta)}{\mathrm{d}\theta} \cdot \frac{1}{\sin\theta} \tag{3.31}$$

3.3.4 光纤传输特性参数测试

1. 衰减系数的测试方法

衰减是光纤中光功率减少量的一种度量，其大小取决于光纤的性质和长度，并受测量条件的影响。

在波长 λ 处，一段光纤上相距距离为 L 的两个横截面 1 和 2 之间的衰减 $A(\lambda)$ 定义为

$$A(\lambda) = 10\lg \frac{P_1(\lambda)}{P_2(\lambda)} \text{ (dB)} \tag{3.32}$$

对于均匀光纤来说，可用单位长度的衰减，即衰减系数来反映光纤衰减性能的好坏。衰减系数 $\alpha(\lambda)$ 定义为

$$\alpha(\lambda) = A(\lambda)/L = \frac{10\lg \dfrac{P_1(\lambda)}{P_2(\lambda)}}{L} \text{ (dB/km)} \tag{3.33}$$

衰减的主要测试方法包括三种：截断法、后向散射法和插入损耗法。

(1) 截断法

截断法是测量光纤衰减特性的基准试验方法(RTM)，在不改变注入条件时测出通过光纤两横截面的光功率，从而直接得到光纤衰减。

测量原理是：分别测出通过光纤两个点的光功率 $P_1(\lambda)$ 和 $P_2(\lambda)$，再按定义计算出光纤的衰减系数 $\alpha(\lambda)$。$P_2(\lambda)$ 是长光纤末端测得的输出光功率。$P_1(\lambda)$ 为截断 2m 光纤后，短光纤末端测得的输出光功率，即长光纤的输入光功率。

截断法不可能获得整个光纤长度上的衰减变化情况，其优点是测量精度高，其缺点是在某些情况下它是破坏性的。

衰减测定可在一个或多个波长上进行,或者在某一波长范围内测量衰减谱特性。适宜用来测量衰减或衰减谱的试验装置,如图 3.20 所示。

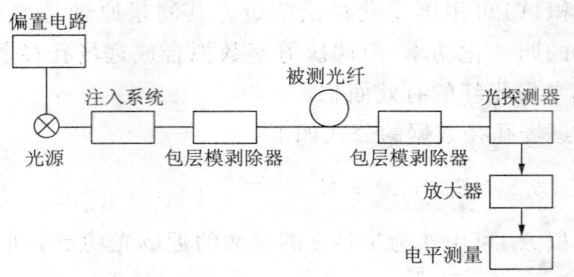

图 3.20 截断法测量衰减的试验装置

(2) 后向散射法

后向散射法是利用光时域反射仪测量光纤衰减特性的第一替代试验方法(ATM),它是一种单端测量方法。

后向散射法基于光纤中后向散射光信号来提取光纤衰减或衰减系数、光纤长度、衰减均匀性、点不连续性、光学连续性、物理缺陷和接头损耗等信息。因为后向散射法是一种非破坏性测试方法,所以这种方法被广泛应用在光纤光缆研究、生产、质量控制、工程施工、验收试验和安装维护时对光缆链路点不连续性作大致判断。

后向散射法的测量原理是将大功率的窄脉冲注入被测光纤,然后在同一端检测光纤后向返回的散射光功率。由于主要的散射作用是瑞利散射,瑞利散射光的特征是它的波长与入射光波的波长相同,它的光功率与该点的入射光功率成正比,所以测量沿光纤返回的后向瑞利散射光功率就可以获得光沿光纤传输的衰减及其他信息。图 3.21 所示为后向散射法测得的衰减曲线。因为信号是通过对数放大器处理的,衰减曲线相对后向散射功率是对数标度,即读得的是电平值。而且是经过往返两次衰减的值,所以曲线斜率为常数的 AB 段光纤的衰减为

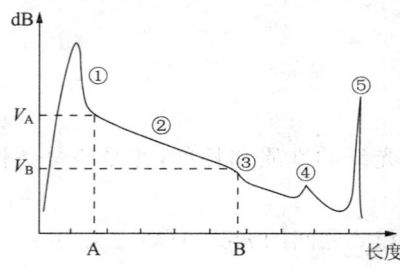

图 3.21 后向散射法测得的衰减曲线

$$A(\lambda)_{AB} = \frac{1}{2}(P_A - P_B) \text{ (dB)} \tag{3.34}$$

$$\alpha(\lambda) = \frac{A(\lambda)_{AB}}{L} \text{ (dB/km)} \tag{3.35}$$

光在真空中的传播速度为 c_0,光纤的折射率为 $n(\lambda)$,设衰减曲线横坐标 AB 间的时间间隔为 Δt,注意这是经过往返传输的时间,故 AB 间的长度(距离)为

$$L = \frac{c_0}{n(\lambda)} \cdot \frac{\Delta t}{2} \text{ (m)} \tag{3.36}$$

例如,光纤在 $0.85\mu m$ 波长的 $n(\lambda)=1.482$,当 $\Delta t = 12\mu s$ 时,代入式(3.36)计算的长度或距离 $L=1214.6 m$。

由图 3.21 得知,单向后向散射衰减曲线仅反映衰减与长度的关系。利用后向散射法测得的单向后向散射衰减曲线可以监测到许多现象,分别见图 3.21 中曲线的①~⑤段。

其中,①表示在光纤输入端由光分路器和耦合器产生的反射;②是散射斜率恒定区;③表示

由于局部缺陷、连接或耦合造成的不连续性;④表示散射斜率随波长而变化;⑤表示在光纤输出端的波动,例如衰减随温度的变化。

(3) 插入损耗法

插入损耗法是测量光纤衰减特性的替代试验方法(ATM),原理上类似于截断法,只不过插入损耗法用带活接头的连接软线代替短光纤进行参考测量,因此,功率 P_1、P_2 的测量没有截断法直接,测量精度低于截断法,由于连接的损耗会给测量带来误差,所以插入损耗法不适用于工厂来测量光纤和光缆的制造长度的衰减。插入损耗法具有非破坏性(即不需剪断被测光纤)、被测光纤两端各带半个连接器和操作简单等优点。因此,用插入损耗法做成的便携式仪表,非常适用于现场用来测量带有连接器光缆中继段长度的总衰减。

插入损耗法有两个可供选择的参考条件下的测量原理方案,如图 3.22 所示。它们的区别本质在于注入系统和接收系统。图 3.22 方案 1 中固定到被测光纤的半个连接器的质量会影响测量结果。方案 2 则不存在这种影响。原因是它们采用光学系统精密耦合代替了连接器耦合,它的测量精度更高,更适合于只需要知道光纤的真实衰减的场合。反之,当被测光纤段带有半个连接器,而且必须与其他元件串接时,要考虑半个连接器与标称衰减偏差,图 3.22 中方案 1 测得的结果才更有意义。

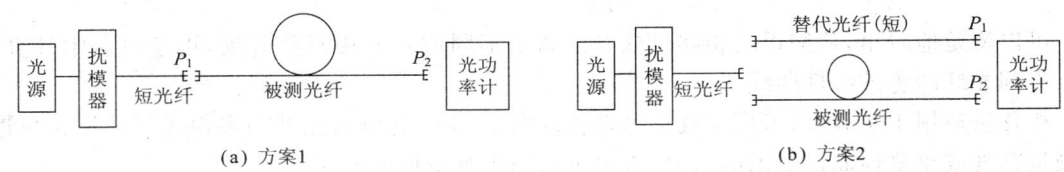

(a) 方案1　　　　　　　　　　(b) 方案2

图 3.22　典型的插入损耗法测试装置

① 方案 1。首先将注入系统的光纤与接收系统的光纤相连接,其次记下测得的接收功率 $P_1(\lambda)$,然后将被测光纤连接到注入系统与接收系统之间,测出功率 $P_2(\lambda)$,那么被测光纤段的总衰减可按下式计算:

$$A = 10\lg\frac{P_1(\lambda)}{P_2(\lambda)} + C_r - C_1 - C_2 \tag{3.37}$$

式中,C_r、C_1 和 C_2 分别是在参考条件下,被测光纤输入端和输出端连接器的标称平均损耗(dB)。

② 方案 2。首先将参考系统连接在注入系统和接收系统之间,其次记录测出的功率 $P_1(\lambda)$,然后按注入系统方案 1 测出功率 $P_2(\lambda)$,则被测光纤段的总衰减的计算式如下:

$$A = 10\lg\frac{P_1(\lambda)}{P_2(\lambda)} \tag{3.38}$$

2. 色散的测试

色散是单模光纤的重要参数之一。研究光纤的色散特性,对合理地设计光纤折射率剖面结构、改善光纤的传输特性是极为重要的。单模光纤的色散决定着光纤所能传输的速率、距离、容量,对于超长距离、超大容量、超高速率的通信系统有着极为重要的意义。色散和衰减是系统设计的光中继段受限距离的两个重要参数。

色散系数 $D(\lambda)$ 是单位长度光纤的波长色散,单位为 ps/(nm·km)。若在波长 λ 下,单位长度的群时延为 $\tau(\lambda)$,则波长色散系数 $D(\lambda)$ 为

$$D(\lambda) = \frac{d\tau(\lambda)}{d\lambda} \cdot \frac{1}{L} \quad [\text{ps/(nm·km)}] \tag{3.39}$$

与多模光纤相比,单模光纤没有模间色散,故其总色散很小,即对信号的畸变或展宽很小,带宽很宽。因此单模光纤色散的测量需要用精密的测量方法:相移法、干涉法和脉冲时延法。

(1) 相移法

相移法是测量光纤色散的基准试验方法(RTM)。相移法的测量原理是通过测量不同波长的光纤的光信号,通过光纤后产生相移,计算得出不同波长间的相对群时延,再根据时延 $\tau_i(\lambda)$ 得到最佳拟合时延曲线 $\tau(\lambda)$,通过数学运算进一步得到光纤色散特性曲线 $D(\lambda)$。

假设有波长 $\lambda_1 \sim \lambda_n$ 的几个光源,分别用频率为 f 的正弦电信号调制,光纤输入端信号的初始相位是 $\theta_1 \sim \theta_n$,用 $\tau_1 \sim \tau_n$ 表示传输群时延,假定通过一段光纤每一波长的参考信号的时延都一样,且用 τ_0 表示,则测量信号与参考信号相比后,每一波长的相位差分别为

$$\phi_1 = 2\pi f(\tau_1 - \tau_0), \cdots, \phi_n = 2\pi f(\tau_n - \tau_0) \tag{3.40}$$

相应的时延表示分别为

$$\tau_1 = \frac{\phi_1}{2\pi f} + \tau_0, \cdots, \tau_n = \frac{\phi_n}{2\pi f} + \tau_n \tag{3.41}$$

相应的延迟时间重新表示为

$$\tau_1 = \frac{\phi_1 + 2\pi N}{2\pi f} + \tau_0, \cdots, \tau_n = \frac{\phi_n + 2\pi N}{2\pi f} + \tau_0 \tag{3.42}$$

可以清楚地看出,从测得的相移量就能计算出不同波长的相对群时延,再经过数学计算进一步得到光纤的色散特性曲线 $D(\lambda)$。

相移法适用于实验室、工厂和现场测量长度大于 1km 的单模光纤和多模光纤的波长色散,在测量精度或重复性满足要求的情况下,也可以用来测量更短的光纤。

相移法的试验装置如图 3.23 所示。试验装置主要包括光源、波长选择器、光探测器、参考通道、时延检测器和信号处理单元等。

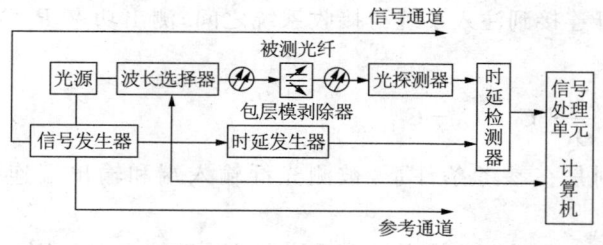

图 3.23　相移法测量单模光纤色散的试验装置

在测量波长下,参考信号和信道信号间的相位移是用时延检测器进行测量的。为了获得测量波长处的色散系数,数据处理应与所用的调制类型相适应。需要时,应作出群时延谱扫描与波长的曲线关系,由测量值来获得拟合曲线。由测得的相位移,再得到群时延。

根据 ITU-T G.650(2000) 的规定,各种光纤的群时延与波长的拟合公式和光纤的色散系数的计算公式分别如下:

① G.652 光纤。G.652 光纤零色散波长在 1310nm 附近,其工作波长为 1270~1340nm。测得的单位长度光纤的群时延与波长的关系由三项 Sellmeier 表达式拟合如下:

$$\tau(\lambda) = \tau_0 + \frac{S_0}{8}\left(\lambda - \frac{\lambda_0^2}{\lambda}\right)^2 \tag{3.43}$$

式中,τ_0 是在零色散波长处的相对最小群时延。

G.652 光纤的色散系数 $D(\lambda)$,可将式(3.43)对波长求微分得到

$$D(\lambda) = \frac{d\pi}{d\lambda} = \frac{S_0}{4}\left(\lambda - \frac{\lambda_0^4}{\lambda^3}\right) \tag{3.44}$$

式中，S_0 为零色散斜率，即色散斜率在零色散波长处的值，单位为 $ps/(nm^2 \cdot km)$。

② G.653 光纤。G.653 光纤零色散波长在 1550nm 附近，其工作波长在 1550～1600nm。测得的单位长度光纤的群时延与波长关系的拟合表达式为

$$\tau(\lambda) = \tau_0 + \frac{S_0}{2}(\lambda - \lambda_0)^2 \tag{3.45}$$

通过将式(3.45)对波长求微分可获得 G.653 光纤的色散系数表达式为

$$D(\lambda) = (\lambda - \lambda_0)S_0 \tag{3.46}$$

③ G.655 光纤。G.655 光纤的零色散波长在 1550nm 附近，在使用波长区域 1530～1625nm 具有一个非零的小色散值，以抑制密集波分复用中四波混频等非线性效应。

G.655 光纤在使用的波长范围内有一个允许的色散系数绝对值，在规定的波长范围内色散系数不能为零。

$$D_{min} \leqslant |D(\lambda)| \leqslant D_{max} \quad \lambda_{min} \leqslant \lambda \leqslant \lambda_{max} \tag{3.47}$$

（2）干涉法

干涉法是单模光纤色散测量的第一替代试验方法。干涉法的特点是仅用一根几米长的短光纤就可以测量出光纤的色散。干涉法还可给出光纤色散纵向均匀性。并检测出整体或局部的因素，如温度变化、微弯损耗等对色散的影响。

干涉法测量原理是用 Mach-Zehnder 干涉法测量被测光纤试样和参考通道之间与波长有关的时延。参考通道既可以是空气通道，又可以是已知群时延谱的单模光纤。

用一根单模光纤作为参考的测试装置，如图 3.24 所示。这个试验装置的测量原理用分振幅的方法产生双光束，实现干涉。从光源出来经波长选择器的光束被光束分离器 1 分为两束光，它们分别经过被测光纤和参考光纤传输后，又由光束分离器 2 将两束光合二为一进入光探测器。只要精确调整参考光纤出射端面与第二个光束分离器间的距离 X，就可以使进入光探测器中的两束光满足相关条件，在锁相放大器中显示最大值。

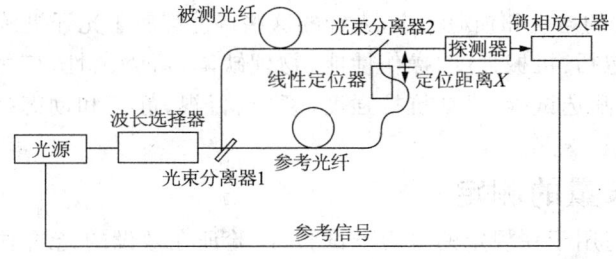

图 3.24 干涉法测量色散的试验装置

测量时，保持注入条件不变，测量不同波长点的群时延。每一个波长 λ_i 分别测出对应于干涉图上最大中心光强的位置 x_i，于是这个波长上参考通道与试验通道的群时延差为

$$\Delta\tau(\lambda_i) = (x_i - x_0)/c \tag{3.48}$$

（3）脉冲时延法

脉冲时延法是单模光纤色散测量的第二替代试验法(ATM，图 3.25)。群时延的测量采用时域法，这种试验方法的测量原理是：不同波长的窄光脉冲分别通过已知长度的被测光纤时，测量不同波长下产生的相对群时延，再由群时延差计算出被测光纤的色散系数。

脉冲时延法的关键问题在于极窄光脉冲的产生、光探测和测量。因此,脉冲时延法对测量系统各组成部分(如电脉冲发生器产生极窄光脉冲、光探测器高速响应和示波器高速取样)的技术指标要求都非常高。

当光纤的色散系数很小或光纤长度不长时,时延差很小。如需要进一步提高时间的分辨率,就要对光纤探测器和取样示波器提出更苛刻的要求。因此,脉冲时延法测试系统虽然很直观,但是一般用于长距离(如光纤链路和光缆中继段)总色散的测量。

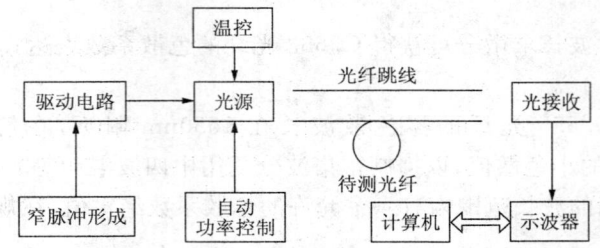

图 3.25 脉冲时延法测量单模光纤色散

单位长度的群时延为

$$\tau(\lambda) = \frac{\tau_{out}(\lambda_i) - \tau_{in}(\lambda_i)}{L} \text{ (ps/km)} \tag{3.49}$$

式中,$\tau_{out}(\lambda_i)$为输出脉冲时间差(ps),$\tau_{in}(\lambda_i)$为输入脉冲时间差(ps),L为减去参考光纤长度后的被测光纤长度(km)。

对于各类光纤,群时延曲线$\tau(\lambda)$的拟合和色散系数$D(\lambda)$的计算按相移法中规定的方法进行。

3.4 光纤机械特性参数测试

为了确保光纤光缆的质量,在工程中,光纤应具有足够的机械强度和便利的操作性能,以便于成缆和敷设,即使在恶劣的环境条件下也不会因疲劳而断裂。所以要对光纤机械性能进行检测。另外,光纤在成缆过程中必须经受住一定的机械应力和化学环境的侵蚀;光纤涂覆层剥离后,裸纤的翘曲度会影响光纤的熔接和损耗大小,光纤的这些特性都属于光纤机械性能测试的范畴。

光纤的机械特性包括:机械强度、操作性能、物理缺陷、可剥离性、应力腐蚀敏感性参数、翘曲等。其测量方法有:筛选试验、光纤抗拉强度、磨损、目视、静态和动态疲劳、侧视显微法和激光束散射法。

3.4.1 光纤伸长量的测定

拉伸的测试方法适用于在规定的拉力下试验,以验证在敷设的光缆中光纤的衰减和光纤伸长应变性能与负载之间的关系。测量光纤伸长量的目的不在于测量光纤的绝对应变,而是测量负荷条件变化时应变的变化。光纤伸长量测定可采用相移法或差分脉冲时延法。光纤伸长应变ε(即$\Delta L/L$)由下式给出:

$$\varepsilon = \nu \frac{\Delta t}{L} \tag{3.50}$$

式中,Δt为差分脉冲时延,L为光纤长度,ν为光弹系数。

3.4.2 光纤强度

光纤强度受以下几个方面影响:

① 裂纹及断裂。由于玻璃基体存在的微小不均匀性、高温熔融后表面形成应力不均匀,机

械损伤等会导致光纤产生微裂纹。

②疲劳。光纤表面微裂纹生长扩大至光纤断裂的过程称为光纤的疲劳。

光纤强度的测试可采用筛选试验和抗拉强度试验进行验证。

1. 筛选试验

为了保证一个最低的光纤强度,筛选试验是最好的方法。筛选试验的目的就是将整个光纤制造长度上的强度低于或等于筛选应力的点去除,保证幸存光纤的机械可靠性。ITU-TG.650规定的筛选试验的基准试验方法为纵向张力法。

纵向张力法的测量原理是一种施加张力荷载至拉丝涂覆后的整根连续长度光纤上,被测的初始光纤会断成几段短光纤,可以认为每段短光纤已通过筛选试验。光纤经受抗张负荷的筛选时间一般为1s。

通过,光纤光缆生产中用来进行光纤筛选试验的设备有两种类型:制动轮筛选试验机和固定重量筛选试验机。它们的结构和工作原理如下。

(1) 制动轮筛选试验机

制动轮筛选试验机的结构组成如图 3.26 所示。被筛选的光纤是以恒定的低张力从光纤盘上放出,经筛选后,光纤在恒定张力下重新被绕到收线盘上。放线和收线张力是可调的。

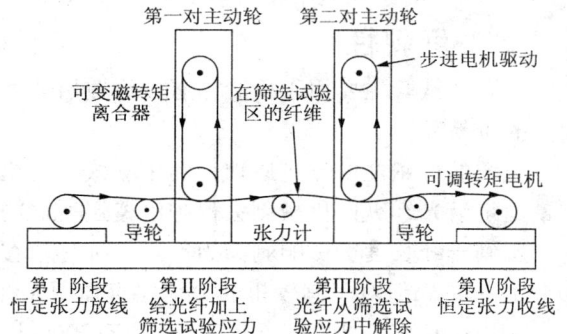

图 3.26 制动轮筛选试验机的结构组成

施加到光纤上的筛选荷载是由制动轮和驱动轮之间产生的速度差造成的。制动轮和驱动轮上的皮带用于防止光纤打滑。高精度张力计用来测量光纤上的荷载,控制制动轮与驱动轮之间的速度差,以达到所需要的筛选荷载。筛选机施加荷载大小和操作速度快慢可以由各自独立的装置控制。

(2) 固定重量筛选试验机

固定重量筛选试验机的结构组成如图 3.27 所示。装置中放线和收线动轮本身很轻。放线轮和收线轮上的压紧皮带用来防止光纤滑动。它们既不会对光纤施加附加张力,也不会损伤光纤涂覆层。

2. 抗拉强度

筛选试验保证了光纤的最低强度。在一根实际的石英玻璃光纤表面存在许多微裂纹,简单

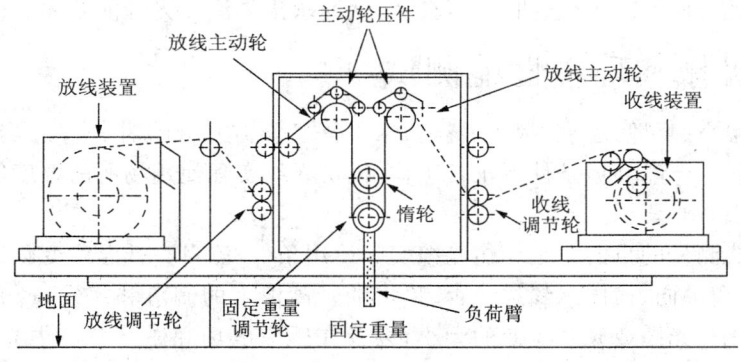

图 3.27 固定重量筛选试验机的结构组成

地对光纤施加张力,那么沿着光纤长度方向和在光纤的横截面积中均匀地存在着应力。

为获得不同长度光纤断裂概率的威泊尔分布,必须对光纤试样做拉力试验。将光纤试样拉断,记下断裂的应力值,最后根据记录统计光纤在不同拉力强度下断裂累计概率分布,作出威泊尔分布曲线,用来判断光纤抗拉强度和使用寿命。

一定长度的光纤在应力 σ 的作用下,光纤的断裂累积概率可用威泊尔分布来描述。

$$F(L,\sigma) = 1 - \exp\left[-\frac{L}{L_0}\left(\frac{\sigma}{\sigma_0}\right)^m\right] \tag{3.51}$$

式中,$F(L,\sigma)$ 为小于或等于 σ 的应力下光纤断裂的累积概率,σ_0 是在"标距"长度 L_0 下测得的与 e^{-1} 或 36.8% 的累积概率相对应的强度,L_0、σ_0 和 m 均为常数。

3.4.3 可剥性

可剥性试验主要用于检验具有预涂覆层的光纤或具有其他被覆层光纤的涂覆层或被覆层剥离的难易程度。

光纤的可剥性的测量原理是利用立式拉力机提供被测光纤和剥离工具之间的相对运动来定量确定沿光纤纵向机械剥去保护涂覆层所需的力。

所剥光纤长度会影响剥力。对于标称涂覆层直径为 $250\mu m$ 的光纤,可取的值为 20mm、30mm 和 50mm;对于有较粗的涂覆层直径的光纤,可选取较短的剥离长度。

GB/T 9771.1-2000~GB/T 9771.5-2000 规定单模光纤涂覆层所需的剥离力峰值宜在 1.3~8.9N 范围内。

3.4.4 光纤的翘曲

光纤的翘曲是指剥除预涂覆层后的石英玻璃裸光纤自然弯曲的曲率半径,以 m 表示。

光纤翘曲是光纤本身固有的自然弯曲特性,是由于光纤制造过程中的高速拉制和骤然冷却过程致使光纤中产生内应力,即淬火造成的裸光纤固有的一种弯曲特性。它对光纤的连接损耗的影响较大。

光纤翘曲的测量方法有侧视显微技术和激光束散射法。

(1) 侧视显微技术

侧视显微技术的测量原理是通过确定未支撑光纤端头绕光纤轴旋转时产生的偏离量来确定未涂覆光纤的曲率半径(翘曲)。在已知光纤最大偏离量和从光纤夹具到测量点的悬空距离,用一个简单的圆模型就能计算出光纤的曲率半径。

(2) 激光束散射法

激光束散射法的测量原理是用激光束散射,通过线传感器读出反射光束之间的距离,再将其有关参数代入光纤曲率半径(翘曲)计算公式,从而求出未涂覆光纤的翘曲。

3.5 光缆机械和环境性能测试

光纤光缆以架空、直埋、管道、沟道、隧道、水下等敷设方式在各种各样的实际环境中使用,为确保光纤能在各种严酷环境条件下正常工作,模仿光纤实际使用场所的温度等环境条件来检验光纤的适应性很有必要。

光缆环境性能测量的目的就是模仿光缆实际使用条件,测量高低温度变化引起的光缆中光纤的附加损耗,光缆纵向、横向水渗透与否、阻水油膏高温下的滴落和蒸发量、光缆受外力作用后光纤的衰减变化和光缆或光纤应变的大小,以及在感应电场和燃烧环境中光缆是否耐电痕、阻燃程度高低,以使我们设计和制造出的光缆完全适用于各种各样的通信网络,并在实际使用环境中保证网络的长期安全可靠。

光缆的机械和环境性能的检测一般都通过以下试验进行。

① 温度循环。光缆中光纤的衰减随温度的变化，通常是由于光缆加强件与各种护层之间热膨胀系数差异引起的光纤弯曲和拉伸造成的。衰减与温度关系的测量试验应在最恶劣的温度条件下进行。

② 渗水。渗水试验的目的是确定光缆在规定长度方向上阻止水迁移的能力。

③ 阻水油膏滴流。阻水油膏滴流试验的目的是证实填充型光缆内注入和填充的阻水油膏在规定温度下是否从光缆中滴流出来。

④ 油分离和蒸发。油分离和蒸发试验的目的是测量用于与光纤接触的注入阻水油膏高温时的析出和/或蒸发。

⑤ 气体阻力。气体阻力试验仅适用于气体压力保护非填充光缆。气体阻力试验的目的是检验非填充光缆的气体阻力。

⑥ 风积振动。风积振动试验的目的是评价 ADSS 光缆在典型的风积振动条件下，光缆的疲劳性能和光纤的光学特性。

⑦ 舞动。舞动试验的目的是评定在典型光缆的疲劳性能和光纤的光学特性。

⑧ 阻燃。阻燃试验的目的是确定光缆遭受火焰燃烧时，火焰的蔓延是否在限定范围内，另外，残焰残灼是否在限定时间内能自行熄灭，光缆在火焰中燃烧一定时间内是否能保证正常通信的性能。

阻燃试验方法按光缆敷设方式和光缆根数可以为两种：单根垂直燃烧和成束燃烧。对于通信光缆的燃烧性能的试验方法常常按照光缆是单根敷设或成束安装分别选用单根垂直和成束燃烧试验来评定阻燃光缆的阻燃性能。

3.6 通信系统中的光缆自动监测系统

随着 IP 业务的迅猛发展，通信业务的承载基础光纤网络也日益壮大。面对如此庞大的网络，原来以人工方式对光缆线路进行监测和管理的方式已经不能满足要求。光缆自动监测及管理系统能够实时在线反映全网光纤的变化状态。

目前光缆自动监测系统在"光缆监测"的核心功能基础上，加入了"设备管理-传输机房资源管理系统"，该综合平台集测试、告警、信息处理、业务管理于一体，使用更加快捷。已经广泛在工程中展开应用。

光缆自动监测管理系统能够实时监测光纤网络的运行状况，主要功能包括：

① 对在线光纤的光功率进行实时监测，如果光功率的变化超过门限则发出告警信号，将测试结果迅速回传并进行分析。

② 迅速精确地确定故障的位置。

③ 将光缆线路的状况信息集中收集、处理和存储。

3.6.1 光缆自动监测管理系统组成

光缆线路监测与管理网络是 TMN 中传输网管理域的一个子网，管理系统主要由三级构成：一级的远端(MS)监测站，二级的本地监测中心和监测客户终端，三级的省监测中心 GMC。其中本地监测中心和省监测中心完成的功能是一样的，因此按功能划分可以把系统分成 MS 监测站和监测中心两部分。每部分的功能和相互之间的关系如图 3.28 所示。

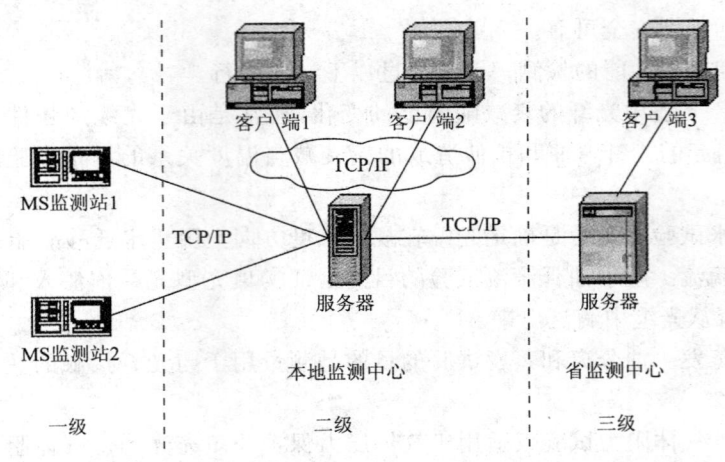

图 3.28 光缆自动监测管理系统的系统构成

1. MS 监测站

MS 监测站对光缆线路进行光功率监测和远程遥控自动监测,以跟踪光纤传输损耗的变化。监测站可无人值守。监测站软件可以对其监测范围内的光缆网进行实时监测,及时发现障碍隐患,并迅速地对被监测光缆线路中被监测光纤的障碍点进行定位;将光缆网的状态变化情况及时准确地上报到监测中心。

MS 安装在传输机房内的标准机架内,由控制模块(工控机)、告警监测模块(I/O 卡,ACU/AIU)、测试模块(OTDR)、电源模块、程控光开关(MUX)、波分复用器(WDM)、光滤波器(FILTER)、通信网关(ROUTER、HUB、光 MODEM)及相应软件组成。

作为光缆自动监测系统的终端基本硬件设备,MS 具有以下性能特点:

① MS 设备具有系统设备自检,保存完整运行参数及自动复位功能。保证系统在任何软故障(误码或干扰引起),如 CPU、各功能卡(模块)死机情况下自复位,安全可靠地实现无人值守。

② 所有模块都能单独检测,易于更换。故障概率<1.5%,使用寿命 25 年。

③ 双通信口(PSTN 口、以太网口)同时工作,使远程交互、控制更可靠灵活。

④ MS 软件可远程下装,易于升级。

按照上述功能,MS 的软件划分成 9 个模块:OTDR 测试模块、通信与调度模块、光功率监测控制模块、曲线分析模块、本地测试与曲线查看模块、软件狗模块、设备监听模块、本地配置模块、安全管理模块。

2. 监测中心

监测中心是对各监测站的控制、数据采集和处理中心。设在省、自治区、直辖市的监测中心一般为省监测中心(PMC),设在地、州、盟的监测中心为区域监测中心(LMC)。监测中心由管理者(服务器、客户机、工作站)、路由器、集线器/交换型集线器、网络适配器、MODEM、打印机及相应的软件组成。

3.6.2 光缆自动监测管理设备

光缆/光功率自动监测管理设备如图 3.29 所示。

CPU 控制 OTDR 和光开关,通过光合波器可依次向每条光缆的某一路被监测的在线光纤发送与通信光不同波长的监测激光脉冲。利用光时域反射原理,监测各条光缆线路中光纤衰减、接头衰减和光纤长度的变化。波分复用器(WDM)主要用于通信波长光与监测波长光的分合即通过 WDM 可以将从光端机出来的通信光与不同波长的 OTDR 监测光合并输送到外线光缆，或将外线光缆传来的通信光与监测光的混合光波分离隔开，从不同端口输出。光滤波器用于在线监测光纤远端阻止监测光进入光端机，避免对通信的干扰。

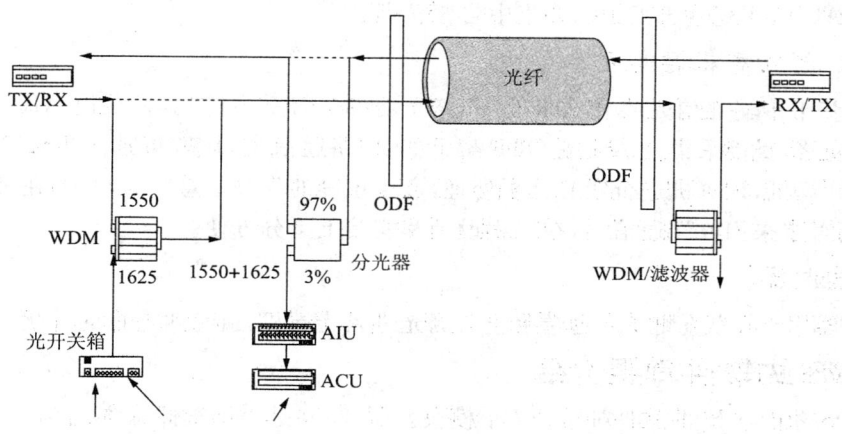

图 3.29　光缆/光功率自动监测管理设备

光功率监测模块直接取自终接到外线端 ODF 架上的收端光纤的光功率值，它与光端机其他系统无关，它所反映的仅仅是光纤的状态，并且系统可以人为对光功率变化的门限值进行设置，只有当光纤的光功率衰减变化超过门限值时，光功率系统才会自动向光缆监测系统报警，从而能及时有目的地启动 OTDR 和光开关，对故障光缆进行监测。因此，引入光功率监测模块杜绝了光缆自动监测的误告警现象。

1. OTDR

光缆监测系统的关键测试仪表之一是光时域反射仪（OTDR），安装在各个监测站的 OTDR 通过获得测试波长的背向散射光在光纤上随时间（距离）的能量分布曲线得到光纤的传输特性，能较好地反映线路的各种故障（比如各种形式的断裂故障），也能反映一些缓变的线路损耗。测试方式有以下几种：

① 点名测试。随时通过人机操作选择任意光缆段进行即时点名测试，可及时发现光缆段的光纤特性变化，迅速掌握故障光缆段的各类故障信息和当前光纤状态的曲线分析。

② 定期测试。对光缆网光纤特性长期、定时的自动监测，以及对监测数据分类的统计、分析，可以发现光缆的缆、段、纤、接头的衰耗劣化趋势，掌握光缆特性变化，预防光缆故障捕捉光缆故障的征兆。

③ 障碍告警测试。在光缆网络发生故障时，1min 内完成确定故障光缆段落、测出故障点精确位置，以及向监控中心、值班电话和指定 BP 机报警的任务。

④ 模拟告警测试。不定期地选择并发出模拟告警指令，使 MS 中心告警监测模块发出模拟的告警信号，并立即进行模拟被监测光缆线路发生障碍状态时的测试。

2. 程控光开关

程控光开关用于通信光缆自动测试中多路光纤自动选择转换。它是光缆自动监测系统远程监测站的重要组成。容量分为：1×16、1×32、1×64、1×96 四种，可实现多个开关箱的组合，形成树形光纤监测网络。

3. ACU

ACU（Alarm Control Unit）是由 AIU-16 构成的光功率告警采集站，作为前置系统配合传统的 OTDR 光纤监测站完成实时的光功率告警和光缆监测。

ACU 可以同时进行多路收光功率的在线告警。ACU 有灵活的连接方式，既可以直接通过 RS232 连接 AIU-16，也可以通过光 MODEM 监测远端光缆段。通过级联的模式，ACU 可远程连接 7 个从 ACU，实现基于汇接局的集中告警管理。

4．AIU 光功率采集单元

AIU 是基于传输通信光收光功率的 16 路光功率告警采集单元，旨在使 AIU-16 通过标准的一分二分光器，直接采集外线收端 ODF 架上的 16 路通信光功率，并通过 RS232 通信口连接标准的工业计算机，计算机进行实时分析处理，产生正确的告警信息。AIU-16 在工作中不需要监测光源，而直接采用收端通信光，在工程设计和安装上十分方便。

5．光滤波器

光滤波器用于在线监测光纤远端阻止监测光进入光端机，避免对通信的干扰。

3.6.3 MS 站软件简要介绍

按照 MS 功能，MS 的软件划分成 7 个模块。图 3.30 是 MS 软件总体结构。

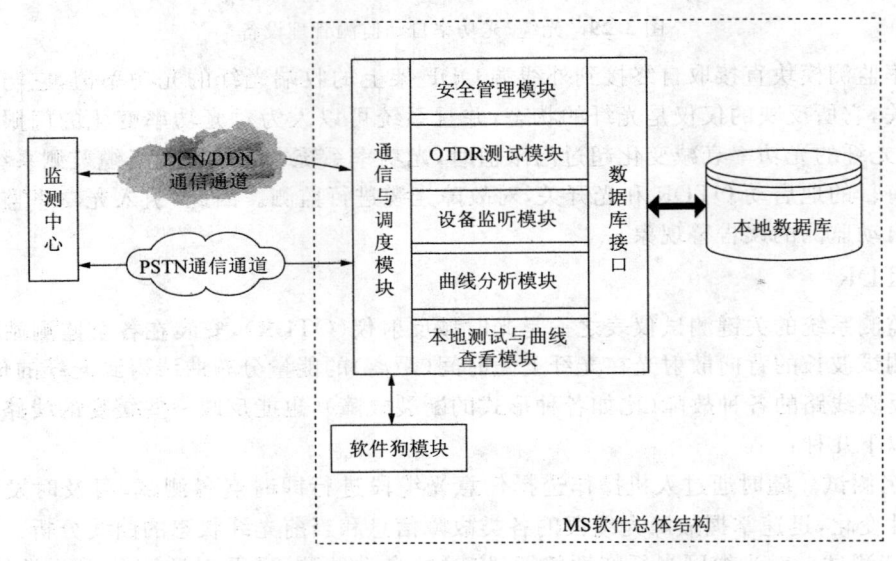

图 3.30 MS 软件总体结构

① 通信与调度模块(CorlCon)。监测站软件的各个模块都要通过此模块与监测中心的服务器进行通信。

② 安全管理模块。对在本地的各种操作进行简单的用户和口令管理。

③ OTDR 测试模块。初始化 OTDR 卡；接收 OTDR 测试命令；控制光开关箱选择光路；启动 OTDR 卡进行测试；将测试结果形成相应的数据文件传给 CorlCon 模块。

④ 设备监听模块(EMonitor)。用于监测光缆监测系统中监测站自身软硬件模块，向监测中心报告监测站自身软硬件各模块的状态。

⑤ 曲线分析模块。对 OTDR 的测试曲线进行分析，判断是否有光路故障，将分析结果上报主模块，并将结果输入数据库。

⑥ 本地测试与曲线查看模块(LtestView)。选择光路，启动本地测试；显示本地测试结果曲线，对曲线进行分析保存查看。

⑦ 软件狗模块(SysDog)。当监测站主控模块软件出现异常时，一段时间后(时间段可配

3.6 通信系统中的光缆自动监测系统

置),SysDog 重新启动监测站计算机,从而重新进入监测站主控模块。

3.6.4 光缆监测系统的应用实例

光缆监测系统的核心就是用普通光分路/合路器替代光程控开关箱实时监测多条光缆。

图 3.31 示出了新型光缆监测系统的应用。

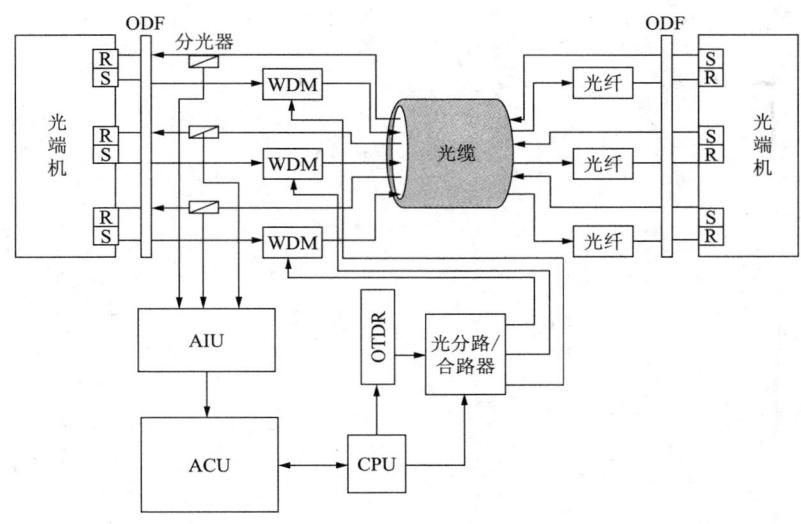

图 3.31 新型光缆监测系统

在光收端机侧用分光器同时收取多路通信光功率,通过光功率采集单元 AIU,把分取的光功率送至监测站中的工控机,并以数据流的形式传给监测中心进行动态分析。当收光功率变化值超过设定三级门限时,产生告警。工控机通过光分路/合路器同时选择多路被测光纤、启动光时域发射测试仪发射不同于通信光波长的监测光,通过波分复用器把监测光复用到传输网络中。多路监测光的反射波由光时域发射测试仪接收并分析判断,最后精确定位光缆故障。

图 3.32 是 OTDR 接收 8 条光路的反射波所得到的 OTDR 参考曲线(在网络刚搭建完成,无任何故障的情况下测试所得曲线),横坐标值 2500 处的衰减对应光分路/合路器。由图 3.32 可以看出,在光分路/合路器前,曲线十分简单,在这之后,曲线就变得极为复杂。因为采用 OTDR 在起始端对此分支网络进行测试时,从光分路/合路器返回的光信号实际是多条监测光纤返回的反射和散射光的组合,因此 OTDR 的测

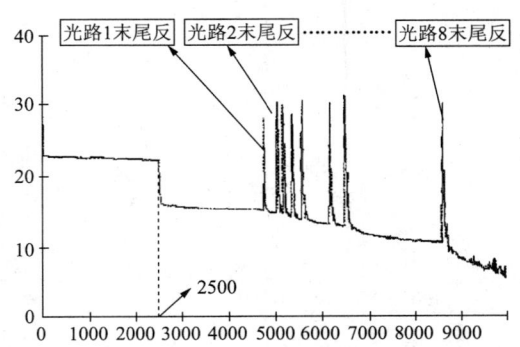

图 3.32 OTDR 接收 8 条光路的反射波所得到的 OTDR 参考曲线

试曲线实际上也是多条光路的组合。按照传统的曲线分析方法,当 OTDR 对此曲线进行分析时,就会认为只存在一条光路,对故障和事件的分析也把它当作只有一条光路进行处理。但是事实上这条曲线包含的是所有分支的事件信息,因此要确定故障的精确位置和精确参数就要求我们必须采用一种新的曲线分析算法。新算法的工作原理如下:每个分支光路在末端都会形成一个末尾反射尖峰,通过这个尖峰可判断出每条光路。当其中一条分支上出现了故障,OTDR 进行测试时就可得到一条故障曲线,将此曲线与参考曲线相比较,通过每个光路末尾反射尖峰值位置或大小的变化,就可以判断出是哪一条光路在什么位置出现什么故障。

第 4 章

通信光电子器件的性能与测量

光纤通信和光电子产业已经进入了高速发展的时期,基于先进的光器件和光信号处理技术的全光通信网络技术与设备彻底改变了整个有线通信网的面貌。

光电子器件是构成光纤通信系统的基石,其性能直接影响系统的传输质量。光电子器件在通信的发展历程中有着至关重要的地位。掌握光电子器件的主要性能及其相关的测试标准和方法,对于光通信系统的设计、研发都有重要的意义。

通信光电子器件通常可分为有源和无源两大类器件。有源器件中,激光器和光探测器是最重要的两种,另外还包括光放大器、全光波长转换器等。无源器件用途也很广泛,相当程度上决定了光网络的成本和性能。其中包括光耦合器、光隔离器、光环形器、光滤波器、波分复用器、光开关器件、光调制器、光纤光栅等。本章将重点介绍这些有源器件和无源器件的特有性能及其测试手段。

4.1 半导体激光器特性与测量

半导体激光器(LD:Laser Diode)是光纤通信系统的重要组成部分,对于激光光源理论和特性的研究从未停止过。大容量光纤通信的发展也不断对半导体激光器的改进提出更高的要求。

半导体激光器实用化所具备的传统优点有:尺寸小、耦合效率高、响应速度快、波长和尺寸与光纤尺寸适配,可直接调制,相干性好。半导体激光器不仅在信息传输和信息存储领域得到广泛应用,而且现在已经逐渐渗透到材料加工、精密测量、军事、医学和生物等领域。经过近些年的发展,目前在通信中常用的激光器有法布里-珀罗(Fabry-Perot)型激光器、分布反馈激光器、量子阱激光器、垂直腔面发射激光器等。

工程应用和测量中,光纤通信对光源的基本要求有如下几个方面:

① 光源发光的峰值波长应在光纤的低损耗窗口之内。

② 光源输出功率必须足够大,入纤功率一般应在 $10\mu W$ 到数 mW 之间。

③ 光源要具有高度可靠性,工作寿命至少在 10 万小时以上才能满足光纤通信工程的需要。

④ 光源的输出光谱不能太宽,以利于传高速脉冲。

⑤ 光源应便于调制,调制速率应能适应系统的要求。

⑥ 电光转换效率不应太低。

⑦ 光源应省电,体积和重量应尽量小。

另外,DWDM 系统光源还有两个突出的特点:标准而稳定的波长、比较大的色散容纳值。目前应用于 DWDM 系统的光源主要是半导体激光器。DWDM 系统的工作波长较为密集,这就要求 DWDM 激光器工作在标准波长上,并且具有很好的稳定性;另一方面,DWDM 系统的无电再生中继长度从 160km 增加到 500～600km,为延长传输系统的色散受限距离,DWDM 系统的光源要使用色散容纳值很高的低啁啾激光器。

图 4.1 示出了一个高速半导体激光器的外观。

4.1.1 半导体激光器的理论基础

如图 4.2 所示,半导体激光器要形成激射的激光有三个必要条件:

① 粒子数反转的激光物质。
② 泵浦源。
③ 光学谐振腔。

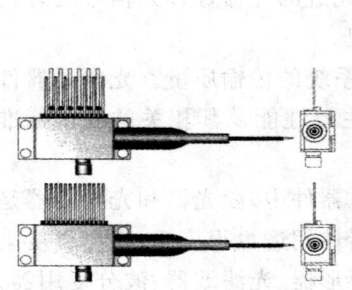

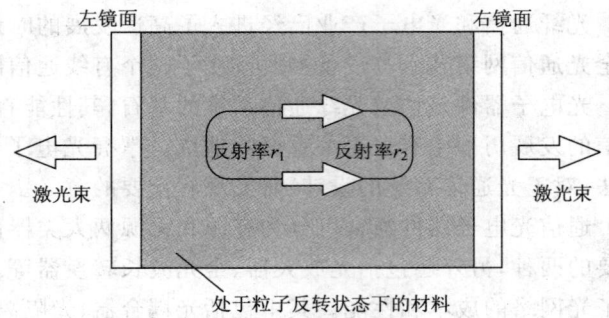

图 4.1 高速半导体激光器的外观   图 4.2 平面谐振腔

分析半导体激光器发光机制的方法根据采用的分析手段不同,分为经典理论、半经典理论、速率方程理论、全量子理论。这些理论在本书中我们不再一一介绍。值得一提的是,速率方程的分析方法简单、物理概念清楚,是工程技术人员研究半导体激光器工作特性的一种简便易行的理论工具。

根据速率方程理论,半导体激光器的发光机制可以用以下方程描述:

$$\dot{N} = -v_g \Gamma G(1-\varepsilon S)S - \frac{N}{\tau_e} + \frac{J}{ed} \tag{4.1}$$

$$\dot{S} = v_g \Gamma G(1-\varepsilon S)S - \frac{S}{\tau_p} + \frac{\Gamma \beta_{sp} N}{\tau_e} \tag{4.2}$$

$$G = A(N-N_0)\left[1 + \frac{(\lambda-\lambda_c)^2}{Q^2}\right]^{-1} \tag{4.3}$$

其中,J 为激光器工作电流密度,N 为载流子密度,N_t 是透明载流子密度,β_{sp} 为自发辐射因子,τ_e 为载流子寿命,τ_p 为光子寿命,λ_c 为增益谱峰值波长,v_g 是群速度,S 为激光器出射光子密度,e 是电子电荷量,d 是有源区厚度,A 是微分增益系数,Γ 是限制因子,ε 是饱和系数,Q 为增益谱的半高全宽。

利用速率方程可以通过电光耦合速率方程计算阈值电流密度 J_t、振荡功率及激光器的电光延迟时间。

1. 阈值电流密度 J_t

当 $J=J_t$ 时才开始有激光出射,因此在阈值以下时,主要是自发辐射。利用电光耦合速率方程计算 J_t 时,将受激辐射和吸收忽略掉,稳态的耦合速率方程为

$$\frac{J}{ed} - \frac{N}{\tau_e} = 0 \tag{4.4}$$

达到阈值时，
$$J_t = \frac{ed}{\tau_e} N \tag{4.5}$$

2. 振荡功率

有激光振荡输出时，自发辐射很少，因此自发辐射可以忽略掉。由式(4.5)的阈值电流密度公式得输出光子密度即振荡功率为

$$S = \tau_p \left(\frac{J}{ed} - \frac{J_t}{ed} \right) = \frac{\tau_p}{ed} (J - J_t) \tag{4.6}$$

3. 电光延迟时间

如果半导体激光器的注入电流是阶跃的，而高能级上载流子浓度是逐渐上升的，载流子浓度累计到阈值 N_t 的情况下，才有激光输出，这段时间用 t_d 表示，叫做电光延迟时间。

电光延迟效应发生在阈值以下时，自发辐射为主，受激辐射可以忽略，速率方程式(4.1)变为

$$\frac{dN}{dt} = \frac{J}{ed} - \frac{N}{\tau_e} \tag{4.7}$$

两边积分得电光延迟时间

$$t_d = \tau_2 \ln \frac{J}{J - J_t} \tag{4.8}$$

通过式(4.8)可以看出，注入电流越大，电光延迟就越短。因为电流大，载流子注入速度快，达到阈值的时间短。光电延迟时间与上能级载流子寿命 τ_e 同数量级。

实际上激光器在开始加电流时，电子数密度与光子数密度都是在稳态值附近做衰减振荡，随着时间增加逐渐稳定。

振荡产生的原因是：随着电流的增加，非平衡载流子浓度增加，继而使辐射复合几率迅速增加。接着，由于受激辐射的复合作用，载流子浓度开始跌落，由于与光子寿命有关的延迟作用，这种跌落现象往往过头，越过阈值，这时受激辐射减小，S 减少，载流子浓度在电流的作用下又开始增加，大于阈值后重复上述过程，因此出现振荡。电光延迟时间与自发复合的寿命时间为同一数量级，并随注入电流的加大而减小。

根据速率方程对 t_d 进行仿真，如图4.3所示。

4. 半导体激光器的高频响应特性

半导体激光器的频率响应特性描述了半导体激光器的直接调制能力。利用小信号分析法，假设

$$J = J_0 + j e^{i\omega t}, \quad N = N_0 + n e^{i\omega t}, \quad S = S_0 + s_0 e^{i\omega t} \tag{4.9}$$

调制信号采用单频正弦信号，将式(4.13)代入速率方程，并忽略自发辐射及光子注入在有源区之外的损耗，重点考察强度调制特性给输出频率特性带来的影响，则

$$s_0 \approx \frac{[j/(ed)] v_g A (1-\varepsilon S_0) S_0}{\dfrac{v_g A (1-\varepsilon S_0) S_0}{\tau_p} - \omega^2 + i\omega \left[\dfrac{1}{\tau_e} + v_g A (1-\varepsilon S_0) S_0 \right]} \tag{4.10}$$

根据式(4.14)，可以仿真出小信号状态下激光强度调制的频率响应特性以及输出信号相对输入信号的相位变化，如图4.4和图4.5所示。

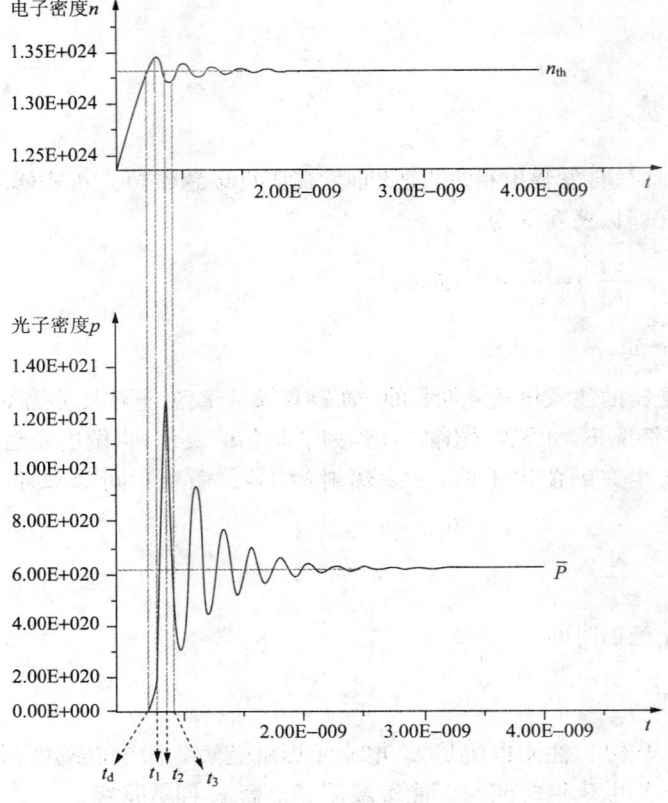

图 4.3 半导体激光器的瞬态响应仿真结果

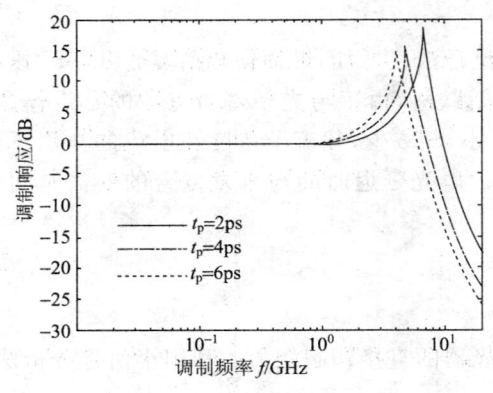

图 4.4 输出强度调制的频率响应特性　　　图 4.5 输出信号相对输入的相位延迟

由图 4.4 可知,在低频区频率特性是平坦的;而在高频区域,强度达到一个峰值后,随着调制频率的增加而迅速下降,信号将相应产生明显的劣化。图 4.4 中峰值对应的频率称为弛豫振荡频率 ω_r。对于任意输入信号,低频段,系统的幅频特性曲线基本是直线,输出信号光失真小,但是当输入的调制电信号频率高于 ω_r 时,输出强度急剧下降会影响正常通信。

由图 4.5 可知,随调制频率靠近 ω_r,输出信号相对于输入信号还将产生 180°的相位延迟。传递函数在 ω_r 附近的不平坦和相位延迟,使调制信号产生严重的波形畸变将产生误码,这将对通信产生负面影响。

为了得到强度调制响应的最大值点对应的 ω_r,求式(4.10)的极值,解得

$$\omega_r \approx \sqrt{\frac{v_g a(1-\varepsilon S_0)S_0}{\tau_p}} \tag{4.11}$$

式中,ω_r 反映了在强度调制下半导体激光器的最高调制速率。

4.1.2 半导体激光器的特性

半导体激光器的测量参数主要包括静态特性和动态特性两个方面。

静态特性主要指半导体激光器的 P-I 特性、阈值特性、光谱特性、方向特性、温度特性等。

动态特性指半导体激光器的调制特性、相位特性和电光延迟等。

1. 伏安特性

半导体激光器是半导体二极管,且有单向导电性,如图 4.6 所示。其正向电阻由材料的体电阻和引线的接触电阻决定,其反向电阻要大于正向电阻,因此可以用万用表测正反向电阻来确定半导体二极管的极性及检查它的 PN 结好坏。但在测量时必须用 1k 以下的挡,用大量程挡时,半导体二极管的电流太大,容易烧坏。

2. P-I 特性

P-I 特性是半导体激光器的重要特性。其表明了半导体激光器输出功率与注入电流的关系。如图 4.7 所示,注入电流较低时,发出自发辐射光,输出功率随注入电流缓慢上升;当注入电流达到并超出一定电流后,输出功率迅速陡峭上升,开始发射激光。

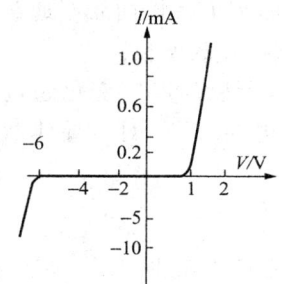

图 4.6 典型半导体激光器的伏安特性   图 4.7 半导体激光器 P-I 特性曲线

P-I 特性是选择半导体激光器的重要依据,也是激光强度调制的机理。通常要求 P-I 曲线的斜率适当。斜率太小,则要求驱动信号太大,给驱动电路带来麻烦;斜率太大,则会出现光反射噪声及使自动光功率控制环路调整困难。在 P-I 特性曲线中,将功率输出开始陡峭时注入的电流称为阈值电流 I_{th}。阈值电流是衡量半导体激光器和激光通信电路设计非常重要的特性参数。图 4.7 中 A 段与 B 段的交点所对应的电流就是阈值电流。在选择时,应选尽可能小的阈值电流 I_{th};这样的激光器工作电流小,工作稳定性高,消光比大,而且不易产生光信号失真。

3. 外微分量子效率

半导体激光器是一个电光转换器件,P-I 特性中,转换效率的大小通常由两个重要的参量——外微分量子效率 η_e 和 P-I 曲线斜率 η_s 来表示。

外微分量子效率 η_e 表示激光器件把注入的电子-空穴对(注入电荷)转换成从器件发射的光子(输出光)的效率。

$$\eta_e = \left(\frac{\Delta P}{h\nu}\right) \Big/ \left(\frac{\Delta I}{e}\right) = \frac{e}{h\nu} \cdot \frac{\Delta P}{\Delta I} \tag{4.12}$$

式中,h 是普朗克常数,ν 为辐射跃迁情况下释放出的光子的频率。

P-I 曲线斜率 η_s 表明输出光功率大小和注入电流的关系。在激光器阈值以上的 P-I 曲线几乎是直线,因此在实际测量中,P-I 曲线斜率 $\eta_s = \dfrac{\Delta P}{\Delta I}$ 可由下式得出:

$$\eta_s = \dfrac{\Delta P}{\Delta I} = \dfrac{P_2 - P_1}{I_2 - I_1} \tag{4.13}$$

式中,P_2 和 P_1 分别为阈值以上额定光效率的 10% 和 90%;I_2 和 I_1 分别为 P_2 和 P_1 对应的电流。

4. 静态温度特性

半导体激光器是对温度敏感的器件,其输出功率和中心波长将随温度发生很大的变化。半导体激光器的温度特性是在工程上重点考虑的问题。

半导体激光器的阈值电流与器件的温度有关,它随温度的升高而增加,其变化关系可表示为

$$I_t(T) = I_0 \exp(T/T_0) \tag{4.14}$$

式中,T_0 是衡量阈值电流 I_t 对温度变化敏感程度的参数,称为特征温度,取决于器件的材料和结构等复杂因素。T_0 值越大,表示 I_t 对温度变化越不敏感,器件的温度特性越好。

通信测量中,改变半导体激光器工作的温度,在不同温度下测量其 P-I 特性,就可以得出其 P-I 特性随温度变化的关系。随着温度的升高,半导体激光器的 P-I 特性曲线会通常会向右偏移(图 4.8)。温度升高时,输出功率性能下降,阈值电流随温度按指数增长。

由于温度的变化会影响半导体激光器的稳定度和可靠性,所以当温度变化超过一定范围时,器件将不能正常工作。在实际使用中,需要加入温度控制电路 ATC 对半导体激光器的温度进行自动控制。

5. 光谱特性

光谱特性主要指其发射光在波长上的功率分布。通常使用的测量工具为光谱分析仪。图 4.9 为半导体光源发光模型。

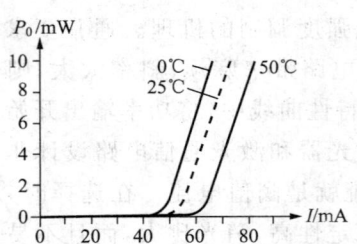

图 4.8 输出光功率和温度的关系

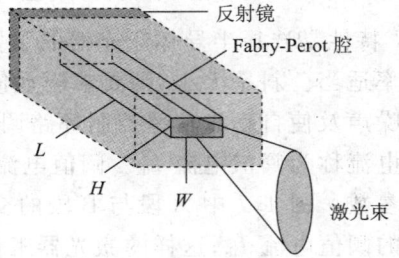

图 4.9 半导体光源发光模型

半导体激光器的发射光谱纵模特性由两个因素决定:谐振腔的参数、有源介质的增益曲线。腔长 L 确定纵模间隔,宽 W 和高 H 决定横模性质。

半导体激光器(LD)的光谱特性与其注入电流有着密切的关系。当注入电流低于阈值时,LD 的发射光谱是导带和价带的自发发射谱,谱线很宽,其光谱宽度可达到数十 nm。当注入电流等于或大于阈值时,谐振腔里的增益大于损耗,自发发射谱线中满足驻波条件的光频率在谐振腔里振荡并建立起强场。这个强场使粒子数反转分布的能级间产生受激辐射,而其他频率的光则受到抑制,使 LD 的输出光谱呈现出一个或多个模式振荡,即输出激光。

在激光器形成振荡的过程中,设激光器的腔长为 L,内部充满折射率为 n 的半导体材料。部分反射的两个腔面的反射系数为 R_1 和 R_2,λ_0 是自由空间波长,α_i 是内部损耗系数,g 为增益系数。

激光腔内传播的平面波在该系统中能够形成自持振荡条件如下。

① 振幅条件:波在两个腔面间经过多次反射回到原处时,波的振幅至少应等于起始值。

$$R_1 R_2 \exp\left(\frac{i4\pi nL}{\lambda_0}\right) \exp[2(g-\alpha_i)L] = 1 \tag{4.15}$$

② 形成稳定振荡的相位条件:光子在谐振腔内来回一周所经历的光程必须是波长的整数倍。

$$\frac{4\pi nL}{\lambda_0} = 2m\pi \tag{4.16}$$

从相位条件看出,m 为正整数,式(4.16)表明当腔长和 n 一定时,每一个 m 对应一个振荡波长或频率,或者对应一个振荡的纵模模式。由此可见,如果腔长较长,则可能有多个波长的波能够满足驻波条件,即所谓的多纵模。

由此可以得到理论上相邻纵模间隔 $d\lambda_0$:

$$d\lambda_0 = \frac{\lambda_0^2}{2nL\left[1-\left(\frac{\lambda_0}{n}\right)\left(\frac{dn}{d\lambda}\right)\right]} \tag{4.17}$$

图 4.10 是一个典型的多纵模 LD 光谱分布图。从图 4.10 可以看出,多纵模 LD 的光谱特性可以用以下几个主要参数描述:

(1) 峰值波长

在规定输出光功率时,光谱内若干发射模式中强度最大的光谱波长被定义为峰值波长(λ_p)。

(2) 中心波长 λ_c

中心波长光谱中各模峰值波长的加权平均值。实际工程当中,在激光器光谱上,连接 50% 最大幅度值线段的中点所对应的波长称为中心波长(λ_c)。用统计加权可表示为

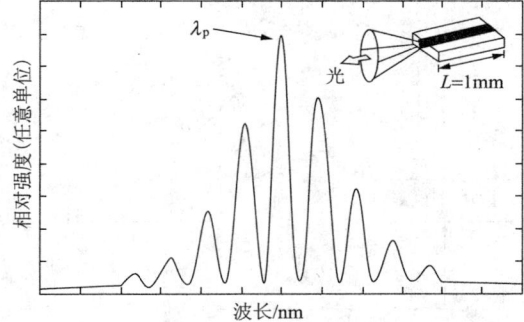

图 4.10 多纵模 LD 的光谱特性曲线

$$\lambda_c = \frac{1}{E_0} \sum_{i=1}^{n} E_i \lambda_i \tag{4.18}$$

式中,λ_i 为第 i 个峰值的波长,E_i 为第 i 个峰值的能量,E_0 为所有峰值的能量,$E_0 = \sum_{i=1}^{n} P_i$。

(3) 光谱辐射带宽

发射功率等于或大于给定峰值发射波长功率 50% 的所有波长,以 $\Delta\lambda$ 表示,亦称作半高全宽光谱宽度。

(4) 光谱线宽

光谱线宽是指光谱辐射功率为其最大值一半的谱线两点间的波长间隔。

LD 波长的稳定是一个十分关键的问题,特别在 DWDM 系统中,根据 ITU-T G.692 建议的要求,中心波长的偏差不大于光通道间隔的 1/5,即对于光通道间隔为 100GHz 的系统,中心波长的偏差不能大于 ±20GHz。

影响 LD 波长的主要因素之一是芯片温度的变化,所以工程上对于高精度激光器恒温的控制非常重要。芯片温度的调节依靠改变制冷器的驱动电流实现,再用热敏电阻进行反馈便可使芯片温度稳定在一个基本恒定的温度上。除了温度外,LD 的驱动电流也能影响波长。另外,一个设计良好的封装可也以使波长偏移得到有效控制。

工程上,在 LD 应用中,直接使用波长敏感元件对光源进行波长反馈控制是常用的比较理想的手段,原理如图 4.11 所示。

6. 光场特性

发散角也是 LD 输出光束测量的重要参数。通常,发自 LD 的光束不是平行光束,而是相对光轴有一定的发散角。

LD 输出的光场分布通常用近场和远场特性来描述。近场分布是指光强在腔理面上的分布,它往往和 LD 的侧向模式联系在一起。

远场特性(图 4.12)是指距输出腔面一定距离的光束在空间的分布,它常常与光束发散角的大小联系在一起。光强按照辐射角度的分布称为远场分布,因而在足够远处,有限的发光面积可以看成点光源。

图 4.12 是在正向方向 LD 的辐射束与平行和垂直于芯片表面的光功率强度分布图,亦称远场图案。光束在与 PN 结垂直方向的半功率点的张角叫做垂直发散角 $\theta_\perp$;光束在平行于 PN 结方向的半功率点的张角叫水平发散角 $\theta_\parallel$。

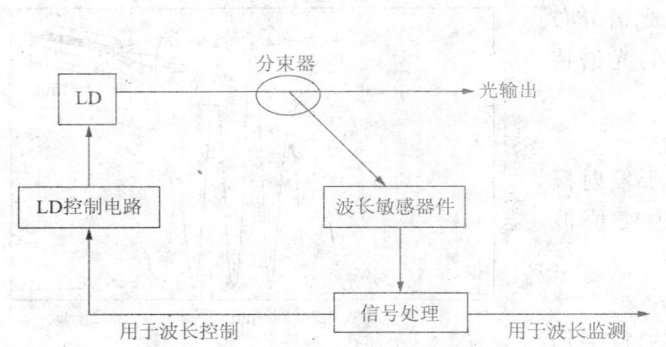

图 4.11 LD 波长控制原理

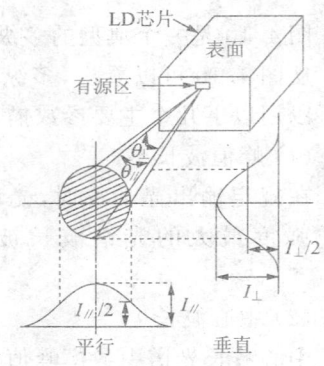

图 4.12 半导体激光器的远场特性

测量发散角的方法主要有两大类:一类是几何法,即通过测量光束远场中不同位置处或透镜焦平面上的光斑尺寸,求得发散角;另一类是干涉法,即利用干涉原理,通过计算干涉条纹数确定发散角的大小。

几何法需多次测量,调节复杂,测量误差较大,不能适用于脉冲激光。

干涉法利用平行平板(采用石英板)前后两个反射面形成的两反射光束进行干涉形成非定域干涉条纹,经过反射镜系统多次反射增加光束传播距离,以满足远场条件。在探测端可以用带有小孔的光电探测器(可选光电倍增管),它可以沿横向连续扫描,与记录仪配合绘出干涉条纹分布曲线。记录仪使用 CCD 二维探测装置可以进行实时测量,通过记录的条纹数换算成远场发散角,一次测量即可确定发散角大小,且精度高。通过棱镜组将发散角放大,用以提高测量精度。

4.1.3 新型半导体激光器

本节介绍几种在近几年来光通信系统中应用的新型半导体激光器。

通过控制有源层厚度和宽度,可以使激光器工作于基横模发光。FP 腔相邻模式的增益相差很小,激光器会同时在多个纵模振荡,因而输出谱线宽度较宽,可达 2~4nm。

目前常用的单纵模激光器主要有分布布拉格反射(Distributed Bragg Reflector,DBR)激光器、分布反馈(Distributed Feedback,DFB)激光器和耦合腔激光器。

1. 分布布拉格反射激光器

结构如图 4.13 所示。

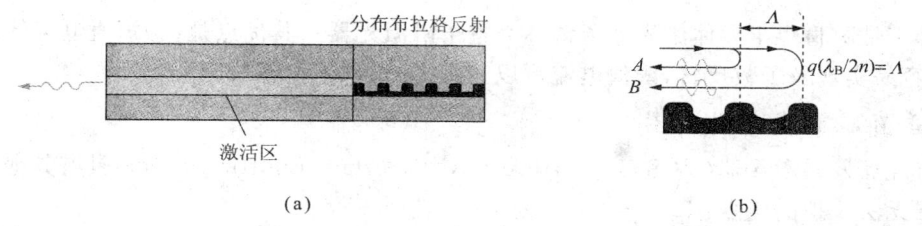

图 4.13 分布布拉格反射激光器的结构

通过内含布拉格光栅实现光的反馈,如图 4.14 所示,由于厚度的周期性变化形成波纹光栅,它为受激辐射产生的光子提供周期性的散射点,散射光当满足布拉格条件后同相相加,形成某一方向的主极强。

布拉格反射波长为

$$\lambda_B = 2n\Lambda \tag{4.19}$$

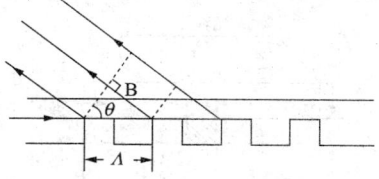

图 4.14 布拉格光栅的衍射场

2. 分布反馈激光器

DFB 激光器中没有集总反射的谐振腔反射镜,如图 4.15 所示,反射机构是分布式的,反馈发生在整个光腔有源区长度上。一个在有源层和包层之间的薄 n 型波导层作为光栅,波导层厚度的周期变化转化为模折射率沿光腔长度的周期变化,然后通过布拉格反射导致正向和反向传播的光波耦合。反射波具有增益。布拉格光栅的选频功能使它具有很好的单色性和方向性,而且,因为没有用晶体解理面,所以作为反射镜,它更容易集成化。

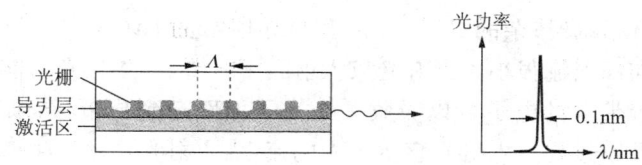

图 4.15 DFB 激光器结构示意图

3. 耦合腔激光器

如图 4.16 所示,两个不同长度的光学谐振腔构成一个激光器。两个腔的电流不同,振荡模式不同,只有在两个腔中都能存在的模式才有可能在该激光器中激射。因此,模式的频率间隔很大,导致在增益谱内只有一种模式存在。

4. 量子阱激光器

当半导体双异质结中窄带隙材料的厚度小于 50nm 时,足以和电子的德布洛意波长相比拟,或说可以与玻尔半径(1~50nm)相比拟,将产生量子尺寸效应。该薄层中载流子的运动状态不能再近似用自由粒子描述,而是电子被限制在有限势阱中。

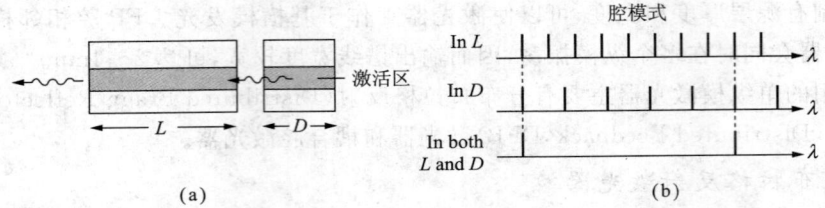

图 4.16 耦合激光器的结构

这种窄带隙材料半导体激光器通常称为量子阱激光器。其优点是：① 阈值电流低。因能级分布窄，容易实现粒子数反转，阈值电流可以达到 1mA 以下。② 线宽窄。

5. 垂直腔面发射激光器

垂直腔面发射激光器(VCSEL：Vertical Cavity Surface Emitting Laser)具有其他两种面发射激光器无法比拟的优点：

① 在激射特性方面，VCSEL 可以通过短腔结构实现类似于常规短腔条形激光器具有的高微分量子效率和单纵模工作。

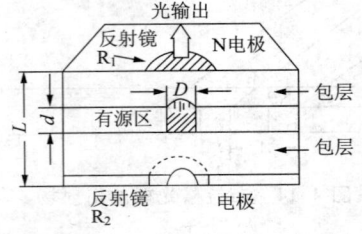

图 4.17 VCSEL 的结构原理

② 从二维应用考虑，只有垂直腔结构具有很好的灵活性。

③ 由于 VCSEL 发射的是圆形光束，所以与其他器件耦合时具有高的耦合效率。

图 4.17 是 VCSEL 结构的原理图。有源区位于两个限制层之间，并构成双异质结结构。为了能使注入电流限制在有源区内，利用隐埋制作技术使注入电流完全限制在直径为 D 的圆形有源区中。

4.2 半导体光探测器的静态特性与测量

光探测器是光纤通信和光电检测系统中光信号转换的关键器件。光纤通信中最常用的光电探测器是 PIN 光电二极管和雪崩光电二极管(APD)。

4.2.1 PIN 光电二极管的基本原理

PIN 光电二极管由较高掺杂的 P 区、N 区和半导体本征 I 区组成。当加上反向偏压时，其内部产生耗尽层，反向漏电流很小。当有光束入射到 PN 结上，并且光子能量 $h\nu$ 大于半导体材料的禁带宽度，那么价带上的电子可以吸收一个光子而跃迁到导带，结果产生一个电子-空穴对，也就是发生受激吸收过程。入射光感生出光电流，当入射光功率发生变化时，光生电流也随之线性变化，将该物理现象也称为 PN 结的光电效应。根据该原理，把光信号转变成电信号。

PIN 光电二极管的工作原理如图 4.18 所示。

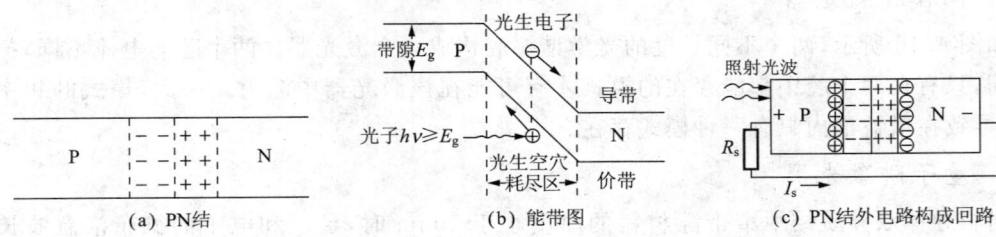

图 4.18 PIN 光电二极管工作原理

产生在耗尽层的光生载流子在内建场的作用下做漂移运动:空穴向 P 区方向运动,电子向 N 区方向运动,它们在 PN 结的边缘被收集。耗尽层外的光生少数载流子会发生扩散运动:P 区中的光生电子向 N 区扩散,N 区中的光生空穴向 P 区扩散。在扩散的同时,一部分光生少数载流子将被多数载流子复合掉。这样,在 P 区就出现了过剩空穴的积累,N 区出现了过剩电子的积累,于是在耗尽层的两侧就产生了一个极性如图 4.18(c)所示的光生电动势。这一现象称为光生伏特效应。基于这一效应,如果将 PN 结的外电路构成回路,则外电路中会出现由光照射激发的电流即光电流。

图 4.19 是 PIN 光电二极管的结构及其在反向偏压下的电场分布。

光纤通信系统的应用中,常采用 InGaAs 材料制成 I 区、用 InP 材料制成 P 区及 N 区的 PIN 光电二极管,InP 材料的带隙为 1.35eV,大于 InGaAs 的带隙,对于波长在 1.3~1.6μm 的光是透明的,而 InGaAs 的 I 区对 1.3~1.6μm 的光表现为较强的吸收。InGaAs 的光探测器一般用于 1.3μm 和 1.55μm 的光纤通信系统。

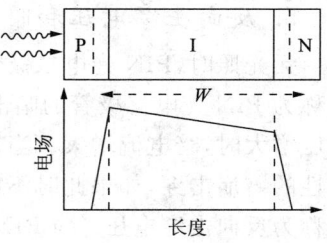

图 4.19 PIN 光电二极管的结构及其在反向偏压下的电场分布

4.2.2 PIN 光电二极管的主要特性

PIN 光电二极管的主要特性包括波长响应范围、响应度、量子效率、响应速度、线性饱和、击穿电压和暗电流等。

1. 波长响应范围

PIN 光电二极管是对一定波长范围内的入射光进行光电转换,这一波长范围就是 PIN 光电二极管的波长响应范围。

从光电二极管的工作原理可以知道,只有当光子能量大于半导体材料的禁带宽度,即 $h\nu > E_g$ 时,才能产生光电效应。因此对于不同的半导体材料,均存在着相应的下限频率或上限波长 λ_c,λ_c 亦称为光电二极管的截止波长。只有入射光的波长小于 λ_c 时,光电二极管才能产生光电效应。Si-PIN 的截止波长为 1.06μm,故可用于 0.85μm 的短波长光检测;Ge-PIN 和 InGaAs-PIN 的截止波长为 1.7μm,所以它们可用于 1.3μm、1.55μm 的长波长光检测。

2. 响应度和量子效率

响应度和量子效率表征了 PIN 光电二极管的光电转换效率。

响应度表征器件在外部电路中呈现的宏观灵敏特性。它定义为在给定波长的光照射下,光电二极管的输出平均电流与入射的光功率平均值之比。其单位为 A/W 或 μA/μW,其表达式为

$$R = I/P \tag{4.20}$$

其中,I 为光电流的平均值,P 为入射光功率的平均值。一般 PIN 的响应度在 0.3~0.7μA/μW 范围内。

量子效率 η 定义为单位时间内流过 PN 结的光生载流子数和单位时间内入射到器件前表面的光子数之比。

$$\eta = \frac{\text{光生电子空穴数}}{\text{入射光子数}} = \frac{I/e}{P/h\nu} = \frac{h\nu}{e} R \tag{4.21}$$

3. 响应速度

响应速度是光电二极管的一个重要参数。响应速度通常用响应时间来表示。响应时间为

光电二极管对矩形光脉冲的响应——电脉冲的上升或下降时间。响应速度主要受光生载流子的扩散时间、光生载流子通过耗尽层的渡越时间及其结电容的影响。

4. 线性饱和

光电二极管的线性饱和指的是它有一定的功率检测范围,当入射功率太强时,光电流和光功率将不成正比,从而产生非线性失真。PIN光电二极管有非常宽的线性工作区,当入射光功率低于mW量级时,器件不会发生饱和。

5. 反向击穿电压和暗电流

无光照时,PIN光电二极管作为一种PN结器件,在反向偏压下也有反向电流流过,这一电流称为PIN光电二极管的暗电流。它主要由PN结内热效应产生的电子-空穴对形成。当偏置电压增大时,暗电流增大。当反偏压增大到一定值时,暗电流激增,发生了反向击穿(即为非破坏性的雪崩击穿,如果此时不能尽快散热,就会变为破坏性的齐纳击穿)。发生反向击穿的电压值称为反向击穿电压。Si-PIN的典型击穿电压值为一百多伏。PIN工作时的反向偏置都远离击穿电压,一般为10~30V。

4.2.3 雪崩光电二极管

雪崩光电二极管(APD:Avalanche Photo Diode)是具有内部增益的光检测器,它可以用来检测微弱光信号并获得较大的输出光电流。

雪崩光电二极管能够获得内部增益是基于碰撞电离效应。当PN结上加高的反偏压时,耗尽层的电场很强,光生载流子经过时就会被电场加速,当电场强度足够高时,光生载流子获得很大的动能,它们在高速运动中与半导体晶格碰撞,使晶体中的原子电离,从而激发出新的电子-空穴对,这种现象称为碰撞电离。碰撞电离产生的电子-空穴对在强电场作用下同样又被加速,重复前一过程,这样多次碰撞电离的结果使载流子迅速增加,电流也迅速增大,这个物理过程称为雪崩倍增效应。

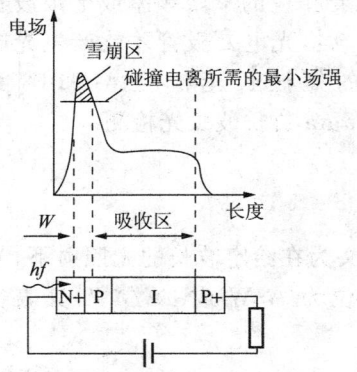

图4.20 APD的结构及电场分布

图4.20为APD的一种结构。外侧与电极接触的P区和N区都进行了重掺杂,分别以P+和N+表示;在I区和N+区中间是宽度较窄的另一层P区。

APD的主要特性也包括波长响应范围、响应度、量子效率、响应速度等,除此之外,由于APD管中雪崩倍增的存在,APD的特性还包括雪崩倍增特性、噪声特性、温度特性等。

1. 雪崩倍增因子

APD的雪崩倍增因子M定义为

$$M = \frac{I_p}{I_{p_0}} \qquad (4.22)$$

式中,I_p是APD的输出平均电流,I_{p_0}是平均初级光生电流。从定义可见,倍增因子是APD的电流增益系数。由于雪崩倍增过程是一个随机过程,因而倍增因子是在一个平均值上随机起伏的量,雪崩倍增因子M的定义应理解为统计平均倍增因子。M随反偏压的增大而按指数增长。由于光子被吸收产生初级电子-空穴对的随机性和在增益区产生二次电子-空穴对的随机性,APD倍增因子只能是一个统计平均的概念,表示为$\langle M \rangle$,它是一个复杂的随机函数。

由于APD具有电流增益,所以APD的响应度比PIN光电二极管的响应度大大提高,有

$$R = \langle M \rangle I_p / P \tag{4.23}$$

APD 的线性工作范围没有 PIN 光电二极管宽,它适宜于检测微弱光信号。当光功率达到几 μW 以上时,输出电流和入射光功率之间的线性关系变坏,能够达到的最大倍增增益也降低了,即产生了饱和现象。

2. 击穿电压

在低偏压下 APD 没有倍增效应。当偏压升高时,产生倍增效应,输出信号电流增大。当反偏压接近某一电压 V_B 时,电流倍增最大,此时称 APD 被击穿,电压 V_B 称作击穿电压。如果反偏压进一步提高,则雪崩击穿电流使器件对光生载流子变得越来越不敏感。因此 APD 的偏置电压接近击穿电压,一般在数十 V~数百 V。需注意的是,击穿电压并非 APD 的破坏电压,撤去该电压后 APD 仍能正常工作。

3. 响应速度

APD 的响应速度主要取决于载流子完成倍增过程所需要的时间、载流子越过耗尽层所需要的渡越时间以及二极管结电容和负载电阻的 RC 时间常数等因素。而渡越时间的影响相对比较大,其余因素可通过改进结构设计使影响减至很小。

4. 噪 声

APD 的噪声包括量子噪声、暗电流噪声、漏电流噪声、热噪声和附加的倍增噪声。倍增噪声是 APD 中的主要噪声。倍增噪声的产生主要与光子被吸收产生初级电子-空穴对的随机性以及在增益区产生二次电子-空穴对的随机性有关。

4.3 光纤放大器

光纤放大器的出现,可视为光纤通信发展史上的重要里程碑。人们一直致力于全光型中继器的研制。先后推出多种光纤放大器形式:

① 利用半导体制作的半导体光放大器。
② 利用稀土掺杂的光纤放大器。
③ 利用光纤非线性效应制作的非线性光纤放大器,如 FRA 和光纤参量放大器等。

表 4.1 列出了三种放大器的基本性能。

表 4.1 几种光纤放大器特性比较

放大器类型	原理	激励方式	激励功率	工作长度	输出光功率	噪声特性	与常规光纤的耦合	与光偏振关系	稳定性
SOA	粒子数反转	电	数百 mW	100μm~1mm	0dBm	差	很难	大	差
稀土掺杂的光纤放大器	粒子数反转	光	数 mW~数十 mW	数 m 到数十 m	10dBm	好	容易	无	好
常规光纤(喇曼)放大器	受激喇曼效应	光	数百 mW~数 W	数 km	20dBm	好	容易	大	好

光纤放大器是基于受激辐射或受激散射原理实现入射光信号放大的一种器件。其机制与激光器完全相同。在泵浦能量(电或光)的作用下,实现粒子数反转(非线性光纤放大器除外),然后通过受激辐射实现对入射光的放大。实际上,光纤放大器在结构上是一个没有反馈或反馈较小的激光器。

光纤放大器的主要功能:在长距离、大容量、高速率的新一代光波通信系统中,掺铒光纤放大器(EDFA:Erbium Doped Fiber Amplifier)作为光纤放大器中的主流产品,可用作功率放大、前置放大和中继放大。

4.3.1 掺铒光纤放大器 EDFA

EDFA 是目前大容量波分复用系统、2.5Gbit/s 和 10Gbit/s 以上高速系统中放大器的主流产品,也是大型 CATV 网不可缺少的器件。

EDFA 的出现给光纤通信与传输技术带来了一场革命。其解决了系统中光纤衰减的问题,补偿了损耗,使长距离传输成为可能,推动了全光网络的研究开发热潮。

EDFA 的优势:

① 工作频带正处于光纤损耗最低处(1525~1565nm)。
② 频带宽,可以对多路信号同时放大-波分复用。
③ 对数据率/格式透明,系统升级成本低。
④ 增益高(>40dB)、输出功率大(~30dBm)、噪声低(4~5dB)。
⑤ 全光纤结构,与光纤系统兼容。
⑥ 增益与信号偏振态无关,故稳定性好。
⑦ 所需的泵浦功率低(数十 mW)。

EDFA 的缺点:

① 增益波长范围固定。Er 离子的能级之间的能级差决定了 EDFA 的工作波长范围是固定的,只能在 1550nm 窗口。
② 增益带宽不平坦。EDFA 的增益带宽很宽,但 EFDA 本身的增益谱不平坦。在 WDM 系统中应用时必须采取特殊的技术使其增益平坦。
③ 光浪涌问题。采用 EDFA 可使输入光功率迅速增大,但由于 EDFA 的动态增益变化较慢,在输入信号能量跳变的瞬间,将产生光浪涌,即输出光功率出现尖峰,尤其是当 EDFA 级联时,光浪涌现象更为明显。峰值光功率可以达到几 W,有可能造成光电变换器和光连接器端面的损坏。

1. 掺铒光纤放大器原理

掺铒光纤是光纤放大器的核心,它是一种内部掺有一定浓度 Er^{3+} 的光纤。铒离子的外层电子具有三能级结构,即图 4.21 中的 E_1、E_2 和 E_3,其中 E_1 是基态能级,E_2 是亚稳态能级,E_3 是高能级。

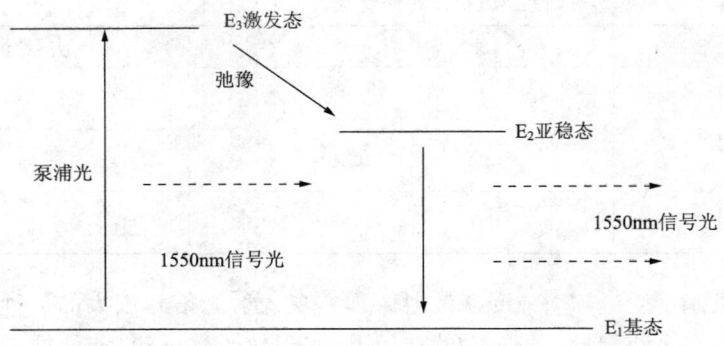

图 4.21 EDFA 能级原理图

当用高能量的泵浦激光器来激励掺铒光纤时,可以使铒离子的束缚电子从基态能级大量激发到高能级 E_3 上。然而,高能级是不稳定的,因而铒离子很快会经历无辐射衰减(即不释放光子)落入亚稳态能级 E_2。而 E_2 能级是一个亚稳态的能级,在该能级上,粒子的存活寿命较长,受到泵浦光激励的粒子以非辐射跃迁的形式不断地向该能级汇集，从而实现粒子数反转分布。当具有 1550nm 波长的光信号通过这段掺铒光纤时，亚稳态的粒子以受激辐射的形式跃迁到基态，并产生出和入射信号光中的光子一模一样的光子，从而大大增加了信号光中的光子数量，即实现了信号光在掺铒光纤传输过程中不断被放大的功能。

2. 掺铒光纤放大器的组成

为了实现光放大的目的，需要由一些光无源器件、泵浦源和掺铒光纤以特定的光学结构组合在一起，构成光放大器。图 4.22 显示了一种典型的掺铒光纤放大器的光学结构。掺信号光、980nm 泵浦光，经过波分复用器 WDM 合波后进入掺铒光纤 EDF。EDF 在泵浦光的激励下产生的放大作用使光信号得到放大。

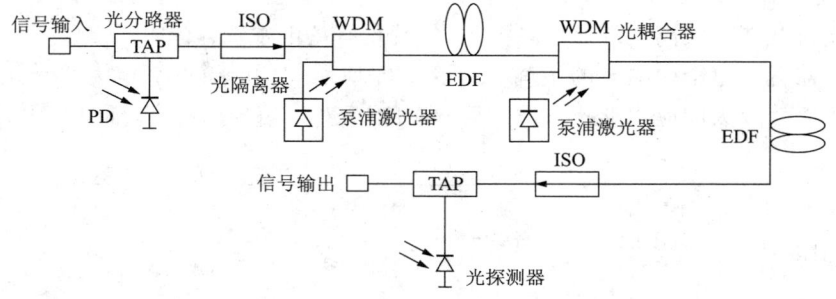

图 4.22 典型掺铒光纤放大器光学结构

（1）泵浦激光器

泵浦激光器是 EDFA 的能量源泉，它的作用是为光信号的放大提供能量。通常是一种半导体激光器，输出波长为 980nm 或 1480nm。泵浦光经过掺铒光纤时，将铒离子从低能级泵浦到高能级，从而形成粒子数反转，而当信号光经过时，能量就会转移到信号光中，从而实现光放大的作用。

（2）光分路器

EDFA 中所用的光分路器（TAP）为一分二器件，其作用是将主信道上的光信号分出一小部分光信号送入光探测器，以实现对主信道中光功率的监测功能。

3. EDFA 在光缆线路中的应用

① 装在光发送机后面的功率放大器（BA：Booster Amplifier）可以将光发送机的发送功率由 0dBm 左右提高至 +13～+18dBm。

如图 4.23 所示，功率放大器的主要作用是提高发送光功率，此时对放大器的噪声特性要求不高，功率放大器通常工作在增益或输入功率饱和区，以便提高泵浦源功率转化为光信号功

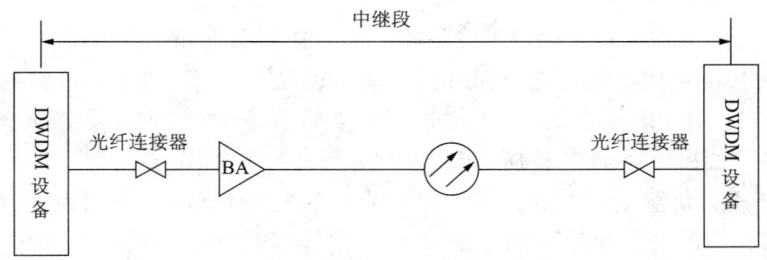

图 4.23 功率放大器在 DWDM 系统中的位置

率的效率。

② 前置放大器(PA:Preamplifier)。装在光接收机前面作预放大器可以将接收机灵敏度提高至 -45~-35dBm，如图 4.24 所示。

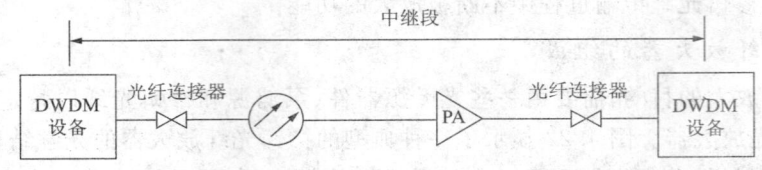

图 4.24 前置放大器在 DWDM 系统中的位置

③ 线路放大器(LA:Line Amplifier)。在光发送机和光接收机之间装若干个 EDFA，代替传统的中继设备。在长距离光纤通信系统中，代替现有的电中继器。

线路放大器置于整个中继段的中间，如图 4.25 所示，是将 EDFA 直接插到光纤传输链路中对信号进行直接放大的应用形式。此时要求 EDFA 对小信号增益高，而且噪声系数小。

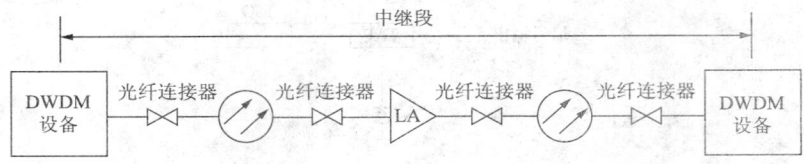

图 4.25 线路放大器在 DWDM 系统中的位置

4.3.2 光纤喇曼放大器 FRA

波分复用可以更充分地利用光纤 1.25~1.65μm 的低损耗区近 400nm 的带宽。这样，传统 EDFA 的 1.55μm 附近约 30nm 的带宽就远远不够用了。但是，FRA 以其全波段和分布式放大以及良好的噪声特性而备受青睐。特别是高功率半导体激光器和光纤喇曼激光器的出现，对光纤喇曼放大器的研制起了极大的促进作用。

光纤喇曼放大器的工作原理是：利用大功率下光纤中的受激喇曼散射(SRS)效应，实现能量从高功率泵浦光到低功率信号光的转移，最终实现信号光的放大过程。

受激喇曼散射(SRS)是光纤中一个很重要的三阶非线性过程。光纤喇曼散射效应在所有类型光纤中都会发生；峰值增益频移 60~100nm；增益具有偏振依赖性，当泵浦光与信号光偏振方向平行时增益最大，垂直时增益最小为零；信号光在 1300nm 波段时，最佳泵浦波长为 1220~1240nm，而在 1550nm 波段时，最佳泵浦波长为 1440~1460nm。高功率双包层光纤喇曼激光器是该种放大器较佳的泵浦源。

1. 光纤喇曼放大器的特点

喇曼放大器底层的放大机制决定了光纤喇曼放大器有以下几个突出的特点：

① 其增益波长由泵浦光波长决定。只要泵浦源的波长适当，理论上可得到任意波长的信号放大，如图 4.26 所示，其中虚线为三个泵浦源产生的增益谱。光纤喇曼放大器的这一特点对于开发光纤的整个低损耗区 1270~1670nm 具有无可替代的作用。

② 其增益介质为传输光纤本身。其不需要特殊的放大介质，这样就为已有光纤通信系统的改造提供了广阔的前景，尤其适用于海底光缆通信等不方便设立中继器的场合。

③ 噪声指数。光纤喇曼放大器的噪声主要是由放大的自发喇曼散射(ASE)、瑞利散射(RS)、信道间的串话(Cross-talk)，以及非线性效应如受激布里渊散射(SBS)和四波混频

（FWM）造成的。

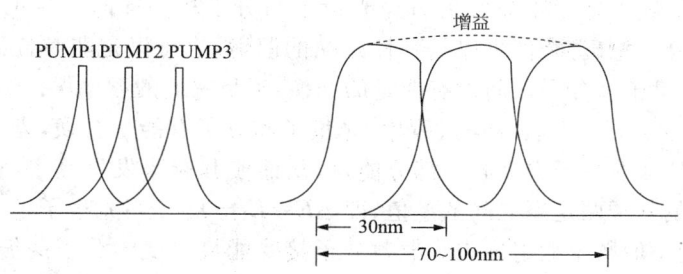

图 4.26 多泵浦时的喇曼增益谱

④ 分布式放大。喇曼增益系数很小，互作用长度长，喇曼放大器是天然的分布式放大器。喇曼放大器的寿命短，是 fs 量级，对 WDM 应用，是线性度放大器。分布式喇曼放大器的输入信号功率可以很低，从而使非线性的影响几乎可以忽略不计。

⑤ 宽带放大。喇曼放大器是目前唯一能实现 1290～1660nm 光谱放大的器件，这也是喇曼放大器最突出的优点。

⑥ 高功率泵浦。喇曼放大器的缺点是为了获得增益需要高功率的泵浦光。喇曼增益存在的问题是喇曼放大器所固有的，目前解决的主要办法是：精心设计泵浦波长和每个波长的功率，保证泵浦光与信号光的频率差约为 13THz；在泵浦耦合时进行去偏振化处理，避免由于偏振依赖增益引起的信号增益不均匀，提高泵浦效率；在兼顾成本的前提下使用喇曼增益较高的光纤（如 DCF），在补偿色散的同时实现较高增益；使用增益均衡器件平坦化增益曲线。

2. 实现方案

① 多波长泵浦的宽带光纤喇曼放大器。采用多波长泵浦可以得到宽带平坦的增益曲线，而且所需的总泵浦功率相对较小，泵浦效率较高。主要考虑的是泵浦的波长间隔及各波长上功率的分配这两方面的问题。

② 宽带高增益色散补偿喇曼放大器。其可以将损耗和色散的补偿集于一身的特性使其更具有吸引力。装置如图 4.27 所示，它包括两级放大，有 2

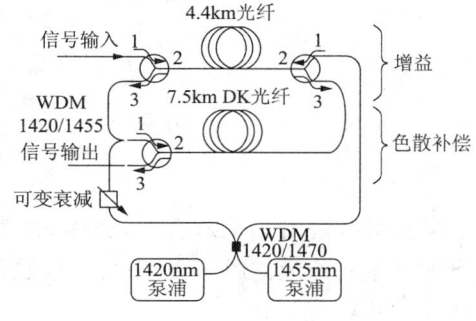

图 4.27 喇曼补偿模块配置

个级联的喇曼激光器来泵浦，其波长分别为 1420nm 和 1455nm，用来增加增益带宽。

③ 单激光器多波长泵浦喇曼放大器。图 4.28 所示为双波长光纤喇曼激光器结构方案。

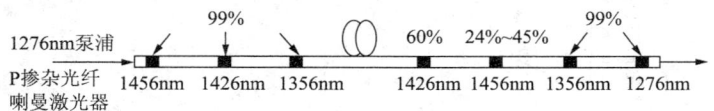

图 4.28 双波长光纤喇曼激光器结构方案

④ 混合喇曼放大器。为了能获得对 C＋L、C＋S 甚至 S＋C＋L 波段的放大，喇曼放大器和掺稀土光纤放大器的组合能获得很宽的增益带宽。

3. 光纤喇曼放大器的基本原理

对喇曼散射的解释存在着经典理论和量子理论的方法。经典理论能成功地解释分子振动的喇曼散射,但存在不足。

量子理论的基本观点是把喇曼散射看作光量子与分子相碰撞时产生的非弹性碰撞过程。当入射的光量子和分子相碰撞时,可以是弹性碰撞的散射,也可以是非弹性碰撞的散射。在弹性碰撞的散射中,光量子和分子之间没有能量的交换,于是它们的频率保持恒定,这就是瑞利散射,如图 4.29(a)所示。在非弹性碰撞过程中,光量子和分子有能量交换,光量子转移一部分能量给散射分子或者从散射分子中吸收一部分能量,从而使其频率发生改变,它取自或者给予散射分子的能量只能是分子两定态之间的差值,即 $\Delta E = E_1 - E_2$。当光量子把一部分能量交给分子时,光量子则以较小的频率散射出去。散射分子接受能量转变为分子的振动或者转动能量,从而处于激发态 E_1。这时光量子的频率为 $\nu' = \nu_0 - \Delta \nu$,其中 $h\Delta\nu = \Delta E$。当分子预先已经处于振动或者转动的激发态 E_1 时,光量子则从散射分子中取得能量 ΔE 以更大的频率 $\nu' = \nu_0 + \Delta \nu$ 散射。以上就是瑞利散射、斯托克斯和反斯托克斯谱线的产生机理,如图 4.29 所示。

在 FRA 中,当频率为 ω_s 的信号光和频率为 ω_{pump} 的泵浦光相遇时,泵浦光将 SiO_2 分子泵浦到高能态。处于高能态的分子遇到作为"种子"源的信号光释放一个和信号光同频同偏振态的光子和一个频率为 ω_{ph} 的声子。因为这种过程是以指数级增长的,属于雪崩过程。这样就对信号光起到了放大作用。

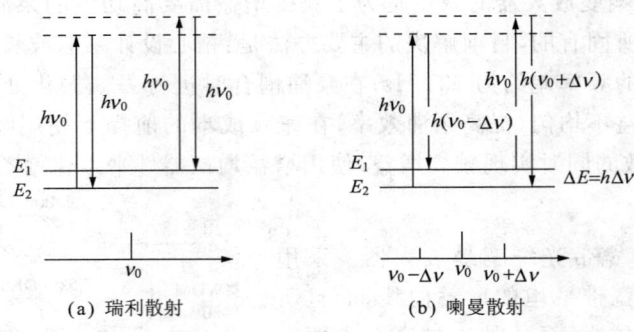

(a) 瑞利散射　　　　(b) 喇曼散射

图 4.29

喇曼增益谱用 $g_R(\Omega)$ 表示,其中,Ω 表示泵浦波和斯托克斯波的频率差。$g_R(\Omega)$ 是描述 SRS 的最重要的量。图 4.30 中给出熔融石英光纤的喇曼增益与频移的关系,对于不同的泵浦波长,g_R 与 λ_p 成反比。

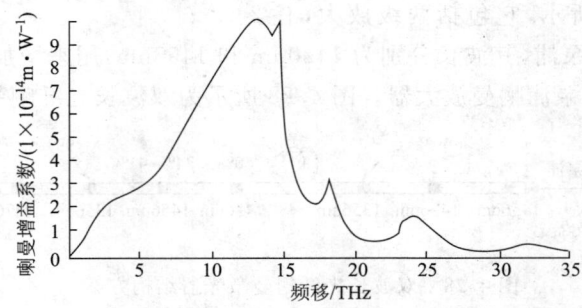

图 4.30　光纤的喇曼增益谱

FRA 中一个入射泵浦光子通过光纤的非线性散射转移部分能量产生了低频斯托克斯光子,而剩余的能量被介质以分子振动(光学声子)的形式吸收,完成振动态之间的跃迁。斯托克斯频移 $\nu_R = \nu_p - \nu_s$ 由分子振动能级决定,其值决定了 SRS 的频率范围,对非晶态石英光纤,其分子振动能级融合在一起,形成一条能带,因而可在较宽的频差范围 $\nu_p-\nu_s$(40THz)内通过 SRS 实现信号光的放大。在 FRA 放大过程中,信号光通过 SRS 增益从泵浦光得到能量而被放大,同时又被光纤吸收而衰减;而泵浦光通过 SRS 过程将能量转移给信号光而衰减,同时亦被光纤吸收而衰减,这两种过程同时存在。在连续波情况下,泵浦波和斯托克斯波的相互作用过程可用下列耦合方程来分析:

$$\frac{dI_s}{dz}=g_R I_p I_s - \alpha_s I_s \tag{4.24}$$

$$\frac{dI_p}{dz}=-\frac{\nu_p}{\nu_s}g_R I_p I_s - \alpha_p I_p \tag{4.25}$$

式中,α_p 和 α_s 分别为泵浦波长和信号波长处的光纤损耗,ν_p 和 ν_s 分别为泵浦光和信号光频率,I_p 和 I_s 分别为泵浦和信号光强度。式(4.24)右端的第一项表示光纤的 SRS 过程对信号光的增益使其功率增加,第二项为信号光在光纤衰减作用下的损耗;式(4.25)右端第一项表示泵浦光通过 SRS 过程将能量转移给信号光而形成衰减,这种衰减与泵浦相对信号的频率比成正比,第二项是泵浦光的光纤衰减。

假定信号对泵浦功率的消耗速率相对泵浦速率而言很小,即属于小信号情况,则可忽略式(4.25)右边泵浦损耗项,求解后代入式(4.24),有

$$\frac{dI_s}{dz}=g_R I_0 \exp(-\alpha_p z)I_s - \alpha_s I_s \tag{4.26}$$

式中,I_0 是 $z=0$ 处入射泵浦光强。式(4.26)的解为

$$I_s(L)=I_s(0)\exp[g_R I_0 L_{eff} - \alpha_s L] \tag{4.27}$$

$I_s(0)$ 是 $z=0$ 处的入射信号光强。$L_{eff}=\frac{1}{\alpha_p}[1-\exp(-\alpha_p L)]$ 为考虑光纤损耗对泵浦吸收时的有效长度。

当考虑整个喇曼作用谱范围内各频率分量对斯托克斯光频率的贡献时,可得光纤上的信号光分布为

$$P_s(L)=\int_{-\infty}^{\infty} h\omega \exp[g_R(\omega)I_0 L_{eff} - \alpha_s L]d\omega \tag{4.28}$$

求解上述积分,可以得到

$$P_s(L)=P_{s0}^{eff}\exp[g_R(\omega)I_0 L_{eff} - \alpha_s L] \tag{4.29}$$

式中,$z=0$ 处的有效输入功率为

$$P_{s0}^{eff}=h\omega_s B_{eff} \tag{4.30}$$

$$B_{eff}=\left[\frac{2\pi\alpha_s}{|g''(\omega_s)P_0 L_{eff}|}\right]^{1/2}, \quad g_R''=\left[\frac{\partial^2 g_R}{\partial\omega^2}\right]_{\omega=\omega_s} \tag{4.31}$$

B_{eff} 为中心位于 $\omega=\omega_s$ 峰值增益处的斯托克斯辐射的有效带宽。

喇曼阈值定义为在光纤的输出端斯托克斯功率与泵浦功率相等时的入射泵浦功率,即

$$P_s(L)=P_p(L)=P_p(0)\exp(-\alpha_p L) \tag{4.32}$$

假设 $\alpha_s=\alpha_p$,阈值条件变为

$$P_{s0}^{eff}\exp(g_R P_0 L_{eff}/A_{eff})=P_0 \tag{4.33}$$

即可得出喇曼阈值所需要的临界泵浦功率。

假设喇曼增益谱为洛仑兹型,所以放大器的增益为

$$G_A = \frac{I_s(L)}{I_s(0)\exp(-\alpha_s L)} = \exp(g_R P_0 L_{eff}/A_{eff}) \tag{4.34}$$

临界泵浦功率的一个较好的近似为

$$g_R P_0^{cr} L_{eff}/A_{eff} \approx 16 \tag{4.35}$$

其中，当 $\lambda_p = 1.55\mu m$ 时，$\alpha_p \approx 0.2dB/km$，则有 $L_{eff} \approx 20km$，$P_p^{cr}(0) \approx 600mW$。

4.4 全光波长转换器

全光波长转换器（AOWC：All Optical Wavelength Converter）是一种能够将光信号从某一波长的光载波转换至另一波长光载波的器件，其是波分复用光通信系统向全光网络演变的一个关键性器件。它可以广泛地应用于光交换、波长路由以及光信号的全光再生等场合。

根据波长转换过程中信号是否经过光电域的变换，波长转换器可分为传统的光-电-光（O/E/O：Optical-Electronic-Optical）转换器和全光波长转换器两类。全光波长转换器不经过电域处理，直接把光所携带的信息从一个光波长转换到另一个光波长，不存在"电子瓶颈"的问题，将有着更广阔的应用前景。

实现全光波长转换的方法很多，根据工作原理和所采用的器件的不同，可分为以下几类。

① 基于半导体光放大器的波长转换技术。包括基于半导体光放大器的交叉增益效应、交叉相位调制（XPM：Cross Position Modulated），基于 SOA 四波混频（FWM：Four Wave Mixed）现象实现 AOWC，以及基于 SOA 非线性光纤环镜（NOLM：Nonlinear Optical Loop Mirror）实现全光波长转换技术。

② 基于光纤非线性特性的波长转换技术。包括基于光纤非线性光纤环镜、基于光纤参量放大原理实现波长转换方案。

③ 基于半导体激光器的波长转换技术。

4.4.1 基于半导体激光器实现波长转换的基本原理

图 4.31 则是一种基于半导体激光器实现全光波长的转换方法。这里以光纤光栅外腔半导体激光器 FBG-ECL 为例。

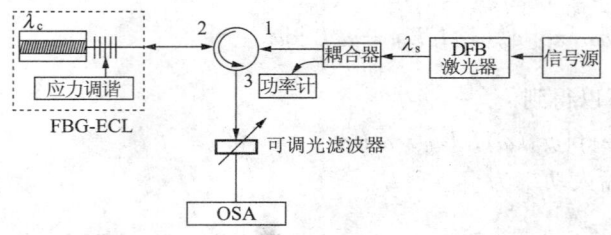

图 4.31 光纤光栅外腔半导体激光器实现波长转换的实验装置

外部信号光 λ_s 经环形器经端口 1→端口 2 射入半导体激光器 FBG-ECL 后，当外信号光强为"1"时，由于 FBG-ECL 特有的窄带滤波特性对外信号 λ_s 构成高损耗腔使其无法形成振荡，但因介质对外信号光一次往返的额外增益开支必然造成对激射的连续光 λ_c 的增益下降，即对 λ_c 出现增益饱和，使得激射的 λ_c 放大受到抑制，光强减弱甚至激射熄灭；而当外信号为"0"时，介质的额外增益开支为零，所有增益作用重新供给 λ_c，使其光强恢复到无外信号光入射时的状态。这样，FBG-ECL 的输出就随着信号光的变化而变化，即将外信号信息转换到激射波长上。在系统的输出端经可调谐窄带光滤波器滤除经 FBG-ECL 反射回来的 λ_s，而令携带了 λ_s 信息的 λ_c 光波通过输出，从而完成了波长转换过程。

1. 理论分析模型

FBG-ECL 实现波长转换的基础是增益饱和效应,理论分析模型的方程为

$$\dot{N} = \frac{J}{ed} - \frac{N}{\tau_e} - v_g G_1 (1 - \varepsilon_{11} S_1 - \varepsilon_{12} S_{in}) S_1 - v_g G_2 (1 - \varepsilon_{21} S_1 - \varepsilon_{22} S_{in}) S_{in} \tag{4.36}$$

$$\dot{S} = \Gamma v_g G_1 (1 - \varepsilon_{11} S_1 - \varepsilon_{12} S_{in}) S_1 - \frac{S_1}{\tau_p} + R_{sp} \tag{4.37}$$

$$G_1 = a_1 (N - N_t) \tag{4.38}$$

$$G_2 = a_2 (N - N_t) \tag{4.39}$$

$$R_{sp} = \frac{\Gamma \beta_{sp} N}{\tau_e} \tag{4.40}$$

S_{in} 为输入信号的光子数密度。光子数密度和光功率之间满足 $P = \frac{1}{2} \hbar \omega v_g a_m S$。因为,注入信号光将迅速消耗腔内的载流子,使腔内的载流子密度随注入调制光子密度变化,从而影响激光腔在一定的注入工作电流下,自身输出的光子密度,即影响输出光功率的变化,故在原有载流子方程中引入了 $v_g G_2 (1 - \varepsilon_{21} S_1 - \varepsilon_{22} S_{in}) S_{in}$ 项。无信号光注入时, $S_{in} = 0$,模型方程退化为普通单模速率方程。

利用全光波长转换理论模型可以数值仿真工作电流、输入调制光功率、转换速率、光子寿命和波长间隔等对全光波长转换器性能的影响。

无信号光注入时, $S_{in} = 0$,模型方程退化为普通单模速率方程:

$$\dot{N} = \frac{J}{ed} - \frac{N}{\tau_e} - v_g G_1 (1 - \varepsilon_{11} S_1) S_1 \tag{4.41}$$

$$\dot{S}_1 = \Gamma v_g G_1 (1 - \varepsilon_{11} S_1) S_1 - \frac{S_1}{\tau_p} + R_{sp} \tag{4.42}$$

2. 波长转换器的频率调制响应特性

频率响应带宽是评价波长转换器性能的重要指标,它与波长转换速率在本质上是一致的。通常采用小信号方法分析波长转换器的频响特性和转换效率。假设注入半导体激光器的调制信号是在连续光上叠加的一个微弱调制的光信号,为了简单起见,取调制信号光为正弦调制,即

$$N = N_0 + n e^{i\omega t}, S_1 = S_{10} + s_1 e^{i\omega t}, S_{in} = S_{in0} + s_{in} e^{i\omega t} \tag{4.43}$$

代入理论模型,可得到极值点 ω_r 为

$$\omega_r \approx \sqrt{\frac{v_g a (1 - 2\varepsilon S_{10} - 4\varepsilon S_{in0}) S_{10}}{\tau_p}} \tag{4.44}$$

ω_r 表征了基于半导体激光器型波长转换器的最高调制速率。增加 ω_r ,即扩展调制响应的平坦区,对实际应用具有重要意义,可采用增加增益系数 a ,降低光子寿命 τ_p ,增加工作电流,提高腔内载流子密度,从而增加频率响应带宽。

4.4.2 全光波长转换器特性和测量

1. 消光比的测量

转换信号的消光比是通信系统中的一项重要指标。特别是波长转换器在全光网络的应用往往是多个进行级联的情况,如果经过一次变换信号的消光比有明显的恶化,信号经过几次变换后就不能为用户正确接收。

设初始注入的信号光功率可表示为 $P_{in} = \{P_{in}^0, P_{in}^1\}$,上标的"0"和"1"分别对应于通信系统

中的"0"码和"1"码,输入信号消光比为

$$\mathrm{ER}_{\mathrm{in}} = 10\lg \frac{P_{\mathrm{in}}^1}{P_{\mathrm{in}}^0} \tag{4.45}$$

经过波长转换后,调制信号 λ_s 的信息转移到探测光 λ_c 上,输出信号功率可表示为 $P_{\mathrm{out}} = \{P_{\mathrm{out}}^0, P_{\mathrm{out}}^1\}$,具体数值可由上面所建立 AOWC 理论模型计算得到。波长转换器的输出消光比定义为输出"1"的平均功率与"0"的平均功率之比:

$$\mathrm{ER}_{\mathrm{out}} = 10\lg \frac{P_{\mathrm{out}}^1}{P_{\mathrm{out}}^0} \tag{4.46}$$

图 4.32 给出 $\mathrm{ER}_{\mathrm{in}} = 10\mathrm{dB}$ 时,偏置电流、注入信号光功率、注入信号波长和波长间隔对转换后信号的消光比的影响。

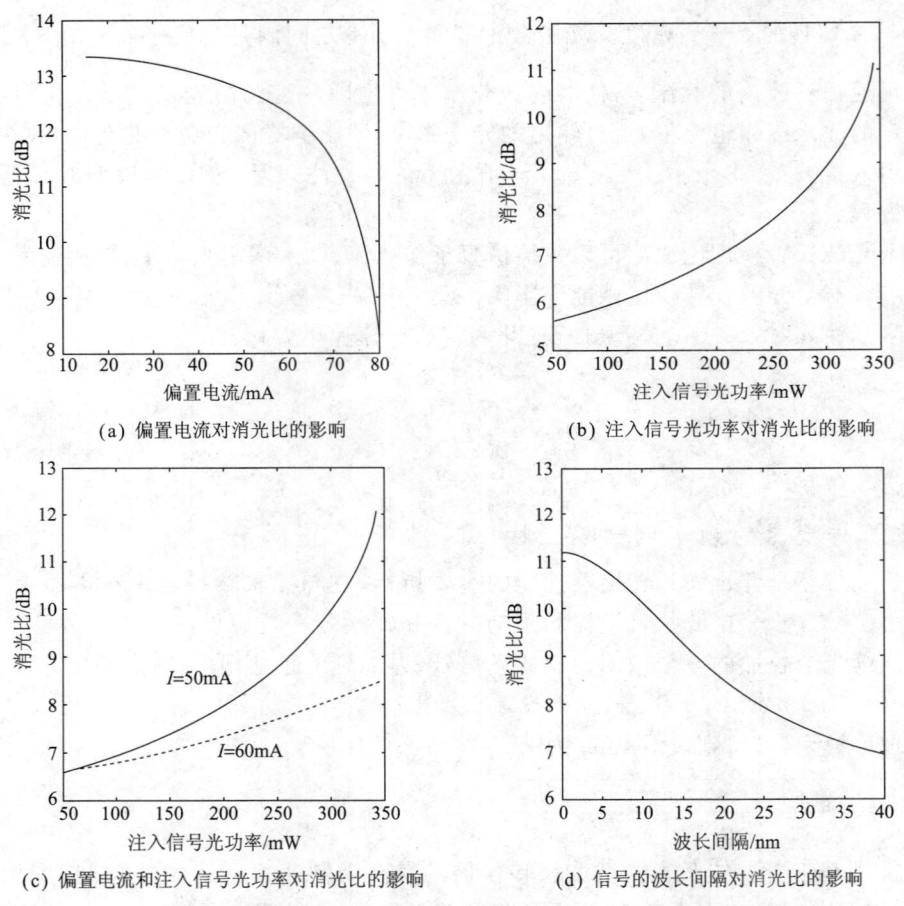

图 4.32 参数对转换信号消光比的影响

分析:

① 增大 FBG-ECL 的偏置电流,转换后信号的消光比将下降,这是由于电流增大,输出功率增加,转换后"0"信号的功率也增加带来的结果。系统级联要求波长转换器的消光比应在 8～12dB,所以一定要严格控制偏置电流的大小,不能因为为获取大的发送功率而降低对消光比的要求。

② 增大注入 FBG-ECL 的调制信号功率,转换后的消光比将大大改善。这是由于增大注入功率将快速消耗 FBG-ECL 腔内的载流子数、迅速抑制 FBG-ECL 出光造成的;反之,小输

入信号光功率将使消光比恶化。

③ 波长间隔增大,互饱和作用减弱,消光比恶化;反之,波长间隔减小,互饱和作用增强,消光比增大。

2. 波长转换的信噪比及其误码率特性

通信系统中信噪比为

$$\text{SNR} = \frac{(P^1 - P^0)^2}{(\sqrt{N^1} + \sqrt{N^0})^2} \tag{4.47}$$

其中,P^1 和 P^0 分别是转换信号"1"码和"0"码对应的输出功率;N^1 和 N^0 分别对应转换信号"1"码和"0"码时的噪声功率谱密度。

利用全光转换的模型方程,可得到 S^1 和 S^0,再根据光子密度和功率之间的关系可以得到 P^1 和 P^0。

噪声项 N 可以写成以下几项之和:

$$N = N_{\text{shot}} + N_{\text{s-sp}} + N_{\text{t}} \tag{4.48}$$

式中,N_{shot} 激光器量子噪声,$N_{\text{s-sp}}$ 是检测时由探测光和自发辐射光所产生的拍噪声,N_{t} 是热噪声。

$$N_{\text{shot}} = \frac{2S}{|A(\omega)|^2} [|B(\omega) + i\omega|^2 + |B(\omega)|^2 \tan^2\phi_0] \frac{\Gamma\beta_{\text{sp}} N}{\tau_e} \tag{4.49}$$

另外,拍噪声和热噪声可写为

$$N_{\text{s-sp}} = 4e^2 G(G-1) \frac{S_{\text{in}}}{h\nu} n_{\text{sp}} BL^2 \tag{4.50}$$

$$N_{\text{t}} = \frac{e^2 4kT}{R} \tag{4.51}$$

式中,B 是滤波器的带宽,T 是温度,R 是等效电阻,e 是电子电荷,n_{sp} 是自发辐射系数。

根据速率方程,可以得到 N^1 和 N^0。计算的信噪比和注入信号光功率以及偏置电流的关系,如图 4.33 所示。

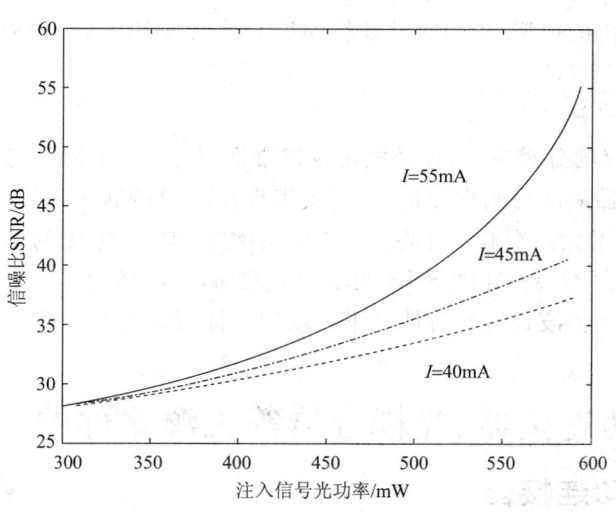

图 4.33 SNR 和注入信号光功率、偏置电流的关系

结果分析:

① 随着注入信号光功率的增加,变换光信号的信噪比平稳增大,这个规律和转换信号消光

比随注入信号光功率的变化规律是一致的。

② 随着激光器偏置电流的增加,信噪比也增加,这和变换信号的消光比变化随偏置电流增加而减小的情况正好相反。其原因是偏置电流增加,激光腔内光子密度增加,ω_r 增大,作为转换信号主要噪声源的量子噪声受到抑制,从而使信噪比增加,但是工作电流的增加不是无限度的,一定考虑到消光比应满足 $8\sim12\text{dB}$ 的条件,否则造成消光比更加恶化,眼图非常差。

系统传输性能的判定方法除了信噪比法以外,在很多情况下,还采用 Q 值公式计算 Q 值,得到相应的误码率进行描述。

$$Q = \frac{\overline{P_1} - \overline{P_0}}{\overline{\delta_1} + \overline{\delta_0}} \tag{4.52}$$

这里,$\overline{P_i}$ 和 $\overline{\delta_i}(i=0,1)$ 为

$$\overline{P_i} = \frac{\sum P_n}{N}, \overline{\delta_i} = \sqrt{\frac{\sqrt{\sum(P_n - \overline{P_i})^2}}{N}} \tag{4.53}$$

式中,$\overline{P_1}$ 表示脉冲传输序列中 1 码的平均功率,$\overline{P_0}$ 表示脉冲传输序列中 0 码的平均功率,$\overline{\delta_1}$ 表示脉冲传输序列中 1 码的方差,$\overline{\delta_0}$ 表示脉冲传输序列中 0 码的方差。N 为所取伪随机码序列的个数。由传输序列 Q 值,再计算相应的误码率。

$$\text{BER} = \frac{\exp(-Q^2/2)}{Q\sqrt{2\pi}} \tag{4.54}$$

根据式(4.54)可以得到误码率与 Q 值对应关系,见表 4.2。

表 4.2 误码率与 Q 值对照表

BER	1.0126E−009	1.0644E−011	1.0528E−012
Q	6	6.7	7.03

根据 ITU-T 规定,数字通信中平均误码率一般要求为 $\text{BER}<10^{-9}$,由表可查到对应的 Q 值是 6,因此,$Q=6$ 作为系统正常传输的判据。

利用噪声特性分析的模型,可得到波长转换后 Q 和信噪比 SNR 的关系为

$$Q = \frac{4B_s\text{SNR} - (BP/P_{\text{th}})}{\sqrt{2BP/P_{\text{th}}}} \tag{4.55}$$

其中,B_s 是光谱分析仪的分辨带宽,B 是电接收机带宽,P_{th} 是输出阈值光功率。

要想使波长转换器后的误码率很低,一定要工作在高 Q 的状态,根据式(4.55)中 Q 和 SNR 的关系,SNR 增大,Q 增大。提高工作电流,SNR 会增加,但是,电流的增加会令输出功率 P 增加,由于 P 的增大,Q 值不会一味随 SNR 的增大而增加,电流增大到一定程度,Q 值会减小。单纯地靠提高工作电流改善波长转换特性是不可取的。抑制激光器量子噪声,才是提高信噪比和 Q 的关键。

4.5 光纤活动连接器、光耦合器等无源器件的测量

4.5.1 光纤活动连接器

在安装任何光纤系统时,都必须考虑以低损耗的方法把光纤或光缆相互连接起来,以实现光纤链路的接续。光纤链路的连接,分为永久性的和活动性的两种。永久性的接续大多采用熔接法、粘接法或固定连接器来实现;活动性的连接一般采用活动连接器来实现。

光纤活动连接器，工程上俗称活接头，是用于连接两根光纤或光缆形成连续光通路的可以重复使用的无源器件，已经广泛应用在光纤传输线路、光纤配线架和光纤测试仪器、仪表中，是目前使用数量最多的光无源器件。

1. 光纤活动连接器的性能

光纤活动连接器的性能，首先是光学性能，此外还要考虑光纤活动连接器的互换性、重复性、抗拉强度、温度和插拔次数等其他性能。

（1）光学性能

对于光纤活动连接器的光学性能方面的要求，主要是考虑插入损耗和回波损耗这两个最基本的参数。

① 插入损耗(Insertion Loss)即连接损耗，指接续的连接器给系统造成的光功率衰减。插入损耗主要由相接续的两根光纤之间的横向偏离等造成。如两根光纤排成一直线，横向偏离为零，则其造成的插入损耗最小。因为纤芯与光纤包层的不同心、光纤包层与插针内孔的不同心，以及插针内孔与外径的同心度误差等，都会引起光纤间的横向偏离。插入损耗越小越好，一般要求应不大于 0.5dB。

② 回波损耗(Return Loss，Reflection Loss)是用来衡量连接器端面的后向反射光大小的参数。光线在传输过程中遇到两种折射率不同的界面时会发生菲涅耳反射，造成光通路中的信号叠加或干涉。在高传输速率的单模光纤系统中，尤其是有线电视系统（CATV），反射现象会产生传输信号的时间滞后，使信号到达用户端的时间延迟，造成图像的重影和清晰度下降。回波损耗的值反映了连接器对链路光功率反射的抑制能力，其典型值应不小于 25dB。实际应用的连接器，插针表面经过了专门的抛光处理，可以使回波损耗更大，一般不低于 45dB。

（2）其他性能

① 互换性、重复性。光纤活动连接器是通用的无源器件，对于同一类型的光纤活动连接器，一般都可以任意组合使用，并可以重复多次使用，由此而导入的附加损耗一般都在小于 0.2dB 的范围内。

② 抗拉强度。对于做好的光纤活动连接器，一般要求其抗拉强度应不低于 90N。

③ 温度要求。光纤活动连接器必须在 $-40 \sim +70$℃ 的温度下能够正常使用。

④ 插拔次数。目前使用的光纤活动连接器一般都可以插拔 1000 次以上。

2. 光纤活动连接器的分类

按照不同的分类方法，光纤活动连接器可以分为不同的种类。

按传输媒介的不同可分为单模光纤连接器和多模光纤连接器；按结构的不同可分为 FC、SC、ST、D4、DIN、Biconic、MU、LC、MT 等各种形式；按连接器的插针端面可分为 FC、PC（UPC）和 APC；按光纤芯数分还有单芯、多芯之分。以下简单介绍一些目前比较常见的光纤活动连接器。

（1）FC 型连接器

FC 是 Ferrule Connector 的缩写，表明其外部加强方式是采用金属套，紧固方式为螺丝扣。该类型的连接器采用的陶瓷插针的对接端面是平面接触方式，通常记做 FC-FC 活动连接器。此类连接器结构简单，操作方便，制作容易，但光纤端面对微尘较为敏感，容易产生菲涅耳反射，提高回波损耗性能较为困难。后来，对该类型连接器进行了改进，采用对接端面呈球面的插针（PC），而外部结构没有改变，使插入损耗和回波损耗性能有了较大幅度的提高。

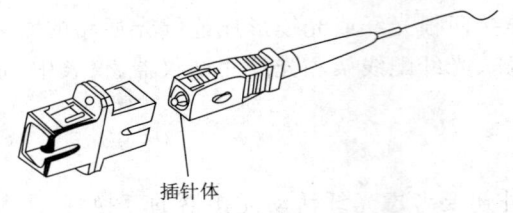

图 4.34　SC 型光纤活动连接器

(2) SC 型光纤活动连接器

SC 型光纤活动连接器(图 4.34)外壳呈矩形，所采用的插针和耦合套筒的结构尺寸与 FC 型完全相同，其中插针的端面多采用 PC 或 APC 型研磨方式。紧固方式是采用插拔销闩式，不需旋转。此类连接器价格低廉，插拔操作方便，介入损耗波动小，抗压强度较高，安装密度高。

(3) 双锥型连接器(Biconic Connector)

这类光纤活动连接器中由两个经精密模压成形的端头呈截头圆锥形的圆筒插头和一个内部装有双锥形塑料套筒的耦合组件组成。

(4) DIN47256 型连接器

这种连接器采用的插针和耦合套筒的结构尺寸与 FC 型相同，端面处理采用 PC 研磨方式。与 FC 型连接器相比，其结构要复杂一些，内部金属结构中有控制压力的弹簧，可以避免因插接压力过大而损伤端面。另外，这种连接器的机械精度较高，因而介入损耗值较小。

(5) MT-RJ 型连接器

MT-RJ 带有与 RJ-45 型 LAN 电连接器相同的闩锁机构，通过安装于小型套管两侧的导向销对准光纤，为便于与光收发端机相连，连接器端面光纤为双芯(间隔 0.75mm)排列设计，主要用于数据传输的下一代高密度光连接器。

(6) LC 型连接器

LC 型连接器采用操作方便的模块化插孔(RJ)闩锁机理制成。所采用的插针和套筒的尺寸是普通 SC、FC 等所用尺寸的一半，为 1.25mm。这样可以提高光配线架中光纤活动连接器的密度。

(7) MU 型连接器

MU(Miniature Unit Coupling)连接器是以目前使用最多的 SC 型连接器为基础，采用 1.25mm 直径的套管和自保持机构，其优势在于能实现高密度安装。随着光纤网络向更大带宽更大容量方向的迅速发展和 DWDM 技术的广泛应用，对 MU 型连接器的需求也将迅速增长。

3. 光纤活动连接器性能的测试

光纤活动连接器的测试主要是针对其光学性能方面的特性进行，主要考虑插入损耗和回波损耗这两个最基本的参数。

(1) 插入损耗的测试

插入损耗实验原理框图如图 4.35 所示。将光纤活动连接器连接在光发端机与光功率计之

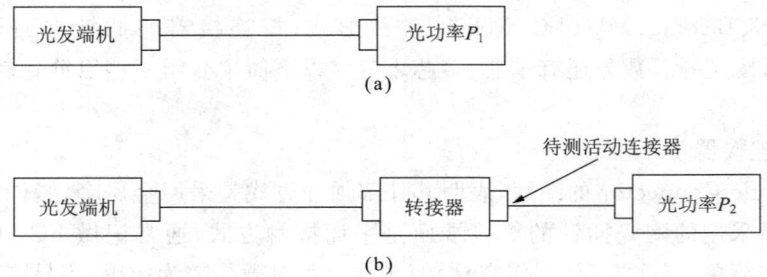

图 4.35　光纤活动连接器插入损耗的测量原理

间,记下此时的光功率 P_2;取下光纤活动连接器,再测此时光发端机的光功率,记为 P_1,根据 P_1、P_2 做差即可计算出其插入损耗。

(2) 回波损耗的测试

光纤活动连接器回波损耗测试框图如图 4.36 所示。保持光发端机注入电流恒定,测得此时分路器输出的光功率记为 P_1。将光纤活动连接器按图 4.36 接入。测得此时的光功率为 P_2,根据 P_1、P_2 的功率值,利用回波损耗的定义,可计算出其回波损耗。

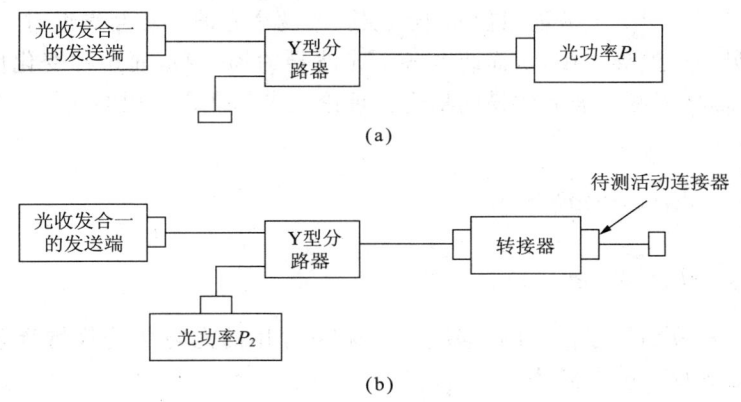

图 4.36 光纤活动连接器回波损耗的测量

4.5.2 光耦合器

光耦合器又称光定向耦合器,是对光信号实现分路、合路、插入和分配的无源器件。它们是依靠光波导间电磁场的相互耦合来工作的。

1. 光耦合器的分类

单模光纤耦合器按应用目的可分别制成分路器和波分复用器,前者工作于一个波长,而后者则工作于不同的波长。

另外,按照制作工艺和工作原理,光耦合器还可以分为以下几类:

① 微光元件型。采用微型透镜、半反射透镜的结构,多数以自聚焦透镜为主要光学构件,利用 $\lambda/4$ 自聚焦透镜能把会聚光线变成平行光线,实现两束光线的耦合。

② 熔锥型。星形耦合器是熔锥光纤成形中最典型的形式,可以用两根以上的光纤经局部加热融合而成。这种光纤耦合器的附加损耗和分光比由光纤选型和熔融拉伸工艺所决定。现在已出现自动熔融拉伸设备,可以自动监测分光比和拉伸量,用计算机控制微型喷灯的工作及气流量,这样制得的熔锥型光纤耦合器的平均插入损耗可达 0.1dB 以下,分光比精度可达 1% 以下。

③ 光纤对接耦合型。利用玻璃加工技术,把光纤磨抛成楔形,将两根光纤的楔形斜面对接胶粘后,再与另一根光纤的端面黏结。其附加损耗可以低于 1dB,隔离度大于 50dB,分光比可为 1:1~1:100。

④ 平面波导型。利用平面薄膜光刻、扩散工艺制作。其一致性好,分光比精度也高,但耦合到光纤的插入损耗较大。

在上述各类光耦合器中,熔锥型光纤耦合器制作方便,价格便宜,容易与外部光纤连接为一个整体,而且可以耐受机械振动和温度变化,故应用最多。

2. 光纤熔锥耦合器的基本工作原理

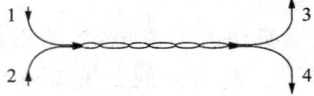

图 4.37 2×2 光纤熔锥耦合器的结构

光纤熔锥耦合器是将两段光纤除去涂覆层后缠绕在一起,用光纤拉锥机拉制而成的用于光功率耦合的光纤器件。常用的熔锥光纤耦合器为 1×2 和 2×2,如图 4.37 所示,端口 1、2 端为输入,端口 3、4 为输出的 2×2 耦合器。

对于光波导而言,绝大部分光都集中在纤芯,但总有很小部分能量散布于包层。当两个光波导相互靠近时,一个波导中传输的光能将耦合到另一个波导之中,从而改变各个光波导的场分布,而这种变化反过来对原光波导发生影响,这就形成了两光波导的横向耦合。理论上参与耦合作用的光场满足如下光纤耦合器的模耦合方程:

$$\begin{cases} \dfrac{\mathrm{d}E_1}{\mathrm{d}z}=i[\beta E_1(z)+kE_2(z)] \\ \dfrac{\mathrm{d}E_2}{\mathrm{d}z}=i[kE_1(z)+\beta E_2(z)] \end{cases} \quad (4.56)$$

其中,$E_1(z)$ 和 $E_2(z)$ 分别为存在于耦合器中两个相互作用的光场,k 为模耦合系数,β 是光在光纤中的传播常数。式(4.56)的解为

$$\begin{bmatrix} E_1(z) \\ E_2(z) \end{bmatrix} = \exp(i\beta z)\begin{bmatrix} \cos(kz) & i\sin(kz) \\ i\sin(kz) & \cos(kz) \end{bmatrix}\begin{bmatrix} E_1(0) \\ E_2(0) \end{bmatrix} \quad (4.57)$$

式中,$E_1(0)$ 和 $E_2(0)$ 分别为两模式在耦合器输入端口的初始值。

若光波从端口 1 入射时,$E_1(0)\neq 0$,$E_2(0)=0$,由式(4.57)有

$$\begin{cases} |E_1(z)|^2=\cos^2(kz)|E_1(0)|^2 \\ |E_2(z)|^2=\sin^2(kz)|E_1(0)|^2 \end{cases} \quad (4.58)$$

定义 $C=\sin^2(kz)$ 为分光比,令耦合器的耦合长度为 L,耦合器端口 1 的输入功率为 $P_{1\text{-IN}}=|E_1(0)|^2$,端口 3 和 4 的输出功率分别为 $P_{3\text{-OUT}}=|E_1(L)|^2$,$P_{4\text{-OUT}}=|E_2(L)|^2$,则式(4.58)变为

$$\begin{cases} P_{3\text{-OUT}}=(1-C)P_{1\text{-IN}} \\ P_{4\text{-OUT}}=CP_{1\text{-IN}} \end{cases} \quad (4.59)$$

上式给出端口 1 入射时,端口 3、4 输出理论的分光情况。取 $\alpha=\cos^2(kz)$,$P_{1\text{-IN}}=|a_1(0)|^2$,取耦合器的耦合长度为 L,$P_{3\text{-OUT}}=|a_1(L)|^2$,$P_{4\text{-OUT}}=|a_2(L)|^2$,则上式变为

$$\begin{cases} P_{3\text{-OUT}}=\alpha P_{1\text{-IN}} \\ P_{4\text{-OUT}}=(1-\alpha)P_{1\text{-IN}} \end{cases} \quad (4.60)$$

其中,α 称为分光比。

3. 光纤耦合器的性能指标

这里以 2×2 单模光纤耦合器为例,其结构方框图如图 4.38 所示。

图 4.38 2×2 单模光纤耦合器方框图

这种耦合器的主要技术指标如下:

① 工作中心波长 λ_0。通常取 $1.31\mu m$ 或 $1.55\mu m$。

② 附加损耗。附加损耗的定义为

$$L_e = -10\lg\frac{P_2+P_3}{P_1} \quad (4.61)$$

式中，P_1 为注入端口 1 的光功率，P_2、P_3 分别为端口 2、3 输出的光功率。好的 2×2 单模光纤耦合器的附加损耗可小于 0.2dB。

③ 分束比（或分光比）R_i。分束比的定义为

$$R_i = \frac{P_{2\text{或}3}}{P_2+P_3} \quad (4.62)$$

④ 分路损耗 L_i。分路损耗的定义为

$$L_i = -10\lg\frac{P_{2\text{或}3}}{P_1} = -10\lg R_i + L_e \quad (4.63)$$

⑤ 反向隔离度 L_r。反向隔离度的定义为

$$L_r = -10\lg\frac{P_4}{P_1} \quad (4.64)$$

反向隔离度应大于 55dB。测量反向隔离度时，需将端口 2、3 浸润于光纤的匹配液中，以防止光的反射。

4.5.3 光隔离器

光隔离器是高码速光纤通信系统、精密光纤传感器等技术领域必不可少的元器件之一，又称为光单向器，是一种光非互易传输无源器件。

由于在光纤端面有反向光的存在，导致光路系统间产生自耦合效应，特别是在激光器的使用中，反射光使激光器的工作变得不稳定，并产生系统反射噪声；另外，回波会造成光纤链路上的光放大器产生自激励，造成整个光纤通信系统无法正常工作。所以在半导体激光器输出端和光放大器输入或输出端连接上光隔离器，可以显著减小反射光对 LD 的影响。

另外，光隔离器还可以阻挡掺铒光纤中反向 ASE 对系统发射器件造成干扰，以及避免反向 ASE 在输入端发生反射后又进入掺铒光纤产生更大的噪声；光隔离器可避免输出的放大光信号在输出端反射后进入掺铒光纤消耗粒子数，从而影响掺铒光纤的放大特性。

图 4.39 所示为工程上所用的光隔离器实物图。

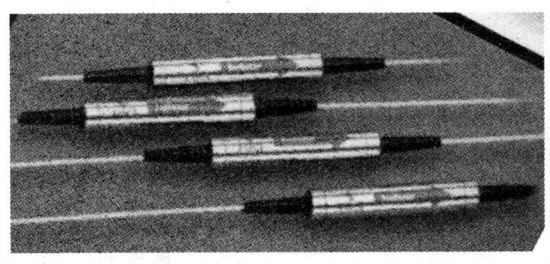

图 4.39 光隔离器实物图

1. 工作原理

通常，光隔离器是利用了磁光晶体的法拉第效应制成，其组成元件有光纤准直器（Optical Fiber Collimator）、法拉第旋转器（Faraday Rotator）和偏振器（Polarizer）。隔离器按照偏振特性可分为偏振相关型和偏振无关型。

对于偏振相关型光隔离器,其工作原理如图 4.40 所示,光通过法拉第旋转器时,在磁场作用下,光偏振方向旋转角为 $\phi=FHL$。式中,H 为磁场强度,L 为法拉第材料长度,F 为材料的贾尔德系数。当输入光通过垂直偏振起偏器后,成为垂直偏振光,经过法拉第旋转器旋转了 $45°$,而检偏器偏振方向和起偏器偏振方向成 $45°$角,使得光线顺利通过,而反射回来的偏振光经过检偏器、法拉第旋转器以后,继续沿同一方向旋转 $45°$,即偏振方向刚好与起偏器偏振方向垂直,则光无法反向通过。由于只有垂直偏振的光能通过光隔离器,因此称为偏振相关型光隔离器。

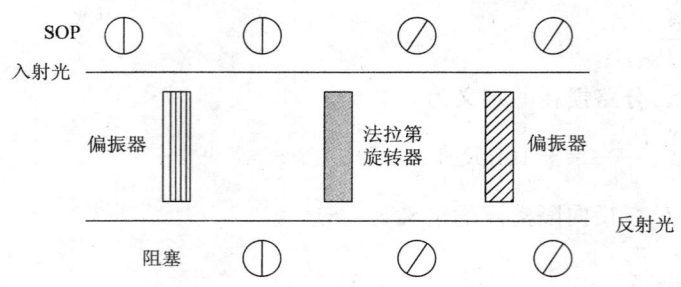

图 4.40 光隔离器的工作原理

2. 特性测试

光隔离器的测试主要是针对其光学性能方面的特性进行,重点考查插入损耗、反向隔离度和回波损耗这几个最基本的参数。

(1) 插入损耗测试

光隔离器的插入损耗是光隔离器正向接入时,输出光功率相对输入光功率的比率(以 dB 为单位)。假设光隔离器的正向输入光功率为 $P_{1正}$,输出光功率为 $P_{2正}$,则其计算公式为

$$P_{\text{Insertloss}} = 10\lg \frac{P_{1正}}{P_{2正}} \tag{4.65}$$

其插入损耗实验原理如图 4.41 所示。

(2) 隔离度测试

隔离度是光隔离器最重要的指标之一,它表征光隔离器对反向传输光的隔离能力。将光隔离器按图 4.42 反向接入,假设光隔离器反向输入光功率为 $P_{1反}$,输出光功率为 $P_{2反}$。则光隔离器隔离度计算公式为

$$P_{\text{Isolator}} = 10\lg \frac{P_{1反}}{P_{2反}} \tag{4.66}$$

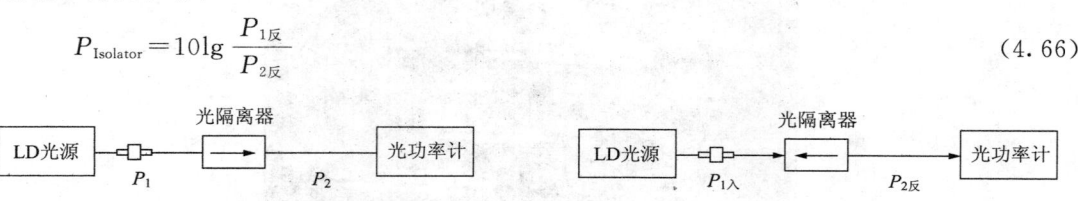

图 4.41 光隔离器插入损耗测试原理　　图 4.42 光隔离器隔离度测试原理

(3) 回波损耗测试

光隔离器的回波损耗 $P_{\text{Returnloss}}$ 是指正向入射到光隔离器中的光功率与沿输入路径返回光隔离器输入端口的光功率之比(以 dB 为单位)。光隔离器的回波损耗主要由各元件和空气折射率失配并形成反射引起。这是一个相当重要的指标,因为如果光隔离器的回波太强,那么它对系统返回光进行抑制的同时,自身也会给系统带来一定的反射。假设光隔离器的输入光功率为 P_1,其反射光功率为 P_r,则光隔离器回波损耗的定义为

$$P_{\text{Returnloss}} = 10\lg \frac{P_1}{P_r} \tag{4.67}$$

光隔离器回波损耗测试的原理如图 4.43 所示。

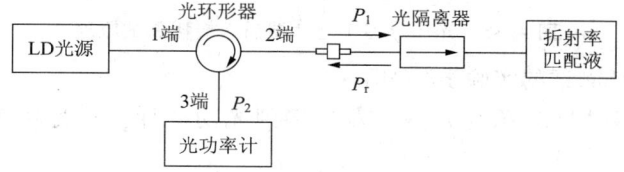

图 4.43 光隔离器回波损耗测试原理

图 4.43 中，光环形器的作用是使反射光不返回光源，直接到达光功率计，由于 P_r 不能直接测量，测试系统加了一个光环形器。则计算回波损耗的公式变为

$$P_{\text{Returnloss}} = 10\lg \frac{P_1}{P_2} - \text{Insertloss}_{2\text{-}3} \tag{4.68}$$

式中，$\text{Insertloss}_{2\text{-}3}$ 是光环形器 2-3 端的插入损耗。

4.5.4 光环形器

1. 工作原理

光环形器是一种多端口输入输出的非互易器件，具有正向顺序导通而反向传输阻止的特性，可以完成正反向传输光的分离，在双向长途干线通信、密集波分复用器及光时域反射计（OTDR）中有广泛的应用。

例如三端口的光环形器，其原理图如图 4.44 所示，在 1 端输入的光信号只有在 2 端输出，在 2 端输入的光信号只有在 3 端输出。

光环形器的工作原理和光隔离器非常相似。主要由法拉第旋转器（Faraday Rotator）、$\lambda/2$ 波片和偏振分束器（PBS, Polarization Beam Splitter）组成。当包含两个正交偏振的输入光波由环形器 1 端输入时，被第一个偏振分束器分离成偏振方向平行和垂直的两束光，垂直偏振光经偏振分束器和反射镜两次反射，再经过法拉第旋转器，偏振方向旋转 $45°$，通过 $\lambda/2$ 波片，再次旋转 $45°$，变为平行偏振光。而垂直偏振光透过 PBS 后，经过偏振分束器和 $\lambda/2$ 波片旋转 $90°$，变为平行偏振光，两束偏振光通过偏振分束器再合成为一束光。由于法拉第旋转器对光的旋转方向与入射光的入射方向无关，当反向传输时，即从 2 端输入时，由 PBS 从 3 端输出，而不能从 1 端输出，因此，当光线由 2 端输入时，只能从 3 端输出。

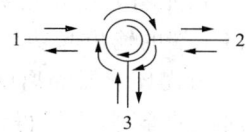

图 4.44 三端口光环形器

2. 特性测试

（1）插入损耗测试

光环形器插入损耗指光信号经过光环形器后，输出光功率与输入光功率的比值（以 dB 为单位），如设 1 端的输入光功率为 $P_1(\text{mW})$，2 端的输出光功率为 $P_2(\text{mW})$，则计算光环形器 1 端到 2 端的插入损耗的公式为

$$P_{1\text{-}2} = 10\lg \frac{P_1(\text{mW})}{P_2(\text{mW})}(\text{dB}) = P_1(\text{dBm}) - P_2(\text{dBm}) \tag{4.69}$$

测试光环形器插入损耗的原理如图 4.45 所示。其中光隔离器的作用是减小接头及光环形器反射光对半导体激光器的影响。

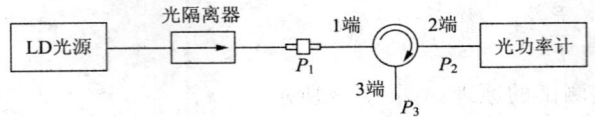

图 4.45 光环形器 1 至 2 端插入损耗测试原理

光环形器插入损耗测试的实验步骤如下：

① 按照图 4.45，将 LD 光源经光隔离器连接到光功率计。从光功率计中读出输入光功率 P_1。

② 在光隔离器和光功率器之间插入光环形器，即光从 1 端输入，然后用光功率计测量环形器 2 端的输出光功率 P_2。

由环形器插入损耗公式可以计算得出光环形器 1 至 2 端插入损耗。

利用同样的原理，可以测试光环形器 2 至 3 端的插入损耗。

(2) 隔离度测试

隔离度是光环形器的一个重要指标，它表征了光环形器对反向传输光的隔离能力。

在图 4.45 中，只是要将光环形器反向接入，即可测量隔离度。例如，1、2 端反向接入，即以光环形器 2 端为输入端，以 1 端为输出端，测量 1 端的光输出功率。实验过程也与插入损耗测试类似。光环形器的隔离度定义为

$$P_{\text{Isolation-}j} = P_j(\text{dBm}) - P_i(\text{dBm}) \tag{4.70}$$

光环形器隔离度测试的实验步骤如下：

① LD 光源经光隔离器连接到光功率计。从光功率计中读出输入光功率 P_1。

② 在光隔离器和光功率器之间反向插入光环形器，即光从 2 端输入，然后用光功率计测量环形器 1 端的输出光功率 P_2，即输出功率。

③ 由光环形器隔离度公式(4.70)可以计算得出光环形器 1 至 2 端隔离度。

同样的原理，可以得到光环形器 2 至 3 端隔离度。

(3) 方向性测试

方向性是光环形器的另一个重要技术指标，它是衡量光环形器定向传输特性的参数。假设光环形器 1 端输入功率为 P_1，3 端输出功率为 P_3。则计算光环形器 1 至 2 端方向性计算公式为

$$P_{\text{Directivity}} = 10\lg \frac{P_1}{P_3}(\text{dB}) \tag{4.71}$$

光环形器 1 至 2 端方向性实验原理如图 4.46 所示。其中 2 端末端加折射率匹配液是为了减小从 1 端到 2 端光功率的反射，以保证测量的准确性。

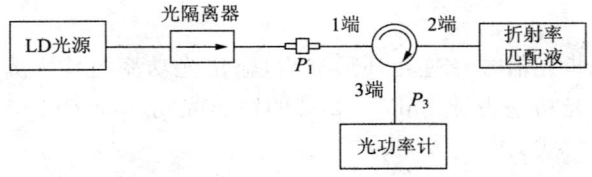

图 4.46 光环形器 1 至 2 端方向性测试原理

光环形器方向性测试的实验步骤如下：

① 将 LD 光源输出端经过光隔离器连接到光功率计上，可以测得输入光功率 P_1。

② 将光环形器正向接入，以 1 端作为输入端，在 2 端涂上折射率匹配液，将光功率计接在环形器 3 端，测得输出光功率 P_3。

③ 由光环形器方向性计算公式(4.71)，可以算出 1 至 2 端的方向性。

同理可得 2 至 3 端的方向性。

（4）回波损耗测试

回波损耗又称为后向反射损耗，是指光纤连接处，光环形器的后向反射光相对输入光的比（以 dB 为单位）。光环形器的回波损耗测试原理如图 4.47 所示。如果设光环形器 1 端输入光功率为 P_1，反射光功率为 P_r，则计算光环形器 1 端回波损耗的公式为

$$P_{\text{Returnloss}} = 10\lg \frac{P_1}{P_r} - \text{Loss}_c \tag{4.72}$$

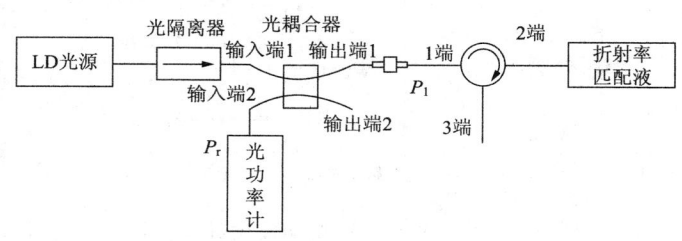

图 4.47 光环形器 1 端回波损耗测试原理

Loss_c 为 2×2 光纤方向耦合器的插入损耗与分束损耗之和，即

$$P_{\text{Loss}_c} = P_{\text{Insertloss}_c} + P_{\text{Splittingloss}} \tag{4.73}$$

对 3dB 光耦合器，分束损耗为 3dB，插入损耗大大小于分束损耗，所以 Loss_c 约等于 3dB。光环形器回波损耗测试的实验步骤如下：

① 将 LD 光源输出端连接到光隔离器正向输入端，然后将光隔离器正向输出端连接到光耦合器的输入端 1，用光功率计测量光耦合器输出端 1 的输出功率 P_1，即光环形器的输入光功率。

② 将光环形器连入，1 端连接到光耦合器的输出端 1，在光环形器 2 端连接器光纤端面上涂上折射率匹配液。用光功率计测量光耦合器输入端 2 的输出光功率 P_r，即光环形器 1 端反射光通过光耦合器的输出光功率。因此 P_r 是经过光耦合器分成相等的两份后的输出光功率。

③ 由回波损耗的计算公式(4.72)，可以得出光环形器 1 端的回波损耗。

4.6 光复用/解复用器件

在 DWDM 系统中，复用器的主要作用是将多个波长通道合在一根光纤中传输；解复用器的主要作用是将在一根光纤中传输的多个波长通道分离。如图 4.48 所示，光复用/解复用器是 DWDM 系统中的关键器件，其要求是复用通道数量足够、插入损耗小、隔离度高和通带范围宽等。从原理上讲，复用器与解复用器是相同的，只需要改变输入、输出的方向。现在 DWDM 系统中使用的光复用/解复用器的性能满足 ITU-T G.671 及相关建议的要求。

4.6.1 分　类

光复用/解复用器有多种制造方法，制造的器件各有特点，目前已广泛商用的有四种：光栅型、介质薄膜滤波器型、光纤耦合器型、阵列波导光栅型。

1. 光栅型

光栅型复用/解复用器属于角色散型器件，利用光栅这种角色散元件来分离和合并不同波

长的光信号。最流行的衍射光栅是在玻璃衬底上沉积环氧树脂,然后再在环氧树脂上制造光栅线,构成所谓闪耀光栅。入射光照射到光栅上后,由于光栅的角色散作用,不同波长的光信号以不同的角度反射,然后经透镜会聚到不同的输出光纤,从而完成波长选择功能;逆过程也成立,如图 4.49 所示。

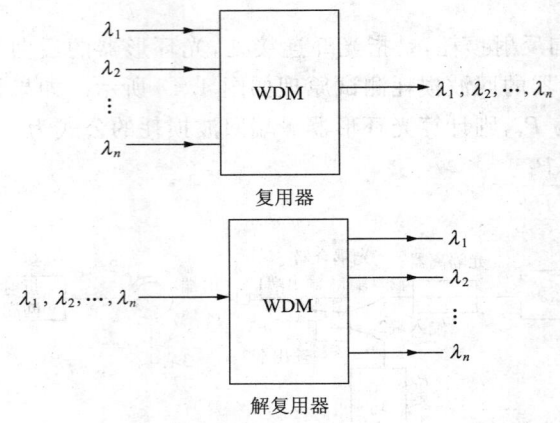

图 4.48 光复用/解复用器

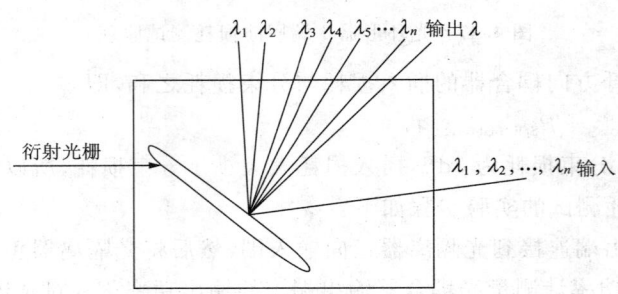

图 4.49 闪耀光栅型光复用/解复用器原理

闪耀光栅的优点是高分辨的波长选择作用,可以将特定波长的绝大部分能量与其他波长进行分离且方向集中。具有优良的波长选择性,可以使通道的波长间隔缩小到 0.5nm 左右。闪耀光栅的缺点是插入损耗较大,通常有 3~8dB,对偏振很敏感,光通道带宽/通道间隔的比值尚不很理想,使光谱利用率不够高,对光源和光复用/解复用器的波长容错性要求较高。此外,其温度特性较差,典型器件的温度漂移大约为 0.012nm/℃。若采用温度控制措施,则温度漂移可以减少至 0.0004nm/℃。因此,对于光栅型光复用/解复用器采用温控措施是可行和必要的。这类光栅在制造上要求较精密,不适合于大批量生产,因此往往在实验室的科学研究中应用较多。

除传统的光栅器件外,布拉格光纤光栅的制造技术也逐渐成熟起来。布拉格光纤光栅的设计和制造比较快捷方便,成本较低,插入损耗很小,整个器件可以直接与系统中的光纤融为一体。其滤波特性带内平坦,而带外十分陡峭(滚降斜率优于 150dB/nm,带外抑制比高达 50dB),因此可以制作成通道间隔非常小的带通或带阻滤波器。

2. 介质薄膜滤波器型

介质薄膜滤波器型光复用/解复用器是由介质薄膜滤波器构成。滤波器是由几十层不同材料、不同折射率和不同厚度的介质膜按照设计要求组合起来的,每层的厚度为 1/4 波长,一层为高折射率,一层为低折射率,交替叠合而成。当光入射到高折射率层时,反射光没有相移;当光入射到低折射率层时,反射光经历 180°相移。由于层厚为 1/4 波长(90°相位),因而经低折射率层反射的光经历 360°相移后与高折射率层的反射光同相叠加。这样在中心波长附近各层反射光叠加,在滤波器前端面形成很强的反射光。在这高反射区之外,反射光突然降低,大部分光成为透射光。据此可以使薄膜干涉型滤波器对一定波长范围呈通带,而对另外波长范围呈阻带,形成所要求的滤波特性。介质薄膜滤波器型解复用器的结构原理如图 4.50 所示。

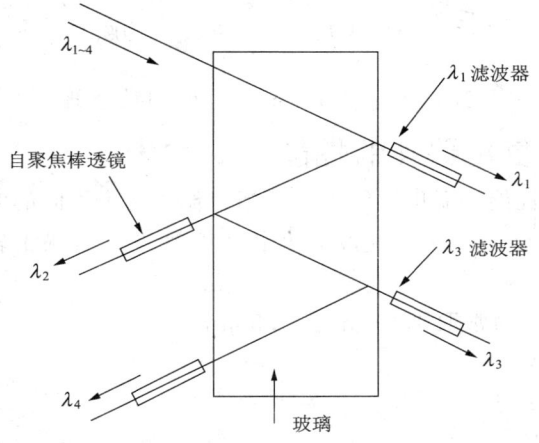

图 4.50 介质薄膜滤波器型解复用器的结构原理

介质薄膜滤波器型光复用/解复用器的主要特点是,设计上可以实现结构稳定的小型化器件,信号通带平坦且与偏振无关,插入损耗低,通道隔离度好。缺点是通道数不能很多。具体特点还与结构有关,例如薄膜滤波器型光复用/解复用器在采用软型材料的时候,由于滤波器容易吸潮,易受环境的影响而改变波长;采用硬介质薄膜时材料的温度稳定性优于 0.0005nm/℃。另外,这种器件的设计和制造周期较长,产量较低。

在 DWDM 系统中,当只有 4~16 个波长时,使用这种光复用/解复用器是比较理想的。

3. 光纤耦合器型

光纤耦合器有两类,应用较广泛的是熔拉双锥(熔锥)式光纤耦合器,即将多根光纤在热熔融条件下拉成锥形,并稍加扭曲,使其熔接在一起。由于不同的光纤的纤芯十分靠近,因而可以通过锥形区的消逝波耦合来达到所需要的耦合功率。第二种是采用研磨和抛光的方法去掉光纤的部分包层,只留下很薄的一层包层,再将两根经同样方法加工的光纤对接在一起,中间涂有一层折射率匹配液,于是两根光纤可以通过包层里的消逝波发生耦合,得到所需要的耦合功率。熔锥型光复用/解复用器制造简单,应用广泛。

4. 阵列波导光栅型

阵列波导光栅(AWG)型光复用/解复用器是以光集成技术为基础的平面波导型器件,典型制造过程是在硅片上沉积一层薄薄的二氧化硅玻璃,并利用光刻技术形成所需要的图案并腐蚀成型,其结构如图 4.51 所示。该器件可以集成生产,具有波长间隔小、通道数多、通带平坦等优点,非常适合于超高速、大容量 DWDM 系统使用,在今后的接入网中有很大的应用前景。而且,除了光复用/解复用器之外,还可以做成矩阵结构,对光通道进行上下分插(OADM),是今后光传送网络中实现光交换的优选方案。

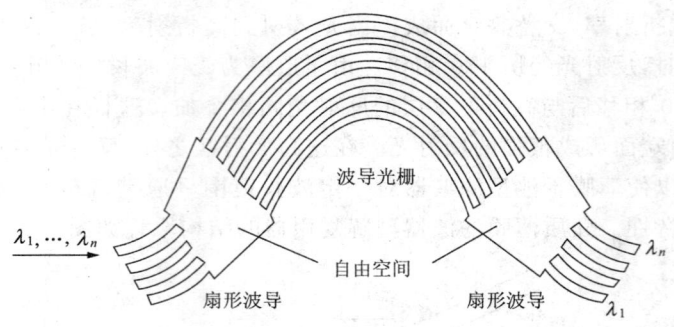

图 4.51 AWG 型光复用/解复用器原理

4.6.2 光复用/解复用器件的性能

除此以外,尚有机械性能和温度性能指标。当工作于两个不同的波长时,若两个波长为 λ_1、λ_2 的光波都从 1 端注入,则 2 端为 λ_1 光波的输出口、3 端为 λ_2 光波的输出口。光复用器的主要技术指标如下:

① 工作中心波长 λ_0。通常取 $1.31\mu m$ 或 $1.55\mu m$。

② 插入损耗。定义为

$$L_e = -10 \lg \frac{P_2 + P_3}{P_1} \tag{4.74}$$

式中,P_1 为注入端口的光功率,P_2、P_3 分别为输出的光功率。优良的光复用器的插入损耗可小于 0.5dB。

③ 波长隔离度 L_r。定义为

$$L_r = -10 \left(\lg \frac{P_3}{P_2} \right)_{\lambda_1} \text{ 或 } L_r = -10 \left(\lg \frac{P_2}{P_3} \right)_{\lambda_2} \tag{4.75}$$

波长隔离度是指一个波长的光功率串扰到另一波长输出臂程度的度量(化成分贝数)。L_r 值一般应达到 20dB 以上。

4.6.3 光复用器特性的测试

光复用器隔离度的测试原理框图如图 4.52 所示。这里以 1310nm、1550nm 为例说明。图 4.52 中波长为 1310nm、1550nm 的光信号经光复用器复用以后输出的光功率分别为 P_1、P_2。解复用后分别输出的光信号,此时从 1310 窗口输出 1310nm 的光功率为 P_{11},输出 1550nm 的光功率为 P_{12};从 1550 窗口输出 1550nm 的光功率为 P_{21},输出 1310nm 的光功率为 P_{22}。

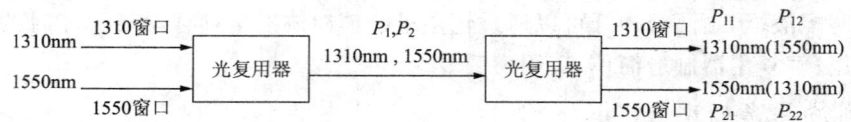

图 4.52 光复用器光串扰的测试原理

可以求出光隔离度为

$$L_{12} = 10 \lg \frac{P_1}{P_{22}} \tag{4.76}$$

$$L_{21} = 10 \lg \frac{P_2}{P_{12}} \tag{4.77}$$

由于便携式光功率计不能滤除 1310nm 只测 1550nm 波长的光功率,同时也不能滤除

1550nm 只测 1310nm 波长的光功率。所以改用下面的方法进行光串扰的测量。

测试 1310nm 的光串扰的方框图如 4.53（a）所示，测量 1550nm 的光串扰的方框图如 4.53(b)所示。

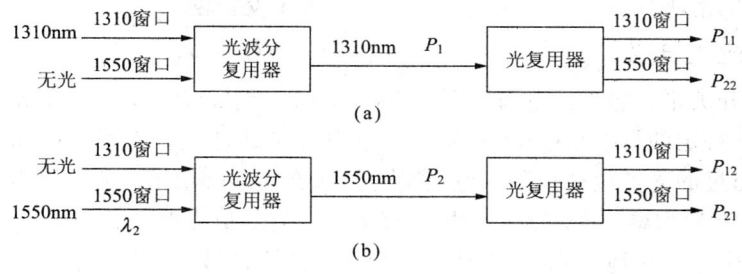

图 4.53　光复用器光串扰的测试框图

另外，光复用器插入损耗、回波损耗等光学特性的测试和耦合器基本一致，这里将不再重复。

4.7　光开关特性和测量

光开关是光网络的重要无源器件，它的功能主要是实现光路切换，例如主/备光路切换、路由选择、光路保护和自愈等。随着数据通信和密集波分复用（DWDM）系统的发展，迫切需要尺寸小、端口数多的光开关。

由光开关阵列组成的光开关矩阵是 OXC 的核心部分，它可完成动态光路径管理、光网络的故障保护、波长动态分配等功能，对解决目前复杂网络中的波长争用、提高波长重用率、进行网络灵活配置有重要意义。光开关不仅是 OXC 中的核心器件，它还广泛应用于以下领域，如光网络的保护倒换系统和网络性能的实时监控系统。

光开关的应用如此广泛，对其进行准确的测量显得非常重要。开关时间是光开关的主要指标。不同的应用场合，对光开关的开关时间要求不同。

光开关应用在不同领域，对性能的要求也不同。这包括快切换速度、高隔离度、小插入损耗、对偏振不敏感、可靠性高等几个方面。

4.7.1　光开关的分类

光开关种类很多，其实现方法有保护、切换系统中常用的传统机械式光开关，也有这几年飞速发展的新型光开关。

1. 机械式光开关

机械式光开关发展已比较成熟，其结构包括移动光纤、移动套管、移动准直器、移动反光镜、移动棱镜和移动耦合器等。

传统的机械式光开关介入损耗较低（≤2dB）、隔离度高（＞45dB）、不受偏振和波长的影响。其缺陷在于开关时间较长，一般为毫秒量级，有时还存在回跳抖动和重复性较差的问题。另外其体积较大，不易做成大型的光开关矩阵。因此，传统的机械式光开关难以适应高速、大容量光传送网发展的需求。

2. MEMS 光开关

MEMS（Micro-Electro-Mechanical-Systems）是由半导体材料，如 Si 等构成的微机械结构。它将电、机械和光集成为一块芯片，能透明地传送不同速率、不同协议的业务。MEMS 已广泛应用在工业领域。MEMS 器件的基本原理就是通过静电的作用使可以活动的微镜面发生转动,从而改变输入光的传播方向。MEMS 既有机械光开关的低损耗、低串扰、低偏振敏感性和高消光比的优点,又有波导开关的高开关速度、小体积、易于大规模集成等优点。基于 MEMS 光开关交换技术的解决方案已广泛应用于骨干网或大型交换网。

3. 喷墨气泡光开关

喷墨气泡光开关平台包括两部分:下半部是硅衬底的玻璃波导,上半部是硅片。上下之间抽真空密封,内充特定的折射率匹配液,每一个小沟道都对应一个微型电阻,通过电阻加热匹配液形成气泡,对通过的光产生全反射。电信号的加入在下半部引入。在芯片与光纤的耦合上采用带状光缆通过硅 V 型槽 BUTT END 接触解决。当有入射光照入并需要交换时,一个热敏硅片会在液体中产生一个小泡,小泡将光从入射波导中的光信号全反射至输出波导。

喷墨气泡光开关有两个重要因素要考虑:①如何很好地控制光开关的状态,如光开关频繁动作或长期维持气泡状态。②喷墨气泡光开关封装后,其内部材料和液体的生存时间问题。

4. 液晶光开关

液晶光开关的工作状态基于对偏振的控制:一路偏振光被反射,而另一路可以通过。典型的液晶器件包括无源和有源两部分。无源部分,如分器器将入射光分为两路偏振光。根据是否使用电压,有源部分或者改变入射光的偏振态或者不加改变。由于电光效应,在液晶上施加电压将改变非常光的折射率,从而改变非常光的偏振状态,本来平行的光经过液晶的传输会变成垂直光。液晶的电光系数很高,是铌酸锂的几百万倍,使液晶成为最有效的光电材料。电控液晶光开关的交换速度可达亚微秒级,未来将可以达到纳秒级。

5. 干涉仪型光开关

干涉仪型光开关主要指 M-Z 干涉仪型。主导思想是利用光相位特性。输入光被分为两束,通过两个分开的波导再合并。其中一个波导被加热改变其光程。当两条路径长度相同时,光通过其中一个出口;当长度不同时,光线通过另一个出口。

干涉仪型光开关具有结构紧凑的优点,缺点是对波长敏感。因此,通常需要进行温度控制。它们都是在介质材料,如玻璃或硅基片上先做上波导结构,然后在波导上蒸镀金属薄膜加热器,金属薄膜通电发热,导致其下面的波导的折射率发生变化,从而实现光的开关动作。

6. 全息光开关

全息光开关是利用激光的全息技术,将光纤光栅全息图写入 KLTN 晶体内部,利用光纤光栅选定波长的光开关。电激发的布拉格光纤光栅的全息图被写入 KLTN 晶体内部后,当不加电压时,晶体是全透明的,此时光线直通晶体。当有电压时,产生光纤光栅的全息图,将特定波长光反射到输出端。晶体的行和列对光进行选路。

利用这种技术可以很容易地组成上千个端口的光交换系统。并且它的开关速度非常快,只需几 ns 就可以把一个波长交换到另一个波长。由于没有可移动部件,它的可靠性较高。ns 量级的交换速度可以用在未来的基于分组交换的光路由器中。

7. 声光开关

在这种开关中,利用声波用来控制光线的偏转。由于没有移动部分,可靠性较高。

8. 半导体光放大器开关

半导体光放大器开关利用 SOA 的增益饱和特性,实现特定波长的交换。在关断状态,SOA 是不透明的,即输入光被 SOA 吸收。在开启状态,光线允许通过 SOA,同时被放大。通过调节 SOA 放大波长,输入端信号能到达任意输出端。

9. 电光效应光开关

电光效应光开关由光电晶体材料(如 $LiNbO_3$ 或其他半导体材料)波导构成,两条波导通路通常连接构成 M-Z 干涉结构,外加电压改变波导材料的折射率,从而实现控制两臂的相位差,利用干涉效应实现光的通断。基于波导结构的光开关特点是速度很快,其在大容量、高速的光通信系统中有着广泛的应用前景。工作原理如图 4.54 所示。

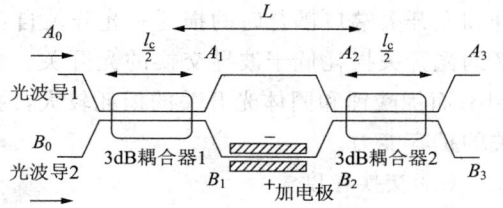

图 4.54 基于 Mach-Zehnder 结构的电光效应光开关

对于 3dB 耦合器,两光波满足模耦合方程。令两个光波导的传播常数相等,$B_0=0$,3dB 耦合器 2 的输出端得到

$$|A_3|^2 = |A_0|^2 \sin^2 \frac{\phi}{2} \quad (4.78)$$

$$|B_3|^2 = |A_0|^2 \cos^2 \frac{\phi}{2} \quad (4.79)$$

从式(4.78)和式(4.79)可以看出,ϕ 和施加电压有关,改变电压,波导的折射率改变,ϕ 改变,得到光强的调谐。开关速度取决于两路光之间产生相位差的时间,即光波导中折射率变化的时间。

在现代通信系统向高速率、智能化发展的阶段,为解决电子交换机响应时间慢、无法和超高速传输数据相匹配的矛盾,实现更快的开关速度和更低的插入损耗,还可以利用石英光纤和半导体光放大器的自相位调制或交叉相位调制效应改变折射率的方法,即光控光开关技术。现在比较成熟的方案有:基于 NOLM 原理和 SOA 非线性效应(如 XPM:Cross-Phase Modulation)制作的全光开关。它们不仅用于超快开关交换,而且还可用于全光信号再生与超快波长转换,是目前是很有前途的全光交换技术。

4.7.2 光开关的主要性能参数

光开关切换时间、消光比、插损、串话、偏振相关性(PDL)是光开关的重要参数。

光开关组成的矩阵主要性能参数如下。

(1) 交换矩阵的大小

光开关交换矩阵的大小反映了光开关的交换能力。光开关处于网络不同位置,对其交换矩阵大小要求也不同。随着通信业务需求的急剧增长,光开关的交换能力也需要大大提高,如在骨干网上要有超过 1000×1000 的交换容量。对于大交换容量的光开关,可以通过较多的小光开关叠加而成。

(2) 交换速度

交换速度是衡量光开关性能的重要指标。交换速度有两个重要的量级,当从一个端口到另一个端口的交换时间达到几个 ms 时,对因故障而重新选择路由的时间已经够了。如对 SDH/SONET 来说,因故障而重新选路时,50ms 的交换时间几乎可以使上层感觉不到。当交换时间到达 ns 量级时,可以支持光互联网的分组交换。这对于实现光互联网是十分重要的。

(3) 损 耗

当光信号通过光开关时,将伴随着能量损耗。依据功率预算设计网络时,光开关及其级联对网络性能的影响很大。损耗和干扰将影响功率预算。光开关损耗产生的原因主要有两个:光纤和光开关端口耦合时的损耗和光开关自身材料对光信号产生的损耗。一般来说,自由空间交换的光开关损耗低于波导交换的光开关。如液晶光开关和 MEMS 光开关的损耗较低,为 1~2dB;而铌酸锂和固体光开关的损耗较大,约 4dB。损耗特性影响了光开关的级联,限制了光开关的扩容能力。

(4) 交换粒度

根据不同的光网络业务需求,对交换的需求和光域内使用的交换粒度也有所不同。交换粒度可分为三类:波长交换、波长组交换和光纤交换。交换粒度反映了光开关交换业务的灵活性。这对于考虑网络的各种业务需求、网络保护和恢复具有重要意义。

(5) 无阻塞特性

无阻塞特性是指光开关的任一输入端能在任意时刻将光波输出到任意输出端的特性。大型或级联光开关的无阻塞特性更为明显。光开关要求具有严格无阻塞特性。

(6) 升级能力

基于不同原理和技术的光开关,其升级能力也不同。一些技术允许运营商根据需要随时增加光开关的容量。很多开关结构可容易地升级为 8×8 或 32×32,但却不能升级到成百或上千的端口,因此只能用于构建 OADM 或城域网的 OXC,而不适用于骨干网。

(7) 可靠性

光开关要求具有良好的稳定性和可靠性。在某些极端情况下,光开关可能需要完成几千次、几万次的频繁动作。有些情况(如保护倒换)下,光开关倒换的次数可能很少,此时,维持光开关的状态是更主要的因素。

4.7.3 光开关特性的测量

光开关转换时间、消光比、插损、串话、偏振相关性(PDL)是光开关的重要参数。其中,光开关转换时间被定义为转换通道过程中光信号在一个通道上消失与光信号在另一个通道上产生的时间间隔。转换时间是评价光开关性能的一个重要指标,而且更决定了自动交换光网络系统中交换的性能。其测量原理见图 4.55。

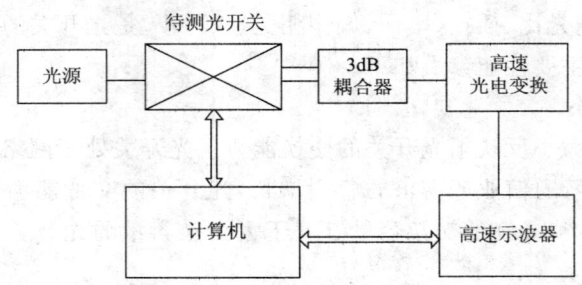

图 4.55 光开关转换时间测量实验框图

光源输出的光送入待测光开关后,对待测开关进行手动或计算机控制切换,利用高速光电变换器捕捉待测开关在切换光程中的转换时间,并在高速示波器上显示出来,也可以利用计算机处理该结果,得到准确的光开关转换时间。图 4.56 给出了一个转换时间的测量示意图。

同时,利用该套装置,我们还可以测量光开关的隔离度、插入损耗、光通带等性能指标。测量方法同光纤活动连接器,这里将不再详细说明。

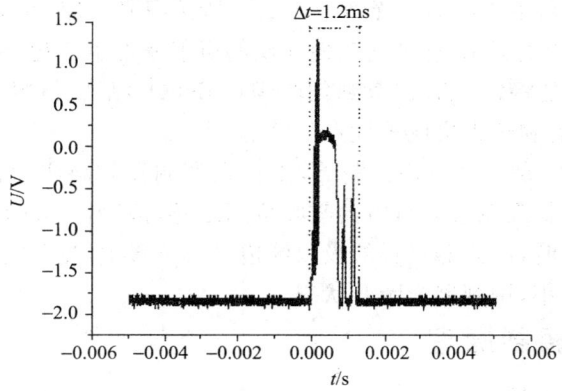

图 4.56 光开关转换时间的测量结果

4.8 光调制器

激光也是一种电磁波,要用激光作为信息的载体,就必须解决如何将信息加到激光上的问题。将信息加载于激光的过程称为调制。激光即为载波,起控制作用的信息称为调制信号。激光调制的方案很多,按调制信号所调光波的参数可以分为强度调制、相位调制、偏振调制等。根据信号源、调制器与激光器的关系可以分为内调制(直接调制)和外调制两种。

内调制亦称直接调制,是将调制信号直接加载在激光振荡过程,改变激光器振荡参数,最终实现调制的过程。内调制方式的输出功率正比于调制电流,具有结构简单、损耗小、成本低的特点。由于调制电流的变化将引起激光器发光谐振腔的光学长度发生变化,从而引起发射激光的波长随着调制电流变化而变化,因此这种变化被称作调制啁啾,它实际上是一种由于调制信号直接作用光源而造成的无法克服的波长(频率)抖动。一般情况下,在常规 G.652 光纤上使用时,传输距离≤100km,传输速率≤2.5Gbit/s。

外调制亦称间接调制,是指调制信号加载在激光形成之后(图 4.57)。其方法是在激光器谐振腔外的电路上放置调制器,调制器上加调制信号电压,使调制器的物理特性(如电光调制效应等)发生相应的变化,当激光通过时即可得到调制。由于调制信号没有作用在激光器上,避免了调制啁啾,外调制通常应用在高速通信系统中。

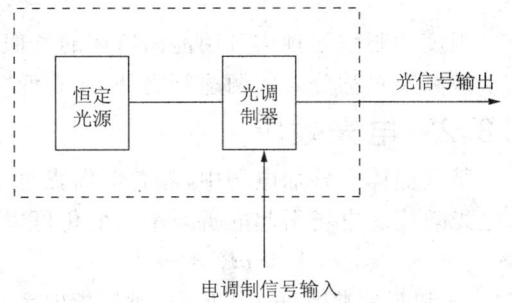

图 4.57 外调制激光器的结构

图 4.57 中,恒定光源是一个连续发送固定波长和功率的高稳定光源,在发光的过程中,不受电调制信号的影响,因此不产生调制频率啁啾,谱线宽度维持在最小。光调制器对恒定光源发出的高稳定激光根据电调制信号以"允许"或者"禁止"通过的方式进行处理,而在调制的过程中,对光波的频谱特性不会产生任何影响,保证了光谱的质量。间接调制方式的激光器比较复杂,损耗大,而且造价也高,但调制频率啁啾很小,可以应用于传输速率≥2.5Gbit/s、传输距离超过100km 的系统。

常用的外调制器有以下几种。

① 电光调制器。其工作原理是晶体的电光效应。电光效应是指电场引起晶体折射率变化的现象,能够产生电光效应的晶体称为电光晶体。

② 声光调制器。它利用介质的声光效应制成。所谓声光效应，是声波在介质中传播时，介质受声波压强的作用而产生变化，这种变化使介质的折射率发生变化，从而影响光波传输特性。

③ 波导调制器。它是将钛（Ti）扩散到铌酸锂（LiNbO₃）基底材料上，用光刻法制出波导。它具有体积小、重量轻、有利于光集成等优点。

④ 电吸收调制器。它是一种损耗调制器，工作在调制器材料吸收区边界波长处。当调制器无偏压时，光源发送波长在调制器材料的吸收范围之外，该波长的输出功率最大，调制器为导通状态；当调制器有偏压时，调制器材料的吸收区边界波长移动，光源发送波长在调制器材料的吸收范围内，输出功率最小，调制器为断开状态。

4.8.1 激光强度调制原理

光也是电磁波，其电场描述为

$$E(t) = A_c \cos(\omega_c t + \phi_c) \tag{4.80}$$

式中，A_c 为振幅，ω_c 为角频率，ϕ_c 为相位角。既然光束具有振幅、频率、相位、强度和偏振等参量，如果能够应用某种物理方法改变这些参量，使其按照调制信号的规律变化，那么激光束就受到了信号的调制，达到"运载"信息的目的。

强度调制使光载波的强度（光强）随调制信号规律变化的激光振荡。光束调制多采用强度调制形式，这是因为接收器一般都是直接响应所接收的光强。

光束强度定义为光波电场的平方，即

$$I(t) = E^2(t) = A_c^2 \cos^2(\omega_c t + \phi_c) \tag{4.81}$$

于是，强度调制的光强可表示为

$$I(t) = \frac{A_c^2}{2} [1 + k_p a(t)] \cos^2(\omega_c t + \phi_c) \tag{4.82}$$

仍设调制信号是单频余弦波，则

$$I(t) = \frac{A_c^2}{2} [1 + m_p \cos\omega_m t] \cos^2(\omega_c t + \phi_c) \tag{4.83}$$

强度调制波的频谱可用前面所述的类似方法求得，其结果与调幅波略有不同，其频谱分布除了载频及对称分布的两边频之外，还有低频 ω_m 和直流分量。

4.8.2 电光效应

某些晶体在外加电场中，随着电场强度 E 的改变，晶体的折射率会发生改变，这种现象称为电光效应。电场引起的折射率的变化可以用下式表示：

$$n = n_0 + aE_0 + bE_0^2 + \cdots \tag{4.84}$$

式中，a 和 b 为常数，n_0 为 $E = 0$ 时的折射率。

根据式（4.84），由一次项 aE_0 引起折射率变化的效应称为一次电光效应，也称线性电光效应或普克尔（Pockels）电光效应；由二次项引起折射率变化的效应称为二次电光效应，也称平方电光效应或克尔（Kerr）效应。一次电光效应仅存在于不具有对称中心的晶体中，二次电光效应则可能存在于任何物质中，一次电光效应要比二次电光效应显著。

1. 线性电光效应的理论基础

在晶体的介电坐标系中，无外加电场时，描述晶体光学性质的折射率椭球方程为

$$\frac{x_1^2}{n_1^2} + \frac{x_2^2}{n_2^2} + \frac{x_3^2}{n_3^2} = 1 \tag{4.85}$$

其中，下标 1、2、3 分别表示坐标 x、y、z。当晶体施加任意电场 $E(E_1、E_2、E_3)$ 时，晶体的折射率

发生变化，随着光波振动的方向不同，折射率的变化也有所不同，可以把电场对晶体的这种作用归结为折射率椭球系数的改变。

在调制电场 E 的作用下，晶体光学性质的改变用折射率椭球三个轴的方向和长度的改变表示。此时，x、y、z 不再是新的椭球主轴方向，在 xyz 坐标系中，新的椭球方程可能出现交叉的二次项 xy、yz、xz。为了不失去一般性，我们把有外电场作用下的折射率椭球方程写为如下形式：

$$\frac{x^2}{n_{11}^2} + \frac{y^2}{n_{22}^2} + \frac{z^2}{n_{33}^2} + \frac{2}{n_{12}^2}xy + \frac{2}{n_{23}^2}yz + \frac{2}{n_{13}^2}xz = 1 \tag{4.86}$$

施加电场时，折射率椭球系数的改变量与外加电场 E 成正比，即线性电光效应使晶体折射率改变量为

$$\Delta\left(\frac{1}{n^2}\right)_l = \sum_{k=1}^{3} \gamma_{lk} E_k \tag{4.87}$$

其中，γ_{lk} 称为电光系数张量，共有 18 个元素。

将式(4.87)可以写成矩阵形式：

$$\begin{bmatrix} \Delta\frac{1}{n_1^2} \\ \Delta\frac{1}{n_2^2} \\ \Delta\frac{1}{n_3^2} \\ \Delta\frac{1}{n_4^2} \\ \Delta\frac{1}{n_5^2} \\ \Delta\frac{1}{n_6^2} \end{bmatrix} = \begin{bmatrix} \gamma_{11} & \gamma_{12} & \gamma_{13} \\ \gamma_{21} & \gamma_{22} & \gamma_{23} \\ \gamma_{31} & \gamma_{32} & \gamma_{33} \\ \gamma_{41} & \gamma_{42} & \gamma_{43} \\ \gamma_{51} & \gamma_{52} & \gamma_{53} \\ \gamma_{61} & \gamma_{62} & \gamma_{63} \end{bmatrix} \begin{bmatrix} E_1 \\ E_2 \\ E_3 \end{bmatrix} \tag{4.88}$$

表 4.3 给出了几种常用晶体的线性电光系数矩阵表示和非零元素的数值。

表 4.3　晶体的线性电光系数

晶体	$[\gamma_{mk}]$	$\lambda/\mu m$	$(\gamma_{mk}\times 10^{-12})/(m\cdot V^{-1})$	折射率
BaTiO$_3$	0　0　γ_{13} 0　0　γ_{13} 0　0　γ_{33} 0　γ_{51}　0 γ_{51}　0　0 0　0　0	0.546	$\gamma_{51}=820$ $\gamma_{13}=8.0$ $\gamma_{33}=23$	$n_o=2.437$ $n_e=2.356$
KH$_2$PO$_4$(KDP)	0　0　0 0　0　0 0　0　0 γ_{41}　0　0 0　γ_{41}　0 0　0　γ_{63}	0.633	$\gamma_{41}=8$ $\gamma_{63}=11$	$n_o=1.5074$ $n_e=1.4669$

续表 4.3

晶体	$[\gamma_{mk}]$			$\lambda/\mu m$	$(\gamma_{mk}\times 10^{-12})/(m\cdot V^{-1})$	折射率
LiNbO$_3$	0 0 0 0 γ_{51} $-\gamma_{22}$	$-\gamma_{22}$ γ_{22} 0 γ_{51} 0 0	γ_{13} γ_{13} γ_{33} 0 0 0	0.633	$\gamma_{13}=10$ $\gamma_{22}=6$ $\gamma_{33}=30.8$ $\gamma_{51}=28$	$n_o=2.286$ $n_e=2.200$

2. 常用的电光晶体

常用的电光晶体有磷酸二氢钾 KDP、铌酸锂 LiNbO$_3$（记为 LN）等。

(1) KDP 单轴晶体

KDP 属立方晶系的 $4\overline{2}m$ 点群。如果沿晶体光轴 z 方向加电场，由于 $E_1=E_2=0$，而 $E_3=E$，可以得到在介电主轴坐标系中的折射率椭球方程为

$$\frac{x_1^2+x_2^2}{n_o^2}+\frac{x_3^2}{n_e^2}+2\gamma_{63}Ex_1x_2=1 \tag{4.89}$$

式中，γ_{63} 是电光系数的矩阵元。为消除上式中的交叉项，使得在新的折射率感应主轴坐标系下成为正椭圆，$x_1\to x_1'$ 和 $(x_2=y)\to(x_2'=y')$ 绕 z 轴逆时针旋转了 45°角。

在新的感应折射率主轴坐标系 x'、y' 和 z' 下，折射率椭球方程变为

$$\frac{x'^2}{n_{x'}^2}+\frac{y'^2}{n_{y'}^2}+\frac{z'^2}{n_{z'}^2}=1 \tag{4.90}$$

三个感应主轴的折射率分别为

$$\begin{aligned} n_{x'}&\approx n_o-\frac{1}{2}n_o^3\gamma_{63}E \\ n_{y'}&\approx n_o+\frac{1}{2}n_o^3\gamma_{63}E \\ n_{z'}&=n_e \end{aligned} \tag{4.91}$$

由此可见，KDP 晶体在沿 z 轴方向外电场的作用下，由单轴晶体变为双轴晶体，新的折射率椭球的主轴 x'、y' 相对原主轴 x、y 绕 z 轴转过了 45°角（图 4.58）。

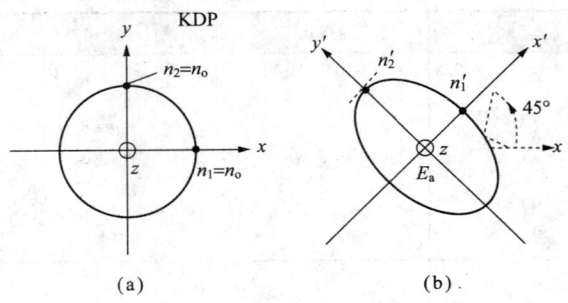

图 4.58　z 向电场作用下 KDP 晶体的折射率变化

(2) LiNbO$_3$ 单轴晶体

对于 $3m$ 点群的 LiNbO$_3$ 单轴晶体，若沿方向加电场，即 $E_1=E$、$E_2=E_3=0$ 时，仿照 KDP 的处理过程，在感应主轴坐标系中折射率椭球方程为

$$\left[\frac{1}{n_o^2}-2\gamma_{22}E\right]x_1'^2+\left[\frac{1}{n_o^2}+2\gamma_{22}E\right]x_2'^2+\frac{1}{n_e^2}x_3'^2=1 \tag{4.92}$$

$$n_{x'}\approx n_o+\frac{1}{2}n_o^3\gamma_{22}E$$

$$n_{y'}\approx n_o-\frac{1}{2}n_o^3\gamma_{22}E \tag{4.93}$$

$$n_{z'}=n_e$$

$LiNbO_3$ 晶体在 y 方向电场的作用下,由单轴晶体变为双轴晶体,折射率椭球的主轴近似不变。

3. 电光效应的工作方式

一次电光效应在实际应用中通常有两种方式,即纵向与横向电光效应。将施加的电场方向与入射光方向平行时的电光效应称为纵向电光效应。使通光方向、电场方向都沿着晶体光轴 k 方向,如图 4.59(a)所示。将入射光方向与施加电场方向相垂直的电光效应称为横向电光效应,如图 4.59(b)所示。

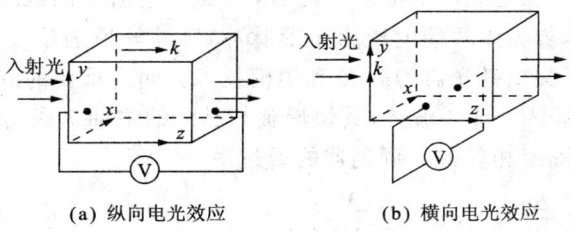

图 4.59　纵向与横向电光效应

4. $LiNbO_3$ 晶体的纵向电光调制

纵向电光强度调制器的结构如图 4.60 所示。

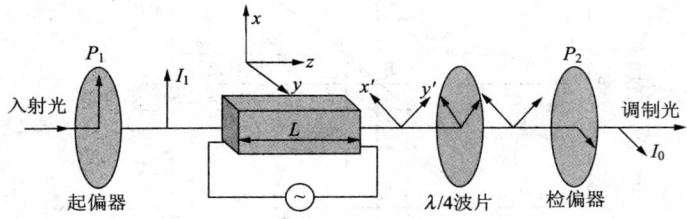

图 4.60　$LiNbO_3$ 纵向电光调制器

当没有 $\lambda/4$ 波片时,沿电光晶体光轴 z 方向施加外电场时,感应主轴 x' 与 x 轴成 45°角。在晶体的入射表面($z=0$)上,入射光在 x' 和 y' 分量可以写成

$$\begin{aligned}E_{x'}(z=0)&=A\exp(i\omega t)\\ E_{y'}(z=0)&=A\exp(i\omega t)\end{aligned} \tag{4.94}$$

在晶体的输出表面($z=L$)上,两个分量分别为

$$\begin{aligned}E_{x'}(z=L)&=A\exp[i(\omega t-k_0 n_{x'}L)]\\ E_{y'}(z=L)&=A\exp[i(\omega t-k_0 n_{y'}L)]\end{aligned} \tag{4.95}$$

其中,$k_0=\dfrac{2\pi}{\lambda_0}$,这两个偏振分量的位相差为

$$\delta = k_0 \Delta n_z L = \frac{2\pi}{\lambda_0} n_0^3 \gamma_{63} E L = \frac{2\pi}{\lambda_0} n_0^3 \gamma_{63} V \tag{4.96}$$

定义 $\delta = \pi$ 时的电压为半波电压 V_π，将 $\delta = \pi$ 代入上式，有

$$V_\pi = \frac{\lambda_0}{2 n_0^3 \gamma_{63}} \tag{4.97}$$

同时利用半波电压，式(4.96)又写为

$$\delta = \pi \frac{V}{V_\pi} \tag{4.98}$$

当检偏器的光轴平行于起偏器的光轴 $P \parallel A$，即 $\alpha = 45°$时，通过检偏器的光强为

$$I = I_0 \cos^2 \frac{\delta}{2} = I_0 \cos^2 \left(\frac{\pi}{2} \frac{V}{V_\pi} \right) \tag{4.99}$$

其中，I_0 为检偏器的最大输出光强。显然，检偏器的输出光强是电压 V 的函数。当 $V=0$ 时，光强有最大值 I_0；当 $V=V_\pi$ 时，$I=0$，出现消光现象。因此，当通过检偏器的消光现象获得半波电压 V_π 时，就会通过式(4.99)来测量晶体电光系数 γ_{63}。

由于检偏器的输出光强是晶体上电压的函数，只要将电信号加载到晶体上，那么就能用电信号调制光信号。另外，若晶体两端电压为矩形脉冲，脉冲峰值为半波电压 V_π，则上述实验装置就是一个光开关，此开关在激光器的调 Q 和锁模技术方面有重要的应用。

在调制器的光路上插入一 $\lambda/4$ 波片，其快慢轴与晶体的主轴 x 成 45°角，从而使 $E_{x'}$ 和 $E_{y'}$ 两个分量之间产生 $\pi/2$ 的固定相位差。调制器的透过率

$$T = \frac{I_o}{I_i} = \sin^2 \left(\frac{\Delta \varphi}{2} \right) = \sin^2 \left(\frac{\pi}{2} \frac{V}{V_\pi} \right) \tag{4.100}$$

电光调制特性曲线如图 4.61 所示。

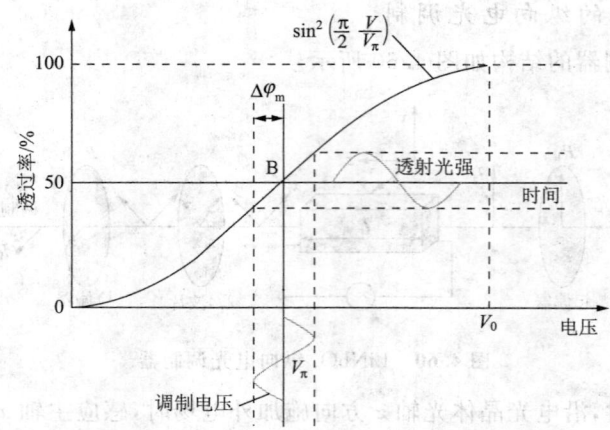

图 4.61　$LiNbO_3$ 电光调制特性曲线

可见，$\lambda/4$ 波片使 $E_{x'}$ 和 $E_{y'}$ 两个分量之间产生 $\pi/2$ 的固定相位差。纵向电光调制器具有结构简单、工作稳定、不存在自然双折射的影响等优点。其缺点是半波电压太高，特别是在调制频率较高时，功率损耗比较大。

4.8.3　声光效应

声光效应指声波对光的衍射现象。其工作原理是：当有一超声波通过某种均匀介质时，介质材料在外力作用下发生形变，分子间因相互作用力发生改变而产生相对位移，引起介质内部

密度的起伏或周期变化,密度大的地方折射率大,密度小的地方折射率小,即介质折射率发生周期性改变。这种由于外力作用而引起介质折射率变化的现象称为弹光效应。当光波横向通过介质时,介质对光的作用相当于一个衍射光栅,光栅条纹的间隔等于超声波的波长,它将使光束发生偏转,这种在声波场作用下产生的对光波场的调制现象则称为声光效应。

1. 弹光效应与弹光系数

由物理光学,因弹性应变作用导致折射率的改变量是

$$\Delta\left(\frac{1}{n_{ij}^2}\right) = P_{ijkl} S_{kl} \tag{4.101}$$

相应的折射率椭球方程为

$$\left[\frac{1}{n_{ij}^2} + \Delta\left(\frac{1}{n_{ij}^2}\right)\right] x_i x_j = 1 \tag{4.102}$$

其中,S_{kl} 是应变张量矩阵元,$|p_{ijkl}|$ 是四阶张量应变弹光系数张量。S_{kl} 的具体形式是

$$S_{kl} = \frac{1}{2}\left[\frac{\partial \mu_k(\boldsymbol{\gamma})}{\partial x_l} + \frac{\partial \mu_l(\boldsymbol{\gamma})}{\partial X_k}\right] \tag{4.103}$$

式中,$\mu_k(\boldsymbol{\gamma})$ 表示位置矢量 $\boldsymbol{\gamma}$ 处的某点相对平衡位置的偏移在 k 方向上的投影。

2. 声光相互作用

当声波通过介质传播时,介质就会产生和声波信号相应的、随时间和空间周期性变化的弹性形变,导致介质折射率的周期性变化。这部分受扰动的介质等效为一个"相位光栅",其光栅常数就是声波波长 λ_s,这种光栅称为超声光栅。声波在介质中传播时,有行波和驻波两种形式,特点是:行波场形成的超生光栅的栅面在空间是移动的,而驻波场形成的超生光栅栅面是伫立不动的。

首先考虑行波的情况,设平面纵声波在介质中沿 x 方向传播,声波扰动介质中的质点位移可写成

$$u_1 = u_0 \cos(\omega_s t - k_s x) \tag{4.104}$$

u_0 是质点振动的振幅,ω_s 是声波频率,k_s 是声波波矢量的模。相应的应变场是

$$S = -\frac{\partial u_1}{\partial x} = u_0 k_s \sin(\omega_s t - k_s x) \tag{4.105}$$

对各向同性介质,折射率分布为

$$n(x,t) = n + \Delta n \sin(\omega_s t - k_s x) \tag{4.106}$$

声行波在某一瞬时对介质的作用情况如图 4.62 所示。其中密集区(深色)表示介质受的压缩,密度增大,相应的折射率也增大;稀疏区(浅色)表示介质密度变小,折射率减小。介质折射

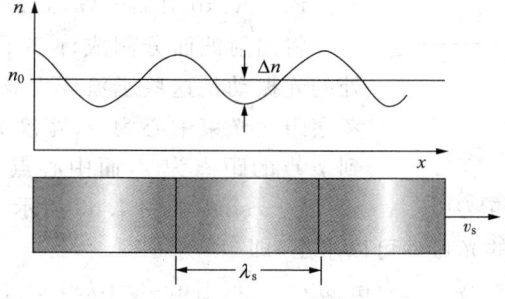

图 4.62 声行波形成的超声光栅

率 n 增大或减小呈现交替变化，变化的周期是声波周期，同时又以声速 $v_s = \dfrac{\omega_s}{k_s}$ 向前传播。

按超声波频率的高低和声光作用的超声场长度的大小，声光衍射现象可分为两类，即喇曼-奈斯(Ram-Nath)衍射和布拉格(Bragg)衍射。为了量化区分，引入物理量 $Q = 2\pi L\lambda/\lambda_s^2$，这里 λ 是入射波长，λ_s 是声波波长，L 是声光相互作用的长度。当 $Q \ll 1$ 时，声波波长 λ_s 较大，L 较小，属于喇曼-奈斯衍射，工程上一般在 $Q \leqslant 0.3$ 时，可以观测到喇曼-奈斯声光衍射；$Q \gg 1$ 时，声波波长 λ_s 较小，L 较大，属于布拉格衍射，工程上一般在 $Q \geqslant 4\pi$ 时可以观测到布拉格声光衍射；当 $0.3 < Q < 4\pi$ 时，衍射较复杂，声光器件无法工作。

(1) 喇曼-奈斯衍射

声波频率较低，因声波比光速小得多，在声波通过介质的时间内，折射率的变化忽略不计；另外，声波束宽度较窄，即声光介质的通光厚度很薄如同平面，因此，此时的声光介质可看成相对静止的"平面位相光栅"。由惠更斯-菲涅耳衍射理论，出射波面上各个波元发出的次级波相互干涉，在空间形成相对的入射方向对称分布的多级衍射条纹，这种正入射于薄片式平面光栅后所产生的多级衍射现象就是喇曼-奈斯衍射典型的特征。

(2) 布拉格声光衍射

如果声波频率较高，且声光作用长度较大，相对声波方向以一定角度入射的光波，其衍射光在介质内相互干涉，使高级衍射光相互抵消，只出现 0 级和 ±1 级的衍射光，这就是布拉格声光衍射，这种衍射形式效率较高，有利于制成各种实用器件。

3. 声光效应的衍射效率

衡量声光效应的很重要一个指标就是衍射效率，其定义为：在作用距离 L 处衍射光强和入射光强之比，即

$$\eta = \frac{I_j(L)}{I_i(0)} = \sin^2(k_{ij}L) \tag{4.107}$$

若通过调节作用长度 L，使 $k_{ij}L = \dfrac{\pi}{2}$，则有 $\eta = 1$，这时入射光束的全部能量都将被转换成衍射光能量。

(1) 喇曼-奈斯衍射

设平面声行波在宽度为 L 的介质中沿 x 方向传播，介质中折射率分布为

$$n(x,t) = n + \Delta n \sin(\omega_s t - k_s x) \tag{4.108}$$

取入射光波沿 z 轴传播，在输入面($z=0$)的光场为

$$E_i = A\exp(i\omega t) \tag{4.109}$$

在输出面($z=L$)的透射场是

$$E_i = A\exp\{i[\omega t - kn(x,t)L]\} \tag{4.110}$$

将出射波面分割成许多子波元，在远场中某一点 p 处的光振动是这些子波元在该点各自产生振动的叠加。考察距离光束中心为 x，宽度为 $\mathrm{d}x$ 的子波元，该子波元到 p 点的距离为 γ，而中心点 0 到 p 点的距离是 γ_0，则 $\gamma = \gamma_0 - x\sin\theta$，如图 4.63 所示。

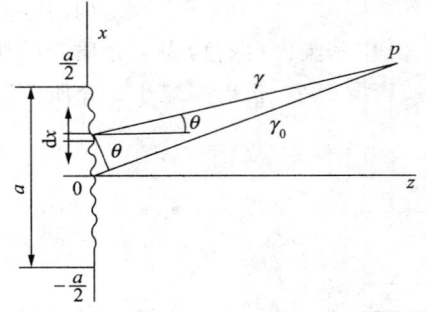

图 4.63 喇曼-奈斯衍射光场计算

该子波元在 p 点产生的光振动可以求出，即

$$\begin{aligned}\mathrm{d}E(P) &\propto \exp\{i[\omega t - \phi_0 - \Delta\phi\sin(\omega_s t - k_s x)]\}\exp(-ikr)\mathrm{d}x\\ &= \exp\{i[\omega t - \phi_0 - k\gamma_0]\}\exp\{i[kx\sin\theta - \Delta\phi\sin(\omega_s t - k_s x)]\}\mathrm{d}x\end{aligned} \tag{4.111}$$

p 点的总衍射光场是这些子波元产生的光振动的叠加，由贝塞尔函数展开

显然，p 点的光振动是一系列贝塞尔函数和辛格函数的叠加。

$$E(p)=J_m(\Delta\phi)\frac{\sin(k\sin\theta-mk_s)\dfrac{a}{2}}{(k\sin\theta-mk_s)\dfrac{a}{2}}\exp[i(\omega+m\omega_s)t] \qquad m=0,\pm1,\pm2,\cdots \tag{4.112}$$

当辛格函数的宗量为零时，衍射光场有极值，即可能出现的衍射光场必须满足以下条件：

$$\sin\theta_m=m\frac{k_s}{k}=m\frac{\lambda}{\lambda_s} \tag{4.113}$$

那些不满足这一条件的成分迅速为零，对远场的光振动几乎没有贡献。这说明，光波通过声光介质后，远场光波分裂成一组衍射波场，它们分别对应于由式(4.113)决定的衍射角 θ_m（m 级衍射光与入射光方向的夹角）。

(2) 布拉格衍射

设此时光场的动力源为 Δp，它是在声波作用下介质产生的附加电极化强度。又设入射光电场和衍射光电场分别沿 i 方向和 j 方向偏振，分别沿着波矢 $\boldsymbol{k}$ 和 $\boldsymbol{k}'$ 方向传播（一般 $\vec{k}$ 不平行于 $\vec{k}'$），其频率为 ω 和 ω'，则这两个光场可以写成

$$\left.\begin{aligned}E_i(\vec{\gamma},t)&=\frac{1}{2}E_i(\boldsymbol{\gamma})\exp[i(\omega t-\boldsymbol{k}\cdot\boldsymbol{\gamma})]+\mathrm{C}\\E_j(\vec{\gamma}',t)&=\frac{1}{2}E_j(\boldsymbol{\gamma}')\exp[i(\omega' t-\boldsymbol{k}'\cdot\boldsymbol{\gamma}')]+\mathrm{C}\end{aligned}\right\} \tag{4.114}$$

介质中的应变场是

$$S_{kl}(r,t)=\frac{1}{2}S_{kl}\exp[i(\omega_s t-k_s\cdot\gamma)]+\mathrm{C} \tag{4.115}$$

附加电极化强度可写为

$$\begin{aligned}\Delta P_i(r,t)=&-\frac{1}{4}\varepsilon_0\varepsilon_{ii}\varepsilon_{jj}p_{ijkl}\{S_{kl}\exp[i(\omega_s t-k_s\cdot r)]+\mathrm{C}\}\\&\times\{E_j(r')\exp[i(\omega' t-k'\cdot r)]+\mathrm{C}\}\end{aligned} \tag{4.116}$$

利用缓变条件可得到声光布拉格衍射入射光场 E_i 和衍射光场 E_j 的耦合波方程：

$$\begin{cases}\dfrac{\mathrm{d}E_i(r)}{\mathrm{d}r}=-ik_{ij}E_j(r')\\[2ex]\dfrac{\mathrm{d}E_j(r')}{\mathrm{d}r}=-ik_{ij}E_i(r)\end{cases} \tag{4.117}$$

式中，

$$k_{ij}=\frac{n^3\pi}{2\lambda}p_{ijkl}S_{kl} \tag{4.118}$$

近似取 $\omega\approx\omega'$。由于式(4.117)中含有两个不同的空间坐标 r 和 r'，不便于方程求解。为此将它们变换到沿 $\boldsymbol{k}$ 和 $\boldsymbol{k}'$ 的角分线 ξ 轴上，如图 4.64 所示。

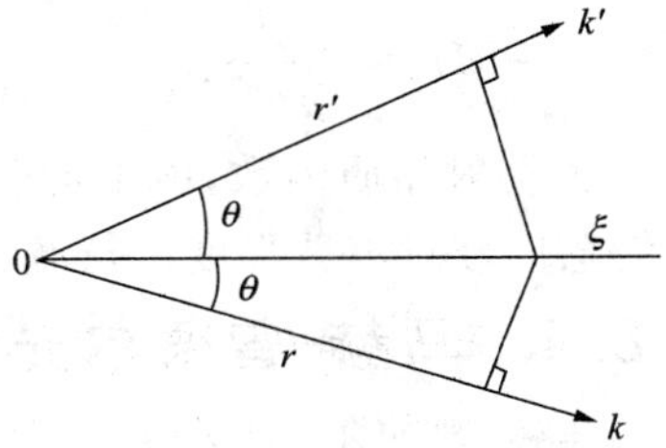

图 4.64 r、r' 与 ξ 的关系

于是有如下变换：

$$\begin{cases}r=\xi\cos\theta\\r'=\xi\cos\theta\end{cases} \tag{4.119}$$

式(4.117)的解为

$$\begin{cases} E_i(\xi) = E_i(0)\cos(k_{ij}\xi\cos\theta) - iE_j(0)\sin(k_{ij}\xi\cos\theta) \\ E_j(\xi) = E_j(0)\cos(k_{ij}\xi\cos\theta) - iE_i(0)\sin(k_{ij}\xi\cos\theta) \end{cases} \quad (4.120)$$

换回入射空间和衍射空间坐标 r 与 r'，则上式改写为

$$\begin{cases} E_i(r) = E_i(0)\cos(k_{ij}r) - iE_j(0)\sin(k_{ij}r) \\ E_j(r') = E_j(0)\cos(k_{ij}r') - iE_i(0)\sin(k_{ij}r') \end{cases} \quad (4.121)$$

对于频率为 ω 的单色光入射时，有

$$\begin{cases} E_i(r) = E_i(0)\cos(k_{ij}r) \\ E_j(r') = -iE_i(0)\sin(k_{ij}r') \end{cases} \quad (4.122)$$

显然，在介质中任一点处的光强度应为入射光和衍射光的强度之和。衍射光的功率是在声波场作用下从初始入射光场总功率中分解出来的。所以在不考虑介质的能量消耗作用时，两个光波场所携带的总功率来源于总的入射光功率，因此对介质中任意处光功率必然是守恒的，即有

$$I_i(r) + I_j(r' = r) = I_i(0) \quad (4.123)$$

这表明两个波所携带的总光功率是守恒的。在作用距离 L 内，入射光强和衍射光强之比定义为声光衍射效率，即

$$\eta = \frac{I_j(L)}{I_i(D)} = \sin^2(k_{ij}L) \quad (4.124)$$

通过调节作用长度 L，使 $k_{ij}L = \frac{\pi}{2}$，则 $E_i(L) = 0$，$E_j(L) = E_i(0)$，有 $\eta = 1$ 这时入射光束的全部能量都转换成衍射光束。这一点正是布拉格衍射优于喇曼-奈斯衍射之处。

注意到 $\Delta\left(\dfrac{1}{n_{ij}^2}\right) \approx \dfrac{2}{n^3}\Delta n_{ij}$，则式 (4.124) 化为

$$\eta = \sin^2\left[\frac{\pi}{\lambda}(\Delta n_{ij})L\right] = \sin^2\left(\frac{\Delta\phi}{2}\right) \quad (4.125)$$

式中，$\Delta\phi$ 是传播 L 距离后位相的改变量。引入有效弹光系数 p_e，则有

$$\Delta n_{ij} = \frac{1}{2}n^3 p_e S_e \quad (4.126)$$

式中，S_e 是有效应变。有效应变 S_e 同声波强度 I_s 的关系是

$$S_e = \left(\frac{2I_s}{\rho v_s}\right)^{\frac{1}{2}} \quad (4.127)$$

式中，v_s 是声速，ρ 是介质密度。于是式 (4.125) 写成

$$\eta = \sin^2\left[\frac{\sqrt{2}}{\lambda}\pi L\left(\frac{n^6 p_e^2}{\rho v_s^3}\right)^{\frac{1}{2}}\right] = \sin^2\left[\frac{\sqrt{2}\pi}{\lambda}L(MI_s)^{\frac{1}{2}}\right] \quad (4.128)$$

其中，

$$MI_s = \frac{n^6 p_e^2}{\rho v_s^3} \quad (4.129)$$

M 称为衍射品质因数，由于衍射效率同声波强度成比例，由此可以对光辐射进行声辐射，而利用信息信号对声波强度进行调制。

4.8.4 马赫-曾德尔光纤干涉仪

马赫-曾德尔 (M-Z) 光纤干涉仪是外调制的一种常用手段，也经常使用在光开关、光交换等系统中。

由于 M-Z 光纤干涉仪可以看成是 M-Z 调制器的特例,通过调制信号改变 M-Z 光纤干涉仪两臂的相位差,达到激光调制的目的。

如图 4.65 所示,以一臂具有压电陶瓷($PZT:PbTiO_3$-$PbZrO_3$)的 M-Z 光纤调制器为例进行说明。

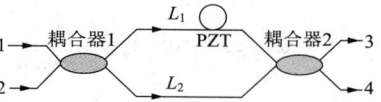

图 4.65 M-Z 光纤调制器的基本结构

1、2 端口为干涉仪的输入端,3、4 端口为输出端。入射激光从 M-Z 光纤干涉仪的输入端口 1(或端口 2)进入,经第一个耦合器 1 分成两束后分别进入长度为 L_1 和 L_2 的干涉臂中。通常构成两干涉臂的光纤材料完全相同。L_1 中的光波通过一个 PZT 后与 L_2 中传输的光在耦合器 2 中相遇,并分别由调制器的端口 3 和端口 4 输出。

压电陶瓷 PZT 可以制成片状和环状等形状。将光纤缠绕在圆筒形压电陶瓷环上。当在筒壁的内外壁施加电压时,在电场的作用下 PZT 发生胀缩形变,调节干涉臂 L_1 上 PZT 环的电压就能控制 PZT 环直径。压电陶瓷环的形变使得固定在它上面的光纤也随之发生伸缩形变,当环直径增大时,在 PZT 环上缠绕的光纤就被拉伸。

由于光纤在应力的作用下折射率和光纤的长度都发生变化,使该臂上传输光波的光程发生变化。于是,PZT 将外加电调制信号的电压变化转变为两干涉臂之间光波的位相的变化,从而控制耦合器 2 中光强的相长或相消,即控制 M-Z 调制器的通断状态。

设 C_1 和 C_2 分别为耦合器 1 和耦合器 2 的分光比,$k_0 = 2\pi/\lambda_0$ 为真空中波数,n 为光纤芯层折射率,M-Z 调制器的输入端的光场为 E_1 和 E_2,输出端光场为 E_3 和 E_4,外加电调制信号为零,则由矩阵光学,可以得到 M-Z 调制器的光传输矩阵

$$\begin{bmatrix} E_3 \\ E_4 \end{bmatrix} = \begin{bmatrix} \sqrt{1-C_2} & -i\sqrt{C_2} \\ -i\sqrt{C_2} & \sqrt{1-C_2} \end{bmatrix} \begin{bmatrix} \exp(-ik_0 nL_1) & 0 \\ 0 & \exp(-ik_0 nL_2) \end{bmatrix}$$
$$\times \begin{bmatrix} \sqrt{1-C_1} & -i\sqrt{C_1} \\ -i\sqrt{C_1} & \sqrt{1-C_1} \end{bmatrix} \begin{bmatrix} E_1 \\ E_2 \end{bmatrix} \quad (4.130)$$

式中,$\begin{bmatrix} \sqrt{1-C_1} & -i\sqrt{C_1} \\ -i\sqrt{C_1} & \sqrt{1-C_1} \end{bmatrix}$、$\begin{bmatrix} \sqrt{1-C_2} & -i\sqrt{C_2} \\ -i\sqrt{C_2} & \sqrt{1-C_2} \end{bmatrix}$ 分别为定向耦合器 1 和耦合器 2 的传输矩阵,$\begin{bmatrix} \exp(-ik_0 nL_1) & 0 \\ 0 & \exp(-ik_0 nL_2) \end{bmatrix}$ 为两干涉臂的传输矩阵。

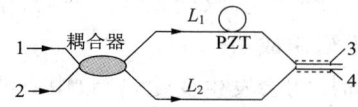

图 4.66 M-Z 光纤干涉仪的基本结构

如果在耦合器 2 中的光波耦合是弱耦合,相当于拿开耦合器 2,使两光纤端平行放置,光波直接出射进行干涉,即构成了 M-Z 光纤干涉仪,如图 4.66 所示。设光从 M-Z 光纤调制器的耦合器 1 的端口 1 入射,并拿开耦合器 2,则式(4.130)中 $E_2 = 0, C_1 = 0.5, C_2 = 0$,有

$$\begin{bmatrix} E_3 \\ E_4 \end{bmatrix} = \frac{E_1}{\sqrt{2}} \begin{bmatrix} \exp(-ik_0 nL_1) \\ -i\exp(-ik_0 nL_2) \end{bmatrix} \quad (4.131)$$

由于光纤端面出射的光束近似看成高斯光束,故光纤中传输的光场可表示为

$$\begin{cases} E_3 = \dfrac{A_0}{w(z)} \exp\left[-\dfrac{x^2+(y-l)^2}{w^2(z)}\right] \exp\left\{jk_0\left[z+\dfrac{x^2+(y-l)^2}{2R(z)}\right] - j\phi_1(z)\right\} \\ E_4 = \dfrac{A_0}{w(z)} \exp\left[-\dfrac{x^2+(y+l)^2}{w^2(z)}\right] \exp\left\{jk_0\left[z+\dfrac{x^2+(y+l)^2}{2R(z)}\right] - j\phi_2(z)\right\} \end{cases} \quad (4.132)$$

式中，A_0 为高斯光束的中心振幅，x,y 为出射端面坐标，$2l$ 为耦合器的两个高斯光场的中心距离。$w(z)$ 为出射光的模场半径，$R(z)$ 为高斯光束离端面纵向距离 z 处的等位相面曲率半径，即

$$w^2(z)=w_0^2\left[1+\left(\frac{\lambda_0 z}{\pi w_0^2 n}\right)^2\right]$$
$$R(z)=z+\left(\frac{\pi w_0^2 n}{\lambda_0}\right)^2\frac{1}{z} \tag{4.133}$$

其中，w_0 为光场的高斯腰半径。由式(4.132)可以得到距离光纤端面 z 处干涉场的光强为

$$I=|E|^2=\frac{A_0^2}{w^2(z)}\exp\left[-\frac{2(x^2+y^2+l^2)}{w^2(z)}\right]\times\left(\exp\left[-\frac{4yl}{w^2(z)}\right]\right.$$
$$\left.+\exp\left[\frac{4yl}{w^2(z)}\right]+2\cos\left\{\frac{2kly}{R(z)}-[\phi_1(z)-\phi_2(z)]\right\}\right) \tag{4.134}$$

由于光耦合器 2 是弱耦合，可视为两光纤平行放置在一起。故在干涉仪的出射端 l 近似为两纤芯距的一半，并且 $\phi_1(z)-\phi_2(z)=nk_0(L_1-L_2)=nk_0\Delta L$。于是，可以从式(4.134)干涉项——余弦项中出现极大与极小差值得到条纹之间的间距

$$\Delta y=\frac{2\pi}{2k_0 l/R(z)}=\frac{\pi}{k_0 l}\left[z+\left(\frac{\pi w_0^2 n}{\lambda_0}\right)^2\frac{1}{z}\right] \tag{4.135}$$

显然，在近场处条纹间距 Δy 随 z 的变化主要由第二项决定，近似为常数；而在远场处，条纹间距 Δy 随 z 的变化主要由第一项决定，呈线性变化；对于 z 一定时，条纹间距 Δy 近似相等。当接收距离 $z\gg 1\text{cm}$ 时，干涉场中的总条纹数可以由光斑直径和条纹间隔得到

$$M=\frac{2w}{\Delta y}\approx\frac{(\lambda_0 z)/(\pi w_0 n)}{(\pi z)/(k_0 l)}=\frac{\lambda_0 k_0 l}{\pi^2 w_0}=\frac{2l}{\pi w_0} \tag{4.136}$$

由式(4.136)可知，当 z 较大时，条纹数 M 只与出射端两光纤之间的距离 $2l$ 和光纤中高斯光场的腰斑半径 w_0 有关。用氦氖激光器作为光源时，$\lambda_0=632.8\text{nm}$，$2l=35\mu\text{m}$，$w_0=1.5\mu\text{m}$，则由式(4.136)计算出条纹总数 $M\approx 7$ 条。

4.9 光纤光栅

光纤光栅最为突出的优点在于选频特性优良、工作波长可调、带宽调节范围大、附加损耗小、体积小、安装灵活等。随着光纤光栅制作水平的提高，包括全光纤激光器、全光纤滤波器、全光纤色散补偿器等在内的各种基于光纤光栅的全光纤型器件相继研制成功。

此外，当光纤光栅经历温度和应力的作用，光栅的折射率和周期均会发生变化，导致中心波长产生漂移。通过测定布拉格波长的漂移就可以确定外界温度和应力的变化。根据这一原理，光纤光栅广泛地应用在传感技术当中。

布拉格光栅的基本光学特性主要由三个量来表征：峰值反射率、反射带的半宽度、位相特性。

根据纤芯折射率受调制的情况，可将光栅分成以下四种。

① 均匀光栅：折射率受调制后为均匀的余弦形式分布。

② 渐变光栅：折射率余弦调制的基础上，调制深度由中间到两边是渐变的，由此能抑制反射谱的边带。

③ 线性啁啾光栅：调制折射率变化的余弦函数的周期是渐变的，还可以使反射谱带宽得到加宽，并得到很大群速度的色散。

④ Morie 光栅:两个渐变型光栅适当串联形成的光栅,可以在反射谱的中心产生带宽很窄的凹陷。

光栅周期的长短将决定传播常数差 $\Delta\beta$ 的大小,即参与耦合的两模式的传输方向一致与否。由此可将光纤光栅分为以下两类。

① 短周期光纤光栅(布拉格光纤光栅):光栅周期相对较短,一般在微米以下,由于 $\Delta\beta$ 较大,耦合发生在前向传输的导模和后向传输的导模或包层模之间,是一种反射型器件。布拉格光纤光栅仅对布拉格波长及其附近的光发生反射,而其他波长的光几乎不受影响,被广泛用于滤波、脉冲整形以及光纤激光器和半导体激光器元件中。

② 长周期光纤光栅:又称传输型光纤光栅,光栅周期相对较长,通常为几百 μm,导致耦合模式间的传播常数之差较小,即能量交换发生在同向传输的导模和包层模之间。长周期光纤光栅在较宽的频谱范围内有多个吸收峰,可作为波长依赖的带阻滤波器应用在 EDFA 的增益均衡、级联喇曼激光器的滤波等方面。

4.9.1 制作

光纤光栅的研究与应用起源于 1978 年 Hill 在光纤光敏现象上的重大发现,以及由此问世的具有划时代意义的"Hill 光栅",特别是 1993 年相位掩膜法的发明,更促进了光纤光栅的应用。

1. 横向全息曝光法

在图 4.67 中,入射光通过分束器分成等强度的光程相同的两束光照射在光敏光纤上,形成强度周期变化的干涉条纹,于是光纤芯层的折射率也随光强发生周期性变化形成了光纤光栅。这种方法的突出优点是可通过改变两光束夹角来改变干涉条纹的间隔,从而可根据中心波长指标制作所需的光纤光栅。其不足是对光源的相干性和装置的稳定性要求很高。

2. 位相掩膜复制法写入技术

相位掩膜制作技术是目前光纤光栅制作技术的主流。具体操作是:将相位掩膜板置于待成栅的光纤侧面,紫外光经掩膜板相位调制后的衍射光线在光敏光纤上形成干涉条纹,即可写成光栅。

其突出优点有:

① 光栅周期与紫外光波长无关,仅由掩膜板周期决定。

② 与横向全息曝光法相比,不但大大简化了光纤光栅的制作过程,而且降低了对光写入装置的稳定性要求以及对紫外光源的相干性要求。

③ 相位掩膜法易于实现批量生产,降低了制作成本,推动了光纤光栅的商用化进程。

④ 对掩膜板稍加改进,可方便地制作各种非均匀光纤光栅。

如图 4.68 所示,相位掩膜法所用准分子激光器发出紫外光经掩膜板后发生衍射,由于掩膜板对 0 级抑制,±1 级光占总光功率的 37% 以上,形成的衍射条纹映照在紧贴于膜板后表面的光敏光纤上写成光纤光栅。相位掩膜法具有重复性和可操作性好的优点,缺点是光纤光栅的中心波长取决于掩膜板的周期,无法大幅度改变。经过多年的研究,这种光纤光栅制作工艺已成熟,易于形成规模生产,具有良好的实用性。

3. 逐点写入法

逐点写入法也是一种非相干型的写入技术。紫外激光束经柱面透镜聚焦成细长条后直接曝光于光纤纤芯侧面,即直接写入光栅条纹,写好一条后。根据需要移动光纤,再写入下一条。

这种方法相比前两种较为灵活，光栅周期易于控制，但这要求写入光束聚焦到一点，同时必须控制光纤纳米级的移动，因此在技术实现上有较高的难度，故一般只用此方法写入长周期光栅或非周期性光栅。

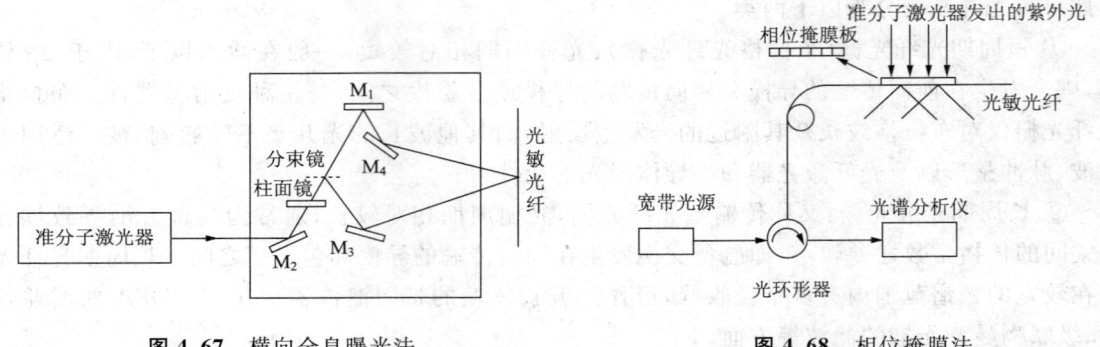

图 4.67　横向全息曝光法　　　　　　图 4.68　相位掩膜法

4. 光纤弯曲均匀曝光法

光纤弯曲均匀曝光法是制作啁啾光栅的常用方法之一，但制作出的啁啾光栅的反射波长受相位掩膜板周期分布的限制。在相位掩膜技术的基础上，采用点-点写入的方式，逐点改变光束的聚焦，写入小段均匀光栅，形成阶跃啁啾光栅。此法操作简单灵活，成本低，不仅可以改变光栅的中心波长和啁啾量，还可通过控制每小段光栅的受曝照时间使平均折射率改变量沿光栅长度方向变化，从而制作出切趾型的啁啾光栅。

对均匀光纤光栅施加应力制作啁啾光栅的方法是：首先用氢氟酸腐蚀均匀光纤光栅，使光栅横截面沿光栅长度方向减小，然后对光栅施加一定拉力，由此在光栅轴上建立应变梯度。

4.9.2　理论分析方法

对于光栅的分析常采用两套理论进行，即基于几何光学的射线理论和基于模式理论的耦合模理论。除此之外，还有 WKB 法、变分法等方法可用于研究光波在光纤光栅中的传输特性。

1. 射线理论

根据导波光学，光纤中模场的传播常数

$$\beta = \frac{2\pi}{\lambda} n_{\text{neff}} \tag{4.137}$$

光纤光栅的特性可用光栅方程描述：

$$n\sin\theta_2 = n\sin\theta_1 + m\frac{\lambda}{\Lambda} \tag{4.138}$$

其中，θ_1 为入射角，θ_2 为衍射角，m 表示衍射级次，Λ 是光栅周期，λ 是光波长。

在光纤中，1 级衍射最重要，当满足相位匹配条件时，一个前向传输模耦合到一个后向传输基模，这种情况下所得到的光栅周期较小（$<1\mu\text{m}$），称为短周期光栅，也叫布拉格（Bragg）光栅。该种光栅的基本特征表现为一个反射式光学滤波器，反射峰值波长称为 Bragg 波长 λ_B，满足下式：

$$\lambda_B = 2n_{\text{eff}}\Lambda \tag{4.139}$$

其中，n_{eff} 为光纤的有效折射率。

2. 耦合模理论

耦合模理论物理概念明确、模型简洁直观，被广泛用于分析各种耦合波导结构中的光波传输与能量交换问题。耦合模理论已被公认为最基本的光纤光栅理论分析方法。

光纤光栅可等效为折射率微小畸变的周期性光波导,利用耦合模理论可建立较精确描述各类光纤光栅特性的理论模型。其纵向折射率的变化引起不同光波模式之间的耦合,光纤光栅将一个光纤模式的功率部分或完全地转移到另一个光纤模式中去,从而改变了入射光的频谱。另外,在一根单模光纤中,纤芯中的入射基模既可被耦合到后向传输模,又可被耦合到前向传输模中,这依赖于由光栅及不同传输常数所决定的相位条件。

理想介质光波导中的正规模包括导模和辐射模,它们构成正交完备集,各模式相互独立地传输。但是当波导几何形状不规则或折射率分布出现畸变时,各模式不再独立,它们之间将产生功率交换,即模式间发生耦合。

光纤光栅模耦合方程一般简化为

$$\frac{\mathrm{d}R}{\mathrm{d}z} = -i\hat{\sigma}R - iKS \tag{4.140}$$

$$\frac{\mathrm{d}S}{\mathrm{d}z} = i\hat{\sigma}S + iK^*R \tag{4.141}$$

式中,R 表示前向模,S 表示反射模。

光纤光栅反射率是表征光纤光栅特性的最重要参数,由模耦合方程组和适当的边界条件,可以得到特定光纤光栅的频谱响应曲线,从而得到反射系数和带宽。

令 $r^2 = K^2 - \hat{\sigma}^2$,$K = \frac{\pi}{\lambda}\delta n_{\mathrm{eff}}$。其中,$\delta n_{\mathrm{eff}}$ 是光纤光栅折射率的改变量。

对于均匀光纤光栅,耦合系数为常数,对式(4.140)和式(4.141)求导,将得到振幅的反射系数 ρ 为

$$\rho = \frac{S(0)}{R(0)} = \frac{-K\sinh(rL)}{-ir\cosh(rL) + \sinh(rL)\hat{\sigma}} \tag{4.142}$$

光纤光栅反射率为

$$\bar{r} = \frac{\sinh^2(rL)}{-\frac{\hat{\sigma}^2}{K^2} + \cosh^2(rL)} \tag{4.143}$$

根据式(4.143),可以得到解 δn_{eff}、L 等一些参量对光纤光栅反射率的影响。

(1) 峰值反射率与 δn_{eff} 的关系

对均匀光纤光栅,取 $\lambda_b = 1550\mathrm{nm}$,$K = \frac{\pi}{\lambda}\delta n_{\mathrm{eff}}$,$L = 1\mathrm{cm}$,$n = 1.45$,利用模耦合方程解得的式(4.139),可以得到不同 δn_{eff} 所对应的光纤光栅反射率随波长的变化。由于 $\lambda_{\max}$ 受 δn_{eff} 的影响,相对 λ_B 会有一个微小偏移。

(2) 峰值反射率与光栅长度 L 的关系

根据式(4.143),可得到光栅反射率随光栅长度的变化情况,如图4.69所示。可以看出,光纤光栅的峰值反射率及反射带宽和光栅长度变化密切相关,相同条件下,光栅长度增大,反射率峰值增大。

4.9.3 传感特性

光纤光栅具有窄带选频作用,光纤光栅的带宽、中心波长及其稳定性在通信当中意义重大。除此之外,光纤光栅的布拉格波长具有对应力和温度敏感的特性,利用该性质可以制作出激射波长能够精密调谐的光纤光栅外腔半导体激光器、滤波器,并在传感技术中得以广泛应用。

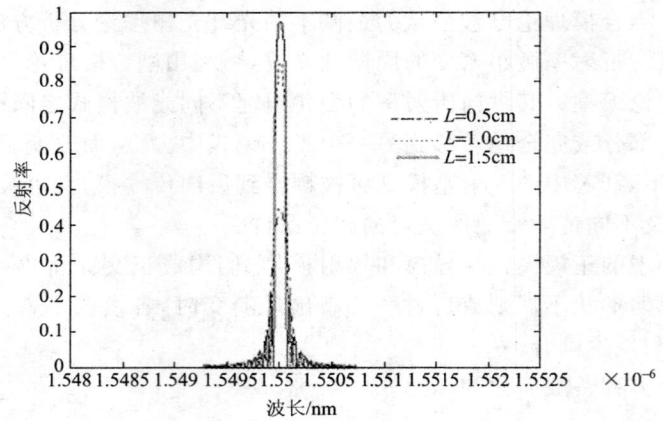

图 4.69 $\delta n = 0.8 \times 10^{-4}$ 时,r_g 随 L 的变化曲线

1. 温度变化与中心波长偏移

当外界温度变化时,一方面会引起介质的热胀冷缩,从而导致光纤光栅的栅距变化,另一方面由于热光效应会使介质折射率发生变化。因此,温度变化也会导致光栅谐振波长发生偏移。

波长偏移随温度变化关系通常用经验公式来描述:

$$\frac{\delta \lambda_b}{\lambda_b} = \left(\alpha + \frac{1}{n} \frac{dn}{dT} \right) \Delta T \tag{4.144}$$

其中,$\delta \lambda_b$ 表示温度起伏造成的波长漂移幅度,α 为光纤材料的热伸展系数,ΔT 为温度的变化量,n 为光纤的折射率。

由式(4.140)可知,温度变化和光栅波长偏移成线形关系。由于不同光纤光栅材料的细小差别,导致不同光纤光栅的 $\frac{1}{n}\frac{dn}{dT}$ 不同,因此在相同的温度变化下,布拉格波长偏移量不同。对于典型的石英光纤,有

$$\frac{\delta \lambda_b}{\lambda_b \Delta T} = 6.7 \times 10^{-6} /\text{℃} \tag{4.145}$$

实践证明,光纤光栅温度敏感度非常小,要达到 1nm 的调谐范围,温度变化约 100℃。显然,利用改变温度来大范围调谐布拉格波长技术的实现和控制比较复杂。在光通信领域,要获得较大的波长调谐范围,通常不采用该技术,多采用应力调谐技术。

2. 应力与光纤光栅中心波长的偏移

光栅中心波长偏移量和光纤单位伸长量的关系通常也用经验公式描述:

$$\frac{\delta \lambda_b}{\lambda_b} = \varepsilon - \left(\frac{n^2}{2} \right) [P_{12} - \mu(P_{11} + P_{12})] \varepsilon \tag{4.146}$$

其中,ε 表示光纤的轴向伸长量,n 表示光纤的折射率,μ 为泊松系数(横向变形系数),P_{ij} 为光弹系数。若施加均匀应力,则式(4.146)可简化为

$$\frac{\delta \lambda_b}{\lambda_b} = (1 - P_e) \varepsilon \approx 0.78 \varepsilon \tag{4.147}$$

其中,

$$P_e = \left(\frac{n^2}{2} \right) [P_{12} - \mu(P_{11} + P_{12})] \varepsilon \approx 0.22 \tag{4.148}$$

伸长量和所加应力的关系为

$$\varepsilon = kG \tag{4.149}$$

其中，k 为材料的拉伸系数，G 为施加力。

由式(4.147)和式(4.149)可得

$$\frac{\delta \lambda_b}{\lambda_b} = 0.78kG \tag{4.150}$$

式(4.150)表明，光纤布拉格波长的变化与外加力间成线性关系，作用力强度和光纤光栅材料等因素将影响波长调谐范围。

综合考虑应力和温度两者共同对 FBG 中心波长的影响，则

$$\frac{\delta \lambda_b}{\lambda_b} = \left\{ 1 - \left(\frac{n^2}{2}\right)[P_{12} - \mu(P_{11} + P_{12})] \right\}\varepsilon + \left(\alpha + \frac{\mathrm{d}n/\mathrm{d}T}{n}\right)\Delta T$$

$$\approx 0.78KG + 6.7 \times 10^{-6} \Delta T \tag{4.151}$$

总之，光纤光栅布拉格波长具有对应力和温度敏感的特性，这在光纤传感中有着及其重要的应用。

4.9.4 特性的测量

光纤光栅特性的测量主要包括两个部分：

① 光纤光栅反射率特性的测量。其中包括反射波长、反射率带宽等。

② 光纤光栅温度和应力调谐的测量。FBG 对温度和应力十分敏感，对其进行温度和应力特性的实验研究也非常有必要，实验装置如图4.70所示。宽带光源 LED 发出的光信号由环形器的端口1进入，然后由端口2输出至 FBG，由 FBG 反射后经环形器端口2至端口3，最后导入光谱分析仪，用以检测 FBG 随温度和应力变化的光谱特性。

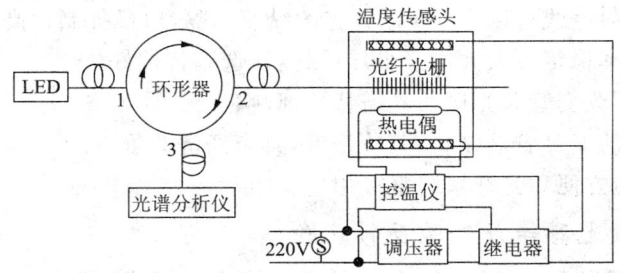

(a) 光纤光栅波长随温度改变实验装置

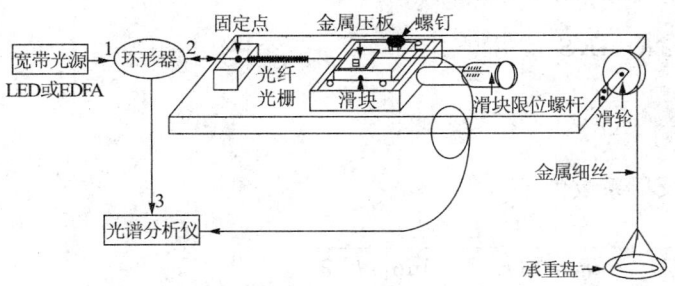

(b) 光纤光栅波长随应力改变实验装置

图 4.70　光纤光栅波长改变的实验装置

4.10 光通信器件中光纤光栅的应用实例

光纤光栅不仅应用在传感技术中,还应用于超短脉冲产生、脉冲压缩、光开关、光孤子形成等方面。光纤光栅集成在光通信系统和 WDM 全光网等领域展示了巨大的潜力,极大地推动了光纤通信的发展。

4.10.1 光纤光栅外腔半导体激光器

光纤光栅和半导体激光器技术的结合构建的光纤光栅外腔半导体激光器(FBG-ECL:Fiber Bragg Grating-External Cavity Semiconductor Laser)在目前的光通信中有广泛的用途。

FBG-ECL 结构如图 4.71 所示。

FBG-ECL 结构是一端镀增透膜的普通 F-P 腔二极管管芯和光纤光栅耦合形成的外腔反馈。由于光纤光栅的引入,FBG-ECL 具有线宽极窄、边模

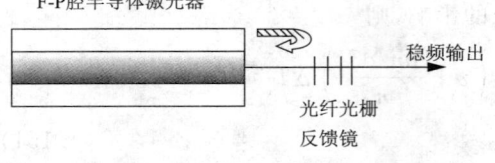

图 4.71 FBG-ECL 的结构

抑制比高、成本低的诸多优点,符合大容量光通信系统、智能化网络管理的要求。另外,利用其布拉格波长随应力和温度改变而改变的特性,可以制作出激射波长可精密调谐的外腔半导体激光器及全光波长转换器。

从图 4.71 可以看出,FBG-ECL 不同于普通 F-P 腔半导体激光器的一个重要特点就是在激光器的出光腔面镀增透膜后,再和 Bragg 光纤光栅相耦合,即相当于利用光纤光栅代替了原来F-P 腔半导体激光器的一个解理面。正是光纤光栅的引入,FBG-ECL 有不同于 F-P 腔半导体激光器管芯的一些特殊性质。

FBG-ECL 的结构特点包括:
① 光纤光栅的反射谱线可以小于 LD 管芯的纵模间隔,边模抑制比高。
② 光纤光栅折射率稳定性大大优于半导体材料,选频特性好。
③ 直接调制,并不改变管芯光栅的光谱特性,啁啾小。
④ 可以采用普通的 F-P 管芯制备,其价格低,具有经济竞争力。
⑤ 直接尾纤输出,方便和光纤系统直接相连。

1. FBG-ECL 激光器等效外腔反馈理论

为清楚地描述光纤光栅在 FBG-ECL 中的频谱特性,仍采用模耦合理论,并结合激光理论进行分析。在 FBG-ECL 中,光纤光栅满足

$$\frac{dR}{dz} = -i\hat{\sigma}R - iKS \tag{4.152}$$

$$\frac{dS}{dz} = i\hat{\sigma}S + iKR \tag{4.153}$$

光纤光栅振幅反射系数为

$$r_g = \frac{S(0)}{R(0)} = \frac{-K\sinh(rL)}{-ir\cosh(rL) + \sinh(rL)\hat{\sigma}} \tag{4.154}$$

为了方便起见,可以把光纤光栅等效成一个点函数,采用等效腔近似分析方法来讨论。利用该法来研究 FBG-ECL 的增益特性、阈值特性、边模抑制比等将使问题处理得到大大简化。

等效腔的基本思路是:对于原本 FBG-ECL 的两部分内外腔结构,即 F-P 腔和 F-P 的输出端面和光纤光栅组成的外腔,如图 4.72 所示,采用一个光纤光栅等效反射系数 r_{eff} 将它们联系

起来,图 4.73 是采用等效腔近似方法得到的 FBG-ECL 结构,等效后的腔长是原来普通 F-P 腔的内腔长度 L_{in}。

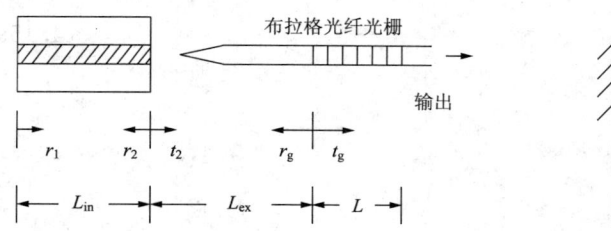

图 4.72 FBG-ECL 的结构模型

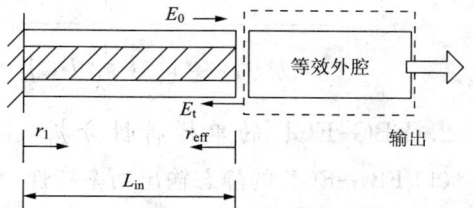

图 4.73 FBG-ECL 的等效腔模型

图 4.73 的 FBG-ECL 等效腔模型中,外腔部分简化为一个单端口网络。利用该模型,FBG-ECL 可等效为左端面的反射率为 r_1、右端面的等效反射系数为 r_{eff}、腔长是 L_{in} 的普通 F-P 腔半导体激光器。r_{eff} 是波长的函数,不仅决定了反射光场和入射光场的振幅比,同时还导致了反射光场与入射光场的相位延迟。作为波长的函数,还表明了外腔反馈具有波长选择性。r_{eff} 是一个非常关键的物理量,外腔的特征信息都包含在 r_{eff} 中,下面给出 r_{eff} 的推导过程。图 4.74 是等效反射率 r_{eff} 的推导模型。

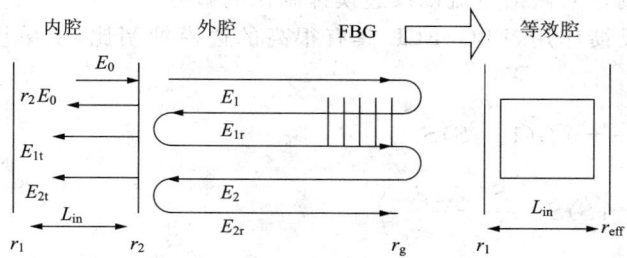

图 4.74 等效反射率 r_{eff} 的推导模型

设入射到激光管后端面的初始光场为 E_0,在镀有增透膜的解理面产生第一次反射后,端面反射光场为 $r_2 E_0$,透射场进入外腔的场为 $(1-r_2^2)^{\frac{1}{2}} E_0$,透射场在外腔往返一次后返回二极管端面变成

$$E_1 = \eta r_g (1-r_2^2)^{\frac{1}{2}} E_0 e^{-i\rho} e^{i\pi} \qquad (4.155)$$

光场由外腔进入内腔,在内解理面经历了一次反射和透射,反射场和透射场分别为

$$E_{1r} = -r_2 \eta r_g (1-r_2^2)^{\frac{1}{2}} E_0 e^{-i\rho}$$
$$E_{1t} = -\eta r_g (1-r_2^2) E_0 e^{-i\rho} \qquad (4.156)$$

参量 ρ 为光线腔内往返一圈的相移,即

$$\rho = 4\pi L_{ex} v/c$$

E_{1r} 在腔中传播了一周后,变成 E_2,它在 LD 后端面的反射和透射场分别为

$$E_{2r} = (-1)^2 r_2^2 \eta^2 r_g^2 (1-r_2^2)^{\frac{1}{2}} E_0 e^{-i2\rho}$$
$$E_{2t} = (-1)^2 r_2 \eta^2 r_g^2 (1-r_2^2) E_0 e^{-i2\rho} \qquad (4.157)$$

类似地,考虑光线在外腔中的多次反射后,我们可以得到 $E_{3r}, E_{3t}, E_{4r}, E_{4t}, \cdots$ LD 后端面和光栅构成的外腔等效成一个反射面,这诸多的透射光场和第一次的反射场叠加构成的光场就可以看作由这个等效反射面反射的光场

$$E_t = r_2 E_0 + E_{1t} + E_{2t} + E_{3t} + \cdots \qquad (4.158)$$

于是等效反射面的反射系数

$$r_{\text{eff}} = \frac{r_2 + \eta r_g \exp\left(-i\frac{4\pi}{\lambda}L_{\text{ex}}\right)}{1 + \eta r_2 r_g \exp\left(-i\frac{4\pi}{\lambda}L_{\text{ex}}\right)} \tag{4.159}$$

2. FBG-ECL 的单模特性分析

(1) FBG-ECL 的静态输出功率特性

激光输出功率 P_{out} 为

$$P_{\text{out}} = |E_{\text{out}}|^2 = (1 - |r_{\text{eff}}|^2)E_0^2 \tag{4.160}$$

将式(4.160)代入式(4.159),则有

$$P_{\text{out}} = (1 - |r_{\text{eff}}|^2)|E(t)|^2 = \left[1 - \frac{r_2^2 + \eta^2 r_g^2 + 2\eta r_g r_2 \cos(4\pi L_{\text{ex}}/\lambda)}{1 + \eta^2 r_g^2 r_2^2 + 2\eta r_2 r_g \cos(4\pi L_{\text{ex}}/\lambda)}\right]E_0^2 \tag{4.161}$$

显然,激光输出特性与外腔反射率、外腔长度及外腔和内腔的耦合效率等参数有关。相同外腔情况下,存在最佳反射率,使输出功率最大。外腔较短时,最大输出强度对应的最佳外腔反射率较小,随着外腔长度增大,最佳反射率也增大。

(2) 光纤光栅反射率对阈值电流以及边模抑制比的影响

因 FBG 外腔强反馈作用,FBG-ECL 具有很高的边模抑制比,由单模半导体激光器速率方程

$$\dot{N} = \frac{J}{ed} - \frac{N}{\tau_e} - v_g G(1 - \varepsilon S)S \tag{4.162}$$

$$\dot{S} = \Gamma v_g G(1 - \varepsilon S)S - \frac{S}{\tau_p} + \frac{\Gamma \beta_{\text{sp}} N}{\tau_e} \tag{4.163}$$

$$G = A(N - N_0)\left[1 + \frac{(\lambda - \lambda_c)^2}{Q^2}\right]^{-1} \tag{4.164}$$

由 FBG-ECL 的稳态解阈值电流为

$$J_{\text{th}} = edN_{\text{th}}/\tau_e \tag{4.165}$$

式中,N_{th} 是阈值载流子密度。令 α_{in} 为有源区内部损耗系数,由半导体激光器的阈值条件,则内腔模在增益中心处的振荡条件为

$$g_{\text{th}} = \alpha_{\text{in}} + \frac{1}{2L_{\text{in}}}\ln\frac{1}{r_1^2 r_2^2} \tag{4.166}$$

考虑到光纤光栅的外腔耦合作用,利用等效腔近似模型,光栅反射波长处,外腔模的增益阈值条件为

$$g' = \gamma + \frac{1}{2L_{\text{in}}}\ln\frac{1}{(r_1|r_{\text{eff}}|)^2} \tag{4.167}$$

由于芯片解理面的一端镀增透膜后,r_2 很小,对上两式知,具有一定反射系数的光栅,$|r_{\text{eff}}| \gg r_2$,外腔模的增益阈值 g' 远远小于内腔模的增益阈值 g_{th},这就是说,加入外腔后,纵模间的增益差发生变化。根据模式竞争理论,外腔模将先于内腔模达到阈值而谐振起来。其他模式必然受到抑制,在光纤光栅的最大峰值反射率处,形成高功率的单模振荡。为了提高外腔激光器的单模输出功率,要尽量增加内腔模增益阈值,同时尽量减小外腔模增益阈值,可通过减小 r_2 来提高耦合效率 η。由

$$g = a(N_{\text{th}} - N_0) \tag{4.168}$$

可以得到阈值载流子密度 N_{th} 为

$$N_{th} = N_0 + \frac{1}{a}\left[\gamma + \frac{1}{2L_{in}}\ln\frac{1}{(r_1|r_{eff}|)^2}\right] \tag{4.169}$$

将式(4.169)代入式(4.165)得到阈值电流

$$J_{th} = ed\left\{N_0 + \frac{1}{a}\left[\gamma + \frac{1}{2L_{in}}\ln\frac{1}{(r_1|r_{eff}|)^2}\right]\right\}\bigg/\tau_e \tag{4.170}$$

可以看出,光纤光栅峰值反射率的提高对于降低阈值、改善调制特性,以及在一定范围内反射率的提高、增大输出功率是有利的。

FBG-ECL 的一个重要优点就是单模特性,这可以通过对边模抑制比的研究看出。根据多模半导体激光器速率方程

$$\dot{N} = \frac{J}{ed} - \frac{N}{\tau_e} - \sum_q v_g G S_q \tag{4.171}$$

$$\dot{S}_q = \Gamma v_g G(1-\varepsilon S)S_q - \frac{S_q}{\tau_{pq}} + \frac{\Gamma\beta_{sp}N}{\tau_e} \tag{4.172}$$

由以上方程组可以数值计算稳态情况下的 S_q 和 N,从而得到半导体激光器的多模输出谱。各模式的光子数密度为

$$S_q = \frac{\tau_{pq}\Gamma\beta_{sp}N/\tau_e}{1-\tau_{pq}v_g G} \tag{4.173}$$

其中,q 是模序数,对于主激射的基模($q=0$),由于强反馈作用,对于边模抑制比的讨论一般只考虑第 1 阶邻模情况,即 $q=1$ 的情况。

1 阶内腔模振荡增益阈值条件为 $g_{th1} = \alpha_{in} + \frac{1}{2L_{in}}\ln\frac{1}{r_1^2 r_2^2}$。

外腔模(主模)的增益阈值条件为 $g_{th0} = \alpha_{in} + \frac{1}{2L_{in}}\ln\frac{1}{(r_1|r_{eff}|)^2}$。

外反馈引起的阈值增益的改变为

$$\frac{g_{th0}}{g_{th1}} = 1 + \frac{\ln|r_2/r_{eff}|}{\alpha_{in}L_{in} + \ln[1/(r_1 r_2)]} \tag{4.174}$$

有无反馈的光子寿命的改变为

$$\frac{\tau_{p0}}{\tau_{p1}} = \left\{1 + \frac{\ln|r_2/r_{eff}|}{\alpha_{in}L_{in} + \ln[1/(r_1 r_2)]}\right\}^{-1} \tag{4.175}$$

边模抑制比

$$SMR = \frac{S_0}{S_1} = 1 + \left(\frac{1}{\tau_{p1}} - \frac{1}{\tau_{p0}}\right)\frac{S_0 \tau_e}{\beta_{sp}N_0} \tag{4.176}$$

根据各模速率方程,FBG-ECL 具有极高的边模抑制比,当反射率小于 0.4 时,随光纤光栅反射率增大,边模抑制比迅速增加。

(3) FBG-ECL 的频率调制响应特性

在 FBG-ECL 中,由于光纤光栅外腔的频率选择特性,使 FBG-ECL 频率响应特性有自己的特点。为利用小信号分析法,调制信号采用单频正弦信号,代入速率方程中,并忽略自发辐射及光子注入在有源区之外的损耗,重点考察强度调制特性给输出频率特性带来的影响,可以得到强度调制响应的最大值点对应的 ω_r 为

$$\omega_r \approx \sqrt{\frac{v_g a(1-\varepsilon S_0)S_0}{\tau_p}} \tag{4.177}$$

这里,ω_r 反映了在强度调制下 FBG-ECL 的最高调制速率。增加 ω_r,即扩展调制响应平坦区在实际应用中具有重要意义。为使器件工作在更高速率,减小 τ_p 是改善 FBG-ECL 频率响应特性最有效的方法。

光子寿命的取值和半导体激光器的结构有关,尤其在 FBG-ECL 激光器中,光子寿命随外腔长度的增加而增加。为使激光器有较高的 ω_r,减小外腔长度是使 FBG-ECL 稳定工作的关键技术。

(4) 光纤光栅外腔半导体激光器的线宽

FBG-ECL 之所以具有啁啾小、线宽窄、稳频特性好等优点,是因为外腔激光器属于有源内腔和无源外腔组成的复合腔激光器。通过在外腔使用窄带滤波器使线宽窄化,外腔反馈使得谐振腔品质因数很高。外腔半导体激光器可具有远大于内腔光学腔长的等效腔长,FBG-ECL 线宽非常窄,这将使其在未来相干光通信中大有作为。

FBG-ECL 中,引入 F,即外腔反馈线宽压窄因子

$$F = 1 + \frac{L_{ex}}{L_{in}} \eta r_g \sqrt{1+\beta_c^2} \cos(2\pi v \tau_{ex} + \arctan\beta_c) \tag{4.178}$$

FBG-ECL 激光器线宽表示为

$$\Delta f = \frac{\Delta f_0}{F^2} = \frac{\Delta f_0}{1 + \frac{L_{ex}}{L_{in}} \eta r_g \sqrt{1+\beta_c^2} \cos(2\pi v \tau_{ex} + \arctan\beta_c)} \tag{4.179}$$

可以看出,由于 FBG-ECL 外腔反馈作用,FBG-ECL 的线宽比普通半导体激光器小 F^2 倍,而且外腔长度越大,F^2 越大,周程时延越大,线宽越小。

4.10.2 光纤激光器

光纤激光器同其他固体激光器在结构上基本相似,由能产生光子的增益介质、使光子得到反馈并在增益介质中进行谐振放大的光学谐振腔,以及激励光子跃迁的泵浦源共三部分组成。

光纤激光器一般采用掺杂光纤作为增益介质,光纤中掺杂稀土离子,基质可以是石英玻璃、氟化锆玻璃、单晶等。

光纤激光器的泵浦源大多使用半导体激光器,因此光纤激光器也可以理解为将某一波长的泵浦光转换为另一波长激光的激光转换器,但光束质量则大大优于半导体激光器。通过掺杂不同的离子,光纤激光器可以在 380~3900nm 的范围内设计运行,波长可实现宽带调谐和窄线宽输出。

光纤激光器的一种典型结构如图 4.75 所示,一段掺杂光纤放置在反射率经过选择的腔镜之间,泵浦光从左面的腔镜耦合进入光纤,左面的腔镜对于泵浦光全部透射,对于激射光全部反

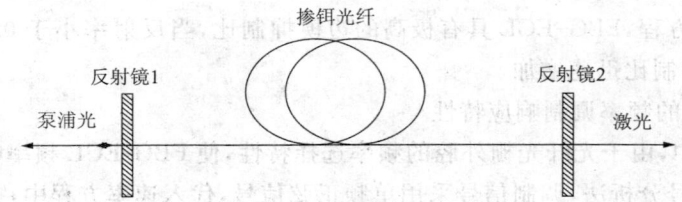

图 4.75 光纤激光器的典型结构

射,以便有效利用泵浦光和防止泵浦光产生谐振造成的输出不稳定。右面腔镜对于激射光部分透射,以造成激射光子的反馈和获得激光输出。泵浦光被介质吸收而形成粒子数反转,在掺杂光纤介质中产生受激发射而输出激光。依赖于不同的工作物质,激光可以是连续输出也可以是脉冲式输出。当激光上能级的自发辐射寿命大于激光下能级而获得较高的粒子数反转时,产生连续激光输出;当激光下能级寿命超过上能级时,则只能获得脉冲输出。

1. 光纤激光器的特点

光纤激光器近几年受到广泛关注,是因为相对以往的其他气体、固体激光器,光纤激光器在效率、体积、散热、光束质量以及稳定性等方面都具有独特的优势,其具体特点主要如下:

① 结构紧凑、体积小巧、重量轻、使用灵活方便。由于光纤具有很好的柔韧性,可以弯曲盘绕成任意形状,同时泵浦源一般也采用体积小、模块化的高功率半导体激光器,因此光纤激光器得以设计得小巧灵活,便于系统集成,有利于在光纤通信和医学上应用。

② 具有良好的散热特性。通常对于固体激光器制约其实现高功率输出的因素在于激光器的热效应会引起光束质量及效率的下降,因此需要专门的技术以及设计独立的散热系统对激光介质进行冷却。而由于光纤具有很高的表面积-体积比,因此它的工作物质热负荷相当小,散热特性好。

③ 较高的泵浦光-激光转换效率。光纤既是激光介质,又是泵浦光和激光的导波介质,而且光纤激光器可以很方便地延长增益长度,当选择发射波长和光纤吸收特性相匹配的半导体激光器作为泵浦源时,总的泵浦光-激光转换效率能达到60%以上。

④ 输出激光光束质量好。光纤激光器的激光光束输出是由光纤纤芯的波导结构(纤芯直径和数值孔径)所决定,不受热形变的影响,同时由于采用很长的单模光纤进行选模,输出光束质量容易达到TEM_{00}模的激光输出,并具有很好的单色性和温度稳定性。

⑤ 便于和其他光纤器件兼容。光纤激光器中的增益光纤同时也承担了激射光的传输功能,由于光纤到光纤的低损耗耦合技术已经非常成熟,这就十分有利于同其他光纤器件(如光纤耦合器、光纤光栅、光纤放大器、光纤环形器、波分复用器等)的兼容,降低了工程中的技术难度,具有很高的应用价值。

⑥ 能实现高功率输出。例如一平均输出功率20W的单模光纤激光器其峰值功率密度可达$140MW/cm^2$,目前应用在激光加工等领域已实现商用化的光纤激光器可以实现千瓦级的功率输出。

⑦ 具有较多的可调参数和选择性。作为激光介质的掺杂光纤,其中的基质和掺杂稀土离子具有很多可调参数和选择性,光纤激光器可以在很宽的光谱范围内设计运行。当基质是玻璃时,可以观察到较宽的荧光,通过插入适当的波长选择反射器即可得到可调谐的光纤激光器,目前已经可以在80nm范围内实现调谐激光输出。

⑧ 寿命和免维护时间长。光纤激光器平均免维护时间达10万小时以上,即可连续11年不间断运行。其泵浦源半导体激光器的无故障工作时间更长达百万小时。

⑨ 成本低、性价比高。光纤激光器所基于的硅光纤工艺已经非常成熟,能够制造出高精度、低损耗的光纤,为光纤激光器的制造提供了有利技术支持,缩减了制造成本,降低了光纤激光器实现商业化的门槛。

2. 光纤激光器的分类

若从不同的角度将光纤激光器分类,光纤激光器可以划分成很多种,如表4.4所示。

表 4.4 光纤激光器的分类

分类方法	类 别
按增益介质	稀土类掺杂光纤激光器、非线性效应光纤激光器、单晶光纤激光器、塑料光纤激光器
按光纤结构	单包层光纤激光器、双包层光纤激光器
按谐振腔结构	Fabry-Perot 腔、环形腔、环路反射器光纤谐振腔、"8"字形腔、DBR 光纤激光器、DBF 光纤激光器等
按输出激光	连续光纤激光器、脉冲光纤激光器
按光波组成	单波长光纤激光器、多波长可调谐光纤激光器
按掺杂元素	掺铒(Er^{3+})、钕(Nd^{3+})、镱(Yb^{3+})、铥(Tm^{3+})、钬(Ho^{3+})、镨(Pr^{3+})等
按工作机制	上转换光纤激光器、下转换光纤激光器
按输出波长	S 波段(1280～1350nm)、C 波段(1528～1565nm)、L 波段(1561～1620nm)

(1) 双包层光纤激光器

如图 4.76 所示,这种光纤有纤芯、内包层、外包层和保护层组成,折射率从纤芯到外包层依次减小。纤芯直径一般为几 μm,用以保证光纤输出单模激光;内包层使激光约束在纤芯内,同时起到泵浦光多模导管作用;外包层则用以限制泵浦光在内包层中。内包层具有较大数值孔径(一般几百 μm),受光角较大,降低了对泵浦光的模式要求。多模高功率泵浦光可以通过特定光学装置引入双包层光纤,除少部分直接进入纤芯外,大部分泵浦光进入内包层。在外包层的限制下,泵浦光只能在内包层中来回反射并不断地穿过纤芯对其中的掺杂介质进行抽运。

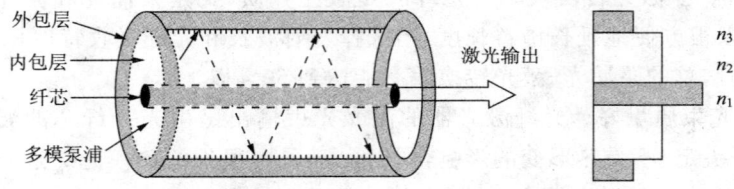

图 4.76 双包层光纤结构示意图

(2) 基于喇曼放大的光纤激光器

光纤喇曼激光器及放大器的原理是基于光纤中的非线性效应:受激喇曼散射(SRS,Stimulated Raman Scattering)。图 4.77 所示是一种用 1117nm Yb^{3+} 光纤激光器泵浦的得到输出波长为 1427nm、1455nm 和 1480nm 的三波长光纤喇曼激光器,右侧是其 Stocks 功率迁移的示意图。

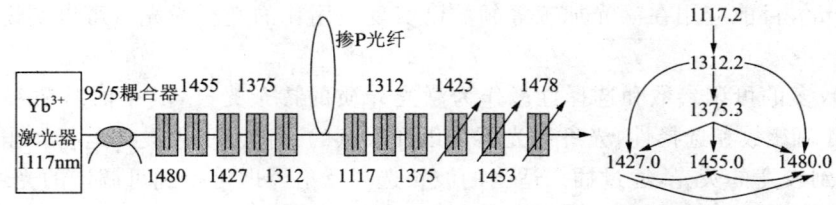

图 4.77 三波长光纤喇曼激光器及其 Stocks 功率迁移示意图

(3) 多波长可调谐光纤激光器

图 4.78 是环形腔结构的 MW-EDFL 的原理图,1480nm 的泵浦光经过 1480/1550 波分复用器进入掺铒光纤(EDF)。EDF 的增益将产生 1550nm 附近的激光,而 EDF 的输出端又接到波分复用器形成环形谐振腔,梳状滤波器选择几个波长同时在腔内振荡,从而实现多波长输出。

(4) 线形腔光纤激光器

线形腔光纤激光器如图 4.79 所示,由在掺铒光纤两端的光纤光栅构成 F-P 谐振腔。

(5) 简单环形腔光纤激光器

环形腔光纤激光器如图 4.80 所示,由在掺铒光纤、环形器、光纤光栅、WDM 构成环形谐振腔。在掺杂光纤中写入两段相隔一定长度的光栅,光栅之间可以视为谐振腔。由于光栅的选频作用,谐振腔只能反射某一特定波长的光,输出线宽极窄的激光,这种由光纤光栅作为波长选择谐振腔、掺铒光纤作为增益介质的全光纤型激光器很容易实现应力调谐,通过控制光栅两端的微动机构,使栅距变化,从而改变谐振波长。

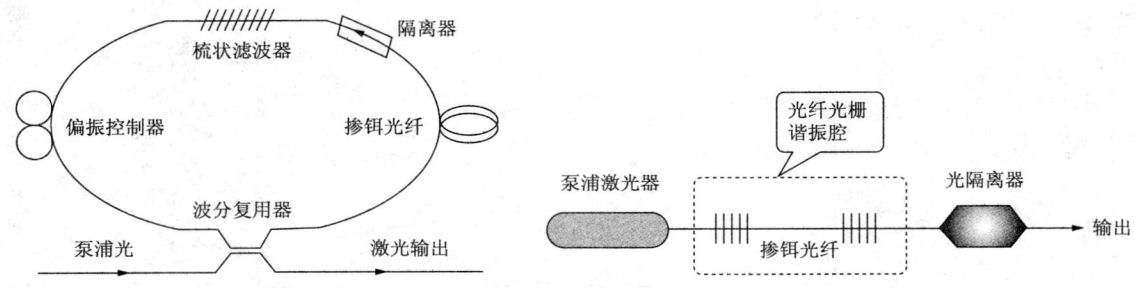

图 4.78　环形腔结构的 MW-EDFL　　　　图 4.79　线形腔光纤激光器

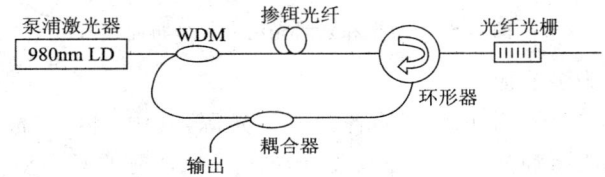

图 4.80　环形腔光纤激光器

3. 光纤激光器理论分析

环形腔、泵浦光和受激发射产生的激光在环形腔内沿光纤方向是行波,可以用激光和泵浦光在掺铒光纤内的传播方程对环形腔光纤激光器进行分析:

$$\frac{\mathrm{d}P_{sk}}{\mathrm{d}z} = P_{sk}[\sigma_E(\lambda_k)N_2 - \sigma_A(\lambda_k)N_1]A_s - \alpha_s P_{sk} \tag{4.180}$$

$$\frac{\mathrm{d}P_{pm}}{\mathrm{d}z} = -P_{pm}\sigma_A(\lambda_m)N_1 A_p - \alpha_p P_{pm} \tag{4.181}$$

其中,α_s 为激光在腔内的损耗系数,α_p 为泵浦光在腔内的损耗系数。

考虑泵浦光的分布及环形腔掺铒光纤激光器稳定工作的共振条件,有以下边界条件成立:

$$P_{pm}(0) = P_{p0} \tag{4.182}$$

$$P_{sk}(0) = P_{sk}(l)\Gamma(1 - \gamma_{out}) \tag{4.183}$$

式中,P_{p0} 为输入掺铒光纤的泵浦光功率,γ_{out} 为输出耦合比,Γ 为激光从掺铒光纤末端传输到前端的损耗系数(不包含输出耦合器分光的损耗)。根据以上公式,可联立求解出光功率 $P_{sk}(l)$。

为了更准确地研究影响环形腔掺铒光纤激光器输出特性的因素,一般采用数值仿真计算的方法。

经过 MATLAB 仿真计算,利用光线激光器速率方程,光纤激光器产生激光功率沿环形腔内掺铒光纤分布曲线如图 4.81 所示。在泵浦源的抽运下,掺铒光纤最前端随着光纤长度的增加,激光功率快速增加,在掺铒光纤增长以后,激光功率增长变得缓慢,在更长阶段有衰减的趋势。

4. 光纤激光器泵浦源的选择

掺铒光纤作为放大器时,从可见光到波长为 800nm、980nm、1480nm 的大功率激光器均可作为 EDFA（掺铒光纤放大器）的泵浦源，但不同的泵浦波长，EDF（掺铒光纤）中的铒离子的激光跃迁几率也不同，因而放大特性也不同。

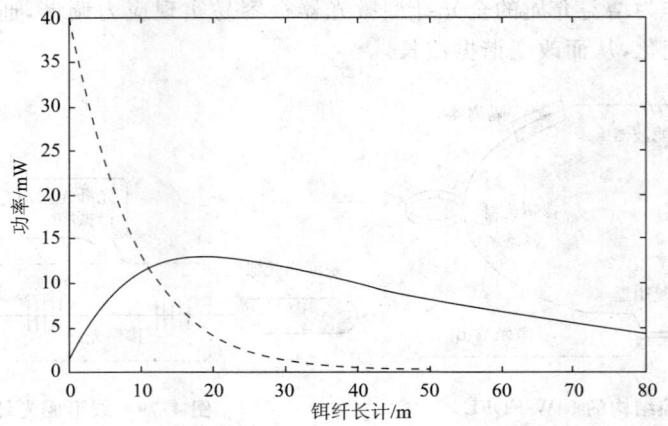

图 4.81 激光和泵浦光沿光纤分布曲线

(1) 采用可见光作为泵浦源

如波长为 514nm、532nm、650nm 等的各种相干光源，其中 514nm 波长光是掺铒光纤放大器（EDFA）研究初期用的泵浦光源。由于可见光波段缺少合适的紧凑型的泵浦源，所以在应用中很少采用。

532nm 泵浦源为内腔倍频 Nd:YAG 激光器，是一种较为紧凑的可见光泵浦源。在该泵浦带下，利用 40mW 的泵浦功率和 10m 长的 EDF，在 1534.4nm 波长输出，曾获得 42dB 的小信号增益，相应的增益系数为 1.6dB/mW。当放大器工作于大信号条件下，60mW 泵浦功率下的饱和输出功率可达 10dBm。此外，由于 532nm 波长泵浦带所对应的激光发射过程为三能级系统，只要泵浦光的功率足够高，EDF 的铒离子将处于较高的离子数反转状态，从而可获得优良的噪声性能，一般的噪声系数为 3~4dB。

可见光波段的另一个泵浦带为 650nm 波长，该泵浦带的波长覆盖范围较宽，从 640nm 到 685nm，一般采用非紧凑型的 Ar 泵浦 DCM 染料激光器，也可采用 673nm 波长的半导体激光器作为可见光的泵浦源。

(2) 980nm 泵浦带

980nm 波长泵浦带不存在 ESA 效应，泵浦效率高，适于采用半导体激光器作为泵浦源，是一个重要的泵浦带。最早采用掩埋量子阱 GaInAs/AlGaAs 半导体激光器作为泵浦源，曾利用波长为 978nm 的 6.2mW 泵浦功率获得了 24dB 的增益，相应的增益系数高达 3.9dB/mW。

由于 980nm 波长泵浦带不存在 ESA，且为三能级系统，因而其小信号增益及增益系数均较高。

980nm 波长泵浦带具有优良的噪声性能，可以获得接近 3dB 的噪声系数。当泵浦光功率较低时，EDF 的离子数反转度较低，EDF 的增益值较低，噪声系数较大；而当泵浦光功率超过一定值后，噪声系数逐渐降低，并最终趋于量子噪声极限。

除此之外，980nm 波长光泵浦的 EDFA 还具有高输出功率的特性。

(3) 1480nm 泵浦带

1480nm 的泵浦带较宽，增益受泵浦光波长改变的影响并不大，当泵浦光的波长在 1460~1490nm 内变化，增益的变化不超过 2dB，最佳泵浦波长位于 1480nm 处。当泵浦光功率改变时,增益的变化也改变,但增益随泵浦光波长变化的关系与泵浦光功率的大小无关。1480nm 波长泵浦带的噪声系数随泵浦波长变化也不太明显,当泵浦光的波长在 1480nm 附近的 20nm 内变化时,噪声系数的变化小于 1dB。噪声系数随泵浦波长变化还与泵浦光的功率有关,高泵浦功率有利于降低噪声系数。此外,噪声系数还与 EDF 的基质掺杂组分有关,一般来说,该泵浦带在高泵浦光功率下的噪声系数在 5dB 以下。

不同波长,获得相同特性参数要求的泵浦功率比较如表 4.5 所示。

表 4.5 泵浦功率比较

波　长	小信号增益	输出功率	噪声系数
800nm	高	高	低
980nm	低	低	低
1480nm	低	低	高

4.10.3　光纤光栅在光通信中的其他应用

1. 在色散补偿方面的应用——色散补偿器

现代光通信系统中已铺设了大量非色散位移光纤,并依靠工作波长为 1550nm 的 EDFA 解决了传输损耗问题,但同时引入了相对较高的色散[17ps/(nm·km)]。高速系统中光纤色散会导致光脉冲的严重畸变,色散补偿一直是光通信领域的研究热点。

啁啾光纤光栅补偿色散利用了啁啾光栅不同位置反射不同波长的光这一特性。在由啁啾光纤光栅构成的色散补偿器中,光环形器是必不可少的元件,它使光栅能够操作在反射模式。

2. 在 WDM 波长路由器件中的应用——波长选择器件

通过控制光纤光栅的周期、长度等参量可以制作出任意波长的带通或带阻滤波器。此外,在光栅中引入相位突变,可实现窄带滤波;对光栅进行取样,可制作出具有多波长通道特性的梳状滤波器等。由于具有配置灵活、隔离性好、反射率高、带宽及波长可调等一系列优点,光纤光栅滤波器在光波分解复用器、光分插复用器和光交叉连接节点等 WDM 波长路由器件中获得了广泛应用。

3. 在光纤传感领域中的应用——温度、压力传感器

布拉格光纤光栅的中心反射波长是光栅周期 Λ 和光栅区纤芯有效折射率 n_{eff} 的函数,而 Λ 和 n_{eff} 均易受外界环境的影响而发生变化,因而 FBG 可以作为传感元件应用,将被感测信息如温度、压力等转化为光栅反射波长的漂移。图 4.82 为其在光无源接入网中的应用一例。

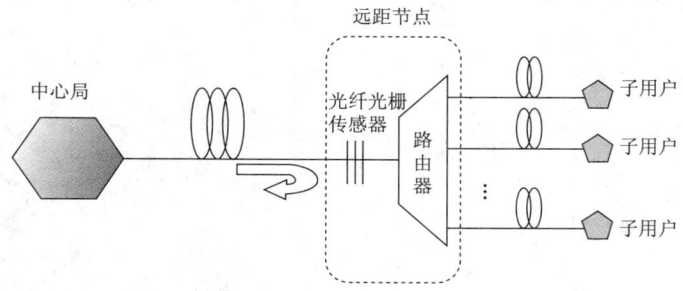

图 4.82　在光无源接入网中的应用

远距节点中的 FBG 作为跟踪波长漂移的温度传感器,与基于 Si 阵列波导 WDM 路由器有着相同的温度系数,由 FBG 反射回去的探测波将温度变化信息传送中心局,可以实现对远距节点路由器波长漂移的精确跟踪和自动管理。

第 5 章

光纤和光电子器件测量基本型实验

5.1 单模光纤截止波长测量

1. 实验目的
① 了解单模光纤的工作原理及相关特性。
② 掌握阶跃型光纤截止波长的测量方法。

2. 实验仪器
待测光纤,1 卷;显微镜,1 台;FC/PC-FC/PC 单模光跳线,若干;准直器,1 套;光谱分析仪,1 台。

3. 实验内容
① 确定单模光纤截止波长。
② 熟悉仪器仪表的使用。

4. 实验原理
光纤是一种高度透明的玻璃丝,由纯石英经复杂的工艺拉制而成,从横截面上看基本由 3 部分组成,即折射率较高的芯区、折射率较低的包层和表面涂层。根据芯区折射率径向分布的不同,光纤可分为两类:折射率在纤芯与包层界面突变的光纤称为阶跃光纤;折射率在纤芯内按某种规律逐渐降低的光纤称为渐变光纤。不同的折射率分布,传输特性完全不同。图5.1给出

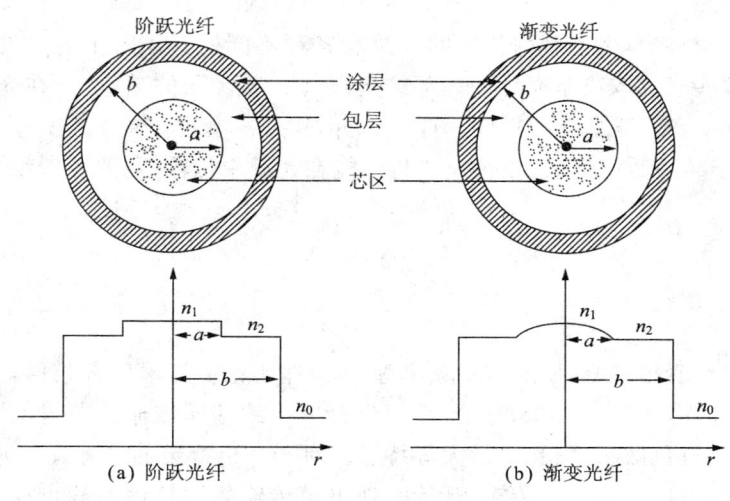

图 5.1 阶跃光纤与渐变光纤的横截面和折射率分布

了这两种光纤横截面的折射率分布,其典型尺寸为:单模光纤纤芯直径 $2a=8\sim12\mu m$,包层直径 $2b=125\mu m$;多模光纤 $2a=50\mu m, 2b=125\mu m$。对单模光纤,$2a$ 与 λ 处于同一量级,由于衍射效应,模场强度有相当一部分处于包层中,不易精确测出 $2a$ 的精确值,因而只有结构设计上的意义,在应用中并无实际意义,实际应用中常用模场或模斑直径(MFD)表示。

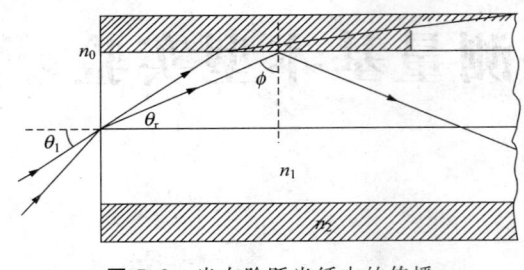

图 5.2　光在阶跃光纤中的传播

图 5.2 所示为阶跃光纤剖面。入射光在纤芯和包层的界面发生全反射,所有满足全反射条件的光线都将被限制在纤芯中,这是光纤约束和导引光传输的基本机制。图 5.3 所示为渐变光纤剖面。渐变光纤的芯区折射率不是一个常数,它从芯区中心的最大值 n_1 逐渐降低到纤芯-包层界面的最小值 n_2,大部分渐变光纤按 2 次方规律下降。在阶跃光纤中光线以曲折的锯齿形式向前传播,而在渐变光纤中则以一种正弦振荡形式向前传播。由图 5.3 可知,类似于阶跃光纤,渐变光纤中入射角大的光线路径长,由于折射率的变化,光速沿路径变化,虽然沿光纤轴线传播路径最短,但轴线上折射率最大,光传播最慢;而斜光线的大部分路径在低折射率的介质中传播,虽然路径长,但传输得快。因此,合理设计折射率分布,可使所有光线同时到达光纤输出端,降低了多径或模间色散。

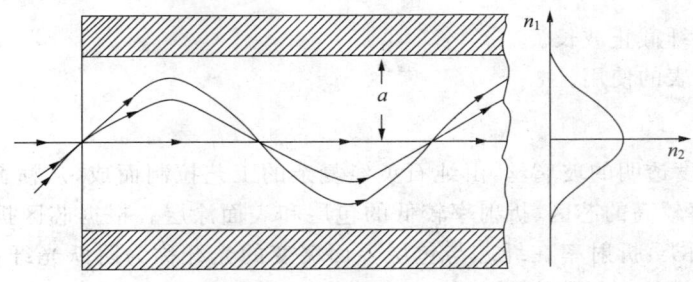

图 5.3　渐变光纤中的光线轨迹

光纤是一种介质波导,在光纤内传输的导波有各种不同模式。对于一定波长的光,它在光纤内传输时包含哪些模式取决于光纤的内部结构(n_1、n_2、a 和 b 的数值)。在光纤传输理论中,通常以归一化频率 ν 来表征光纤的特性。理论分析表明,各模式在 ν 逐渐变小达到某一数值时将会截止,即 ν 小于某一数值以后,该种模式将不能在光纤中传输,弱波导纤维各低阶模式的截止归一化频率如下:

LP$_{01}$ 模 $\nu_c=0$。

LP$_{11}$ 模 $\nu_c=2.405$。

LP$_{21}$ 模 $\nu_c=3.832$。

从以上数据可以看出,LP$_{01}$ 模的截止频率等于 0,即不论 ν 等于什么数值,它都可以在光纤内传输,所以称为基模,在 $\nu<2.405$ 时,光纤中只有单一的基模传输。在这范围内工作的光纤称为单模光纤,它具有色散小、信息容量大等特点。对于一根特定的光纤(a_1、n_1、Δ 已确定),只要波长充分长,总可以以单模方式传输,开始实现单模传输的波长称为截止波长 λ_c。$\lambda>\lambda_c$ 时,只有基模传输,各高阶模都被截止。

光纤弯曲时,在光纤内传输的光有一部分辐射到光纤之外,光纤内导波的强度将发生衰减。

经过理论分析可知,由弯曲而引起的附加损耗在各模的截止点附近特别显著,而在偏离截止点稍远处附加损耗却很小。附加损耗与波长的关系如图 5.4 所示。测量附加损耗与波长的关系,就可以定出光纤的截止波长(λ_c 对应于波长最大的那个附加损耗峰)。

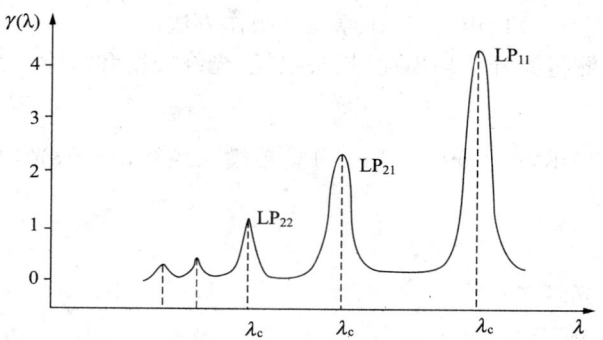

图 5.4 光纤弯曲引起的附加损耗与波长的关系

5. 实验步骤

(1) 实验装置连接

① 按图 5.5 所示光路连接实验装置,溴钨灯电源连接至 LVS 输出,缓慢增加 LVS 输出电压至 12V。

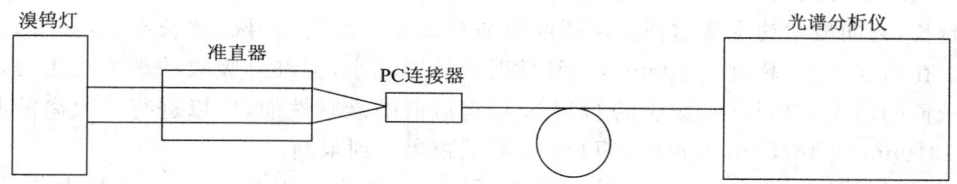

图 5.5 光纤截止波长测量实验装置

② 将实验仪主机背板通信接口用串行通信电缆连接至计算机主机 COM1 口,打开实验仪主机电源后再运行计算机上的测试软件。

(2) 单模光纤截止波长测量

① 将溴钨灯辐射光束耦合进入单模光纤,单模光纤输出接入光谱分析器,输出狭缝置 2mm。

② 保持单模光纤为自然伸展状态,将光谱分析仪功率探头输出连接至 PD。

③ 测量单模光纤输出光谱,波长范围 900~1300nm,波长间隔 0.1nm。

④ 将此光谱设为损耗谱计算基准。

⑤ 将单模光纤按直径 30mm 绕 5 圈,测量此时的单模光纤输出光谱。

⑥ 求单模光纤弯曲损耗谱,确定单模光纤截止波长。

6. 注意事项

① 系统上电后禁止将光纤连接器对准人眼,以免灼伤。

② 光纤连接器陶瓷插芯表面光洁度要求极高,除专用清洁布外禁止用手触摸或接触硬物。空置的光纤连接器端子必须插上护套。

③ 所有光纤均不可过于弯曲,除特殊测试外,其曲率半径应大于 30mm。

5.2 光纤衰减常数测量和 OTDR 测光纤链路特性

1. 实验目的

① 了解光时域反射计(OTDR)的工作原理及操作方法。
② 学习用 OTDR 测量光纤平均损耗、接头损耗、光纤长度和故障点位置。

2. 实验仪器

待测光纤,1 卷;OTDR,1 台;FC/PC-FC/PC 单模光跳线,若干;光功率计,1 台;稳定光源,1 台。

3. 实验内容

① 用 OTDR 测量光纤链路特性。
② 熟悉仪器仪表的使用。

4. 实验原理

光时域反射计是通过测量背向瑞利散射光测量光纤损耗、故障点、接头损耗、光纤长度的实用化测量仪器。

OTDR 使用瑞利散射和菲涅耳反射来表征光纤的特性。瑞利散射是由于光信号沿着光纤产生无规律的散射而形成,这些背向散射信号表明了光纤导致的衰减(损耗/距离)程度,形成的轨迹是一条向下的曲线。给定光纤参数和波长,瑞利散射的功率与信号的脉冲宽度成比例,脉冲宽度越长,背向散射功率就越强。瑞利散射的功率还与发射信号的波长有关,波长较短则功率较强。在高波长区(超过 1500nm),瑞利散射会持续减小,但红外吸收的现象会出现,导致了全部衰减值的增大。1550nm 波长的 OTDR 具有最低的衰减性能,可以进行长距离的测试,高衰减的 1310nm 或 1625nm 波长的 OTDR 的测试距离受到限制。

菲涅耳反射是离散的反射,它是由整条光纤中的个别点而引起的,这些点是由造成反向系数改变的因素组成,例如玻璃与空气的间隙。在这些点上,会有很强的背向散射光被反射回来。OTDR 利用菲涅耳反射的信息来定位连接点、光纤终端或断点,通过发射信号到返回信号所用的时间以及光在玻璃物质中的速度,可以计算出距离。

OTDR 的工作原理图如图 5.6 所示。

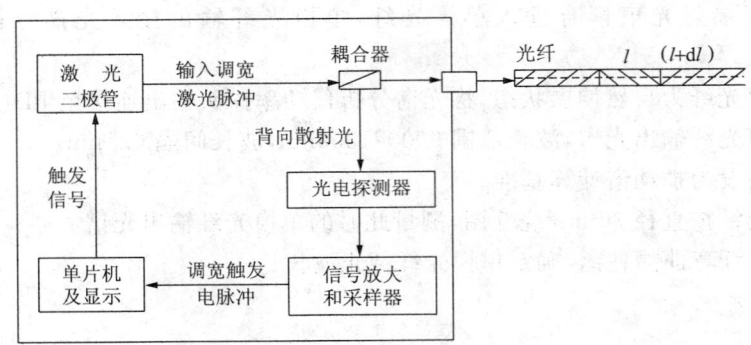

图 5.6 OTDR 的工作原理示意图

激光二极管发出一个窄脉冲光信号,通过光纤耦合器注入光纤。沿光纤各 l 点上,都会产生瑞利散射。瑞利散射光中有一部分传输方向是与入射光相反的,这部分背向瑞利散射光通过光纤耦合器进入光电探测器,经过处理后得到背向散射测量曲线。

因此，利用 OTDR 测出的回波曲线，就可以测出光纤的平均损耗、接头损耗、光纤长度和断点位置。假设光纤的入射光功率为 P_0，光纤 l 处的背向散射光返回到光纤初始端时，经过的路程为 $2l$，则背向散射光功率为

$$P_s = P_0 e^{-2\alpha l} \tag{5.1}$$

α 为损耗系数，单位为 km^{-1}。光纤中 l_A 和 l_B 之间的平均损耗系数为

$$\alpha_{AB} = \frac{1}{2}\frac{1}{l_{AB}}\left(\ln\frac{P_A}{P_0} - \ln\frac{P_B}{P_0}\right) = \frac{1}{2l_{AB}}\ln\left(\frac{P_A}{P_B}\right) \tag{5.2}$$

式中，$l_{AB} = |l_A - l_B|$，将 α_{AB} 的单位化为 dB/km 后衰减公式为

$$\alpha_{AB}(\text{dB/km}) = \frac{10}{2l_{AB}}\lg\left(\frac{P_A}{P_B}\right) \tag{5.3}$$

光纤长度是通过激光器发出激光脉冲与接收到背向散射光之间的时间差进行测量的。

5. 操作步骤

① 接通电源开关。
② 被测光纤光缆的连接。将被测光纤光缆与光插件的光输出适配器相连。此时应注意：必须确保光连接器无灰尘污染，无任何外部杂物；用无水酒精棉球清洗光连接器的端面。
③ 波长设定。
④ 量程、脉宽的设定。量程一般选为被测光纤长度的 2 倍以上，如设置太大，会增加测试时间，并且会增加测量误差。脉宽的选择原则是宽脉冲发射光功率大。测的距离远，信噪比好，但测距空间分辨率低；而窄脉冲信噪比差，测距空间分辨率高，因此，一般测短距离光纤选窄脉冲，长距离则选宽脉冲。
⑤ 预测试状态。
⑥ 光纤两点间平均损耗的测量。
⑦ 连接损耗的测量。

6. 注意事项

① 应防止光脉冲射入人眼。
② 光连接器是精密光系统，注意防止灰尘及其他外部杂物的污染。
③ 一般情况下，选择测试量程应大于被测光纤的 2 倍，以避免第一次和第二次测菲涅耳反射信号叠加到后向反射信号上，造成测试误差。

7. 实验报告要求

不同波长、不同脉冲宽度条件下测量连接损耗、平均损耗和反射损耗。将结果记录在表 5.1 中，并对实验结果进行分析。

表 5.1 OTDR 测量结果

量程/km	波长/nm	脉冲宽度	平均损耗/(dB/km)	连接损耗/dB	反射损耗/dB
	1310	100ns			
		500ns			
		1μs			
		4μs			
	1550	100ns			
		500ns			
		1μs			
		4μs			

5.3 光纤色散测量

1. 实验目的
① 了解单模光纤的色散特性。
② 掌握脉冲时延测量光纤带宽的方法。

2. 实验仪器
待测光纤,1 卷;窄脉冲发生器,1 台;FC/PC-FC/PC 单模光跳线,若干;光功率计,1 台;高速示波器,1 台。

3. 实验内容
① 掌握单模光纤色散的测量方法。
② 熟悉仪器仪表的使用。

4. 实验原理

光纤的色散是指光纤中不同的频率成分和不同的模式成分传输速度不同而使信号散开的现象。多模光纤有很大的模间色散,单模光纤不存在模间色散,但存在材料色散和波导色散。

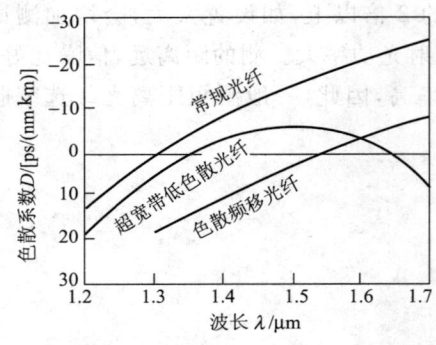

图 5.7 不同光纤的色散特性

常规光纤的零色散波长在 $1.3\mu m$ 处。G.654 光纤将零色散波长由 $1.3\mu m$ 移到 $1.5\mu m$ 处,即零色散位移光纤。图 5.7 为不同光纤的色散特性。

光纤色散测量方法有相移法、干涉法和脉冲时延法,其中相移法最为常用。

(1) 相移法测量色散

该方法是通过测量用正弦波调制的不同波长的光信号经光纤传输后产生的相对相移,求出相对群时延,再对波长求导,求出被测光纤的总色散和色散系数。

相移法测量装置见图 5.8。光源可以采用多只发光二极管或激光器,其数目及工作波长由测量覆盖的波长范围决定。在整个测试过程中光源应保持稳定。正弦波发生器频率范围应在数十兆赫以上,输出频率稳定。波长选择器应能兼顾对波长分辨率和信号电平的要求,可放在被测光纤的输入端或输出端。光检测器应适合于测试的信噪比和时间分辨率,必要时可接低噪声放大器。延迟检测器用来测量光纤输出信号与参考信

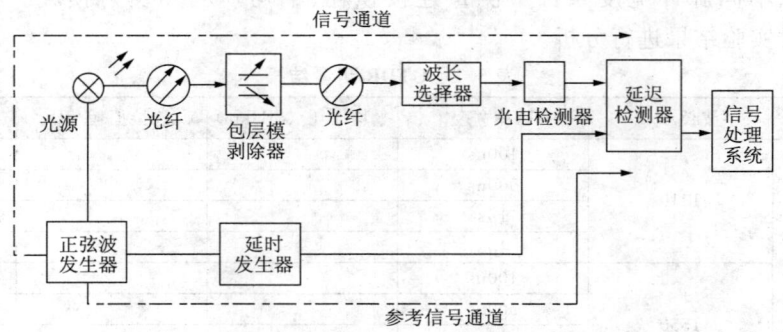

图 5.8 相移法光纤色散测量装置

号之间的相移,可使用矢量电压表。信号处理器用来减少输出波形中的噪声和抖动,可用计算机进行设备控制、数据处理和数值计算。

(2) 脉冲时延法测量色散

根据光脉冲在光纤里的传输方程,令 $U(0,T) = \exp\left(-\frac{1+i\beta_c}{2}\frac{T^2}{T_0^2}\right)$,$L_D = T_0^2/|\beta_2|$,得到经过传输后高斯脉冲的解析解

$$U(z,T) = \frac{T_0}{[T_0^2 - i\beta_2 z(1+i\beta_c)]^{1/2}} \exp\left\{-\frac{(1+i\beta_c)T^2}{2[T_0^2 - i\beta_2 z(1+i\beta_c)]}\right\} \quad (5.4)$$

根据式(5.4),可以得到高斯脉冲在光纤传输中的演变,如图5.9所示。

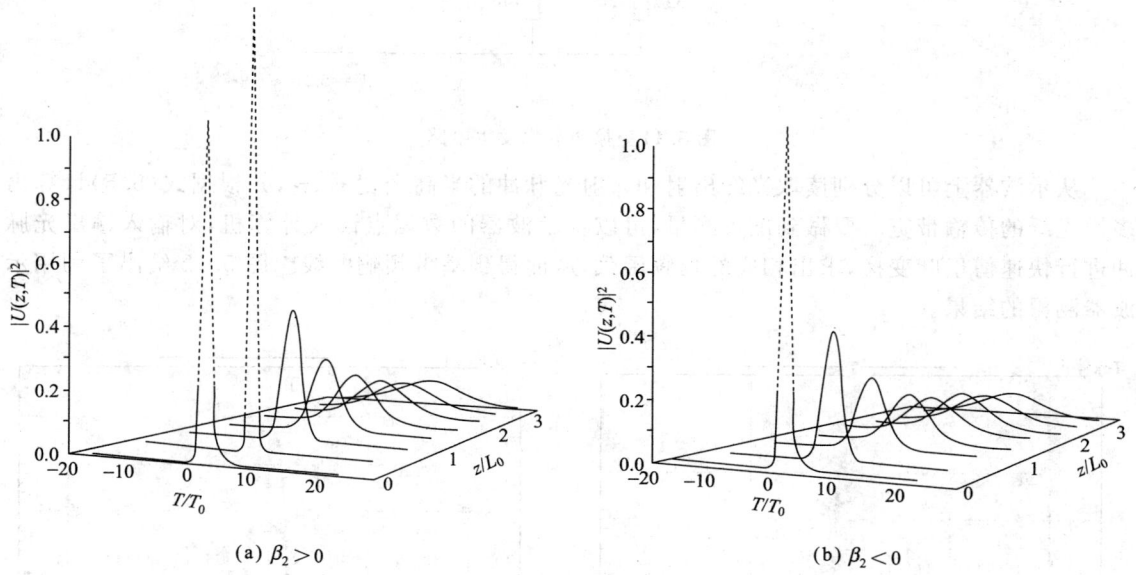

图 5.9 高斯脉冲在光纤传输中的演变

显然,输入的光脉冲波形为高斯形,输出波形仍认为是高斯形,但是,由于光纤色散的作用,光脉冲通过一段光纤传输后,光脉冲的宽度会相应展宽,根据对比输入输出光纤前后脉冲的展宽情况,可以求得光纤的3dB带宽为

$$B = 0.441/\tau_{1/2} \quad (5.5)$$

其中,$\tau_{1/2} = \sqrt{\tau_1^2 - \tau_2^2}$。$\tau_1$、$\tau_2$ 分别是光纤出射和入射光脉冲的半高全宽。

图5.10是脉冲时延法测量光纤色散的实现原理。

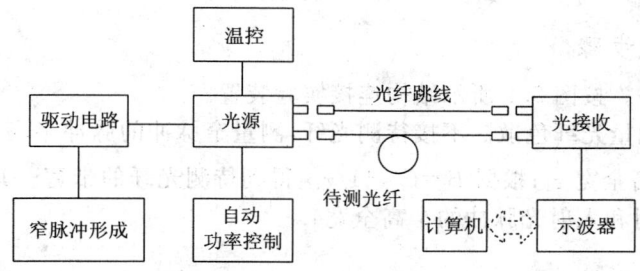

图 5.10 脉冲时延法测量光纤色散的实现原理

要做到准确测量,必须使输入激光器的电信号为窄脉冲。发送设备自带的窄脉冲形成电路,由或非门与延迟线构成。其原理是电信号经过延迟线后,与原信号的互补信号共同通过或非门,得到窄脉冲,窄脉冲宽度由延迟线的延迟时间决定,如图 5.11 所示。

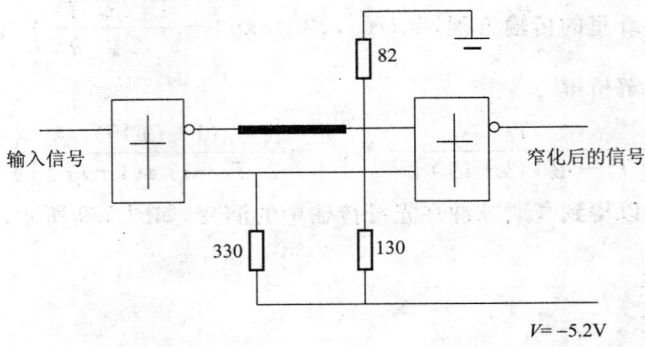

图 5.11 脉冲窄化发生电路

从示波器上可以分别读取光纤出射和入射光脉冲的半高全宽 τ_1、τ_2,并根据式(5.5)计算出多模光纤的传输带宽。要做到准确测量,可以将示波器的数据点读入计算机,对输入输出光脉冲进行快速傅里叶变换,求出相应的幅频函数,从而得到基带频响曲线。图 5.12 给出了利用示波器测得的结果。

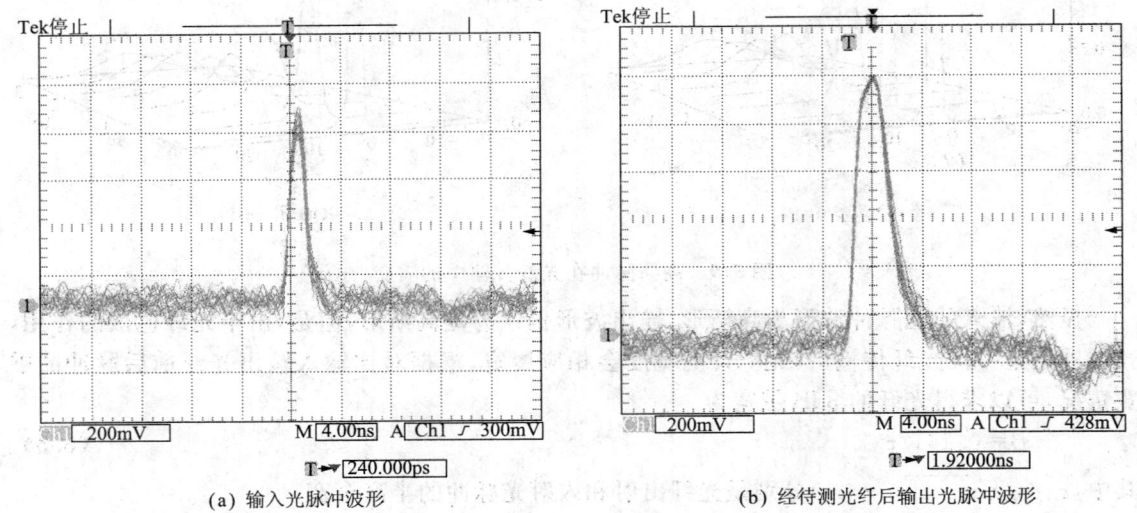

(a) 输入光脉冲波形　　　　　　　　(b) 经待测光纤后输出光脉冲波形

图 5.12 利用示波器测得的结果

5. 实验内容及步骤

① 测试光路准备。按图 5.8 所示结构连接实验装置。

② 脉冲时延法测量光纤色散。不接待测光纤,测量窄脉冲的脉冲半高全宽 τ_1;接入待测光纤,测量窄脉冲的半高全宽 τ_2;根据 $B=0.441/\tau_{1/2}$ 得到待测光纤的带宽。其中,$\tau_{1/2}=\sqrt{\tau_1^2-\tau_2^2}$,$\tau_1$、$\tau_2$ 分别是光纤出射和入射光脉冲的半高全宽。

6. 注意事项

① 系统上电后禁止将光纤连接器对准人眼,以免灼伤。

② 光纤连接器陶瓷插芯表面光洁度要求极高,除专用清洁布外禁止用手触摸或接触硬物。

空置的光纤连接器端子必须插上护套。

③ 所有光纤均不可过于弯曲,除特殊测试外其曲率半径应大于 30mm。

5.4 光纤偏振模色散特性的测量

1. 实验目的

① 掌握单模光纤的偏振模色散(PMD)的测量方法。

② 掌握用脉冲时延法测量光纤带宽的方法。

2. 实验仪器

待测光纤,1 卷;稳定光源,1 台;FC/PC-FC/PC 单模光跳线,若干;偏振控制器,1 台;偏振计,1 台。

3. 实验内容

① 掌握单模光纤偏振模色散的测量方法。

② 熟悉仪器仪表的使用。

4. 实验原理和步骤

国际电信联盟电信标准化部门 ITU-T G650(2000)和国际电工委员会标准 IEC61941(1999)中介绍了单模光纤偏振模色散的定义和测量方法,规定了偏振模色散的基准测试方法即斯托克斯参数测定法,还有替代测试方法即偏振态法与干涉法。

偏振模色散的机理:对于在给定时间和光频上应用的单模光纤,总存在着两个称之为主偏振态的正交偏振态,如果当一准单色光仅激励一个主偏振态时,不发生由于偏振模色散引起的脉冲展宽;当一准单色光均匀激励这两个主偏振态时,将发生由于偏振模色散引起的最大脉冲展宽。差分群时延是两个主偏振态之间群时延的时间差,一般以 ps 为单位。下面介绍描述偏振模色散的几个主要参量。

① 二阶矩偏振模色散差分群时延。当一准单色光窄脉冲注入光纤经传输后,忽略波长色散的影响,在光纤输出端输出脉冲中光强分布 $I(t)$ 的均方差 σ 的 2 倍,即

$$P_s = 2(\langle t^2 \rangle - \langle t \rangle^2)^{1/2} = 2\left\{ \frac{\int I(t)t^2 \mathrm{d}t}{\int I(t) \mathrm{d}t} - \left[\frac{\int I(t)t \mathrm{d}t}{\int I(t) \mathrm{d}t}\right]^2 \right\}^{1/2} \qquad (5.6)$$

式中,t 为光到达光纤输出端所需的时间(ps)。

② 平均偏振模色散差分群时延。其是在光频范围 $\nu_2 - \nu_1$ 内偏振态差分群时延 $\delta\tau(\nu)$ 的平均值,即

$$P_m = \frac{\int_{\nu_1}^{\nu_2} \delta\tau(\nu) \mathrm{d}\nu}{\nu_2 - \nu_1} \qquad (5.7)$$

式中,ν_2、ν_1 分别为频率范围上下限。

③ 偏振模色散系数。偏振模色散系数用 PMDc 表示,应区别强、弱两种偏振模耦合的情况。

弱偏振模耦合(短光纤):

$$\text{PMDc} = \frac{P_s}{L}, \frac{P_m}{L} \quad (\text{ps/km}) \qquad (5.8)$$

强偏振模耦合(长光纤):

$$\text{PMDc} = \frac{P_s}{\sqrt{L}}, \frac{P_m}{\sqrt{L}}, \frac{P_r}{\sqrt{L}} \quad (\text{ps}/\sqrt{\text{km}}) \tag{5.9}$$

(1) 斯托克斯参数测定法

斯托克斯参数测定法是测量单模光纤 PMD 的基准试验方法，其与偏振模耦合程度无关。为获得满意的测量精度，要进行重复测量。其测试原理是，在某一波长范围内，以一定的波长间隔测量输出偏振态随波长的变化，该变化可采用琼斯矩阵本征分析或邦加球（Poincare Sphere）上输出偏振态矢量的旋转来表征，通过分析和计算得到 PMD 的结果。

斯托克斯参数测定法测量 PMD 的实验装置如图 5.13 所示。实验装置主要包括光源、偏振调节器、线偏振器组和输入光学器件等。

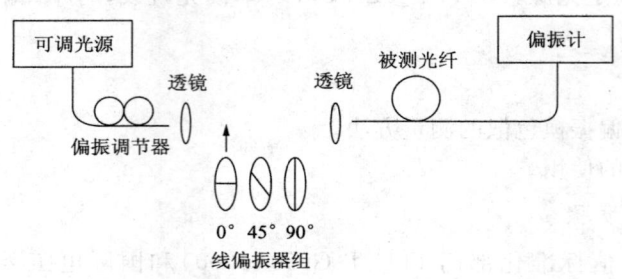

图 5.13 斯托克斯参数测定法实验装置

光源是一只单纵模激光器或窄带光源，在测量波长范围内波长是可调的。光谱分布足够窄，使得从被测光纤出来的光在所有测量条件下都保持偏振状态。偏振度（DOP：Degree Of Polarization）不小于 90%。

偏振调节器置于可调光源之后，其作用是为线偏振器组提供近似圆偏振光，使线偏振器的极化方向不会与输入光的偏振方向相交。采用三个线偏振器，将它们以相对角度约 45°依次置于测量光路中。

偏振计的波长范围应覆盖光源的波长范围。可以测量三个线偏振器分别插入光路时所对应的三个输出偏振态。

测量步骤：

① 调整光源输出光的偏振方向。将可调激光器波长定于待测波长范围的中心波长，将三个线偏振器依次插入光路，测量出它们相应的输出光功率，通过偏振调节器调整光源的偏振方向，使得三个功率相互差别在大约 3dB 范围之内。

② 将光源通过偏振调节器耦合至线偏振器组。线偏振器组的输出耦合至被测光纤的输入端。再将被测光纤的输出耦合至偏振计。

③ 选择进行测量的波长步长，直至差分群时延值与波长关系曲线形状和平均差分群时延值基本保持不变时，波长间隔就满足要求了。

④ 在测量波长范围内，选定波长步长间隔。在选定的波长上，依次插入每一个线偏振器，用偏振计记录相应的斯托克斯参数，完成测量数据的收集。

下面介绍琼斯矩阵本征分析法和邦加球法。

① 琼斯矩阵本征分析法。

由斯托克斯参数计算各波长响应的琼斯矩阵，对每一波长间隔，计算出较高光频上琼斯矩阵与较低光频上逆琼斯矩阵的乘积。对一特定波长间隔，可从下式找到差分群时延值，即 $\Delta\tau$ 为

$$\Delta\tau = \left| \text{Arg}\left(\frac{P_1}{P_2}\right) \middle/ \Delta\omega \right| \tag{5.10}$$

式中,$\Delta\omega$ 为光波角频间隔(rad/s),P_1、P_2 分别是琼斯矩阵和逆琼斯矩阵的复数本征值。Arg 为辐角函数。

将计算得到的每一个差分群时延值作为相应波长间隔中心波长上的差分群时延值,然后对这些值在整个波长范围内取平均得到单次测量的差分群时延。如果为了增加样本数量,在不同条件下进行多次测量,就应使用系统平均值。

② 邦加球法。

将测得的斯托克斯参数(S_0、S_1、S_2、S_3)重建在邦加球上,描述偏振态随波长演变的轨迹 S_0、S_1、S_2 和 S_3 分别与总的光功率、$\theta=0°$ 的线性偏振态、$\theta=45°$ 的线性偏振态和右旋圆偏振态有关。差分群时延或 PMD 时延由下式给出:

$$\Delta\tau = \frac{\Delta\phi}{2\pi\Delta f} = \frac{\Delta\phi\lambda_1\lambda_n}{2\pi c\Delta\lambda} \tag{5.11}$$

式中,$\Delta\phi$ 为相位差(邦加球上斯托克斯矢量弧的角宽度,即旋转角度),$\Delta\lambda$ 为波长间隔,λ_1、λ_n 为 $\Delta\lambda$ 的起始和终止波长。

计算差分群时延与波长的关系,也可以根据测得的差分群时延值作出直方图来表示数据。计算测量波长范围内差分群时延的平均值。为了增加样本空间,可进行多次测量。

(2) 偏振态法

偏振态法是测量单模光纤 PMD 的第一替代试验方法。它的测量原理是:对于一固定的输入偏振态,当注入光波长变化时,在斯托克斯参数空间里邦加球上被测光纤输出偏振态也会发生演变,它们环绕与主偏振态方向重合的轴旋转,旋转速度取决于 PMD 时延,时延越大,旋转越快。通过测量相应角频率变化 $\Delta\omega$ 时邦加球上代表偏振态点的旋转角度 $\Delta\theta$,就可以按下式计算出 PMD 时延 $\Delta\tau$:

$$\Delta\tau = |\Delta\theta/\Delta\omega| \tag{5.12}$$

偏振态法与偏振模耦合程度无关,适用于短的和长的光纤。但这种方法仅限于波长大于或等于光纤有效单模工作波长的情况。

偏振态法测量 PMD 的实验装置如图 5.14 所示。偏振态法实验装置主要组成有光源、偏振控制器、偏振计等。

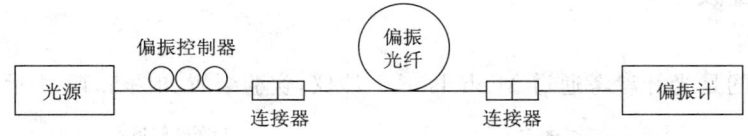

图 5.14 偏振态法的实验装置

用斯托克斯分析器(或旋转分析器)测出偏振波动后,可将它转换为偏振态与波长关系的曲线。根据测得的斯托克斯参数,用下式确定每一偏振态的偏振椭圆度 η:

$$\eta = \tan\left[0.5\arctan\left(\frac{S_3}{\sqrt{S_1^2 + S_2^2}}\right)\right] \tag{5.13}$$

计算偏振态用下式表示:

$$\text{SOP} = \frac{1-\eta^2}{1+\eta^2} \tag{5.14}$$

绘出偏振态与波长关系曲线,确定偏振态曲线上峰值间隔的数目,相邻峰值间相位差为 π,差分群时延或 PMD 时延由下式给出:

$$\Delta\tau = \frac{N}{2} \cdot \frac{1}{\Delta f} = \frac{N}{2} \cdot \frac{\lambda_1 \lambda_2}{c\Delta\lambda} \tag{5.15}$$

(3) 干涉法

干涉法是测量单模光纤 PMD 的第二替代试验方法。当测量处于动态中的光缆时,干涉法可以作为基准试验方法。也是一种测量单模光纤和光缆的平均偏振模色散的方法。

干涉法的测量原理是:当光纤一端用宽带光源照明时,在输出端测量电磁场的自相关函数或互相关函数,从而确定 PMD。在自相关型干涉仪表中,干涉图具有一个相应于光源自相关的中心相干峰。测量值代表了在测量波长范围内的平均值。

干涉法的主要优点是测量速度非常快,测量设备体积小,特别适合于现场使用。干涉法与偏振模耦合程度无关,适用于短的光纤和长的光纤。但这种方法仅限于波长大于或等于光纤有效单模工作波长的情况。

关于偏振模色散差分群时延和偏振模色散系数的定义如下。

① 平均偏振模色散差分群时延 P_s。平均偏振模色散差分群时延是在光频范围 ($\nu_1 \sim \nu_2$) 内偏振态差分群时延 $\delta\tau(\nu)$ 的平均值,即

$$P_s = \frac{\int_{\nu_1}^{\nu_2} \delta\tau(\nu) d\nu}{\nu_2 - \nu_1} \tag{5.16}$$

式中,ν 为光频率,ν_2、ν_1 分别为频率范围的上下限(单位为 ps)。

② 偏振模色散系数。偏振模色散系数用 PMDc 表示,其表达式分两种情况。

弱偏振模耦合(短光纤):

$$\text{PMDc} = \frac{P_s}{L} \quad (\text{ps/km}) \tag{5.17}$$

强偏振模耦合(长光纤):

$$\text{PMDc} = \frac{P_s}{\sqrt{L}} \quad (\text{ps}/\sqrt{\text{km}}) \tag{5.18}$$

式中,L 为被测光纤长度。

5. 实验装置及步骤

(1) 实验装置

本实验使用的是光纤参考通道 Michelson 干涉仪,实验装置如图 5.15 所示。

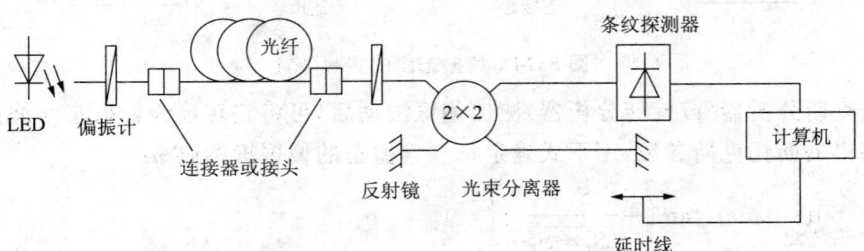

图 5.15　干涉法测量 PMD 装置图

测量时可以使用 Michelson 干涉仪或 Mach-Zehnder 干涉仪,干涉仪的参考通道可以是空

气通道,也可以是一段单模光纤。

① 光源:装置使用的是偏振光源,本仪器使用的是 LED 光源。光源中心波长在 1310~1550nm 窗口范围内,有一定光谱带宽,不存在可能影响自相关函数的波动。

② 偏振计:应对光源光谱范围内偏振。

③ 光束分离器:用来将一束光分成两束光,使两束光分别在干涉仪的两个不同的臂中传播,它可以是光耦合器。

④ 探测器:从被测光纤射出的光耦合至一只光探测器中,它应具有合适的信噪比。探测器应具有斩波器/锁相放大器或相当技术的同步探测技术。

⑤ 数据处理器:计算机对测试数据进行自相关函数处理。

在整个测量期间,被测试样和尾纤的位置及所处环境温度均应保持稳定。

(2) 测量步骤

按图 5.15 连接光路,将光源输出功率调节到与探测器特性相适应的一个合适参考值。为得到足够的干涉条纹对比度,应使干涉仪两臂中的功率基本相同。通过移动干涉仪两臂中的反射镜,记录光强,得到第一个测量结果。对于一个选定的偏振态,从得到的干涉条纹图计算 PMD 时延。

把一盘待测单模光纤松绕在盘具上,注意光纤不能受到任何大的弯曲和应力,用光纤连接器把光纤内端和光源相接,外端和光分析单元相接,注意在连接器处不能有任何异物,否则测试光功率会很低,导致信噪比降低,不能正确测试光纤 PMD。

调整合适的光功率,输入测试长度、光波长等,必要时进行镜面中心校对,使光功率最高峰移到坐标中央。这时延时器对应的反光镜片在分析单元中移动,探测器得到的干涉条纹通过光电转换输入计算机进行函数自相关处理,输出干涉图样。数据处理按式(5.19)进行。弱偏振模耦合情况下,干涉条纹是分离的峰,两个伴峰相对于中心主峰的延迟都是对应于被测器件的差分群时延。对于这种情况,差分群时延等效于 PMD 群时延。

$$\Delta \tau = 2\Delta L / c \quad (5.19)$$

式中,ΔL 为光延迟线移动的距离。

强偏振模耦合情况下,根据干涉图中干涉条纹的宽度确定 PMD 群时延。由于干涉条纹很接近,根据高斯曲线标准偏差 δ 得到

$$\Delta \tau = \sqrt{\frac{3}{4}} \cdot \delta \quad (5.20)$$

式中,δ 为高斯曲线标准偏差。

6. 注意事项

① 系统上电后禁止将光纤连接器对准人眼,以免灼伤。

② 光纤连接器陶瓷插芯表面光洁度要求极高,除专用清洁布外禁止用手触摸或接触硬物。空置的光纤连接器端子必须插上护套。

③ 所有光纤均不可过于弯曲,除特殊测试外,其曲率半径应大于 30mm。

5.5 半导体光源静态特性测试实验

1. 实验目的

① 掌握半导体激光器(LD)发光原理和光纤通信中激光光源工作原理。

② 掌握半导体激光器平均输出光功率与注入驱动电流的关系的测量方法。

③ 掌握半导体激光器光谱特性的测试方法。
④ 熟悉光功率计、光谱仪等基本仪器的用法。

2. 实验仪器

半导体激光器静态特性测试实验箱,1 台;光功率计,1 台;FC/PC-FC/PC 单模光跳线,若干;万用表,1 台;光谱分析仪,1 台。

3. 实验内容

① 测量半导体激光器输出功率和注入电流,并画出 P-I 特性曲线。
② 根据 P-I 特性曲线,找出半导体激光器阈值电流,计算半导体激光器斜率效率。
③ 测量 LD 的温度特性和光谱特性。

4. 实验原理

(1) LD/LED 的 P-I 特性

参考第 4 章原理介绍,半导体光源发光是大量电子从高能级跃迁到低能级的结果。在注入电流的作用下,大量的电子与空穴复合,使半导体晶体电子从高能级跃迁到低能级从而发光。

如果半导体的 PN 结区形成了高能级粒子数与低能级粒子数的反转分布,同时又存在光学谐振机制,并建立起稳定的振荡,使增益足够大,半导体就会发出谱线尖锐的激光,此即 LD 的发光机理。

LED 的 PN 结在发光时不存在粒子数反转也没有光学谐振腔,它在注入电流后就只发出频谱较宽的普通光,而不会发出激光。当注入正向电流时,注入的非平衡载流子在扩散过程中就会复合发光,因此,LED 不存在阈值电流,它的输出功率基本上与注入电流成正比[图 5.16(b)]。

(2) LD 的阈值电流

从 LD 的 P-I 特性曲线[图 5.16(a)]可以看到,曲线分为两部分,在较小注入电流的情况下曲线变化缓慢,几乎没有光功率输出,此时激光器发荧光;当注入电流达到一定的临界值时,光功率的输出急剧增大且与输入电流的增大成线性关系,激光器开始发射激光。由 P-I 特性曲线的线性部分作延长线,与横轴的交点所对应的电流即 LD 的阈值电流 I_{th}。

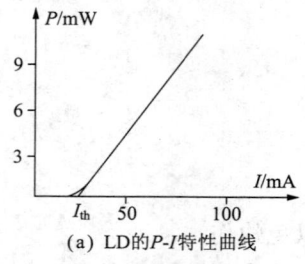
(a) LD 的 P-I 特性曲线

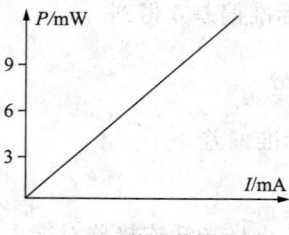
(b) LED 的 P-I 特性曲线

图 5.16

(3) LD 静态温度特性

LD 是对温度非常敏感的器件,它的输出功率随温度发生很大的变化。如果改变 LD 工作的温度,在不同温度下测量其 P-I 特性,就可以得出其 P-I 特性随温度变化的关系。随着温度的升高,P-I 特性曲线会向右偏移(图 5.17)。由于温度的变化会影响 LD 的稳定度和可靠性,当温度变化超过一定范围时,器件将不能正常工作。在实际使用中,需要加入温度控制电路(ATC)对 LD 的温度进行自动控制。

(4) 光谱特性

半导体光源光谱特性主要指其发射光在波长上的功率分布,即发射谱线。使用的测量工具为光谱仪。

LD 的光谱特性主要由它的纵模决定。它的光谱特性和注入电流有着密切的关系。当注入电流低于阈值时,LD 的发射光谱是导带和价带的自发发射谱,谱线很宽,其光谱宽度可达到数十 nm。当注入电流等于或大于阈值时,谐振腔里的增益大于损耗,自发发射谱线中满足驻波条件的光频率在谐振腔里振荡并建立起强场。这个强场使粒子数反转分布的能级间产生受激辐射,而其他频率的光则受到抑制,使 LD 的输出光谱呈现出一个或多个模式振荡。此时 LD 的发射光谱突然变窄,输出激光,谱线中心强度急剧增加。对于单纵模 LD,由于只有一个纵模,其谱线更窄。图 5.18 所示为单纵模 LD 的光谱特性。

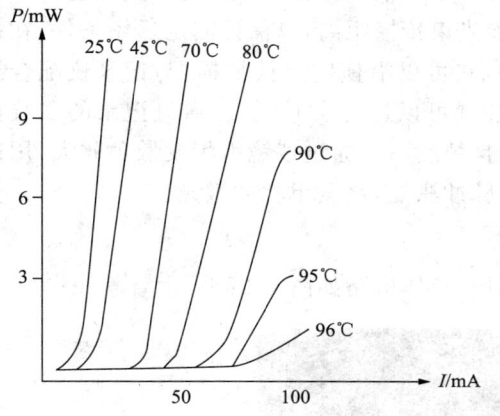
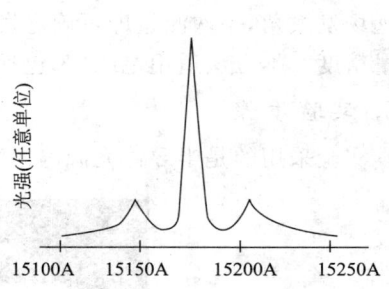

图 5.17　LD 在不同温度下的 P-I 特性　　　　图 5.18　单纵模 LD 的光谱特性

发射光谱随注入电流而变化,如图 5.19 所示,$I<I_t$ 时发射荧光,谱线很宽;$I>I_t$ 时发射激光,光谱突然变窄。

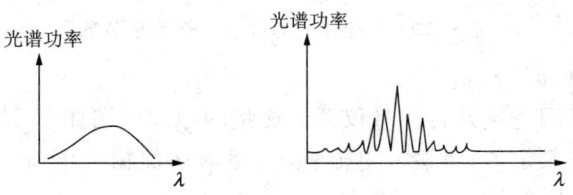

图 5.19　发射光谱随注入电流而变化

从激光二极管发射光谱图上可以确定阈值电流。当注入电流低于阈值电流时光谱很宽,当注入电流达到阈值电流时,光谱突然变窄,出现明显的峰值,这时的电流就是阈值电流。

(5) 光束发散角

发散角是激光器输出光束的重要参数。通常,发自 LD 的光束不是平行光束,而是相对光轴有一定的发散角。对于侧面发光的 LD 来说,其在芯片垂直和平行方向的发散角可能不同,可用 $\theta_\perp$ 和 $\theta_{/\!/}$ 来表示。

光强按照辐射角度的分布称为远场分布,因在足够远处,有限的发光面积可以看成点光源。在实际测量中,远场条件取 $z>7f$,z 为测量距离,f 为激光器的共焦参数,$f=\pi\omega_0^2/\lambda$。

测量发散角的方法主要有两大类:一类是几何法(图 5.20),即通过测量光束远场中不同位置处或透镜焦平面上的光斑尺寸,求得发散角;另一类是干涉法(图 5.21),即利用干涉原理,通过计算干涉条纹数确定发散角的大小。

① 几何法。需多次测量,调节复杂,测量误差较大,不能适用于脉冲激光。

图 5.20　几何法测量发散角　　　　　图 5.21　干涉法测量发散角

② 干涉法。利用平行平板(采用石英板)前后两个反射面形成的两反射光束,进行干涉形成非定域干涉条纹,经过反射镜系统多次反射增加光束传播距离,以保证满足远场条件,在探测端可用带有小孔的光电探测器(可选光电倍增管),它可以沿横向连续扫描,与记录仪配合绘出干涉条纹分布曲线。记录仪使用CCD二维探测装置可以进行实时测量,通过记录的条纹数换算成远场发散角,一次测量即可确定发散角大小,且精度高。通过棱镜组将发散角放大,用以提高测量精度。本方法适用范围广,包括连续激光、脉冲激光,甚至单脉冲激光。

5. 实验步骤

本实验采用的是半导体光源静态特性测量模块,具体电路如图 5.22 所示。

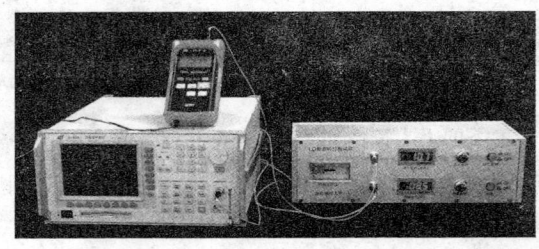

图 5.22　半导体光源静态特性测量装置

(1) LD 的 P-I 特性曲线测量

① 按照测量原理框图连接好各测量仪器。测量的原理框图如图 5.23 所示。

② 调节温度电流在某定值,将输入电流置零,逐渐增加输入电流,重复记录多个输入电流与相应的输出光功率。改变温度,重复测量。

③ 在同一坐标下绘制在不同温度下的 P-I 特性曲线,根据阈值电流 I_{th} 的概念,作图得出 I_{th} 的值。

④ 对所测数据给予简要说明,并写出实验报告。

(2) LD 的光谱特性测量

① 将测量模块输出的光接光谱仪。测量的原理框图如图 5.24 所示。

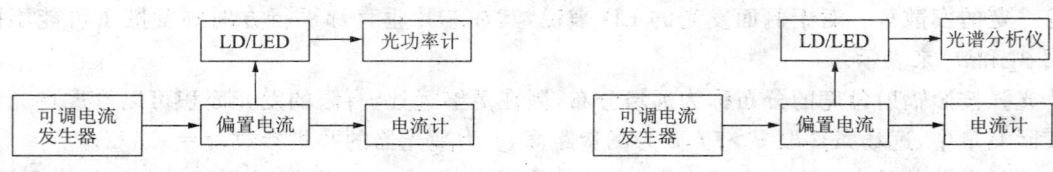

图 5.23　P-I 特性曲线测量　　　　　图 5.24　光谱 P-I 特性曲线测量

② 在确定的温度电流下,逐渐增大注入电流,观察光谱分析仪的显示。
③ 重复上述步骤,打印出不同注入电流下 LD 的光谱曲线。
④ 根据光谱曲线,得到中心波长、谱宽等参数数值。
⑤ 根据光谱图分析所测的 LD 的类型,测出不同注入电流下 LD 的光谱响应特性曲线,由此计算出它的峰值发射波长、中心波长、光谱辐射带宽、光谱线宽等参数。对这些参数给予简要说明,并写出实验报告。

(3) LD 的温度特性测量

通过改变热敏电阻阻值,达到改变激光器温度的目的。
① 用镜头纸或酒精棉擦拭所需连接的跳线端头并吹干。
② 按照原理框图连接好各仪器仪表。
③ 将注入电流旋钮调到零。
④ 将热敏电阻值调到某一确定值,使激光器在这一确定的温度电流下工作(热敏电阻值在 8~15kΩ 范围内)。
⑤ 逐渐增大注入电流,观察光谱分析仪的显示。
⑥ 观察阈值电流在不同温度下的变化;不同温度、相同电流时,观察激光器输出光谱的变化。

将测试数据填入表 5.2 中。

表 5.2

热敏电阻值/kΩ			
注入电流	光功率	注入电流	光功率
阈值电流			

6. 注意事项

① 半导体激光器驱动电流不能过大,否则有烧毁激光器的危险。
② 对半导体激光器进行插拔等操作时,应采取防静电措施。
③ 由于光功率计、光跳线等光学器件的插头属易损件,使用时应轻拿轻放,切忌用力过大。
④ 热敏电阻的值是 10kΩ 级,本实验中为使激光器正常工作,应控制在 8~15kΩ 范围内。
⑤ 光功率计波长的选择。
⑥ 跳线和法兰连接前,必须用酒精擦拭干净并吹干,然后再连接,擦拭后不可随意放置,以免污染跳线端面。光跳线取下后,一定要将光跳线端头盖好,以免跳线端面受到污染。

⑦ 跳线两端比较脆弱,在使用过程中应避免用力弯折、拉伸等。
⑧ 光功率计、光谱分析仪均属于精密测试仪表,使用前请参阅相关使用说明。

7. 实验报告要求和总结

① 在同一个坐标中画出 LD 在不同温度下的 $P\text{-}I$ 特性,并对曲线作分析。其中,对 LD 曲线的线性部分作延长线与横轴相交,可以确定 LD 的阈值电流 I_{th}。对所测数据给予简要说明,并写出实验报告。

② 根据光谱图分析所测的 LD 的类型,测出不同注入电流下 LD 的光谱响应特性曲线,由此计算出它的峰值发射波长、中心波长、光谱辐射带宽、光谱线宽等参数。对这些参数给予简要说明,并写出实验报告。

③ 测量温度变化对中心波长、阈值电流、输出光功率的影响。

8. 思考题

① 试说明半导体激光器的发光工作原理。
② 环境温度的改变对半导体激光器 $P\text{-}I$ 特性有何影响?
③ 分析以半导体激光器为光源的光纤通信系统中,半导体激光器 $P\text{-}I$ 特性对系统传输性能的影响。
④ 在作图求解 LD 的阈值电流 I_{th} 时,由于从发射荧光到发射激光的过程中 $P\text{-}I$ 特性曲线有较大的非线性区域,对此区域如何选取才能使得出的 I_{th} 误差较小?

5.6 光电探测器静态特性测试实验

1. 实验目的

① 掌握光电探测器响应度及量子效率等静态特性的概念。
② 掌握光电探测器响应度的测试方法。
③ 了解光电探测器响应度对光纤通信系统的影响。

2. 实验仪器

光功率计,1 台;FC/PC-FC/PC 单模光跳线,若干;万用表,1 台;光源,1 台;光衰减器,1 台;光电二极管静态特性测量实验装置,1 台。

3. 实验内容

① 测量 PIN 光电二极管的暗电流。
② 测量 PIN 光电二极管的响应度。
③ 测量反偏压对响应度的影响。

4. 实验原理

(1) 预备知识

用万用表来判定 PIN 光电二极管的极性的测量方法如下。

光电二极管 PN 结极性的测量方法和普通半导体二极管一样,可选用模拟万用表的欧姆挡测量,将挡位选在 ×100 或 ×1k 量程,此时,万用表相当于电源,黑表笔为电源正极,红表笔为负极。

光电二极管工作在反向电压下,耗尽区加宽,从而使其电阻变大,所以光电二极管在反向偏压下的电阻要比在正向电压下的电阻大得多。通过这种方法来测量光电二极管的正负极时,如果所得电阻值很大,则黑表笔一端接的是二极管的 N 区,红表笔接的是二极管的 P 区,如果所测电阻值相对很小,则黑表笔接 P 区,红表笔接 N 区。

(2) PIN 光电二极管的工作原理

为抑制噪声,PIN 光电二极管加反向电压(电源正极接二极管 P 区),则外加电场和内部电场区内的电场方向相同。当有光照射二极管时,并且外加光子能量大于禁带宽度 E_g,那么价带上的电子就会吸收光子能量跃迁到导带上,从而形成电子-空穴对,在耗尽区即在本征层内的电子-空穴对,在强电场的作用下,电子向 N 区漂移,空穴向 P 区漂移,从而形成光生电流。光功率变化时,光生电流也随之线性变化,从而光信号变成了电信号。

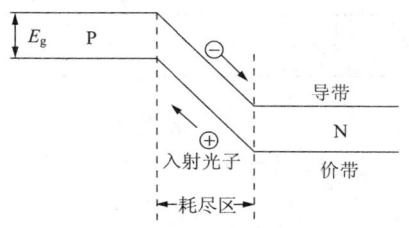

图 5.25 光电二极管能带图

其静态特性主要包括:

① 响应度 R。在给定波长的光照射下,光检测器的输出平均电流与入射的光功率平均值之比。

② 量子效率。响应度是器件外部电路中呈现的宏观灵敏特性,而量子效率是内部呈现的微观灵敏特性。量子效率是能量为 $h\nu$ 的每个入射光子所产生的电子-空穴载流子对的数量。

③ 暗电流。无光照射时,流过光电检测器电流。

5. 实验步骤

PIN 光电二极管实验的测量装置如图 5.26 所示。

(1) PIN 光电二极管暗电流的测量

本实验中我们所采用的方法是:在无光照的情况下,将一个 1μF 的电容接在 PIN 光电二极管两端,由于暗电流的存在,电容的两端将被充电,其中充电量 $Q=It=CV$,C 为电容,V 为电容两端的电压,t 为充电时间(图 5.27)。所以可得 PIN 光电二极管的暗电流为 $I=CV/t$。

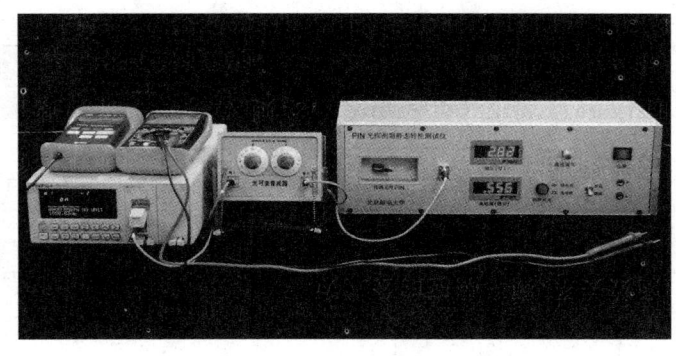

图 5.26 PIN 光电二极管实验测量装置

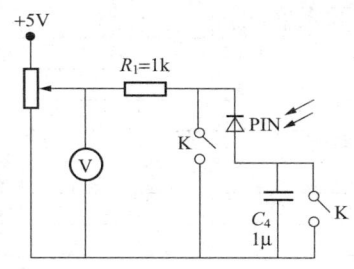

图 5.27 PIN 光电二极管暗电流测量原理

将切换开关打到暗电流挡。将"放电、测试"开关打到"测试"挡。

此时记录时间为 3min,3min 后将切换开关打到光电流挡(将切换开关打到光电流挡的目的是防止测量时手接触到表笔的前端,从而避免手上所带静电将 PIN 光电二极管击穿)。

将数字万用表打到电压 mV 挡,将指针分别接到机箱上的红、黑两个接线柱,记录此时的电压表读数。

注意:此时电压表读数逐渐变小,因为有放电现象存在,所以要记录最初的电压表读数。

利用公式 $I=CV/t$,可求得暗电流值。其中,$C=1\mu F$,V 为万用电表读数,$t=180s$。

将"放电、测试"开关打到"放电"挡位,放电 3min。

调整反向偏压值,分别测量不同反相偏压下的暗电流读数,记入表5.3。

表 5.3

反向偏压(V)									
暗电流(I)									

(2) 测试1310nm光入射时,光电二极管的 I-P 特性

如图 5.28 所示,进行如下操作。

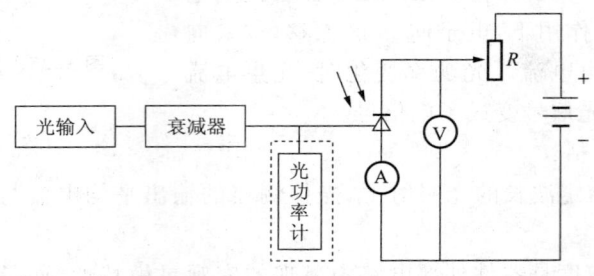

图 5.28　光电二极管暗电流测量原理

① 将切换开关打到光电流挡。
② 调节可变电阻,使电压表 V 值为 2~5V。
③ 将衰减器读数设为 0dB,记录此时电流表读数。
④ 每次将衰减器衰减 1dB,2dB,3dB,…并分别记录电流表读数。
⑤ 将光功率计接上,按照所记录的衰减数,分别记录相应于每次衰减时的光功率读数。
⑥ 根据所记录的电流数及光功率数作出 I-P 特性曲线。

实验数据表格如表 5.4 所示。

表 5.4

偏压/V			偏压/V		
衰减系数/dB	光功率	输出电流	衰减系数/dB	光功率	输出电流
0			14		
1			15		
2			16		
3			17		
4			18		
5			19		
6			20		
7			21		
8			22		
9			23		
10			24		
11			25		
12			27		
13					

⑦ 根据 I-P 特性曲线,得出检测器的响应度并计算其量子效率。
⑧ 测试 1550nm 光入射时光电二极管的 I-P 特性。
⑨ 根据测试结果,得出检测器的响应度并计算其量子效率;将电源开关打开,此时光电流表和电压表正常供电。

6. 注意事项

① 在对 PIN 光电二极管正负极进行测量时,应当使用指针式模拟万用表。
② 不要用手直接接触 PIN 光电二极管的管脚,以免静电使 PIN 光电二极管烧毁。
③ 逐渐改变可变电阻阻值,电压表和检流计数值随之发生变化,注意电压表的数值不要超过 5V。
④ 光功率计、光谱分析仪均属于精密测试仪表,使用前请参阅相关使用说明。
⑤ 由于光源、光功率计等光学器件的插头属易损件,应轻拿轻放,使用时切忌用力过大。

7. 思考题

① 影响检测器响应度的指标有哪些?这些指标如何影响光纤通信系统性能?
② 推导检测器响应度 R 与量子效率关系式。
③ 试设计测量暗电流的实验,针对本实验提出改进方案。

5.7 半导体光源的动态特性测试

1. 实验目的

① 了解半导体光源(LED、LD)的工作原理及特性。
② 熟悉半导体光源(LED、LD)动态参数——上升、下降时间的定义,以及影响该参数特性的因素。
③ 掌握半导体光源(LED、LD)动态特性的测试方法和数据的处理方法。

2. 实验仪器

宽带低速 O/E 装置,1 套;宽带高速 O/E 装置,1 套;500M 高速取样示波器,1 台;网络分析仪,1 台;光跳线和法兰盘,若干。

3. 实验内容

① 了解 LED 的发光原理和动态特性中各参量的含义,熟悉测量 LED 上升、下降时间的方法。
② 了解 LD 的发光原理和动态特性中各参量的含义,熟悉测量 LD 上升、下降时间的方法。
③ 熟悉各种光电子器件测量仪器的使用。

4. 实验原理

半导体光源是光纤通信中最常见的光源,包括发光二极管(LED)和半导体激光器(LD)两种。

(1) 发光二极管基本工作原理

LED 是由Ⅲ-Ⅳ族化合物,如 GaAs、GaP、GaAsP 等半导体制成的,其核心是 PN 结。要使 LED 发光,构成有源层的半导体材料必须是直接带隙材料,越过带隙的电子和空穴能够直接复合发射出光子。在正向电压下,电子由 N 区注入 P 区,空穴由 P 区注入 N 区。进入对方区域的少数载流子(少子)一部分与多数载流子(多子)复合而发光。

在 LD 中,光振荡的形成主要有两种方式:用晶体天然解理面形成的法布里-珀罗(F-P)腔建立稳定的光振荡;利用有源区一侧的周期性波纹结构提供光耦合形成光振荡,典型例子是分布反馈(DFB)激光器。

(2) 动态特性测试原理

本次试验中主要测试 LD 和 LED 的上升时间、下降时间(t_r、t_f)。

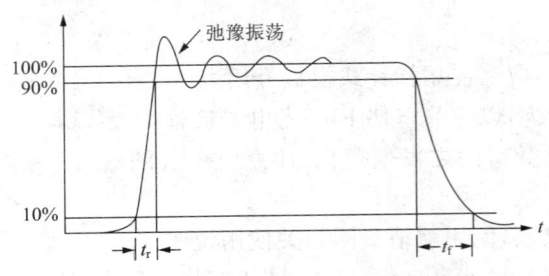

图 5.29 光脉冲的上升与下降时间

上升时间 t_r 定义为 LD 或 LED 输出功率的脉冲响应时间,它是光脉冲从额定功率的 10% 上升到 90% 所需的时间,下降时间 t_f 为光脉冲从额定光功率的 90% 下降到 10% 所需的时间,如图 5.29 所示。

由于大容量光纤通信系统中普遍采用高速光脉冲信号,因而要求半导体激光器有快速的时间响应特性,也就是要求光源输出的光脉冲有尽可能短的上升时间 t_r 和下降时间 t_f。测量半导体激光器的上升与下降时间的实验装置如图 5.30 所示。脉冲发生器产生的电脉冲用来驱动被测的 LD 或 LED 发出光脉冲,光脉冲通过一个透镜或一小段光纤跳线与高速光电探测器(PIN 光电二极管或雪崩二极管 APD)耦合,探测器将探测到的光信号转换为电信号送到取样示波器,在示波器上可以观察得到光脉冲的响应波形。

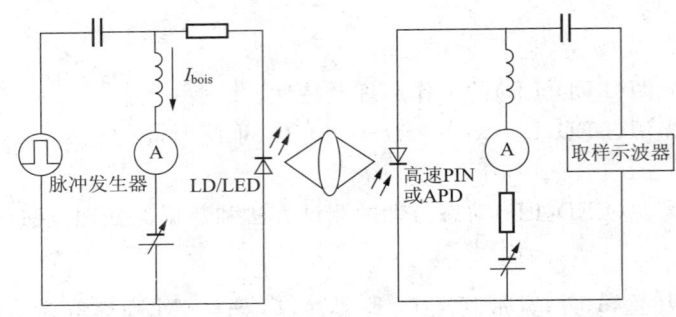

图 5.30 LD/LED 光脉冲上升、下降时间测量装置

在实际中,因为 t_r 和 t_f 均为 ns 量级,所以在测量的时候要选用高速的光电探测器作为接收器件,探测器响应速度越高,对实验产生的误差影响就越小。

5. 实验步骤

按照图 5.31 所示连接测试电路。

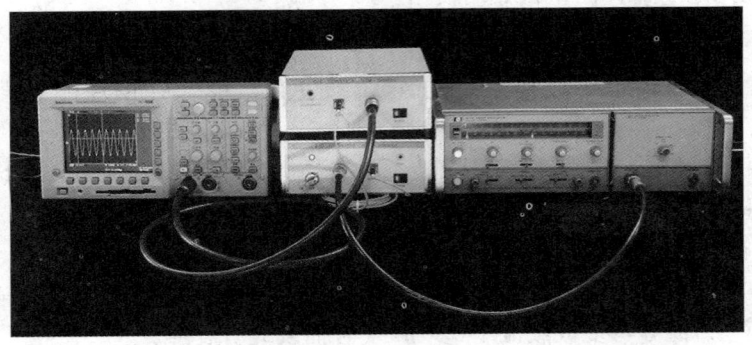

图 5.31 半导体光源的动态特性测量装置

图 5.32 为半导体光源的动态特性测量原理图,其中低速 O/E 包括脉冲发生器、被测 LD 或 LED 等;接收端高速 O/E 包括高速 PIN 或 APD 及其他辅助设备,两者之间通过光纤相连接。另外,脉冲发生器的输出信号 Out view signal 和高速 O/E 的输出信号 Output 通过电缆接

到双踪取样示波器上,分别测量两个信号的波形。

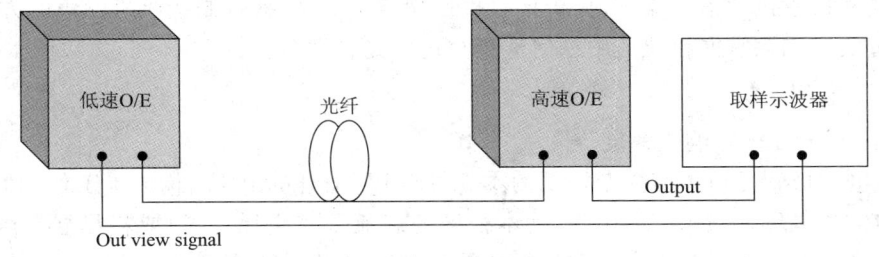

图 5.32 半导体光源的动态特性测量原理

检查无误后接通电路,在取样示波器上得到脉冲发生器发出的初始波形和检测到的光脉冲波形。通过分析示波器波形得到 LD/LED 的上升、下降时间。

数据处理:以上升时间为例,采样示波器测得的上升时间不是 LD/LED 的上升时间 t_r,而是整个系统的响应时间 t_{rd},它包括脉冲发生器产生电脉冲的上升时间 t_{rp}、光电探测器上升时间 t_{rPIN}(或 t_{rAPD})、取样示波器上升时间 t_{rs} 等。由此可得被测 LD/LED 的上升时间为

$$t_r = \sqrt{t_{rd}^2 - (t_{rp}^2 + t_{rPIN}^2 + t_{rs}^2 + \cdots)}$$

在实验中,要求 t_{rp}、t_{rPIN}、t_{rs} 等均远小于 t_r,以此来减小它们带来的实验误差,提高实验精确度,这主要通过选择合适的器件来达到。例如在实验中尽可能选择响应速度高的 PIN 光电二极管或 APD 及高速的取样示波器等。

6. 实验注意事项

① 输出电信号的测量时,要先小心接好地再观测,探头要带衰减(必须有负载)。

② 光纤通信器件精密度高,易于损坏,因此连接器件时要小心轻放,不可过度用力以免造成损坏。

7. 思考题

① 根据输出光脉冲波形,分析脉冲波形得到 LD(LED)的上升、下降时间和系统带宽的关系。

② 分析该实验中可能产生实验误差的原因,指出改进测量方法及减小误差的方向。

5.8 PIN 光电二极管和 APD 的动态特性测试

1. 实验目的

① 了解 PIN 光电二极管和雪崩光电二极管(APD)响应速度的测量方法。

② 掌握 PIN 光电二极管响应时间和频率响应(带宽)的测量方法及其数据处理方法。

③ 学习相关仪器仪表的使用方法。

2. 实验仪器

宽带低速 O/E 装置,1 套;宽带高速 O/E 装置,1 套;500M 高速取样示波器,1 台;网络分析仪,1 台;光跳线和法兰盘,若干。

3. 实验内容

① 掌握 PIN 光电二极管和雪崩光电二极管光电检测响应速度和噪声特性以及决定该特性的主要参数。

② 掌握 PIN 光电二极管的动态特性——响应时间和线性响应带宽的测量方法。

③ 测量 PIN 光电二极管的线性响应特性曲线和响应带宽特性,掌握光接收机的选择。
④ 观测光接收机的信号噪声,分析接收机的噪声来源,掌握抑制接收机噪声的方法。
⑤ 通过实验应该掌握在通信中如何选择合适的光收发器。

4. 实验原理

(1) PIN 光电二极管响应速度

PIN 光电二极管是由中间掺杂极低的本征材料 i 层隔开的 PN 结构成。工作时器件上加足够大的反向偏置电压,一般为 5~10V,使本征区的载流子完全耗尽,形成耗尽层。当入射到检测器件上的光子能量大于等于半导体材料的带隙宽度时,价带中的电子吸收了光子能量而跃迁到导带,产生了电子-空穴对。一旦电子-空穴对产生后,高的耗尽区电场使它们立即分开,向各自的反方向漂移,在外围电路产生了电流 I_p。必须指出,在耗尽区两边的 P 区和 N 区,电场趋于零,载流子做扩散运动,因而运动速度较慢,从而影响了对信号的响应速度。

(2) 雪崩光电二极管

与光电二极管不同,APD 有一个碰撞电离过程。雪崩光电二极管在结构设计上考虑了能让它承受更高的反偏电压,从而在 PN 结内部形成一个高电场区。光生的电子或空穴经过高场区时被加速,从而获得了足够的能量,它们在高速的运动中与晶格碰撞,使晶格中的原子电离,从而激发出新的电子-空穴对,这个过程称为碰撞电离。新产生的电子-空穴对又被加速,去碰撞其他的原子,这样多次碰撞电离的结果,使载流子速度增加,反向电流速度加大,形成雪崩倍增效应。APD 就是利用雪崩倍增效应使光电流得到倍增的高灵敏度的检测器。

(3) 响应时间的测量

用响应时间(上升沿时间和下降沿时间)来表示。一般用输出脉冲前沿的 10%~90% 之间的时间间隔来衡量。对于完全耗尽的二极管来说,前沿和后沿的效果相同。

上升(下降)沿时间的测量方法如图 5.33 所示。

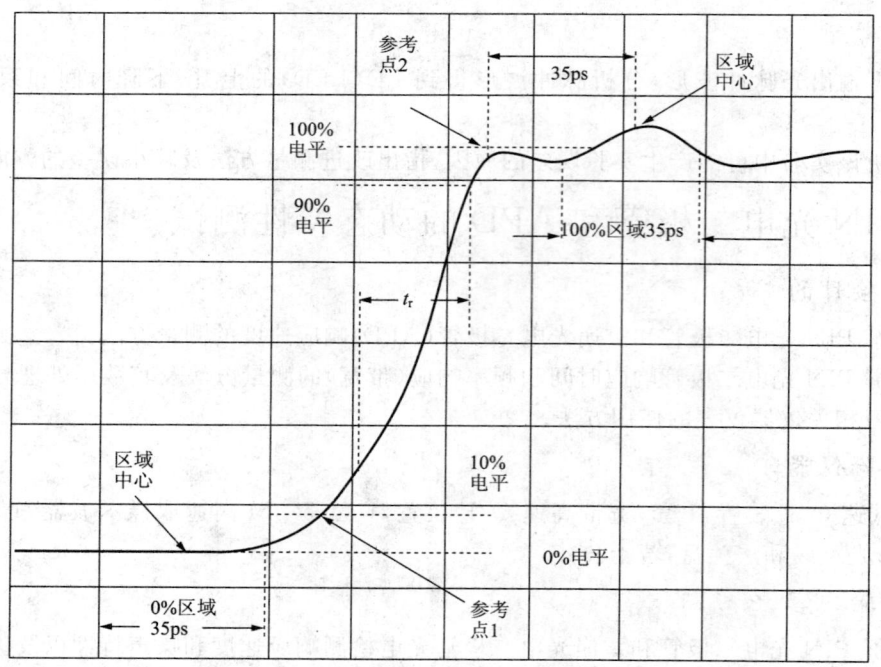

图 5.33 上升(下降)沿时间的测量方法

① 响应图形的过冲量（上冲和下冲）不得大于稳态幅度的10%。
② 在响应图形的前沿上可以找到两个拐点，下拐点是参考点1，上拐点是参考点2。
③ 自参考点1向左画出第一个宽度约为 t_r 的区域，自该区域中心向左再画出第二个宽度约为 t_r 的区域，把第二个区域两边的纵坐标的平均值定为0%水平线。
④ 同理，自参考点2向右画出两个宽度约为 t_r 的区域，把第二个区域两边的纵坐标的平均值定为100%水平线。
⑤ 根据0%和100%水平线分别定出10%和90%两个幅度值，这两个幅度值对应的时间差就是 t_r。
⑥ 采取类似于②~⑤的步骤定出 t_f。

测试响应时间的方法如图5.34所示。

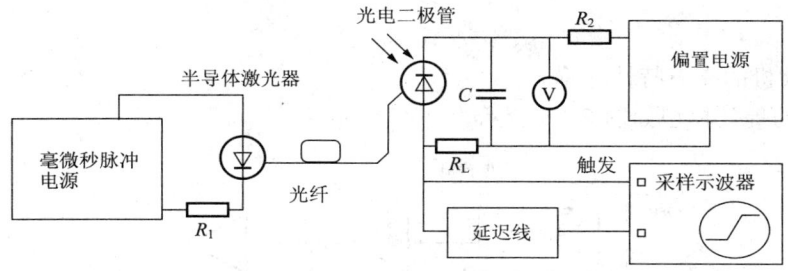

图5.34 测试响应时间的方法

① 如图5.34所示，示波器测出的响应时间是整个系统的响应时间 t_{rd}。
② 脉冲电源的响应时间 t_{rp}，半导体激光器的上升时间为 t_{rLD}。
③ 采样示波器的上升时间为 t_{rs}。
④ 被测器件的上升时间为 $t_r = \sqrt{t_{rd}^2 - (t_{rp}^2 + t_{rLD}^2 + t_{rs}^2)}$。

（4）响应时间的测量

响应速度的影响因素一般有以下几个方面：

① 光电二极管和它的负载电阻的 RC 时间常数。光电二极管是一个电流源，它的等效电路如图5.35所示。C_d 是它的结电容，R_s 是它的串联电阻，一般情况下 R_s 可以忽略。结电容与耗尽层厚度 w 及结面积 A 有关，为

$$C_d = \varepsilon A / w$$
$$\tau_{RC} = 2.2 R_T C_T$$
$$R_T = R_L // R_a, C_T = C_a + C_d$$

C_d 和负载电阻的 RC 时间常数限制了器件的响应速度。

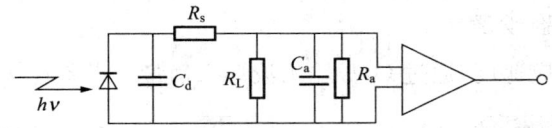

图5.35 光电二极管接收等效电路

② 载流子在耗尽区中的渡越时间 t_d。在耗尽区里产生的电子-空穴对，在电场的作用下进行漂移运动。漂移运动的速度与电场强度有关，电场较低时，漂移运动的速度 V_d 正比于电场强度 E，当电场强度达到某一值 E_s，载流子的漂移速度不再变化，即达到了极限漂移速度。

③ 耗尽区外产生的载流子由于扩散而产生的时间延迟。扩散运动的速度比漂移运动的速度慢得多。若在零电场的表面层里产生了较多的电子-空穴对,那么其中的一部分将被复合掉,还有一部分先扩散到耗尽区,然后被电路吸收。这部分载流子做扩散运动的附加时延使检测器输出电脉冲的下降沿的拖尾时间较长,从而明显影响光电二极管的响应速度。

(5) 光电检测频率响应特性

频率响应是输出信号与调制频率的函数关系,频率响应的公式为

$$v_s = \frac{v_{s0}}{[1+(2\pi f \tau)^2]^{1/2}}$$

v_{s0} 是零频时的信号电压,f 是调制频率,τ 是时间常数,这个时间常数与载流子寿命、器件电容和外电路的一些参量有关。令 $f = f_c$ 时输出的信号电压 $v_s = v_{s0}/\sqrt{2}$,则 $f_c = \frac{1}{2\pi\tau}$ 称为截止频率。

(6) 光接收机的噪声特性

光接收机的等效模型如图 5.36 所示。

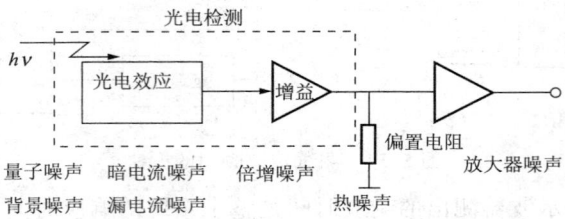

图 5.36 光接收机的噪声源等效模型

① 量子噪声(或散弹噪声)。它来自单位时间内到达光检测器上信号光子数的随机性,因此它与信号电平有关。由于光的波粒二重性,每个光子的能量 $h\nu$ 是不连续的,光束中的光子是以其统计平均值为中心随机波动的。这种随机起伏的光子入射到光电检测器时,产生的电子-空穴对也随机起伏,导致所谓的量子噪声。量子噪声是光的本质所决定的,总是存在的,从而成为接收机极限灵敏度的限制。

② 暗电流噪声和漏电流噪声。暗电流是没有光入射时流过光电检测器的电流,它由 PN 结内热效应产生的电子-空穴对形成。暗电流随偏置电压及温度的增大而增大。表面漏电流是由表面物理特性不完全所致,它也与表面积大小及偏置电压有关,通过合理的结构设计及严格的工艺可大大降低漏电流的影响。

③ 背景噪声。通信中除了信号功率外,还存在 KTB 的背景热噪声功率,并成为电接收系统灵敏度的最终限制。但输入光信号中的热噪声非常小,可以忽略不计。

5. 实验内容及实验步骤

① 测量低速 PIN 响应速度,通过 O/E 输出波形来衡量。设备连接如图 5.37 所示。

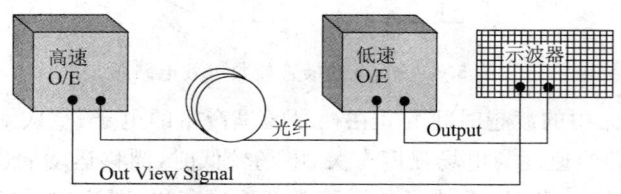

图 5.37 测量低速 PIN 响应速度的连接框图

② 高速 O/E 系统的结构。

高速 O/E 系统的工作原理如图 5.38 所示。自由振荡电路产生高频信号可为 O/E 提供内部信号；外部输入接口电路提供外部输入信号；利用同轴跳线接口，通过同轴的连接选择由外部输入信号还是内部提供信号；信号经过高速整形后，输入激光驱动电路；最后，信号经过驱动后送到激光器；激光器的温度和功率控制由相应模块自动完成。

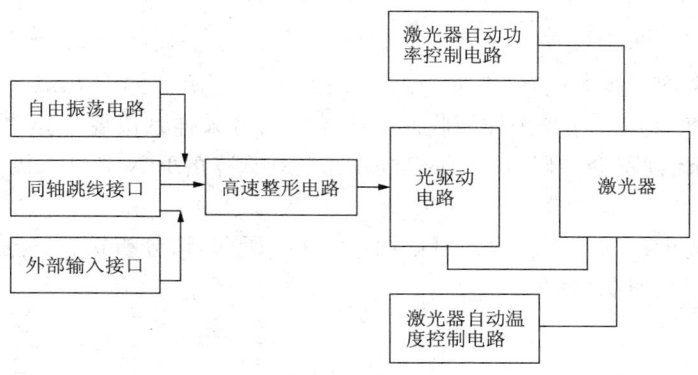

图 5.38　高速 O/E 系统的工作原理

③ 连接电路。将高速 O/E（即光脉冲发生器）的光发送和低速 O/E 的光接收连接起来，同时将高速 O/E 设备的 Out View Signal 电信号和低速 O/E 的 Output 电信号连接到双踪示波器上进行观察，存储观测图像。

④ 分别测量两个信号的上升沿时间。测得 t_{r1} 和 t_{r2}，它们分别是 O/E 输出信号的上升沿时间，O/E 设备输出观测信号的上升沿时间。

⑤ 可以求得 PIN 光电二极管中的响应速度为 $t_r = \sqrt{t_{r2}^2 - (t_{r1}^2 + t_{rs}^2)}$。$t_{rs}$ 为示波器的响应时间。

⑥ 不改变 O/E 设备的设置，把低速的 O/E 设备换成高速的 O/E 设备，然后重复上面的操作，同样我们可以获得 t_r' 为

$$t_r' = \sqrt{t_{rd}^2 - (t_{rp}^2 + t_{rLD}^2 + t_{rs}^2)}$$

注意此次不能忽略光发送器件的响应时间，因为它和光接收器件的响应时间是同一数量级的。把 t_r' 与 t_r 作比较，就可以得知 PIN 光电二极管的响应特性的不同，这是我们对比衡量光接收器的一个重要指标。

⑦ 将高速 O/E 设备换成低速的 O/E 重复第①～③步的操作，比较测量的结果，给出相应的实验结论。

⑧ 用宽带 O/E 设备和信号发生器测量 PIN 光电二极管的频率响应曲线。

按图 5.39 连接好设备。调制信号发生器为零频率输出，读取示波器信号电压 v_{s0}，计算出 $v_s = v_{s0}/\sqrt{2}$。然后增加信号发生器的频率，读取示波器输出信号电压，分别记录频率和相应的信

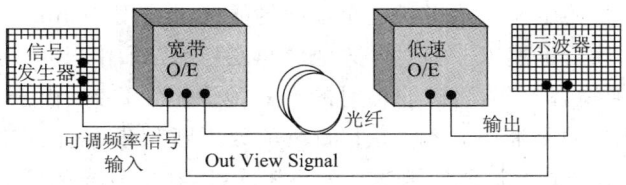

图 5.39　频率响应曲线测试框图

号电压。判断输出信号的电压是否接近 $v_s = v_{s0}/\sqrt{2}$，最接近该电压的信号频率便是截止频率。继续提高输入信号的频率，直到 2.5GHz，然后记录相应的电压信号，绘出 PIN 频率响应曲线。

6. 实验注意事项
① 测量输出电信号时要小心，先接好地线再观测，探头要带衰减（就是必须有负载）。
② 更换 O/E 的器件时要小心轻放，不可用力造成物理损坏。

7. 思考题
① A 和 B 是全网同步的设备，即采用同一个时钟，信号源 A 发送出频率为 50MHz 的数字信号，接收端 B 对数字信号同步采样接收。接收端对信号采样判决要求是，信号的建立时间为 3ns、保持时间为 1ns 则不会误码，那么我们应该选择什么样的 PIN 光电二极管接收？应该从哪几方面因素考虑？
② 如果 PIN 光电二极管的接收信号如图 5.40(b)所示，请分析接收到这种波形的原因，从哪些方面着手可以改善这种现象？

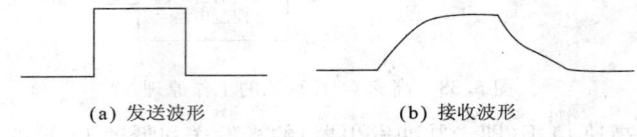

(a) 发送波形 　　　　(b) 接收波形

图 5.40

5.9 掺铒光纤放大器特性

1. 实验目的
① 掌握掺铒光纤放大器(EDFA)实现光放大的基本原理。
② 掌握 EDFA 的基本结构。
③ 掌握 EDFA 的工作特性。

2. 实验仪器
EDFA 实验控制平台，1 套；四波长发生器，1 台；光谱分析仪(MS9710C)，1 台；光跳线，若干；宽带光源，1 台。

3. 实验内容
① 泵浦波长及泵浦方式对增益的影响。
② 泵浦功率对增益的影响。
③ EDFA 的长度对增益的影响。

4. 实验原理
掺铒光纤能放大光信号的基本原理就是 Er^{3+} 能吸收泵浦光的能量由基态跃迁至处于高能级的能态，对于不同波长的泵浦光电子跃迁至不同的能级。当用 980nm 波长的光泵浦时，电子从基态跃迁到泵浦态，然后迅速以非辐射方式弛豫至亚稳态，而用 1480nm 波长的光泵浦时，电子从基态直接跃迁至亚稳态上部，再以非辐射方式弛豫至亚稳态，由于在亚稳态上载流子有较长的寿命，在源源不断的泵浦下，亚稳态上的粒子数不断积累，从而实现粒子数的反转。这时，如果有 1550nm 的信号光通过已经被激活的掺铒光纤，在信号光的感应下，亚稳态上的粒子以受激辐射的方式跃迁至基态，并产生一个与信号光光子完全一样的光子，因而信号光在掺铒光纤的传播过程中就不断被放大。

当泵浦功率较小时,放大器的增益较高;当泵浦功率较大时,放大器增益出现饱和,即泵浦光功率增加很多而增益基本保持不变。同时对应于一定的泵浦光功率,如果掺铒光纤的长度超过了一定的范围,泵浦光功率在光纤中的消耗很大,当其低于阈值功率时,其能量不足以使掺铒光纤中的粒子数反转,掺铒光纤反过来将消耗信号光功率,增益系数变为负数,因此在 EDFA 中肯定存在一个可以获得最大增益的最佳光纤长度。

EDFA 工作在线性范围内的增益称为小信号增益,在给定的信号波长和泵浦功率下,增益基本上与输入信号光功率无关,把增益比小信号最佳增益降低 3dB 时的波长间隔称为小信号增益波长带宽。在信号波长上,其增益相对小信号增益减小 3dB 时的输出信号的光功率称为饱和输出功率,在正常工作情况下,从 EDFA 能够得到的输出信号的最大光功率称为最大输出信号功率。

EDFA 在放大过程中,亚稳态的粒子会以自发辐射的方式跃迁至基态,自发辐射产生的光子也会被放大,这种放大的自发辐射(ASE)会消耗泵浦光功率,并引入噪声。由于 ASE 占有整个放大带宽,故不可能将其全部滤除。一般用噪声系数(NF)来衡量一个 EDFA 的噪声特性,其定义为放大器输入信噪比和输出信噪比之比。在求解速率方程组时可以发现,EDFA 的粒子数反转程度越高其噪声性能越好。理论上已证明,对于任何利用受激辐射进行放大的放大器,其 NF 的最小值为 3dB,这称为 NF 的量子极限。

就泵浦方式而言,EDFA 的基本结构的泵浦方式有三种结构:前向泵浦、后向泵浦和双向泵浦,其简略图如图 5.41 所示。

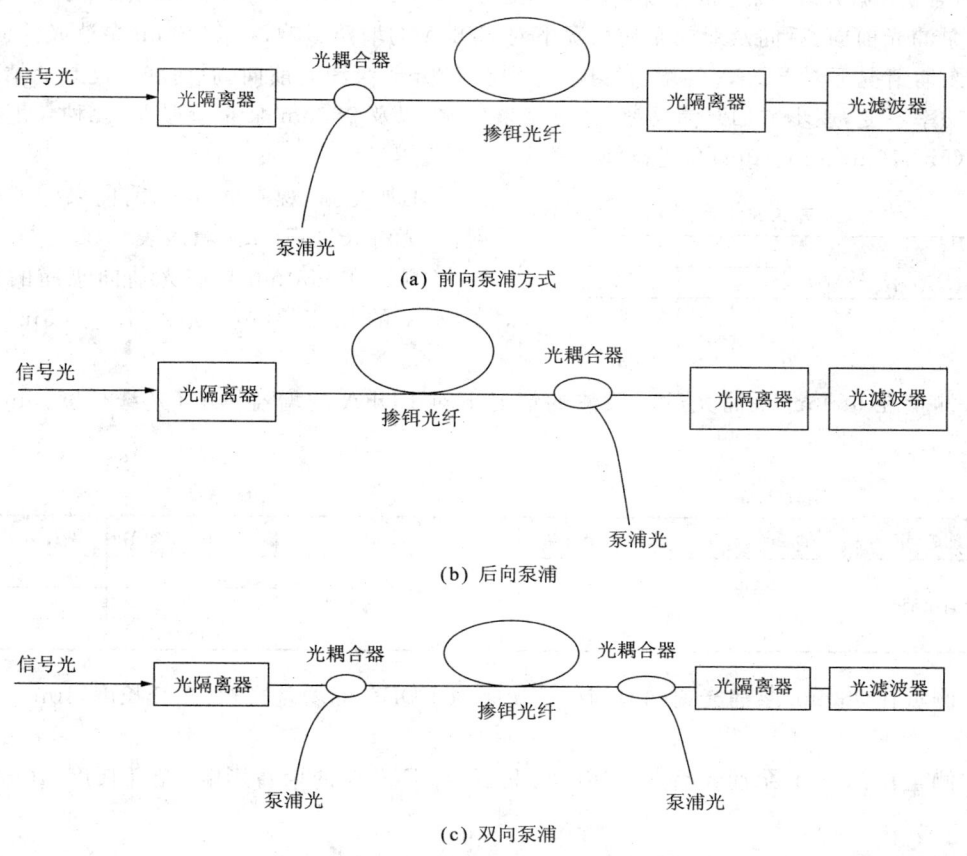

图 5.41　三种泵浦方式下的 EDFA 简图

5. 实验步骤

EDFA 实验装置如图 5.42 所示。

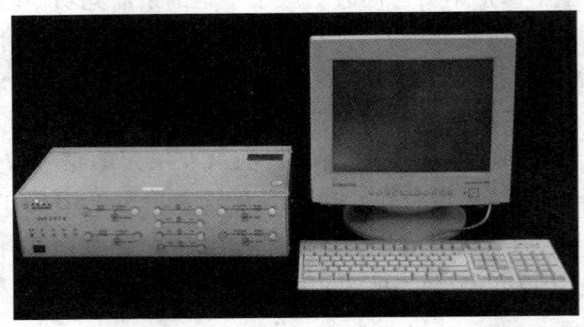

图 5.42 EDFA 实验装置

① 测量在 980nm 泵浦光前向、后向及双向泵浦情况下对 EDFA 的增益影响。

② 测量在 1480nm 泵浦光前向、后向及双向泵浦情况下对 EDFA 的增益影响。

③ 分别在 980nm 泵浦光前向、后向和双向泵浦情况下保持信号功率不变,逐步增加泵浦功率,记录结果变化。

④ 在 980nm 泵浦情形下,考虑下面几种长度的情况下长度与增益间的关系:5m、10m、15m、20m。选取最佳的光纤长度。

⑤ 实验数据处理:以宽带光源(中心波长为 1548.2nm,功率为 517.3μW)作为信号光,在 980nm 泵浦光前向、后向及双向泵浦情况下对 EDFA 的增益影响;在 1480nm 泵浦光前向、后向及双向泵浦情况下对 EDFA 的增益影响;分别在 980nm 泵浦光前向、后向和双向泵浦情况下保持信号功率不变,逐步增加泵浦功率,记录结果变化,以及 980nm 泵浦情形下,几种长度的情况下长度(5m、10m、15m、20m)与增益间的关系。

• 不加光源,观测 980nm 前向泵浦时的自发辐射谱(光纤长度:10m),填入表 5.5。

表 5.5

泵浦电流/mA	120	130
自发辐射功率/μW		

• 测量在 980nm 泵浦光前向泵浦的情况下对 EDFA 的增益影响(光纤长度:5m),填入表 5.6。

• 测量在 980nm 泵浦光后向泵浦的情况下对 EDFA 的增益影响(光纤长度:5m),填入表 5.7。

表 5.6

泵浦方式	泵浦电流/mA	辐射功率/μW
前向泵浦	100	
	110	
	120	

表 5.7

泵浦方式	泵浦电流/mA	辐射功率/μW
后向泵浦	160	
	170	
	180	

• 测量在 980nm 泵浦光前向泵浦的情况下对 EDFA 的增益影响(光纤长度:10m),填入表 5.8。

• 测量在 980nm 泵浦光后向泵浦的情况下,对 EDFA 的增益影响(光纤长度:10m),填入表 5.9。

表 5.8

泵浦方式	泵浦电流/mA	辐射功率/μW
前向泵浦	100	
	110	
	120	

表 5.9

泵浦方式	泵浦电流/mA	辐射功率/μW
后向泵浦	100~120	
	150	
	160	
	170	
	180	

- 测量在 980nm 泵浦光前向泵浦的情况下，对 EDFA 的增益影响（光纤长度：15m），填入表 5.10。
- 测量在 980nm 泵浦光后向泵浦的情况下，对 EDFA 的增益影响（光纤长度：15m），填入表 5.11。

表 5.10

泵浦方式	泵浦电流/mA	辐射功率/μW
前向泵浦	150	
	160	
	170	

表 5.11

泵浦方式	泵浦电流/mA	辐射功率/μW
后向泵浦	160	
	170	
	180	

- 测量在 980nm 泵浦光双向泵浦的情况下，对 EDFA 的增益影响（光纤长度：15m），填入表 5.12。
- 测量在 1480nm 泵浦光前向泵浦的情况下，对 EDFA 的增益影响（光纤长度：15m），填入表 5.13。

表 5.12

泵浦方式	前向泵浦电流/mA	后向泵浦电流/mA	辐射功率/μW
双向泵浦	150	160	
	160	170	
	170	180	

表 5.13

泵浦方式	泵浦电流/mA	辐射功率/μW
前向泵浦	100	
	110	
	120	

- 测量在 1480nm 泵浦光前向泵浦的情况下，对 EDFA 的增益影响（光纤长度：10m），填入表 5.14。
- 测量在 1480nm 泵浦光前向泵浦的情况下，对 EDFA 的增益影响（光纤长度：5m），填入表 5.15。

表 5.14

泵浦方式	泵浦电流/mA	辐射功率/μW
前向泵浦	100	
	110	
	120	

表 5.15

泵浦方式	泵浦电流/mA	辐射功率/μW
前向泵浦	100	
	110	
	120	

⑥ 实验结果分析。
- 根据表 5.2 所得数据分析在正常的泵浦电流范围内，泵浦光的输出功率和泵浦电流的关系。
- 通过比较表 5.6、表 5.7、表 5.8、表 5.9，分析在 980nm 泵浦光的作用下，不同长度的光纤前向泵浦时的 EDFA 的增益和后向泵浦时的 EDFA 增益的关系。
- 通过比较表 5.10、表 5.11 与表 5.12，分析采用不同泵浦方式对 EDFA 增益的影响。

6. 实验注意事项

① 本实验采用计算机控制平台对泵浦光的泵浦方式进行控制,因此在操作时要注意断开和接通泵浦源。

② 在光谱分析仪对数据进行采集时,要调节好单位,使图形合适。

③ 在改变光纤长度时一定要注意接头的洁净。

5.10 光纤喇曼放大器原理演示

1. 实验目的

① 了解光纤喇曼放大原理。
② 了解光纤喇曼放大器(FRA)系统原理。
③ 掌握 FRA 的结构和工作特性。

2. 实验仪器

光纤实验箱(各种光纤),1 台;FRA 实验控制平台,1 套。

3. 实验内容

① 测量泵浦波长及方式对增益的影响。
② 测量泵浦功率对增益的影响。
③ 测量 FRA 的长度对增益的影响。

4. 基本原理

(1) 喇曼放大基本原理

当光辐射通过介质时,大部分入射光直接透射过去,一部分光则偏离原来的传播方向而向空间散射开来,形成散射光。散射光与入射光在强度、方向、偏振态及频率方面均可能有所不同。在许多非线性光学介质中,对波长较短的泵浦光的散射的使得一小部分入射功率转移到另一频率下移的光束,频率下移量由介质的振动模式决定,此过程称为喇曼效应。量子力学描述为入射光波的一个光子被一个分子散射成另一个低频光子,同时分子完成振动态之间的跃迁,入射光作为泵浦光产生为斯托克斯波的频移光,如图 5.43 所示。

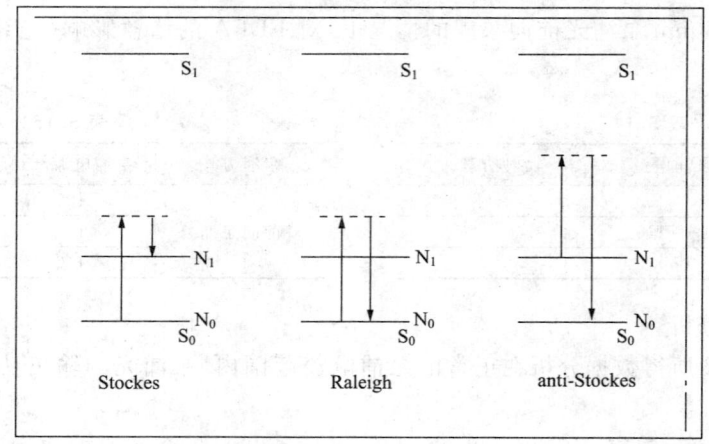

图 5.43 喇曼效应分子间的跃迁原理

图 5.43 中,Stockes 标注的是产生斯托克斯波,Raleigh 标注的是瑞利散射,anti-Stockes 标注的是反斯托克斯波。由于材料中的分子处于一系列不同的能级上,因而各自引起的散射光的

频移也不同,使散射光谱表现为一定的连续性。研究发现,石英光纤具有很宽的受激喇曼散射增益谱,并在13THz附近有一较宽的主峰,因为这一特性,光纤可用作宽带放大介质。

(2) 光纤喇曼放大器基本原理

基于以上喇曼放大基本原理,如果一个弱信号与一个强泵浦光波同时在光纤中传输,并使弱信号波长置于泵浦光的喇曼增益带宽内,弱信号光即可得到放大,这种基于受激喇曼散射机制的光放大器即称为光纤喇曼放大器。其原理及放大器结构如图 5.44 所示。

泵浦合波器将多个高功率的 LD 泵浦组成喇曼泵浦模块(RPM)功率由信号/泵浦复用器(WDM)耦合进光纤,信号可沿线实现放大,并经 WDM 另一臂输出。

(3) 光纤喇曼放大器增益的测量

用 1550nm 波段可调谐激光器作为信号源,在泵浦开/关两个状态下分别记录不同波长下的输出光功率的值,然后对两个系列的功率值相减,可得出增益曲线。

图 5.45 示出了测试原理图。

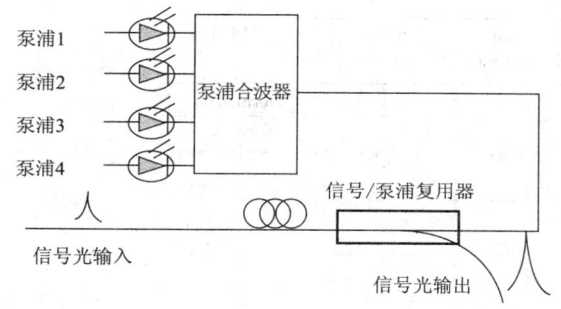

图 5.44 喇曼泵浦方案原理

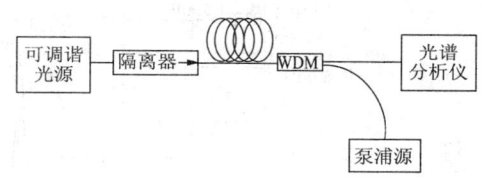

图 5.45 增益曲线测试原理

5. 实验步骤

光纤喇曼放大实验箱如图 5.46 所示。

图 5.46 光纤喇曼放大实验箱

① 泵浦激光器的设置。

图 5.47 为实验中四个泵浦激光器的光谱曲线,泵浦功率分别为 $p_1=153$mW,$p_2=140$mW,$p_3=139$mW,$p_4=160$mW。由图 5.47 可见,在实验中采用的泵浦激光器并不是想象

中的谱宽很窄的激光器。由于宽带泵谱激光器具有更宽的喇曼增益曲线,有利于运用多个这样的泵浦源设计平坦的宽带 FRA。

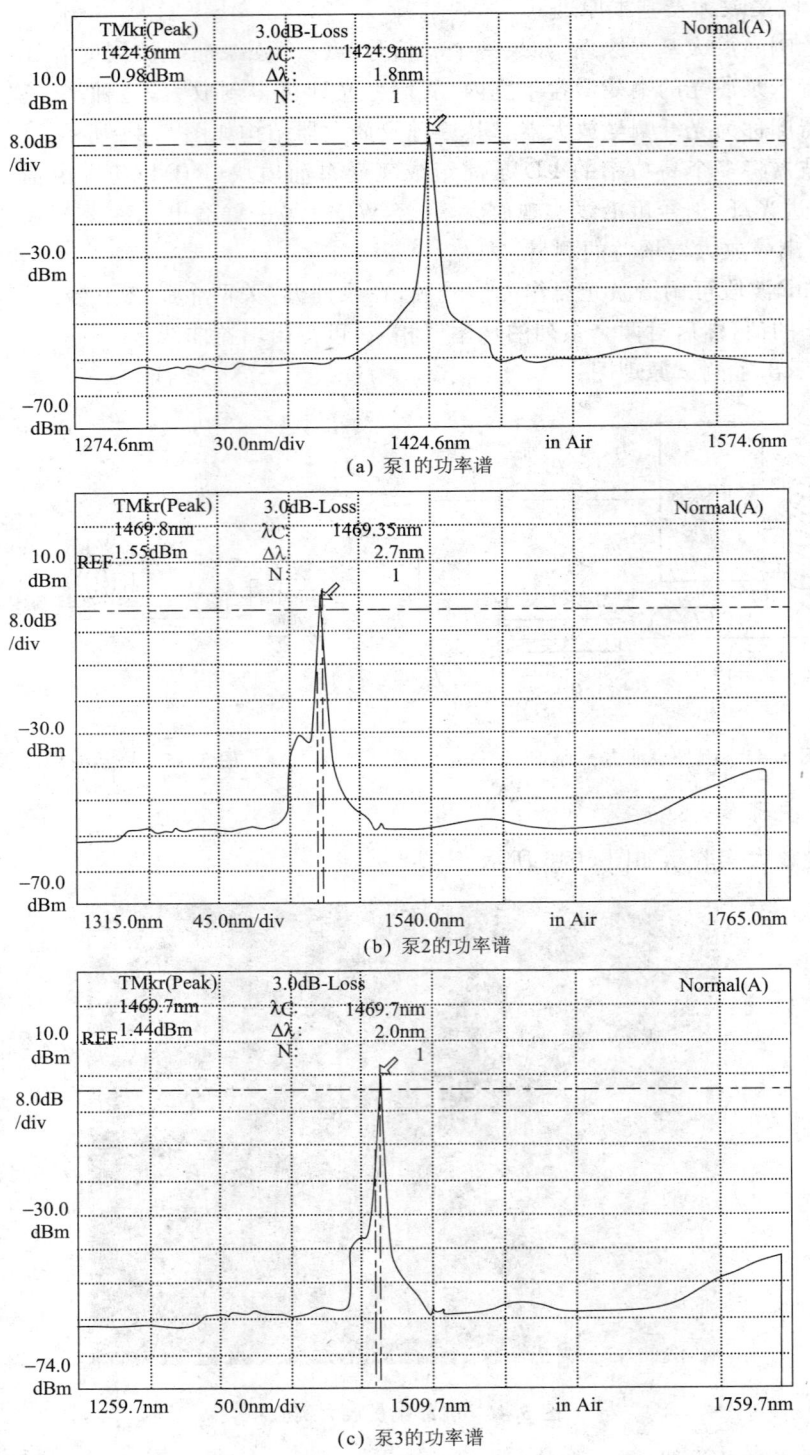

图 5.47 泵浦源光谱曲线

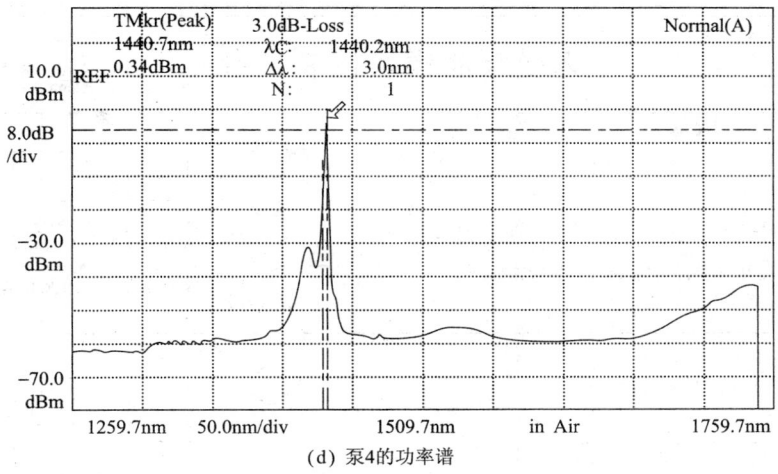

(d) 泵4的功率谱

续图 5.47

② 本实验采用的喇曼增益介质是 G.652、G.655 各 50km,DCF 10km,根据实验分别接入电路。

③ 泵浦波长及方式对增益的影响:选用不同波长的泵浦光,分别采用前向、后向及双向泵浦,观察并记录结果的变化。

④ 泵浦功率对增益的影响:保持信号功率不变,逐步增加泵浦光的功率,观察并记录结果的变化。

⑤ FRA 长度对增益的影响:分别考虑不同长度的泵浦光纤长度,如 5km、10km、15km、20km 等,观察并记录结果的变化。

⑥ 数据处理与试验报告。将以各种不同方式进行喇曼放大的信号光在接收示波器上记录下来,分析比较各种不同喇曼放大方式所得的结果,要求将不同放大方式所得的结果列成表格作对比,列出它们之间的不同,试分析引起它们之间不同的原因。

详细描述实验的步骤,论证实验过程的不足之处,以及由此所可能引起的实验误差,提出改进的方案;思考本实验都用到了哪方面的知识,试描述系统操作结构原理。

按实验过程写出实验报告,并写出有疑问的地方,以及对本实验的感受总结。

6. 喇曼泵浦模块控制平台简介

喇曼泵浦模块控制平台前后面板如图 5.48、图 5.49 所示。

(1) 功能简介

喇曼泵浦模块控制平台由两个喇曼泵浦模块组成,每一个喇曼泵浦模块都可以单独工作。

(2) 操作程序

首先将后面板所示的电源线接上 -48V 直流稳压电源,然后打开"电源开关",最后打开"泵浦开关",这时"泵浦输出"端口就会有泵浦光输出了。需要注意的是,两个泵浦模块是单独控制的,可以分别输出泵浦光。关掉喇曼泵浦模块时,要先关"泵浦开关",再关"电源开关"。

(3) 光接口部分

控制平台的光接口由四个光口给出,如图 5.48 所示。

在后向泵浦的时候,"泵浦输出"对应信号输入端口,"信号"是放大后的信号的输出端口;在前向泵浦的时候,"泵浦输出"对应信号与泵浦的混合输出端口,"信号"是信号的输入端口。连接器类型可选。

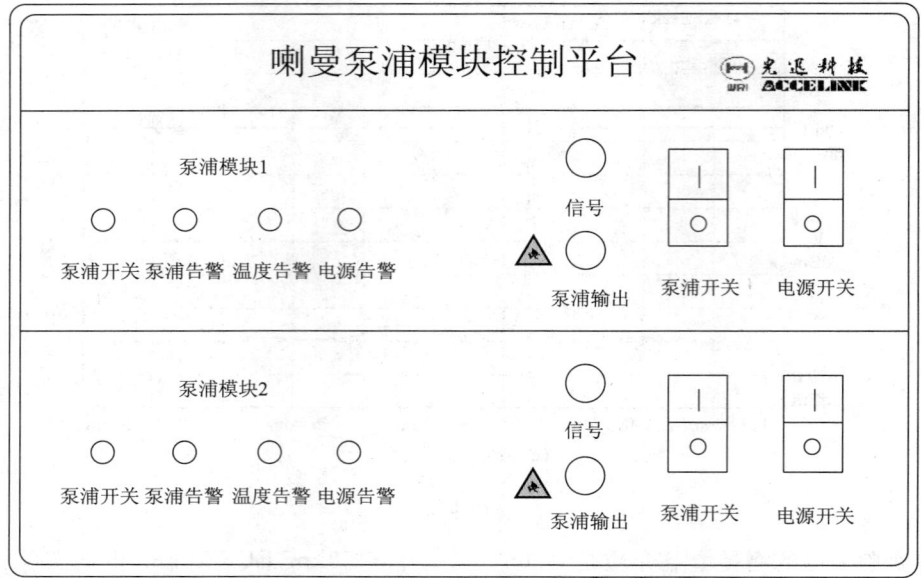

图 5.48 喇曼泵浦模块控制平台前面板

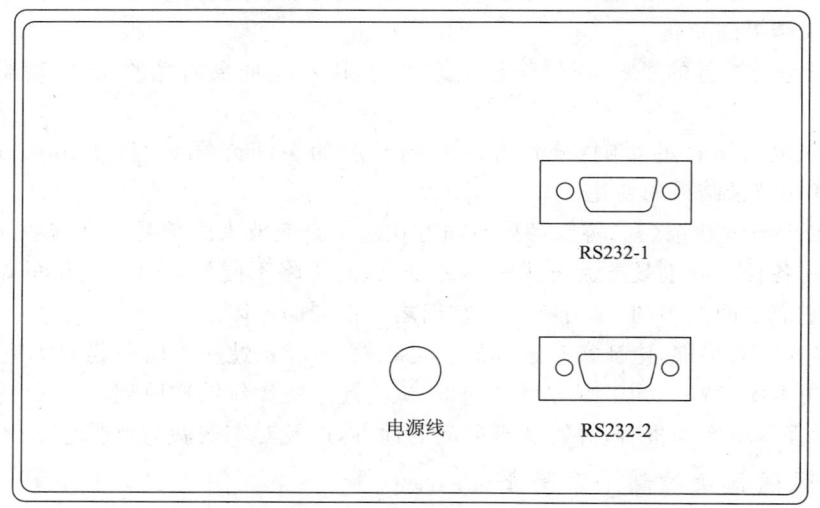

图 5.49 喇曼泵浦模块控制平台后面板

(4) 电接口部分

面板上的告警指示采用的是红绿双色 LED,绿色表示相应的功能正常运行,红色则表示对应的功能出现了问题。下面将各个告警信息详细解释如下。

① "泵浦开关"告警指示:是喇曼泵浦模块的软件开关指示,打开前面板的"泵浦开关"后,"泵浦开关"告警指示变为绿色,表示泵浦激光器可以开始工作。

② "泵浦告警"告警指示:指示泵浦激光器是否正常工作,如果泵浦激光器工作正常则为绿色,如不正常(TEC 电流过大、工作电流不稳定、管芯温度过高或过低)则变为红色。

③ "温度告警"告警指示:泵浦激光器的激光器的环境温度告警,高于设定的门限值为红色,低于门限值为绿色。

④ "电源告警"告警指示:喇曼泵浦模块供电电压超过正常工作范围时,变为红色。

后面板的电源线接上-48V直流稳压电源,RS232-1用于监控泵浦模块1,RS232-2用于监控泵浦模块2。相应的RS232接口与计算机连接,可以监控泵浦模块的运行状况和调节泵浦功率等多项参数,如图5.50所示。

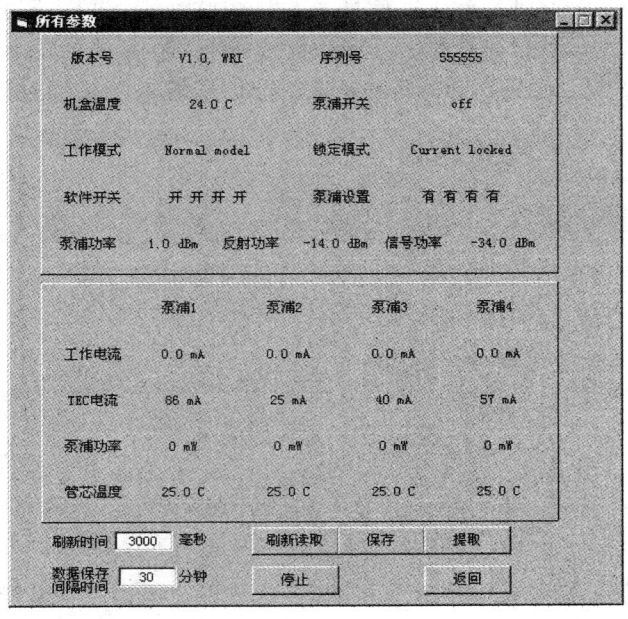

图 5.50 监控软件的参数设置和运行状况

5.11 全光波长转换综合实验

1. 实验目的

① 了解光纤光栅外腔半导体激光器的工作原理。
② 掌握激光器增益饱和效应机理。
③ 了解利用激光器增益饱和效应在光纤光栅外腔半导体激光器中实现波长转换的原理。
④ 掌握影响波长转换效率的因素。

2. 实验仪器

光纤光栅可调谐滤波器,1台;LD驱动电源,1台;信号源,1个;光谱分析仪,1台;示波器,1台;光纤跳线,若干。

3. 实验要求

① 测量光纤光栅外腔半导体激光器的光谱特性及工作特性曲线。
② 测量在20Mbit/s的注入信号速率下,不同波长、不同注入功率下波长转换的曲线。
③ 理论仿真波长转换的结果和实验结果进行对比。

4. 实验原理

本实验装置利用了光纤光栅外腔半导体激光器增益区内部的交叉增益饱和效应来实现全光波长转换。

FBG-ECL利用增益饱和效应实现波长转换的实验原理如图5.51所示。当外部信号光 λ_s 经环形器经端口1→端口2射入FBG-ECL后,当外信号光强为"1"时,由于FBG-ECL特有的窄带滤波特性对外信号 λ_s 构成高损耗腔使其无法形成振荡,但因介质对外信号光一次往返的额外增益开支必然造成对激射的连续光 λ_c 的增益下降,即对 λ_c 出现增益饱和,从而使激射的 λ_c 放大受到抑制,光强减弱甚至激射熄灭;而当外信号为"0"时,介质的额外增益开支为零,所有增益作用重新供给 λ_c,使其光强恢复到无外信号光入射时的状态。这样,FBG-ECL 的输出就随着信号光的变化而变化,即将外信号信息转换到激射波长上。在系统的输出端经可调谐窄带光滤波器滤除经 FBG-ECL 反射回来的 λ_s,而令携带了 λ_s 信息的 λ_c 光波通过输出,从而完成了波长转换过程。

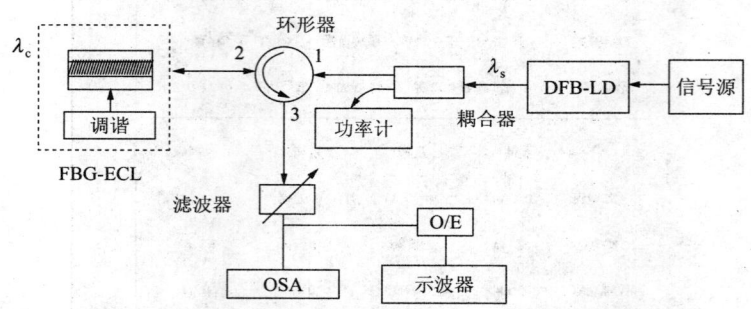

图 5.51 光纤光栅外腔半导体激光器实现波长转换的实验原理

(1) 理论模型

激光器实现波长转换的基础是增益饱和效应,这里以速率方程为基础,可以正确反映和形象描述激光器实现波长转换的内在规律性和具体过程,该套理论模型见第 4 章。

(2) 不同参数对波长转换性能的影响

利用全光波长转换理论模型可以数值计算工作电流、输入调制光功率、转换速率、光子寿命和波长间隔等对全光波长转换器性能的影响。由计算结果可以清楚地看出,波长转换效率是同这些工作条件息息相关的,下面给出不同参数下波长转换的数值模拟。

① 工作电流、输入信号光功率对波长转换的影响(图 5.52)。

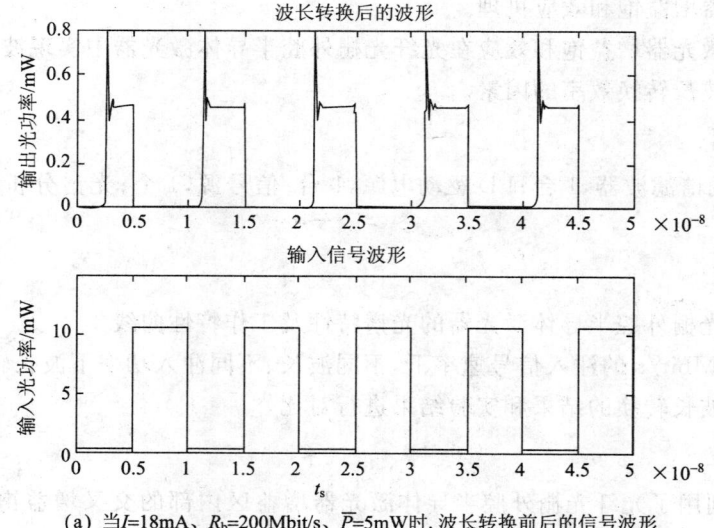

(a) 当 I=18mA、R_b=200Mbit/s、$\overline{P}$=5mW 时,波长转换前后的信号波形

图 5.52

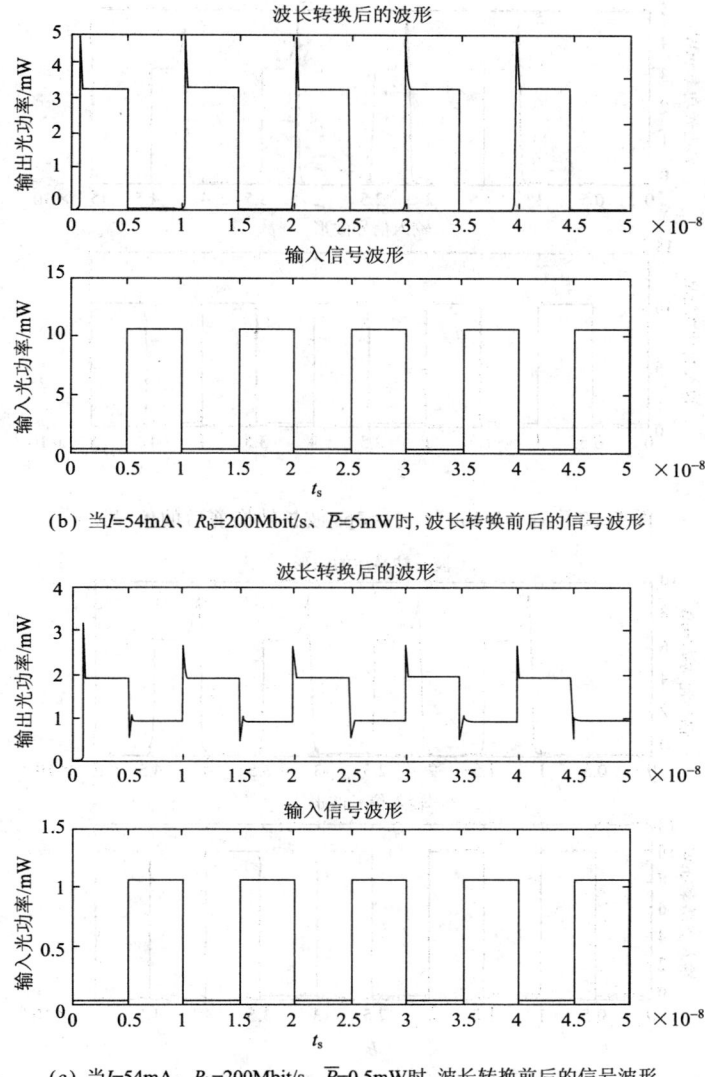

(b) 当 $I=54\text{mA}$、$R_b=200\text{Mbit/s}$、$\overline{P}=5\text{mW}$ 时,波长转换前后的信号波形

(c) 当 $I=54\text{mA}$、$R_b=200\text{Mbit/s}$、$\overline{P}=0.5\text{mW}$ 时,波长转换前后的信号波形

续图 5.52

当工作电流一定,显然输入信号光功率增加,消光比变好,功率减小,消光比恶化。就原理而言,当工作电流一定时,增加输入光功率将加速消耗激光介质中的载流子,从而使发生波长转换的激光器加速熄灭,同时输入光得到放大,消光比高;而对于较低的入射光功率,可能在输入为"1"时,激光器不能马上熄灭,仍有输出,造成消光比的恶化。在实际应用中,我们应考虑为获得较高的消光比,适当加大入射光功率。

② 输入信号调制速率、光子寿命对波长转换信号的影响。

当 $R_b=2\text{Gbit/s}$、τ_p 为 5ps 和 2ps 时,波长转换前后的信号波形如图 5.53 和图 5.54 所示。

比较图 5.53 和图 5.54 可知,信号调制速率一定时,光子寿命越长,信号畸变越严重,光电延迟特性越恶化。这是因为光子寿命 τ_p 增大,ω_r 恶化,从而导致转换信号波形恶化。

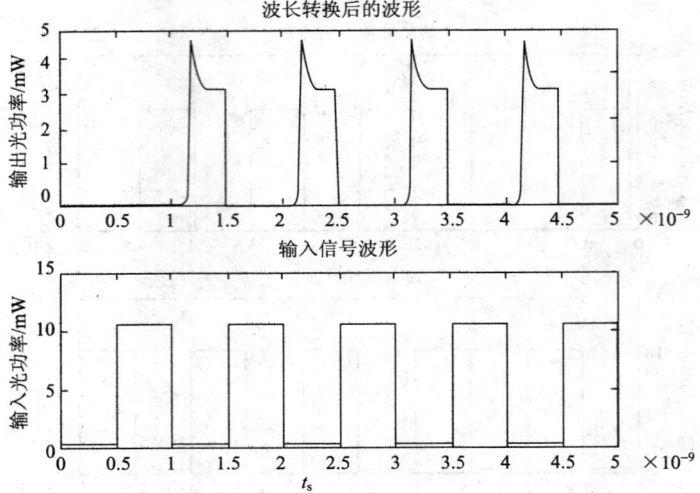

图 5.53 $R_b=2\text{Gbit/s}$、$\tau_p=5\text{ps}$ 波长转换前后的信号波形

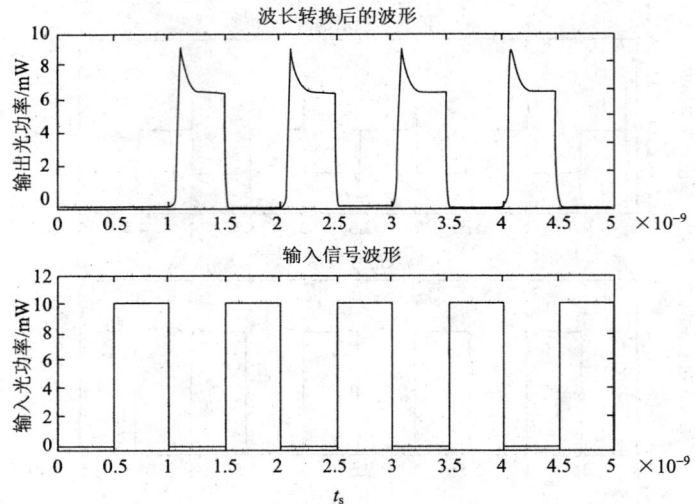

图 5.54 $R_b=2\text{Gbit/s}$、$\tau_p=2\text{ps}$ 波长转换前后的信号波形

③ 激光器实现全光波长转换调谐范围。半导体激光器的增益系数可以写为

$$g_H^0(\nu)=\frac{g_H^0(\lambda_0)}{[(\lambda-\lambda_0)^2/\Delta\lambda^2]+1} \tag{5.21}$$

其中,$g_H^0(\lambda_0)$ 是中心频率处小信号增益系数,$\Delta\lambda$ 是 3dB 带宽。

令 FBG-ECL 工作在增益峰值处,$\lambda_0=1550\text{nm}$;FBG-ECL 的增益带宽 $\Delta\lambda=20\text{nm}$。当 $I=54\text{mA}$、$R_b=200\text{Mbit/s}$、$\overline{P}=1.5\text{mW}$ 时,解出不同注入信号光波长 λ_2 对中心波长 $\lambda_0=1550\text{nm}$ 进行波长转换的影响,如图 5.55、图 5.56 所示。

显然,入射信号光离激光器增益谱中心波长越远,信号畸变越严重,消光比特性越恶化。其原因是波长转换效率与发生增益饱和作用的强弱直接相关,增益系数由增益曲线决定,波长间隔增大,交叉增益饱和作用减弱,导致转换效率降低。

5. 实验步骤

全光波长转换的实验装置如图 5.57 所示。

5.11 全光波长转换综合实验 **207**

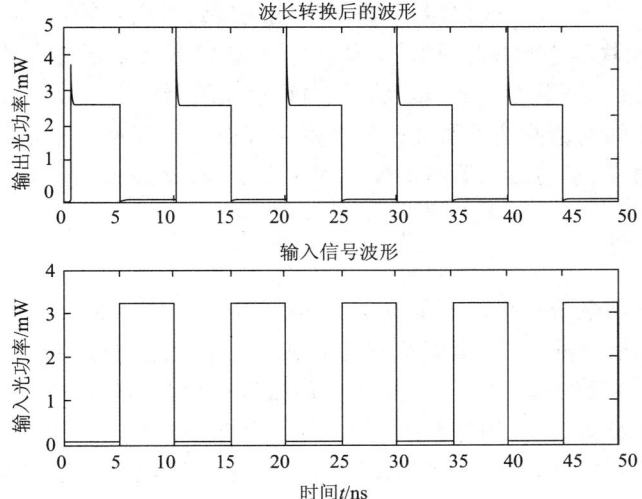

图 5.55 $\lambda_2 = 1552\text{nm}$ 时波长转换前后的信号波形

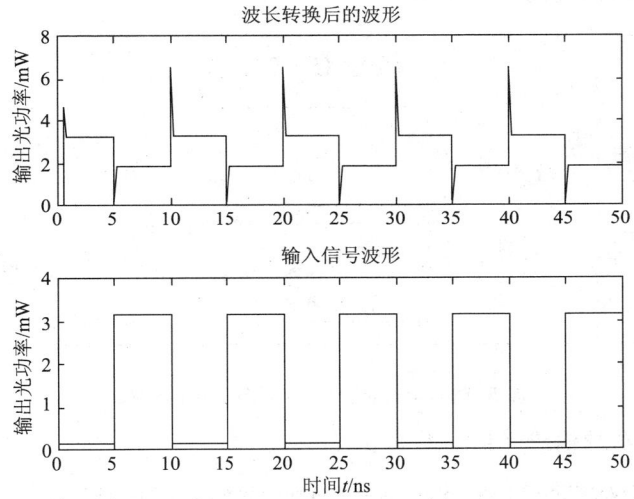

图 5.56 $\lambda_2 = 1570\text{nm}$ 时波长转换前后的信号波形

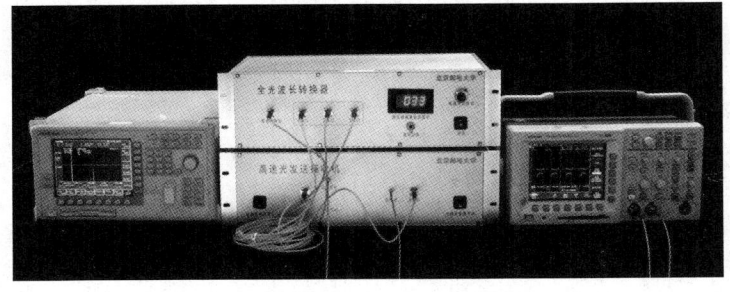

图 5.57 全光波长转换的实验装置

① 外腔激光器光输出端连接到光谱分析仪,并打开电源开关。

② 打开光谱分析仪,并逐渐增加激光器的驱动电流,当电流加到 30mA 左右时,可以观察到有激光激射,并且随着驱动电流的增加,激光器的输出功率迅速增加。记录该激光光谱的功率、中心波长及谱宽。

③ 按照图 5.57 所示连接实验仪器,并将输出端连接到光谱分析仪。
④ 打开"光发送模块"和"光接收模块"电源开关,记录该激光光谱的功率、中心波长以及谱宽。
⑤ 将光谱分析仪上波长转换结果,以及经过可调谐滤波器后光谱分析仪的结果接到输出端。
⑥ 电示波器测得的电调制信号及波长转换后又经过光电转换恢复出的电调制信号。
⑦ 不同发送光功率、不同激光器电流条件下重复测量,比较波长转换前后光谱和电信号的变化情况。

6. 注意事项
① 外腔激光器驱动电流不可以无限增加,一般工作点在 20～60mA。
② 连接光跳线和法兰前,必须用酒精擦拭干净并吹干,然后再连接,擦拭后不可随意放置,以免污染跳线端面。光跳线取下后,一定要将光跳线端头盖好,以免跳线端面受到污染。
③ 跳线两端比较脆弱,在使用过程中,避免用力弯折、拉伸等。
④ 光谱分析仪、示波器均属于精密测试仪表,使用前请参阅相关使用说明。

7. 全光波长转换仪介绍
全光波长转换实验系统的面板如图 5.58 所示。

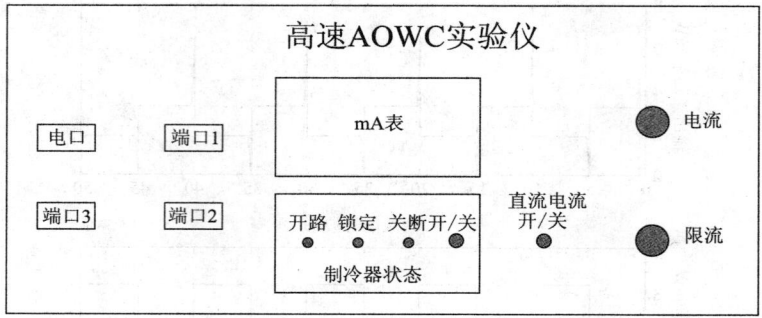

图 5.58 全光波长转换实验系统的面板

波长转换前激光器的输出光谱如图 5.59 所示。

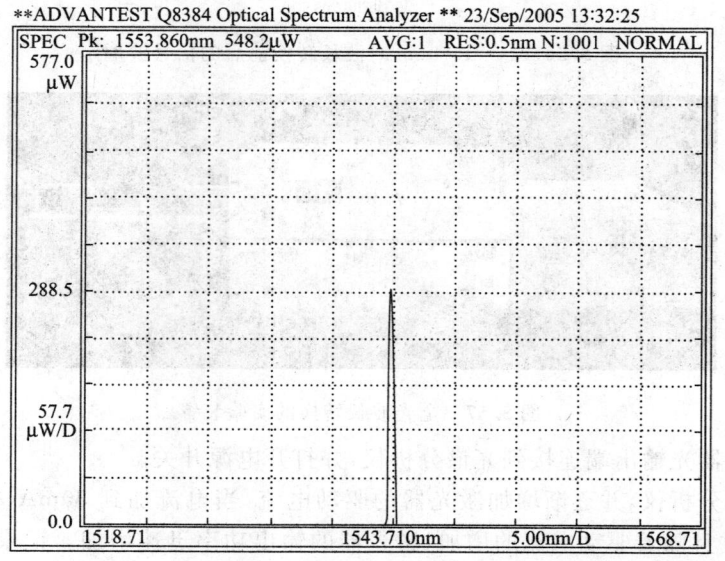

图 5.59 注入电流为 30mA 时,激光器的输出光谱

全光波长转换实验系统波长转换后光谱的变化情况如图 5.60(a)所示。波长转换后输入电信号和输出电信号的波形如图 5.60(b)所示。

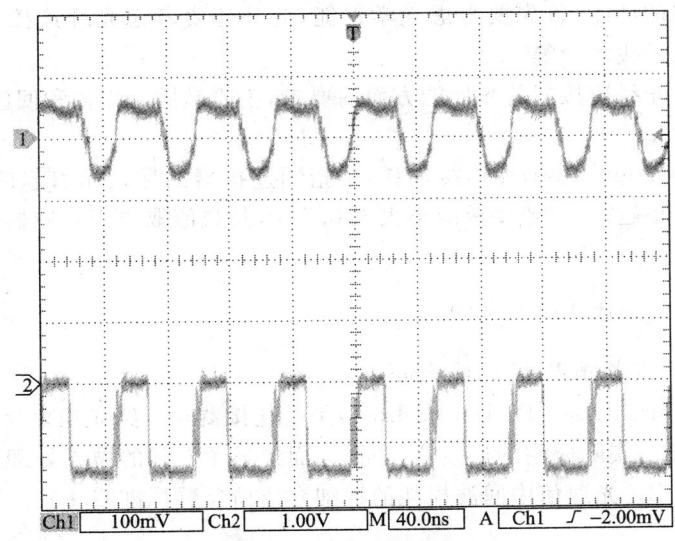

(a) 波长转换后的光谱

(b) 波长转换后输入电信号和输出电信号的波形

图 5.60

5.12　光纤活动连接器

1. 实验目的

① 了解插入损耗、回波损耗的概念、基本测量方法及其在光通信系统中的意义。
② 掌握光纤熔接的基本过程和技能。
③ 掌握连接基本光路的方法和常用光学仪器的使用方法。

2. 仪器设备

裸光纤连接器,1套;光纤熔接机,1台;稳定光源,1台;2×2光耦合器,1个;光功率计,1台;光跳线,若干;光纤端面处理器(剥线钳、切割刀等),1套。

3. 实验原理

光纤连接器又叫光纤活动连接器或活接头。它在光纤通信系统、光信息处理系统、光学仪器仪表中被广泛使用。它常常用来进行从光源到光纤、从光纤到光纤以及光纤与探测器之间的光耦合,是一种可拆卸重复使用的用量很大的光无源器件。

按接口类型,活接头常分为 FC 型、SC 型和 ST 型,如图 5.61 所示。

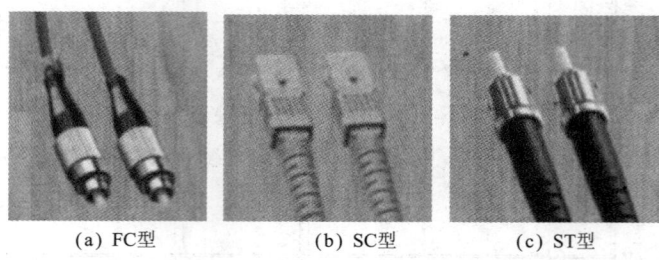

(a) FC型　　(b) SC型　　(c) ST型

图 5.61 工程中常用的活接头

考虑光纤连接器的性能,首先要考虑光学性能,此外还要考虑光纤连接器的互换性、重复性、抗拉强度、温度和插拔次数等。

光学性能是对于光纤连接器的光性能方面的要求,主要是插入损耗和回波损耗这两个最基本的参数。

① 插入损耗(Insertion Loss)即连接损耗,是指因连接器的导入而引起的链路有效光功率的损耗。插入损耗越小越好,一般要求应不大于 0.5dB,其数值取决于对应器件的输入功率 P_{in} 和输出功率 P_{out},即

$$I_l = -10\lg \frac{P_{out}}{P_{in}} \text{ 或 } I_l = P_{in} - P_{out} \tag{5.22}$$

前者功率的单位是 W 或者 mW,后者是 dBm。

② 回波损耗(Return Loss, Reflection Loss)是指连接器对链路光功率反射的抑制能力,其典型值应不小于 25dB。实际应用的连接器,插针表面经过了专门的抛光处理,可以使回波损耗更大,一般不低于 45dB。光通信中回波损耗的详细介绍请参看标准 G.957。

计算公式为

$$R_l = -10\lg \frac{P_r}{P_I} \tag{5.23}$$

其中,后向反射光功率 P_r、入射光功率 P_I 的单位是瓦(W)或者毫瓦(mW)。当 P_r、P_I 的单位用 dBm 时,应采用下式计算:

$$R_l = P_I - P_r \tag{5.24}$$

其单位为 dB。

为测量回波损耗 R_l,需要测出入射光功率 P_I 和后向反射光功率 P_r,并根据上面公式计算出 R_l。

4. 实验内容及实验步骤

插入损耗及回波损耗测量装置如图 5.62 所示。

5.12 光纤活动连接器　**211**

图 5.62　插入损耗及回波损耗测量装置

(1) 测量插入损耗

按图 5.63 连接实验设备,连接好光路,待光源工作稳定之后,测量插头 3 的输出光功率即为输入光功率 P_1。

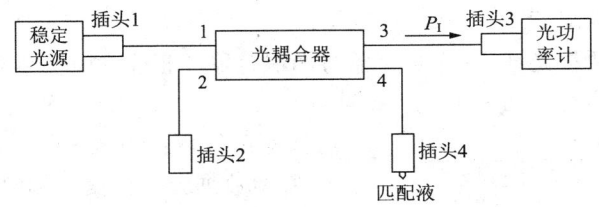

图 5.63　插入损耗中 P_1 的测量原理

按原理图 5.64 的光路测量 P_r。

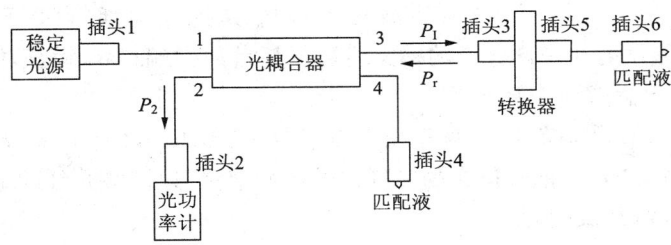

图 5.64　P_r 的测量原理

图 5.64 在图 5.63 的基础上作了如下变化,即插头 3 通过一个标准转换器与一跳线相连;插头 2 接光功率计。其他的光路都相同,稳定化光源的输出功率也不变。此时插头 2 输出的光功率 P_2 和由插头 3 与插头 5 连接时产生的后向反射光 P_r 有如下关系:

$$P_r = P_2 + I_{l32} \tag{5.25}$$

计算公式为

$$R_l = P_1 - P_r = P_1 - P_2 - I_{l32} \tag{5.26}$$

重新连接线路并重复前三步的测量。做好各步骤测量的记录。

按照多次测量求平均值的办法处理数据,要算出其标准差和方差。自己设计数据表格。

从上述步骤中不难看出,回波损耗是指插头 3 和插头 5 之间转换器的回波损耗,是一个相对值。因而插头 3 必须是标准插头,转换器也必须是标准转换器。插头 4 和插头 6 的端面涂匹配液的作用是使该端面的反射光减少到零。

(2) 测量准直器的回波损耗

由回波损耗定义可知,对于光纤链路中的任意器件而言,要测量其回波损耗 R_l,就需要首先测量其输入端的光功率 P_1 和反射回波的光功率 P_r，再通过公式计算得到。

原理图 5.65 中的装置给出这个实验的整个系统的框图。

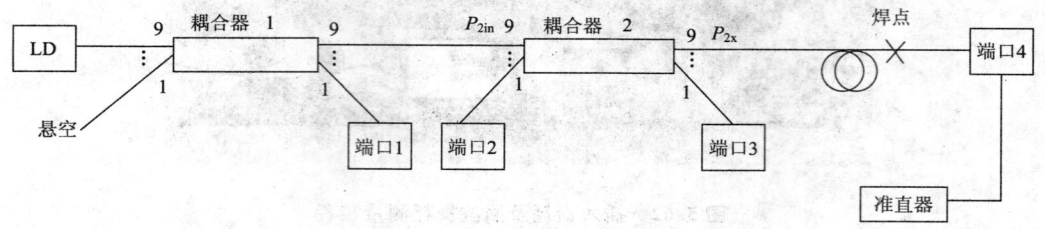

图 5.65　回波损耗的测量

① 按原理图连接好光路，待光源工作稳定之后，测量端口 1 的输出光功率 P_1。
② 测量端口 3 的输出光功率 P_3。
③ 算出耦合器的插损 P_s。
④ 焊接焊点处的两根光纤，使光准直器与光耦合器 2 相连，并记下熔接损耗 P_a。
⑤ 测量端口 2 的输出光功率 P_2。

表 5.16

测量值/dBm	1	2	3	4	5
P_1					
P_2					
P_3					
P_a					

将实验测得数据填入表 5.16。

⑥ 实验数据分析。测得端口 3 的光功率 P_3 后，可以计算出出射耦合器 2 另一臂的光功率 P_{2x}，并设该臂为端口 x，设 P_{2x} 经过损耗 P_a 到底准直器的功率为 P_{zh} ($P_{zh}=P_r+P_{thr}$，其中 P_{thr} 为耦合器透出的光功率，P_r 为回波功率)，P_a 是焊点损耗，可以预先得到，即 $P_{2x}=P_{zh}+P_a$，P_{zh} 由准直器发射回一部分光功率又经过损耗后回到端口 x (设该功率为 P_{rx})，可由公式表示上一过程，即 $P_{zh}=2P_a+P_{rx}+P_{thr}$。

另外，在端口 2 可以测得端口 x 功率出射耦合器后的功率 $P_2=P_{rx}-P_s$（为了防止端口 3 的回波对测量结果的影响，需把端口 3 的光纤放入匹配液里，以消除光纤的端面发射）。由以上公式可以得到准直器的回波损耗

$$P_{zh}-P_r=P_{2x}-P_2-P_s-2P_a \tag{5.27}$$

⑦ 计算准直器的回波损耗。

5．实验注意事项

① 在实验的过程中要把多余的光纤头插入匹配液，以减小误差。
② 注意安全，不能直接用眼睛对着有激光的光纤看，以免对眼睛造成伤害。
③ 在实验过程中要保持光纤及其连接器的洁净。
④ 在做熔接实验前，应该对熔接过程了解，以免误操作，对仪器产生不良影响。
⑤ 切断下来的光纤头要放入指定的废料盒中，以免发生意外。

6．思考题

① 自行设计一套测波损耗的系统来改进实验。
② 如何更准确地测量插入损耗？
③ 要先测光耦合的衰减，正反都要测，看是否相同。测试过程中应该注意哪些问题？

5.13 耦合器、分路器、隔离器、环形器等无源器件特性测试

1. 实验目的

① 了解光纤活动连接器、光分路器、光耦合器及光波分复用器的工作原理及其结构。
② 掌握光纤活动连接器、光分路器、光耦合器及光波分复用器的正确使用方法。
③ 掌握它们的主要特性参数的测试方法。

2. 实验仪器

光功率计,1台;FC-FC法兰盘,若干;Y形分路器,1个;波分复用器,2个;光纤跳线,若干。

3. 实验原理

光无源器件包括Y形分路器、星形耦合器、波分复用器、光隔离器等。它们是光纤传输系统的重要组成部分。在应用这些无源器件时必须考虑无源器件的各项指标。

(1) 光纤熔锥耦合器的结构

光纤熔锥耦合器是将两段光纤除去涂覆层后缠绕在一起,用光纤拉锥机拉制而成的用于光功率耦合的光纤器件。通常光纤耦合器为 1×2 和 2×2,图 5.66 为端口 1、2 输入,端口 3、4 输出的 2×2 耦合器示意图,图中箭头表示光波传输方向。

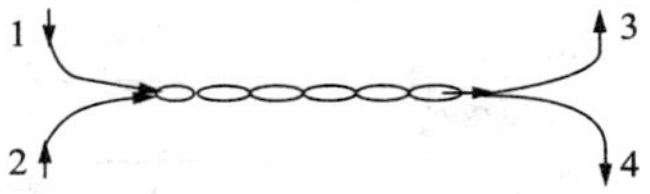

图 5.66 2×2 光纤熔锥耦合器结构

(2) Y形分路器

Y形分路器的技术指标一般有插入损耗(Insertion Loss)、附加损耗(Excess Loss)、分光比和方向性、均匀性等,在实验中主要测试Y形分路器的插入损耗、附加损耗及分光比。

① 插入损耗。就Y形分路器而言,插入损耗定义为指定输出端口的光功率相对全部输入光功率的减少值。插入损耗计算公式为

$$L_i = 10\lg(P_{outi}/P_{in}) \tag{5.28}$$

其中,L_i 为第 i 个输出端口的插入损耗,P_{outi} 是第 i 个输出端口测到的光功率值,P_{in} 是输入端的光功率值。

② 附加损耗。Y形分路器的附加损耗定义为所有输出端口的光功率总和相对于全部输入光功率的减小值。附加损耗计算公式为

$$L_e = -10\lg\left(\sum P_{outi}/P_{in}\right) \tag{5.29}$$

对于Y形分路器,附加损耗是体现器件制造工艺质量的指标,反映器件制作过程带来的固有损耗;而插入损耗则表示各个输出端口的输出光功率状况,不仅有固有损耗的因素,更考虑了分光比的影响。因此不同类型的光耦合器,因插入损耗的差异,并不能反映器件制作质量的优劣,这是与其他无源器件不同的地方。

③ 分光比。分光比定义为耦合器各输出端口的输出功率的比值,在具体应用中通常用相对输出总功率的百分比来表示。

$$CR = \left(P_{outi}\Big/\sum P_{outi}\right) \times 100\% \tag{5.30}$$

例如,对于Y形分路器,1∶1 或 50∶50 代表了输出端相同的分光比,即输出为均分的器件。在实际工程应用中,往往需要各种不同分光比的器件,可以通过控制制作方法来改变光耦合器件的分光比。

测试Y形分路器的插入损耗、附加损耗和分光比时,其测试实验框图如图5.67所示。

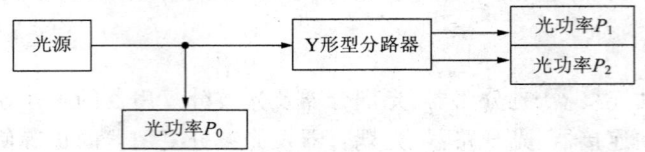

图 5.67 Y形分路器性能测试实验框图

测试方法为:先测试出光源输出的光功率 P_0,将Y形分路器接入其中组成图5.66所示测试系统后,分别测出Y形分路器输出端的光功率 P_1 和 P_2,代入式(5.28)~式(5.30)即可得到待测Y形分路器的性能指标。

(3) 波分复用器

波分复用器的性能指标除附加损耗以及插入损耗外,光串扰(隔离度)也是其重要指标,其衡量了波分复用器输出端口的光进入非指定输出端口光能量的大小。其测试原理如图5.68所示。

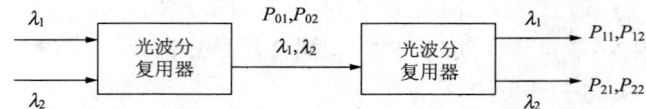

图 5.68 波分复用器光串扰测试原理

图5.68中波长为1310nm、1550nm的光信号经波分复用器复用以后输出的光功率分别为 P_{01}、P_{02}。解复用后分别输出的光信号从1310窗口输出1310nm的光功率为 P_{11},输出1550nm的光功率为 P_{12};从1550窗口输出1550nm的光功率为 P_{22},输出1310nm的光功率为 P_{21}。将各数字代入下列公式:

$$L_{12}=10\lg\frac{P_{01}}{P_{21}} \tag{5.31}$$

$$L_{21}=10\lg\frac{P_{02}}{P_{12}} \tag{5.32}$$

其中,L_{12}、L_{21} 为相应的光串扰。

由于便携式光功率计不能滤除1310nm只测1550nm的光功率,同时也不能滤除1550nm只测1310nm的光功率,所以改用下面的方法进行光串扰的测量。测量1310nm、1550nm的光串扰的方框图如图5.69所示。

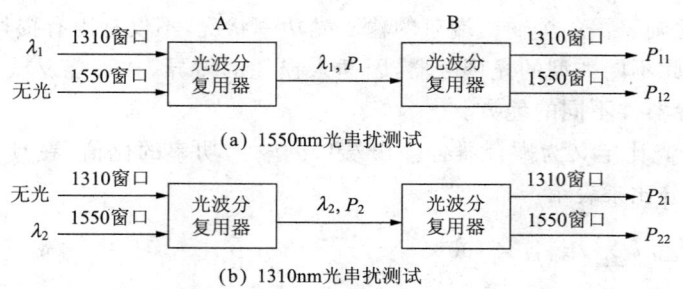

图 5.69

在这种方法中,光串扰计算公式为

$$L_{12} = 10\lg\frac{P_1}{P_{21}} \tag{5.33}$$

$$L_{21} = 10\lg\frac{P_2}{P_{12}} \tag{5.34}$$

(4) 环形器

光环形器是光无源器件中的一种多端口输入输出互易器件,具有正向顺序导通而反向传输截止的特点。光环形器的基本工作原理是利用双折射晶体及法拉第磁环组合使光路不可逆。如图 5.70 所示,光传送顺序沿顺时针方向,图 5.70(a)中由端口 1 输入的信号只能沿顺时针方向进入端口 2 和 3,而不能沿逆时针方向进入端口 2 和 3,这样就防止了光线的反射。图 5.70(b)的原理同图 5.70(a)相同,只是端口比后者多 1 个。

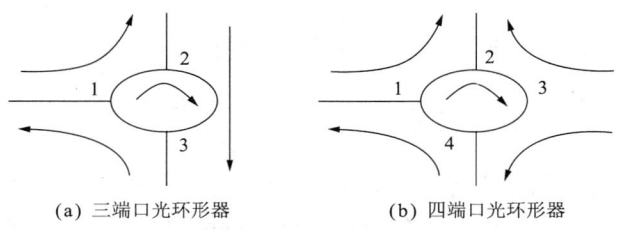

(a) 三端口光环形器 (b) 四端口光环形器

图 5.70 光环形器光路图

(5) 光衰减器的衰减量、回波损耗的测试

光衰减器是调节光强不可缺少的器件,主要用于光纤通信系统指标测量、短距离通信系统的信号衰减以及系统实验等。它可分为位移型光衰减器、直接镀膜型光衰减器、衰减片型光衰减器、液晶型光衰减器等。对于位移型光衰减器来说,它是通过对光纤的对中精度作适当的调整来控制其衰减量的。直接镀膜型光衰减器是一种直接在光纤端面或玻璃基片上镀制金属吸收膜或反射膜来衰减光能量的衰减器。衰减片型光衰减器直接将具有吸收特性的衰减片固定在光纤的端面上或光路中,达到衰减光信号的目的。液晶型光衰减器是通过光线偏振面的旋转,使一部分光不能被自聚焦透镜耦合进入光纤来实现对光信号的衰减的。耦合器型固定衰减器是有特定的耦合比产生的分束损耗,使通过耦合器实现光衰减器的功能。对光衰减器的要求是:体积小、重量轻、衰减精确度高、稳定可靠、使用方便等。

① 光衰减器衰减量的测试原理。衰减量是光衰减器的一个主要技术指标。对于固定衰减器来说,其衰减量指标实际上就是光衰减器的插入损耗,即光信号经过光衰减器的输出功率与光衰减器输入功率之比的分贝数。假设光衰减器输入光功率为 P_1,输出光功率为 P_2,则光衰减器衰减量的计算公式为

$$A = 10\lg\frac{P_1}{P_2} \quad (\text{dB}) \tag{5.35}$$

测量光衰减器衰减量的实验原理如图 5.71 所示。

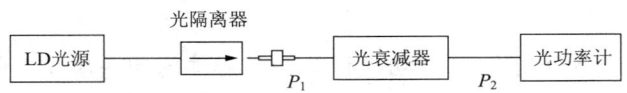

图 5.71 光衰减器衰减量测量原理

② 光衰减器回波损耗的测试原理。光衰减器的回波损耗是指入射到光衰减器中的光能量和衰减器中沿入射光路反射出的光能量之比,它是影响系统性能的一个重要指标。如图 5.71

所示,设光衰减器的输入光功率为 P_1,从光环形器端口 3 输出的光功率为 P_2,则其计算公式为

$$\text{Returnloss} = 10\lg \frac{P_1}{P_2} - \text{Insertloss}_{2\text{-}3} \tag{5.36}$$

式中,$\text{Insertloss}_{2\text{-}3}$ 是光环形器端口 2、3 的插入损耗。

测量光衰减器回波损耗的原理如图 5.72 所示。

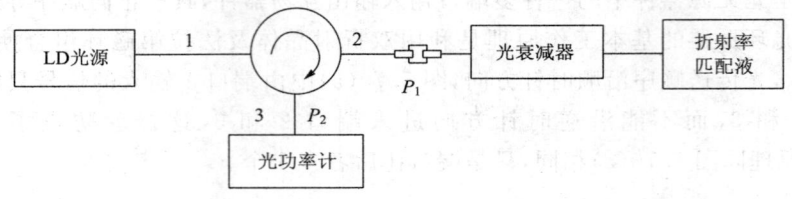

图 5.72 光衰减器回波损耗测量原理

4. 实验内容和步骤

(1) 光耦合器的测量

这里以 2×2 单模光纤耦合器为例进行说明。2×2 单模光纤耦合器按应用目的可分别制成分路器和波分复用器,前者工作于一个波长,而后者则工作于两个不同的波长。当工作于一个波长时,光源接于端口 1(或 4),光功率除了传输到端口 2(或 3)外,也耦合到端口 3(或 2)。几乎没有光功率从端口 1(或 4)耦合到端口 4(或 1)。另外,系统是可互易的,端口 1、4 可以与端口 2、3 交换,这种耦合器的主要技术指标如下。

① 工作波长:通常取 1.31μm 或 1.55μm。

② 测量附加损耗 L_e,定义为

$$L_e = -10\lg \frac{P_2 + P_3}{P_1} \quad (\text{dB})$$

式中,P_1 为注入端口 1 的光功率,P_2、P_3 分别为端口 2、3 输出的光功率。好的 2×2 单模光纤耦合器的附加损耗可小于 0.2dB。

③ 分束比(或分光比)的测量。分束比的定义为 $\text{CR} = P_i/(P_2 + P_3)$。

④ 分路损耗 L_i。定义为 $L_i = -10\lg \frac{P_i}{P_1} = -10\lg R_i + L_e$。

⑤ 反向隔离度 L_r。定义为 $L_r = -10\lg \frac{P_4}{P_1}$。

通常应有 $L_r > 55\text{dB}$。测量反向隔离度时,需将端口 2、3 浸润于光纤的匹配液中,以防止光的反射。

(2) 实验数据处理

① 记录各实验数据,根据实验结果计算插入损耗和附加损耗。

② 根据实验结果,计算获得波分复用器光串扰。

5. 注意事项

① 光源、光跳线、光波分复用器、光功率计等光学器件的插头属易损件,应轻拿轻放,使用时切忌用力过大。

② 不可带电拔插光电器件,要拔插光电器件,需先关闭电源后进行。

6. 思考题

① 试设计实验测量波分复用器的插入损耗。

② 对波分复用器光串扰测试进行误差分析。
③ 说明 Y 形分路器和波分复用器内部结构差异。

5.14 光开关转换时间的测量

1. 实验目的
① 了解光开关的用途及衡量光开关性能的基本参数。
② 理解用示波器测量光开关转换时间的原理。
③ 熟练掌握用示波器测量光开关转换时间的方法。

2. 实验设备
光开关实验箱,1 套;高速示波器,1 台;光源,1 台;光电检测设备,1 台;耦合器,1 支;光衰减器,1 台。

3. 实验原理
衡量光开关性能的基本参数主要有:转换时间、隔离度、插入损耗与回波损耗、消光比等。其中,光开关转换时间对光网络性能的影响非常关键。

(1) 光开关转换时间

光开关转换时间是衡量光开关性能参数中比较重要的参数。由于光开关本身开关动作的延迟作用,使得光信号从一个信道的消失和在另一个信道的产生都不是瞬时的。因此,将光信号从一个信道消失时的下降沿到另一个信道产生时的上升沿之间的时间间隔定义为光开关的转换时间。不同的光开关有着不同的转换时间,因结构的不同会有很大差异。通常机械式光开关的转换时间在 ms 量级,非机械式光开关的转换时间在 ns 量级。

光开关转换时间测量装置如图 5.73 所示。

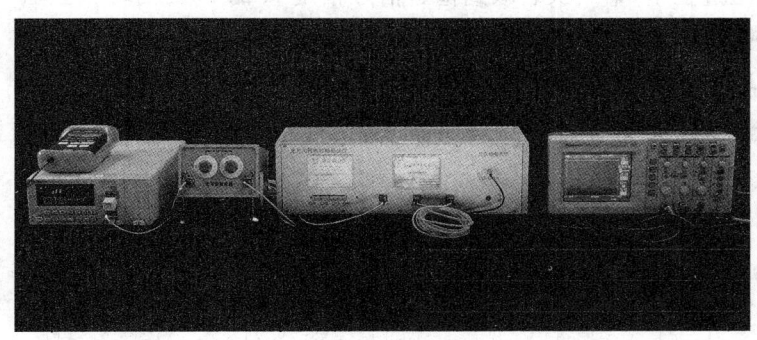

图 5.73 光开关转换时间测量装置

光开关的转换时间实验测量系统框图如图 5.74 所示。单色光源发出的光经光纤从光开关的输入端引入。光开关的两个输出端口连接两个独立的光通道 A 和 B,根据需要将光信号引至通道 A 或通道 B。通道 A 或通道 B 后接 2×1 光耦合器以确保光传输的独立性和连续性。由耦合器输出的光经光电转换器快速响应,并转换成电信号,最后将其显示在高速示波器上。

假定初始状态下,光开关输入端的光信号经其内部光通道与通道 A 相连。当光开关通过开关动作进行切换时,亦即使光开关的输入端与光通道 B 实现光导通。利用光耦合器的合路作用可在示波器上同时监测到通道 A 和通道 B 两路光信号。当光信号在通道 A 消失时,示波器的信号会形成一个下降沿;光信号在通道 B 又出现时,会在示波器上相应产生一个上升沿。于是通过设定示波器的电平触发方式捕捉切换光信号时形成的下降沿和上升沿,就能利用两者之间的时间间隔测定光开关进行通道切换时的转换时间。图 5.75 给出光开关进行两个光信道切换时在示波器上出现的图形和转换时间。如果光开关有 N 个通道出口,只要将耦合器更换为 $N \times 1$ 耦合器,就能用此方法测量光开关在任意两个光通道进行切换时的转换时间。

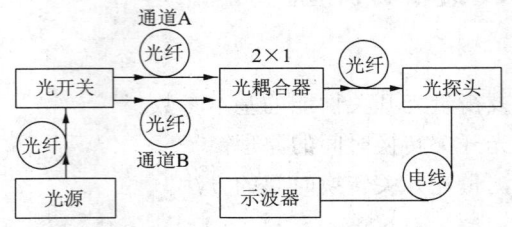

图 5.74 光开关的转换时间测量装置

(2) 转换时间起始与终止点的界定

根据转换时间的定义,原则上只要我们得到光开关转换通道时在示波器窗口留下的波形,就可以由该波形的下降沿和上升沿获得光开关的转换时间。但实际测量过程中光信号的消失与产生也不是瞬时完成的,下降沿和上升沿上存在一系列的起始点与终止点,这些点的选择不同会导致测量结果的很大差异。因此,必须对转换时间的起始和终止点有一个科学和精确的界定。

在信号消失过程中,一般将信号衰减到初值的 10% 与 90% 之间的时间间隔定义为信号下降时间;在信号产生过程中,一般将信号增加到终值的 10% 与 90% 之间的时间定义为信号上升时间。这意味着对下降沿以幅度 A 的 10% 作为起始点,对上升沿以幅度 A 的 90% 作为终止点,两者之间的时间间隔就是光开关的转换时间。

实际测量时,因机械式光开关的转换时间主要由器件的机械特性决定,在光信号转换通道时,开关的机械抖动使信号产生大幅度的变化,这时光开关已不可能正常传递光信号了。一般把光信号转换通道过程中,第一次衰减到稳定信号幅度 A 的 10% 的时刻到后一次上升到稳定信号幅度 A 的 90% 间的时间间隔定为该机械光开关的转换时间。

4. 实验步骤

① 掌握实验原理,按图 5.75 连接好实验系统,特别注意各个光电接口连接是否牢靠。仔

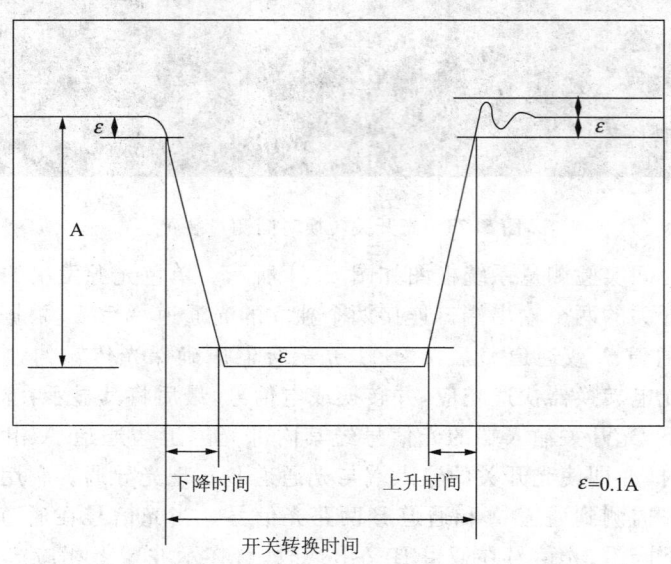

图 5.75 上升与下降时间的界定,A 为初值幅度

细检查整个实验系统。

② 开启光源的电源开关,使其处于发光状态。通过光通道置换开关使光信号与输出通道 A 相连。打开示波器的开关,将示波器置于直流挡,调整示波器量程,控制光信号电平的幅度。直至在示波器上观察到稳定的信号电平。

③ 测量光开关的转换时间。通过光通道置换开关切换光通道使光开关光通道与光通道 B 相连,在示波器上可观察到如图 5.75 所示的脉冲波形。

④ 按转换时间定义,根据下降沿的起始点与上升沿的终止点的时间间隔确定光开关转换时间。重复步骤③,测量 3 次。

⑤ 整理数据,进行误差分析。

将实验数据填入表 5.17 中。

表 5.17

通道 1 到通道 2			通道 2 到通道 1		
时间间隔	上 升	下 降	时间间隔	上 升	下 降

⑥ 有关插入损耗的测量如图 5.76 所示。

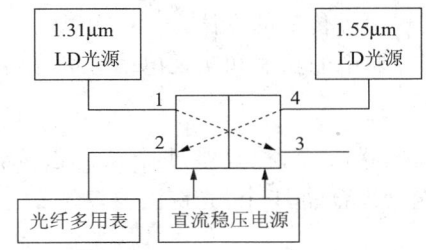

图 5.76 光开关插入损耗测量

按图 5.76 连接光路,测量相关数据并记录。将光开关各通道插入损耗测试数据填入表 5.18。

表 5.18

次数输出		1 次		2 次	
		入口接 1.31μm 光源	入口接 1.55μm 光源	入口接 1.55μm 光源	入口接 1.31μm 光源
光功率的输出/dBm	P_0				
	P_{1-2}				
	P_{1-3}				
	P_{4-2}				
	P_{4-3}				
插入损耗/dB	A_{1-2}				
	A_{1-3}				
	A_{4-2}				
	A_{4-3}				
平均插入损耗/dB		1-2	1-3	4-2	4-3
1.31μm					
1.55μm					

5. 实验注意事项

① 实验前,应仔细检查整个实验系统,确定无误后,再给设备加电。
② 实验结束后,应先将设备、仪表的电源关掉,再拆除光跳线等附属设备。
③ 严禁在实验过程中,在仪表、设备带电情况下进行改换光跳线的操作。
④ 光纤端面严禁正对人眼,避免激光对人眼的伤害。

6. 思考题

① 衡量光开关性能的基本参数有哪些,试比较机械式光开关与非机械式光开关基本参数的特性差异。
② 如果我们测试的光开关的开关速度在 ns、ps 量级,采用本实验所用的实验方法是否可行?如果不可行,请提出你自己的实验方案。
③ 隔离度是光开关性能的重要指标,请自行设计测量这个参数的实验方案,利用现有的实验器材搭建实验系统,进行测试。

5.15 电光效应与电光调制综合实验

1. 实验目的

① 了解电光效应的基本原理,晶体结构和晶体中 o 光和 e 光的特性。
② 掌握纵向与横向电光效应的概念及其区别。
③ 掌握测试 $LiNbO_3$ 晶体电光系数的方法。
④ 掌握用电光振幅调制实现信号传输的方法。
⑤ 掌握 $\lambda/4$ 波片在电光调制器中的功能和实现电信号的光传送的原理与方法。

2. 实验仪器

电源,1台;激光器,1台;起偏器,1个;检偏器,1个;$\lambda/4$ 波片,1个;电光晶体盒,1个;光学实验平台,1套;示波器,1台;光路耦合器,1个;光探测器,1台。

3. 实验原理

晶体的折射率因外加电场而改变的现象称为电光效应。当电场加于晶体时,如果晶体的折射率相对于电场变化呈现线性关系,则称为线性电光效应或普克尔斯(Pockels)效应;如果其折射率与外加电场平方成正比,则称为二次电光效应或克尔(Kerr)效应。电光调制就是利用电光效应将电信号调制到传输的光载波上,进而实现光学控制的。

(1) KDP 的纵向电光效应

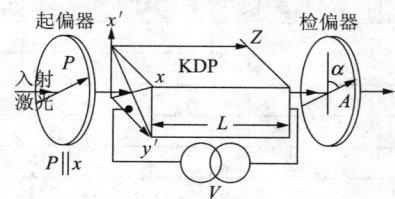

图 5.77 观察 KDP 纵向电光效应的实验装置

如图 5.77 所示,观察 KDP 纵向电光效应的实验装置由一对平行偏振器和一块 KDP 晶体组成。

当沿电光晶体光轴 z 方向施加外电场时,感应主轴 x' 与 x 轴成 45°角。在 KDP 晶体的入射表面($z=0$)上,入射光在 x' 和 y' 分量可以写成

$$E_{x'}(z=0) = A\exp(i\omega t)$$
$$E_{y'}(z=0) = A\exp(i\omega t) \quad (5.37)$$

在 KDP 晶体的输出表面($z=L$)上,两个分量分别为

$$E_{x'}(z=L) = A\exp[i(\omega t - k_0 n_{x'} L)]$$
$$E_{y'}(z=L) = A\exp[i(\omega t - k_0 n_{y'} L)] \quad (5.38)$$

其中，$k_0 = \dfrac{2\pi}{\lambda_0}$，这两个偏振分量的位相差为

$$\delta = k_0 \Delta n_2 L = \dfrac{2\pi}{\lambda_0} n_0^3 \gamma_{63} EL = \dfrac{2\pi}{\lambda_0} n_0^3 \gamma_{63} V \tag{5.39}$$

定义 $\delta = \pi$ 时的电压为半波电压 V_π，将 $\delta = \pi$ 代入上式，有

$$V_\pi = \dfrac{\lambda_0}{2 n_0^3 \gamma_{63}} \tag{5.40}$$

同时利用半波电压，式(5.39)又可写为

$$\delta = \pi \dfrac{V}{V_\pi} \tag{5.41}$$

当检偏器的光轴平行于起偏器的光轴 $P \parallel A$，即 $\alpha = 45°$ 时，通过检偏器的光强为

$$I = I_0 \cos^2 \dfrac{\delta}{2} = I_0 \cos^2 \left(\dfrac{\pi}{2} \dfrac{V}{V_\pi} \right) \tag{5.42}$$

其中，I_0 为检偏器的最大输出光强。检偏器的输出光强是电压 V 的函数。当 $V = 0$ 时，光强有最大值 I_0；当 $V = V_\pi$ 时，$I = 0$，出现消光现象。因此，当通过检偏器的消光现象获得半波电压 V_π 时，就会通过式(5.40)来测量 KDP 晶体电光系数 γ_{63}。

由于检偏器的输出光强是晶体上电压的函数，只要将电信号加载到晶体上，就能用电信号调制光信号，故电光调制可以实现模拟信号和低频数字信号的光传输。另外，若 KDP 晶体两端电压为矩形脉冲，脉冲峰值为半波电压 V_π，则上述实验装置就是一个光开关，此开关在激光器的调 Q 和锁模技术方面有重要的应用。

(2) $LiNbO_3$ 晶体的横向电光效应信号传输

观察 $LiNbO_3$ 晶体横向电光效应的实验装置如图5.78所示。

沿 x 轴方向加电压，则感应主轴 x' 与 x 轴成 $45°$ 角。在 x' 和 y' 方向上振动的两个分量通过长度为 L 的晶体输出后，其相位差为

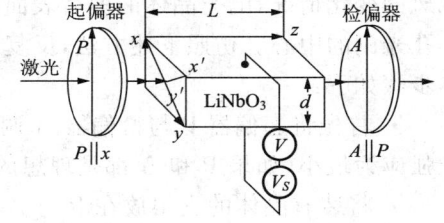

图 5.78 观察 $LiNbO_3$ 晶体横向电光效应的实验装置

$$\delta = k_0 (n_{x'} - n_{y'}) L = \dfrac{2\pi}{\lambda_0} n_0^3 \gamma_{22} EL = \dfrac{2\pi}{\lambda_0} n_0^3 \gamma_{22} V \left(\dfrac{L}{d} \right) \tag{5.43}$$

令 $\delta = \pi$，可求得半波电压

$$V_\pi = \dfrac{\lambda_0}{2 n_0^3 \gamma_{22}} \left(\dfrac{d}{L} \right) \tag{5.44}$$

其中，d/L 称为厚长比。可见横向电光效应的半波电压与晶体尺度有关，半波电压高会造成电源指标压力，还大大影响电光调制的速率。为有效降低半波电压，就必须增大 L，减小 d。使得相同晶体中横向电光效应的 V_π 比纵向效应的 V_π 缩小 d/L 倍，这正是在一些调制速率高、半波电压低的场合下广泛使用横向电光效应的原因所在。

类似于纵向电光效应测量晶体电光系数的方法，通过调整晶体电压改变检偏器的输出光强而获得半波电压的具体数值，再根据式(5.44)计算出 $LiNbO_3$ 的电光系数。

4. 实验内容与步骤

(1) 观察横向电光效应，测试 $LiNbO_3$ 的电光系数

观察 $LiNbO_3$ 电光效应的实验装置如图 5.79 所示。根据图 5.79，画出一个实验框图，如

图 5.80 所示，其中，各数字依次表示：1. He-Ne 激光器，2. 起偏器，3. 检偏器，4. 晶体高压电源，5. 信号源，6. 示波器，7. 光探头，8. LiNbO$_3$ 晶体，9. λ/4 波片。

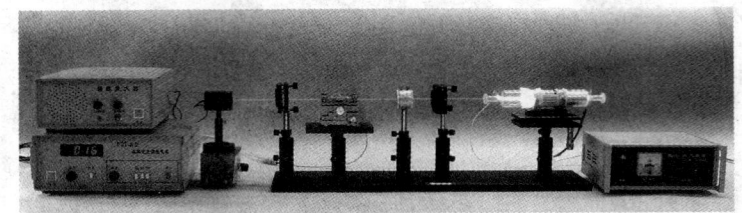

图 5.79 电光实验箱与调制测试实验装置

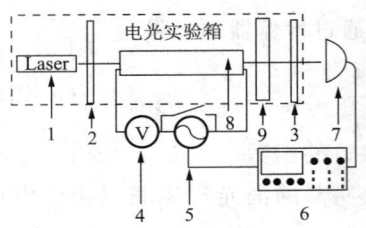

图 5.80 电光实验箱与调制测试实验装置

① 将激光器电源线插入电光调制箱的插孔中，电线与插孔颜色必须匹配，即红对红、黑对黑。检查插孔另一侧的电线是否与 He-Ne 激光器接牢。确定无误后，开启激光器电源开关令其发光。

② 调整光路。先调整 He-Ne 激光器，使激光保持水平。在同一水平面内，使激光束保持在电光晶体调整架的调整范围内。在 He-Ne 激光器和起偏器之间加入一个小孔光阑，使激光束恰好穿过小孔中心。调整电光晶体观察小孔另一面上光斑的变化情况，电光晶体的前后表面对光束会产生两个光斑，调整电光晶体反射形成光斑到小孔光阑的中心。仿照下述方法，反复调整起偏器和检偏器，以使各光学元件保持同轴性。具体步骤如下：

• 首先将起偏器 P 与检偏器 A 调节成相互垂直的（即偏振方向相互正交），此时透过 A 的光强应为最小（如果 P 和 A 都是理想的话，则应无光通过）。

• 将装有晶体的支架放在 P 与 A 之间，调节支架，使晶体的光轴（z 轴）与激光束平行。方法为：在 A 后面放一张白纸，可以看到，由于锥光干涉产生的十字阴影，使激光束处在黑十字阴影的正中时，就可以认为大体调好了。

• 调节晶体的感应主轴 x' 和 y' 与 P 和 A 的偏振方向成 45°夹角。调节方法如下：首先在晶体上加上直流电压（约 50V），然后使 P 和 A 向同一方向转过同样的角度，直到通过 A 的光强为最小时为止，记下此时 P 和 A 度盘上的角度值。这时外加电压的变化不能改变透过 A 的光强。这样 P 和 A 的方向与 x' 和 y' 轴平行。当需要测量半波电压时，使 P 和 A 向同一方向转过 45°就调节完了。

• 将 λ/4 波片加入光路，在 P 和 A 的方向与 x' 和 y' 轴平行的状态下，当晶体上不加电压时，旋转 λ/4 波片，使透过 A 的光强最小，此时波片的光轴与 P 平行或者成 90°。记下此时波片刻度盘上的角度值。

③ 确定起偏器光轴 P 和检偏器光轴 A 的方向。使激光束穿过布儒斯特窗和起偏器，如图 5.81 所示。顺时针（或逆时针）转动起偏器，当起偏器的透射光出现消光现象时，垂直纸面的方向就是起偏器光轴的方向，可在起偏器背面贴上一小块纸，画上箭头。旋转起偏器使其透过光强为最大。在起偏器的后面放置检偏器，转动检偏器直至出现消光现象，则此时与起偏器光轴相垂直的方向就是检偏器光轴的方向，可在其上标

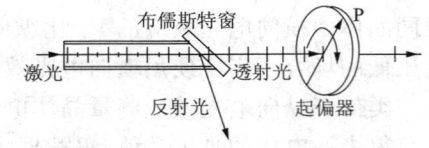

图 5.81 确定起偏器和检偏器的光轴方向

记方向。

④ 打开晶体高压电源开关,逐渐升高晶体电压直至检偏器出现消光,记录此时半波电压 V_π 的数值。重复消光现象三次,取平均值。

⑤ 确定晶体的厚长比,根据式(5.44)计算出 $LiNbO_3$ 的电光系数。

⑥ 计算绝对和相对误差,并讨论误差来源。

测出半波电压,算出电光系数,并和理论值比较。通常用两种测量方法。

- 极值法。晶体上只加直流电压,不加交流信号,并把直流偏压从小到大逐渐改变,从示波器上可以看到输出光强出现极小值和极大值。

具体做法是:取出毛玻璃,撤走白屏,接收器对准出光点,加在晶体上的电压从零开始逐渐增大,这时可看到示波器上光强极大和极小有一明显起落,直流偏压值由电源面板上的三位半数字表上读出。当光强最大时,测一组最大值,然后改变极性,再测一组数据,两个极大值所对应的电压之和就是半波电压的两倍,多次测量取平均值,可以减少误差。

- 调制法。晶体上同时加上直流电压和交流正弦信号,当直流电压调到输出光强出现极小值或极大值时,输出的交流信号出现倍频失真,通过示波器可看出相邻倍频失真对应的直流电压之差就是半波电压。

具体做法是:把电源前面板上的调制信号"输出"接到双踪示波器的 y_1 上,经放大后的调制器的输出信号接到示波器的 y_2 上,把 y_1、y_2 上的信号作比较,将检偏器旋转 $90°$,当晶体上加的直流电压缓慢增加到半波电压时,输出出现倍频失真;改变晶体上电压的极性后,电压加到半波电压时,又出现倍频失真,相继两次出现倍频失真时对应的直流电压值之差就是半波电压。这种方法比极值法更精确,因为用极值法测半波电压时,视觉很难准确地定位极大值和极小值,因而误差较大。

(2) 了解 $\lambda/4$ 波片的作用,利用电光调制实现光信号的传送

① 按图 5.79 连接实验装置(不含 $\lambda/4$ 波片)。首先,将信号源的信号线插头插到实验箱的插座上,并联引出信号线接在示波器的一个通道上。再把光探头对准检偏器出来的透射光,另一端接在示波器的其他通道上。

② 旋转检偏器使其光轴与起偏器光轴正交。

③ 打开信号源开关,用示波器的电信号通道观察信号波形,测量电信号频率三次。逐渐给晶体加电压,用示波器的光探头通道观察调制器输出的光信号波形,测量光信号频率三次。

④ 将 $\lambda/4$ 波片放在实验箱晶体与检偏器之间,调整光路使波片与其他光学器件保持同轴性。打开电信号开关,观察光信号波形,并测量光信号的频率,得出结论。

⑤ 将信号源信号方式拨到音乐信号挡上,开启信号源开关。从示波器上取下光探头接在低频信号放大器上,调整光探头接收光的位置,直至低频信号放大器中的扬声器发出不失真音乐。

(3) 改变直流偏压,观察正弦波电压的调制特性

电源面板上的信号选择琴键开关可以提供三种不同的调制信号,按下"正弦"键,机内单一频率的正弦波振荡器工作,此信号经放大后,加到晶体上。同时,通过面板上的"输出"孔输出此信号,把它接到双踪示波器的 y_1 上,作为参考信号。改变直流偏压,使调制器工作在不同的状态,把被调制信号经光电转换,放大后接到双踪示波器 y_2 上,和 y_1 上的参考信号比较。工作点选定在曲线的直线部分,即 $V_0=V_\pi/2$ 附近时线性调制;工作点选在曲线的极小值(或极大值)附近时,输出信号"倍频"失真;工作点选定在极小值(或极大值)附近时输出信号失真。观察时

调制信号幅度不能太大,否则调制信号本身失真,输出信号的失真无法判断是什么原因引起。把观察到的波形描下来,并和前面的理论分析作比较。做这步实验时把电源上的调制幅度、调制器上的输入光强、放大器的输出、示波器的增益(或衰减)这四部分调好,才能观察到很好的输出波形。

表 5.19

最暗电压值	
最亮电压值	
电压差/V	

(4) 实验数据记录
① 将数据记录在表 5.19 中。
② 测量得到半波电压。
③ 画出透过率与电压间的关系曲线。
④ 测量调制信号的增益。

5. 注意事项
① 注意人身安全。不要让激光直接打到人的眼睛里。
② 激光器的电源插孔或接头部分应与电源上的相应部分对应。
③ 开关激光电源时应注意保护激光器以免被烧毁。

6. 思考题
① 如何保证光束正入射于晶体的端面,怎样判断? 不是正入射时有何影响?
② 起偏器和检偏器既不正交又不平行时,会出现何种情况?
③ 1/4 波片改变工作点,观察调制现象时为何只出现线性调制和倍频失真,而没有其他失真?

5.16 声光效应与声光调制综合实验

1. 实验目的
① 了解声光相互作用的原理和实质。
② 掌握喇曼-奈斯和布拉格衍射的基本原理和工作特性。
③ 利用喇曼-奈斯衍射测量声波波长,通过测量各阶衍射强度验证理论的正确性。
④ 掌握利用声光调制器传送信号的基本方法。

2. 实验仪器
声光调制驱动模块,2 个;LD 泵浦激光器,1 台;稳压电源,1 台;光学平台及附件,1 套;光功率计及探头,1 套;信号源,1 套;接收放大器,1 台;光探头,1 个。

3. 实验原理
(1) 喇曼-奈斯衍射

由惠更斯-菲涅耳衍射理论,出射波面上各个波元发出的次级波相互干涉,在空间形成相对的入射方向对称分布的多级衍射条纹,这种正入射于薄片式平面光栅后所产生的多级衍射现象就是喇曼-奈斯衍射典型的特征。

喇曼-奈斯多级衍射光场的振动是一系列辛格函数的叠加。只有当下式成立时,

$$\sin\theta_m = m\frac{k_s}{k} = m\frac{\lambda}{\lambda_s} \tag{5.45}$$

衍射光场才会有极值,那些不满足这一条件的成分迅速为 0。这说明,光波通过声光介质后,远场光波分裂成一组衍射波场,它们分别对应于由式(5.45)决定的衍射角 θ_m (m 级衍射光与入射光方向的夹角)。各级衍射光的强度由下式决定:

$$I_m \propto J_m^2(\Delta\phi) \tag{5.46}$$

其中,$J_m(\Delta\phi)$ 为 m 阶贝塞尔函数,$\Delta\phi = kL\Delta n$ 是声波场感应相位延迟。因 $J_m^2(\Delta\phi) = J_{-m}^2(\Delta\phi)$,故零级衍射两侧的同级次衍射光强度相等。这种各级衍射光强的对称分布是喇曼-奈斯衍射的主要特征之一,而且

$$I_0 + 2\sum_{m=1}^{\infty} I_m = 1 \tag{5.47}$$

说明声光衍射过程中,总衍射光功率保持守恒。

根据贝塞尔函数的性质和式(5.47)的结论知,当参数 $\Delta\phi$ 变大时,0 级光将功率向各级光馈送;反之,当 $\Delta\phi$ 变小时,各级衍射光又将功率返回给 0 级。当 $\Delta\phi$ 一定时,各级衍射光的功率不同,它们之间的强度比是

$$\frac{I_{m'}}{I_m} = \frac{J_{m'}^2(\Delta\phi)}{J_m^2(\Delta\phi)} \tag{5.48}$$

由于介质条纹的周期就是声波波长,可设声光介质的光密层和光疏层按厚度 $\lambda_s/2$ 交替改变,介质宽度 $L_0 = \dfrac{\lambda_s/2}{\tan\alpha}$。只要声波束宽度 L 满足如下关系,

$$L < L_0 = \frac{\lambda_s/2}{\tan\alpha} = \frac{n\lambda_s^2\cos\alpha}{4\lambda_0} \approx \frac{n\lambda_s^2}{4\lambda_0} \tag{5.49}$$

即可形成喇曼-奈斯衍射。式中,λ_0 为入射光的真空波长,n 为声光介质的折射率。式(5.49)就是喇曼-奈斯衍射条件。

(2) 布拉格声光衍射条件

如果声波频率较高,且声光作用长度较大,使式(5.49)的条件不再成立,此时的声扰动介质也不再等效于平面位相光栅,而形成了立体位相光栅。这时,相对声波方向以一定角度入射的光波,其衍射光在介质内相互干涉,使高级衍射光相互抵消,只出现 0 级和 ± 1 级的衍射光,这就是布拉格声光衍射。这种衍射形式效率较高,有利于制成各种实用器件。

在布拉格衍射条件下,可以采用类似于晶体对 x 光衍射的方法进行处理,即把声波造成介质折射率的周期变化看成是一系列等间距放置的反射镜面,间距为声波波长 λ_s,而且这些镜面是以声速 v_s 运动。

设波长为 λ 的光束沿掠射角 θ 方向入射到镜面上,衍射角是 θ',如图 5.82 所示。

显然,要想在 θ' 方向产生衍射极值,两光线的光程差 $n(AC-BC)$ 必须是入射光波波长的整数倍,即应当满足

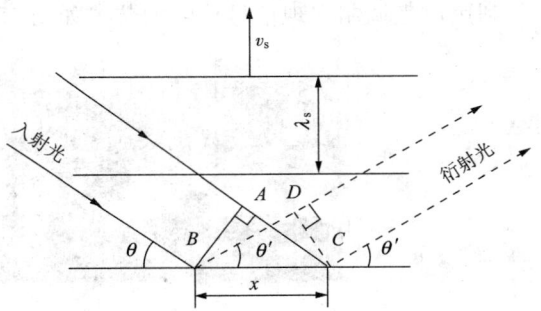

图 5.82　入射光束在镜面上发生衍射

$$nx(\cos\theta - \cos\theta') = m\lambda \tag{5.50}$$

要想使镜面上所有的点都满足这一关系,则 m 必须为 0,于是有

$$\theta' = \theta \tag{5.51}$$

这表明衍射光方向满足反射定律的要求。再考虑两个声学反射镜面的反射光,它们的光程差也是波长的整数倍。这个条件可以写成

$$2\lambda_s n\sin\theta = \lambda \tag{5.52}$$

该式称为布拉格衍射条件。

(3) 布拉格声光衍射效率

由于发生布拉格声光衍射时，声光相互作用长度较大，属于体光栅情况。根据耦合模方程，理论分析表明，在声波场的作用下入射光和衍射光之间存在如下关系：

$$\begin{cases} E_i(r) = E_i(0)\cos(k_{ij}r) \\ E_j(r') = -iE_i(0)\sin(k_{ij}r') \end{cases} \tag{5.53}$$

式中，E_i 和 E_j 分别为入射和衍射光场，这为我们描述两个光场的能量转换效率提供了方便。

定义在作用距离 L 处衍射光强和入射光强之比为声光衍射效率，即

$$\eta = \frac{I_j(L)}{I_i(0)} = \sin^2(k_{ij}L) \tag{5.54}$$

若通过调节作用长度 L，使 $k_{ij}L = \frac{\pi}{2}$，则有 $\eta = 1$，这时入射光束的全部能量都将被转换成衍射光能量。这一点正是布拉格衍射优于喇曼-奈斯衍射之处，也是它得到广泛应用的原因之一。

$$\eta = \sin^2\left[\frac{\pi}{\lambda}(\Delta n_{ij})L\right] = \sin^2\left(\frac{\Delta\phi}{2}\right) \tag{5.55}$$

式中，$\Delta\phi$ 是传播距离 L 后的位相改变量。

设 v_s 为声速，ρ 为介质密度，则

$$\eta = \sin^2\left[\frac{\sqrt{2}\pi}{\lambda}L\left(\frac{n^6 p_e^2}{\rho v_s^3}\right)^{\frac{1}{2}}\right] = \sin^2\left[\frac{\sqrt{2}\pi}{\lambda}L(MI_s)^{\frac{1}{2}}\right] \tag{5.56}$$

定义 $MI_s = \frac{n^6 p_e^2}{\rho v_s^3}$ 为声光晶体衍射的品质因数。由上式可以看出，衍射效率与声波强度 I_s 成正比，因此，可利用信息信号对声波强度进行调制，就可以通过声光调制作用实现对光辐射的调制。

4. 实验内容与步骤

利用声光调制实现信号传输的装置如图 5.83 所示。

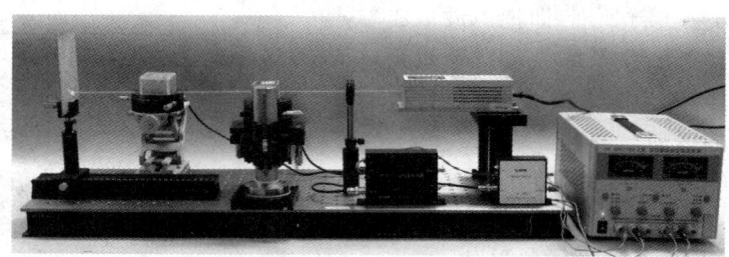

图 5.83 利用声光调制实现信号传输的装置

(1) 测量喇曼-奈斯衍射的各级衍射角

① 按照图 5.83 搭建实验光路，具体装置如图 5.84 所示。
② 连接好喇曼-奈斯声光调制器与驱动器以及驱动器与直流电源。
③ 打开激光器电源开关，通过小孔光阑观察激光在声光晶体表面反射回来的像点，使激光正入射声光晶体，小心调整晶体直至在光屏上出现清晰的喇曼-奈斯衍射光斑。
④ 首先在带有白纸的光屏上第一次标记出各级衍射光斑的中心位置和相应的级次，并通过 0 级光斑铅直向下画一条竖线。然后沿 0 级衍射光的方向向后或向前移动距离 L，记录 L 的数值。上下移动白纸一小段距离，用先前画好的竖线对准 0 级后，再次进行标记，测量和记录同

级光斑中心在两次标记间的移动距离。

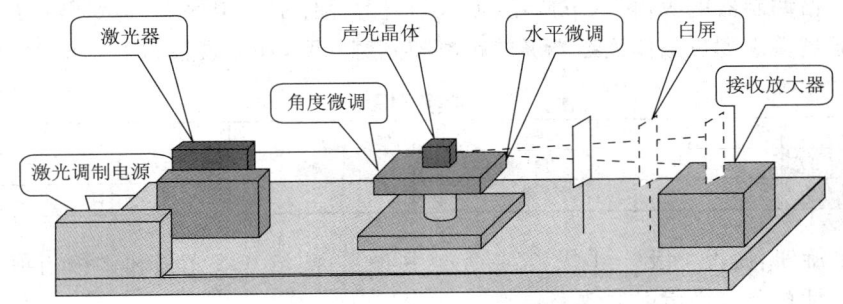

图 5.84　声光调制原理

⑤ 重复步骤③三次，计算各级衍射光的衍射角 θ_m 的平均值。

理论上，由关系式 $\sin\theta_m = m\dfrac{k_s}{k} = m\dfrac{\lambda}{\lambda_s}$ 知，当 $m=1$ 时，$\sin\theta_1 = \dfrac{\lambda}{\lambda_s}$；$m=2$ 时，$\sin\theta_2 = 2\dfrac{\lambda}{\lambda_s} = 2\sin\theta_1$。类似地有 $\sin\theta_3 = 3\sin\theta_1$，$\sin\theta_4 = 4\sin\theta_1$ 等。故存在下列关系：$\sin\theta_1 : \sin\theta_2 : \sin\theta_3 : \sin\theta_4 : \cdots = 1 : 2 : 3 : 4 : \cdots$ 因此，只要测量出各级衍射光的衍射角 θ_m，即可验证上式的正确性。

打开喇曼-奈斯调制器电源，调节旋钮直到出现喇曼-奈斯型声光衍射图样；测量衍射级次，验证喇曼-奈斯衍射的级次公式；通过多次测量晶体到挡光屏的距离和光斑间距，并记录数据于表 5.20。

表 5.20

距　离					
1 级衍射					
−1 级衍射					
2 级衍射					
−2 级衍射					

(2) 利用 1 级衍射获得声波波长或声光介质折射率

由已得到 1 级衍射角的平均值 $\overline{\theta}_1$，利用 $\lambda_s = \dfrac{\lambda_0}{n\sin\overline{\theta}_1}$，当折射率 n 已知时，可以得到驱动声波的波长。当声波的波长 λ_s 已知时，就可以测得声光介质的折射率。

(3) 测量和比较各级衍射光强度，绘出强度分布曲线

仔细调整晶体和激光器，使衍射光斑强度在视觉上呈中心对称，用带有小孔的光探头分别测量各级衍射光功率，比较对称的同级光斑强度是否对称。

在坐标纸上以纵轴为强度（或功率），横轴为级次，绘出衍射光强度分布曲线。

(4) 声光布拉格衍射的测量

① 测量布拉格角 θ_B。打开激光器和声光调整器，调整声光晶体方位角使布拉格衍射效率最高。在激光器与声光晶体之间插入带有小孔的光阑，使光束穿过小孔。

采用类似上述测量喇曼-奈斯衍射光的方法定位 0 级衍射光与 −1 级衍射光的角度（图 5.85，也可利用小孔光阑在声光晶体前表面反射后留在小孔光阑背后的刻度尺上的光斑进

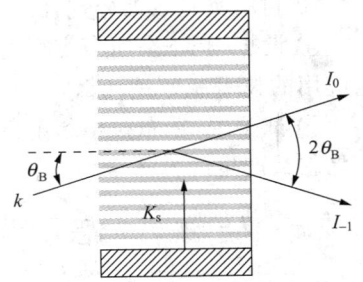

图 5.85　0 级衍射光与 −1 级衍射光的角度关系

行测量)。

打开布拉格调制器电源,再调节旋钮,使入射光与晶体成一定角度,直到出现布拉格型声光衍射图样。通过多次测量晶体到挡光屏的距离和光斑间距,并记录数据于表 5.21。

表 5.21

距 离					
1 级衍射					
−1 级衍射					

再次调节旋钮,使得 1 级(−1 级)衍射光达到最强,测量 0 级光强和 1 级衍射光强(或 −1 级衍射光强),计算布拉格衍射的效率。

② 测量衍射效率 η,由衍射效率获得位相改变量 $\Delta\phi$ 和折射率改变量。

(5) 利用声光调制实现信号传输

分别打开声光调制信号发生器的电源和接收放大器的电源,如果发送的信号为音乐,应在接收放大器输出端的喇叭中播放出音乐。若未能出现声音或声音效果不好,仔细检查排除故障或细微调整改善效果。

(6) 结束,关闭电源

实验完毕后,先关闭调制信号和放大器电源,再关闭声光驱动器电源,最后关闭激光器电源。

5. 实验注意事项

① 要特别注意人身安全,由于激光的光强比较大,所以绝对不能让激光直接打到眼睛上;此外,激光电源红黑插头间电压较高,操作时一定要特别注意用电安全。

② 激光器的电源插孔,红对红,黑对黑,不可反接;若激光器接通电源 3s 后,激光管中无激光输出,则需要关掉电源,重新检查是否正确接好电路,检查无误后,再次开电源。切记不可在无光情况下长时间开电源,以免烧毁电源,正常激光器出光并稳定后,可以开启声光调制器,加载声光调制信号。同样,在关闭激光管时,应先关掉声光调制信号,然后再关闭激光电源。

③ 由于激光的光强较大,所以在调制信号接收器上应该粘贴衰减纸来保护接收放大器的传感器。

④ 本实验仪器比较精密和贵重,所以一定注意保护微调架,在调节微调架时要轻调,不可用力过大,以免弄坏微调架。

6. 思考题

① 为什么声光衍射会存在两种类型,彼此对应的是何种光栅类型?
② 在喇曼-奈斯型声光衍射中,分别采用行波场和驻波场对条纹会产生何种影响?
③ 利用实验数据分别计算喇曼-奈斯声光衍射和布拉格声光衍射的效率。
④ 设想喇曼-奈斯声光衍射和布拉格声光衍射各自可能的应用场合以及制约声光器件大量应用的技术瓶颈是什么。
⑤ 试验中,在布拉格衍射条件下为什么除了 0、−1 和 +1 级条纹外,还存在高级条纹?它们是怎么产生的?

5.17 马赫-曾德尔光纤干涉仪综合实验

1. 实验目的

① 掌握光纤马赫-曾德尔(M-Z)干涉仪的调整方法,准确记录实验中的条纹数目,并记录调

节压电陶瓷时条纹的变化。

② 掌握光纤 M-Z 干涉仪的基本结构和工作原理。

③ 掌握光纤偏振控制器的原理及使用方法。

④ 掌握用压电陶瓷(PZT)进行光纤相位调制的工作原理及使用方法。

2. 实验仪器

M-Z 干涉仪实验平台,1 个;LD 泵浦激光器,1 台;偏振控制器,2 个;稳压电源,1 台;光学平台及附件,1 套;光功率计及探头,1 套。

3. 实验原理

(1) M-Z 光纤干涉仪的结构和工作原理

由于 M-Z 光纤干涉仪可以看成是 M-Z 调制器的特例,M-Z 光纤调制器的基本结构如图 5.86 所示。

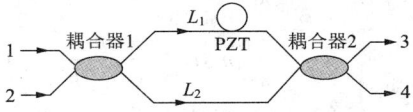

图 5.86 M-Z 光纤调制器的基本结构

端口 1、2 为干涉仪的输入端,端口 3、4 为输出端。入射激光从 M-Z 干涉仪的输入端口 1(或端口 2)进入,经耦合器 1 分成两束后分别进入长度为 L_1 和 L_2 的干涉臂中,通常构成两干涉臂的光纤材料完全相同。L_1 中的光波通过一个压电陶瓷(PZT)后与 L_2 中传输的光在耦合器 2 相遇,并分别由调制器的端口 3 和端口 4 输出。

压电陶瓷(PZT)是 $PbTiO_3$-$PbZrO_3$ 的固溶体。将光纤缠绕在圆筒形压电陶瓷环上。当在筒壁的内外壁施加电压时,在电场的作用下压电陶瓷环发生胀缩形变,调节干涉臂 L_1 上 PZT 环的电压就能控制 PZT 环直径。压电陶瓷环的形变使得固定在它上面的光纤也随之发生伸缩形变,当环直径增大时,在 PZT 环上缠绕的光纤就被拉伸,光纤在应力的作用下折射率和光纤长度都发生变化,使该臂上传输光波的光程发生变化。于是,PZT 将外加电调制信号的电压变化转变为两干涉臂之间光波位相的变化,从而控制耦合器 2 中光强的相长或相消,即控制 M-Z 调制器的通断状态。具体理论分析见第 4 章。

(2) 光纤偏振控制器的基本原理

为了确保在干涉仪出射端光场能够相干,根据光束干涉条件可知,必须使两光束的偏振方向趋于一致。由于光波在光纤传输中的偏振态是随机变化的,所以要得到沿同一方向振动的线偏光,就必须使用偏振控制器来调节出射光的偏振态及偏振方向。

偏振控制器由上述的三个部分构成,即 1/4 波片+1/2 波片+1/4 波片。其工作原理是:线偏振光经 1/4 波片(波片光轴与椭圆光极大或极小重合)后成为椭圆偏振光。而椭圆偏振光经 1/2 波片(偏振方向与波片快轴成 θ 角)后仍为椭圆偏振光,只是轴向偏转了 2θ。若使椭圆偏振光再通过一个 1/4 波片时,可将此椭圆偏振光变为线偏振的出射光。

(3) 利用压电陶瓷进行光纤相位调制的原理及方法

利用压电陶瓷在电场的作用下发生形变的特点可以进行相位调制。将光纤绕紧固定在圆筒形压电陶瓷上,当在筒壁的内外侧加上电压时,在电场的作用下,陶瓷将发生胀缩形变,同时使固定在它上面的光纤也发生伸缩形变,从而起到相位调制的作用。压电陶瓷是 $PbTiO_3$-$PbZrO_3$ 的固溶体。

逆压电效应:当一块具有压电效应的晶体置于外电场中时,由于晶体的电极化造成的正负电荷中心位移,导致晶体形变,形变量与电场强度成正比。

压电应变系数

$$d_{ij} = \left(\frac{\partial S}{\partial E} \right)_T \tag{5.57}$$

式中，S 为压电片产生的应变，T 为压电体承受的应力；$i=1,2,3$，表示电场方向，$j=1,2,3,4,5$，表示应变方向。

按光纤受到纯粹径向应力计算相应的位相变化

$$\Delta n = -\frac{n^3}{2}[P_{12}-v(P_{11}+P_{12})]\varepsilon_z = -\frac{n^3 S_z}{2E}[P_{12}-v(P_{11}+P_{12})] \tag{5.58}$$

则位相为

$$\delta = \frac{2\pi}{\lambda_0}(\Delta nL + n\Delta L) = \frac{2\pi}{\lambda_0}nL\left(\frac{\Delta n}{n}+\frac{\Delta L}{L}\right)$$

$$= \frac{2\pi}{\lambda_0}n\Delta L - \frac{\pi}{\lambda_0}\frac{n^3 L S_z}{E}[P_{12}-v(P_{11}+P_{12})] \tag{5.59}$$

当移动一个条纹时，有

$$\frac{n\Delta L}{\lambda_0} - \frac{n^3 L S_z}{2\lambda_0 E}[P_{12}-v(P_{11}+P_{12})] = 1 \tag{5.60}$$

可以看出，只要能够根据压电陶瓷环上电压与环伸长的关系得到光纤的伸长量 ΔL，就能测量出移动一个条纹时光纤受到的拉力。类似地，使条纹移动 0.5、0.25、0.125 个条纹间隔时，可通过式(5.60)计算出相应的拉力。这样就能够绘出拉力随电压变化的曲线。

4. 实验内容与步骤

M-Z 光纤干涉仪实验装置如图 5.87 所示。M-Z 光纤干涉仪实验装置的各部分工作原理如图 5.88 所示。

图 5.87 M-Z 光纤干涉仪实验装置

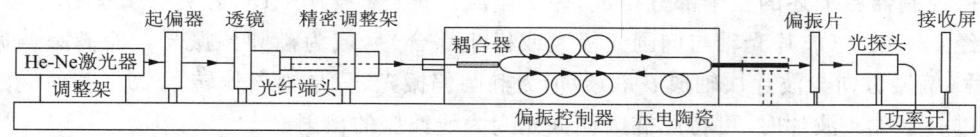

图 5.88 M-Z 光纤干涉仪实验装置的工作原理

整个系统是安装在一个小光学平台上，激光光源发出激光经过起偏器后，再经过透镜耦合系统，将激光耦合进入光纤系统；进入光纤的光经过 50∶50 的耦合器后将光路平分为两路，一路经过偏振控制器一臂到达输出端，另一路经过偏振控制器的另一臂和 PZT 环到达输出端，在输出端两束光相遇后相干输出。利用偏振片和光功率计可以探测输出的光功率，也可以利用接收屏直接接收到相干光输出图样。

系统中采用 532nm 全固体绿激光器作为光源系统；起偏器采用了格兰-泰勒棱镜；耦合透镜系统采用的是 25 倍的显微物镜和光纤准直器，使激光能有效地耦合进入光纤；进入光纤的光经过法兰盘和 M-Z 干涉仪的主体系统相连；最后从耦合输出端口直接出射到接收屏上。M-Z

的主体系统包括了一个能实现平分光路的 50∶50 的耦合器、一对能对 532nm 波长实现偏振控制的偏振控制器和一个直径为 20.5mm 的压电陶瓷环。整个系统是分别安装在两个光学平台上的,一个光学平台上放置了光源、起偏器和耦合系统,另一个平台上放置了 M-Z 干涉仪的主体系统以及耦合输出和接收部分。两部分之间的光路采用法兰盘连接,光学平台采用螺丝连接,这样便于实验系统的搬运和实验系统的维护。

(1) M-Z 光纤干涉仪的调整

① 按图 5.88 所示,在实验平台上装配调整架,特别要注意不要使劲拉扯带光纤的元件,以免损坏仪器。

② 使起偏器和耦合透镜的光学调整架处于可自由调整状态。

③ 打开激光器电源,用小孔光阑调整激光器,使输出激光平行于小平台,并于各光学镜片中心通过。调整起偏器使之与激光保持同轴,输出光斑集中于一点。

④ 将耦合透镜调整架的纵向调整螺杆逆时针旋转多圈,以保证其沿顺时针方向有足够的调整余量。粗调光学耦合透镜使通过起偏器的激光由透镜中心通过。取一小块白纸置于耦合透镜之后,观察在白纸上光斑的形状和强度分布是否均匀。如光斑呈现强度不均,例如,一边强,而另一边弱,根据透镜成像与物反向的特点,调整水平或铅直方向的微调螺杆,使白纸上出现的光斑形状尽可能地圆,强度又非常均匀。用小孔光阑检查透镜的反射光斑是否与入射光同轴,如不同轴,则调整耦合透镜调整架的俯仰螺杆,直至同轴,再调整光斑达到均匀。

⑤ 松开精密调整架下的固定螺丝,小心地将 M-Z 光纤干涉仪的固定光纤端头的金属杆穿过精密调整架的铜套管约 1.5cm(应略小于耦合透镜镜筒上的黑漆与亮金属管交界处至镜筒口的长度)。调整精密调整架上铜套管的螺钉,尽量使光纤端头上的金属杆与耦合透镜镜筒保持水平,锁紧铜套管上的螺钉,然后将精密调整架置于实验平台上使光纤端头的金属杆插入耦合透镜套管。边缓慢平移精密调整架,边观察干涉仪的输出端,直至干涉仪输出光纤端头中的光强达到最大,然后锁紧精密调整架与小平台之间的固定螺丝,将干涉仪光纤输出端头对准功率计探头。并用厚纸盖住光探头,避免杂散光进入干扰测量。打开功率计开关,调整功率的测试量程,先用最大量程,再根据需要逐步减小。

⑥ 仔细调节精密调整架的微调螺杆。对应一个耦合透镜位置,本着先粗调、后微调的原则,使干涉仪的输出光强达到最大。然后,顺时针旋转耦合透镜纵向微调螺杆,将耦合透镜的焦点移向光纤端头。当光强减小时,反复横向精密调整光纤端头,直至光强最大。再向前移动透镜焦点,重复上述调整过程。当光强较强时,改变功率计的量程,再进行上述调整步骤。一边调节,一边观察功率计读数的变化。当功率计示数很大时,移开光探头,将干涉光场透射到接收光屏上,调节光屏的位置,使条纹最为清晰。

(2) 观察 M-Z 的输出

调节输出线偏光,光纤输出端后面加偏振片,偏振片后接光探头。旋转偏振片,找到使功率计读数最大的方向,调节偏振控制器,使干涉仪的输出光功率最大,记录干涉条纹的数目。在光屏上贴上白纸,在白纸上标记出各级条纹的位置。

该系统将起偏器和偏振控制器配合使用,能很好地控制两臂上光的偏振状态,获得良好的相干图样。通过调整偏振控制器一臂的长度,获取一组干涉条纹的图样。

观察两臂上输出光的偏振状态垂直时的干涉图样。由于光在光纤中的传播具有一定的任意性,所以在偏振控制器偏振态垂直时,两臂上的光存在平行分量,仍然有较为模糊的干涉条纹。

(3) 压电陶瓷环对 M-Z 的调整

① 给压电陶瓷环施加偏压,控制输出端呈现亮(或暗)条纹。

② 给压电陶瓷环上施加信号电压,并调节信号电压幅度使其产生的位相变化恰好为 π,观察条纹变化。用光探头接收在示波器上显示信号波形,并与电信号加以比较,说明产生失真的原因。

③ 接通压电陶瓷的电源,通过监控电压表,缓慢增加和降低电压,观察条纹移动情况。当改变 PZT 上的电压使条纹恰好移动 1 个条纹间隔时,记录相应的电压值。重复上述步骤三次,取平均。

④ 使条纹移动 0.5、0.25、0.125 个条纹间隔时,可通过式(5.61)计算出相应的拉力。这样就能够绘出拉力随电压变化的曲线。

5. 注意事项

① 注意人身安全。激光光强大,不可让激光直接照射人眼,激光电源红黑插头间电压较高,操作时一定要小心高压。

② 实验仪器安全。激光器的电源插孔,红对红,黑对黑,不可接反;若激光器接通电源 3s 后,激光管中无激光输出,则关掉电源,重新检查是否正确接好电路。检查无误后,再次开电源。切不可在无光情况下,长时间开电源,以免烧毁电源。关闭激光管时,应先关掉激光管电源,后拔插头。

③ 在调节过程中注意保护光纤,以免不小心将其碰断,一定要保证轻拿轻放。

④ 本实验对精密度要求极高,一定注意保护微调架,调节微调架时要轻调,不可用力过大,以免弄坏精密微调架。移动微调架时应该托着底部,不能拿上部。

5.18 光纤光栅传感特性的测试

1. 实验目的

① 了解布拉格光纤光栅的工作原理。
② 熟悉和掌握温度和应力变化对光纤光栅产生影响的机理。
③ 熟练掌握利用光纤光栅实现传感的基本方法。

2. 实验仪器

宽带光源(LED),1 台;光环形器,1 套;光谱分析仪,1 台;温度控制仪,1 台;调压器,1 个;测温仪,1 台;光纤光栅测量实验箱,1 台;光跳线和法兰盘,若干。

3. 实验原理

布拉格光纤光栅(FBG:Fiber Bragg Grating)是近年来发展最为迅速、应用非常广泛的光纤通信无源器件之一,其为光纤传感领域的进步与发展带来了新的生机,它适用于特殊结构的传感网络,如水坝寿命、钢水温度、桥梁缺陷、大型运输载体的复合材料等方面的物理量测量。

光纤光栅传感器是利用 FBG 对温度和应力的敏感特性制成的一种新型的光纤传感器。它将被测信息,如温度或应力的变化转化为布拉格波长的移动,即采用波长调制方式。其传感精度非常高,而且传感线性度好,通常的传感器件无法与之比拟,是一种具有广泛应用前景和开发价值的传感器。

布拉格光纤光栅和长周期光纤光栅的应变和温度特性是光纤光栅传感应用的物理基础。在温度和应力的作用下,光纤光栅的工作波长将会发生偏移,由此对光纤光栅型器件的性能和稳定性带来负面影响,但光纤光栅对温度和应力良好的敏感特性使其能够应用于精密传感测量。

(1) 光纤光栅的应变特性

由于光纤光栅对应力和温度都非常敏感,在使用中只能用其中一个特性,因此在考虑应力影响时,暂不考虑温度的影响。

设在施加静态应力 S 作用下(不考虑扭转力)材料产生应变为 ε,则应变 ε 和应力 S 的直角坐标系下分量间服从如下胡克定律:

$$\begin{cases} \varepsilon_x = \dfrac{1}{E}[S_x - v(S_y + S_z)] \\ \varepsilon_y = \dfrac{1}{E}[S_y - v(S_x + S_z)] \\ \varepsilon_z = \dfrac{1}{E}[S_z - v(S_x + S_y)] \end{cases} \tag{5.61}$$

式中,E 与 v 分别为杨氏模量和泊松比。当横向无应力,只存在轴向(z 方向)应力时,即 $S_x = S_y = 0$,式(5.61)可写为

$$\varepsilon_x = -\frac{vS_z}{E} = -v\varepsilon_z$$

同理,

$$\varepsilon_y = -\frac{vS_z}{E} = -v\varepsilon_z, \varepsilon_z = \frac{S_z}{E}$$

可见此时光纤的应变分布是圆柱对称的。

介质在应变作用下折射率变化的现象称为光弹效应,其大小由光弹系数 $\boldsymbol{P}$ 决定($\boldsymbol{P}$ 一般为四阶张量),即

$$\Delta\left(\frac{1}{n_i^2}\right) = P_{ij}\varepsilon_j \qquad i,j = 1,2,\cdots,6 \tag{5.62}$$

由于光纤为各向同性介质,则 $\boldsymbol{P}$ 可写成如下形式:

$$\boldsymbol{P} = \begin{bmatrix} P_{11} & P_{12} & P_{12} & 0 & 0 & 0 \\ P_{12} & P_{11} & P_{12} & 0 & 0 & 0 \\ P_{12} & P_{12} & P_{11} & 0 & 0 & 0 \\ 0 & 0 & 0 & P_{44} & 0 & 0 \\ 0 & 0 & 0 & 0 & P_{44} & 0 \\ 0 & 0 & 0 & 0 & 0 & P_{44} \end{bmatrix} \tag{5.63}$$

其中,$P_{44} = \dfrac{1}{2}(P_{11} - P_{12})$。

由于不考虑扭转力,上式中的光弹系数 $\boldsymbol{P}$ 简化为 3×3 的张量。将 $\boldsymbol{P}$ 代入式(5.64),并注意到式(5.61)在只存在轴向应力时的结果,有

$$\begin{cases} \Delta\left(\dfrac{1}{n_1^2}\right) = P_{11}\varepsilon_x + P_{12}\varepsilon_y + P_{12}\varepsilon_z = \varepsilon_z[P_{12} - v(P_{11} + P_{12})] \\ \Delta\left(\dfrac{1}{n_2^2}\right) = P_{12}\varepsilon_x + P_{11}\varepsilon_y + P_{12}\varepsilon_z = \varepsilon_z[P_{12} - v(P_{11} + P_{12})] \\ \Delta\left(\dfrac{1}{n_3^2}\right) = P_{12}\varepsilon_x + P_{12}\varepsilon_y + P_{11}\varepsilon_z = \varepsilon_z(P_{11} - 2vP_{12}) \end{cases} \tag{5.64}$$

式(5.64)表明光纤中横向折射率变化是简并的。

对于沿光纤轴向 z 传输的 x 方向的线偏振波,因光弹效应引起的折射率变化为

$$\frac{\mathrm{d}n}{n}=-\frac{n^2}{2}\Delta\left(\frac{1}{n_1^2}\right)=-\frac{n^2}{2}[P_{12}-v(P_{11}+P_{12})]\varepsilon_z \tag{5.65}$$

式(5.65)为轴向应变下光纤折射率变化的公式。

若采用布拉格光纤光栅(FBG)作为传感元件,设布拉格光纤光栅的作用波长为 λ_B,光纤芯子有效折射率为 n_{eff},光栅周期为 Λ,则布拉格条件为

$$\lambda_B=2n_{\mathrm{eff}}\Lambda \tag{5.66}$$

光纤在受到外界应力作用时,折射率和光纤长度会发生相应变化。由于有效折射率 n_{eff} 大小介于纤芯和包层折射率之间,而后两者之差小于 1%,因此可认为 $n_{\mathrm{eff}}\approx n$。于是由式(5.66)微分,并考虑到式(5.65)及光栅周期或栅距变化由轴向应变决定,即 $\frac{\mathrm{d}\Lambda}{\Lambda}=\varepsilon_z$。则有

$$\mathrm{d}\lambda_B=2n\Lambda\left(\frac{\mathrm{d}\Lambda}{\Lambda}+\frac{\mathrm{d}n}{n}\right)=2n\Lambda M\varepsilon_z \tag{5.67}$$

式中,$M=1-\frac{n^2}{2}[P_{12}-v(P_{11}+P_{12})]$ 称为有效应变系数。对式(5.67)求 ε_z 的导数,可得布拉格光纤光栅的应变灵敏度 $R_{B,S}$ 为

$$R_{B,S}=\frac{\mathrm{d}\lambda_B}{\mathrm{d}\varepsilon_z}=2n\Lambda M \tag{5.68}$$

下标 B 和 S 分别表示布拉格光纤光栅和应变。其物理含义是在某布拉格波长处,单位轴向应变作用下布拉格波长的偏移量。

例如,对于石英光纤,$n=1.45,v=0.17,P_{11}=0.12,P_{12}=0.27$,因此 $M=0.786$。利用 $\lambda_B\approx 2n\Lambda$,式(5.68)可写为

$$R_{B,S}=0.786\lambda_B \tag{5.69}$$

当用长周期光纤光栅(LPFG:Long Period Fiber Grating)作为传感元件时,设耦合发生在导模与包层模之间,则其相位匹配条件为

$$\lambda_L=[n_{\mathrm{co}}-n_{\mathrm{cl}}^{(i)}]\Lambda \tag{5.70}$$

式中,n_{co}、$n_{\mathrm{cl}}^{(i)}$ 代表芯子模和第 i 个包层模的有效折射率。长周期光纤光栅的应变灵敏度可表示为

$$R_{L,S}=\frac{\mathrm{d}\lambda_L}{\mathrm{d}\varepsilon_z}=\left(n_{\mathrm{co}}\frac{\mathrm{d}\Lambda}{\mathrm{d}\varepsilon_z}+\Lambda\frac{\mathrm{d}n_{\mathrm{co}}}{\mathrm{d}\varepsilon_z}\right)-\left[n_{\mathrm{cl}}^{(i)}\frac{\mathrm{d}\Lambda}{\mathrm{d}\varepsilon_z}+\Lambda\frac{\mathrm{d}n_{\mathrm{cl}}^{(i)}}{\mathrm{d}\varepsilon_z}\right] \tag{5.71}$$

与布拉格光纤光栅的应变灵敏度类似,其为

$$R_{L,S}=\Lambda n_{\mathrm{co}}M_{\mathrm{co}}-\Lambda n_{\mathrm{cl}}^{(i)}M_{\mathrm{cl}}^{(i)} \tag{5.72}$$

M_{co}、$M_{\mathrm{cl}}^{(i)}$ 代表导模和第 i 阶包层模的有效应变系数。与布拉格光纤光栅不同的是,除了芯层参数和光栅周期外,长周期光栅的应变特性还与包层参数有关。当 M_{co} 与 $M_{\mathrm{cl}}^{(i)}$ 相差较小时,$R_{L,S}$ 较小,即此时长周期光栅对应变的敏感度低。

(2) 光纤光栅的温度特性

当外界温度变化时,一方面会引起介质的热胀冷缩,从而导致光纤光栅的栅距变化。另一方面由于热光效应致使介质折射率变化。因此,与应变一样,温度变化也会导致光栅谐振波长发生偏移。类似于应变的处理,定义光栅的温度灵敏度为单位温度变化下光栅谐振波长的偏移量。对于布拉格光纤光栅,将式(5.66)两边同时对温度求导,得布拉格光纤光栅的温度灵敏度

$$R_{B,T} = \frac{d\lambda_B}{dT} = 2n\frac{d\Lambda}{dT} + 2\Lambda\frac{dn}{dT} \tag{5.73}$$

其中,α 为热膨胀系数,η 为热光系数。由于 $\frac{d\Lambda}{dT}=\alpha\Lambda$,$\frac{dn}{dT}=\eta$,则上式改写为

$$R_{B,T} = 2n\alpha\Lambda + 2\Lambda\eta = 2n\Lambda\left(\alpha+\frac{\eta}{n}\right) = \left(\alpha+\frac{\eta}{n}\right)\lambda_B \tag{5.74}$$

定义有效温度系数 $\chi = \alpha + \frac{\eta}{n}$,于是

$$R_{B,T} = 2n\Lambda\chi = \lambda_B\chi \tag{5.75}$$

对于光纤材料,$\alpha = 5.5\times10^{-7}/\text{℃}$,$\eta = 9.0\times10^{-6}/\text{℃}$,有效温度系数 $\chi = 6.7\times10^{-6}/\text{℃}$。因此当布拉格波长为 1550nm、1300nm 时,$R_{B,T}$ 分别为 0.01nm/℃ 和 0.0087nm/℃。与压力灵敏度表达式类似,长周期光纤光栅温度灵敏度 $R_{L,T}$ 可表示为

$$R_{L,T} = \frac{d\lambda_L}{dT} = \left(n_{co}\frac{d\Lambda}{dT} + \Lambda\frac{dn_{co}}{dT}\right) - \left[n_{cl}^{(i)}\frac{d\Lambda}{dT} + \Lambda\frac{dn_{cl}^{(i)}}{dT}\right] \tag{5.76}$$

由于纤芯和包层材料掺杂的区别,热光系数有所差别,导致有效温度系数不同,以分别代表导模和第 i 阶包层模的有效温度系数。类似于式(5.72),温度灵敏度 $R_{L,T}$ 可表示为

$$R_{L,T} = \Lambda[n_{co}\chi_{co} - n_{cl}^{(i)}\chi_{cl}^{(i)}] \tag{5.77}$$

与应变特性一样,长周期光纤光栅的温度灵敏度还与包层参数有关。当导模和第 i 阶包层模的有效温度系数相差较小时,长周期光栅对温度变化不敏感。利用该特性,通过选择适当的包层参数,可使长周期光栅仅对温度或应变一种外界物理变量敏感,从而解决传感元件的交叉敏感问题。

4. 实验内容及步骤

光纤光栅传感特性测试原理如图 5.89 所示。

待测量(温度或应力)施加在以光纤光栅为核心元件的传感头上。从宽带光源发出的宽谱光,经环形器端口 1 输入后由端口 2 输出。当通过光纤光栅时,若光纤光栅为 FBG,满足 Bragg 条件的光将被光纤光栅反射回环形器端口 2,用向左的箭头表示,进入环形器

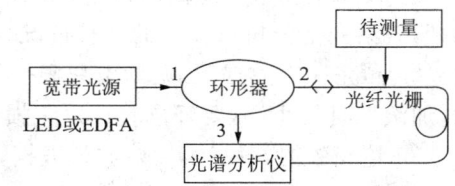

图 5.89 光纤光栅传感特性测试原理

端口 2 的反射光按照环形器工作方式由端口 3 输出,送到光谱分析仪中进行检测,可直接观察反射光谱的特性,如带宽、峰值位置、光谱的形状等。而未经光纤光栅反射的光谱成分继续传输至光谱分析仪,可用来观察其透射谱情况,对于 LPFG,必须采用这种透射谱检测方式。

当传感光栅受到外部微扰(待测量)时,反射光谱的特性就会发生变化,如峰值位置的移动及光谱形状发生的变化等,这样就能够利用光谱仪根据光反射谱特性的变化来获得光纤传感光栅上受外部作用(待测量)的信息,进而达到感知待测物理量的目的。

(1) 应力传感

光纤光栅应力传感装置如图 5.90 所示。

首先,由宽带光源 LED 发出的光通过光环形器端口 1 进入,由端口 2 输出进入 FBG,经反射滤波后由端口 3 进入光谱分析仪,如图 5.90 所示。将 FBG 的另一端通过金属压片压紧在一个可沿光纤光栅传光轴方向移动的一维滑块上。该滑块的基座上有一个限制滑块位置的调整杆,它的作用是通过限制滑块的位置来避免因给光纤光栅施加过大拉力导致的光纤光栅断裂和损坏。滑

块与承重物的托盘用金属细丝相连,通过滑块另一侧的托盘内加放重物如滚珠来拉动滑块,滑块沿传光轴拉伸光纤光栅,从而给光栅施加轴向拉力。由光谱分析仪可以看到,FBG 反射的中心波长随着轴向应力增大而向长波偏移,将应力变化转换为波长的变化,从而达到传感的目的。

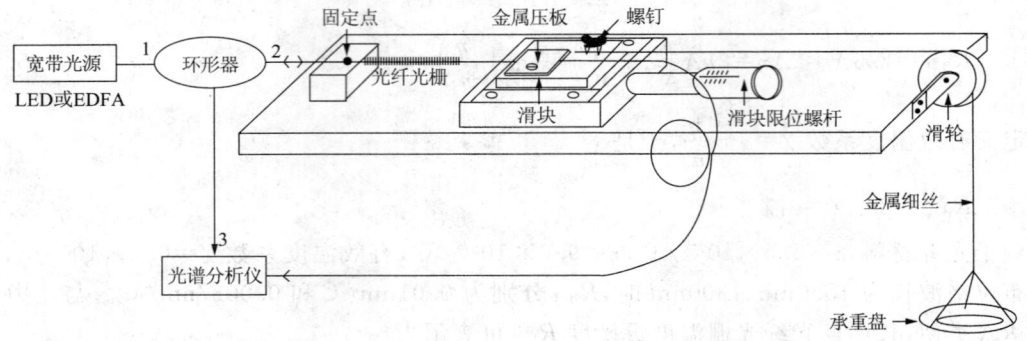

图 5.90 光纤光栅应力传感装置

具体操作步骤包括:

① 按照图 5.90 搭好实验,采用 FBG 作为传感元件。

② 确保光路连接无误的情况下,打开光谱分析仪,待光谱分析仪进入正常工作状态后,再开启宽带光源,缓慢增加光电流直至正常工作电流值为止,用光谱分析仪搜索反射峰,尽量使反射峰处在光谱分析仪窗口中央,设置合适的窗口分辨率。

③ 在不加任何外力(不加重物)的情况下,小心松开滑块限位螺杆至滑块能够自由移动为止。观察并记录光纤光栅的初始反射波长。

④ 在承重托盘内逐渐增加重物(本实验采用滚珠,每次加两个滚珠)后,逐渐松开滑块限位螺杆,观察光谱分析仪波长的位移情况。对应滚珠个数记录反射波长。

⑤ 测完一组数据后,旋紧滑块限位螺杆,将滑块置于初始位置,再重复步骤,测量三次。注意,加滚珠时要小心,要轻拿轻放以免损坏光栅。

⑥ 整理数据,对三组反射波长数据,分析该次测量的绝对误差和相对误差。

⑦ 利用重物产生的拉力与光纤光栅内的应力成正比,而应力与应变成正比这一事实,绘出应力传感的 $\Delta\lambda_B$-F 曲线。

在没有加温和应力的情况下,将基本数据的测量值填入表 5.22。

表 5.22

中心波长/nm	
带宽/nm	

将光纤光栅的应力特性测试数据填入表 5.23。

表 5.23

钢球数量	λ_B/nm	$\Delta\lambda_B$/nm	钢球数量	λ_B/nm	$\Delta\lambda_B$/nm
0					

(2) 温度传感

光纤光栅温度传感实验装置如图 5.91 所示。

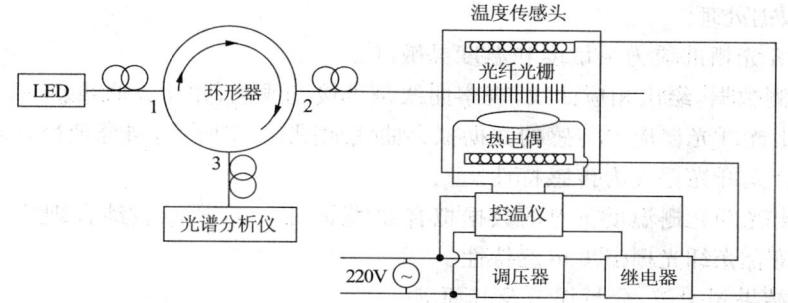

图 5.91 光纤光栅温度传感实验装置

由宽带光源(如 LED)发出的光信号由光环形器的端口 1 进入,由端口 2 输出,进入光纤光栅,经光纤光栅反射的光由端口 3 送入光谱分析仪。因光纤光栅的中心反射波长随温度而异,温度升高时,中心波长向长波方向移动,反之亦然,故可通过波长的检测推知温度的变化,实现温度传感。

该实验装置较应力传感实验装置多了一个温度传感头,传感头的控温仪是通过调压器改变加热丝电流大小,通过热电偶检测温度与设定值比较控制加热丝电流通断实现恒温,从而控制传感头内的温度,传感头应具有在一段时间间隔内阻断与外界热交换的功能,同时应尽可能地使光纤光栅周围迅速达到热平衡。因此传感头内部是一个绝热性能较好的空腔体。将加热丝、光纤光栅和热电偶包含在内。

具体操作步骤包括:

① 按图 5.91 搭好实验装置,旋紧滑块限位螺杆,使光纤光栅处于不受拉力的状态,即实现对应力去敏。

② 在确保光路连接无误的情况下,打开光谱分析仪,待光谱分析仪进入正常工作状态后再开启宽带光源,缓慢增加光电流直至正常工作电流值为止,用光谱分析仪搜索反射峰,尽量使反射峰处于光谱仪窗口中央,设置好合适的窗口分辨率。

③ 缓慢旋转调压器,开始固定在较小电压输出(不可过高,否则会造成许多不良后果),如 10V。然后设定温度控制仪的上下限电压(确保下限略低于上限),从当前温度开始以 5℃ 的间隔改变光栅的工作温度。为每个温度值选择合适的调压器输出电压(为避免光栅温度骤升骤降难以平衡,请在 0~60V 范围内选择合适的电压)。选定电压后,从温度控制仪上可以看到温度的变化情况。

④ 待显示温度基本稳定,记录此时的温度变化 ΔT 和波长偏移 $\Delta \lambda_{B,T}$。

⑤ 重复上述过程,测量三次,将数据填入实验数据表 5.24。

⑥ 数据处理。

可以设初始温度为 30℃,将加电压的光纤光栅温度特性测试数据填入表 5.24。

表 5.24

温度/℃	ΔT	λ_B	$\Delta \lambda_B$	温度/℃	ΔT	λ_B	$\Delta \lambda_B$

(3) 报告数据处理

① 计算光纤光栅的应力灵敏度和温度灵敏度。

② 整理所测数据,绘出相应曲线,观察曲线是否接近线性,并计算曲线斜率。

如果绘制出光纤光栅应力传感的数据拟合曲线如图5.92所示,结合理论,分析实验所获得的数据是否符合光纤光栅应力传感特性。

如果绘制出光纤光栅温度传感的数据拟合曲线如图5.93所示。结合理论,分析实验所获得的数据是否符合光纤光栅温度传感特性。

③ 与理论结果相比较,分析误差及其原因。

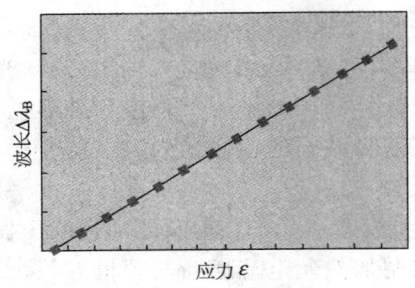 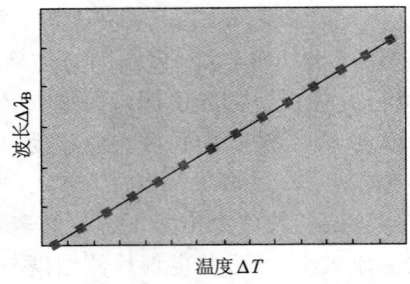

图5.92 光纤光栅应力传感曲线　　　图5.93 光纤光栅温度传感曲线

5. 思考题

① 结合实验数据,想想光纤光栅传感的优点和缺点主要在哪里。

② 本实验方案存在不足,尤其应力传感部分,只是利用了光栅的轴向应变,假如需要你自己来设计,该如何去做。

5.19　光纤光栅外腔半导体激光器综合实验

1. 实验目的

① 理解光纤光栅外腔半导体激光器的工作原理。

② 熟悉光功率计、光谱分析仪等基本仪器的用法。

③ 掌握光纤光栅外腔半导体激光器的输出功率、阈值功率、光谱特性的测量方法。

2. 实验仪器

光谱分析仪,1台;光功率计,1台;外腔半导体激光器管芯,1个;可调谐光栅,1个;耦合器,1个;光纤跳线,若干。

3. 实验原理

与其他激光器一样,光纤光栅外腔半导体激光器FBG-ECL也由泵浦源、增益介质和光学谐振腔构成。

为清楚地描述光纤光栅在FBG-ECL中的频谱特性,应采用模耦合理论,并结合激光理论,用等效腔模型进行分析。

等效腔的基本思路分析见第4章。

4. 实验内容及实验步骤

(1) 实验环境的搭建

FBG-ECL的实验装置如图5.94所示,激光器管芯是中心波长在1550nm的MQW-In-

GaAsP应变量子阱,端面反射率小于10^{-3},双沟掩埋结构管芯。芯片封装在DIP-14管壳中。

(2) 不同光纤光栅反射率对激光器输出功率的影响

采用不同反射率的FBG,考察FBG反射率和工作电流对FBG-ECL输出功率。由于镀增透膜的LD芯片本身不能产生自激振荡,当没有FBG反馈作用时,损耗大,即使芯片的工作电流很大也不能激射。

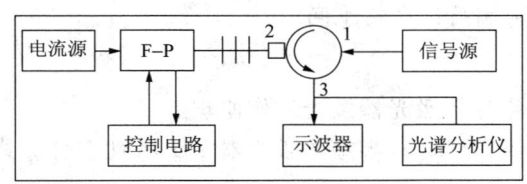

图 5.94 FBG-ECL 的实验装置

为分析不同峰值反射率对FBG-ECL激射光谱的影响,采用相同工作电流$I=40\text{mA}$,分别采用反射率$r_g=0$、$r_g=0.19$、$r_g=0.3$、$r_g=0.45$等几种FBG组成FBG-ECL进行实验,记录不同反射率下相应FBG-ECL的激射光谱。

(3) 不同光纤光栅反射率对激光器边模抑制比的影响

根据(2)中的实验顺序,分别观测不同光纤光栅反射率对所组成的外腔半导体激光器边模抑制比造成的影响。

根据光谱分析仪得到的结果,结合理论知识,分析当峰值反射率分别为0.19、0.3、0.45时,采用相同偏置电流,随着反射率的增加,主模输出功率如何变化,边模抑制比如何变化。

(4) 光栅带宽对激射光谱的影响

固定峰值反射率为0.4,采用具有不同带宽的光栅进行实验,在工作电流$I=30\text{mA}$条件下,用光谱分析仪记录$\Delta\lambda=2.7\text{nm}$和$\Delta\lambda=0.4\text{nm}$时的输出光谱。

FBG带宽为$\Delta\lambda=2.7\text{nm}$,用该FBG组成FBG-ECL在加偏置电流时,出射光谱呈现多模振荡,理论分析其原因。

当FBG带宽为$\Delta\lambda=0.4\text{nm}$时,在相同工作电流下,出射光谱表现为单纵模特性,实测该FBG-ECL的激射光光谱带宽为多少,分析其原因。

(5) 工作电流和激射主模功率的关系

固定FBG反射率,改变工作电流,利用光谱分析仪和光功率计测量工作电流和输出功率的关系,分别测量$r_g=0.4$、$r_g=0.3$时,FBG-ECL输出的P-I曲线。

5. 注意事项

① 半导体激光器驱动电流不能过大,否则有烧毁激光器的危险。

② 对半导体激光器进行插拔等操作时,应采取防静电措施。

③ 由于光功率计、光跳线等光学器件的插头属易损件,使用时应轻拿轻放,切忌用力过大。

④ 热敏电阻的值是$10\text{k}\Omega$级,本实验中为使激光器正常工作,应控制在热敏电阻范围的大小。

⑤ 光跳线和法兰连接前,必须用酒精擦拭干净并吹干,然后再连接,不可擦拭后随意放置,以免污染跳线端面。

6. 实验报告要求和总结

① 通过记录不同光纤光栅反射率对激光器输出功率的影响,总结反射率对外腔半导体激

光器的影响。

② 不同光纤光栅反射率下,主模输出功率如何变化?边模抑制比如何变化?提出自己的优化外腔半导体激光器输出特性的方案。

③ 总结光栅带宽对激射光谱的影响。

④ 总结温度变化对外腔半导体激光器中心波长、阈值电流、输出光功率的影响。比较这和普通的外腔半导体激光器输出特性有何不同?

7. 思考题

① 试说明 FBG-ECL 半导体激光器发光工作原理。

② 环境温度的改变对 FBG-ECL 半导体激光器 P-I 特性有什么影响?对输出中心波长有什么影响?

③ 设计 FBG-ECL 高频响应特性测试的实验框图,并测量一下本试验中所采用的 FBG-ECL 调制响应速率的上限是多少?和仿真结果进行比较。

5.20 光纤激光器综合实验

1. 实验目的

① 理解光纤激光器工作原理。

② 熟悉光功率计、光谱分析仪等基本仪器的用法。

③ 理解光纤激光器的高泵浦转换效率、低阈值和窄线宽等特点。

④ 掌握光纤激光器的输出功率、转换效率、阈值功率、光谱特性的测量方法。

2. 实验仪器

980nm 泵浦源,1 台;泵浦源电流控制模块,1 个;台式计算机,1 台;掺铒光纤,1 根;WDM,1 台;环形器,1 个;可调谐光栅,1 个;耦合器 1(90:10),1 个;耦合器 2(80:20),1 个;耦合器 3(70:30),1 个;光功率计,1 台;光谱分析仪,1 台;光纤跳线,若干。

3. 实验原理

与其他激光器一样,光纤激光器也由泵浦源、增益介质和光学谐振腔构成。光纤激光器的基本结构如图 5.95 所示。

掺稀土金属离子的光纤(图 5.95 中为掺铒)为增益介质,掺铒光纤和反射率经过选择的光学元件构成光学谐振腔。在泵浦光进入光学谐振腔后,稀土金属离子吸收泵浦波长的光子,形成粒子数反转,最后在掺杂光纤介质中产生受激发射而输出激光。光纤激光器按谐振腔结构分类主要分为线形腔、环形腔。

线形腔光纤激光器如图 5.96 所示,由在掺铒光纤两端的光纤光栅构成 F-P 谐振腔。

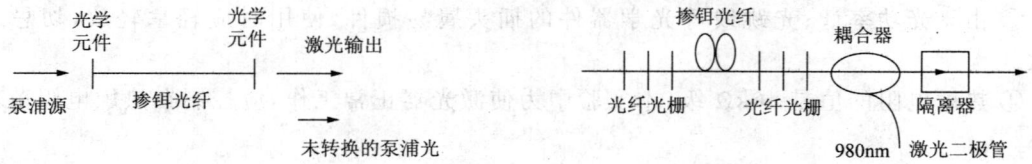

图 5.95 光纤激光器的基本结构　　图 5.96 线形腔光纤激光器

环形腔光纤激光器如图 5.97 所示,由掺铒光纤、环形器、光纤光栅、WDM 构成环形谐振腔。本实验采用环形腔掺铒光纤激光器。

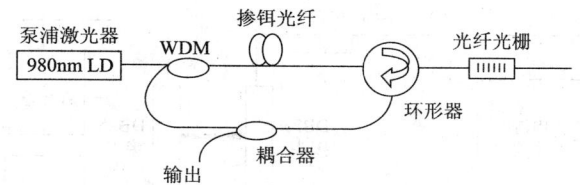

图 5.97 环形腔光纤激光器

(1) 光纤激光器中铒离子的能级结构和泵浦特性

铒(Er)属于镧系元素,其能级结构如图 5.98 所示。掺铒光纤激光器利用的物理现象是粒子数反转介质中的受激发射,粒子数反转是通过把铒离子从 $^4I_{15/2}$ 基态能级激励到 $^4I_{13/2}$ 能级或者更高能级的连续光泵浦得到的。在 1500nm 附近的受激辐射跃迁发生在 $^4I_{13/2}$ 能级和 $^4I_{15/2}$ 基态能级之间,这是信号光放大的基础,但同时这两个能级之间又产生自发辐射跃迁。自发辐射光也通过介质放大成为激光器的主要噪声源。

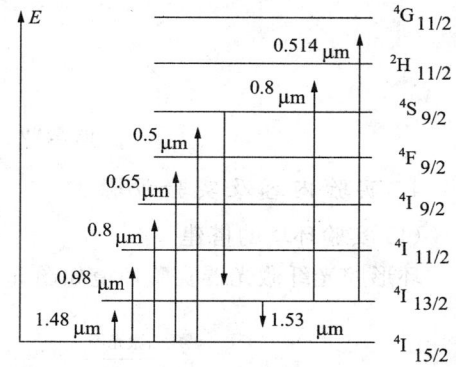

图 5.98 铒离子能级跃迁图

铒光纤在 $0.5\sim1.6\mu m$ 波长范围内有几个吸收峰。分别对应的铒离子能级是 $0.5\sim0.6\mu m$ ($^4I_{15/2}\sim{}^3H_{11/2}$),$0.63\mu m$($^4I_{15/2}\sim{}^4F_{9/2}$),$0.8\mu m$($^4I_{15/2}\sim{}^4I_{9/2}$),$0.98\mu m$($^4I_{15/2}\sim{}^4I_{9/2}$)以及 $1.5\mu m$ ($^4I_{15/2}\sim{}^4I_{13/2}$)直接吸收峰。

光纤激光器最佳泵浦源有两条选择标准:

① 泵浦效率高。

② 激发态吸收(ESA)效应要小。

由于 980nm 和 1480nm 泵浦源可以采用半导体激光器,效率较高,因此通常采用 980nm 和 1480nm 两种泵浦波长。

通常以 σ_{ESA}/σ_0 的比值大小来衡量激发态吸收的影响程度,其中,σ_{ESA}、σ_0 分别表示掺杂光纤的激发态吸收截面和基态吸收截面。显然比值 σ_{ESA}/σ_0 越小越好。激发态吸收最佳泵浦波长是 980nm 和 532nm。波长为 532nm 的泵浦源可以选用 YAG 倍频固体激光器。但由于该泵浦源体积大,故使用不方便。

本实验选用 980nm 半导体激光器作为泵浦源,980nm 泵浦模型可以看作准三能级结构。

(2) 泵浦源电流控制模块

环形腔掺铒光纤激光器在泵浦源电流控制上有很多方法,如何使控制过程智能化、直观化,是一个值得思考的问题。

本实验采用一个电流控制模块,如图 5.99 所示。整个模块分为电源驱动部分和控制部分。电源驱动部分包括电源模块、−48V 电源接入口。控制部分包括单片机、台式计算机、泵浦源电流监控程序等。在台式计算机上安装泵浦源电流监控程序,计算机的串口通过串口电缆和电源模块板上的 DB9 接头连接。电源模块板的 DB25 接头通过扁平 25 针电缆与泵浦激光器模块的 DB25 接头连接。启动泵浦源电流监控程序,计算机就可通过串口与单片机进行通信,设置泵浦电流,监控泵浦激光器运行状态。泵浦激光器的功率、电流、温度等参量都实时显示在计算机的监视器上。

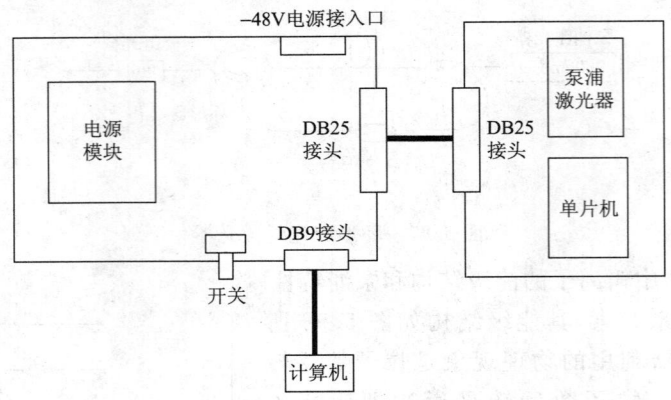

图 5.99　泵浦源电流控制模块原理

4. 实验内容及实验步骤

(1) 实验环境的搭建

环形腔光纤激光器实验环境如图 5.100 所示。

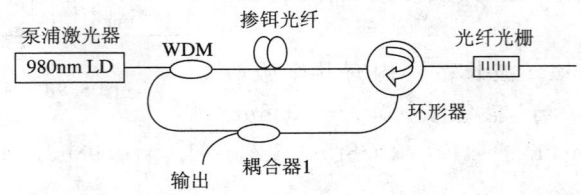

图 5.100　环形腔光纤激光器实验环境

泵浦激光器、泵浦源电流控制模块和泵浦源电流监控程序由武汉光讯科技有限公司提供，泵浦激光器 3dB 带宽为 0.22nm，范围 975.3~975.52nm，峰值出射泵浦光波长在 975.41nm 附近，控制模块与计算机通过串口电缆连接，采用扁平 25 针电缆连接控制模块和泵浦源。通过控制模块，泵浦激光器出射功率可以由安装在计算机上的泵浦源电流监控程序进行控制，泵浦激光器的电流、出射功率、温度和告警等参数都可实时地显示在计算机上的监控窗口，对泵浦电流也直接在监控窗口设置。

2×1WDM 为 980nm/1550nm 波分复用器。

掺铒光纤为 20m，数值孔径为 0.22，掺铒浓度为 $9.55 \times 10^{24} \, \text{m}^{-3}$。

光纤光栅反射率为 69.87%，3dB 带宽为 0.18nm，范围为 1550.28~1550.46nm，峰值反射波长在 1550.37nm 附近。

环形器和 1×2 耦合器都为普通光学器件，环形器端口 1-2 的插入损耗为 0.43dB，端口 2-3 的插入损耗为 0.46dB。输出耦合器有三种耦合比 90:10、80:20 和 70:30 可选择。

(2) 光纤激光器输出功率和阈值功率的测量

① 如图 5.100 所示，将光纤光栅连在环形器端口 2，输出耦合器为耦合器 1(90:10)。输出经光衰减器接光功率计。

② 将泵浦源电流控制模块与泵浦源连接。

③ 在计算机上用串口与泵浦源电流控制模块连接。

④ 打开实验设备和计算机的电源开关，在计算机上启动泵浦源电流监控程序，调节泵浦源电流控制模块，用光功率计测量光纤激光器输出功率。

⑤从 10mA 到 150mA 逐渐增加泵浦源电流,加大泵浦功率,测量光纤激光器输出功率的光功率计的读数有剧烈变化时,在泵浦源电流监控程序上显示的泵浦功率即为阈值功率。

⑥记录三组以上的实验数据。

⑦在同一坐标下绘制泵浦功率和输出光功率曲线。

(3) 光纤激光器的光谱特性测量

①关闭实验设备和计算机的电源开关,将接在光纤激光器输出端的功率计换下,接上光谱分析仪。

②打开实验设备和计算机的电源开关,在计算机上启动泵浦源电流监控程序,调节泵浦源电流控制模块。

③在阈值功率前,观察光谱分析仪的显示,打印出该谱线。

④加大泵浦功率,当观察到光谱分析仪有尖锐的激光谱线时,打印出该谱线,记录中心波长、光谱线宽等参数。

⑤在泵浦源电流为 50mA、100mA 附近时,打印出该谱线,记录中心波长、光谱线宽等参数。

(4) 光纤激光器输出的可调谐特性测量

①关闭实验设备和计算机的电源开关,将接在环形器端口 2 的光纤光栅换下,接上可调谐光栅。

②打开实验设备和计算机的电源开关,在计算机上启动泵浦源电流监控程序,调节泵浦源电流控制模块。

③在泵浦源电流为 100mA 附近时,观察光谱分析仪的显示。

④慢慢调节可调谐光栅的应力旋钮,记录光谱的变化。

⑤光谱中心波长的最大变化即为光纤激光器的调谐范围(图 5.101)。

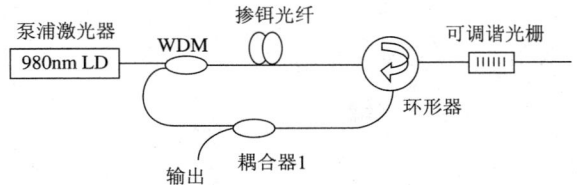

图 5.101 可调谐光栅对环形腔光纤激光器输出波长的影响

(5) 输出耦合比对输出光功率的影响测量

①关闭实验设备和计算机的电源开关,将接在环形器端口 2 的可调谐光栅换下,接上光纤光栅。将耦合器 1 换成不同耦合比的耦合器 2,输出端口换成光功率计。

②打开实验设备和计算机的电源开关,在计算机上启动泵浦源电流监控程序,调节泵浦源电流控制模块,用光功率计测量光纤激光器输出功率。

③从 10mA 到 150mA 逐渐增加泵浦源电流,加大泵浦功率,测量光纤激光器输出功率的光功率计的读数有剧烈变化时,在泵浦源电流监控程序上显示的泵浦功率即为阈值功率。

④记录三组以上的实验数据。

⑤在同一坐标下绘制泵浦功率和输出光功率曲线。

⑥关闭电源,将耦合器 2 换成耦合器 3,重复以上步骤。

⑦比较耦合器 1、耦合器 2、耦合器 3 三种输出耦合比的结果。

(6) 掺铒光纤长度对输出光功率的影响测量(选做)
① 改变掺铒光纤长度，重复实验。
② 比较不同光纤长度下测量的结果。

5. 实验注意事项
① 光功率计波长的选择。
② 对泵浦功率进行逐渐控制，避免电流变化过大造成损坏。
③ 对输出进行测量时，要接上光衰减器。
④ 对可调谐光栅进行调节时，要缓缓逐渐调节，以免损害光栅。

6. 实验报告要求
① 计算阈值功率、泵浦转换效率、最大输出功率。
② 计算光谱线宽和激光器调谐宽度。
③ 分析输出耦合比对输出光功率的影响，得到最佳输出耦合比。
④ 分析不同掺铒光纤长度对光纤激光器输出功率的影响。

7. 思考题
① 输出耦合比对输出特性有重要的影响，输出耦合器有三种耦合比 90∶10、80∶20 和 70∶30 可选择，从理论上分析一下哪种输出应最佳呢？
② 输出功率的理论仿真与实验结果造成偏差的主要原因可能有哪些？
③ 影响光纤激光器功率稳定性的主要因素有哪些？

第 6 章

光纤通信系统的测量

6.1 点到点光纤通信系统

典型的点到点光纤通信系统方框图如图 6.1 所示。

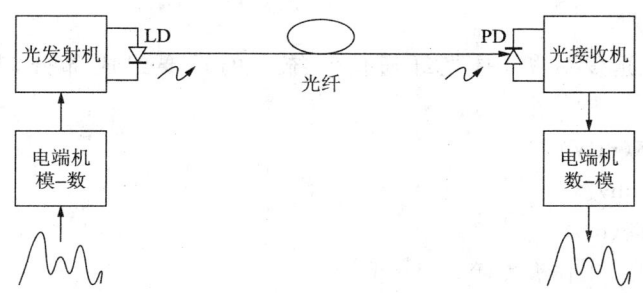

图 6.1 点到点光纤通信系统示例

由图 6.1 可知,点到点光纤通信系统主要由光发射机、光纤与光接收机组成。在发射端,电端机把模拟信息(如话音)进行模-数转换,用转换后的数字信号去调制发射机中的光源器件(一般是半导体激光器 LD)。例如,当数字信号为"1"时,光源器件发射一个"传号"光脉冲;当数字信号为"0"时,光源器件发射一个"空号"(不发光)。光波经光纤传输后到达接收端。在接收端,光接收机把数字信号从光波中检测出来送给电端机,而电端机再进行数-模转换,恢复成原来的模拟信息。这样就完成了一次通信的全过程。

点到点光纤通信系统质量通常用误码率、眼图等指标来衡量,光纤线路传输通道的质量、光功率下降、信噪比、光器件性能劣化、色散容限不够、时钟同步性能不好等成为影响误码率的主要因素。

(1) 光纤线路传输质量

由于传输的距离比较长,或者线路中存在大量的尾纤跳接、法兰盘连接不理想,以及外部环境的影响和细微的操作,都有可能使线路上的光功率衰减增大,线路收光功率异常,引起再生段误码及其他低阶误码。

(2) 光器件性能劣化

光器件的性能劣化是目前系统产生误码的一个主要原因。交叉板或时钟板故障经常会引起多块线路板的高阶通道出现误码;线路板故障有可能引起再生段或复用段误码;支路板故障有可能引起低阶通道误码。产生误码可能性最大的是 OTU 盘和功放盘。发端激光器波长不稳定、偏移标称波长过大或合波后相邻波长信号隔离度不够,也会导致产生误码;功率放大器、光模块失效也是产生误码的主要原因,会导致接收端信号的信噪比过低。

(3) 光功率异常

光功率下降太大会导致接收端 OTU 的输入光功率低于收信灵敏度,影响收信端信噪比。如果信噪比余量本来就不大,光功率下降会直接导致信噪比的劣化,引起接收端 OTU 单盘出现误码。

(4) 色散因素

色散补偿不匹配会导致误码,整个系统采用的光纤类型、色散补偿模块的类型和补偿距离色散补偿模块的分布不合理也会导致误码。

(5) 其他外部因素

尾纤绑扎过紧、设备散热不良、设备接地不好、设备附近有强烈干扰源也会给传输系统造成各种误码。

6.1.1 光端机的组成

1. 光发射机

光发射机(亦称光发端机)是光纤通信系统中的重要组成部分,其主要的技术指标包括:

① 光发送光功率(mW)。
② 发射光波长(nm)。
③ AGC 控制范围(dB)。
④ 功耗、供电电压、工作温度等。

以 T2100 为例,典型的光发射机如图 6.2 所示。光发射机内置 RF 驱动放大器及 AGC/MGC 控制电路,保证了整机的噪声和互调指标。完善可靠的光功率输出稳定电路及激光器热电制冷温度稳定控制电路,保证了整机的最佳性能的激光器的长寿稳定工作。激光器是整机最贵重的器件,本机内设微处理器。微处理器软件对激光器的工作状态进行监控,一旦激光器的工作参数偏离软件设定的允许范围,微处理器将自动关断激光器电源,红灯闪烁提示告警,数字面板提示故障原因。

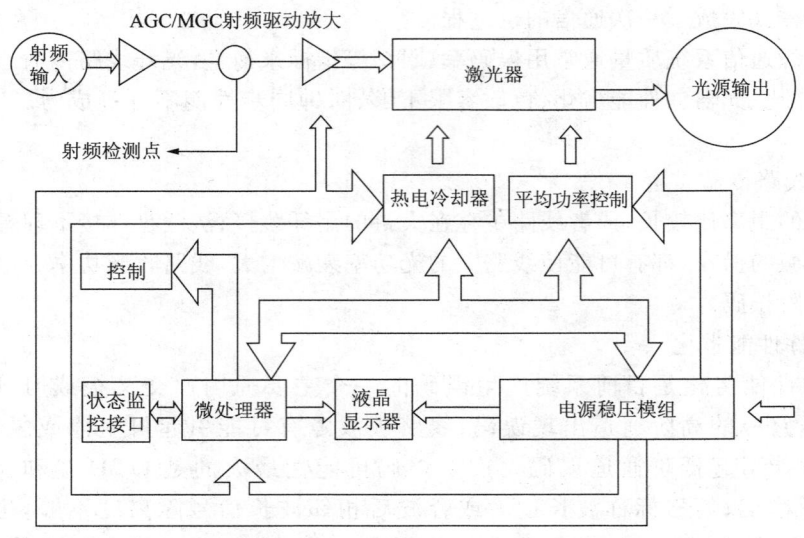

图 6.2 普通 T2100 系列光发射机原理

2. 光接收机

根据图 6.3,光接收机(亦称光收端机)通常包括以下几个主要部分。
① 探测器:实现光电变换。
② 前置放大器:实现低噪声放大。
③ 主放大器:提供足够的增益,且增益受 AGC 电路的控制。
④ 均衡器:保证判决时不存在码间干扰。
⑤ 判决器、时钟提取:对信号进行再生。
⑥ AGC 电路:改变接收机的增益,扩大接收机的动态范围。

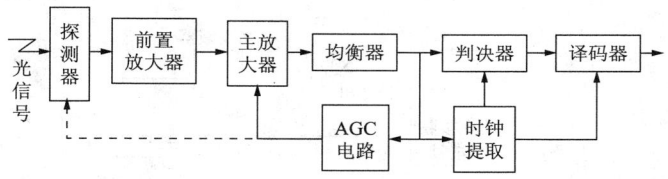

图 6.3 光接收机组成原理

6.1.2 光中继段的设计

光中继段设计方法有最坏值设计法、联合设计法和统计设计法。设计中推荐采用最坏值设计法。当采用最坏值设计法不能满足需要时,可考虑采用联合设计法,在有传输支撑物的稳定地带(如管道中、高速公路地段敷设的光缆)的中继段,必要时也可采用统计设计法。

采用最坏值设计法时,再生段设计长度应同时满足系统所允许的衰减和色散的要求。即分别计算出衰减受限和色散受限时的中继段长,取其中的较小值。

1. 衰减受限系统

先根据 S 和 R 点之间的所有光功率损耗来确定总的光通道衰减值,衰减受限系统实际可达再生段距离可用下式估算:

$$L = \frac{P_s - P_r - \sum A_c - P_p - M_c}{A_f + A_s} \tag{6.1}$$

式中,L 为再生段长度(km),P_s 为系统寿命终了时 S 点的发送光功率(dBm),P_r 为系统寿命终了时 R 点接收灵敏度(dBm),$\sum A_c$ 为 S-R 点之间其他连接器衰减之和(dB),P_p 为光通道功率代价(dB),M_c 为光缆富余度(dB),A_f 为光缆光纤平均衰减系数(dB/km),A_s 为光纤熔接接头平均衰减(dB/km)。

2. 色散受限系统

在光纤通信系统中,如果使用不同类型的光源,光纤色散对系统的影响也各不相同。色散受限系统实际可达再生段距离可用以下几式进行估算。

对于多纵模激光器,有

$$L = \frac{\varepsilon \times 10^6}{D \times \Delta\lambda \times B} \tag{6.2}$$

式中,L 为中继段的长度(km),当光源为多纵模激光器时,ε 取 0.115,B 为线路信号比特率(Mbit/s),D 为系统寿命终了时的光纤色散系数[ps/(nm·km)],$\Delta\lambda$ 为系统寿命终了时光源的均方根谱宽(nm)。

对于单纵模激光器,有

$$L = \frac{71\,400}{a \times D \times \Delta\lambda^2 \times B^2} \tag{6.3}$$

式中,a 为啁啾系数。

6.1.3 点到点光通信系统性能评估手段

1. 光端机收发自环测试

先进行本地光端机收发自环测试,如图 6.4 所示。自环只是初步验证光端机各部件能否正常工作。

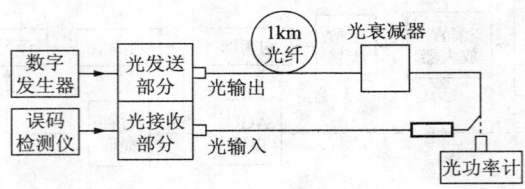

图 6.4 光端机的自环测试

2. 光端机发送光功率测试

光端机的激光器注入光纤的光功率可按图 6.5 所示测试。数字发生器用伪随机码作为信息源,光功率计通过 1km 光纤接到激光器的输出端,光功率计显示值为 P_d。

激光功率

$$P_s = P_d + \alpha \pm \delta_d$$

α 为 1km 光纤和活接头的衰减,δ_d 为光功率计测量误差。

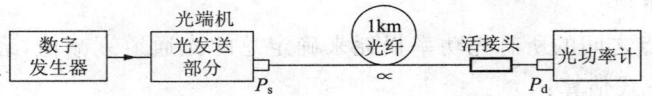

图 6.5 光功率测试

真实的发送光功率应扣除光纤连接器的插入损耗,约 1dB 以下。测得值应符合 CCITT 规定值标准。

3. 光接收器灵敏度测试

按图 6.4 测试。接收灵敏度是指光端机的光检测器在设备规定的误码率条件下,需要收到的最低功率。

逐渐加大光衰减器的衰减值,直到误码检测器达到规定误码临界值,这时断掉光端机的光输入端,用光功率计测量衰减器输出的光功率。光功率计显示值为 P_d。

接收机灵敏度为

$$S = P_d$$

4. 眼 图

眼图是评估数字传输系统性能的一种十分有效的方法。

眼图是在时域进行的用示波器显示二进制数字信号波形的失真效应的测量方法。图 6.6 是测量眼图的装置图。由误码仪产生一定长度的伪随机二进制数据流(AMI 码、HDB3 码、RZ 码、NRZ 码等)调制单模光,产生相应的伪随机数据光脉冲,并通过光纤活动连接器注入单模光纤,经过光纤传输后,再与光接收机相接。光接收机将从光纤传输的光脉冲变为电脉冲,并输入示波器。示波器显示的扫描图形与人眼相似,因此称为眼图。

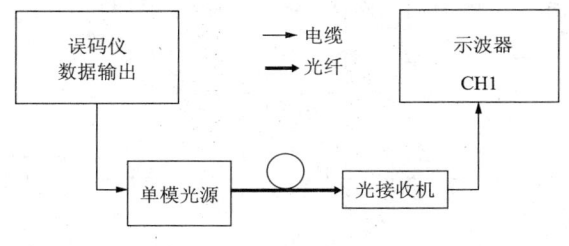

图 6.6　眼图测量装置

5. 系统误码率

误码特性指对待测系统进行长时间误码测试的误码率。用在相当长的时间内测得的累计的误码总数除以测量时间(s),即可得到长期平均误码率。长期平均误码率是反映系统误码性能的最主要方面。CCITT 详尽的误码性能要求还包括误码秒(ES)、严重误码秒(SES)和劣化分(DM)。

系统误码测试装置如图 6.7 所示。

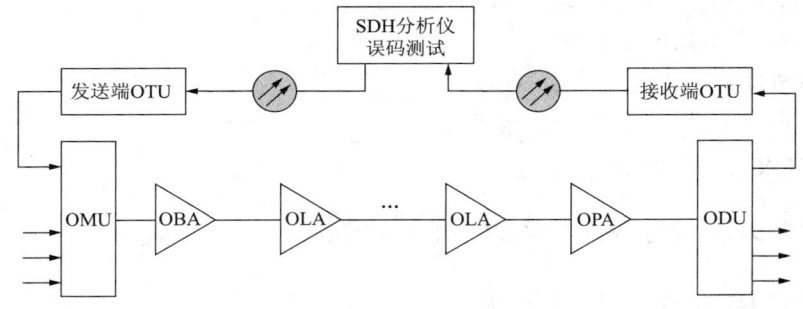

图 6.7　误码测试装置

操作步骤:
① 按图 6.7 连接好测试装置。
② 选择待测系统的一个通道,在其输入端接入 SDH 分析仪,送入 PRBS 测试信号。
③ 待测系统相应通道输出信号接入 SDH 分析仪,进行误码测试。
④ 经过指定时间(一般为 24h)后,在 SDH 分析仪上读取测试结果。

6. 系统输入抖动容限及输出抖动

系统输入抖动容限是指输入光口承受抖动的能力。系统输出抖动是指系统的固有抖动,指在无输入抖动的情况下,系统的输出抖动。测试装置如图 6.8 所示。

系统输入抖动容限测量操作步骤:
① 按图 6.8 连接好测试装置。
② 选择待测系统的一个通道,在其输入端、输出端接入 SDH 分析仪,进行测试。
③ 在某个频点上增加输入抖动幅度,直至出现误码,记录该频率点的频率和幅度。
④ 改变抖动频率,重复步骤③,获得完整的输入抖动容限。
⑤ 得出输入抖动容限曲线。

系统输出抖动测量操作步骤:
① 按图 6.8 连接好测试装置。

② 选择待测系统的一个通道,在其输入端、输出端接入 SDH 分析仪,进行测试。
③ 在 SDH 分析仪上设置适当的测量滤波器,分别测出 B_1 和 B_2 的值。
④ 连续进行不少于 60s 的测量,读出测到的最大抖动峰-峰值。
⑤ 测出系统的输出抖动。

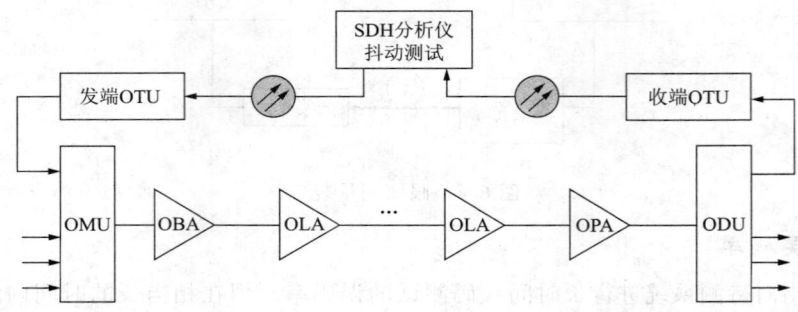

图 6.8 输入抖动容限(输出抖动)测试装置

7. 警报系统的测试

警报系统包括紧急警报和非紧急警报。至少应具有下列告警。
① 电源故障:主备用电源转换。
② 误码率超过 10^{-6}。
③ 误码率超过 10^{-3},并转换到备用系统。
④ 发送、接收端无光信号。

6.2 SDH 光传输设备及其测试

6.2.1 SDH 同步数字传输体制

随着本地传输网规模的扩大,传输网的网络组织会越来越复杂,同步数字体系(SDH:Synchronous Digital Hierarchy)的引入,传输系统的效率有了很大的提高。SDH 相对于传统的准同步数字体系 PDH 产生。

(1) PDH 的缺陷
① 复用结构复杂,缺乏灵活的上下话路的调度能力。
② PDH 传输网没有标准的光接口规范,为了完成对光路上的传输性能进行监控,各厂家采用自行开发的线路码型,导致不同厂家设备无法实现横向兼容。
③ PDH 只有 1.5Mbit/s 和 2Mbit/s 速率的信号同步,其他速率的信号都是异步的,所以低速信号复用到高速信号时,其在高速信号帧结构中的位置没有规律性和固定性,即 PDH 的高速信号中就不能直接分/插出低速信号。
④ PDH 信号运行维护工作的开销字节少,这对完成传输网的管理、性能监控不利。不易形成统一的电信管理网。
⑤ PDH 建立在点到点连接基础上,网络结构缺乏灵活性。

(2) SDH 的特点
SDH 规范了数字信号的帧结构、复用方式、传输速率等级、接口码型等特性。与 PDH 相比,其在技术体制上进行了根本的变革。
① 业务接口:包括数字信号速率等级、帧结构、复接方法、线路接口、监控管理等。SDH 体

制对网络节点接口进行了统一的规范。

② 复用方式：低速 SDH 信号以字节间插方式复用进高速 SDH 信号的帧结构中，低速 SDH 信号在高速 SDH 帧中的位置固定、有规律性。所以，可以从高速 SDH 信号中直接分/插出低速 SDH 信号，简化信号的复接和分接。

③ 运行维护：SDH 信号的帧结构中安排了丰富的用于运行维护功能的开销字节，使网络的监控功能大大加强。

④ 兼容性：当组建 SDH 传输网时，原有的 PDH 传输网不会作废，可以用 SDH 网传送 PDH 业务。

1. SDH 的结构和特点

(1) STM-N 的帧结构

如图 6.9 所示，SDH 是 9 行×270×N 列的帧结构，N 取值范围为 1,4,16,64,…表示此信号由 N 个 STM-1(STM: Synchronous Transport Module,同步传送模块)信号通过字节间插复用而成。

信号帧传输的原则是：帧结构中的字节(8 位)从左到右、从上到下一个字节一个字节(一个比特一个比特)地传输。对于任何的 STM 等级，帧频都是 8000 帧/s。

SDH 帧结构由 3 部分组成：段开销，包括再生段开销(RSOH)和复用段开销(MSOH)；管理单元指针(AU-PTR)；信息净负荷(Payload)。

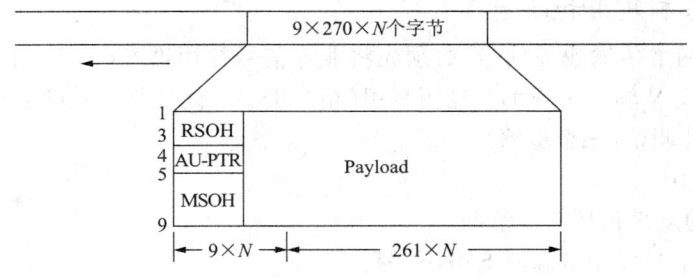

图 6.9 STM-N 的帧结构图

① 信息净负荷：由 STM-N 帧传送的各种业务信号组成。为了实时监测低速业务信号在传输过程中是否出错，在装载低速信号的过程中加入了监控开销字节——通道开销(POH)字节。

② 段开销：是为了保证信息净负荷正常灵活传送所附加的供网络运行、管理和维护使用的字节。段开销又分为再生段开销(RSOH)和复用段开销(MSOH)，分别对相应的段层进行监控。

③ 管理单元指针：是用来指示信息净负荷的第一个字节(起始字节)在 STM-N 帧内准确位置的指示符，以便信号的接收端能根据这个指针值所指示的位置找到信息净负荷。管理单元指针位于 STM-N 帧中第 4 行的 9×N 列，共 9×N 个字节。

(2) SDH 的速率等级

SDH 所用的信息结构等级是 STM-N 同步传输模块，其中最基础的是 STM-1，其速率是 155.520Mbit/s，目前，国际标准化 N 的取值为 N=1,4,16,64,256。相应地，信号在网络节点处的比特率等级如表 6.1 所示。

表 6.1 SDH 信号在网络节点处的比特率等级

同步数字体系等级	比特率(kbit/s)
STM-1	155 520
STM-4	622 080
STM-16	2 488 320
STM-64	9 953 280
STM-256	39 813 120

(3) SDH 信息基本单元

SDH 信息基本单元包括：

① 信息容器(C)。信息容器的功能是将常用的 PDH 信号适配进标准容器。目前，针对常用的 PDH 信号速率，G.707 已经规定了 5 种标准容器：C-11、C-12、C-2、C-3 与 C-4。

② 虚容器(VC)。由信息容器出来的数字流加上通道开销后就构成了虚容器，这是 SDH 中最重要的一种信息结构，主要支持通道层连接。

③ 支路单元(TU)。支路单元是一种为低阶通道层与高阶通道层提供适配功能的信息结构，它由低阶 VC 与 TU PTR 组成。其中，TU PTR 用来指明低阶 VC 在 TU 帧内的位置，因而允许低阶 VC 在 TU 帧内的位置浮动，但 TU PTR 本身在 TU 帧内的位置是固定的。

④ 支路单元组(TUG)。一个或多个在低阶 VC 净负荷中占有固定位置的 TU 组成支路单元组。

⑤ 管理单元(AU)。管理单元是一种为高阶通道层与复用段层提供适配功能的信息结构，它由高阶 VC 与 AU-PTR 组成。其中，AU-PTR 用来指明高阶 VC 在 STM-N 帧内的位置，因而允许高阶 VC 在 STM-N 帧内的位置浮动，但 AU-PTR 本身在 STM-N 帧内的位置是固定的。

⑥ 管理单元组(AUG)。一个或多个在 STM 帧中占有固定位置的 AU 组成管理单元组，它由若干个 AU-3 或单个 AU-4 按字节间插方式均匀组成。

2. SDH 的基本复用和映射

要通过 SDH 网络传输业务信号，必须先将业务信号复用进 STM-N 信号帧当中。各种业务信号复用进 STM-N 帧的过程都要经历复用（相当于字节间插复用）、映射（相当于信号打包）和定位（相当于指针调整）三个步骤。

(1) SDH 的复用

SDH 网络中的复用包括三种情况：

① 低阶 SDH 信号复用成高阶 SDH 信号。

② 低速支路信号（例如 E1、E3、E4）复用成 SDH 信号 STM-N。

③ 大于 C-4 容量的高速信号（如高清晰度电视信号和 IP 路由信号）复用进 STM-4 和 STM-16。

这里，以四次群的复用过程为例按步骤加以说明，如图 6.10 所示。

① 将 140Mbit/s 的 PDH 信号经过码速调整（比特塞入法）适配进 C-4，使 140Mbit/s 信号的速率调整为标准的 C-4 速率。C-4 信号的帧有 260 列×9 行，通过码速调整，那么信号适配速率后的信号速率为：8000 帧/s×9 行×260 列×8bit＝149.760Mbit/s。

② 为了能够对 140Mbit/s 的通道信号进行监控，在复用过程中要在 C-4 的块状帧前加上一列通道开销字节（高阶通道开销 VC-4-POH），此时信号成为 VC-4 信息结构。这时 VC-4 的帧结构，就成了 9 行×261 列。此过程相当于对 C-4 信号再打一个包封，将对通道进行监控管理的开销(POH)打入包封中，以实现对通道信号的实时监控。

③ SDH 采用在 VC-4 前附加一个管理单元指针(AU-PTR)。此时信号由 VC-4 变成了管理单元 AU-4 这种信息结构，通过指针的作用，允许高阶 VC 在 STM 帧内浮动，也就是说允许 VC-4 和 AU-4 有一定的频偏和相差。这就保证了接收端能正确地在相应位置找到 AU-PTR，进而从 STM-N 信号中分离出 VC-4。

④ 将 AU-4 加上相应的 SOH 合成 STM-1 信号，N 个 STM-1 信号通过字节间插复用成

STM-N 信号。

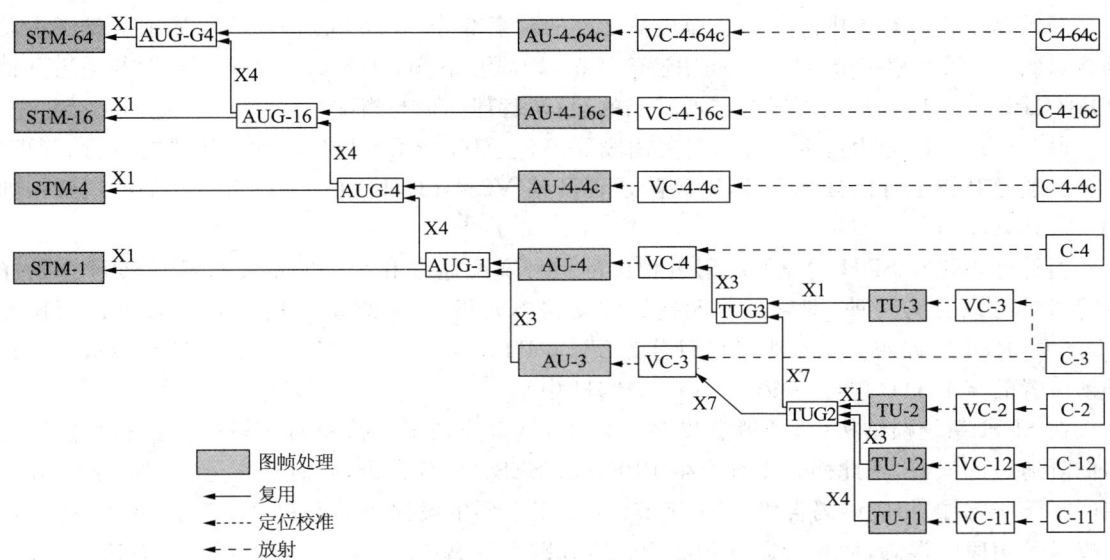

图 6.10 G.707 复用映射结构

(2) SDH 的映射

映射是一种在 SDH 网络边界处,将支路信号适配进虚容器的过程。如将各种速率(140Mbit/s、34Mbit/s、2Mbit/s)信号先经过码速调整,分别装入相应的标准容器中,再加上相应的低阶或高阶的通道开销,形成相对应的虚容器的过程。为了适应各种不同的网络应用情况,有异步、比特同步、字节同步三种映射方法与浮动 VC 和锁定 TU 两种模式。

以四次群的映射为例:

可将 C-4 的基帧(9 行×260 列)划分为 9 个子帧,每个子帧占一行。每个子帧又可以 13 个字节为一个单位,分成 20 个单位。每个子帧的 20 个 13 字节块的第 1 个字节依次为:W、X、Y、Y、Y、X、Y、Y、Y、X、Y、Y、Y、X、Y、Y、Y、X、Y、Z,共 20 个字节,每个 13 字节块的第 2~13 字节放的是 140Mbit/s 的信息比特,见图 6.11。

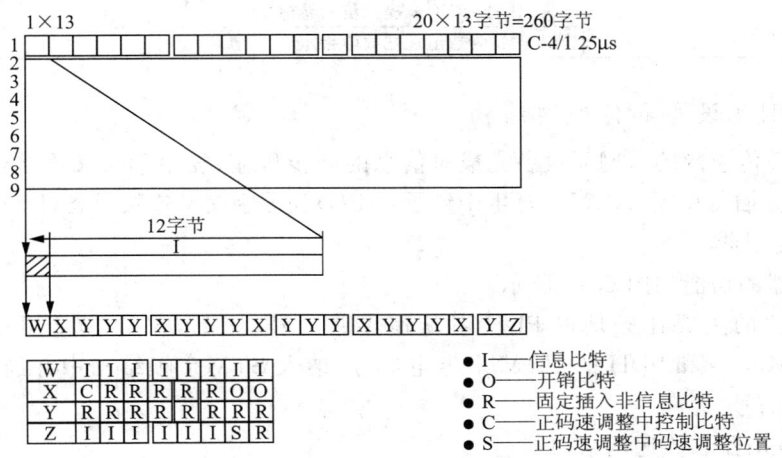

图 6.11 C-4 的子帧结构

3. SDH 开销和指针

开销是指传输码流中除了信息净负荷之外的剩余部分。SDH 在每帧的码流中安排了占总码流量约 5%的开销字节,两类不同用途的开销,即段开销 SOH(Section Overhead)与通道开销 POH(Path Overhead),用于段层与通道层的运行、管理维护与指配。

段开销还可以分为再生段开销与复用段开销,它们分别用于再生段和复用段的运行、管理、维护。通道开销也可以分为两种,即高阶通道开销 VC-4 POH/VC-3 POH 与低阶通道开销如 VC-12 POH。

指针处理是在 SDH 的复用映射过程中的一种适配速率和相位的重要技术。SDH 中的净负荷指针可以分为两种,即管理单元指针和支路单元指针,管理单元指针分为 AU-4 PTR 与 AU-3 PTR,而支路单元指针则又可以分为 TU-3 PTR 与 TU-12 PTR。此外,还有指示 TU-12 子帧位置的字节 H4(包含在 VC-4/VC-3 POH 中)。

在 SDH 系统帧结构中,开销字节 B1、B2、B3、V5 分别用于监视再生段、复用段、高阶通道和低阶通道的误码,至此网管系统产生 BBE、ES、SES、UAS 告警,同时存在近端(如 BBE)和远端(如 FEBBE)的相应误码告警。B1 字节(8bit)用于再生段误码的监视;B2 字节($N \times 24$bit)用于校验复用段的误码,而高阶通道和低阶通道分别通过 B3(8bit)和 V5(2bit)进行检验。

表 6.2 说明了误码字节开销功能。

表 6.2 误码字节开销功能表

字节开销	功 能
B1	在中继段级别上,为误码性能监测提供 8 个比特位的偶校验
B1	对扰码后的前一个 STM-N 所有字节进行奇偶校验
B1	在扰码前将检验结果存于该字节
B2	在复用段级别上,为误码性能监测提供 24 个比特位的偶校验
B2	对前一个 STM-N 除 RSOH 外所有字节进行检验
B3	在 VC-4 级别上,为误码性能监测提供 8 个比特位的奇偶校验
B3	对扰码前的前个 VC-4 进行奇偶校验
B3	在扰码前将检验结果存于该字节
V5	1～2 比特为前一个 VC-n 作比特间插奇偶校验
V5	第 3 比特为通道远端错误指示
V5	第 4 比特为通道远端失败指示
V5	5～7 比特为 VC-n 提供信号卷标
V5	第 8 比特为通道远端故障指示

4. SDH 网元设备和传送网结构

光同步数字传输网的。网元设备完成对信息的同步传输、复用和交叉连接,主要分为终端复用器(TM)、分插复用器(ADM)、再生中继器(REG)和数字交叉连接设备(DXC)。

(1) 终端复用器

终端复用器的功能如图 6.12 所示。

终端复用器的主要任务是将 PDH 各低速支路信号,如 1.5Mbit/s、2Mbit/s、34Mbit/s、45Mbit/s、140Mbit/s 和 SDH 的 155Mbit/s 电信号,纳入 STM-1 帧结构中并经电(光)转换为 STM-1 光线路信号。

(2) 分插复用器和传送网结构

分插复用器是网络中应用最为广泛的网元形式,其将同步复用和数字交叉连接功能综合于一体,具有灵活地分插任意支路信号的能力。分插复用器的功能如图 6.13 所示。

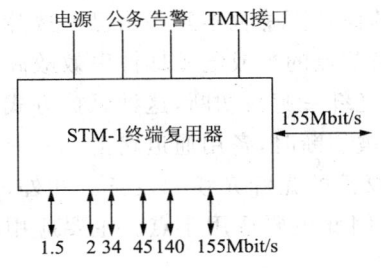
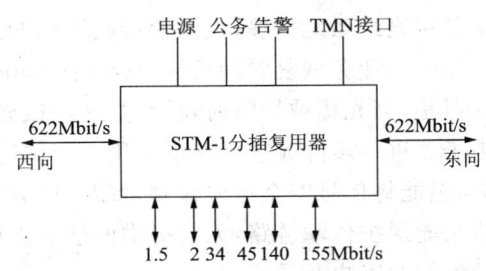

图 6.12 终端复用器的功能　　　　图 6.13 STM-1 分插复用器的功能

ADM 除了完成与 TM 一样的信号复用和解复用功能外,最主要是还能完成两侧线路信号间,以及线路信号与支路信号间的交叉连接。如接入的 2Mbit/s 系列支路信号和 1.5Mbit/s 系列支路信号可以分别复用并连接到东向、西向的 STM-4 信号中。分插复用器在链形网、环形网和枢纽形网中应用十分广泛。

(3) 再生中继器

再生中继器的功能主要是完成信号的再生、放大与中继传输功能,与 TM、ADM 相比,它在站点上没有上下业务的功能,主要用于各种类型网络的中长距离信号再生。

(4) 数字交叉连接设备

数字交叉连接设备(DXC)是 SDH 网络的重要网络单元,兼有复用、配线、保护/恢复、监控和网管多项功能,DXC 的核心是交叉连接。

6.2.2 SDH 网络保护和同步

SDH 网络的主要优点之一是可利用不同的基本网络结构组合,使整个传输网具有应付网络故障的能力,可提高网络运行的可靠性。SDH 网络主要依靠保护(Protection)和恢复(Restoration)这两种作用机制,保证通信业务在故障情况下可以得到保持。现在 SDH 的自愈保护机制有四类:路径保护、子网连接保护、环间双节点互通连接保护、共享光纤虚拟路径保护。

1. SDH 传送网的保护和恢复

为了提高业务传送的可靠性,SDH 传送网提供了一整套保护和恢复策略。保护和恢复概念的区别在于:保护只能利用传送节点间预先安排的容量,一定的备用容量为一定的主用容量所用,备用资源无法在网络大范围内共享。最简单的体系是每个工作实体有一个专用的保护实体(1+1)。最复杂的体系是 n 个工作实体共用 m 个保护实体($m:n$)。而恢复则可以利用节点间的任何可用容量,当主用通道失效时,网络可以利用算法为业务重新选择路由,当使用恢复功能时,传送网容量会保留百分之几用于再选路工作业务量。恢复策略可以使网络资源大大节省,同时还能保证所需的网络生存率。

在接入网中,主要涉及的是网络的保护。随着接入网光纤化的进一步发展,网络的保护具有重要的意义。SDH 传送网的保护策略大致可以分为以下几种。

① 线路系统的复用段保护:一般有两种方式,即 1+1 保护和 1:N 保护。

② 复用段保护环(二纤双向或四纤双向)。

③ 通道保护环(二纤单向或二纤双向)。

④ 子网连接保护:SDH 设备一般都具有子网连接保护功能,即对某一子网连接预先安排专用的保护路由。

2. 网络的自愈

简单的自愈是指当工作通道传输中断或性能劣化到一定程度后,系统倒换设备将主信号自动转至备用光纤系统传输,从而使接收端仍能接收到正常的信号而感觉不到网络已出故障。这种保护方式的业务恢复时间很快,可短于 50ms,它对于网络节点的光或电元部件失效故障十分有效。但是,当光缆被切断时,往往是同一根光缆里的所有光纤一起被切断,这种保护方式就无能为力了。进一步的改进是路由备用。当主通道路由光缆被切断时,备用通道路由上的光缆不受影响,仍能将信号安全地传输到对端。该方案需要至少双份的光纤光缆和设备。此外,该保护方法只能保护传输链路,无法提供网络节点的失效保护,因此主要适用于点。主要应用在业务量较大的大客户及重要用户。

将网络节点连成一个环形,可以进一步改善网络的生存性,降低成本。

对于 SDH 自愈环,主要划分为两大类:即通道倒换环和复用段倒换环(或称线路倒换环)。对于通道倒换环,其业务量的保护是以通道为基础的,倒换与否按离开环的每一个别通道信号质量的优劣而定,通常利用简单的通道 AIS 信号来决定是否应进行倒换;对于复用段倒换环,业务量的保护是以复用段为基础的,倒换与否根据每一对节点间的复用段信号质量的优劣而定。当复用段出现问题时,整个节点间的复用段业务信号都转向保护环。通道倒换环与复用段倒换环的一个重要区别是前者往往使用专用保护,即正常情况下保护段也在传业务信号,保护时隙为整个环专用。而后者往往使用公用保护,即正常情况下保护段是空闲的,保护时隙由每对节点共享。据此又分为专用保护环和公用保护环。典型的 SDH 自愈环包括二纤单向通道保护环、二纤双向通道保护环、二纤单向复用段共享保护环、四纤双向复用段共享保护环。

3. 同 步

同步是 SDH 网络的最大特点,也是 SDH 网络的最大优势。所谓同步,是使网内运行的所有数字设备都工作在一个相同的平均速率上。在目前的 SDH 网络中,节点时钟的同步有两种方式:主从同步方式和相互同步方式。

(1) 主从同步方式

主从同步方式使用一系列分级的时钟,每一级时钟都与上一级时钟同步。在网络中最高一级的时钟称为基准主时钟或基准时钟(PRC),它是一个高精度和高稳定度的时钟,该时钟经同步分配网(即定时基准分配网)分配给下面的各级时钟。目前 ITU-T 将各级时钟分为四类:基准主时钟,符合 ITU-T G.811 建议;转接局时钟,符合 ITU-T G.812 建议;端局从时钟,符合 ITU-T G.812 建议;SDH 网元时钟,符合 ITU-T G.813 建议。

通常,同步分配网采用树形结构,将定时基准信号送至网内各节点,然后通过锁相环使等级主从同步。这种方式的主要优点是网络稳定性较好,组网灵活,适于树形结构和星形结构,控制简单,网络的抗滑动性较好。主要缺点是对基准主时钟和传输链路的故障较敏感,一旦基准主时钟发生故障会造成全网的问题。为此,基准主时钟应采用多重备份以提高可靠性。

(2) 相互同步方式

在相互同步系统中,不分时钟级别,不设主时钟,所有的时钟皆采用互连方式,即每个时钟通过锁相环受所有接收定时基准信号的共同加权控制,在各时钟的相互作用下,如果网络参数选择合适,可以实现网内时钟的同步。由于高稳定、高可靠基准时钟的出现,主从同步法获得广泛应用;而相互同步法因易形成扰动,实际中已经很少采用。

SDH 网同步,在规划和设计同步网时必须考虑到地域和网络业务情况,一般应遵循下列原则:

① 在同步网内不应存在环路。

② 尽量减少定时传递链路的长度。
③ 应从分散路由获得主、备用基准。
④ 受控时钟应从其他同级或高一级设备获得基准时钟信号。
⑤ 选择可靠性高的传输系统传送基准。

6.2.3 SDH 技术在接入网的引入

将 SDH 应用于接入网,可以在开发光纤传输网的经济效益、管理性能以及提高网络的可靠性和灵活性等方面开辟新途径。

总体来说,SDH 应用于接入网具有以下主要特点:

① SDH 能容纳三大准同步数字系列,统一了帧结构、光接口标准和网络管理功能等,具有横向兼容性。

② SDH 以 155Mbit/s 为基本模块,采用指针调整新技术和同步复接方式,简化了数字复接分接过程,避免了准同步系列复用、解复用过程固有的分插过程,消除了传统通信网中所采取的大量的接口转换过程和背靠背连接方式。按照同步数字体系的标准复用方案,在 SDH 环境中,支路可方便地插入和分出。SDH 通信网较传统的网络更经济可靠。

③ 由于 TU-12 内每 2Mbit/s 都自带时钟信号,因而分布在全国及世界各地的企业办事处可以经济地互相连接,并可更加灵活、动态地为通信业务选择路由。

④ STM-1 采用字节复用,适合于数字交换要求;SDH 标准的体系结构便于清晰的模块化设计,从而简化了扩展升级,具有面向网络发展的升级能力。

⑤ SDH 能够提供足够的开销、明确的层次,满足网络管理和维护的各种需要,为网络运营者带来更大的灵活性,从而提高网络效益与服务质量,并能适应将来电信管理网智能化的发展。

⑥ SDH 的信息"容器"可以灵活地组合,例如可将几个容器合并成一个容器来使用。SDH 可以动态地改变网络配置和宽带,及时适应用户对新业务的需求,这对于接纳新出现的电信业务就很方便。

⑦ SDH 具有多种设备的组合,包括终端复用器、分插复用器、交叉连接设备和中继器。这些设备相配合,使 SDH 具有灵活有效的网络组建功能,便于网络的调度。SDH 体系中使用光纤构成的环形结构借助于路径保护确保信道的可靠性;通过使用特定的保护准则,还可以实现动态的路由选择。

⑧ SDH 能支持异步转移模式(ATM)、窄带和宽带的综合业务数字网。

光同步数字传输技术既是综合业务数字网的重要组成部分,又是其发展的"促进剂",特别是对于宽带综合业务数字网(B-ISDN)具有更加特殊的作用。因为 SDH 组建的网是一个高度统一的标准化智能网和具有极高可靠性的自愈网,而这些功能都是 B-ISDN 所必需的。随着用户对新业务和带宽需求的增加,接入节点是否有足够的容量和管理能力、网络是否灵活安全已成为将来能否满足电信发展需要的关键,因此 SDH 也将是宽带接入网的必不可少的组成部分。

基于 SDH 体制来标准化接入网的传输,在技术上有很大的优势。

6.2.4 传输系统设计要求

1. 接口设计

(1) 光接口分类

依据系统中是否包含光放大器以及线路速率是否达到 STM-64,将光接口分为两类,第一类是不包括任何光放且线路速率低于 STM-64 的系统,第二类是包括光放(功放或前放)及速率达到 STM-64 的系统。

第一类系统和第二类系统光接口参数(光接口位置、光线路码型、光发送机特性、光接收机特性)应符合《光同步传送网技术体制》(YDN 099-1998)第9章"光接口标准"以及《SDH 光发送/光接收模块技术要求-SDH 10Gb/s 光接收模块》(YD/T 1199.1-2002)和《SDH 光发送/光接收模块技术要求-SDH 10Gb/s 光发送模块》(YD/T 1199.2-2002)中的相关规定。

(2) 电接口

设计中采用的 SDH 设备,其 PDH 支路的电接口参数应符合国家标准《脉冲编码调制通信系统网路数字接口参数》(GB 7611-87)的要求。

155520kbit/s 的电接口参数应符合《光同步传送网技术体制》(YDN 099-1998)第 8.2 节的要求。

MSTP 设备以太网电接口及 ATM 电接口参数及技术要求应符合《基于 SDH 的多业务传送节点技术要求》(YD/T 1238-2002)第 7 章相关部分的要求。

(3) 同步时钟接口

SDH 设备应具有同步时钟输入接口和输出接口,优先采用 2048kbit/s 接口,也可采用 2048kHz 接口,其中 2048kbit/s 接口特性应符合 ITU-T 建议 G.703§6 的要求,2048kHz 接口特性符合 ITU-T 建议 G.703§10 的要求,帧结构符合 G.704 的要求。SDH 设备应至少提供 2 个同步时钟输入接口,同步时钟输出口可根据工程需要决定。

(4) 公务联络接口

公务联络通信接口为音频电话接口或符合 GB 7611-87 规定的 64kbit/s 的同向数字接口。工程中可根据实际需要考虑公务联络设备的配置。

(5) 网管接口

SDH 网关设备应能够提供 Q3(或 QX)接口,以便与网元层或网路层管理设备相连,并能提供与 TMN 相连的 Q3 接口。Q 接口应符合 ITU-T 建议 M.3010、Q.811、Q.812、G.771 及 G.773。SDH 设备应提供 F 接口,以便与工作站或手持终端相接。F 接口根据具体情况可采用 V.24/V.28,X.21/V.11(V.10)等接口,其接口特性均应符合 ITU-T 相关建议的要求。

(6) 使用者接口

使用者接口采用 64kbit/s 速率的同向接口,其接口特性符合国家标准《脉冲编码调制通信系统网路数字接口参数》(GB 7611-1987)的要求。网路提供者可用来建立临时性的数据/电话通路连接。

2. 光纤类型与工作波长选用

光纤类型的选用应根据业务需求预测,综合考虑业务类型、网络基本结构和业务量的发展趋势,并具有支持未来传输系统的能力。

3. 通路组织及通道安排

传输系统通路组织应根据所采用的设备的性能、工程满足期内业务量的大小以及维护管理的习惯进行考虑。

通路组织应以满足近期业务需求为主,适当考虑冗余需求。通路组织应对网络中所有传输节点的设备的终端电路和转接电路进行合理安排,还应根据网络分层及电路流向合理安排。2Mbit/s 的小颗粒电路的会聚和整合尽量在会聚层以下解决,核心层处理 155Mbit/s 及其以上速率的大颗粒电路的调度,以及一些必需的 2Mbit/s 电路的调度。

同一业务类型的业务量在有多套系统的情况下应尽量安排在不同的系统中。在容量允许的条件下,通道安排尽量在 STM-1 层面进行,以方便维护和管理。对于复用段共享保护环,两点之间的通道安排应优先选用最短路径,同时兼顾各段的通路截面的均匀性。

4. 传输系统设计的误码率指标

(1) 假设参考通道和数字段

国际标准假设参考通道(HRP)的两个通道端点间的最长距离为 27 500km,我国国内标准假设 HRP 最长为 6900km,共分 3 部分:长途、中继和接入,各部分分配见图 6.14。其中中继部分长途传输节点与本地传输节点的最长距离为 150km;本地传输节点与通道端点之间的最长距离为 50km。

假设参考数字段(HRDS)是具有一定长度和性能规范的数字段,用作指标分配的参考模型,对于本地传输网 SDH 数字段沿用 280km 和 50km 两种长度的假设参考数字段长度。其中,50km 假设参考数字段用于绝大多数的本地网传输节点之间,280km 假设参考数字段应用于疆域广阔的本地网中郊县传输节点至市中心传输节点间。

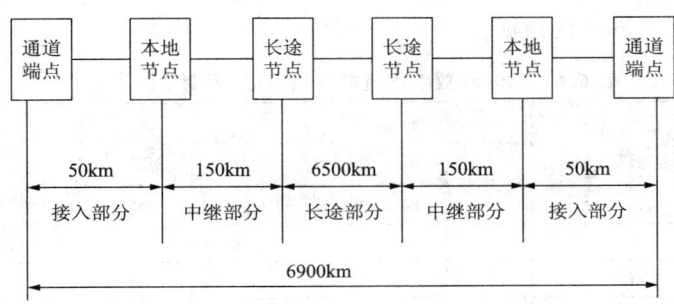

图 6.14 我国 HRP 分配

(2) SDH 网络全程端到端 27 500km 假设参考通道的误码性能指标

此指标见表 6.3。

表 6.3 27 500km 国际同步数字 HRP 误码性能指标

速率/(kbit/s)	2240	48 960	150 336	601 344	2 405 376	9 621 504
通道类型	VC-12	VC-3	VC-4	VC-4-4c	VC-4-16c	VC-4-64c
块/s	2000	8000	8000	8000	8000	8000
ESR	0.01	0.02	0.04	NA	NA	NA
SESR	0.002	0.002	0.002	0.002	0.002	0.002
BBER	5.00E−05	5.00E−05	1.00E−04	1.00E−04	1.00E−04	1.00E−03

注:NA 表示不适用。

(3) 本地传输网工程设计中 280km 数字通道的误码(长期系统指标)

此指标应不劣于表 6.4 的指标(测试时间不少于 1 个月)。实际通道误码应按表 6.3 指标乘以实际通道长度与 280km 或 50km 之比进行计算。

表 6.4 280km 假设参考通道的误码指标(长期系统指标)

速率/(kbit/s)	通道类型	ESR	SESR	BBER
2240	VC-12	3.85E−05	7.70E−06	1.93E−07
48 960	VC-3	7.70E−05	7.70E−06	1.93E−07
150 336	VC-4	1.54E−06	7.70E−06	3.85E−07
601 344	VC-4-4c	NA	7.70E−06	3.85E−07
2405 376	VC-4-16c	NA	7.70E−06	3.85E−07
9 621 504	VC-4-64c	NA	7.70E−06	3.85E−06

(4) 280km 假设参考数字段的误码(长期系统指标)

此指标应不劣于表 6.5 的指标(测试时间不少于 1 个月)。实际数字段误码应按表 6.4 指标乘以实际数字段长度与 280km 或 50km 之比进行计算。

表 6.5　280km 假设参考数字段的误码指标(长期系统指标)

速率/(kbit/s)	ESR	SESR	BBER
STM-0	1.54E−05	1.54E−06	3.58E−08
STM-1	3.08E−05	1.54E−06	7.70E−08
STM-4	NA	1.54E−06	7.70E−08
STM-16	NA	1.54E−06	7.70E−08
STM-64	NA	1.54E−06	7.70E−07

(5) 280km 数字通道的误码(短期系统指标)

此指标应不劣于表 6.6 的指标。

表 6.6　280km 数字通道的误码指标(短期系统指标)

速率/(kbit/s)	通道类型	15min			2h			24h		
		ES	SES	BBE	ES	SES	BBE	ES	SES	BBE
		S15	S15	S15	S2	S2	S2	S24	S24	S24
2240	VC-12	0	0	0	0	0	0	0	0	1
48 960	VC-3	0	0	0	0	0	0	0	0	14
150 336	VC-4	0	0	0	0	0	0	0	0	34
601 344	VC-4-4c	NA	0	0	NA	0	0	NA	0	34
2 405 376	VC-4-16c	NA	0	0	NA	0	0	NA	0	34
9 621 504	VC-4-64c	NA	0	0	NA	0	0	NA	0	34

5. 传输系统设计的抖动和漂移指标

(1) SDH 网络接口和数字段接口的抖动性能

为了实现不同 SDH 网络单元的任意互连而不影响网路的传输质量,SDH 网络接口的最大允许抖动不应超过表 6.7 的数值。测量配置如图 6.15 所示。使用规定的滤波器进行测试,测量间隔时间为 60s,高通滤波器具有一阶特性,按 20dB/10 倍频移滚降。低通滤波器具有最大的平坦博特瓦茨(Butterworth)特性和按−60dB/10 倍频程滚降。表 6.7 括号中的数值为数字段中网元时钟同步工作且输入信号无抖动时的输出抖动要求。

表 6.7　SDH 网络接口最大允许抖动

参数值　　　　　　STM-N 等级	网络接口限值		测量滤波器参数		
	$B_1/UI_{p\text{-}p}$	$B_2/UI_{p\text{-}p}$	f_1	f_3	f_4
STM-1(电)	1.5(0.75)	0.075(0.075)	500Hz	65kHz	1.3MHz
STM-1(光)	1.5(0.75)	0.15(0.15)	500Hz	65kHz	1.3MHz
STM-4(光)	1.5(0.75)	0.15(0.15)	1000Hz	250kHz	5MHz
STM-16(光)	1.5(0.75)	0.15(0.15)	5000Hz	1000kHz	20MHz
STM-64(光)	1.5(0.75)	0.15(0.15)	20kHz	4MHz	80MHz

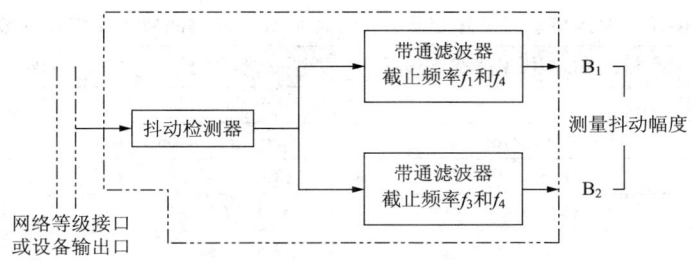

图 6.15 SDH 网络输出抖动的测量配置

(2) PDH/SDH 网络边界的抖动性能

PDH 网络接口最大允许抖动应不超过表 6.8 所规定的数值。测量配置如图 6.15 所示,测量滤波器频响按 20dB/10 倍频程滚降。表 6.8 括号中的数值为数字段中网元时钟同步工作且 PDH 输入信号无抖动时的 PDH 输出口的输出抖动要求。

表 6.8 PDH 输出口的最大允许输出抖动

速率(kbit/s)	网络接口限值		测量滤波器参数		
	B_1/UI_{p-p} $f_1 \sim f_4$	B_2/UI_{p-p} $f_3 \sim f_4$	f_1/Hz	f_3/kHz	f_4/kHz
2048	1.5(0.75)	0.2	20	18	100
34 368	1.5(0.75)	0.15	100	10	800
139 264	1.5(0.75)	0.075	200	10	3500

(3) SDH 设备 PDH 支路输入口抖动和漂移容限

① 2048kbit/s 接口的输入抖动容限。SDH 设备 2048kbit/s 支路输入口的正弦调制抖动容限和漂移容限应大于图 6.16 及表 6.9 规定的容限。测试序列采用 O.150 建议的长度为 $2^{15}-1$ 的伪随机码(PRBS)。

② 34.368Mbit/s 接口的输入抖动容限。SDH 设备 34.368Mbit/s 支路输入口的正弦调制抖动容限和漂移容限应大于图 6.17 及表 6.10 规定的容限。测试序列采用 O.150 建议的长度为 $2^{23}-1$ 的伪随机码(PRBS)。

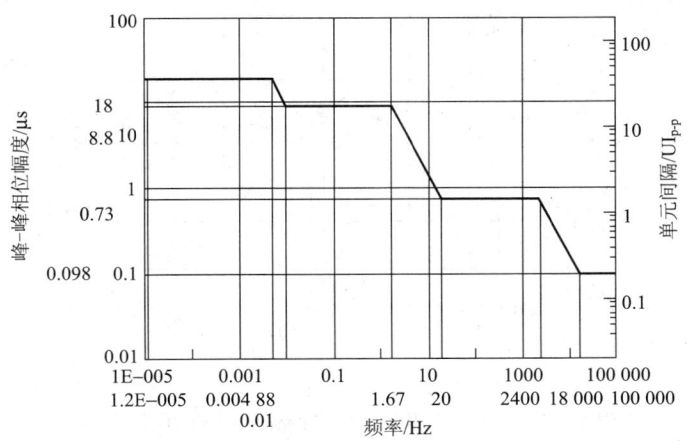

图 6.16 2048kbit/s 接口的输入抖动和漂移容限

表 6.9　2048kbit/s 接口的输入抖动和漂移容限

频率 f/Hz	指标要求(峰-峰相位幅度)
$12\mu < f \leqslant 4.88m$	$18\mu s$
$4.88m < f \leqslant 10m$	$0.088f^{-1}\mu s$
$10m < f \leqslant 1.67$	$8.8\mu s$
$1.67 < f \leqslant 20$	$15f^{-1}\mu s$
$20 < f \leqslant 2.4k$	$1.5UI$
$2.4k < f \leqslant 18k$	$3.6\times10^3 f^{-1}UI$
$18k < f \leqslant 100k$	$0.2UI$

表 6.10　34.368Mbit/s 接口的输入抖动和漂移容限

频率 f/Hz	指标要求(峰-峰相位幅度)
$10m < f \leqslant 32m$	$4\mu s$
$32m < f \leqslant 130m$	$0.13f^{-1}\mu s$
$130m < f \leqslant 4.4$	$1\mu s$
$4.4 < f \leqslant 100$	$4.4f^{-1}\mu s$
$100 < f \leqslant 1k$	$1.5UI$
$1k < f \leqslant 10k$	$1.5\times10^3 f^{-1}UI$
$10k < f \leqslant 800k$	$0.15UI$

注：1UI=29.1ns。

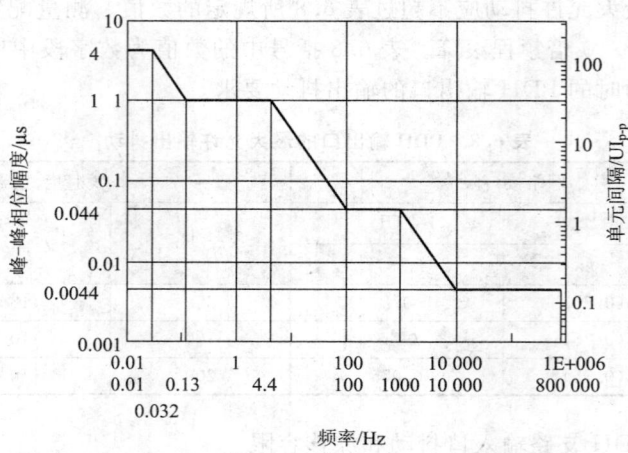

图 6.17　34.368Mbit/s 接口的输入抖动和漂移容限

③ 139.264Mbit/s 接口的输入抖动容限。SDH 设备 139.264Mbit/s 支路输入口的正弦调制抖动容限和漂移容限应高于图 6.18 及表 6.11 规定的容限。测试序列采用 O.150 建议的长度为 $2^{23}-1$ 的伪随机码(PRBS)。

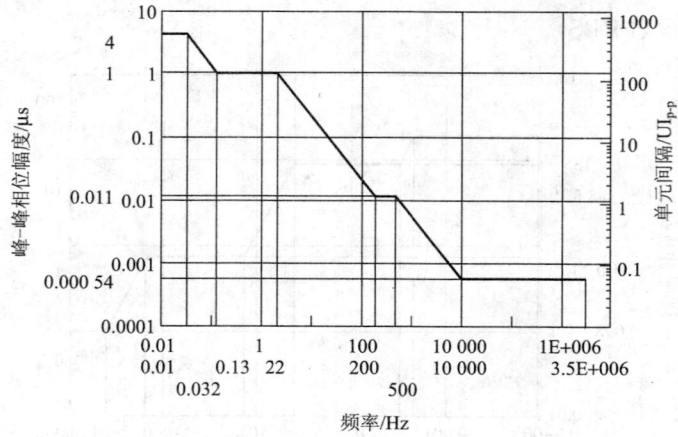

图 6.18　139.264Mbit/s 接口的输入抖动和漂移容限

表 6.11　139.264Mbit/s 接口的输入抖动和漂移容限

频率 f/Hz	指标要求(峰-峰相位幅度)
10m<f≤32m	4μs
32m<f≤130m	0.13$f^{-1}$$\mu$s
130m<f≤2.2	1μs
2.2<f≤200	2.2$f^{-1}$$\mu$s
200<f≤500	1.5UI
500<f≤10k	750f^{-1}UI
10k<f≤3.5M	0.075UI

注:1UI=7.18ns。

6.2.5　SDH 光传输设备性能测试

SDH 传输设备的性能测试应该依据《同步数字体系(SDH)光缆线路系统测试方法》(GB/T 16814-1997)、《同步数字体系(SDH)光缆线路系统进网要求》(GB/T 15941-1995)、《光波分复用(WDM)系统测试方法》(YD/T 1159-2001)、《光波分复用系统(WDM)技术要求——16×10Gb/s、32×10Gb/s 部分》(YD/T 1143-2001)、《光波分复用系统(WDM)技术要求——160×10Gb/s、80×10Gb/s 部分》制定(YD/T 1274-2003)。

1. 光发送机平均发送光功率测试

① 平均发送光功率测试装置如图 6.19 所示。

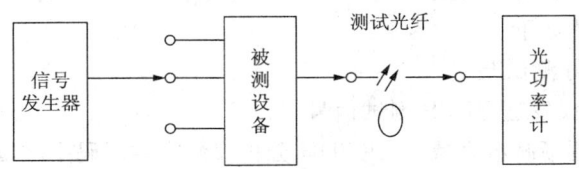

图 6.19　平均发送光功率测试装置

② 当 SDH 设备发送信号时,按输入口的速率等级,信号发生器选择表 6.12 中的伪随机二元序列(PRBS),向输入口发送测试信号。

表 6.12　比特率、容差、测试用 PRBS

比特率/(kbit/s)	容　差	码　型	测试用 PRBS
2048(VC12)	±50×10^{-6} (2 048 000±103bit/s)	HDB3	$2^{15}-1$
34 368(VC3)	±20×10^{-6} (34 368 000±688bit/s)	HDB3	$2^{23}-1$
139 264(VC4)	±15×10^{-6} (139 264 000±2089bit/s)	CMI	$2^{23}-1$
155 520	±20×10^{-6} (155 520 000±3111bit/s)	CMI	$2^{23}-1$

③ 光功率计设置在被测光波长上,待输出功率稳定,从光功率计读出平均发送光功率。这里以 STM-1 为例,给出其光接口规范(表 6.13)。

2. 接收机灵敏度

接收灵敏度是指误码率达到 10^{-12} 时,OTU 的平均接收光功率的最小值。测试装置如

表 6.13　STM-1 光接口参数规范

项目		单位	数值	
标准比特率		kbit/s	155.520	
距离		km	短距离	长距离
发送机在 S 点特性	最大平均发送功率	dBm	−8	0
	最小平均发送功率	dBm	−15	−5
接收机在 R 点特性	最差灵敏度	dBm	−28	−34
	最小过载点	dBm	−8	−10

图 6.20 所示。测试步骤如下：

① 按图 6.20 连接好测试装置，使 OTU 的输入信号在 1550nm 区。
② 利用 SDH 分析仪发送 PRBS 测试信号。
③ 调节光衰减器，使 SDH 分析仪测量误码率保持在 10^{-7} 量级，从光功率计上读出并记录光功率值。
④ 重复步骤③，分别测出误码率处于 10^{-8}、10^{-9}、10^{-10}、10^{-11} 量级时的光功率值。
⑤ 按照外推法，在对数坐标纸上画出 P-BER 曲线，BER＝10^{-12} 所对应的光功率即为接收机的灵敏度。

3. OTU 过载光功率

接收机过载功率是指误码率达到 10^{-12} 时，OTU 的平均接收光功率的最大值。测试装置如图 6.21 所示。测试步骤如下：

① 按图 6.21 连接好测试装置。
② 利用 SDH 分析仪发送 PRBS 测试信号。
③ 调节光衰减器，逐渐减小衰减值，使 SDH 分析仪测得的误码率尽量接近但不大于 10^{-12}。
④ 从光功率计上读出并记录光功率值。

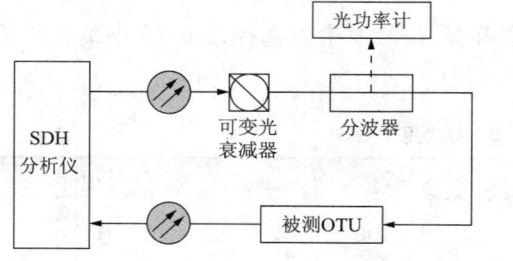

图 6.20　接收机灵敏度测试装置

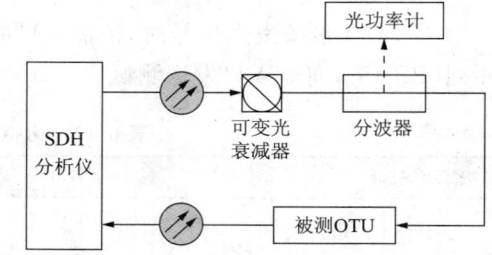

图 6.21　接收机过载光功率测试装置

4. 发送脉冲形状(眼图)和消光比的测试

(1) 眼　图

发送信号波形以眼图模板的形式规定了发射的光脉冲形状特性，包括上升时间、下降时间、脉冲过冲及振荡等。测试装置如图 6.22 所示。测试步骤如下：

① 按图 6.22 连接好测试装置。
② 调整眼图分析仪，待波形稳定后，调出存储的相应模板，通过调整与波形对准，测试过程中应将眼图分析仪滤波器打开。
③ 记录相应的参数。

图 6.22　眼图(消光比)测试装置

(2) 消光比

消光比是指在最坏反射条件时,全调制条件下,逻辑"1"平均光功率与逻辑"0"平均光功率的比值。测试步骤如下:

① 按图 6.22 连接好测试装置。

② 调整眼图分析仪,待波形稳定后,分别读出逻辑"1"的平均光功率 A 和逻辑"0"的平均光功率 B,测试过程中应将眼图分析仪滤波器关闭。

③ 计算消光比 $EXT=\log(A/B)$ 并记录。

5. 边模抑制比

边模抑制比指的是最坏发射条件时,全调制条件下主纵模的平均光功率与最显著边模的光功率之比。测试装置如图 6.23 所示。测试步骤如下:

① 按图 6.23 连接好测试装置。

② 设定光谱仪显示的波长范围,将光谱仪的分辨率设置为最小值,调节光谱仪的幅度标尺,使主纵模和边模以适当的幅度显示在屏幕上以便于观察和读数。

③ 调整光标,分别读出主纵模和边模的平均光功率。

④ 计算主纵模和边模光功率(单位为 dBm)的差值即得到边模抑制比(单位为 dB)。

图 6.23　边模抑制比(-20dB 谱宽)测试装置

6. 抖动的测试

(1) 输入抖动容限

输入抖动容限是指输入光口承受抖动的能力。测试装置如图 6.24 所示。测试步骤如下:

① 按图 6.24 连接好测试装置。

② 使用 SDH 分析仪在某个频点上增加输入抖动幅度,直至出现误码,记录下该频率点的频率和幅度。

③ 改变抖动频率,重复步骤②,获得完整的抖动输入容限。

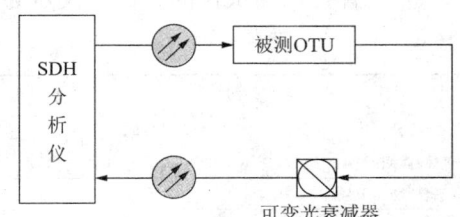

图 6.24　输入抖动容限(抖动传递函数)测试装置

④ 得出输入抖动容限曲线。

(2) STM-N 输出口的输出抖动

测试装置如图 6.24 所示。测试步骤如下:

① 按图 6.24 接好电路。

② 调整光衰减器,使输出光的功率在允许的范围内。

③ 选择一个 STM-N 支路,用抖动发生器从被测输入口发送不加抖动的 PRBS 信号。

④ 设置抖动测试仪的测试滤波器为 $f_1\sim f_4$ 的带通,连续进行不少于 60s 的测量,读出测到的最大抖动峰-峰值。

⑤ 设置抖动测试仪测试滤波器为 $f_3\sim f_4$ 的带通,重复步骤④。

(3) SDH 设备的映射抖动

① 按图 6.24 接好电路。

② 按 PDH 支路输出口速率等级，SDH 分析仪发送相应结构的测试信号，信号内部 PDH 支路 PRBS 比特率首先置标称值(即不带频偏)，且发送的 STM-N 信号不加指针调整。

③ 按 PDH 支路输出口速率等级，抖动测试仪设置适当的测量滤波器。

④ 抖动测试仪在 PDH 支路输出口连续进行不少于 60s 的测量，读出映射产生的抖动峰-峰值。

⑤ SDH 分析仪(发送)改变 PRBS 的比特率，即加一定的频偏 Δf，通常选取 $\Delta f = \pm 5 \times 10^{-6}$、$\Delta f = \pm 10 \times 10^{-6}$、$\Delta f = \pm 15 \times 10^{-6}$……

⑥ 重复步骤④、步骤⑤，将得到不同频偏的一组映射抖动数据。

⑦ 在这组数据中，在某个特定的频偏下，抖动会较大，进一步在该特定频偏附近以较小的频偏步阶(如 1×10^{-6})改变 PRBS 的比特率。

⑧ 再重复步骤④、步骤⑤操作，找到最大的映射抖动值，该值即为最终测试结果。

表 6.14 映射抖动规范

PDH 接口/(kbit/s)	比特率容差范围 $/\times 10^{-6}$	映射抖动		滤波器特性		
		$f_1 \sim f_4$ /UI$_{p-p}$	$f_3 \sim f_4$ /UI$_{p-p}$	f_1 HP$_1$	f_3 HP$_2$	f_4 LP$_1$
2048	±50	待定	0.075	20Hz	18kHz	100kHz
34 368	±20	待定	0.075	100Hz	10kHz	800kHz
139 264	±15	待定	0.075	200Hz	10kHz	3500kHz

(4) PDH 支路口输出抖动

测试装置如图 6.24 所示。测试步骤如下：

① 按图 6.24 接好电路。

② 调整光衰减器，使输出光功率在抖动测试仪要求的范围内。

③ 图案发生器向被测输入口发送不加抖动的 PRBS 信号。

④ 设置抖动测试仪的测试滤波器为 $f_1 \sim f_4$ 带通，连续测量不少于 60s，读出测到的最大抖动峰-峰值。

⑤ 设置抖动测试仪的测试滤波器为 $f_3 \sim f_4$ 带通，重复步骤④。

表 6.15 PDH 网络接口输出抖动

参数 限值 速率/(kbit/s)	网络接口限值		测量滤波器参数		
	B_1 /UI$_{p-p}$	B_2 /UI$_{p-p}$	f_1 HP$_1$	f_3 HP$_2$	f_4 LP$_1$
2048	1.5	0.2	20Hz	18kHz	100kHz
34 368	1.5	0.15	100Hz	10kHz	800kHz
139 264	1.5	0.075	200Hz	10kHz	3500kHz

7. 误码性能测试

测试装置如图 6.25 所示。测试步骤如下：

① 按图 6.25 接好电路。

② 调整光衰减器，使接收端收到合适的光功率。

③ 按被测通道速率等级，图案发生器选择适当的 PRBS，向被测设备输入口发送测试信号。设备先进行 15min 测试，应无误码。

④ 设备工作正常的条件下，进行 24h 长期观测支路口的误码率。

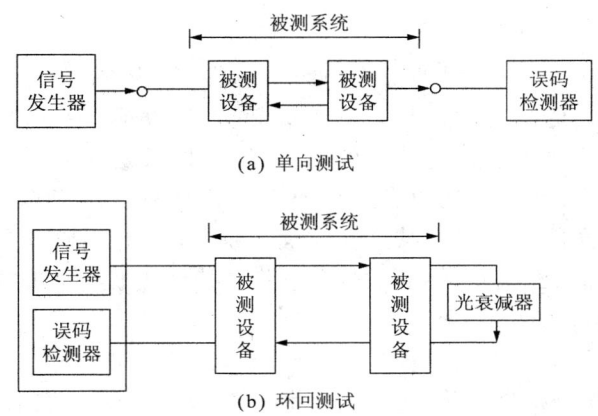

图 6.25　系统误码特性的测试

8. SDH 光传输设备技术性能检测结果

工程上，SDH 设备性能检测结果通常记录的样表如表 6.16 所示。

表 6.16　SDH 设备性能检测记录

序号	测试项目	指标要求	检测结果						结论
1	平均发送光功率		系统			结果/dBm			
2	接收机灵敏度		系统			结果/dBm			
3	接收机过载功率		系统			结果/dBm			
4	STM-N 输出口的输出抖动		系统			结果/UI B_1		B_2	
5	SDH 设备的映射抖动		频偏(Δf)			结果/UI B_1		B_2	
6	SDH 设备的结合抖动		结果\指针\频偏	a /UI B_1 B_2	b /UI B_1 B_2	c /UI B_1 B_2		d /UI B_1 B_2	
7	PDH 支路口输出抖动		系统			结果/UI B_1		B_2	
8	误码性能测试	误码率为零							
9	检查电路板	电路板不应损坏							
测试时间			主　检						
			审　核						
测试地点			批　准						

9. SDH 光传输设备误码处理方法

处理误码故障首先要找到误码的源头,处理原则一般为"先高阶、后低阶",通过分析告警性能,找到最高阶误码的源头。如果是所有通道都出现误码,说明故障在线路上或者与主光通道相关的设备上,需要重点检查系统的主通道;如果只是部分通道出现误码,可能是系统正工作在临界状态或者是个别通道存在误码。一般对网管告警监测、设备以及光纤外观检查、业务环回测试和光器件性能测试这几方面解决,找到有误码业务的共性,经过某站的业务、终结于某站的业务、到某块支路板的业务和经某块光板穿通的业务等逐步缩小误码范围。

(1) 网管监测告警

一般来说,有高阶误码则会有低阶误码,如果有 B_1 误码,一般就会有 B_2、B_3 和 V_5 误码;反之,有低阶误码则不一定有高阶误码。如有 V_5 误码,在不一定会有 B_3、B_2 和 B_1 误码。由于高阶误码会导致低阶误码,因此我们在处理误码问题时,应按照先高阶后低阶的顺序进行处理,网管查询设备异常告警信号劣化、误码超门限、光功率过低等,通过分析误码信息判断各个误码告警的含义,从而定位误码的类型。

(2) 跟踪测试业务

一般环回法定位误码故障,包括 VC4 通道的环回、2Mbit/s 电口环回和通过尾纤光口环回(需要增加衰减器)。若线路网元比较多,可用 SDH 误码分析仪进行逐段环回测试来逐步确定故障的范围。可在两个网元之间配置一个 2Mbit/s 业务通道作为测试对象,在远端网元的支路侧用网管 2M 做软环回或在 DDF 架上对设备硬环回,在本地网元支路侧监测网段电路的误码性能。长距离光传输设备误码性能测试连接框图如图 6.26 所示。

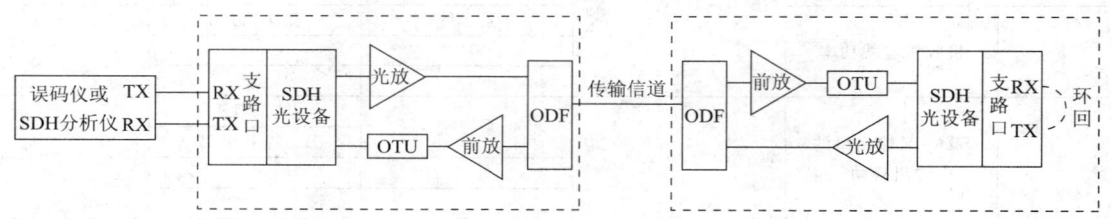

图 6.26 测试网元框图

(3) 外观检查

首先应查看网管各网元光板收信、发信功率是否正常,若接收光功率偏低,则可以判定为线路光缆是影响误码的主要原因,应检查线路光缆情况,使用光时域反射仪测试其相应光芯(测试前将对端光设备光芯拔掉,以免将对端光板损坏)。其次应该对尾纤接头、衰减器以及光器件连接情况进行检查,包括尾纤的扭曲、摆放、走纤情况是否完好,以及光接口连接是否有松动现象。若是以上原因则对光接头进行清洁、更换光纤连接器、衰减器。

(4) 光器件性能测试

SDH 光设备故障板中因光器件的性能劣化导致的光器件损坏居多,以光功率放大器、前置放大器、OUT 色散补偿器、光模块故障最为常见。若设备收发光功率均满足指标,则通过测试相关通道监控点光信噪比来定位故障光器件。

6.3 波分复用光传输技术及其测试

6.3.1 波分复用的基本概念

1. 波分复用的介绍

波分复用是光纤通信中的一种传输技术,它利用了一根光纤可以同时传输多个不同波长的光载波的特点,把光纤可能应用的波长范围划分成若干个波段,每个波段作为一个独立的通道传输一种预定波长的光信号。随着电-光技术的发展,在同一光纤中波长的密度会变得很高。密集波分复用(DWDM:Dense Wavelength Division Multiplexing)和较低密度的稀疏波分复用(CWDM:Coarse Wave length Division Multiplexing)应用在通信网中不同的系统。

DWDM 技术中,可以将一根光纤看作一个"多车道"的公用道路,传统的 TDM 系统只不过利用了这条道路的一条车道,提高比特率相当于在该车道上加快行驶速度以增加单位时间内的运输量。而使用 DWDM 技术,类似于利用公用道路上尚未使用的车道,以获取光纤中未开发的巨大传输能力。DWDM 利用单模光纤的带宽以及低损耗的特性,采用多个波长作为载波,允许各载波信道在光纤内同时传输。与通用的单信道系统相比,DWDM 不仅极大提高了网络系统的通信容量,充分利用了光纤的带宽,而且它具有扩容简单和性能可靠等诸多优点。

随着科技的进步,现代的技术已经能够实现波长间隔为纳米级的复用,甚至可以实现波长间隔为零点几纳米级的复用,只是在器件的技术要求上更加严格而已。ITU-T G.692 建议,DWDM 系统的绝对参考频率为 193.1THz(对应的波长为 1552.52nm),不同波长的频率间隔应为 100GHz 的整数倍(对应波长间隔约为 0.8nm 的整数倍)。

2. WDM 设备的传输方式

(1) 单向 WDM

单向波分复用系统采用两根光纤,一根光纤只完成一个方向光信号的传输,反向光信号的传输由另一根光纤来完成。

(2) 双向 WDM

双向波分复用系统则只用一根光纤,在一根光纤中实现两个方向光信号的同时传输,两个方向光信号应安排在不同波长上。

单纤双向 WDM 传输方式允许单根光纤携带全双工通路,通常可以比单向传输节约一半的光纤器件,由于两个方向传输的信号不交互产生 FWM(四波混频)产物,因此其总的 FWM 产物比双纤单向传输少很多,但缺点是该系统需要采用特殊的措施来对付光反射(包括由于光接头引起的离散反射和光纤本身的瑞利后向反射),以防多径干扰;当需要将光信号放大以延长传输距离时,必须采用双向光纤放大器以及光环形器等元件,但其噪声系数稍差。

3. DWDM 应用形式

(1) 开放式 DWDM

开放式 DWDM 系统的特点是对复用终端光接口没有特别的要求,只要求这些接口符合 ITU-T 建议的光接口标准。如图 6.27 所示,开放式 DWDM 系统采用波长转换技术,将复用终端的光信号转换成指定的波长,不同终端设备的光信号转换成不同的符合 ITU-T 建议的波长,然后进行合波。

(2) 集成式 DWDM

集成式 DWDM 系统如图 6.28 所示,没有采用波长转换技术,它要求复用终端的光信号的波长符合 DWDM 系统的规范,不同的复用终端设备发送不同的符合 ITU-T 建议的波长,这样它们在接入合波器时就能占据不同的通道,从而完成合波。

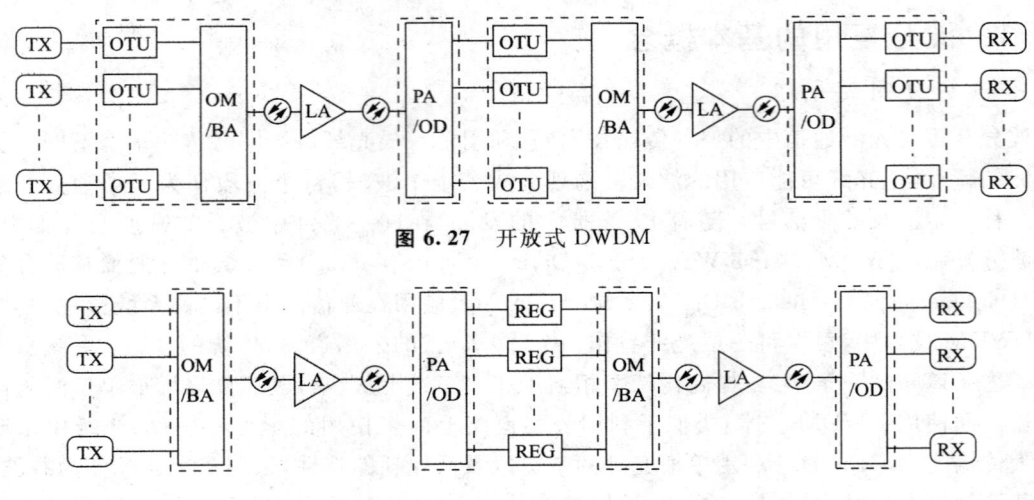

图 6.27 开放式 DWDM

图 6.28 集成式 DWDM

根据工程的需要可以选用不同的应用形式。在实际应用中,开放式 DWDM 和集成式 DWDM 可以混合使用。

4. WDM 系统组成

N 路波长复用的 WDM 系统的总体结构主要由发送和接收光复用终端单元及中继线路发达单元三部分组成,如果按组成模块来分有以下几种。

(1) 光波长转换单元(OTU)

光波长转换单元(OTU)将非标准的波长转换为 ITU-T 所规范的标准波长,系统中应用光-电-光(O/E/O)的变换,即先用 PIN 光电二极管或 APD 把接收到的光信号转换为电信号,然后该电信号对标准波长的激光器进行调制,从而得到新的合乎要求的光波长信号。

(2) 波分复用器:分波/合波器(ODU/OMU)

波分复用器可分为发送端的光合波器和接收端的光分波器。光合波器用于传输系统的发送端,是一种具有多个输入端口和一个输出端口的器件,它的每一个输入端口输入一个预选波长的光信号,输入的不同波长的光波由同一输出端口输出。光分波器用于传输系统的接收端,正好与光合波器相反,它具有一个输入端口和多个输出端口,将多个不同波长信号分开来。

(3) 光放大器

光放大器不但可以对光信号进行直接放大,同时还具有实时、高增益、宽带、在线、低噪声、低损耗的全光放大器,是新一代光纤通信系统中必不可少的关键器件。目前实用的光纤放大器中主要有掺铒光纤放大器(EDFA)、半导体光放大器(SOA)和喇曼光纤放大器(RFA)等。

(4) 光监控信道/通路(OSC)

光监控信道是为 WDM 的光传输系统的监控而设立的。ITU-T 建议优选采用 1510nm 波长,容量为 2Mbit/s。具有高的接收灵敏度,在 -50dBm 下仍能正常工作。

5. DWDM 关键技术

(1) 光　源

DWDM 系统的工作波长较为密集,一般波长间隔为几纳米到零点几纳米,这就要求激光器工作在一个标准波长上,并且具有很好的稳定性;另一方面,DWDM 系统的无电再生中继长度从单个 SDH 系统传输 50～60km 增加到 500～600km,在延长传输系统色散受限距离的同时,为了克服光纤的非线性效应[如受激布里渊散射效应(SBS)、受激喇曼散射效应(SRS)、自相位调制效应(SPM)、交叉相位调制效应(XPM)、调制的不稳定性以及四波混频(FWM)效应等],要求 DWDM 系统的光源使用技术更为先进、性能更为优越的激光器。

总之,DWDM 系统的光源的两个突出的特点是具有比较大的色散容纳值和标准而稳定的波长。

① DWDM 激光器的调制。

对光源进行强度调制的方法有两类,即直接调制和间接调制。一般来说,在使用光线路放大器的 DWDM 系统中,发射部分的激光器均为间接调制方式的激光器。

常用的外调制器有光电调制器、声光调制器、波导调制器和电吸收调制器等。

集成外调制技术日益成熟,是 DWDM 光源的发展方向。常见的集成外调制技术更加紧凑小巧,与光源集成在一起,性能上也能满足绝大多数应用要求。

电吸收调制器是一种损耗调制器,它工作在调制器材料吸收区边界波长处。当调制器无偏压时,光源发送波长在调制器材料的吸收范围之外,该波长的输出功率最大,调制器为导通状态;当调制器有偏压时,调制器材料的吸收区边界波长移动,光源发送波长在调制器材料的吸收范围内,输出功率最小,调制器为断开状态。

电吸收调制器可以利用与半导体激光器相同的工艺过程制造,因此光源和调制器容易集成在一起,适合批量生产。例如,铟镓砷磷(InGaAsP)光电集成电路是将激光器和电吸收调制器集成在一块芯片上,该芯片再置于一个热电制冷器(TEC)上。这种典型的光电集成电路,称为电吸收调制激光器(EML),可以支持 2.5Gbit/s 信号传输 600km 以上的距离,远远超过直接调制激光器所能传输的距离,其可靠性也与标准 OFB 激光器类似,平均寿命达 20 年。

② 激光器波长的稳定。

在 DWDM 系统中,激光器波长的稳定是一个十分关键的问题,根据 ITU-T G.692 建议的要求,中心波长的偏差不大于光信道间隔的 $\pm 1/5$,即对于光信道间隔为 0.8nm 的系统,中心波长的偏差不能大于 $\pm 20GHz$。所以激光器需要采用严格的波长稳定技术。

集成式电吸收调制激光器的波长微调主要是靠改变温度来实现的,其波长的温度灵敏度为 0.08nm/℃,正常工作温度为 25℃,在 15～35℃ 温度范围内调节芯片的温度,即可使 EML 调定在一个指定的波长上,调节范围为 1.6nm。芯片温度的调节靠改变制冷器的驱动电流,再用热敏电阻作反馈便可使芯片温度稳定在一个基本恒定的温度上。

分布反馈式激光器(DFB)的波长稳定是利用波长和管芯温度对应的特性,通过控制激光器管芯处的温度来控制波长,以达到稳定波长的目的。对于 $1.5\mu m$ DFB 激光器,波长温度系数约为 0.02nm/℃,它在 15～35℃ 的范围内中心波长符合要求。目前,MWQ-DFB 激光器工艺可以在激光器的寿命(20 年)时间内保证波长的偏移满足 DWDM 系统的要求。

除了温度外,激光器的驱动电流也能影响波长,其灵敏度为 0.008nm/mA,比温度的影响约小一个数量级,在有些情况下,其影响可以忽略。此外,封装的温度也可能影响器件的波长

（例如，从封装到激光器平台的连线带来的温度传导和从封装壳向内部的辐射，也会影响器件的波长）。在一个设计良好的封装中其影响可以控制在最小。

直接使用波长敏感元件对光源进行波长反馈控制是比较理想的，原理如图 6.29 所示。

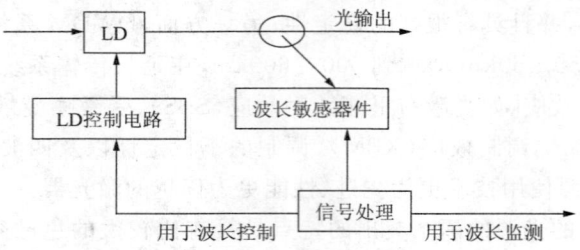

图 6.29　波长控制原理

(2) 光放大器

① EDFA 增益平坦控制。在 DWDM 系统中，复用的光通路数越来越多，需要串接的光放大器数目也越来越多，因而要求单个光放大器占据的谱宽也越来越宽。

为了解决上述问题，更好地适应 DWDM 系统的发展，人们开发出以掺铝的硅光纤为基础的增益平坦型 EDFA 放大器，大大地改善了 EDFA 的工作波长带宽，平抑了增益的波动。目前的成熟技术已经能够做到 1dB 增益平坦区并且几乎扩展到整个铒通带（1525～1560nm），基本解决了普通 EDFA 的增益不平坦问题。

② EDFA 的增益锁定。EDFA 的增益锁定是一个重要问题，因为 WDM 系统是一个多波长的工作系统，当某些波长信号失去时，由于增益竞争，其能量会转移到那些未丢失的信号上，使其他波长的功率变高。在接收端，由于电平的突然提高可能引起误码，而且在极限情况下，如果 8 路波长中 7 路丢失时，所有的功率都集中到所剩的一路波长上，功率可能会达到 17dBm 左右，这将造成强烈的非线性或接收机接收功率过载，也会带来大量误码。

EDFA 的增益锁定有许多种技术，典型的有控制泵浦光源增益的方法。EDFA 内部的监测电路通过监测输入和输出功率的比值来控制泵浦源的输出，当输入波长某些信号丢失时，输入功率会减小，输出功率和输入功率的比值会增加。可通过反馈电路，降低泵浦源的输出功率，保持 EDFA 增益（输出/输入）不变，从而使 EDFA 的总输出功率减少，保持输出信号电平的稳定。如图 6.30 所示。

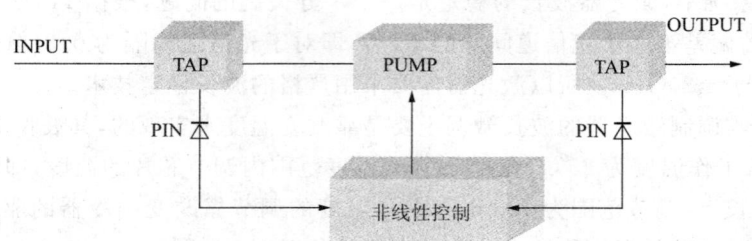

图 6.30　控制泵浦光源增益锁定技术

另外还有饱和波长的方法。在发送端，除了 8 路工作波长外，系统还发送另一个波长作为饱和波长。在正常情况下，该波长的输出功率很小，当线路的某些信号丢失时，饱和波长的输出功率会自动增加，用以补偿丢失的各波长信号的能量，从而保持 EDFA 输出功率和增益保持恒定。当线路的多波长信号恢复时，饱和波长的输出功率会相应减少，这种方法直接控制饱和波长激光器的输出，速度较控制泵浦源要快一些。

(3) 光复用器和光解复用器

波分复用系统的核心部件是波分复用器件,即光复用器和光解复用器(有时也称合波器和分波器),实际上均为光学滤波器,其性能好坏在很大程度上决定了整个系统的性能。WDM系统中使用的波分复用器件的性能满足ITU-T G.671及相关建议的要求。

光波分复用器的种类有很多,大致可以分为四类:光栅型、介质薄膜滤波器型、光纤耦合器型、阵列波导光栅型。各种波分复用器件性能的比较如表6.17所示。

表 6.17

器件类型	机理	通道间隔/nm	通道数	串音/dB	插入损耗/dB	主要缺点
光栅型	角色散	0.5~10	131	≤−30	3~6	温度敏感
介质薄膜滤波器型	干涉/吸收	1~100	2~32	≤−25	2~6	通路数较少
光纤耦合器型	波长依赖型	10~100	2~6	≤−(10~45)	0.2~1.5	通路数少
阵列波导光栅型	平面波导	1~5	4~32	≤−25	6~11	插入损耗大

① 对合波器件的要求。WDM系统的合波器可以采用各种技术来实现,目前常用的16通路和32通路合波器有阵列波导光栅型和介质薄膜滤波器型,它的相关参数应满足表6.18的参数要求。

表 6.18 合波器件的参数要求

项 目	单 位	16通路指标	32通路指标
插入损耗	dB	<10	<12
光反射系数	dB	>40	>40
工作波长范围	nm	1548~1561	1530~1561
偏振相关损耗	dB	<0.5	<0.5
相邻通路隔离度	dB	>22	>22
非相邻通路隔离度	dB	>25	>25
各通路差损的最大差异	dB	<2	<3

② 对分波器件的要求。WDM系统的分波器可以采用各种技术来实现,目前常用的16通路WDM系统分波器有布拉格光纤光栅型、介质薄膜滤波器型和阵列波导光栅型,它的相关参数应满足表6.19的要求。

表 6.19 分波器件的参数要求

项 目	单 位	16通路指标	32通路指标
通路间隔	GHz	100	100
插入损耗	dB	<8	<10
光反射系数	nm	40	40
相邻通路隔离度	dB	>25	>25
非相邻通路隔离度	dB	>25	>25
偏振相关损耗	dB	0.5	0.5
各通路差损的最大差异	dB	<2	<3
温度特性	nm/C	*	*
−1dB带宽	nm	>0.2	>0.2
−20dB带宽	nm	*	*

(4) 光监控通道

在SDH系统中,网管可以通过SDH帧结构中的开销字节(如E1、E2、D1~D12等)对网络中的设备进行管理和监控,无论是TM、ADM还是REG。与SDH系统不同,在DWDM系统中,线路放大设备只对业务信号进行光放大,业务信号只有光-光的过程,无业务信号的上下,所以必须增加一个信号对光线路放大器的运行状态进行监控。这个通道就是所谓的光监控通道（OSC：Optical Supervising Channel）。监控通路采用信号翻转码 CMI 为线路码型。

① 光监控通道要求。DWDM 对光监控通道有以下要求：光监控通道不限制光放大器的泵浦波长，不限制两个光线路放大器之间的距离，而且不限制未来在 1310nm 波长的业务；光线路放大器失效时光监控通道仍然可用。

同时，光监控通道的波长在光线路放大器的增益带宽以外，这样光线路放大器失效时光监控通道不会受影响。对于采用掺铒光纤放大器（EDFA）技术的光线路放大器，EDFA 的增益光谱区为 1528～1610nm，因此，光监控通道波长必须位于 EDFA 的增益带宽的之外。通常，光监控通道的波长可以为 1510nm 或 1625nm。

按照 ITU-T 的建议，DWDM 系统的光监控通道应该与主信道完全独立，主信道与监控通道的独立在信号流向上表现得也比较充分。在 OTM 站点，在发送方向，监控通道是在合波、放大后才接入监控通道的；在接收方向，监控通道是首先被分离的，之后系统才对主信道进行预放和分波。同样在 OLA 站点，在发送方向，最后才接入监控通道；在接收方向，最先分离出监控通道。可以看出：在整个传送过程中，监控通道没有参与放大，但在每一个站点都被终结和再生了。这点恰好与主信道相反，主信道在整个过程中都参与了光功率的放大，而在整个线路上没有被终结和再生，波分设备只是为其提供了一个个透明的光通道。

② 监控通道接口参数。监控通道的接口参数如表 6.20 所示。

表 6.20 监控通道的接口参数

监控波长	1510nm
监控速率	2Mbit/s
信号码型	CMI
信号发送功率	(0～−7dBm)
光源类型	MLM LD
光谱特性	*
最小接收灵敏度	−48dBm

③ 监控通道的帧结构。

监控通道的 2Mbit/s 系统物理接口应符合 G.703 要求。其帧结构和比特率符合 G.704 的规定。

- 时隙 0：帧同步字节。
- 帧结构中至少有 2 个时隙作为公务联络通路，1 个作为光中继段公务联络，可在光线路放大器中继站上接入。另 1 个作为光复用段之间的业务联络，可在 WDM 系统终端站接入。
- 帧结构中至少有 1 个时隙供使用者（通常为网络提供者）使用，可以在光线路放大器中继站上接入。
- 帧结构中必须有 4 个字节作为光中继段的 DCC 通道，8 个字节作为光复用段的 DCC 通道，以传送有关 WDM 系统的网络管理信息。终端设备有公务联络和使用者通路 2 个接口。
- 有空闲字节，以准备扩容时采用。

6.3.2 DWDM 光传输系统的技术规范

1. ITU-T 有关 WDM 系统的建议

国际电联 ITU-T 在 WDM 方面做了大量的工作，相关的建议如表 6.21 所示。

表 6.21

建 议	内 容
ITU-T 建议 G.652(1993)	单模光纤光缆的特性
ITU-T 建议 G.653(1993)	色散位移单模光纤光缆的特性
ITU-T 建议 G.655(1996)	非零色散单模光纤光缆的特性
ITU-T 建议 G.661(1993)	光纤放大器的相关通用参数的定义和测试方法

6.3 波分复用光传输技术及其测试　275

续表 6.21

建议	内容
ITU-T 建议 G.662(1994)	光纤放大器设备和子系统的主要特性
ITU-T 建议 G.663(1996)	与光放大器有关的传输问题
ITU-T 建议 G.671(1996)	无源光器件要求
ITU-T 建议 G.681(1997)	使用光放大器,包括光复用器的局间和长途线路系统的功能特性
ITU-T 建议 G.691(1997)	有光放大器 SDH 单通路系统和 STM-64 系统的光接口
ITU-T 建议 G.692(1998)	有光放大器多通路系统的光接口

2. 传输通道参考点的定义

　　为了规范光接口参数,ITU-T G.692 文件定义了 WDM 光传输系统的全部参考点,如图 6.31 所示。$TX_1,TX_2,\cdots,TX_n$ 通常是系统的终端发送机,在发送端采用波分复用器(合波器),将不同规定波长的信号光载波合并起来并送入一根光纤进行传输。在接收端,再由一个波分复用器(分波器)将这些不同波长承载不同信号的光载波分开。

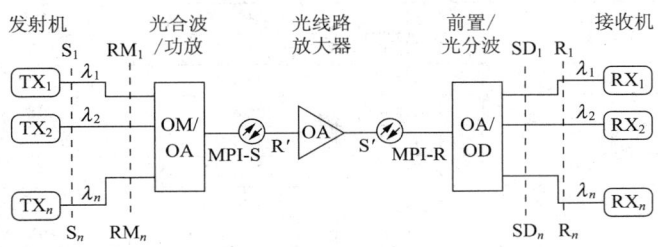

图 6.31　WDM 光接口参考点

图 6.31 中所示的 WDM 系统具有下列参考点:

① $S_1 \sim S_n$:通道 $1 \sim n$ 在发射机光输出连接器处光纤上的参考点。
② $RM_1 \sim RM_n$:通道 $1 \sim n$ 在 OM/OA 的光输入连接器处光纤上的参考点。
③ MPI-S:OM/OA 的光输出连接器后面光纤上的参考点。
④ R':光线路放大器的光输入连接器前面光纤上的参考点。
⑤ S':光线路放大器的光输出连接器后面光纤上的参考点。
⑥ MPI-R:OA/OD 的光输入连接器前面光纤上的参考点。
⑦ $SD_1 \sim SD_n$:OA/OD 的光输出连接器处的参考点。
⑧ $R_1 \sim R_n$:接收机光输入连接器处的参考点。

3. 光波长区的分配

　　光纤有两个长波长的低损耗窗口,1310nm 窗口和 1550nm 窗口,均可用于光信号传输,但由于目前常用的掺铒光纤放大器的工作波长范围为 192.1~196.1THz。因此,光波分复用系统的工作波长区为 192.1~196.1THz。

　　标称中心频率指的是光波分复用系统中每个通路对应的中心波长。在 G.692 中允许的通路频率是基于参考频率为 193.1THz,最小间隔为 100GHz 或 50GHz 的频率间隔系列。

　　WDM 信道的标准波长分等间隔和不等间隔两种配置方案。不等间隔是为了避免四波混频效应的影响。鉴于使用 G.652 和 G.655 光纤的 WDM 系统中没有观察到四波混频效应的明显影响,因此 G.692 文件对于使用 G.652 和 G.655 光纤的 WDM 系统推荐使用的标准中心波长如表 6.22 所示。

表 6.22 标准中心波长

标准中心频率/THz 50GHz 间隔	标准中心频率/THz 100GHz 间隔	标准中心波长/nm	标准中心频率/THz 50GHz 间隔	标准中心频率/THz 100GHz 间隔	标准中心波长/nm
196.10	196.10	1528.77	194.05	—	1544.92
196.05	—	1529.16	194.00	194.00	1545.32
196.00	196.00	1529.55	193.95	—	1545.72
195.95	—	1529.94	193.90	193.90	1546.12
195.90	195.90	1530.33	193.85	—	1546.52
195.85	—	1530.72	193.80	193.80	1546.92
195.80	195.80	1531.12	193.75	—	1547.32
195.75	—	1531.51	193.70	193.70	1547.72
195.70	195.70	1531.90	193.65	—	1548.11
195.65	—	1532.29	193.60	193.60	1548.51
195.60	195.60	1532.68	193.55	—	1548.91
195.55	—	1533.07	193.50	193.50	1549.32
195.50	195.50	1533.47	193.45	—	1549.72
195.45	—	1533.86	193.40	193.40	1550.12
195.40	195.40	1534.25	193.35	—	1550.52
195.35	—	1534.64	193.30	193.30	1550.92
195.30	195.30	1535.04	193.25	—	1551.32
195.25	—	1535.43	193.20	193.20	1551.72
195.20	195.20	1535.82	193.15	—	1552.12
195.15	—	1536.22	193.10	193.10	1552.52
195.10	195.10	1536.61	193.05	—	1552.93
195.05	—	1537.00	193.00	193.00	1553.33
195.00	195.00	1537.40	192.95	—	1553.73
194.95	—	1537.79	192.90	192.90	1554.13
194.90	194.90	1538.19	192.85	—	1554.54
194.85	—	1538.58	192.80	192.80	1554.94
194.80	194.80	1538.98	192.75	—	1555.34
194.75	—	1539.37	192.70	192.70	1555.75
194.70	194.70	1539.77	192.65	—	1556.15
194.65	—	1540.16	192.60	192.60	1556.55
194.60	194.60	1540.56	192.55	—	1556.96
194.55	—	1540.95	192.50	192.50	1557.36
194.50	194.50	1541.35	192.45	—	1557.77
194.45	—	1541.75	192.40	192.40	1558.17
194.40	194.40	1542.14	192.35	—	1558.58
194.35	—	1542.54	192.30	192.30	1558.98
194.30	194.30	1542.94	192.25	—	1559.39
194.25	—	1543.33	192.20	192.20	1559.79
194.20	194.20	1543.73	192.15	—	1560.20
194.15	—	1544.13	192.10	192.10	1560.61
194.10	194.10	1544.53			

6.3.3 DWDM 网元设备

DWDM 网元一般按用途可分为光终端复用设备、光线路放大设备、光分插复用设备、电中继设备等几种类型。

1. 光终端复用设备

在发送方向,光终端复用设备(OTM)把多个波长信号经复用器复用成一个 DWDM 主信道信号,然后对其进行光放大,并附加上光监控通道(OSC)信号传输。在接收方向,先把光监控通道信号取出,然后对 DWDM 主信道信号进行光放大,经解复用器解复用。

OTM 的信号流向如图 6.32 所示。

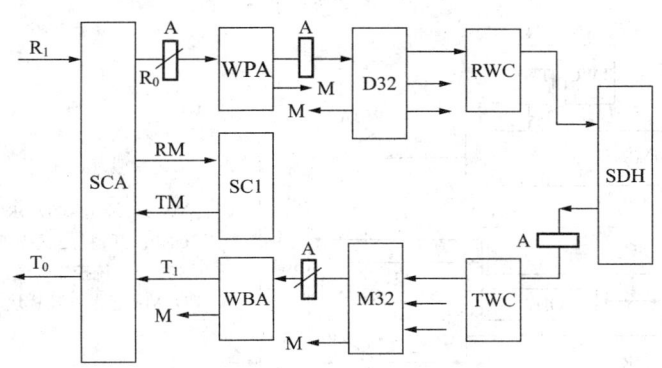

WPA/WBA:光前置/功率放大器板
SCA:光监控通道接入板
SC1:单向光监控通道处理板
SDH:同步数字系列设备
A:光衰减器
M:检测光口 MON

图 6.32 OTM 信号流向

2. 光线路放大设备

DWDM 系统的光线路放大设备(DLA)在每个传输方向均配有一个光线路放大器。在每个传输方向先取出光监控通道信号并处理,再将主信道信号进行放大,然后将主信道信号与光监控通道信号合并送入光纤线路。OLA 的信号流向如图 6.33 所示。

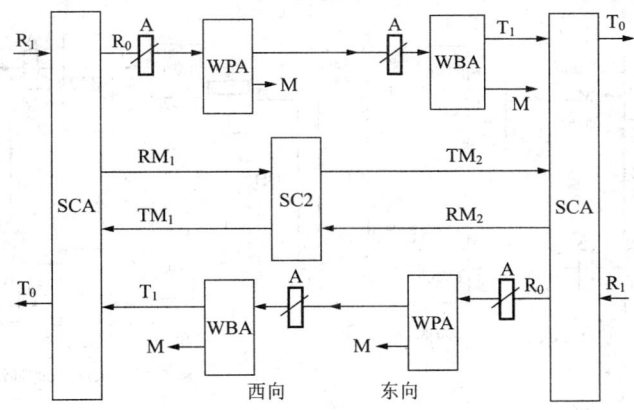

图 6.33 OLA 信号流向

图 6.33 中每个方向都采用一对 WPA+WBA 的方式来进行光线路放大,也可用单一WLA 或 WBA 的方式进行单向的光线路放大。

3. 光分插复用设备

DWDM 系统的光分插复用设备(OADM)有两种类型,一种是采用静态上下波长的 OADM模块,另一种是两个 OTM 采用背靠背的方式组成一个可上下波长的 OADM。

当 OADM 接收到线路的光信号后,先从中提取光监控通道信号,再用 WPA 将主光通道信号预放大,通过 ADD/DROP 单元从主光通道中按波长取下一定数量的波长通道后送出设备,要插入的波长经 ADD/DROP 单元直接插入主信道,再经功率放大后插入本地光监控通道信号,向远端传输。在本站下业务的通道,需经 RWC 与 SDH 设备相连,在本站上业务的通道,需经 TWC 与 SDH 设备相连。

以 OADM（上下四通道）为例，其信号流向如图 6.34 所示。

用两个 OTM 背靠背的方式组成一个可上下波长的 OADM 设备。这种方式较之静态 OADM 要灵活，可任意上下 1～32 个波长，更易于组网。

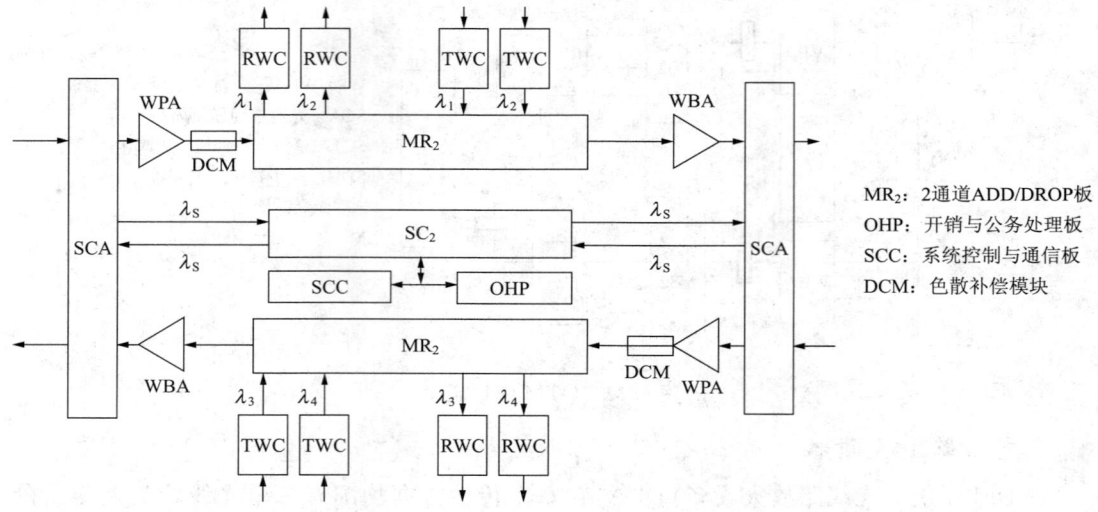

MR_2：2通道ADD/DROP板
OHP：开销与公务处理板
SCC：系统控制与通信板
DCM：色散补偿模块

图 6.34 静态 OADM 信号流向

两个 OTM 背靠背组成的 OADM 的信号流向如图 6.35 所示。

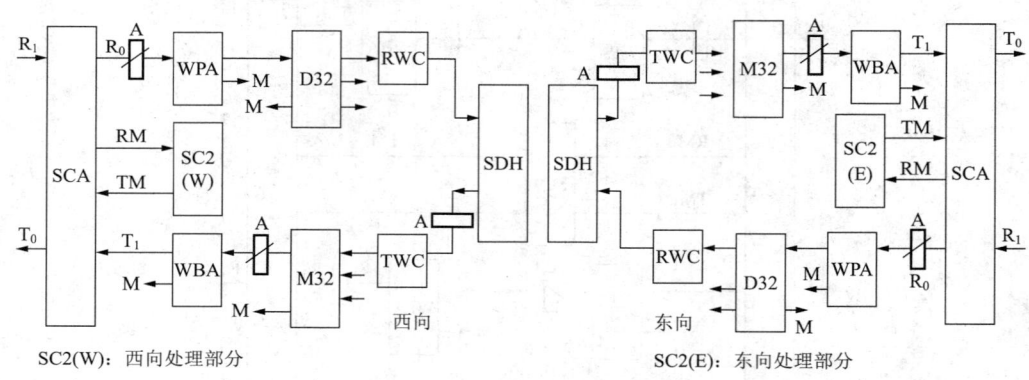

SC2(W)：西向处理部分   SC2(E)：东向处理部分

图 6.35 两个 OTM 背靠背组成的 OADM 信号流向

4. 电中继设备

对于需要进行再生段级联的工程，要用到电中继设备（REG）。电中继设备无业务上下，只是为了延伸色散受限传输距离。电中继设备的信号流向如图 6.36 所示。

5. WDM 中的核心设备器件——OXC 和 OADM

在现有的骨干网中，尽管 WDM 网的带宽可以满足每个用户的需求，但其中的波长数目却大大少于实际的节点数目和用户数目，这使得基于波长选路和交叉连接的阻塞率大大增加。两个或多个波长的信号向相同的路由连接时，会造成波长竞争。在全光网络中为了实现波长动态分配，解决波长争用问题，实现网络灵活配置，需要引入 OXC、OADM 等全光设备。

OXC 是用于光纤网络节点的设备，通过对光信号进行交叉连接，能够灵活有效地管理光传输网络,是实现可靠的网络保护/恢复以及自动配线和监控的重要手段。

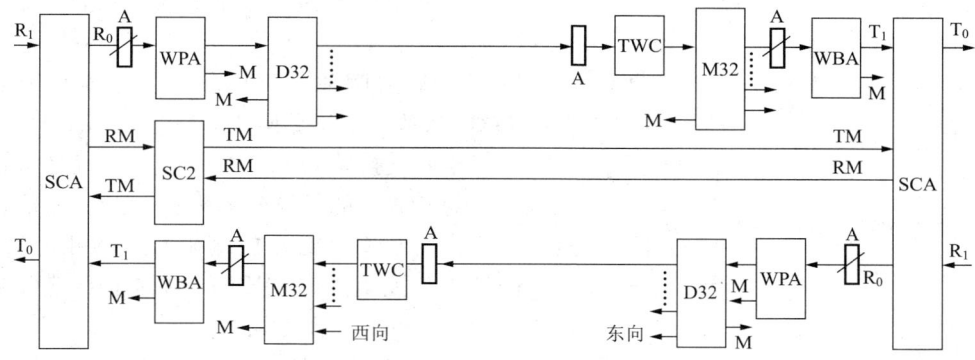

图 6.36 电中继设备的信号流向

OXC 的主要功能有两个:光通道的交叉连接和实现本地上下路。本地上下路是使某些光通道在本地下路,进入本地网络或直接经过光电交换后送入 SDH 层的 DXC,由 DXC 对其中的电通道进行处理。同时允许本地的光通道上路,复用到输出链路中传输。

OXC 能够在光纤和波长两个层次上提供路由和带宽管理,以及光网络的保护和恢复。OXC 还可以通过重新选择波长路由实现更复杂的网络恢复。另外,OXC 可以通过网络节点对指定波长进行互连,有效地利用波长资源。当光纤中断或节点失效时,OXC 能够自动完成故障隔离、重新选择路由、网络重新配置等操作,使业务不中断。当业务发展需要对网络结构进行调整时,OXC 可以简单迅速地完成网络的升级和调度。实际使用的 OXC 应具有以下功能特征。

① 超大容量:以 WDM 技术为基础实现多方向、大容量的传送能力,能够满足未来不断增长的传输容量要求。

② 大容量、无阻塞的光交叉连接(交换)能力:实现波长颗粒度的交叉连接(交换)。

③ 传输业务透明:复用方式与系统的传输速率及调制方式无关,不同容量的光纤系统、数字或模拟信号均可兼容传输。

④ 多种接入方式:对于接入信号中所承载的业务是透明的,即接入信号可以承载多种不同的宽带业务。

⑤ 基于波长通道的端到端连接指配。

⑥ 基于波长通道的网络恢复:能够以预置路由和自动实时计算两种方式支持各种复杂拓扑结构光网络的路由保护和恢复。

⑦ 完善的网元和网络管理系统:网元管理实现节点内部管理功能。网络管理实现由 OXC、OADM、OTM 设备等组成的 WDM 光网络的管理。能够动态配置业务路由,快速恢复网络传输业务。

⑧ 与其他厂商设备的互连互通:能够实现不同厂商设备之间光通道的互通。并且能够根据标准的协议,实现网管信息的互通、自愈环的互通和波长路由动态重构的互通。

OADM 主要完成本地的上下路功能,但不具有交叉连接的能力,因此,OADM 的结构一般比 OXC 要简单。从功能的角度讲,OADM 是 OXC 的简化。

6. OXC 的基本结构和性能指标

OXC 的光交换模块中可采用两种交换机制:空间交换和波长交换。其中,空间交换矩阵主要是各种类型的光开关在空间域上完成输入端到输出端的交换功能。实现波长交换的器件是指各种类型的波长转换器,可以将信号从一个波长转换到另一个波长,实现波长域上的交换。

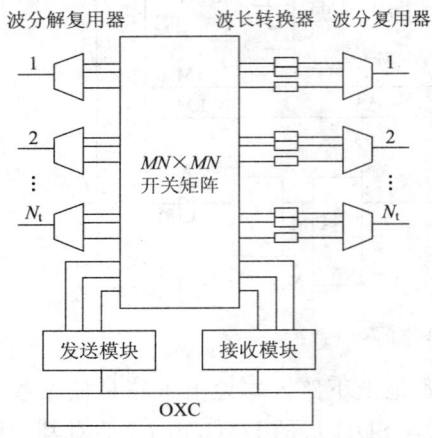

图6.37 基于空间光开关矩阵的OXC结构

OXC按照这两种交换机制可以分为基于空间交换的OXC和基于波长交换的OXC。

基于空间交换的OXC的基本思想,就是将各个输入端输入的多波长的信号分解为单一波长的信道再经过空间交换矩阵交换到相应输出端口的相应波长上。空间交换光开关矩阵的OXC的结构主要随采用的光开关阵列结构的不同而不同(图6.37)。

图6.38为基于波长交换功能的典型OXC结构。

OXC有两种主要性能:光通道的交叉连接功能和本地上下路功能。

除了实现这两种主要功能外,为了使光传送网能够具有可扩展性和模块性,对OXC设计进行评价时还必须考虑以下主要指标:

① 阻塞特性。交换网络的阻塞特性可分为绝对无阻塞型、可重构无阻塞型和阻塞型三种。由于光通道的传输容量很大,阻塞对系统性能的影响非常严重,因此OXC结构要求绝对无阻塞特性。当不同输入链路中同一波长的信号要连接到同一输出链路时,只支持波长通道的OXC结构会发生阻塞,但这种阻塞可以通过选路算法来解决。

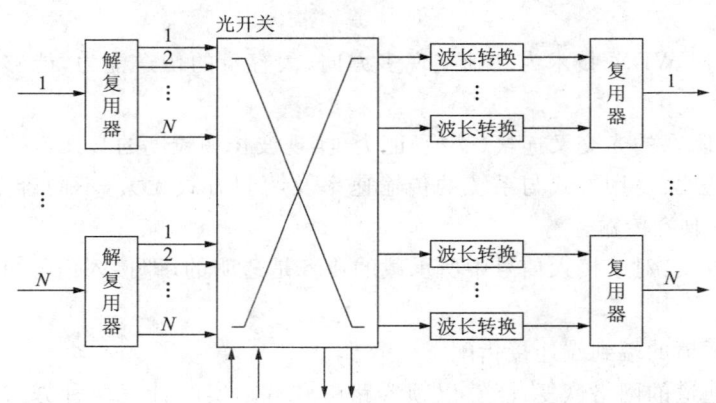

图6.38 基于波长转换功能的典型OXC结构

决定交换网络的阻塞特性的因素有很多,主要包括网络拓扑结构、选路算法和交换节点的性能等方面。其中,交换节点的性能对网络阻塞特性的影响非常大。

② 链路模块性。考虑到通信业务量的增长和建设OXC的成本,OXC结构应该具有模块性。如果除了增加新模块外,不需改动现有的OXC结构,就能增加每条链路中复用的波长数,则称这种结构具有波长模块性。这样就可以很方便地通过增加每条链路的容量进行网络扩容。

③ 广播发送能力。如果输入光通道中的信号经过OXC节点后,可以被广播发送到多个输出的光通道中,称这种结构具有广播发送能力。

④ 插入损耗和串扰的大小。光在通过OXC中的光交叉连接矩阵、输入接口、输出接口、管

理控制单元等模块时不可避免地会引起信号的衰减,即存在插入损耗。插入损耗可以通过光放大器对光信号放大来补偿。

7. OADM 的结构

OADM 结构包括解复用、分插控制滤波单元及复用单元。一般而言,OADM 节点用解复用器解复用需要下路的光波长,同时把要上路的信号复用到光纤上传输。OADM 的结构一般包括以下几种:

(1) 分波器+空间交换单元+合波器

这种结构的 OADM 如图 6.39 所示。这种结构比较简单,通过调制 2×2 光开关的状态:直通或者交叉,可以对每个波长的信号进行直通或者上下路。这种结构中,可以同时上下路不止一个波长的信号。

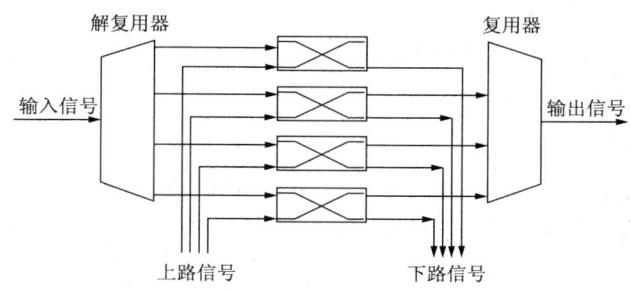

图 6.39 分波器+空间交换单元+合波器型 OADM

(2) 耦合单元+滤波单元+合波器

这种结构的 OADM 如图 6.40 所示。

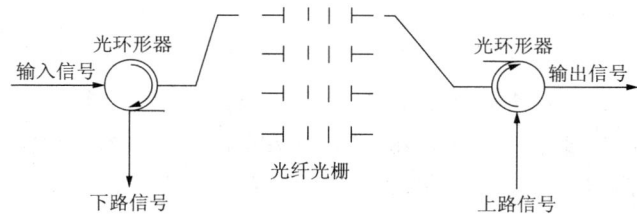

图 6.40 耦合单元+滤波单元+合波器型 OADM

在这种结构中,每路光栅对准一个波长 λ,输入信号中 λ 波长的信号在通过光环形器后被光栅反射,再经过光环形器,下路到本地节点,而其余波长的信号继续向前传输,不受影响;上路的过程正好与此相反。这种结构一般只能上下路一个特定波长的信号,但通过调节光纤光栅的周期,可以很容易地实现对上下路波长的控制。

(3) 基于 AWG 和光环形器的 OADM

这种 OADM 结构最大的优点是可以同时实现双向的光信号传输和上下路,也可以实现多个波长信号的上下路。

6.3.4 DWDM 网络

1. DWDM 网络的物理拓扑

DWDM 系统最基本的组网方式为点到点方式(图 6.41)、链形组网方式(图 6.42)、环形组网方式(图 6.43),由这三种方式可组合出其他较复杂的网络形式。

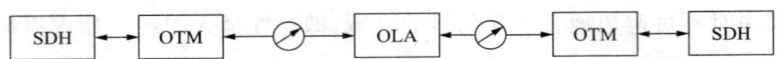

图 6.41　DWDM 的点到点组网示意图

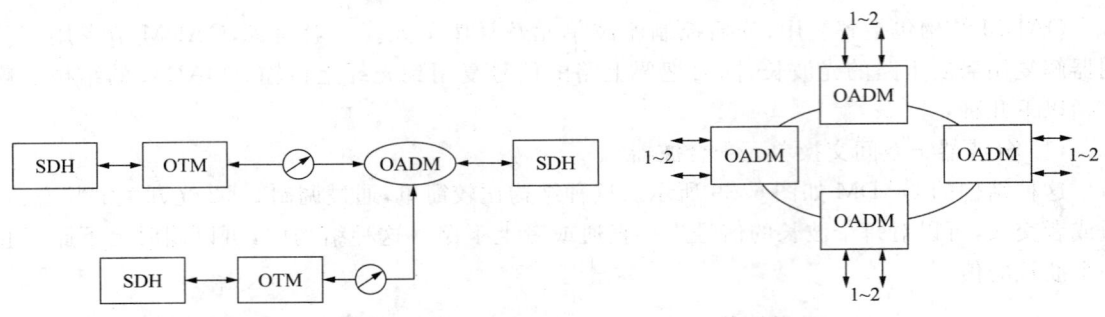

图 6.42　DWDM 的链形组网示意图　　　　图 6.43　DWDM 的环形组网示意图

2. DWDM 组网考虑的要素

(1) 波长区分

在 DWDM 系统中,以 EDFA 的工作波段 1530～1565nm 为其工作的波长区间,对该区间进行有效的分配对于提高光纤带宽资源的利用率和减小相邻通道间的影响至关重要。

(2) 中心频率偏差

各通道的中心频率称为标称中心频率,器件实际工作频率与标称中心频率之差称为中心频率偏差。ITU-T 建议 DWDM 系统的通道间隔为 100GHz(约 0.8nm),最大中心频率偏差应为 ±20GHz(约 0.16nm 波长范围),而 8 通道的 DWDM 系统的频率间隔为 200GHz(约 1.6nm)。对于 DWDM 系统而言,其通道间隔为 50GHz(约 0.4nm),必须使各个通道的中心频率保持稳定,尽量减小中心频率偏差。

(3) 信道间的串扰

所谓信道间的串扰是指一个或几个信道的信号对另外一个信道的信号产生了干扰和影响,导致接收机灵敏度下降的现象,以信道间的隔离度大小作为衡量器件克服串扰能力的指标。对于光纤通信系统而言,主要取决于光纤的非线性大小和无源器件的滤波性能优劣。

(4) 色　散

色度色散是由发送光源光谱特性所导致的制约传输距离的一个支配性因素。在单模光纤中,色散以材料色散和波导色散为主,使信号中不同频率分量经光纤传输后到达光接收机的时延不同。在时域上造成光脉冲的展宽,引起光脉冲相互间的串扰,使得眼图恶化,最终导致系统误码性能下降。

把光放大器加在一个系统上一般不会明显地改变总色度色散。虽然在光放大器中作为有源增益媒质的掺稀土光纤会导致少量的色度色散,但这些光纤长度仅在数十～数百米数量级。由于掺稀土光纤的单位长度色度色散与 ITU-T 建议 G.652 所规范的光纤差别不大,因此对于数十～数百公里长的线路光纤来说,光放大器引入的色散影响可以忽略不计。但随着光纤通信系统中传输速率的不断提高,由于光放大器极大地延长了无电中继的光信号传输距离,整个传输链路的总色散及其相应色散代价将可能变得很大,所以必须认真对待,色散限制已经成为目前决定许多系统再生中继距离的决定因素。

在进行 DWDM 网络设计时,一般先将整个网络划分为若干个再生中继距离段,使每个再生中继段距离都小于光源的色散受限距离,这样,整个网络的性能可以容忍色散的影响。

（5）光功率

光信号的长距离传输要求信号功率足以抵消光纤的损耗，G.652 光纤在 1550nm 窗口的衰减系数一般为 0.25dB/km 左右，仍要考虑到光接头、光纤冗余度等因素。

（6）光信噪比

光放大器会在几十纳米宽的光谱区内产生放大的自发辐射(ASE)，ASE 对信号光来说就是一个噪声。在具有若干级联 EDFA 的传输系统中，光放大器的 ASE 噪声将同信号光一样重复一个周期性的衰减和放大。因为输入光放大器的 ASE 噪声在每个光放大器中均经过放大，并且叠加在那个光放大器所产生的 ASE 上，所以总 ASE 噪声功率就随光放大器数目的增加大致按比例增大，而信号功率随之减小，最后，噪声功率可能超过信号功率。

ASE 噪声频谱分布也是沿系统纵向展开的。当来自第一个光放大器的 ASE 噪声被送入第二个光放大器时，第二个光放大器的增益分布就会因增益饱和效应而发生变化，同样，第三个光放大器的有效增益分布也会发生变化。这种效应会向下游传递给下一个光放大器。即使在每个光放大器处使用窄带滤波器，ASE 噪声也会积累起来。

光信噪比(OSNR)定义为：OSNR＝单位带宽内每通道的信号光功率/单位带宽内每通道的噪声光功率。ASE 噪声积累对系统的 OSNR 有影响，因为接收信号 OSNR 劣化的主要原因是与 ASE 有关的差拍噪声，这种差拍噪声随级联光放大器数目的增加而线性增加，因此，误码率随光放大器数目的增加而劣化。此外，噪声是随放大器的增益幅度以指数形式积累的。作为光放大器增益的一个结果，积累了许多个光放大器之后的 ASE 噪声频谱会有一个自发射效应导致的波长尖峰。特别要指出的是，如果考虑采用闭合全光环路的网络体制，若级联数目无限的光放大器，ASE 噪声就会无限积累起来。虽然有滤波器的系统中的 ASE 积累会因滤波器而明显减小，但带内 ASE 仍会随光放大器的增多而增大。因此，OSNR 会随光放大器的增多而劣化。

ASE 噪声积累可能因光放大器间隔的缩小而减小(当保持总增益等于总传输通道损耗时)，因为 ASE 是随放大器增益幅度的增大而以指数形式积累的。采用 ASE 噪声滤波器或利用自滤波效应(自滤波方法)可减小 ASE 噪声。

（7）非线性效应

① 受激布里渊散射(SBS)。在使用窄谱线宽度光源的强度调制系统中，一旦信号光功率超过受激布里渊散射门限，将有很强的前向传输信号光转化为后向传输。在受激布里渊散射中，前向传输的光以声子的形式散射，只有后向散射的光是在单模光纤内。在 1550nm 处散射光频率大约向下移动 11GHz。

SBS 效应具有一个最低门限功率。研究表明，不同类型的光纤甚至同种类型的不同光纤之间的受激布里渊散射门限功率都不同。对于窄谱线光源的外调制系统，其典型值在 5～10mW 量级，但对直接调制激光器可能会达到 20～30mW。由于 G.653 光纤的有效芯径面积较小，因此采用 G.653 光纤比采用 G.652 光纤的系统的 SBS 门限功率略低一些。对于所有的非线性效应都是这样。SBS 门限功率对光源谱线宽度和功率电平很敏感，但与通道数无关。

SBS 极大地限制了光纤中可以传输的光功率。在光源线宽明显大于布里渊带宽或者信号功率低于门限功率的系统中，SBS 损伤不会出现。

② 受激喇曼散射(SRS)。受激喇曼散射是和光与二氧化硅分子振动模式间相互作用有关的宽带效应。受激喇曼散射使得信号波长就像是更长波长信号通道或者自发散射的喇曼位移光的一个喇曼泵。在任何情况下，短波长的信号总是被这种过程所衰减，同时长波长信号得到增强。

在单通道和多通道系统中都可能发生受激喇曼散射。仅有一个单通道且没有线路放大器的系统中，信号功率大于 1W 时可能会受到这种现象的损伤。然而在光谱范围较宽的多通道系统中，波长较短的信号通道由于受激喇曼散射影响使一部分功率转移到波长较长的信号通道，从而可能引起信噪比性能的劣化。在 G.653 光纤上，系统的受激喇曼色散门限稍低于采用 G.652 光纤的系统，其原因是 G.653 光纤的等效芯径面积小。SRS 对单通道系统不会产生实际的劣化影响，而对 DWDM 系统则可能会限制其系统的容量。

③ 自相位调制(SPM)。由于克尔效应，信号光强度的瞬时变化引起其自身的相位调制，这种效应叫做自相位调制。在单通道系统中，当强度变化导致相位变化时，自相位调制效应将逐渐展宽信号的频谱，如图 6.44 所示。在光纤的正常色散区中，由于色度色散效应，一旦自相位调制效应引起频谱展宽，沿着光纤传输的信号将经历更大的时域展宽。不过在反常色散区，光纤的色度色散效应和自相位调制效应能够互相补偿，使信号展宽变小。

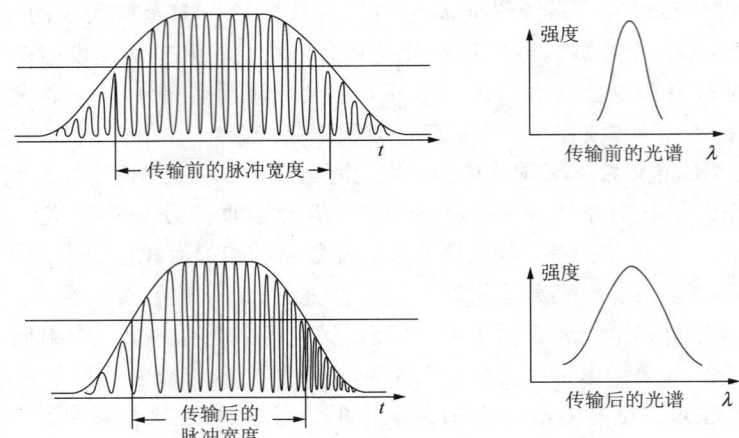

图 6.44　自相位调制引起传输脉冲的压缩和频谱展宽

一般情况下，SPM 效应只在高累积色散或超长系统中比较明显。在通道间隔很窄的多通道系统中，由自相位调制引起的频谱展宽可能在相邻通道间产生干扰。脉冲压缩能抑制色度色散并提供一定的色散补偿。然而，最大色散限制和相应的传输距离限制仍然存在。图 6.44 示出了在 G.652 光纤中的低啁啾强度调制信号的自相位调制引起传输脉冲的压缩，同时也引起频谱展宽。

采用 G.653 光纤且将信号通道设置在零色散区附近将有利于减小自相位调制效应的影响。对于使用 G.652 光纤且长度小于 1000km 的系统，可以在适当的间隔处进行色散补偿，以控制自相位调制效应的影响，也可以通过减小输入光功率或将系统工作波长设置在 G.655 光纤的零色散波长以上来削弱自相位调制效应的影响。

④ 互相位调制(XPM)。在多通道系统中，当光强度的变化导致相位变化时，由于相邻通道间的相互作用，互相位调制一般会展宽信号频谱。XPM 引起的频谱展宽度与通道间隔及光纤色散有关，因为色散引起的差分群速会导致沿光纤传播的相互作用的脉冲分离。一旦 XPM 引起频谱展宽，信号在沿光纤长度传播时就会因色度色散效应而经受一次较大的瞬时展宽。

XPM 导致的损伤在 G.652 光纤系统中比在 G.653 光纤和 G.655 光纤系统中更为明显。XPM 引起的展宽会导致多通道系统中相邻通道间的干扰。

XPM 可通过选择适当的通道间隔的方法加以控制。研究表明，XPM 引起的多通道系统信号失真只发生于相邻通道。因此，信号因通道之间有适当的间隔而使 XPM 影响可忽略不计。XPM 导致的色散代价也可采取在系统沿线按适当间隔进行色散补偿的办法加以控制。

⑤ 四波混频(FWM)。四波混频是因不同波长的两三个光波相互作用而导致在其他波长

上产生所谓混频产物或边带的新光波的现象。这种相互作用可能发生于多通道系统的各信号之间、EDFA 的自发辐射噪声与信号通道之间或单通道的主模与边模之间。三光波互作用的情况下,产生的混频产物如图 6.45 所示。

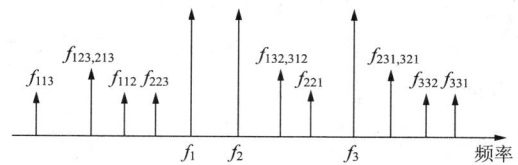

图 6.45　三光波互作用产生的混频产物

当通道间隔相等时,这些产物会恰好落入相邻的信号通道。如果边带与初始信号之间的相位匹配条件达到了,那么沿着光纤传播的两个光波就会产生高效率的 FWM。

FWM 边带的产生可能造成信号功率明显减小。更严重的是,当混频产物直接落入信号通道时会产生参量干扰,这种干扰决定于信号与边带的相位的相互作用,表现为信号脉冲幅度的增减。参量干扰导致接收机输出眼图的闭合,致使比特差错率(BER)性能劣化。依靠频率间隔和色度色散对互作用光波之间相位匹配的破坏作用,可减小 FWM 产生的影响。在 G.652 光纤上的系统所受的 FWM 损伤比 G.653 光纤上的系统小。相反,若信号通道恰巧位于零色散点或邻近该点处,就可能导致 FWM 在相对较短(即数十公里)的光纤长度上产生激增。

四波混频可能对使用 G.653 光纤的多通道系统造成严重的系统损伤,因为信号只经历一个很小的色度色散。在单通道系统中,FWM 的相互作用可能出现在信号与 ASE 噪声之间,也可能出现在光发送机的主模与边模之间。积累的 ASE 通过非线性折射率效应将相位噪声叠加在信号载波上,从而使信号频谱尾部变宽。

G.655 或 G.652 光纤的色散可用于抑制 FWM 边带的产生。还可安排不均匀的通道间隔,以缓解 FWM 损伤的严重程度。

3. DWDM 网络保护

由于 DWDM 系统承载的业务量很大,因此安全性特别重要。DWDM 网络主要有两种保护方式:一种是基于光通道的 1+1 或 1:n 的保护,另一种是基于光线路的保护。

(1) 1+1 光通道保护

如图 6.46 所示,这种保护机制与 SDH 系统的 1+1 复用段保护类似,所有的系统设备都需要有备份,SDH 终端、复用器/解复用器、光线路放大器、光缆线路等,SDH 信号在发送端被永久桥接在工作系统和保护系统,在接收端监视从这两个 DWDM 系统收到的 SDH 信号状态,并选择更合适的信号,这种方式的可靠性比较高,但是成本也比较高。在一个 DWDM 系统内,

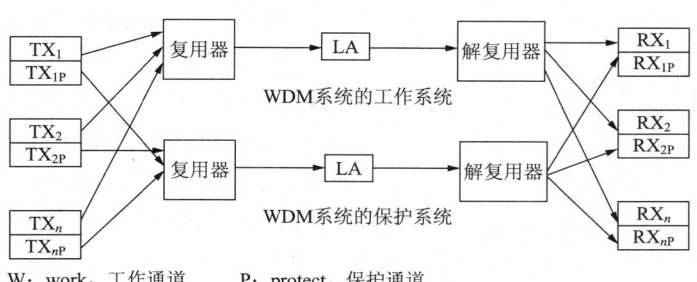

图 6.46　1+1 光通道保护

每一个光通道的倒换与其他通道的倒换没有关系,即工作系统里的 TX_1 出现故障倒换至保护系统时,TX_2 可继续工作在工作系统上。

(2) 1∶n 光通道保护

考虑到一条 DWDM 线路可以承载多条 SDH 通道,因而也可以使用同一 DWDM 系统内的空闲波长通道作为保护通道。图 6.47 所示为 $n+1$ 路的 DWDM 系统,其中,n 个波长通道作为工作波长,1 个波长通道作为保护系统。

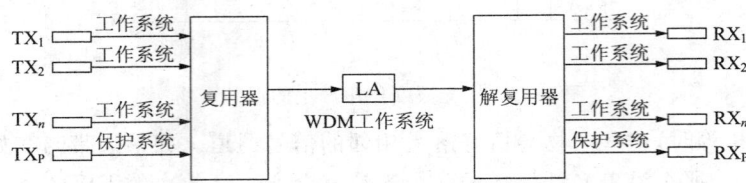

图 6.47 1∶n 光通道保护

(3) 光线路的保护

如图 6.48 所示,光线路保护是在发送端和接收端分别使用 1∶2 光分路器和光开关或其他手段,在发送端对合路的光信号进行功率分配,在接收端对两路输入光信号进行优选。

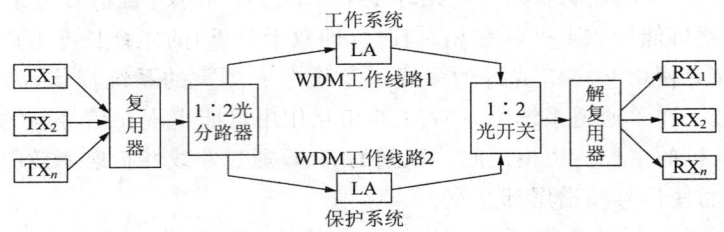

图 6.48 光线路保护

这种技术只在线路上进行 1+1 保护,而不对终端设备进行保护。只有光缆和 DWDM 的线路系统(如光线路放大器)是备份的,而 DWDM 系统终端站的 SDH 终端和复用器等则是没有备份的。相对于 1+1 光通道保护,光线路保护降低了成本。光线路保护只有在具有不同路由的两条光缆中实施时才有实际意义。

4. 网络管理信息通道备份

在 DWDM 传输网中,网络管理信息一般是通过光监控通道传送的,若光监控通道与主信道采用同一物理通道,这样在主信道失效时,光监控通道往往也同时失效,所以必须提供网络管理信息的备份通道。在环形组网中,当某段传输失效(如光缆损坏等)时,网络管理信息可以自动改由环形另一方向的监控通道传送,这时不影响对整个网络的管理。图 6.49 所示为环形组网时网络管理信息通道的自动备份方式。

但是,当某段中某站点两端都失效时,或者是在点对点和链形组网中某段传输失效时,网络管理信息通道将失效,这样网络管理者就不能获取失效站点的监控信息,也不能对失效站点进行操作。为防止出现这种情况,网络管理信息应该选择使用备份通道,例如,通过数据通信网。在需要进行保护的两

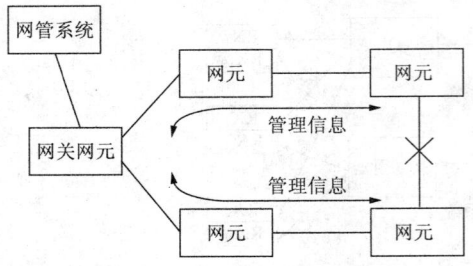

图 6.49 环形组网时网络管理信息通道的自动备份示意图(某段传输失效时)

个网元之间,通过路由器接入数据通信网,建立网络管理信息备份通道。在网络正常时,网络管理信息通过主管理信道传送,如图 6.50 所示。

当主信道发生故障时,网元自动切换到备份通道上传送管理信息,保证网络管理系统对整个网络的监控和操作。整个切换过程是不需要人工干预自动进行的。此时的网络管理信道备份示意图如图 6.51 所示。

值得注意的是:在网络规划中,备份管理信道和主信道应选择不同的路径,这样才能起到备份的作用。

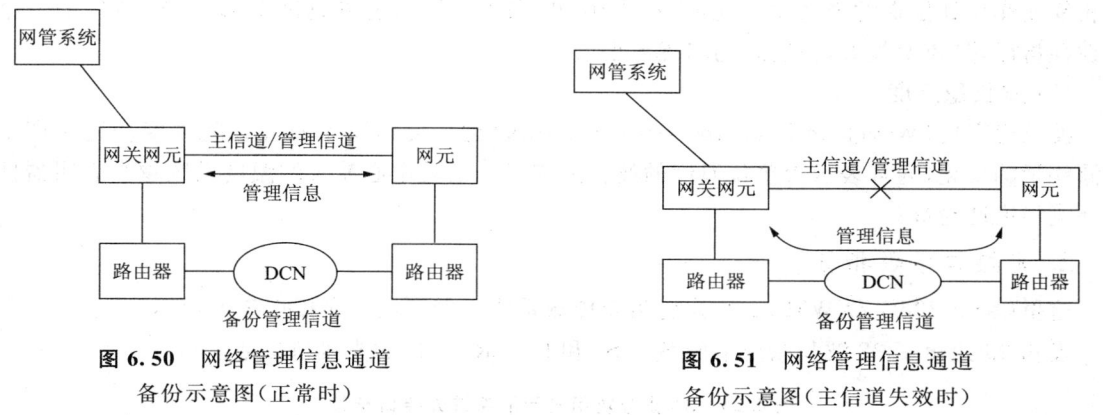

图 6.50　网络管理信息通道
备份示意图(正常时)

图 6.51　网络管理信息通道
备份示意图(主信道失效时)

6.3.5　光通信系统的指标要求

1. 表征 DWDM 器件的主要参数

与常见的光无源器件相比,表征 DWDM 复用/解复用器性能参数的指标较多,除常规插入损耗(Insertion Loss)、偏振相关损耗(Polarization Dependent Loss)、回波损耗(Return Loss)、工作温度(Operation Temperature)等参数外,表征 DWDM 器件的主要参数还有:

(1) 中心波长

DWDM 器件的中心波长(Central Wavelength)是器件特定信道的标称工作波长。按 ITU-T G.692 建议,在 DWDM 中允许的信道光波长/频率必须是以 193.1THz(约 1552.52nm)为中心参考频率、间隔为 100GHz(在 1550nm 波段约为 0.8nm)的一个光频率系列。需要强调的是,光波长与光频率的转换中所用的光速是 $c=2.997\ 924\ 58\times10^8\,\text{m/s}$,即真空中的光速,所以中心波长亦为真空中的波长。

(2) 信道间隔

信道间隔(Channel Spacing)是指相邻信道间标称中心波长/频率的间隔。按 G.692 建议,信道间隔必须是 100GHz 的整数倍。在 DWDM 系统中各相邻信道的光波长/频率间隔可以相等,也可以不等,一般都采用等间隔。

(3) 信道宽带

信道带宽(Channel Passband)为单个信道的通带宽度。按照 G.692 建议,各信道所用激光器光波长/频率的偏差应小于信道间隔的五分之一(我国标准为十分之一),因而,DWDM 器件的信道带宽必须大于信道间隔的五分之一(或我国标准所要求的十分之一),较宽的信道带宽更有利于系统应用。

(4) 信道内起伏

信道内起伏(Ripple within Channel)是表征信道平坦度的参数,是在信道带宽范围内信道插入损耗的起伏。当激光器在信道带宽内漂离标称中心波长时，较小的信道内起伏使信道插损只有较小的变化。

(5) 信道插损均匀性

信道插损均匀性(Channel Uniformity)是各信道间插入损耗的差异。在 DWDM 系统中，均匀的信道插损分布有利于 EDFA 的设计、应用。

(6) 信道隔离度

信道隔离度(Channel Isolation)是在某一特定信道输出上该信道的光功率与接收到的其他某相邻或非相邻信道的光功率的比值，通常用 dB 来表示。信道隔离度是 DWDM 器件的一个关键性指标，隔离度越大，信道间的串扰越小。

(7) 波长稳定度

波长稳定度(Wavelength Temperature Stability)是表征信道中心波长随温度变化而产生的漂移量的变化，通常表示为单位温度的波长漂移量。信道中心波长的温度系数越小表明器件的环境稳定性越高。

2. 光接口参数指标

这里以 8×22dB ZXWM-32 波分复用光传输系统为例来说明光接口参数指标。

表 6.23 给出了 32 波长系统中的 $S_1 \sim S_n$ 和 $R_1 \sim R_n$ 接口的光接口参数。

表 6.23 32 波分复用光传输系统光接口参数

项 目			单 位	设备参数
单个发送机输出 $S_1 \sim S_n$	标称光源类型			MQW-DFB
	线路码型			NRZ[1]
	光谱特性	最大−20dB 谱宽	nm	<0.2(0.6)[3]
		最小边模抑制比	dB	35(30)[3]
	中心频率	标称中心频率	THz	192.1～196.0
		最大中心频率偏移	GHz	±20
	通路间隔		GHz	100(200)[2]
	平均发送功率	最大	dBm	0(+3)[3]
		最小	dBm	−10(−3)[3]
	最小消光比		dB	10(8.2)[3]
	眼图模板			2.5Gbit/s 符合 G.957 建议眼图模板
光通道($S_n \sim R_n$ 参考点之间)	光通道代价		dB	2
单个接收机输入($R_1 \sim R_n$ 参考点)	接收机类型			APD
	接收机最差灵敏度(BER=1.0×10^{-12})		dBm	−28
	接收机最大过载		dBm	−9
	接收机反射		dB	−27
	光信噪比		dB	22[4]
	最大接收波长		nm	>1565
	最小接收波长		nm	<1280

1) 光接口的线路码型符合 ITU-T 建议 G.707，为加扰 NRZ 码。
2) 通路间隔与 16 路或 8 路的选择有关，16 路、32 路取 100GHz，8 路取 200GHz。
3) 以上光接口参数分别针对长距离传输时采用 EA 调制激光器和短距离传输时采用直调激光器时的指标；括号内的参数为短距离传输时采用直调激光器时的指标。
4) 光信噪比的取值与选用系统类型有关，在系统具有 FEC 功能时，对光信噪比的要求可以降低 5～6dB。

3. 系统主光通道参数

这里仍以 8×22dB ZXWM-32 波分复用光传输系统为例说明主光通道参数。

8×22dB ZXWM-32 波分复用光传输系统主光通道参数如表 6.24 所示。

表 6.24　8×22dB ZXWM-32 系统主光通道参数

项　目		单　位	8 通路系统参数	16 通路系统参数	32 通路系统参数
通路数			8	16	32
比特速率/通路的格式			STM-16(2.5Gbit/s)	STM-16(2.5Gbit/s)	STM-16(2.5Gbit/s)
MPI-S 和 S'点的光接口					
光发送端串音		dB	<−40	<−40	<−40
每通路输出功率	最大	dBm	+9.0	+9.0	5.0(8.0)
	最小	dBm	+1.0	+1.0	0(3.0)
总发送功率——最大		dBm	14.0	17.0	17(20)
MPI-S 点每通路信噪比			>30	>30	>30
MPI-S 点的最大通路功率差		dB	<8	<8	<5
光通道(MPI-S—MPI-R)					
光通道代价		dB	<2	<2	<2
衰减范围	最大	dB	24×8	24×8	24×8
	最小	dB	22×8	22×8	22×8
色散		ps/nm	12 800	12 800	12 800
反射		dB	−27	−27	−27
最小回损		dB	24	24	24
MPI-R 和 R'点的光接口					
平均每通路的输入功率	最大	dBm	−13	−13	−17(−14)
	最小	dBm	−23	−23	−24(−21)
平均总输入功率——最大		dBm	−8.0	−5.0	−5.0(−2.0)
MPI-R 点每通路最小光信噪比		dB	22	22	22
光信号串音		dB	−22	−22	−22
最大通路功率差		dB	10	10	7

4. 光波分复用 WDM 传输设备技术性能的测试

(1) MPI-S 点每通路输出功率

MPI-S 点每通路的输出功率如图 6.52 所示,测试步骤如下:

① 按图 6.52 连接好测试装置,设置光谱分析仪的等效滤波器带宽为 0.1nm。
② 调整光谱分析仪的显示波长范围,将需要测试的通路波长显示在屏幕的中间。
③ 将光标定位在波长脉冲的峰值处,根据仪表的数字显示,记录下该波长的光功率值。
④ 重复步骤②、③,测试并记录其他各通路的输出功率。

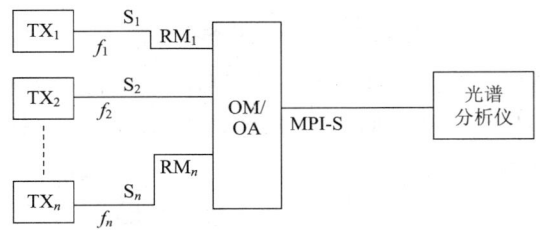

图 6.52　MPI-S 点每通路输出功率的测量

(2) MPI-S 点总发送功率

按图 6.52 连接好测试装置。采用光功率计代替光谱分析仪,读数稳定之后,读出功率值。

(3) OTU 的中心频率(包括中心频率偏移)

测量装置如图 6.53 所示。

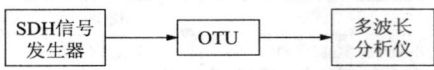

图 6.53 OTU 的中心频率的测量

按图 6.53 连接好测试装置。设置多波长分析仪的显示波长范围,并将波形显示在屏幕中央,读出并记录峰值处的中心波长值。中心频率值与中心频率标称值的差值即为中心频率偏移值。

(4) MPI-R 点总接收功率

按图 6.53 连接好测试装置,只是将波长计换成光功率计。待光功率计的读数稳定之后,读出功率值。

(5) 误码性能测试

测试装置如图 6.54 所示。测试步骤如下:

① 按照图 6.54 连接好电路。

② 使误码仪向被测系统输入口送入 PRBS 测试信号。

③ 通过 OUT,选择一个 STM-N 系统进行测量。

④ 长时间测试 STM-N 的 BER 误码特性,24h。

⑤ 从测试仪表上读出结果。

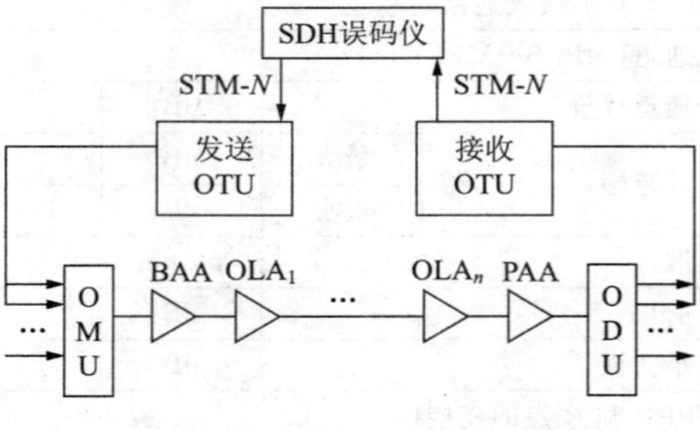

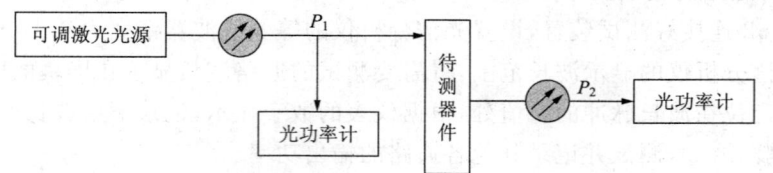

图 6.54 误码率性能的测试

(6) 光波分复用/解复用器测试

① 插入损耗。插入损耗是指通过波分复用器/解复用器的某一光通道所引入的光功率损耗,是指同一波长信号的功率损耗。测试装置如图 6.55 所示。测试步骤如下:

· 按图 6.55 连接好测试装置。

· 调节激光光源的波长,使输出波长为待测通道的规定波长,测量激光光源输出功率 P_1。

· 待测器件输入待测通道光信号时,测量输出端口光功率 P_2。

· P_1 与 P_2 的差值就是插入损耗。

· 改变激光光源的波长,对所有待测通道重复以上步骤,测出相应的插入损耗。

图 6.55 插入损耗测试装置

② 解复用器通道隔离度。被测器件的每一端口对应一个特定波长 λ,从 m 端口测得的光功率与波长为 λ_n 的输入端口信号光功率的比值,定义为 λ_n 信号对 m 端口的通路隔离度。测试装置如图 6.56 所示。测试步骤如下:

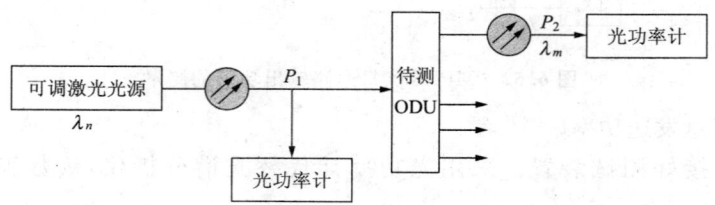

图 6.56 解波分复用器隔离度测试装置

- 按图 6.56 连接好测试装置。
- 调节激光光源波长,使输出波长为 λ_n,测量激光光源的输出功率 P_1(dBm)。
- ODU 输入波长为 λ_n 的光信号时,在 ODU 的输出端口 m 测量输出光功率 P_2(dBm)。
- 波长为 λ_n 的输入光信号对输出端口 m 的通道隔离度为 P_1-P_2(dB)。
- 按上述方法,相应调节激光光源波长和端口,可测出各波长对端口之间的通道隔离度。

(7) 光放大器通道增益、增益平坦度测试

光放大器包括光功率放大器、光前置放大器、光线路放大器等。

光放大器的通道增益指其输出信号各通道光功率与输入信号各通道光功率之比。

增益平坦度指各通道增益的最大差异,即通道最大增益与通道最小增益的差。

测试装置如图 6.57 所示。测试步骤如下:

- 按图 6.57 连接好测试装置。
- 测量放大器指定通道的输入功率 P_{in}(dBm)。
- 测量放大器指定通道的输出光功率 P_{out}(dBm)。
- 则指定通道的增益为 $P_{out}-P_{in}$(dB)。
- 按上述方法,对所有通道增益进行测试。
- 所有通道增益的最大值与最小值之间的差值即为放大器的增益平坦度。

图 6.57 光放大器测试装置

(8) 光监控通道中心波长测试

光监控通道中心波长是指光监测通道的转发模块 TX2M 发出的光信号的实际中心波长。

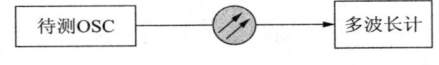

图 6.58 中心波长测试装置

测试装置如图 6.58 所示。测试步骤如下:

- 按图 6.58 连接好测试装置。
- 根据光监控通道波长的标称值调节多波长计的显示波长范围,将波形显示在屏幕中央。
- 调节横向光标定位在光脉冲的中心处,读出并记录该处的波长值。

(9) 光波分复用 WDM 传输设备技术参数性能

以 16 通路 WDM 系统为例,光波分复用 WDM 传输设备技术参数如表 6.25、表 6.26 所示。

表 6.25 16 通路 WDM 系统主光通道参数

		单 位	8×22dB	6×22dB	3×33dB	3×27dB
	通路数		16	16	16	16
	比特速率/通路的格式		STM-64	STM-64	STM-64	STM-64
MPI-S 和 S′ 点的光接口	每通路输出功率 平均功率	dBm	+5.0	+5.0	+5.0	+5.0
	最大	dBm	+8.0	+8.0	+7.0	+7.0
	最小	dBm	+2.0	+2.0	+4.0	+4.0
	总发送功率 最大	dBm	+17	+17	+17	+17
MPI-R 和 R′ 点的光接口	平均每通路的输入功率 最大	dBm	−14	−14	−14	−14
	最小	dBm	−22	−22	−22	−22
	平均总输入功率 最大	dBm	−2	−2	−14	−9

表 6.26　发送端 OUT 接口中心频率

OUT 的输出端 S_n 点参数要求		单　位	数　值
中心频率	标称中心频率	THz	192.1~196.1
	中心频率偏移	GHz	±12.5

（10）工程用 WDM 光传输设备技术性能检测结果样表

工程用 WDM 光传输设备技术性能检测结果样表如表 6.27 所示。测试结果和指标可以记录在其中。

表 6.27　技术性能检测结果

序　号	测试项目	指标要求	检测结果		结　论
1	MPI-S 点 每通路输出功率		系　统	结果(dBm)	
2	MPI-S 点总发送功率		系　统	结果(dBm)	
3	MPI-R 点 每通路输入功率		系　统	结果(dBm)	
4	MPI-S 点总接收功率		系　统	结果(dBm)	
5	OTU 的中心频率 （包括中心频率偏移）		系　统	结　果	
6	误码性能测试				
7	检查电路板	电路板不应损坏			
测试时间			主　检		
			审　核		
测试地点			批　准		

6.4　宽带光接入网的特性和测量

近年来，随着互联网中多媒体信息的日益丰富，网络带宽的需求量在成倍增长。接入网的带宽瓶颈变得越来越突出，现有的 xDSL 技术已经使以铜线资源为传输介质的接入网带宽发挥到了接近理论极致，仍难以满足日益增长的需求；而光接入网的引入无疑是解决接入网带宽瓶颈问题的有效方式。

所谓光接入网（OAN：Optical Access Network）是指在本地交换机或端模块与用户之间采用光纤（或部分采用光纤）为传输介质的通信系统。

宽带光接入网从形式上可分为有源光网络（AON）和无源光网络（PON）。在 AON 中，主要采用 SDH、PDH、Ethernet 的有源设备为节点，设备往往要完成光-电信号转换的再生过程，节点设备大多具有智能性，可以上下或终结业务。PON 是一种树状结构的全光网络，采用点到多点拓扑结构和稀疏波分复用（CWDM）技术来解决双向传输问题，具有节约光纤资源和便于运营、维护的特点，适合在接入网使用。因此，许多国家和 ITU 组织更注重推动无源光网络 PON 在接入网的发展。

宽带光纤接入具有传输容量大、传输距离远、传输质量高、可靠性好、维护成本低、抗电磁干扰和保密性强等优点,是宽带接入的发展方向。EPON、GPON 技术由于成本相对较低、可扩展性好、维护管理能力强,是光纤接入的主要实现方式。EPON 技术较成熟,成本在不断下降,速率高、扩展性好、对数据业务的适配效率较高,是目前光纤接入的主要实现技术之一。

(1) EPON 技术

EPON 技术基于 IEEE 802.3ah 标准,采用 8B/10B 线路编码,支持 10km、20km 两种最大传输距离和双向对称 1Gbit/s 以太网速率,最大分光比可达 32 路,采用波分复用技术实现单纤双向传输。IEEE 802.3ah 在传统以太网体系架构基础上定义了一种扩展的 802.3MAC-MPCP(多点控制协议)作为 EPON 数据链路层协议,实现点到多点 PON 中以太帧的时分多址接入。EPON 系统利用以太网控制帧传送多点控制位信息,利用 OAM(运营、维护、管理)帧传递 OAM 信息,具有较强的 OAM&P(运营、维护、管理和配置)能力,可以实现对终端的远程管理。

EPON 由光线路终端(OLT)、光分配网络(ODN)和光网络单元(ONU)组成,采用树形拓扑结构。使用上行 1310nm 和下行 1490nm 波长传送数据和语音,CATV 业务使用 1550nm 波长承载。OLT 放置在中心局端,分配和控制信道的连接,并有实时监控、管理及维护功能。ONU 放置在用户侧,OLT 与 ONU 之间通过无源的光分配网络按照 1∶16/1∶32/1∶64 等方式连接(系统参考配置如图 6.59 所示)。

与 BPON、GPON 技术相比,EPON 协议简单,对光收发模块的技术指标要求低,所以系统成本相对较低。由于成本较低、速率高、扩展性好、对数据业务的适配效率高,能够以较低成本高效率地传送 IP 业务,EPON 成为目前光纤接入的主要实现技术之一。

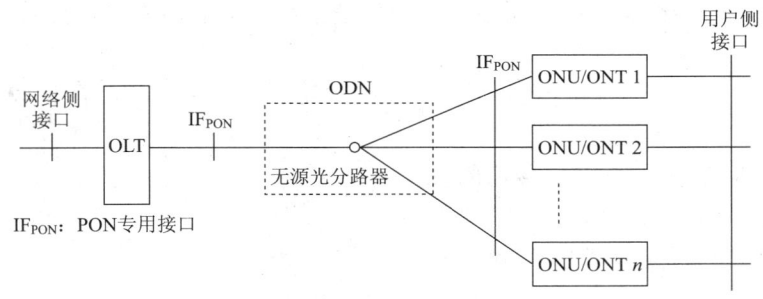

图 6.59 EPON 系统参考配置

(2) GPON 技术

GPON 技术基于 ITUG.984.x 系列标准,定义了新的 TC(传输汇聚)子层,规定 TC 子层可采用 GEM 和 ATM 两种封装方式,GEM 封装方式采用 ITU-TG.7041 定义的 GFP(通用成帧规程)实现多业务的映射封装,使多业务接入环境下的总传输效率较高。

GPON 可以支持 622Mbit/s、1.25Mbit/s 和 2.5Gbit/s 上下行对称或非对称速率,支持 10km 和 20km 两种最大传输距离,支持的最大分光比可达 64 路甚至 128 路。GPON 采用 125μs 的帧长及定时机制,能够很好地承载 TDM 和语音业务,提供了丰富的 OAM&P 功能,具有良好的扩展性。

目前,大量应用于宽带光接入网的技术主要是以 GPON、EPON 为代表的无源光网络技术。GPON 是 ITU 组织推出并持续致力于研究的技术,在 ITU-TG.984 系列标准中规定了 GPON 的物理层、TC 层和 OAM 相关功能。由于 ITU 在制定 GPON 标准的过程中考虑到对传统 TDM 业务的承载问题,沿用了 125ms 固定帧结构,以保持 8k 定时基准;而为了支持 ATM 等业务,GPON 定义了一种全新的封装结构 GEM(GPON Encapsulation Method),可以把 ATM 和其他协议的数据混合封装成帧。

目前,无接入已经发布的标准有:YD/T 1475-2006 接入网技术要求——基于以太网方式的无源光网络(EPON);YD/T 1531-2006 接入网设备测试方法——基于以太网方式的无源光网络(EPON)。

6.4.1 光接入网特性

1. 光接入网的参考配置

(1) 功能参考配置

接入网在通信体制中的位置如图 6.60 所示。

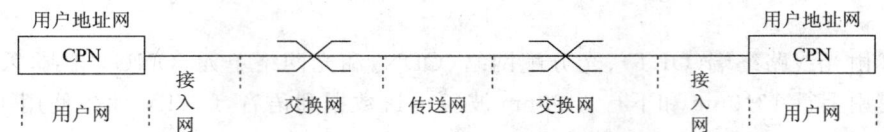

图 6.60　接入网在通信体制中的位置

为了进一步规范用户网的概念,国际电联(ITU-T)标准部根据近年来通信网的发展演变趋势,在其 G.963 建议中定义接入网(AN)为本地交换机(LE)与用户端设备(CPE)之间的实施系统,它可以部分或全部代替传统的用户本地线路网,包含复用、交叉连接和传输功能。

接入网由业务节点接口(SNI)和用户网络接口(UNI)之间的一系列传送实体(如线路设施和传输设施)组成,为供给电信业务而提供所需传送承载能力实施系统,可经由管理接口(Q3)配置和管理。

接入网为用户网充实了新的内涵,规范了新的界定。与原来的用户网比较,接入网主要有如下的特点:

① 可提供模拟传输,具备数字传输能力。
② 可以传输电信号,也可以传输光信号。
③ 可提供话音和低速数据业务,也能够开展高速、宽带综合业务。
④ 不仅含有传输功能,而且还具备复用、交叉连接功能。
⑤ 由用户网络接口与业务节点接口来界定接入网的位置。

接入网的基本功能概括来说主要有用户接口功能(UPF)、核心功能(CF)、传送功能(TF)、业务端口功能(SPF)、接入网系统管理功能(AN2SMF)五项。接入网功能体系如图 6.61 所示。

① 用户接口功能。指将用户网络接口 UNI 的要求适配为核心和管理功能,即在接入业

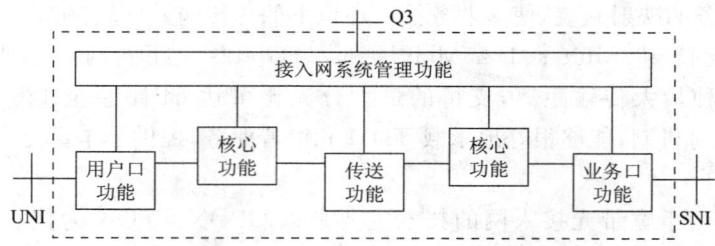

图 6.61　接入网功能体系

务上包括电话、数据、传真、视频和多媒体等窄带和宽带业务,并将这些业务进行、数-模转换、信令变换、激活/去激活、承载通道/能力处理、接口测试、维护及管理控制。

② 业务端口功能。指将业务节点接口 SNI 的要求适配为公共承载信道,并为在接入网的系统管理中处理选择信息。包括 SNI 功能的终接,将承载要求、定时管理及操作要求映射进核心功能,并在需要时对特殊 SNI 协议映射和业务节点接口的测试、端口的维护及管理控制。

③ 核心功能。使各个业务端口承载要求和用户接口承载要求适配为公共传送承载。该功能完成根据被要求的协议适配和通过接入网的传送复用进行协议承载处理。主要包括承载通道集线、信令和分组信息复用、为 ATM 传送承载进行电路仿真和控制及管理功能。核心功能可分散在整个接入网内。

④ 传送功能。指为公共承载的传送提供通路并为所用的传输媒介提供媒介适配、完成复用。根据重组和配置的交叉连接、管理、物理媒介等。

⑤ 系统管理功能。对接入网中的用户接口功能、业务端口功能、核心功能、传送功能的指标、操作和维护进行协调。同时,通过业务节点接口对业务网、通过用户网络接口对用户终端的操作功能进行协调。如进行配置和控制、指配协调、故障检测/指示、使用信息和性能数据采集、安全控制、定时精度管理和对用户接口功能操作要求的协调、资源管理等。

由于接入网具有上述功能,因此它可以部分或全部代替传统的用户本地线路网,其传输媒体具有多样性。可灵活支持各种接入类型和业务。接入网在电路结构上包括 $N\times 64\text{kbit/s}$、$(1/N)\times 64\text{kbit/s}$ 分组交换、帧中继、ATM 等基本形式;在通道方面有 64kbit/s 通道、帧中继通道、ATM 通道;在传输上囊括了双绞线系统、同轴系统、光纤系统和无线系统等用户接入手段。

(2) 接入网接口

ITU-T 建议 G.982 提出了一个与业务和应用无关的光接入网功能参考配置示例,如图 6.62 所示。

图 6.62 接入网的接口

从给定网络接口(V 接口)到单个用户接口(T 接口)之间的传输手段的总和称为无源光接入链路。通常,光接入链路的用户侧和网络侧是不一样的,因而是非对称的。

接入网用户侧的用户网络接口(UNI)支持模拟电话、ISDN 接入,以及数字/模拟租用线接入。接入网业务侧的业务点接口(SNI)将各种用户业务与交换机连接。交换机的用户接口有模拟接口(Z 接口)和数字接口(V 接口)。

光线路终端 OLT 的作用是为光接入网提供网络侧与本地交换机之间的接口并经一个或多个 ODN 与用户侧的 ONU 通信,OLT 与 ONU 的关系为主从通信关系。在北美,OLT 称为局用数字终端(HDT)。OLT 可以分离交换和非交换业务,管理来自 ONU 的信令和监控信息,为 ONU 和本身提供维护和供给功能。OLT 可以直接设置在本地交换机接口处,也可以设置在远端,与远端集中器或复用器接口。OLT 在物理上可以是独立设备,也可以与其他功能集成在一个设备内。

光配线网 ODN 为 OLT 与 ONU 之间提供光传输手段,其主要功能是完成光信号功率的分配。ODN 是由无源光元体(诸如光纤光缆、光连接器和光分路器等)组成的纯无源的光配线网,呈树形分支结构。

光网络单元 ONU 的作用是为光接入网提供直接的或远端的用户侧接口,处于 ODN 的用户侧。ONU 的主要功能是终结来自 ODN 的光纤处理光信号并为多个小企事业用户和居民住宅用户提供业务接口。ONU 的网络侧是光接口,而用户侧是电接口,因此 ONU 需要有光-电和电-光转换功能,还要完成对语音信号的数-模和模-数转换、复用、信令处理和维护管理功能。其位置有很大灵活性,既可以设置在用户住宅处,也可以设置在 DP 处甚至 FP 处,按照 ONU 在用户接入网中所处的位置不同,可以将 OAN 划分为三种基本不同的应用类型,即光纤到路边(FTTC)、光纤到楼(FTTB)以及光纤到办公室(FTTO)和光纤到户(FTTH)。

适配功能 AF 为 ONU 和用户设备提供适配功能,具体物理实现则既可以包含在 ONU 内,也可以完全独立。以 FTTC 为例,ONU 与基本速率 NTI(相当 AF)在物理上就是分开的。

2. 光接入网的应用类型

光纤到户(FTTH)是光纤接入的最终发展方向。FTTx(光纤到户或 FTTH、光纤到住地或 FTTP 等)架构为新兴应用开创了一条很吸引人的道路。通过无源光网络(PON),光纤到户可以使多个用户共享一个连接,而无需任何活动器件——也就是说,没有必要通过光-电-光(OEO)转换来对光进行生成和转换。但由于技术成熟度、成本、业务需求等原因,FTTH 的大规模实现还需要经历较长的时间,光纤接入将以 FTTB+LAN、FTTN+ADSL2+、FTTN/B+VDSL2 等方式长期存在。宽带 PON 将长期与 DSL(数字用户线环路)、LAN(局域网)和其他接入方式互为补充,共同促进发展。

图 6.63 展示了 FTTx 网络的普通架构。在交换中心(即 CO,也称为数据转发器)处,公共交换电话网络(PSTN)和 Internet 服务通过光线路终端(OLT)同光配线网(ODN)相连。使用下行 1490nm 和上行 1310nm 的波长来传送数据和语音。通过光视频转换器可将视频服务转变成波长为 1550nm 的光路形式。WDM 耦合器可将 1550nm 和 1490nm 的波长组合起来,然后一起进行下行传送(到目前为止,还没有进行上行视频传送的计划)。这种组合使得三种波长(1310nm、1490nm 和 1550nm)可通过相同的光纤在多个方向上同时传送不同的信息。

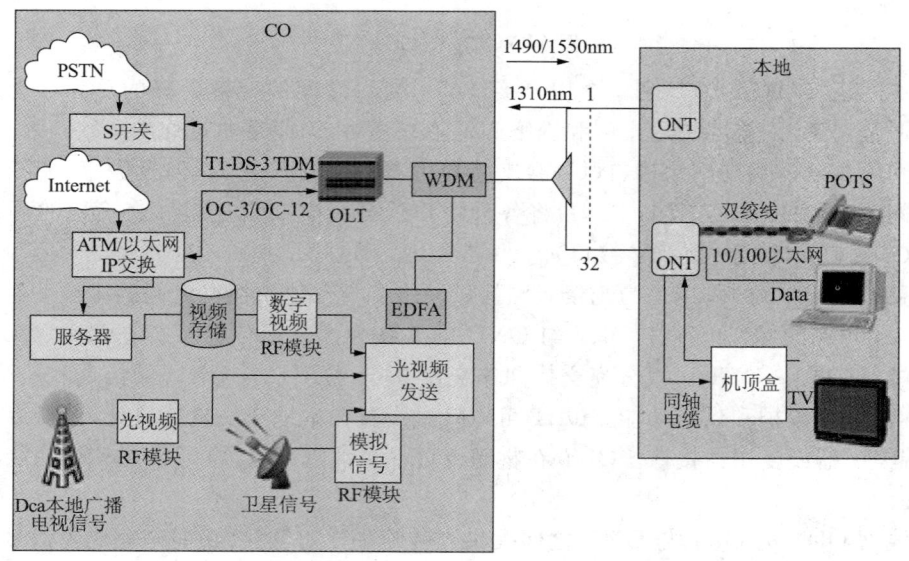

图 6.63　典型 FTTx 网络架构

(1) 光纤到路边(FTTC)

在 FTTC 结构中,此时从 ONU 到各个用户之间的部分仍为双绞线铜缆。若要传送宽带图像业务,则这一部分可能会需要同轴电缆。这样,FTTC 将比传统的 DLC 系统的光纤化程度更靠近用户,增加了更多的光缆共享部分。

FTTC 结构的主要特点如下:

① 在 FTTC 结构中引入线部分是用户专用的,现有铜缆设施仍能利用,因而可以推迟引入线部分(有时甚至是配线部分,这取决于 ONU 的位置)的光纤投资,具有较好的经济性。

② 预先敷设了一条很靠近用户的潜在宽带传输链路,一旦有宽带业务需要,可以很快地将光纤引至用户处,实现光纤到家的战略目标。同样,如果考虑到经济性需要,也可以用同轴电缆将宽带业务提供给用户。

③ 由于其光纤化程度已十分靠近用户,因而可以较充分地享受光纤化所带来的一系列优点,诸如节省管道空间、易于维护、传输距离长、带宽大等。

④ 由于 FTTC 结构是一种光缆/铜缆混合系统,最后一段仍然为铜缆,还有室外有源设备需要维护,从维护运行的观点仍不理想。但是如果综合考虑初始投资和年维护运行费用的话,FTTC 结构在提供 2Mbit/s 以下窄带业务时仍然是 OAN 中最现实、最经济的。

(2) 光纤到楼(FTTB)

FTTB 也可以看作 FTTC 的一种变形,不同之处在于将 ONU 直接放到楼内(通常为居民住宅公寓或小企事业单位办公楼),再经多对双绞线将业务分送给各个用户。FTTB 是一种点到多点结构,通常不用于点到点结构。FTTB 的光纤化程度比 FTTC 更进一步,光纤已铺设到楼,因而更适于高密度用户区,也更接近于长远发展目标。

(3) 光纤到户(FTTH)和光纤到办公室(FTTO)

在原来的 FTTC 结构中,如果将设置在路边的 ONU 换成无源光分路器,然后将 ONU 移到用户家即为 FTTH 结构。如果将 ONU 放在大企事业用户终端设备处并能提供一定范围的灵活业务,则构成所谓的光纤到办公室结构。考虑到 FTTO 也是一种纯光纤连接网络,因而可以归入与 FTTH 一类的结构。然而,由于两者的应用场合不同,结构特点也不同。FTTO 主要用于大企事业用户,业务量需求大,因而结构上适于点到点或环形结构;而 FTTH 用于居民住宅用户,业务量需求很小,因而经济的结构必须是点到多点方式。

FTTH 结构是一种全光纤网,即从本地交换机一直到用户全部为光连接,中间没有任何铜缆,也没有有源电子设备,是真正全透明的网络。

全光纤的 FTTH 网在战略上具有十分重要的位置。然而主要由于经济的原因目前尚不能立即实现光纤到家,影响这一目标实现的因素很复杂,包括系统成本的因素、竞争的需要、政策法规的影响以及新技术的推动等。随着时间的推移,光纤光缆和光元器件成本在稳步下降;各种宽带业务的需求正在逐步呈现;现有铜缆网的维护运行负担的增加不断推动网络运营者转向光纤网;来自同行,特别是 CATV 公司的竞争压力正迫使电话公司可能提前实施 FTTH 网以便保证长远的宽带业务收入;各国电信政策法规管制的逐渐放开越来越有利于 FTTH 的实施;各种新技术,诸如新型环路用激光器的出现、平面光波电路(PLC)的发展、光纤放大器的问世、波分复用和频分复用,以及数字集成和压缩技术的进展都在积极推动 FTTH 的实现,人们对 FTTH 的兴趣又在重新增加。有理由相信,在接入网中较大规模引入 FTTH 的时机已经不太遥远了。

3. 配置结构的选择

光接入网的配置结构选择取决于众多的因素,十分复杂,需要详细分析比较和综合计算。

以下是几个基本考虑的因素和原则。

① 用户类型。用户类型是配置结构选择所要首先考虑的因素,定位不准自然不会有合理的选择。通常,不同的用户类型往往需要配置不同的结构:FTTC、FTTB 和 FTTR。FTTC 更适于分散用户,而 FTTB 更适于集中的公寓住宅用户。从长远看,FTTH 是方向。

② 成本。成本是用户接入网技术能否成功的关键,成本高低在很大程度上取决于 ONU 成本究竟能在多大程度上为用户共享分担。

③ 与本地交换的综合。随着交换技术和光纤传输技术进展,SDH 环形结构可以将综合 FTTC/FTTB/FTTR 接入网联成一体。

④ 服务灵活性。对于大企事业用户而言,由于业务需求量大,因而 FTTO 提供了最灵活的服务。

⑤ 业务类型。光接入网必须能提供宽带图像业务,包括交互型和分配型的图像业务。纯光的 FTTH 和 FTTO 结构具有最好的业务透明性。此外,ONU 设置的位置越靠近用户,将来的升级更新越容易。

4. ONU 功能

ONU 提供与 ODN 之间的光接口,实现 OAN 用户侧的接口功能,它可以设置在用户所在地(FTTH、FTTO、FTTB)或者设置在露天(FTTC)。ONU 提供了必要的手段来传递系统所处理的各种不同业务,ONU 的功能由三部分组成,即核心部分功能、业务部分功能和公共部分功能,又可以分别称为核心壳、业务壳和公共壳。

① 核心部分功能。ONU 核心部分功能包括用户和业务复用功能、传输复用功能、ODN 接口功能。其中传输复用功能为 ODN 接口功能的出入信号提供必要的评估和分配,并提取和输入与 ONU 相关的信息。用户和业务复用功能对于来自与送给不同用户的信息进行组装和拆卸,并与每种不同的业务接口功能相连。与 ODN 的接口则提供一系列物理光接口功能,终结相应的 ODN 的一系列光纤,其功能包括光电和电光转换。

② 业务部分功能。ONU 的业务部分功能主要提供用户端口功能,即提供用户业务接口并将其适配入 64kbit/s 或 $n \times 64$kbit/s。上述功能既可以为单个用户提供,又可以为一群用户提供。最后,用户端口功能还能按照物理接口来提供信令转换功能,诸如振铃、信令、A/D 和 D/A 转换等。

③ 公共部分功能。ONU 公共部分功能包括供电和 OAM 功能,其中供电功能为 ONU 供电(例如交流、直流转换或直流、直流变换或直流、直流变换),供电方式可以采用同一供电系统。ONU 应在备用电池供电条件下能正常工作。

OAM 功能为 ONU 的所有功能块处理操作、管理和维护功能提供必要的手段,例如不同功能块的环回控制功能等。

5. OLT 功能

OLT 提供与 ODN 之间的光接口,应至少能为 ODN 提供网络侧的一个网络接口。OLT 可以与本地交换机共处一地,也可以安装在远端。OLT 为传递不同的业务给 ONU 提供必要的手段。

OLT 功能可以由三部分组成,即核心部分功能、业务部分功能和公共部分功能,同样可分别称作核心壳、业务壳和公共壳。

① 核心部分功能。OLT 的核心部分功能包括数字交叉连接功能、传输复用功能、ODN 接口功能。

传输复用功能为在 ODN 上发送和接收业务通路提供必要的功能。数字交叉连接功能为 OLT 的 ODN 侧可用带宽与 OLT 网络侧可用带宽提供交叉连接能力。ODN 接口功能提供一系列物理光接口功能终结相应 ODN 的一系列光纤,其功能包括光电和电光转换。为了实现从 OLT 直到 ODN 中光分路器处的灵活点之间不同地理路由间的保护倒换,OAN 系统应能为 OLT 装备可选的备用 ODN 接口。

② 业务部分功能。OLT 业务部分包括业务端口功能,业务端口至少应能携带 ISDN PRA 速率并能配置成至少提供一种业务或能同时支持两种或多种不同的业务。任何提供两个或多个 2Mbit/s 端口的支路单元(TU)都应能以每个端口为基础进行独立配置,对于上述多端 TU 还应能将每个端口配置给不同的业务,OLT 设备中的每一 TU 位置应能允许容纳任何类型的 TU,OLT 还应能支持任何不超过最大设计数目且能任意结合不同业务类型的 TU。当然,业务部分功能通常还应能提供手段来处理通过 OLT 的信令信息。

③ 公共部分功能。OLT 公共部分功能包括供电与 OAM 功能,其中供电功能将外部供电电源转换为所需的数值,OAN 功能则提供必要的手段来处理所有功能块的操作、管理和维护功能。公共部分功能还提供 OAM 接口功能。对于本地控制,可以提供测试接口,OLT 通过协调功能(MF)经 Q3 接口还能与上层网管操作系统相连。

6. 光接入网工作参数

(1) 工作波长范围

ITU-T 建议 G.982 使用 1310nm 窗口和 1550nm 窗口,其中 1310nm 波长区将首先启用,主要支持电话和其他 2Mbit/s 以下的窄带双向通信业务,其工作范围应尽量宽,以便容纳未来的 WDM 的应用。最经济合理的 1310nm 波长区工作范围为 1260~1360nm。这一波长范围与 G.957 所规范的 STM-1 等级局内通信接口波长范围一致,可以适用于多纵模激光器和发光二极管。

对于 1550nm 波长区,除了暂时可以用作异波长双工的下行方向外,主要用于未来的新业务,特别是宽带图像业务。该波长区的下限主要受限于 1385nm 处 OH 根吸收峰的影响,而上限主要受限于红外吸收损耗和弯曲损耗的影响。若按 0.25dB/km 光纤衰减系数计,则可用波长范围为 1480~1580nm,而将 1600nm 以上保留给 OTDR 或其他测试技术使用。

G.982 所规定的一个传输窄带交互型业务的波长分配方案如表 6.28 所示。

表 6.28 G.982 中窄带交互型业务的波长分配方案

双向传输方式	光纤数	波长区	传输技术	将来实施可能
单 工	2	上下行皆 1310nm 区	SDM	
半双工	1	上下行皆 1310nm 区	TCM	
异波长双工	1	上行 1310nm 区 下行 1310nm 区	WDM	上行 1310nm 区高端;下行 1310nm 区低端
双 工	1	1310nm 或 1550nm 区	SCM	

(2) 光纤选型

光纤类型从大的方面看可以划分为单模光纤和多模光纤两类,鉴于单模光纤的损耗低、带宽宽、制造简单和价格低廉,在公用电信网(包括接入网)中已成为主导光纤类型。新敷设的光纤几乎全部采用单模光纤,已不再考虑多模光纤。单模光纤又分为 G.652、G.653 和 G.654 三种,考虑到成本及网络的维护和统一性,ITU-T 规定在接入网中使用生产量最大、价格最便宜、性能优良的标准 G.652 光纤。

(3) 双向传输技术

传输技术主要完成连接 OLT 和 ONU 的功能,其连接方式可以为点到点,也可以为点到多点方式。至于反向的用户接入方式也可以有多种,主要有时分多址接入(TDMA)和副载波多址接入(SCMA)两种。目前的 ITU-T 标准是以 TDMA 方式为基础的,但不排除其他接入方式。下面就几种主要的双向传输方式作简要介绍。

① 空分复用(SDM)。空分复用就是双向通信的每一方向各使用一根光纤的通信方式,即所谓单工方式。在 SDM 方式下两个方向的信号在两根完全独立的光纤中传输,互不影响,传输性能最佳,系统设计也最简单,但需要一对光纤才能完成双向传输的任务,传输距离较长时不够经济。

② 时间压缩复用(TCM)。TCM 方式是解决双向传输的有效手段之一。实现 TCM 传输有两种方法。第一种方法是利用一只激光器既作为光源又作为检测器,十分简单,只要有一个收发控制开关准确地控制其收发时间,使之不发生冲突即可。然而这种方法激光器兼作检测器的灵敏度较差,速率较高时,光通道可用光预算很小。第二种方法是利用两套独立收发设备,两端各设一个光耦合器用于分离上行和下行信号,两个方向的信号发送在时间上分开,分别占用不同的时隙轮流发送。由于同一时刻只允许一个方向传输信号,因而称为半双工方式,以便与 WDM 和 SCM 的全双工方式有所区别。采用 TCM 方式时,两个方向的信号允许工作在同一波长,但目前规定必须在 1310nm 波长区。

需要注意,在接入网环境,PON 主要工作在点到多点方式,因此上下行信号的处理方式不同。下行方向上送给各个 ONU 的信号是连续排列发送且以广播方式送给各个 ONU 的,各个 ONU 收到的是全部信号但只能在属于自己的时隙中取出属于自己的信号。上行方向则不同,各个 ONU 是以突发方式发送信号的,且只能在属于自己的时隙内发送信号,于是各个 ONU 来的信号呈一个个非连续的突发块且幅度也不尽相同。

采用 TCM 方式可以用一根光纤完成双向传输任务,节约了光纤、分路器和活动连接器,而且网管系统判断故障比较容易,因而获得了广泛的应用。这种系统的缺点是两端的耦合器各有 3dB 功率的损失,而且 OLT 和 ONU 的电路比较复杂。

③ 波分复用(WDM)。当光源发送功率不超过一定门限时,光纤工作于线性传输状态。此时,不同波长的信号只要有一定间隔就可以在同一根光纤上独立地进行传输而不会发生相互干扰,这就是波分复用的基本原理。

④ 副载波复用(SCM)。利用副载波复用(SCM)实现双向传输的原理很简单,只需将两个方向的信号分别安排在不同频段即可实现单纤同波长双向传输的目的。在实际 OAN 传输系统中,下行方向往往采用 TDM 方式的基带传输形式,因而频率分量集中在低频端;而上行方向采用副载波多址接入(SCMA)方式,即各个用户的频率调在较高频段,与下行信号的频谱隔开。由于上下行信号分别占用不同频段,因而系统对反射不敏感,也无需 TDMA 方式所必不可少的复杂的延时调整电路,传输延时较小,电路较简单。

6.4.2 光纤接入网网络结构

按照接入网的物理参考模型,接入网分为主干层、配线层和引入层。光纤接入网的规划和建设,首先要完成主干层的光纤化,在城区意味着光纤到路边(FTTC)、光纤到小区(FTTZ)、光纤到楼(FTTB),光纤到楼一般是指电信大用户即电信业务需求量大和业务种类多的高层建筑。在主干层光纤化的基础上,再将光缆进一步向用户端延伸,在城区意味着光纤到楼(FTTB)、光纤到办公室(FTTO),远期光纤接入网的目标是实现引入层的光纤化,即实现光纤到户(FTTH)。

城区主干层的拓扑结构如图 6.64 所示,图中的 ONU 通过 ODB 接入主干层光缆环。

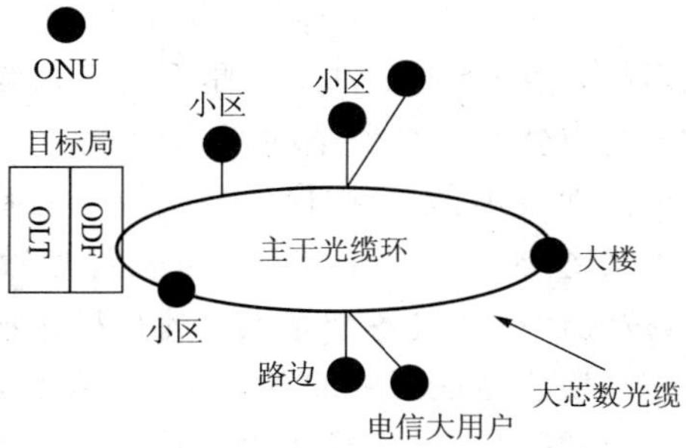

1. 光配线网 ODN 组成和结构

光配线网(ODN)是 OAN 的关键部分,其主要作用是为 OLT 和 ONU 提供光传输媒质作为其间的物理连接。多个 ODN 可以通过将光纤放大器结合起来延长传输距离和扩大服务用户数。

ODN 是一种点到多点结构,因而按照其连接方式不同可以细分为 4 种结构,即星形、树形、总线和环形。

图 6.64 城区主干层的拓扑结构

(1) 星形结构

当 ONU 与 OLT 之间按点到点配置,即每一 ONU 直接经一专用光链路与 OLT 相连,中间没有光分路器(OBD)时就构成了所谓的星形结构。光链路可以是一根光纤,也可以是一对光纤。由于这种配置不存在光分路器引入的损耗,因此传输距离远大于点到多点配置。

(2) 树形结构

这种结构利用了一系列级联的光分路器对下行信号进行分路,传给多个用户,同时也靠这些光分路器将上行信号结合在一起送给 OLT。光分路器通常为 $1:n$ 型,为了测试、监视和保护的目的,可能需要 $h:n$ 型,这里 $1 < h \leqslant n$。通常,树形结构中的光分路器使用平衡式器件,即任意输入口至任意输出口的光损耗标称值相同。这一要求主要是为了有一个简单、通用的准则,可用来进行光功率预算计算和全网设计。

(3) 总线结构

这种结构利用了一系列串联的非平衡光分路器件,以便从总线上检出 OLT 发送的信号,同时又能将每一 ONU 发送的信号插入光总线送回给 OLT。采用这种非平衡光分路器后全在光总线中引入损耗从而消耗掉一些光功率。至于具体分路比则取决于应用,诸如最大 ONU 数和 ONU 所需的最小光功率等。

(4) 环形结构

环形结构也属于点到多点配置,无源环形结构可以看作无源总线结构的一种特例,即逻辑上等效于一个折叠的总线结构。这种闭合的总线结构改进了网络的可靠性。

2. 光配线网 ODN 模型

(1) 光通道损耗计算

ODN 的光功率预算所容许的损耗定义为 S/R 和 R/S 参考点之间的光损耗,以 dB 表示。这一损耗包括了光纤和无源光元件(如光分路器、活动连接器和光接头等)所引入的损耗。ODN 的容许损耗值对下行和上行方向是相同的。决定整个系统光通道损耗性能的参数主要有下面几项:

① ODN 光通道间的最大损耗差。
② 最大容许通道损耗,即最小发送功率和最高接收灵敏度的差。
③ 最小容许通道损耗,即最大发送功率和最低接收灵敏度(过载点)的差。

(2) 光通道损耗计算方法

光通道损耗的计算方法有三种,即最坏值法、统计法和联合设计法。鉴于接入网环境传输距离很短，通常无需使用联合设计法。

① 最坏值法。最坏值法是将所有光通道中的光元件损耗值叠加起来即为ODN光通道的光损耗，这些损耗值都应该是系统寿命终了前处于允许的工作范围内任意点的数值。这样设计的系统显然是十分安全的，然而实际光元器件参数值的离散性很大，所有光参数同时取最坏值的可能性极小，因而按最坏值法设计的系统往往过于保守。

② 统计法。由于实际光元器件参数值的分布范围较宽，因而若能充分利用其统计分布特性，按统计特性将各个光元件的损耗相加，则有可能大大延长传输的距离。

高斯法是最简单的统计法，其基本原理就是利用多个高斯随机变量的均值和方差进行运算，从而算出光通道损耗的上界 lu 和下界 ll，即最坏值和最好值。采用3倍标准差后，所算上下界的统计置信度可达99.7%，可靠性很好。

当光元件损耗的分布接近高斯形时，高斯法的精度很好，否则会导致较大的误差，此时采用蒙特卡罗模拟(MCS)法将给出更准确的结果。蒙特卡罗模拟法又称随机模拟法，是一种通用的数值计算方法，其基本思路是从不同元件的分布中随机抽样，由这些随机抽样的值产生一个模拟的系统值，重复上述过程(成百上千次)就会产生一系统损耗值的分布，可以作为实际系统性能的指示。重复次数越多，模拟结果与实际情况越相近。蒙特卡罗模拟法的计算精度与抽样点数成正比。

(3) ODN 的反射

ODN 的反射会造成发送光功率的波动和激光光源波长的偏移，光通道多个反射点产生的反射波干涉会在接收机处转化为强度噪声，因此 ODN 的反射应控制在一定指标内。

ODN 的反射取决于光通道中各个光元件的回损特性，因而保证光元件具有优良的回损特性是确保整个光通道的反射性能的基本前提。目前在各类光元件中，光活动连接器的回损特性较差，不定因素较多，诸如机械对准失效、灰尘、损坏等都会引起性能下降。老式平面研磨活动连接器的光纤芯区间有较大的空气间隙，产生菲涅耳反射，回损特性不佳。采用物理接触性(PC)连接器后，光纤端面为球形，可形成物理接触，消除了空气间隙，且球形端面使残余反射散开不易回到光纤芯区，大大改进了器件的回损特性。

6.4.3 光接入网的同步和网管

1. 同步

光接入网所携带的主要业务是以64kbit/s为基础的交换业务，为了尽量减小这些同步业务上的字节滑动操作，光接入网系统的定时必须能跟踪外部定时直至最终跟踪基准参考时钟(PRC)为止。如果光接入网系统的OLT与具备同步供给单元(SSU)质量的时钟共处一地，则其时钟应同步于SSU。通常，光接入网的时钟有三种来源：支路接口信号(如V5接口)、外部定时、内部定时。

欧洲电信标准协会(ETSI)新通过的标准 ETS300 463 规定，光接入网的同步结构必须遵守下述要求：

① 采用支路接口信号提取定时时，如果与光接入网相连的交换机有SSU质量的时钟，则光接入网的定时基准应该从与该交换机相连的携带业务量的2048kbit/s接口提取(如V5接口)。如果交换机未配备SSU质量的时钟，则光接入网的定时基准可以从其他携带SSU定时质量的支路接口信号中提取。如果OLT设置在远端，则只要携带业务量的2048kbit/s接口的定时漂移性能符合网络限值要求，则光接入网的定时基准仍应该从携带业务量的2048kbit/s接口提取。

② 采用外部定时源时，如果 SSU 是在一个独立的同步设备中，光接入网系统可以直接经由 2048kbit/s 外同步接口取定时基准。

③ 采用内部定时源时，内部定时基准源的频率及其精度必须至少为 $20\,485\times10^{-5}$ kHz。在这种定时方式下，光接入网可以继续工作，但其业务质量会有某种程度的劣化。

为了保证以 64kbit/s 为基础的交换业务的质量，应该对同步定时源提供保护，通常要求 OLT 至少有两个外同步接口并能在定时基准失效时提供自动定时基准倒换功能，定时基准的硬件保护倒换不应影响系统的正常信息传输。

在光接入网系统内，定时将由 OLT 通过 ODN 分配给与 OLT 相连的 ONU，这意味着 64kbit/s 业务将在 ONU 内利用 OLT 提供的定时基准重新定时。然而，对于不成帧的 2Mbit/s 一类的业务不能按上述方式处理。这类业务企图支持第三方定时的传送，因而要求光接入网对时钟全透明。用来支持时钟透明的机制应该独立于光接入网系统的同步时钟。

ETSI 规定，当使用通带频率为 20Hz～100kHz 的带通滤波器测量时，2048kbit/s 接口的输出抖动应该小于 0.1UI_{P-P}；当使用通带频率为 18～100kHz 的带通滤波器测量时，2048kbit/s 接口的输出抖动应该小于 0.075UI_{P-P}。

对于漂移的产生则要求 OLT 不应对同步接口出现的漂移附加任何明显的漂移，定量要求是在任何频率下 OLT 对漂移的放大量都必须小于 0.1dB。

在用户网络接口（UNI）处，对抖动与漂移的容限要求和抖动与漂移的产生要求取决于光接入网所携带的业务，应分别遵守传送相应业务所应满足的规定。例如，OAN 携带 ISDN BRA 和 ISDN PRA 业务时，其抖动和漂移容限要求及产生要求应分别遵守有关 ISDN BRA 和 ISDN PRA 的接口抖动和漂移要求。

2. 网 管

光接入网的操作管理维护（OAM）功能应遵守 TMN 的通用功能要求，同时又必须有一些针对光接入网的特有功能要求。为了便于 OAM 功能的定义和描述，可以从逻辑上将 OAM 功能划分为功能子系统。

OAN 的功能子系统有 4 类，即设备、传输、光的子系统和业务子系统，主要完成 OAM 的要求。

① 设备子系统包含 OLT 和 ONU 的机箱、机柜和机架，也包含不在插板上的指示灯铃以及光纤配线盘式配线架。设备子系统还包含 OLT 和 ONU 的机架、机柜的供电以及光分路器的机壳。

② 传输子系统由 OLT 和 ONU 的收发设备电路和光-电电路组成。光配线盘或配线架属于设备子系统，但光元件本身属于光的子系统范畴。

③ 光的子系统由各种形式的光纤、光分路器、光滤波器和任何光时域反射仪（OTOR）式、线夹式光功率计组成。

④ 业务子系统由那些为了支持不同业务而需要专门将该业务与 OAN 的一般核心功能相适配的子系统组成，如 PSTN 和 ISDN。

从功能类别的角度看，OAN 的功能必须具备 TMN 规定的以下几类功能类别。

(1) 配置管理

配置管理与 OAN 的网络资源拓扑和系统的详细结构有关，主要负责系统内传送能力的供给、修改和中止。OAN 的基本配置功能有

① 设备子系统：支持简单方便的工作实施、内部元件的配置和系统备用元件的配置。

② 传输子系统：完成 OLT 和 ONU 之间带宽分配的配置、ONU 的初始化、ONU 状态和库存的维护、OLT 的交叉连接、环回测试的重新配置。

③ 光的子系统：利用线夹式光功率计，实现可能的 OAN 识别。如果需要的话，在不同 OAN 间倒换 OTDR。

④ 业务子系统：完成线路测试的重新配置（FTTH 情况下为任选项）、环回测试的重新配置、ONU 中线路卡指示的配置、ONU 中线路卡和 OLT 中交换接口的更新升级，以及通过使用 ONU 中空闲线路的重新供给。

(2) 性能管理

光接入网系统可能需要持续不断地监视和进行自动化例行测试。系统的被动监视可以利用提供状态信息的方式来补充告警信息和开始告警。测试功能则可以用来检测故障位置。主要的性能管理功能有

① 设备：完成供电条件监视、环境监视。

② 传输：完成误码监视。有延时调整功能时可以对调整的延时进行监视。

③ 光的子系统：完成对 OAN 性能劣化的监视。

④ 业务子系统：对 OLT 的交换机接口进行监视，对 ONU 处的线路进行监视。

(3) 故障管理

系统出现告警往往预示业务质量可能受到损伤，告警可以划分为各种不同程度的优先级别和应急程度。对告警的最一般的反应是企图通过测试功能进行故障定位。通常，告警可以纳入预定的预防性维护策略，从而可以减少涉及高优先级别告警的紧急维护行动。为了防止大量告警信息充斥网络管理层而采取的告警优先级划分和告警遮蔽行动，与所有功能系统有关。其他涉及故障管理的功能有

① 设备子系统：完成元件故障位置告警的监视、电源失效监视。如果需要的话，完成在 ONU 处的环境告警监视。

② 传输子系统：检测与 ONU 通信联络的丢失，监视传输系统在 OLT 的失效，监视过量误码，对传输断层的诊断测试。

③ 光的子系统：利用例行测试发现故障和 OAN 性能劣化，利用测试对 OAN 进行故障定位。

④ 业务子系统：对 OLT 的交换机接口告警的监视，对 OLT 的交换机接口的测试，对 ONU 处线路的测试，以及业务能力的环回测试。

(4) 安全管理

安全管理涉及系统工作和退出工作安排中信息的完整性，同时也与谁允许接入系统及其资源，以及允许接入到什么程度有关。主要的安全管理功能有

① 设备子系统：防止未经授权接入设备。

② 传输子系统：对未经授权的 ONU 试图接入系统的检测，OLT 和 ONU 之间传输的安全保证。

③ 光的子系统：对未经授权的光信号偷录的检测。

3．接入网的网络保护

接入网的安全可靠性由接入网设备、线路和网路拓扑结构的安全可靠性决定。

对于光纤接入网而言，设备的安全可靠性由设备的安全性指标决定，可以采用设备备用或关键插板热备用的措施达到保护目的。线路的安全可靠性由光缆、光节点、光接头和

光接线(盒、箱、架)等元器件的指标决定,采用留有冗余度作为备用的方法,为网路提供一定的保护。从拓扑结构来看,目前只有环形的网路拓扑结构可以提供安全可靠性保证。对于非环形的拓扑结构,可以通过设备的主备用和线路的双路由等保护措施来达到保护目的。

(1) 主干层的保护措施

主干层承载的业务量带宽至少为 155Mbit/s,因此,安全可靠性要求比较高,主干光缆采用环形的拓扑结构,组成光缆线路保护环和光缆设备自愈环。

① 线路保护倒换方式。光缆线路保护环是指每个 ONU 单独占用一组纤芯,通过环形的光缆从两个方向通达局内,一旦一个方向的光缆发生中断,采用线路倒换的办法通过另一方向的光缆继续进行,该 ONU 可独享这组纤芯上的传输带宽。这种保护方法 ONU 的传输系统不用备用,只是通过局内和远端的 ODF 人工或自动进行倒换,需要一定的倒换时间。这种方式的优点是 ONU 独享一对光纤,与环上的其他 ONU 没有关系,一旦出现故障只影响它接入的用户;光缆线路保护环虽然用纤较多,但 ONU 不需要备用,投资相对比较少;ONU 接入主干环相对灵活,可根据需要随时调整,并且带宽独享、易于升级,适合 ONU"数量多,容量小"的环路。缺点是需要一定的倒换时间,如果用户对安全可靠性提出要求,ONU 的传输系统需要采用热备用,主备用系统分别接入不同方向的 ODF,对运营维护的要求比较高,比如对光缆衰耗的监视、对传输系统误码率的监视、ODF 的自动调线,一旦发现异常可以及时倒换。

② 光缆设备自愈环保护。光缆设备自愈保护环是依靠 SDH、SPDH 传输系统的自动倒换技术,将网络连成环形改善网络的生存性,达到对网络的保护。在光纤自愈环中各种业务的用户独占所需的带宽,而且业务量集中流向业务节点,也就是由 ONU 流向 OLT,ONU 之间不发生关系,一个光纤自愈环系统由若干 ONU 组成,它们共享一组纤芯和传输带宽。这种方式的优点是安全可靠性高,节省光缆芯数,适合 ONU"容量大,数量少"的光缆环路。缺点是虽然接入同样多的用户需要的纤芯数量相对较少,但是 ONU 需要备用传输系统,由于传输设备是双备份的,投资比较昂贵,根据用户需求的不断增加,传输系统的带宽也将不断升级,系统连接的某个 ONU 扩容将对整个系统造成影响。

(2) 非环形拓扑结构光缆的保护措施

有时 ONU 所在地的地理环境和主干层光缆环的物理路由走向不能形成环形的拓扑结构,或要通过很远的物理迂回路由来实现环形拓扑。在这种情况下,应该放弃组环的方案。

星形、线形、链形和树形拓扑结构的安全可靠性只能依靠设备的线路倒换来实现对网络的保护。对重要的大用户,ONU 的传输设备应该具有自动倒换功能,在光线路发生故障时自动倒换到备用系统,为用户提供较高的可靠性。这种保护方式传输系统、光缆路由和光缆芯数都需要双备份,这部分投资也是双倍的。为了节省投资,对于只提供普通电话业务接入的 ONU,当光缆发生故障时,可以考虑通过局端的 ODF 和远端的 ODB 进行人工倒换,有条件可以设置双路由,没有条件可以通过备用的纤芯进行倒换。这种方式适合 ONU 容量比较小的农村地区。

(3) 配线层的保护措施

配线层光缆的拓扑结构可以是环形、星形、线形和链形,ONU 通过主干层光节点的光线路设备,如光配线(箱、盒、架)进入主干层光缆环。

随着配线层光纤化进程的不断向前推进,光纤越靠近用户,ONU 的数量就越多。

配线层的保护应该根据 ONU 接入用户的性质、业务量大小、光缆网络的拓扑结构及建设单位的投资情况，灵活选择不同的保护措施。对于电信大用户，如银行、证券、保险、科研、党政部门、新闻部门、智能大厦等单位，信息量比较大，对网络的可靠性要求高，今后也是中、高速数据业务和宽带视频业务的潜在用户，这些单位的 ONU 是要重点保护的，光线路的倒换应该是自动的、无损伤的。

6.4.4 光接入网工程实例与测试

与其他技术一样，宽带 PON 技术在使用前需要经过严格测试，只有其功能、性能符合要求才可以大规模应用。由于标准推出时间不长，关于宽带 PON 测试目前还没有完全成熟的国际标准和国内行业标准。为了推进技术的成熟和应用，中国国内的运营商纷纷根据自己的业务需求，编制相关企业标准用于设备评估。如中国电信已经制定了《中国电信 EPON 设备测试规范》和《中国电信 GPON 设备测试规范》，进行了 EPON 和 GPON 设备的测试评估工作。

宽带 PON 系统测试主要是验证其光口指标、功能、性能等是否满足相关行业和企业技术标准要求，测试过程中用得最多的仪表是数据流量发生、分析仪，要求仪表能提供 GE、FE 接口，支持组播和路由协议功能。

1. EPON 系统测试

EPON 系统测试主要包括以下几个方面。

(1) 光接口指标测试

光接口指标测试包括 OLT 测试和 ONU 测试两部分，主要验证被测试设备 PON 光口的平均发送光功率、工作波长、消光比、光接收机灵敏度、眼图、边模抑制比、无输入信号时的发射光功率、过载光功率等指标是否满足相关行业标准。需要使用的测试仪表有光谱分析仪、光功率计、光示波器等。

(2) PON 的基本功能测试

PON 基本功能主要包括 PON 测距和 PON 加密。

PON 测距功能主要验证 OLT 和 ONU 是否支持测距、支持的测距范围和测距精度，需要用一定长度的光纤及验证测试过程中业务流是否正常的数据流量发生、分析仪，要求测距功能不影响业务的正常运行。

PON 加密功能主要验证 OLT 到各个 ONU 下行方向数据的加密，要求只有符合加密规则的 ONU 才能接收属于自己的数据流，且采用加密功能时不能影响业务性能。测试需要用数据流量发生、分析仪验证业务性能是否受影响。

(3) 多点控制协议功能测试

MPCP 定义了点到多点光网络的 MAC 控制机制。MPCP 功能在测试方面体现于 OLT 对 ONU 的认证功能，包括对单个 ONU 的认证、认证拒绝，对多个 ONU 的认证、认证拒绝及对特定 ONU 的强制解注册功能。要求正确序列号(或 MAC 地址)/密码的 ONU 能正常注册并收发数据，非法 ONU 注册失败、不能收发数据，且 OLT 可以强制激活某个特定的 ONU。测试需要用数据流量发生、分析仪验证正常注册后的 ONU 是否能收发数据。

(4) 动态带宽分配功能测试

动态带宽分配(DBA)功能主要验证 OLT 到各 ONU 的动态带宽分配功能、带宽控制精度。DBA 功能是使 EPON 系统链路带宽得到有效利用的保证，要求系统支持 DBA 功能且带宽控制粒度不大于 256kbit/s。测试需要用数据流量发生、分析仪以确保 DBA 功能的正常支持和带宽控制粒度符合要求。

(5) 传输能力测试

传输能力测试包括最大分路比、最大传输距离和以太吞吐量测试等内容。要求在 10km 距离条件下，最大分路比不小于 32；在 20km 距离条件下，最大分路比不小于 16。在 32 分路比情况下，传输距离大于 10km；在 16 分路比情况下，传输距离大于 20km。以太吞吐量测试是针对不同帧长的数据包，测试无丢包情况下 OLT 到各 ONU 的以太流量之和，需要用数据流量发生、分析仪产生流量进行测试和验证。

(6) TDM 业务支持能力测试

TDM 业务支持能力测试 EPON 系统提供 TDM 业务时的时延、抖动和 12h 误码率及提供 TDM 业务所需要的带宽和承载效率。要求系统支持的 E1 业务时延小于 1.5ms，12h 无误码。测试需要用 SDH 分析仪和流量发生仪验证其误码性能和 TDM 业务承载效率。

(7) 组播功能测试

组播功能主要测试 EPON 系统所支持的 IGMP（Internet 组管理协议），包括组播复制、组播控制、组播管理和组播加入离开时延等内容。需要用支持组播测试功能的数据流量发生仪测试系统支持的组播协议、组播相关功能。

(8) 2、3 层功能测试

2 层功能测试跟其他以太网设备的测试方法相同，主要包括 VLAN（虚拟局域网）、VLAN-Stacking（VLAN 堆叠）、MAC 地址学习、802.1p 优先级控制、广播包抑制和组播包控制等功能。测试需要用数据流量发生、分析仪。

由于 PON 系统属于接入设备，对其 3 层功能的要求不高，所以 3 层功能测试主要是验证系统支持的一些简单功能，包括支持的路由协议，基于源 IP、目的 IP、源 TCP、目的 TCP、源 UDP、目的 UDP、协议号的 ACL（访问控制列表）功能和 3 层 ToS 控制功能等。测试需要用支持路由协议和 ToS、QoS 功能的流量发生仪。

(9) OAM 功能测试

EPON 系统的 OAM 功能包括对 OLT 的配置、故障、性能和安全管理及 OLT 通过 OAM 方式对 ONU 的远程管理功能。IEEE802.3-2005 定义了一些基本的 OAM 功能和一些扩展 OAM 功能，扩展功能没有明确，需要进行细化。为了满足运营需要，多数运营商对这些扩展功能进行了明确界定，形成了自己的企业标准。测试 OAM 功能需要网管系统和相关的远程管理功能模块。

(10) 互通性测试

EPON 互通的目的是实现 EPON 终端的开放性，终端开放有利于降低网络建设和运营成本，是 EPON 技术规模化发展的保障。EPON 互通性包括传输、业务和管理 3 个层面的互通，只有 3 个层面实现了互通，才能保证终端的完全开放性。具体测试项主要包括验证不同厂商的 OLT 和 ONU 能否完成注册过程、实现正常的 MPCP、DBA、OAM 功能等。

2. GPON 系统测试

GPON 系统测试的主要测试项与 EPON 基本相同，包括光接口指标、PON 基本功能、ONU 认证、带宽和流量控制（含 DBA 功能）、传输能力、组播功能、TDM 业务能力、2 层功能、3 层功能、OAM 功能和互通能力等方面。测试方案和所采用的仪表与 EPON 系统相同。

3. 典型的 PON 设备技术指标

典型的 PON 设备技术指标如表 6.29 所示。

表 6.29 典型的 PON 设备技术指标

性能		参数	补充
光特性	TX 工作波长/nm	ONU,1310nm	OLT,1490 & 1550nm
	发射光功率/dBm	-15~+2	
	RX 工作波长/nm	1260~1610	
	接收灵敏度/dBm	-36	
	传输距离/km	20	可选 40km、60km、80km
	光纤类型	标准单模光纤(SMF)	
	光纤连接器	SC/PC	
	适用标准	IEEE 802.3u,100Base-FX	
电特性	工作模式	应半双工、全双工自适应、自动识别交叉线及 2 口、4 口、8 口光交换机	
	适用标准	IEEE 802.3,10Base-T,IEEE 802.3u,100Base-TX	
	电接口	自适应 RJ45,2 口,4 口,8 口	
	协议和标准	IEEE 802.3,IEEE 802.3u,IEEE 802.3x,IEEE 802.1p/Q	
通用特性	网管	SNMP	
	输入电压/V	90~240V_{AC}	可选 -48V_{DC}
	输出电压/V	12V_{DC}	
	工作电流/A	0.7	
	工作温度/℃	0~60	
	储存温度/℃	-20~85	
	工作相对湿度/%	20~85	

4. FTTH 网络测试

FTTH 网络可以分为三段:馈线段、配线段和入户线段,其测试主要包括:

① 安装测试。验证已安装的外线工程设备(光损、光回损、光纤特性、熔接、连接器和分路器)是否合格。

② 激活和故障排除测试。验证网络中 ONT 和其他位置的每个信号(下行和上行)的光功率是否在可接受的范围内。

(1) 安装测试

安装测试可以使用以下两种方法。

① 端到端:在外线工程安装期间,将分路器端口连接或熔接到馈线和分布光纤时特别要使用此方法。使用此方法,从中心局一直到入户线终端或 ONT 之间的全部网络均被测试到。通常,测试随着网络的构建渐进地执行。

② 每段:在外线工程安装期间,分布光纤没有熔接或连接到分路器时使用此方法。

通常在网络安装期间执行以下测试:

① 光损测量。光损使用两台光损测试仪(OLTS)测量,要求连续测试两次。两台 OLTS 首先使用各自的光源一起测定基准,然后每个 OLTS 通过被测试段自其光源向另一个 OLTS 发送校准功率值,这样可以测量接收功率并计算损耗。分路器的损耗取决于分路比,1×2 分路器的损耗约为 3dB,输出端的数量每翻一番,损耗增加 3dB。1×32 分路器的损耗至少为 15dB,下行和上行信号都会产生这种损耗。

② 光回损测量。ORL 为入射功率与反射功率之比,在被测试设备(DUT,如光纤段或链路)的输入端进行测量,它是指从某单一界面的反射量或由某事件[如从光纤末端(玻璃)过渡到空气]导

致的反射量。ORL 测量值越大表示反射越少。链路 ORL 由光纤芯的瑞利反向散射和链路上所有界面的反射组成。ORL 对于模拟传输特别重要，如 FTTx 系统中使用的 1550nm CATV 信号。虽然瑞利反向散射是光纤所固有的，无法完全消除，带有空气-玻璃或玻璃-空气界面的不同网络元素(主要是连接器和元件)会产生反射，但如果特别注意或精心设计，完全可以改善这种情况。要优化传输质量，必须控制好背反射效应(例如，光源信号干扰或输出功率的不稳定性)。

③ 用 OTDR 检测链路。OTDR 检测包括未对准、失配、角度故障、连接器套圈上的灰尘、光纤断裂和巨大弯曲。OTDR 测量该反向散射的光来确定光纤的衰减。反向散射光的突然减少对应着由于熔接或其他事件引起的光损。

(2) 激活和故障排除测试

即使在安装阶段已经正确测量了单点对多点链路的损耗，在激活系统时还必须测量功率，以确保网络中不同测试点的功率级别处于操作规范内。同时在 ONU、机箱和机柜处试着测量光功率，以确定故障位置。因为 OTDR 可以从一端显示光纤的状态，使用 OTDR 可以快速、有效地维护 FTTH 网络。激活与故障排除测试的主要过程是：先组合波长，再进行 1310nm 上行数据、稀疏数据流、盲区、IP 等测试。

① 组合波长。PON 分路器之后的波形是一种合成波形，由于每个支路光纤的长度是未知的，下行信号可以由具有不同波长和功率的两个独立信号组成。例如，功率高达 21dBm 的 1550nm 波长模拟 CATV 信号，可以与功率大约为 4dBm、波长为 1490nm、速率为 622Mbit/s 的信号组合。由于这些信号在同一光纤上传输，因此必须在同一连接器端口上测量这些信号，并且使用的功率表必须能够区别这两种信号。所以测量 1490nm 信号时，必须使用过滤器来抑制 1550nm 信号，并且过滤器对 1550nm 信号的抑制必须足以将其功率抑制在 17dB 以下，低于 1490nm 信号级别，以便将 1490nm 功率测量误差限制在 0.1dB 以下。

② 测量 1310nm 上行数据。当测量来自 ONT 的波长为 1310nm 的上行信号的功率时，该信号以相反方向沿着同一光纤传输，而且 G.983 还要求 1310nm 上行信号保持沉默，直到该数据被 1490nm 下行信号支撑并被分配了一个传输窗口。这就要求在 OLT(1490nm 的下行数据)和 ONT(1310nm 的上行数据)之间建立通信链路才能测量 ONT 发射的功率。这将防止直接在发送器端口使用标准功率表测量 1310nm 的上行信号。

③ 测量稀疏数据流。测量稀疏数据流通常测量它在测量期间内(通常在 1Hz 和几 kHz 之间)看到的平均功率，在出现 SONET 数据流 OC-X(其中 X 为 3、12、48、192 甚至 768)或扰频 ATM 时，这种方法可以很好地发挥作用，此时占空比平均趋于 50%，传输速度足够快以致不会被低带宽功率表检测到。但是，在 G.983 中，ONT 的 1310nm 上行信号仅在通过 OLT 分配并管理的预定时隙内传输。例如激活时，在客户没有发送任何 1310nm 上行数据时，ONT 仅能使用单一单元格(424 位)回复 OLT 轮询，表示此时不必向它分配其他时隙。G.983 强加最小限制，即每个 ONT 发送器至少每隔 100ms 检测一次。假定单元格中占空比为 50%(即扰频数据)，则每 100ms 的相应占空比可以低至 0.0003%(对于 622Mbit/s，682ns 内为 50%，100ms 剩余时间内为 0%)。很明显，如果不了解有效占空比，则标准功率表不会准确反映已将时隙分配给 ONT 且在这些时隙内读取数据的 OLT 处接收到的功率。

④ 盲区测试。当在分路器后面进行测量时，必须拥有一个被优化用于分析短光纤的 OTDR，这意味着一个具有短盲区和高分辨率的 OTDR。

⑤ IP 测试。维护不仅仅针对光纤，也有必要测试 FTTH IP 功能。IP 测试功能用于评价基本的 FTTH 服务，比如连接到互联网的能力和以 Mbit/s 为单位的服务速度等。通常是用一台 PC 来评估 FTTH 的 IP 功能。但是，PC 不能用于评价未来的千兆比特级的 FTTH 服务，因

为它的处理能力比较差。千兆比特类 FTTH 服务需要使用专用仪器(IP 测试仪)。另外,如果需要的话,可以使用短盲区 OTDR 中标准内置的光功率计和可视光源进行故障诊断。

5. EPON 系统的关键技术和测试方法

(1) 上行接入方式

在 EPON 系统中,上行方向(ONU 到 OLT)ONU 发送的信号只会到达 OLT,而不会到达其他 ONU,且各 ONU 共享上行信道。为了避免数据冲突并提高网络利用效率,上行方向采用 TDMA 多址接入方式并对各 ONU 的数据发送进行仲裁,考虑到以太网业务的突发性,如果给每个 ONU 分配固定的时隙或随机竞争占用时隙,将会使带宽利用率大幅度下降。目前,普遍应用的算法是一种简单可行的基于轮询带宽分配算法,即先由 OLT 对已注册的 ONU 进行轮询,发信给 ONU 通过上行信道向 OLT 提出带宽申请,再由 OLT 进行调度,决定 ONU 发送数据帧,并将调度信息通过下行信道发送给 ONU,这样就可以从逻辑上解决共享信道带宽分配的问题。故此,在大部分时间里,ONT 是不发光的(在大约 100ms 时间内,ONT 只有约 $2\mu s$ 时间是发光的)。另外,ONU 只有探测到来自 OLT 的光信号才能激活,正常工作,所以使用常规的测试方法和普通功率计将无法测量 ONU 的上行突发光功率。

为保证测试的准确性和可靠性,首先要保证 ONU 与 OLT 之间的光链路是连通的,即测量仪表应具有"通过(或透传)"模式;其次要考虑 ONU 发送信号的突发性,测量仪表应具有脉冲记录功能,测试配置如图 6.65 所示。

如果测试仪表不具备"通过(或透传)"模式和脉冲触发记录功能,需考虑采用分光测试和时域分析法计算出 ONU 的突发光功率,测试配置如图 6.66 所示。从光功率计读出平均发射功率 P_1,断开光功率计连接示波器,测量 ONU 总的发送周期 T_1 和实际发送信号的时长 T_2,则 $P=P_1+10\log 2N+P_2$。其中,$N=T_1/T_2$,P_2 为加入的 1:2 光分路器的插入损耗(dB)。

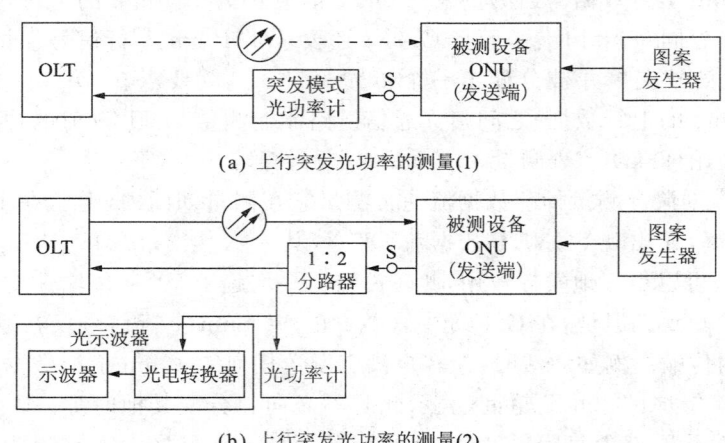

(a) 上行突发光功率的测量(1)

(b) 上行突发光功率的测量(2)

图 6.65 测试配置

值得我们注意的是:在测试 ONU 的其他光接口参数(如过载光功率、接收灵敏度、光信号眼图和光谱特性等指标)时,也应考虑其信号突发的工作特性,采用相应的测试方法。

(2) 测距技术

① 测量原理。由于 ONU 与 OLT 之间光链路长度各不相同,使得信号时延也各不相同,可能会造成 ONU 的上行数据帧发生碰撞,因此必须采用测距技术加以补偿,保证各 ONU 到 OLT 的逻辑距离是相同的。这个逻辑距离时间就是均衡环路时延,它是一个常数。

测距的程序相应分为两步:第一步,静态粗测,即在 ONU 的注册阶段,进行静态粗测补偿由物理距离差异造成的时延;第二步,动态精测,即在有业务运行的情况下进行实时动态精测,以校正由于环境温度变化和器件老化等因素引起的时延漂移。

EPON 系统测距方式采用 GATE/REPORT 机制,即 ONU 到 OLT 的同步是通过 GATE/REPORT 控制帧中的时间标记(Timestamp)来实现的。在 OLT 中有一个计时器,OLT 根据这个计时器来设置各个 ONU 的计时器。首先要测出往返时间(RTT),然后由 OLT 在绝对时间 T_0 发送一个 GATE,其中包括一个时间标记 T_0;当 ONU 在 T_1 时刻收到 GATE 帧,将本地的计时器重新设置为 T_0;然后在 T_2 时刻发送 REPORT 帧;最后在 T_3 时刻 OLT 收到该 REPORT 帧;这样,RTT$=T_3-T_2$,如图 6.66 所示。

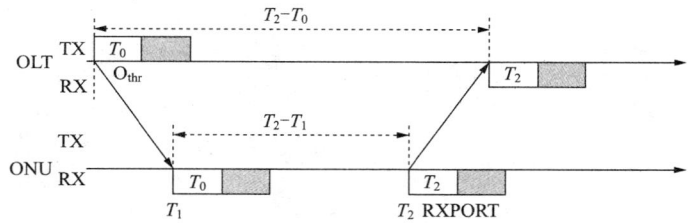

图 6.66　EPON 系统测距原理

② 测试方法。EPON 系统的测距性能测试变得尤为重要,在制定测试方案时应考虑测试项目、测试参数的充要性,仅仅做功能性验证是远远不够的,这里给出 YD/T 1531-2006 标准中描述的测试方法。

测距范围定义:EPON 系统应保证 OLT 对 ONU 进行测距能覆盖标称的最小距离和最大距离,最小距离为 0km,最大距离为 10km/20km。

测试方法:配置系统在最大分路比下工作,$ONU_1 \sim ONU_{n-1}$ 与 OLT 距离为 0km(通过分路器直连),ONU_n 与 OLT 距离为 10km/20km;确保所有 ONU 正常工作后,在 OLT 侧对各 ONU 分别测距;如果所有 ONU 都能正常测距,用误码测试仪或网络分析仪监视所有 ONU 是否能正常工作(对于 TDM 业务,要求无误码;对于 IP 业务,要求在吞吐量的 90% 时无丢包),测距配置见图 6.67。

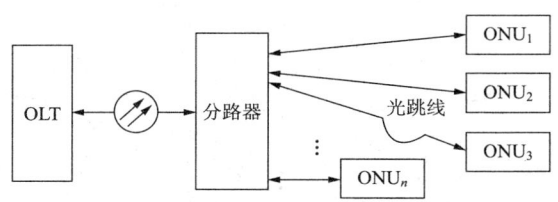

图 6.67　EPON 系统测距配置

③ 测距精度。测距精度就是测距所能达到的最小时间范围,测距精度为 ±16ns。

测试方法:例如对图 6.67 中 ONU_3 进行测距,记录测距值为 b_1;在 ONU_3 加入 3m 的光跳线(根据 EPON 测距精度为 16ns,可以推算出光跳线的长应为 1.6~3.2m,测试时可取 3m 的光跳线);重新对 ONU_3 进行测距,记录测距值为 b_2;去掉光跳线,再对 ONU_3 进行测距,记录测距值为 b_3;计算测距值的变化 $|b_2-b_1|$ 和 $|b_2-b_3|$ 应小于等于 16ns。值得注意的是,在测试过程中应考虑 EPON 测距机制的特点,可能产生 64ns 左右的偏差,应采取适当措施加以控制。

④ 动态测距。动态测距就是在业务正常运行的情况下实时地进行动态精测,以校正由于环境温度变化和器件老化等因素引起的时延漂移。

测试方法:可考虑将被测试 EPON 系统置于环境箱内,配置系统在最大分路比下工作,且在 OLT 与各 ONU 间分别接入不同长度的光跳线(覆盖 0～10km/20km 范围);如果系统在完成静态测距后进入正常工作状态,启动环境测试(温度变化范围应覆盖系统标称的工作温湿度范围);观察测距数据变化,同时用误码测试仪或网络分析仪监视所有 ONU 是否能正常工作(对于 TDM 业务,要求无误码;对于 IP 业务,要求在吞吐量的 90% 时,无丢包)。

第 7 章
光纤通信系统仿真和仿真软件

　　系统仿真是近二十年发展起来的新兴技术。计算机仿真就是在计算机上利用模型对实际系统进行实验研究的过程,已成为分析、研究和设计各种系统的重要手段。把计算机仿真技术应用到通信领域就是其中一项重要的分支。随着通信技术的发展,通信网络的数量和复杂度的迅速增长,在通信系统设计中运用计算机仿真技术已成为新系统设计时缩短设计周期、提高设计可靠性和已有系统性能改进的不可缺少的工具。

　　光纤通信技术是一门多学科专业交叉渗透的综合技术。它涉及通信基础理论(如数字通信技术)、微波技术(如光纤信道的电磁场分析)及电路设计与微电子技术(如 ASIC 专用集成电路)等。因此,无论是系统的规划与设计,还是新型传输系统与体制的探索与研究,都要遇到冗长繁杂的计算。此外,为了验证其性能是否合乎要求,还需反复进行实验研究与测试。如果每次都直接用真实系统进行实验,不仅耗资昂贵、费工费时,有时甚至难于找到问题症结所在。因此,解决上述问题的有效方法是采用计算机仿真技术,即通过建立器件、部件乃至系统的模型,并用模型在计算机上做实验,利用计算机的高速运算处理能力,完成对光纤通信设备与系统的分析、设计以及性能优化与评估测试。显然,建立光纤通信系统的计算机仿真平台,既能提高设计的一次成功率,大大缩短新产品研制周期和节省投资费用,还能极大地促进光纤通信的基础理论研究,并为相关工程技术人员的技术培训提供理想的实验手段。

7.1　光纤通信系统仿真软件的现状

1. 仿真软件

　　光通信的计算机仿真技术可以分为电路级仿真和系统级仿真。

　　电路级仿真就是由电阻、电容、电感等组成等效的电路模型来模拟器件的外特性。这类仿真软件如 PSpice、Multisim 等。

　　系统级仿真是用传输函数或数字公式来模拟器件的外特性。国外已有一些光纤通信系统仿真软件,用于电路分析时,其侧重点不同,例如:

　　① Boss 是一种界面友好的光链路仿真软件,它包括光纤器件模型,但只适用于单一波长系统。

　　② SCOPE 是一种把系统的光电器件和光器件用二端口网络模型来模拟的非线性微波仿真软件,其主要用途是对在微波频率的 IM/DD 光通信系统进行仿真。

　　③ DEX SOLUS 是基于 Spice 电路仿真软件的专用于光通信领域的信号分析软件,它采用等效电路模型来模拟光电器件,这些模型的光功率在仿真中用电压来表征。还有其他电路级的仿真软件如 iSMILE 和 MISIM 等。

　　④ IBM 的 OLAP 是一个把 SYSTID 和低级的光器件仿真软件综合起来应用的软件。

⑤ 还有一些新的仿真软件如 iFROST 等,用户可调用其他仿真软件来提供混合级的仿真环境。

2. 光互联通信系统的仿真

光互联(Optical Interconnects)通信系统有多种拓扑结构,可以是单信道长、距离、单一波长、码字串行通过光纤传输的光链路,也可以是短距离通过光纤或自由空间、码字并行传输的光总线(Optical Buses)。这些连接可能是点对点的,也可能是网络间的连接,根据不同的连接方式,就要采用不同的计算机仿真和设计方法。对于高速、长距离、单一波长码字串行传输链路,设计者的目的是将尽量少的中继器和放大器放在最佳位置,使误码率最低。

有效的 CAD 工具可以在以下几方面减少费用:
① 在光电子集成互联器件生产以前,用 CAD 来预测和优化性能。
② 可用 CAD 来优化不同系统的器件参数。对光功率进行预算是设计和仿真中的重点考虑因素,仿真和设计工具应该能够准确地计算出各种因素对信号造成的功率代价和灵敏度。
③ 对不同的网络拓扑的光链路,在仿真中也可借用传统的电路 CAD 仿真技术,如用于分析高密度并行传输光总线中接收机和发射机的电串扰、光缆间的光串扰等。

7.2 OptiSystem 在系统仿真中的应用

7.2.1 OptiSystem 仿真软件的介绍

在成本效力和生产效率对于成功至关重要的光通信工业里,OptiSystem 可以在光通信系统、连接和元件的设计中最小化时间需要和降低成本。OptiSystem 是一款新颖的、高速发展的、功能强大的软件设计工具,能使用户在从 LAN、SAN、MAN 到 ultra-long-haul 的宽光谱光网络的传输层上进行设计、测试和模拟计划所有类型的光连接。它提供从元件到系统、在传输层中的设计和预研,同时呈现可视化的分析及特定结果。图 7.1 为 OptiSystem 的使用界面。

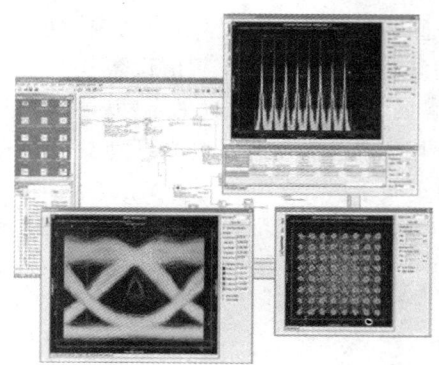

图 7.1 OptiSystem 的使用界面

1. OptiSystem 应用领域

OptiSystem 为不断演化的光子市场提供功能强大容易使用的光系统设计工具,OptiSystem 可以用于设计、测试和模拟领域:

① WNM/TDM 或 CATV 网络设计。
② SONET/SDH 环设计。
③ 发射系统、信道、放大器和接收系统设计。
④ 色散图设计。
⑤ 评估 BER 和不同接收模型的系统代价。
⑥ 放大系统 BER 和连接开支计算。

2. OptiSystem 功能说明

① Component Library(元件库)。OptiSystem 元件库包含数百个元件,使用户可以输入从实际设备中测得的参数。它结合来自不同厂商的测试测量设备。用户可以基于子系统和用户自定义库合并新的元件,或者利用与第三方模拟工具如 MATLAB 或 Spice 的联合模拟。

元件库（Component Library）包含了四种不同的文件夹（图 7.2）。

内定（Default）：OptiSystem 提供了 200 余种元件让用户使用，且依不同的功能分别放置在不同的元件库中。

自定（Custom）：用户可以自己建立新的元件库，将自己利用 MATLAB 或子系统所设计新的元件储存在元件库中。

常用（Favorites）：将自己常使用的元件储存在一起，方便使用。

最近使用过（Recently Used）：OptiSystem 将用户最近使用过的元件储存在这个文件中。

② 结合 Optiwave 软件工具。OptiSystem 允许用户采用特殊的 Optiwave 软件工具用于元件层面的集成和光纤光学：OptiAmplifier、OptiBPM、OptiGrating 和 OptiFiber。

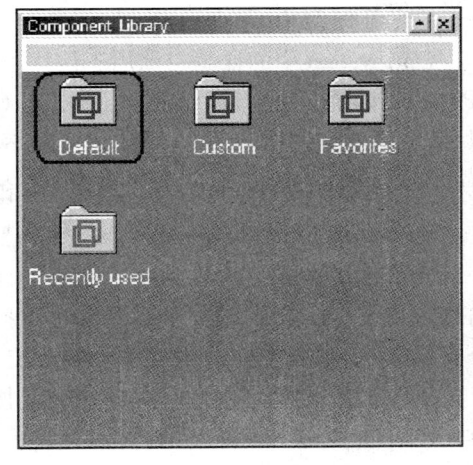

图 7.2 元件库

③ 混合信号表示（Mixed Signal Representation）。OptiSystem 为元件库里光信号和电信号处理混合信号方程。OptiSystem 采用与模拟精度和效率有关的适当的数值方法计算信号。

④ 品质和性能运算法则。为预测系统的性能，OptiSystem 对内部信号干涉和噪声限制的系统采取数值分析或者半分析技术计算参数，如 BER 和 Q 因子。

⑤ 先进的查看工具（Advanced Visualization Tools）。先进的查看工具产生 OSA 光谱、信号啁啾、眼图、偏振态、星形图等。还包括 WDM 分析工具列出信号功率、增益、噪声图及每个信道的 OSNR。

⑥ 数据监视（Data Monitors）。用户可以选择元件端口用于保存数据，还可以在模拟终端粘贴监视器。这允许在模拟后处理数据而不需要重新计算。

⑦ 用子系统分等级模拟（Hierarchical Simulation with Subsystems）。为使模拟工具更加灵活高效，有必要提供在不同层面的模拟，包括系统、子系统和元件层面。

⑧ 强大的脚本语言（Powerful Script Language）。可以输入算数表达式作为参数和创建全局参数（采用 VB Script 语言可以在元件和系统中进行共享）。在使用脚本页（Script Page）时，脚本语言可以操作和控制 OptiSystem，包括计算、Layout 创建和数据处理。

⑨ 计算数据流实时查看（State-of-the-art Calculation Data-flow）。计算流程列表通过决定元件模型（根据选择的数据流模型）的执行系数来控制模拟。主要工作于传输层模拟的数据流模型是元件迭代数据流（CIDF）。CIDF 主要采用运行时间进程表、支持条件、数据依赖迭代和真实递归。

⑩ OptiSystem 的其他特征。具有报告页面、材料清单、多设计版面等功能的 OptiSystem 在基于 FTTx 的无源光网络（PON）、光无线通信（OWC）和光纤广播系统（ROF）方面的设计得到了一系列的加强。双向 AWG（Bi-Directional AWG）加强了 OptiSystem 独特的双向能力，使 PONs 的 AWG 的设计更加容易。

新的成熟的元件库里包括微波元件（Microwave Components），如 180°到 90°的混合耦合器、DC 阻断器、功率分束和结合器。一个理想的 ROF 模拟应用解决方案。

光纤和放大器（Optical Fibers and Amplifiers）采用离散化参数用于宽带采用信号，为掺杂放大器增益和布里渊计算提供了更好的性能、精度和收敛。

四波混频、布里渊散射模拟、自相位调制、交叉相位调制和喇曼散射模拟都包含在 OptiSystem 的光纤模型中。

OptiSystem 中的计算引擎用于估计用户定义区域和对象的误码。可以同时测量偏振模散射(PMD)和记录多路径;可以测量插入损耗(IL)、差分群速延迟(DGD)、偏振色散(PDC)、消偏率、散射、散射斜度和群延迟(GD),直接显示星座和极线图(Constellation and Polar Diagrams)。

7.2.2 OptiSystem 仿真软件的应用实例

本节利用 OptiSystem 软件对光标记交换网结构进行仿真。

光交换技术的主要思想是不经过任何光电转换,在光域直接将输入光信号交换到不同的输出端。主要分为光线路交换和光分组交换两种交换方式。光线路交换系统所涉及的技术有空分交换技术、时分交换技术、波分/频分交换技术、码分交换技术和复合型交换技术,其中空分交换技术包括波导空分和自由空分光交换技术。光分组交换系统涉及的关键技术包括光分组交换(OPS:Optical Packet Switching)、光突发交换(OBS:Optical Burst Switching)及光标记交换(OLS:Optical Label Switching)技术。

光标记交换技术可以充分发挥光子技术和电子技术的优点,将 MPLS 的业务工程和业务分类管理功能的优点融入光网络的管理和控制,可以满足未来多业务所要求的 Qos 保证。由于光标记交换具有较少的开销、较高的带宽利用率和对传送信息格式的透明性等优点,是实现 IP over WDM 宽带光网络的重要技术。

正交光标记技术的基本思想是在同一个光载波上以两种不同的调制格式加载标记和负载信息,所用到的调制格式有 ASK(IM、OOK)、PSK(DPSK)、FSK、PolSK 等。在发射节点,用两个调制器将标记和负载以不同的调制格式加载到同一个光载波上,由于调制格式的正交性,在中间节点能够实现标记和负载的分离以及标记的识别和更新。此方案的优点是较高的频谱利用率,比较容易实现标记和负载的分离,不需要严格的时间同步;但是由于标记和负载调制在同一载波上,如果存在强度调制,则强度调制 ASK(IM、OOK)消光比不能太大,否则会影响另一种信息的误码率。

1. 建立 FSK/ASK 正交调制信号产生仿真模型

仿真工作的开始是以建立基于 FSK/ASK 正交联合调制光标记交换系统仿真模型为第一步。接下来才对仿真模型下对系统设计方案、器件参数进行设置。

如图 7.3 所示,采用模块化处理的方法建立系统仿真模型,包括边缘路由器、传输部分及相

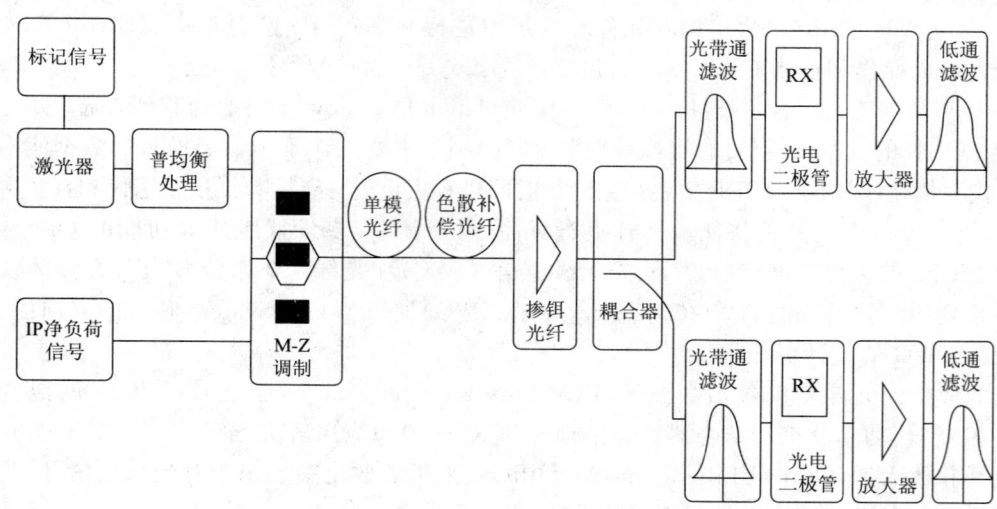

图 7.3 FSK/ASK 正交调制信号产生仿真链路

应的IP头信息(由FSK光信号携带)与IP净负荷(由ASK光信号携带)的接收模块。

2. 模拟验证FSK/ASK正交调制方案的可行性

(1) Label信号时域仿真

在理论分析基础上,通过仿真模拟验证了FSK/ASK正交调制方案的可行性。仿真中Label速率为155.52Mbit/s,由周期长度为$2^{15}-1$的伪随机序列(PRBS:Pseudo Random Bit Sequence)组成,Label信号时域图如图7.4所示。

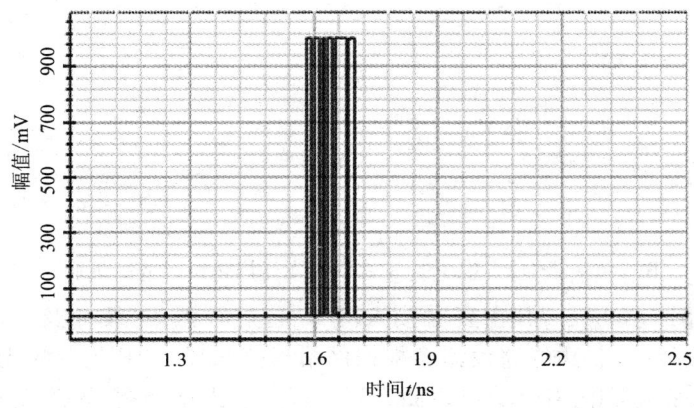

图7.4 IP Label信号时域图

(2) FSK标记信号频域图

Label信号经过频率调制产生频差为Δf的两频率值f_1和f_2。f_1和f_2分别表示控制信息的"0"和"1",前者影响输出强度,而后者影响输出频谱。图7.5为FSK标记信号频域图。

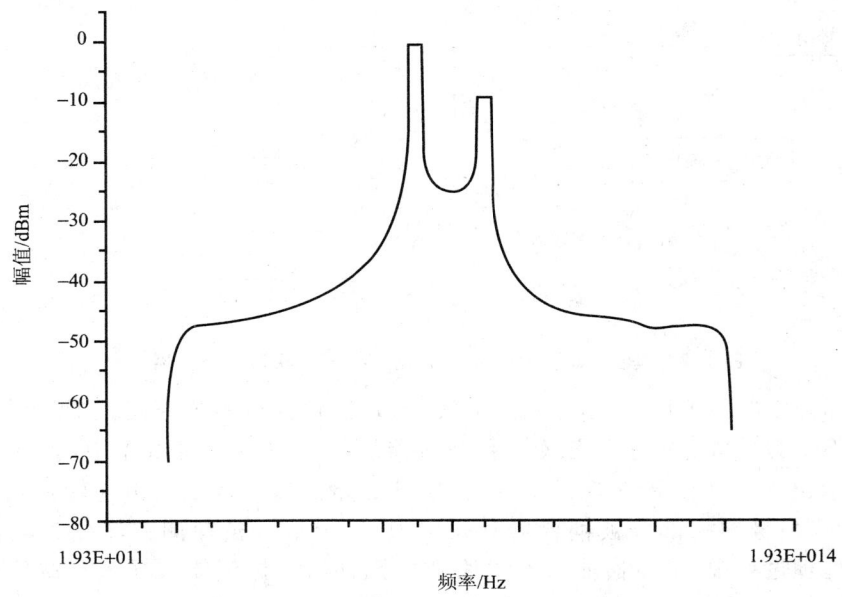

图7.5 FSK标记信号频域图

3. 用OptiSystem建立基于FSK/ASK正交调制光标记交换网络

基于FSK/ASK的光标记交换网络传输系统如图7.6所示。全光标记交换网络包含边缘路由器、核心路由器及传输模块。

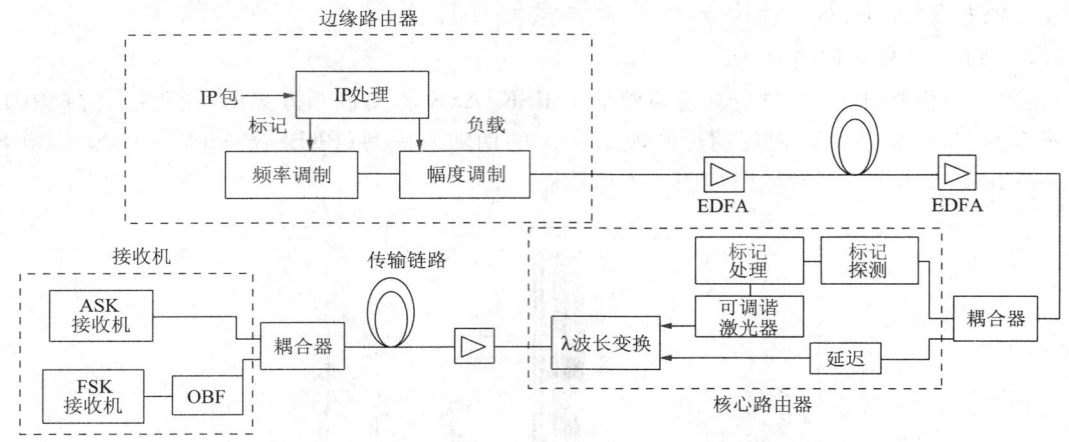

图 7.6 基于 FSK/ASK 正交调制光标记交换网络传输系统

边缘路由器如图 7.7 所示,其主要对接入网 IP 包进行汇集、缓冲及前向纠错,之后将 IP Label 和 Payload 进行分离,边缘路由器会根据网络运营状况给 IP 包分配光标记,例如波长和 FSK 标记。在边缘路由器中,IP Label 对激光器进行直接强度调制,该激光器由于啁啾而导致频率调制,即频移键控(FSK)。FSK 信号作为光载波,而高速的负载信息通过强度调制光载波携带,从而产生 FSK/ASK 正交调制格式。光标记中包含路由信息,在每个节点能够被修改、擦除或插入。

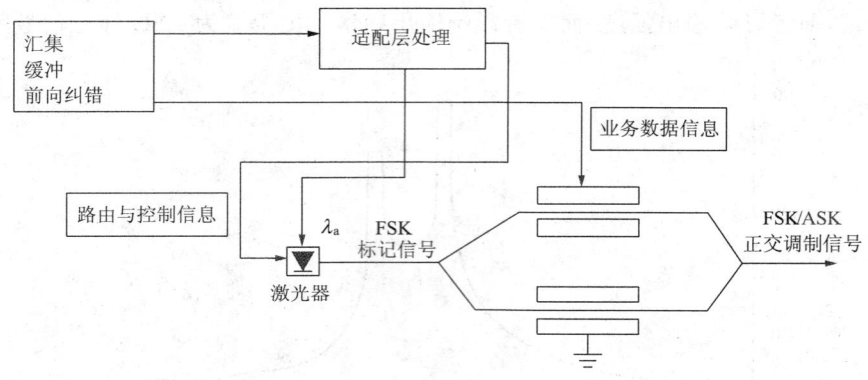

图 7.7 基于 FSK/ASK 正交调制光标记交换边缘路由器结构

根据光标记中的路由信息,边缘路由器转发 IP 包到合适的核心路由器。图 7.8 所示为基于 FSK/ASK 正交调制光标记交换核心路由器结构。在核心路由器中,光标记信号通过 FSK 解调提取出来。基于 FSK 探测信号信息,核心路由器实现了路由与转发功能。为了实现标记交换,光信号的一部分被耦合器分离出来,标记信号被探测并转化为电信号进行处理。在标记处理过程中,路由器能够产生路由标记且新的标记能被插入负载信号来实现下一跳传输。光信号中另一部分用来做波长转换、标记擦除和新标记插入。在核心路由器里,利用 SOA-MZI 波长转换器同时实现标记的擦除和插入。新标记信号经耦合器后以 1∶1 的功率比等分,其中一束和旧 FSK 光标记信号一起通过耦合器耦合进入 M-Z 干涉仪的一个臂(下面均称为上臂),新 FSK 光标记信号的另一束则注入另一个臂(后面均称为下臂)。两束光在 M-Z 输出端的耦合器处耦合,并发生干涉。在 SOA-MZI 波长转换器中,旧的光标记信号的输入会使 SOA 中载流子密度发生改变,进而导致有源区折射率的改变,从而改变了新光标记信号的相位发生变化,此即为交叉相位调制效应(XPM)。利用 MZI 使两个干涉臂中的新光标记信号发生干涉,将新光标记信号的相位调制转化为强度调制,实现了标记的擦除和插入。在接收端,被标记的光信号被耦合器分离,光负载通过光电二极管转成电信号从而解调,FSK 信号通过 OBPF 来实现解调。

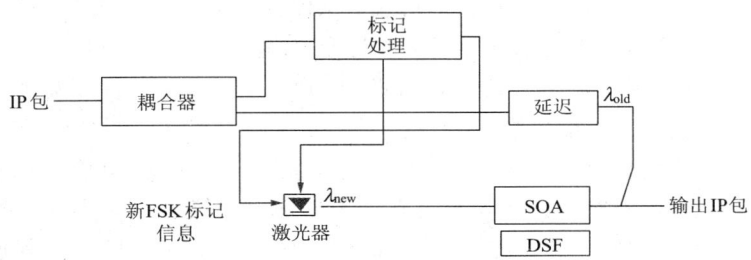

图 7.8 基于 FSK/ASK 正交调制光标记交换核心路由器结构

4. 用 OptiSystem 进行交换网络的仿真结果

系统及仿真结果见图 7.9。

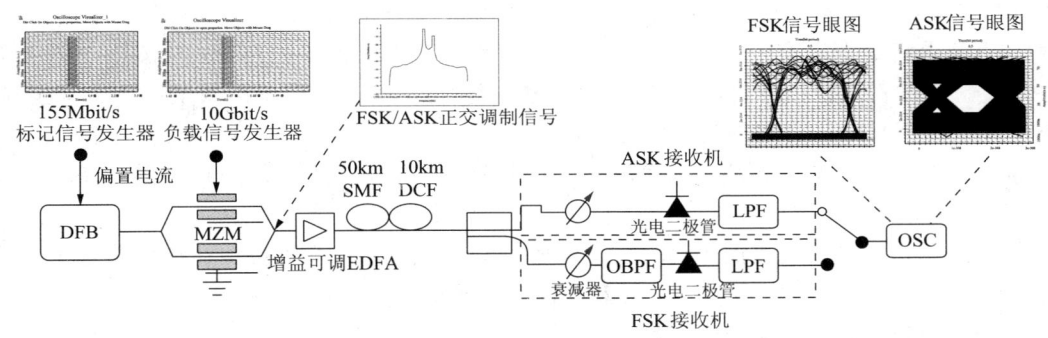

图 7.9 基于 FSK/ASK 正交调制的全光标记系统及仿真结果

系统中 FSK 信号和 ASK 信号处于同一信号频率,并采用共路的形式。边缘路由器用于将来自接入网的 IP 数据包进行汇集、缓冲及前向纠错,并对 IP 数据包的头信息和净负荷进行分离,将 IP 数据包的头信息作为标记信号,然后对其进行 FSK 调制,而高速的净负荷通过 ASK 调制,实现与头信息的正交调制,从而产生 FSK/ASK 正交调制信号;信号接收机用于分离 FSK/ASK 正交调制光信号,并分别对 FSK 信号和 ASK 信号进行检测、放大和判决,解调出标记信号和净负荷。

通过仿真模拟验证了 FSK/ASK 正交调制方案的可行性,结果表明该方案研究内容、技术路线和实现方法切实可行,且将不同类型的信息用正交调制的方式调制在同一波长上,没有任何额外的频率资源消耗,网络带宽资源利用率高。

另外,在该模型上还可以仿真消光比、色散等多种参数对网络性能的影响,对实际系统的搭建有重要指导意义。

7.3 光电子器件的电路级仿真和 PSpice 应用

电路级模拟是光电集成回路(OEIC:OptoElectronic Integrated Circuit)仿真中的一个重要

环节,用来检验电路设计正确性。光电集成回路与微电子集成电路是不同的,因为在光电集成回路中,不仅有微电子器件,而且有光电子器件,不仅有电学信息,而且有光学信息。

电学量一般以"流"的概念来处理,而光学量一般则采用"波"的处理方法。那么如何利用微电子电路的模拟方法模拟光电集成回路呢?关键在于如何去构造光电子器件的电路模型。电路模拟方法的本质是求解关于时间的一阶微分方程,也就是说,如果光电子器件的性能可以用关于时间的一阶微分方程(组)来描述,那么光电子器件就一定可以写成一个等效电路。作为光通信中的核心器件,无论是半导体激光器(LD),还是其他发光和光探测器件,都可以用一组速率方程来描述其性能。所以,采用电路仿真软件 PSpice 和面向新器件模型开发的 iSMILE 都可以对光电集成器件进行很好的仿真。

要想用微电子电路模拟分析方法对 OEIC 进行电路级模拟分析,首要问题是建立能充分反映光电子器件性能并可用纯电学元件等效的光电子器件电路模型。对半导体器件定模通常有两种办法,一种是从器件的实际结构出发,分析器件所包含的子功能器件及其连接关系来获得电路模型的拓扑结构。另一种方法是直接从描述器件性能的物理方程出发,通过适当的整理得到等效电路模型,光电子器件的定模大部分都采用后一种方法。

7.3.1 PSpice 仿真软件

PSpice A/D 是美国 MicroSim 公司开发的电路模拟与设计产品家族的主要成员之一,用于模拟和数字电路的电路级模拟。PSpice A/D 标准版主要功能及特点如下:

① 直流分析。把所有电容开路、电感短路,求解网络的稳态解,可得到各节点的电压、各支路的电流。通过直流扫描分析,可得到网络的某一特性(如某一支路电路或某一节点电压)随输入电压或电流、元件值、模型参数的变化关系。

② 交流分析。模拟网络的小信号频率响应特性,可得到网络的某一特性随频率的变化关系,得到 3dB 带宽。

③ 瞬态分析。模拟网络的大信号响应特性,可得到网络的某一特性在一定的信号输入下随时间的变化关系,得到延迟时间、上升和下降时间等信息。

④ 噪声分析。模拟网络的噪声特性。

⑤ 蒙特卡罗(Monte Carlo)分析和最坏情况(Worst Case)分析。蒙特卡罗分析是分析电路元器件参数在各自的容差(容许误差)范围内,以某种分布规律随机变化时电流特性的变化情况,这些特性包括直流、交流和瞬态特性。

1. PSpice 的操作和使用

(1) 放置元器件

开始模拟电路之前,必须先用"Schematic"将电路图画出来,画原理图包括放置所需元件(包括电源)和连接导线。如图 7.10 所示,先开启"Schematic",点选"Draw/Get New Part"或按工具栏上的图标,即可打开图 7.11 所示对话框。

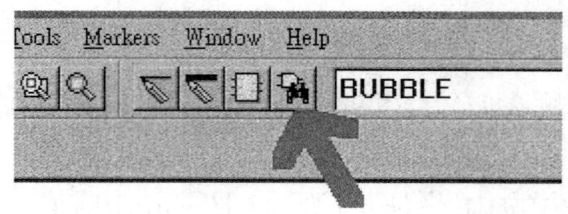

图 7.10 放置元器件的操作(1)

7.3 光电子器件的电路级仿真和 PSpice 应用

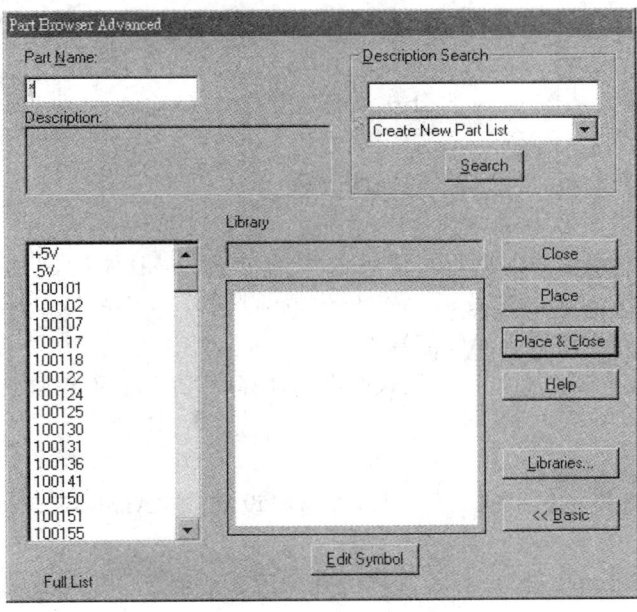

图 7.11 放置元器件的操作(2)

你可以直接在"Part Name"处键入元件名称,例如需要一个电阻则键入 R。也可以点选"Libraries",再从其中点选。常用的元件库 Libraries 内容如下。

① ANALOG.slb:常用的被动元件。

② BREAKOUT.slb:可改变参数的基本元件。

③ SOURCE.slb:电源及信号源。

④ PORT.slb:接地及连接器。

⑤ ERAL.slb:常用的半导体元件(这是免费版专属元件库)。

确定元件后,按"Place"即可将元件拖放到电路图上,按一下鼠标左键,就可以将元件放在图面上,按右键则结束。放完元件后,按"Close"按钮关闭对话框。要改变元件的方向,可点选该元件,在执行"Edit/Rotate"菜单命令(快捷键 Ctrl+R)或"Edit/Flip"(快捷键 Ctrl+F)。

要改变元件的参数(或称 Attributes),可双击该元件,打开元件属性对话框。按对话框提示修改参数,然后点击保存,参数修改完成。

(2) 连接导线

利用连线工具(Draw Wire)画导线,如图 7.12 所示。

点选画线工具后,即可看到一个铅笔状的指示。将画笔移到起始端,按鼠标左键,开始引线,要转弯时可按一下鼠标左键,画笔移到终点后再按一下鼠标左键,完成接线。继续画线,直到全部完成后,按鼠标右键结束画线。

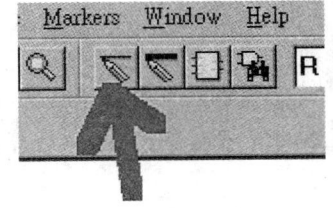

图 7.12 连接导线

(3) 设置要模拟的内容

执行"Analysis/Setup"菜单命令。

点选你想要模拟的项目,然后进入个别设定视窗。常用的模拟内容有

① AC Sweep:交流信号分析,用这项可以找频率响应。

② DC Sweep:直流信号分析。

③ Bias Point Detail:偏置电压分析。

④ Parametric：参数分析，可以在电路中设定参数(可以是元件参数、温度等)，作改变此项参数的分析。

⑤ Transfer Function：转换函数分析，可以定义一个输入和输出，找它们之间的关系(比值)。

⑥ Transient：暂态分析，寻找信号时间的关系。

常用模拟的设定及注意事项：

① AC Sweep。Octave 和 Decade 是对数型的分析，一般波特图均用 Decade 的 Sweep Type。右边是最低和最高频设定及每 Decade 模拟的点数。Noise Analysis 在这里用不到。注意：要使用本分析，电路中必须有 AC 信号源。

② Transient。其中，Step Ceiling 是软件内部计算时间间隔，不用管它，它还可以对结果作傅里叶级数分析。

(4) 设定 Probe

Probe 是用来观察模拟结果的工具，可以在这时设定，按"Analysis/Probe Setup"。

(5) 执行仿真

点选"Analysis/Simulation"就开始进行仿真。仿真结束后，PSpice 的输出文件一般是文字档案，包括电路的 netlist、算出来的偏压点等。如 *.dat 文件是 Probe 用的资料档案，binary code，只能用 Probe 读。*.net 是由所画的电路图产生的 netlist。filename.cir 是整个模拟过程的设定。

PSpice 计算时真正使用的是文字档案。一般而言，一行代表一个元件，写法是：

[元件代号][pin#1][pin#2]———[pin#n][属性或参数]

例如在节点 5 和 6 间接一 11k 的电阻 R_1，写法为：

R1 5 6 11K

(6) PSpice 提供的编辑手段

PSpice 提供了强大的电路描述编辑功能，主要体现在参数定义(.PARAM)、函数定义(.FUNC)、内部函数以及模拟行为模型等几个方面。通过这些功能，几乎可以把任何形式的电路模型描述成子电路的形式。

① 科学计数法。在描述电路时，PSpice 允许使用科学计数法，如描述一个 1pF 的电容，可写成 1E-12、1p 或 1pF，三种形式是等价的，其中"p"就是科学计数法的一个关键词。PSpice 可识别的科学计数法关键词见表 7.1。

② 内部函数。在参数定义(PSpice 的参数定义语句具有计算功能)和函数定义中，可使用多种函数形式，见表 7.2。

③ 运算符。描述 PSpice 电路就像程序设计一样，PSpice 不但提供丰富的内部函数，还提供了多种算术运算符、逻辑运算符和关系运算符，见表 7.3。

表 7.1 科学计数法关键词

关键词	量级	关键词	量级
f	10^{-15}	m	10^{-3}
p	10^{-12}	k	10^{3}
n	10^{-9}	M	10^{6}
μ	10^{-6}	G	10^{9}
mil	2.54×10^{-6}	T	10^{12}

表 7.2 PSpice 内部函数表

函 数	意 义	注 释
ABS(x)	$\|x\|$	
ACOS(x)	反余弦, $\arccos x$	$-1.0 \leqslant x \leqslant +1.0$
ARCTAN(x)	反正切, $\arctan x$	结果的单位为弧度
ASIN(x)	反正弦, $\arcsin x$	$-1.0 \leqslant x \leqslant +1.0$
ATAN(x)	反正切, $\arctan x$	结果的单位为弧度
ATAN2(y,x)	反正切, $\arctan(y/x)$	结果的单位为弧度
COS(x)	$\cos x$	x 的单位为弧度
COSH(x)	双曲余弦	x 的单位为弧度
DDT(x)	dx/dt, x 的时间微分	仅用于瞬态分析
EXP(x)	e^x	
IF(t,x,y)	如果逻辑表达式 t 为真时,函数值取 x,否则取 y	t 为逻辑表达式, x、y 为数值或表达式
IMG(x)	取虚部	x 为实数时,返回 0.0
LOG(x)	$\ln x$	自然对数
LOG10(x)	$\log x$	以 10 为底的对数
M(x)	取模	与 ABS(x) 等价
MAX(x,y)	取 x,y 中的最大值	
MIN(x,y)	取 x,y 中的最小值	
P(x)	取位相	x 为实数时,返回 0.0
PWR(x,y)	$\|x\|^y$	
PWRS(x,y)	$+\|x\|^y$(如果 $x>0$) $-\|x\|^y$(如果 $x<0$)	
R(x)	取实部	
SDT(x)	对时间积分	仅用于瞬态分析
SGN(x)	符号传递	
SIN(x)	$\sin x$	x 的单位为弧度
SINH(x)	双曲正弦	x 的单位为弧度
STP(x)	1(如果 $x>0.0$) 0(如果 $x<0.0$)	
SQRT(x)	$x^{\frac{1}{2}}$	
TAN(x)	$\tan x$	x 的单位为弧度
TANH(x)	双曲正切	x 的单位为弧度

表 7.3 运算符

算术运算符		逻辑运算符		关系运算符	
符 号	意 义	符 号	意 义	符 号	意 义
+	加	~	非	==	等于
−	减	|	或	!=	不等于
*	乘	^	异或	>	大于
/	除	&	与	>=	大于等于
**	乘方			<	小于
				<=	小于等于

④ 参数定义。在电路描述中,可以把一个数值或一个可算出具体数值的表达式用一个符号来代替,这样不仅可以简化编辑工作,而且可以把无意义的数字变成有意义的字符,使电路文件更具有可读性。PSpice 的参数定义形式为

```
       .PARAM   参数名= 数值
或   .PARAM   参数名= {表达式}
```
第一种形式用于给固定的数值定义参数名,第二种形式用于给表达式定义参数名。例如,
```
.PARAM   R1= 15
.PARAM   C1= 1PF,C2= 2PF
.PARAM   R2= {2 * 15+ EXP(5.0)}
.PARAM   R3= {R2}
```
⑤ 函数定义。一般形式为
```
       .FUNC   函数名(变量 1,变量 2,…)   {函数形式}
```
例如:
```
       .FUNC   E(X){EXP(X)}
.FUNC   MIN3(A,B,C){MIN(A,MIN(B,C))}
.PARAM   R= 1
.FUNC   I(V)    {V/R}
.FUNC   II(C,V){C * DDT(V)}
```
⑥ 两种重要的模拟器件。用 PSpice 可以很容易地把新型器件模型编辑成子电路的形式,得益于 PSpice 提供的两种器件:E 器件(电压控制电压源)和 G 器件(电压控制电流源)。借助这两种器件几乎可以把任何形式的表达式描述成电压源或电流源。

• E 器件。E 器件的表述形式很多,这里只给出我们将用到的一种形式:

　　E<名>　正节点　负节点　VALUE={表达式}

例如:
　　E1　5　0　VALUE={5V * SQRT(V(3,2))}

• G 器件。形式及用法与 E 器件完全相同,只需把 E 换成 G 就可以,不同的只是 E 是电压源,G 是电流源。

7.3.2　OEIC 电路模型的 PSpice 描述

1. OEIC 仿真和电子电路仿真的异同

光电集成回路与微电子电路不同,主要表现在以下三个方面:

① OEIC 除含有微电子器件外,还含有光电子器件,如半导体发光二极管(LED)、半导体超辐射发光二极管(SLD)、半导体激光器(LD)等光发射器件,以及半导体光电导、金属-半导体-金属光探测器、PIN 半导体光探测器、半导体光放大器等。此外,还含有用来传导光波并对光信号进行加工的光波导器件,如分波器、耦合器、调制器等。

② 在 OEIC 中传输的不仅有电信号,而且还有光信号。虽然电信号和光信号都是电磁波,但它们的传输途径和处理方法是不同的。传输电信号的媒质通常为导线或微带线,而传输光信号的媒质通常为光波导。对电信号的处理方法通常采用"流"的概念,而对光信号的处理方法通常采用"波"的理论。

③ 作为 OEIC 核心器件的半导体激光器,在受激时具有强烈的正反馈效应,数值稳定性很差,要求有严格的内部结电压限制。同样,雪崩光探测器件也是一种正反馈器件,模拟时需要加以特殊考虑。

正是这些不同之处导致光电集成回路计算机辅助分析的特殊性,主要表现在光电子器件及光波导器件定模及数值方法上。

(1) 光电器件和光波导器件的定模

微电子器件电路模拟的基础之一是微电子器件的电路模型。模拟软件的开发者需要给每个器件一个电路模型，这些电路模型是由简单的电学元件（如电阻、电容、电感、电流源、电压源等）构成的功能电路。PSpice 并没有包含很多电子器件的模型，而是提供了一些可以构造新模型的手段，用户可以选择自己认为合适的模型，可以自己构造新的模型。所以，要想用微电子电路的模拟方法对光电集成回路进行模拟，首要任务是开发光电子器件的电路模型。也就是说，必须把光电子器件用一个能够充分反映其性能且以纯电子元件构成的电路模型来等效。这是对光电子器件定模的最基本要求。

光波导在 OEIC 中的作用相当于微电子集成电路中的传输线。为能对 OEIC 进行电路模拟，必须对光波导定模。在不同的情况下，光波导可以有不同的等效电路模型。最简单的情况是不考虑光波导的损耗（包括传输损耗和耦合损耗）和传输延迟，此时，光波导可以看作一个无损传输线，模拟时把连接在光波导两端的器件直接相连。如果只考虑光波导的损耗，忽略传输延迟，则可以把光波导用一个受控源来等效。当光信号用电压表示时，受控源为电压控制电压源（VCVS）；光信号用电流表示时，受控源为电流控制电流源（CCCS），当然也可以用电压控制电流源（VCCS）或电流控制电压源（CCVS）。

(2) 数值技术

目前，LD 的电路模型一般都是从 LD 的单模速率方程得来的。经过适当的数学处理，可得到图 7.13 所示的等效电路图。在建立 LD 模型时，对于不同结构，考虑问题的侧重点可能不同，处理寄生效应的角度也可能有所区别，等效电路可能是不同的，但基本核心是一样的。都是由两个相互控制的基本回路构成，一个回路是从载流子密度速率方程得来，这里简称电学回路，另一个是从光子密度速率方程得来，这里简称光学回路。

图 7.13 中，光学回路和电学回路的相互控制过程为一正反馈过程。

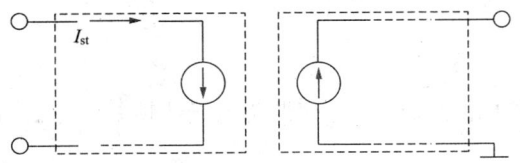

图 7.13 激光器等效电路

2. 利用 PSpice 对 OEIC 进行仿真的方法

借助 PSpice 提供的强大的电路描述手段，几乎可以把任何一种新型器件电路模型描述成 PSpice 子电路形式。主要有这样几个步骤：

① 用参数定义语句定义所有模型参数，以便用户编辑修改模型参数。
② 用函数定义语句描述模型中涉及的函数关系。
③ 按照电路的拓扑关系，借助 E 器件或 G 器件描述电路。

参数定义语句和函数定义语句都可以描述表达式，但它们的效果是不同的，参数定义语句中的表达式，最终只有唯一固定值，而函数语句对应的函数值与自变量有关。因此，在描述子电路时，那些不随偏置条件变化的表达式都可以用参数定义语句定义成一个参数名，而那些随偏置条件变化的表达式必须用函数语句描述，并且那些变化的量必须作为自变量。如光子寿命

$$\tau_p = \frac{\overline{n}_g}{c[\alpha_0 - \ln(R_1 R_2)/(2L)]} \tag{7.1}$$

可以用参数语句定义为

.PARAM TP={Ng/c/(ALFA0−LOG(R1 * R2)/2/L)}

文件中的第一个有效句子必须为".SUBCKT"命令,最后一个句子必须是".ENDS"。

7.3.3 半导体发光器件电路模型

1. 半导体结的 I-V 特性和 C-V 特性

对于半导体光电子器件,半导体结是最重要的基本结构和基本功能元件。在构造半导体光电子器件电路模型时,不可避免地会涉及半导体结的电学特性,主要是 I-V 和 C-V 特性,对于激光器来说,还涉及注入载流子密度与结电压的关系。

(1) I-V 特性

理想 PN 结的 I-V 特性为

$$I = I_s \left[\exp\left(\frac{qV}{kT}\right) - 1 \right] \tag{7.2}$$

(2) C-V 特性

PN 结具有电容效应,PN 结电容包括空间电荷区电容(又称势垒电容)C_{sc} 和扩散电容 C_d,它们都与结电压有关,属于可变电容。空间电荷区电容描述空间电荷区的电荷存储效应。突变结的空间电荷区电容为

$$C_{sc} = A_j \sqrt{\frac{\varepsilon_r \varepsilon_0 q N_A N_D}{2(N_A + N_D)V_{B1}}} \left(1 - \frac{V}{V_{B1}}\right)^{-0.5} \tag{7.3}$$

式中,A_j 为结面积。

扩散电容描述注入载流子在扩散区的电荷存储效应。扩散电容可表示为

$$C_d = \left(A_j q^2 \frac{n_{p0}L_n + p_{n0}L_p}{kT}\right) \exp\left(\frac{qV}{kT}\right) \tag{7.4}$$

2. 半导体激光器速率方程

构造激光器电路模型的出发点是描述激光器电光特性的速率方程,下面简单给出激光器速率方程的形式。

对于单纵模半导体激光器,速率方程可写为

$$\frac{dn}{dt} = \frac{I_j}{qV_{act}} - (An + Bn^2 + Cn^3) - \Gamma g c' s \tag{7.5}$$

$$\frac{ds}{dt} = \beta_{sp} B n^2 + \Gamma g c' s - \frac{s}{\tau_{ph}} \tag{7.6}$$

$$\frac{d\phi}{dt} = \frac{\beta_c}{2}\left(\Gamma g c' - \frac{1}{\tau_{ph}}\right) \tag{7.7}$$

式中,n 为有源区载流子密度,s 为总光子密度(总光子数/有源区体积),ϕ 为光场位相,I_j 为注入电流,Γ 为光限制因子,g 为光增益,c' 为有源区光速,β_{sp} 为自发辐射系数,τ_{ph} 为光子寿命,β_c 为线宽增强因子,A 为陷阱辅助复合系数,B 为辐射复合系数,C 为 Auger 复合系数。

对于多纵模激光器,则需要很多个速率方程,若有 M 个模式,则需要 $2M+1$ 个速率方程。

7.3.4 激光器的 OEIC 仿真

半导体激光器 LD 是 OEIC 中最重要的核心器件。OEIC 的电路级模拟建立在 LD 电路模型的基础上。

利用单模速率方程,考虑了自发辐射和自脉动效应,可以得到一个由电阻、电容和电感并联的双异质结 LD 小信号等效电路,见图 7.14。

1. DH-LD 激光器仿真模型

以 DH-LD 为例,在 LD 调制响应中,阻尼弛豫振荡现象是总能观察到的,产生响应阻尼的因素很多,如载流子横向扩散、自发发射、光谱烧孔、非线性吸收等。把这些非线性效应用统一的场依赖光增益压缩因子来考虑,并把它引入 LD 的单模速率方程,速率方程简化为

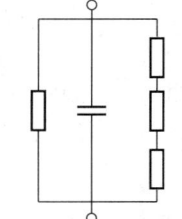

图 7.14 LD 本征小信号电路模型

$$\frac{dn}{dt} = \frac{I_j}{qV_{act}} - R_n(n) - R_r(n) - Gs' \tag{7.8}$$

$$\frac{ds'}{dt} = \Gamma Gs' + \Gamma\beta_{sp}R_r(n) - \frac{s'}{\tau_{ph}} \tag{7.9}$$

这里的 s' 为有源区内光子的平均密度。根据速率方程,并考虑激光器寄生串联电阻 R_s、寄生并联电容 C_p、电流泄漏等效电阻,以及空间电荷电容 C_{sc},可构造出激光器的电路模型,见图 7.15。

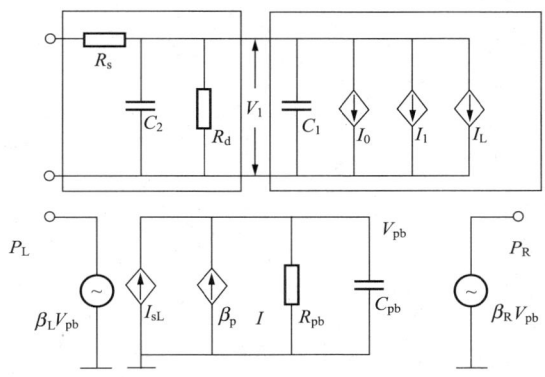

图 7.15 DH-LD 电路模型

由图 7.15 可见,激光器电路模型有四个端点,其中两个与实际器件的两个电学端口相对应,其他两个端点为引入的虚拟端,与激光器两个腔面的输出功率相对应。

2. PSpice 子电路描述

PSpice 是一个功能强大的电路级模拟软件,为了能利用 PSpice 模拟 OEIC,这里给出 DH-LD 电路模型的子电路描述如下。

```
0001    .SUBCKT DHLD NA NB NL NR
0002    *       子电路名:DHLD
0003    *       接口端点:NA,NB,NL,NR
0004    *          NA,NB:实际器件的两个电学端点
0005    *              NA 正极,NB 负极
0006    *          NL,NR:两个虚拟端点,用于光输出
0007    *              NL 左端面,NR 右端面
0008    * model parameters BEGIN
0009    *用户通过修改下面的参数值,以模拟不同器件 *
0010    .PARAM L= 250UM
0011    .PARAM W= 1UM     0010-0037 行:模型参数定义
```

```
0012      .PARAM D= 0.15UM
0013      .PARAM An1= 1.0E8
0014      .PARAM An2= 1.1E- 17
0015      .PARAM An3= 2.0E- 41
0016      .PARAM An4= 0
0017      .PARAM A= 3.5
0018      .PARAM Ar1= 4.2E8
0019      .PARAM Ar2= 1.5E- 16
0020      .PARAM GAM= 0.3
0021      .PARAM G0= 1.4E- 12
0022      .PARAM Ntr= 1.5E24
0023      .PARAM EPS= 1E- 25
0024      .PARAM B= 1
0025      .PARAM Bsp= 1E- 3
0026      .PARAM ALFA= 2000
0027      .PARAM Rl= 0.3
0028      .PARAM Rr= 0.3
0029      .PARAM Ne= 7.8E7
0030      .PARAM EIT= 2
0031      .PARAM Nr= 3.5
0032      .PARAM LMD= 1.3UM
0033      .PARAM Vbi= 1.13
0034      .PARAM Csc0= 10pF
0035      .PARAM Rs= 5
0036      .PARAM Cp= 1pF
0037      .PARAM Rd= 1E15
0038      * model parameters END
0039
0040      * CONSNTANTS
0041      .PARAM ECHARGE= 1.6021918E- 19
0042      .PARAM BOLTZMAN= 1.3806226E- 23
0043      .PARAM EPS0= 8.854214871E- 12
0044      .PARAM PI= 3.1415926
0045      .PARAM TWOPI= {2.0 * PI}
0046      .PARAM PLANCK= 6.626176E- 34
0047      .PARAM PLANCK2PI= {PLANCK/TWOPI}
0048      .PARAM TEMPR= 300
0049      .PARAM VT= {BOLTZMAN * TEMPR/ECHARGE}
0050      .PARAM LSPEED= 2.99792458E8
0052      * Convert m to um
0053      .PARAM UL= {L * 1E6}
```

```
0054    .PARAM UW= {W * 1E6}
0055    .PARAM UD= {D * 1E6}
0056    .PARAM UAn1= {An1}
0057    .PARAM UAn2= {An2 * 1E18}
0058    .PARAM UAn3= {An3 * 1E36}
0059    .PARAM UAn4= {An4 * (1E6) * * (A-1)}
0060    .PARAM UAr1= {Ar1}
0061    .PARAM UAr2= {Ar2 * 1E18}
0062    .PARAM UG0= {G0 * 1E18}
0063    .PARAM UNtr= {Ntr * 1E- 18}
0064    .PARAM UALFA= {ALFA * 1E- 6}
0065    .PARAM UEPS= {EPS * 1E18}
0066    .PARAM UNe= {Ne * 1E- 18}
0067    .PARAM ULMD= {LMD * 1E6}
0068    .PARAM ULSPEED= {LSPEED * 1E6}
0069
0070    .PARAM Vact= {UL * UW * UD}
0071    .PARAM Tph= {Nr/(ULSPEED * (GAM * UALFA- LOG(Rl * Rr)/2.0/UL))}
0072    .PARAM QV= {ECHARGE * Vact}
0073    .PARAM Cph= {ECHARGE/VT}
0074    .PARAM Rph= {VT * Tph/ECHARGE}
0075    .PARAM CPL= {PLANCK * ULSPEED * ULSPEED * (Rl- 1.0) * LOG(Rl * Rr)/
0076                (2.0 * Nr * VT * UL * ULMD * (1- Rl+ SQRT(Rl/Rr) * (1- Rr)))}
0077    .PARAM CPR= {PLANCK * ULSPEED * ULSPEED * (Rr- 1.0) * LOG(Rl * Rr)/
0078                (2.0 * Nr * VT * UL * ULMD * (1- Rr+ SQRT(Rr/Rl) * (1- Rl)))}
0079    .PARAM Vl= {EIT * VT * LOG((UNtr+ 1.0/Tph/GAM/UG0)/UNe)}
0080
0081    .FUNC   N(V) {UNe * EXP(V/EIT/VT)- 1.0}
0082    .FUNC   Rn(V) {UAn1 * N(V)+ UAn2 * N(V) * * 2+ UAn3 * N(V) * * 3+ UAn4 *
                N(V) * * A}
0083    .FUNC   Rra(V){UAr1 * N(V)+ UAr2 * N(V) * * 2}
0084    .FUNC   G(V,Vph){IF(N(V)< UNtr,0.0,QV * GAM * UG0 * (N(V)- UNtr))/
0085            (1.0+ UEPS * ABS(Vph)/Vact/VT) * * B}
0086    .FUNC   Inr(V){QV * Rn(V)}
0087    .FUNC   Irr(V){QV * Rra(V)}
0088    .FUNC   Ist(V,Vph){G(V,Vph) * ABS(Vph)/Vact/VT}
0089    .FUNC   Cd(V){QV * UNe * EXP(V/EIT/VT)/(EIT * VT)}
0090    .FUNC   Csc(V){IF(V< Vbi,Csc0/SQRT(1.0- V/Vbi),Csc0/SQRT(0.1))}
0091
0092    * Electrical CIRCUIT
0093    RRs NA NA1{Rs}
0094    RRd NA1 NB{Rd}
0095    CCp NA1 NB{Cp}
```

```
0096    * GCd NA1 NB VALUE= {Cd(V(NA1)- V(NB)) * DDT(V(NA1)- V(NB))}
0097    * GCsc NA1 NB VALUE= {Csc(V(NA1)- V(NB)) * DDT(V(NA1)- V(NB))}
0098    CCd   NA1 NB   {Cd(Vl)}
0099    CCsc  NA1 NB   {Csc(Vl)}
0100    GInr NA1 NB VALUE= {Inr(V(NA1)- V(NB))}
0101    GIrr NA1 NB VALUE= {Irr(V(NA1)- V(NB))}
0102    GIst NA1 NB VALUE= {Ist(V(NA1)- V(NB),V(NS))}
0103    * Vph CIRCUIT
0104    GIrr1 0 NS VALUE= {Bsp * Irr(V(NA1)- V(NB))}
0105    GIst1 0 NS VALUE= {Ist(V(NA1)- V(NB),V(NS))}
0106    CCph  NS 0{Cph}
0107    RRph  NS 0{Rph}
0108    * Left Facet Output
0109    El NL 0 VALUE= {CPL * V(NS)}
0110    * Right Facet Output
0111    Er NR 0 VALUE= {CPR * V(NS)}
0112
0113    .ENDS
```

其中,0041~0050 行:基本物理常数定义;0053~0068 行:把长度单位"米"转换成"微米",有利于数值处理,当然这种转换不是必需的;0070~0079 行:计算一些常值表达式;0081~0090 行:定义一些函数;0093~0102 行:电学回路描述;0104~0107 行:光学回路描述;0109,0111 行:光功率输出支路描述。

如图 7.16 所示,PSpice 给出了 DH-LD 的 P-I 特性、频率响应特性及瞬态调制波形的仿真结果。

改善 DH-LD 结构,即改变参数,可以得到不同的 P-I 特性、频率响应特性和瞬态调制波形的曲线仿真结果,这对具体应用有很大参考价值。

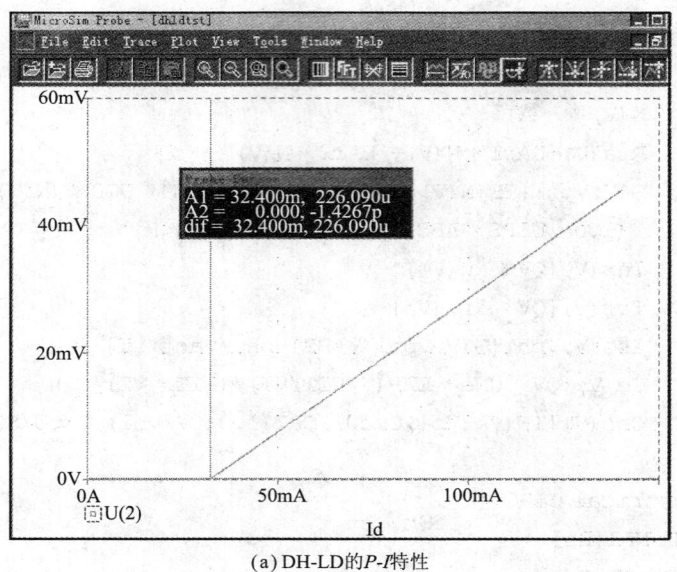

(a) DH-LD的P-I特性

图 7.16 仿真结果

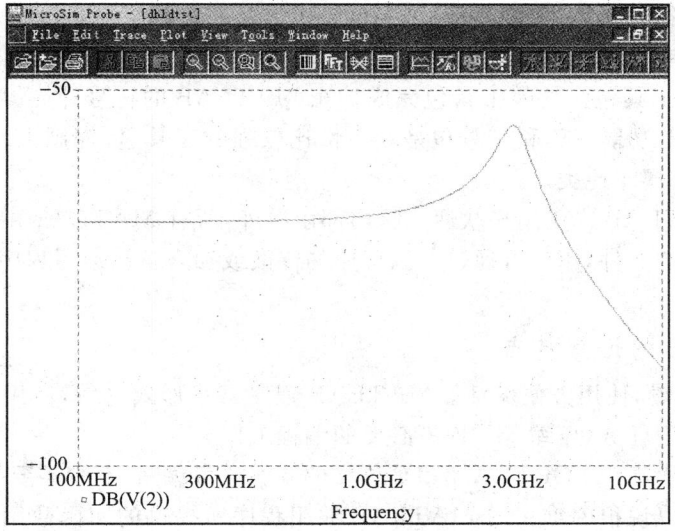

(b) DH-LD频率响应特性

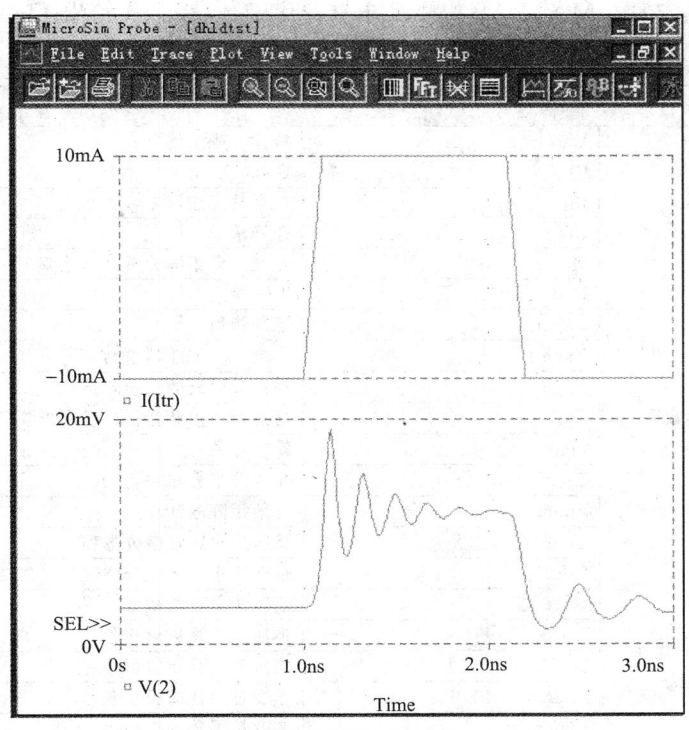

(c) DH-LD瞬态调制波形

续图 7.16

7.4 MATLAB在光通信中的应用

7.4.1 MATLAB仿真软件的介绍

1. MATLAB仿真软件的特点

MATLAB是矩阵实验室(Matrix Laboratory)之意。除具备卓越的数值计算能力外,它还提供了专业水平的符号计算、文字处理、可视化建模仿真和实时控制等功能。

MATLAB 拥有数百个内部函数的主包和三十几种工具包(Toolbox)。工具包又可以分为功能工具包和学科工具包。功能工具包完成扩充 MATLAB 的符号计算、可视化建模仿真、文字处理及实时控制等功能。学科工具包是专业性比较强的工具包,控制工具包、信号处理工具包、通信工具包等都属于此类。

开放性使 MATLAB 广受用户欢迎。除内部函数外,所有 MATLAB 主包文件和各种工具包都是可读可修改的文件,用户可通过对源程序的修改或加入自己编写程序来构造新的专用工具包。

2. MATLAB 的语言特点

① 语言简洁紧凑,使用方便灵活。MATLAB 程序书写形式自由,利用其丰富的库函数避开繁杂的子程序编程任务,压缩了一切不必要的编程工作。

解线性方程的程序用 FORTRAN 和 C 这样的高级语言编写,至少需要几百行,调试这种几百行的计算程序可以说很困难。用 MATLAB 编用程序所提供的库函数用短短几个语句就能解决问题。

② 库函数极其丰富。MATLAB 提供了丰富的库函数,表 7.4 给出了一些常用的命令。

表 7.4　常用 MATLAB 命令

	函　数	说　　明
线性方程	\ 和 /	线性方程求解
	Chol	Cholesky 分解
	Lu	高斯消元法求系数阵
	Inv	矩阵求逆
	Qr	正交三角矩阵分解(QR 分解)
	Pinv	矩阵伪逆
矩阵函数	Expm	矩阵指数
	Expm1	实现 expm 的 M 文件
	Expm2	通过泰勒级数求矩阵指数
	Expm3	通过特征值和特征向量求矩阵指数
	Logm	矩阵对数
	Sqrtm	矩阵开平方根
	Funm	一般矩阵的计算
泛函——非线性数值方法	Ode23	低阶法求解常微分方程
	Ode23p	低阶法求解常微分方程并绘出结果图形
	Ode45	高阶法求解常微分方程
	Quad	低阶法计算数值积分
	Quad8	高阶法计算数值积分
	Fmin	单变量函数的极小变化
	Fmins	多变量函数的极小化
	Fzero	找出单变量函数的零点
	Fplot	函数绘图
建立和控制坐标系	Subplot	在标定位置上建立坐标系
	Axes	在任意位置上建立坐标系
	Gca	获取当前坐标系的句柄
	Cla	清除当前坐标系
	Axis	控制坐标系的刻度和形式
	Caxis	控制伪彩色坐标刻度
	Hold	保持当前图形

续表 7.4

函 数		说 明
打印和存储	Print	打印图形或保存图形
	Printopt	配置本地打印机缺省值
	Orient	设置纸张取向
	Capture	屏幕抓取当前图形
基本 X-Y 图形	Plot	线性图形
	Loglog	对数坐标图形
	Semilogx	半对数坐标图形（X 轴为对数坐标）
	Semilogy	半对数坐标图形（Y 轴为对数坐标）
	Fill	绘制二维多边形填充图
特殊 X-Y 图形	Polar	极坐标图
	Bar	条形图
	Stem	离散序列图或杆图
	Stairs	阶梯图
	Errorbar	误差条图
	Hist	直方图
	Rose	角度直方图
	Compass	区域图
	Feather	箭头图
	Fplot	绘图函数
	Comet	星点图

7.4.2 MATLAB 仿真软件的应用实例

1. 利用 MATLAB 仿真全光波长转换过程

① 根据波长转换过程，建立数学模型。如图 7.17 所示。

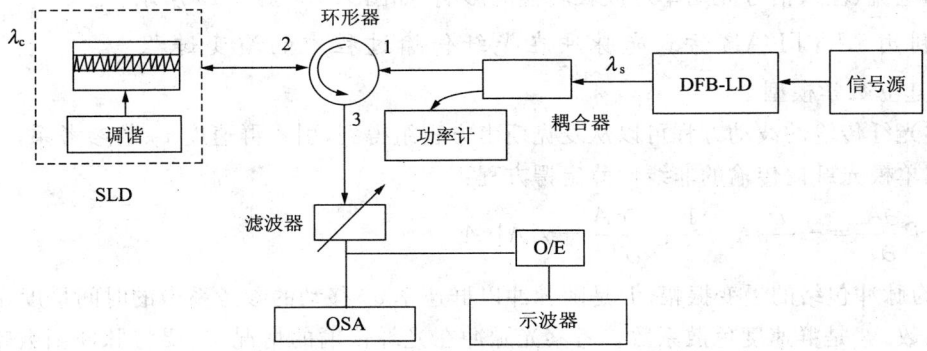

图 7.17 半导体激光器实现波长转换的实验装置

外部信号光 λ_s 经环形器（1→2）入射进 SLD（Semiconductor Laser Diode），当外信号为"1"时，激光器本身发出的连续光 λ_c 的光增益下降，激光振荡被抑制，激射熄灭。当外信号为"0"时，激光器发出连续光 λ_c，结果，激光器的输出随着信号光的变化而变化，并与初始信号反相，完成全光波长转换。对于以上物理模型，我们通常采用速率方程进行描述、分析。

$$\dot{N} = \frac{J}{ed} - \frac{N}{\tau_e} - v_g G_1 (1 - \varepsilon_{11} S_1 - \varepsilon_{12} S_{in}) S_1 - v_g G_2 (1 - \varepsilon_{21} S_1 - \varepsilon_{22} S_{in}) S_{in} \tag{7.10}$$

$$\dot{S}_1 = \Gamma v_g G_1 (1 - \varepsilon_{11} S_1 - \varepsilon_{12} S_{in}) S_1 - \frac{S_1}{\tau_p} + R_{sp} \tag{7.11}$$

$$G_1 = a_1 (N - N_t) \tag{7.12}$$

$$G_2 = a_2(N - N_t) \tag{7.13}$$

$$R_{sp} = \frac{\Gamma \beta_{sp} N}{\tau_e} \tag{7.14}$$

其中，J 为激光器工作电流密度，N 为载流子密度，S_1 为激光器出射光子密度，S_{in} 为激光器入射光子密度，v_g 为群速度，e 为电子电荷量，d 为有源区厚度，a_1、a_2 为增益系数，N_t 为透明载流子密度，ε_{11}、ε_{22} 为自饱和系数，ε_{12}、ε_{21} 为互饱和系数，Γ 为限制因子，β_{sp} 为自发辐射因子，τ_e 为载流子寿命，τ_p 为光子寿命。

仿真中，取饱和系数 $\varepsilon = 6.8 \times 10^{-17} \text{cm}^{-3}$，载流子寿命 $\tau_e = 2.2 \text{ns}$，光子寿命 $\tau_p = 1.6 \text{ps}$，增益系数 $a = 2.5 \times 10^{-16} \text{cm}^2$，透明载流子浓度 $N_t = 1.0 \times 10^{18} \text{cm}^{-3}$，群速度 $v_g = 0.75 \times 10^8 \text{m} \cdot \text{s}^{-1}$，限制因子 $\Gamma = 0.4$，电子的电荷量 $e = 1.6 \times 10^{-19} \text{C}$，激光器有源区长度 $L = 250 \mu m$、宽度 $w = 2.0 \mu m$、厚度 $d = 0.2 \mu m$，自发辐射因子 $\beta_{sp} = 0.004$。

② 根据数学模型，编写仿真程序。核心程序语句如下：

```
function xprim= xprim119(t,x)
xprim= [1.125*10^27- x(1)*0.455*10^9- 2.25*10^- 6*(x(1)- 1.0*10^18).*(1- 6.8*10^- 17*x(2)- 13.6*10^- 17*25*10^14*(1.0+ square(2*pi*100*10^6*t- pi))).*x(2)- 2.25*10^- 6*(x(1)- 1.0*10^18).*(1- 13.6*10^- 17*x(2)- 6.8*10^- 17*25*10^14*(1.0+ square(2*pi*100*10^6*t- pi)))*25*10^14.*(1.0+ square(2*pi*100*10^6*t- pi));0.4*2.25*10^- 6*(x(1)- 1.0*10^18).*(1- 6.8*10^- 17*x(2)- 13.6*10^- 17*25*10^14*(1.0+ square(2*pi*100*10^6*t- pi))).*x(2)- x(2)*0.6*10^12+ x(1)*0.455*10^9*0.0004];
```

③ 编译仿真程序，得到仿真结果。通过短短的MATLAB程序，很容易仿真出半导体激光器的工作电流、注入信号光功率对波长转换的影响，如图7.18、图7.19所示。

2. 利用MATLAB仿真光脉冲在光纤传输过程中的演变过程

(1) 建立数学模型

描述光纤传输的波动方程可以从麦克斯韦方程组得到，引入群速度 v_g 的参考系，得到描述光脉冲在单模光纤内传输的非线性薛定谔方程：

$$i\frac{\partial A}{\partial z} = -\frac{i}{2}\alpha A + \frac{1}{2}\beta_2 \frac{\partial^2 A}{\partial T^2} - \gamma |A|^2 A \tag{7.15}$$

其中，A 为脉冲包络的慢变振幅，T 是随脉冲以群速率 v_g 移动的参考系中的时间量度，α 是光纤的损耗系数，β_2 是群速度色散系数。考察光脉冲在光纤传输的情况，只要将脉冲函数带入上式进行求解则可。

在实际的光纤通信系统中，实际光源输出的脉冲波形近似高斯形状，如果令

$$A = \sqrt{I_0} U(z, T) \tag{7.16}$$

引入归一化振幅 $U(0, T) = \exp\left(-\frac{1+iC}{2}\frac{T^2}{T_0^2}\right)$，$T_0$ 是脉冲半宽度，在研究单模光纤传输问题时，C 常称作啁啾参数。

将高斯脉冲带入光纤传输的非线性薛定谔方程，不考虑损耗的影响，得到

$$i\frac{\partial U}{\partial z} = \frac{\beta_2}{2}\frac{\partial^2 U}{\partial T^2} \tag{7.17}$$

利用傅里叶法对式(7.17)进行求解，考察频域和时域光脉冲的传播规律。

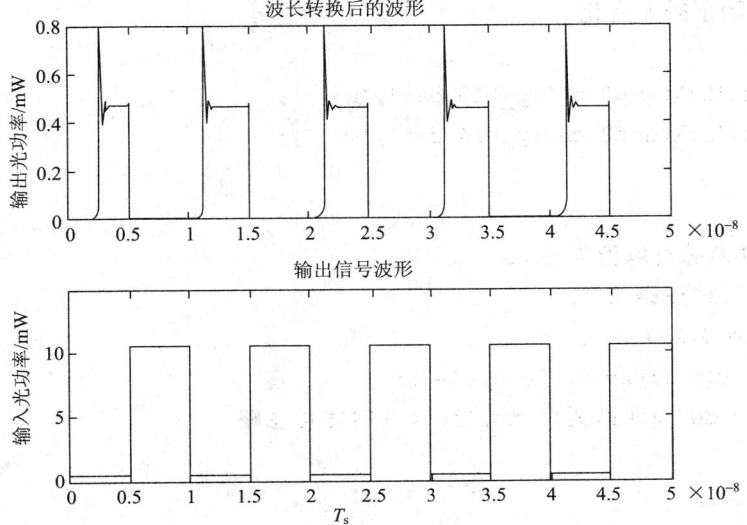

图 7.18 数值计算得到 $I=18\text{mA}$、$R_b=200\text{Mbit/s}$、$\overline{P}=5\text{mW}$ 时波长转换前后的信号波形

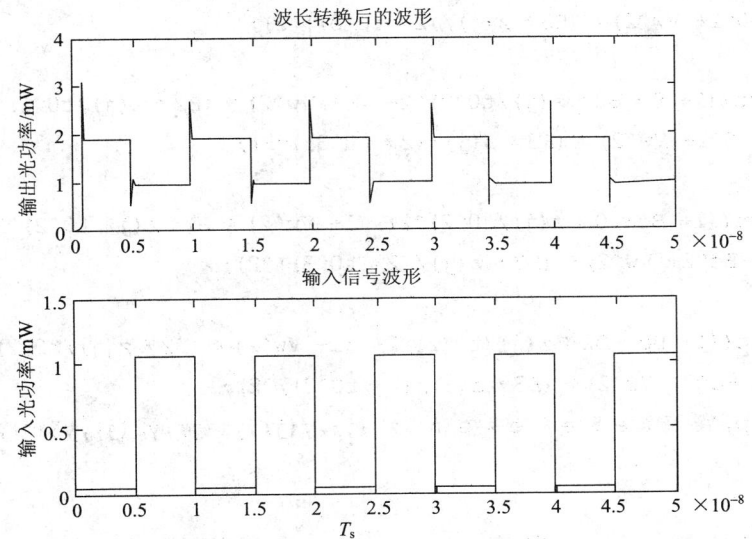

图 7.19 数值计算得到 $I=54\text{mA}$、$R_b=200\text{Mbit/s}$、$\overline{P}=5\text{mW}$ 时波长转换前后的信号波形

对 $U(0,T)=\exp\left(-\dfrac{1+iC}{2}\dfrac{T^2}{T_0^2}\right)$ 进行傅里叶变换可得

$$\widetilde{U}(0,w)=\left(\frac{2\pi T_0^2}{1+i\beta_c}\right)^{\frac{1}{2}}\exp\left[-\frac{w^2 T_0^2}{2(1+i\beta_c)}\right] \tag{7.18}$$

得到经过传输距离 z,高斯脉冲的解析解为

$$U(z,T)=\frac{T_0}{[T_0^2-i\beta_2 z(1+i\beta_c)]^{1/2}}\exp\left\{-\frac{(1+i\beta_c)T^2}{2[T_0^2-i\beta_2 z(1+i\beta_c)]}\right\} \tag{7.19}$$

$L_D=T_0^2/|\beta_2|$,L_D 称作色散长度的比值。

(2) 根据数学模型,编写仿真程序

核心程序如下:

```
%计算展宽因子随 z 变化
clear
f1p= fopen('D:\temp2\chirp_t13.dat','w+ ');
f2p= fopen('D:\temp2\chirp_t14.dat','w+ ');

N = 1000;
t0= 80;% 高斯脉宽取值为 80ps
Bc= - 3;B2= 16;B3= 0.1;
z= linspace(0,1000,N);
z0= z;y= z;y1= z;y2= z;y3= z;y4= z;
Vw= 0;% Vw= dw(高斯谱宽)* to,当< < 1时才可忽略
for j= 1:N
    z0= z/400;

y(j)= sqrt((1+ 0 * 0 * z(j)/t0^2)^2+ (1+ Vw^2) * (0 * z(j)/t0^2)^2+ 
    (1+ 0^2+ Vw^2) * (B3 * z(j)/(2 * t0^3))^2);

y1(j)= sqrt((1+ 0 * B2 * z(j)/t0^2)^2+ (1+ Vw^2) * (B2 * z(j)/t0^2)^2+ 
    (1+ 0^2+ Vw^2) * (B3 * z(j)/(2 * t0^3))^2);

y2(j)= sqrt((1+ Bc * 0 * z(j)/t0^2)^2+ (1+ Vw^2) * (0 * z(j)/t0^2)^2+ 
    (1+ Bc^2+ Vw^2) * (B3 * z(j)/(2 * t0^3))^2);

y3(j)= sqrt((1+ Bc * B2 * z(j)/t0^2)^2+ (1+ Vw^2) * (B2 * z(j)/t0^2)^2+ 
    (1+ Bc^2+ Vw^2) * (B3 * z(j)/(2 * t0^3))^2);
fprintf(f1p,'% f % e % e % e % e\n',z0(j),y(j),y1(j),y2(j),y3(j));
end
figure(1);
plot(z0,y,'k- ');xlabel('距离 z/Ld');ylabel('展宽因子 v/v0');
hold on, plot(z0,y1,'r- ',z0,y2,'b- ',z0,y3,'g- ');

t0= 1000;% 高斯脉宽取值为 1000ps
Bc= - 3;B2= 16;B3= 0.1;
z= linspace(0,100,N);
z0= z;y1= z;y2= z;y3= z;y4= z;
vr= [0.25 0.5 1];% 分别对应激光器线宽为
Vw= sqrt(2) * 1000e- 12 * (2 * pi * 3e8/1550 * 1e9)/1550 * vr;
for j= 1:N

y1(j)= sqrt((1+ Bc * B2 * z(j)/t0^2)^2+ (1+ Vw(1)^2) * (B2 * z(j)/t0^2)^2+ 
    (1+ Bc^2+ Vw(1)^2) * (B3 * z(j)/(2 * t0^3))^2);
```

```
    y2(j)= sqrt((1+ Bc * B2 * z(j)/t0^2)^2+ (1+ Vw(2)^2) * (B2 * z(j)/t0^2)^2+
        (1+ Bc^2+ Vw(2)^2) * (B3 * z(j)/(2 * t0^3))^2);
    y3(j)= sqrt((1+ Bc * B2 * z(j)/t0^2)^2+ (1+ Vw(3)^2) * (B2 * z(j)/t0^2)^2+
        (1+ Bc^2+ Vw(3)^2) * (B3 * z(j)/(2 * t0^3))^2);
            fprintf(f2p,'% f % e % e % e \n',z(j),y1(j),y2(j),y3(j));
end
figure(2);
plot(z,y1,'r- ');xlabel('距离 z');ylabel('展宽因子 v/v0');
hold on, plot(z,y2,'b- ',z,y3,'g- ');

fclose(f1p);
fclose(f2p);
```

(3) 编译仿真程序,得到仿真结果

通过短短的 MATLAB 程序,很容易仿真不同 β_2、β_c 情况下,脉冲波形演变的情况,可得到脉冲展宽量同 β_c、β_2 相对符号的关系,如图 7.20 所示。

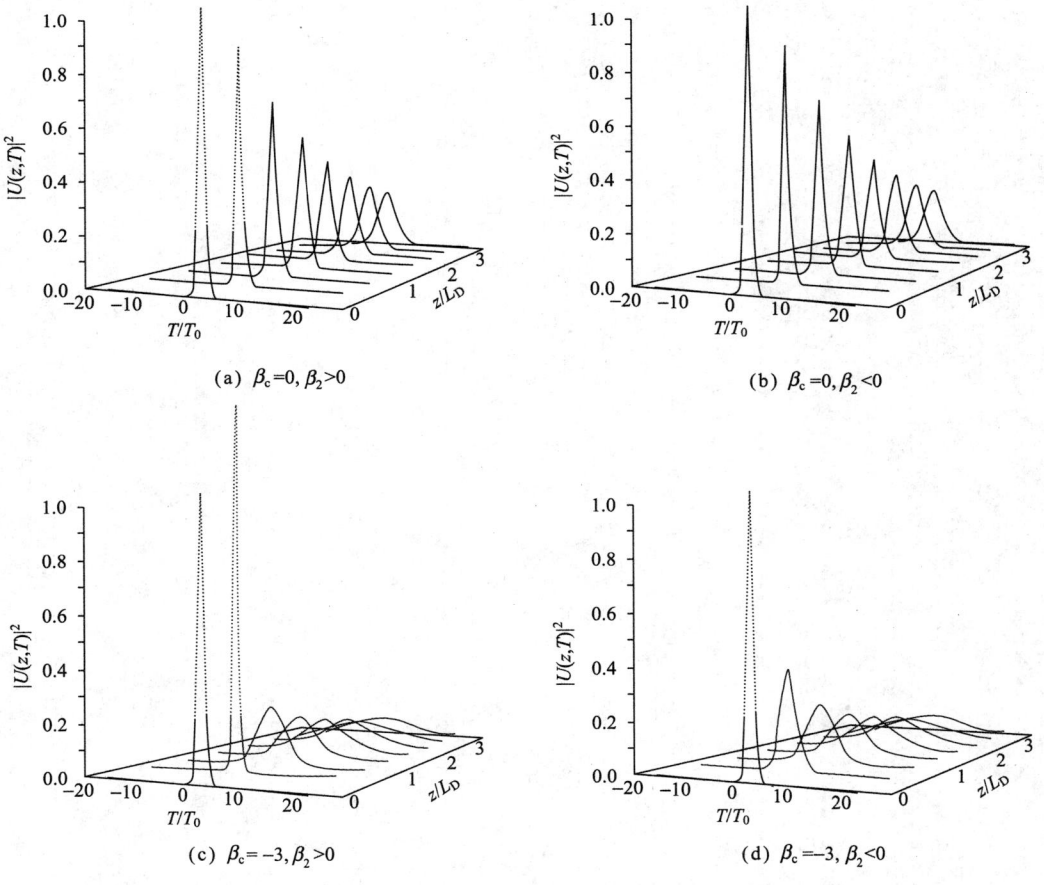

图 7.20 不同 β_2、β_c 情况下,高斯脉冲波形随距离在光纤中的演变

第8章 光纤通信系统测试和综合设计型实验

8.1 光发端机指标测试实验

1. 实验目的
① 了解数字光发端机平均输出光功率的指标要求。
② 掌握数字光发端机平均输出光功率的测试方法。
③ 了解数字光发端机的消光比的指标要求。
④ 掌握数字光发端机的消光比的测试方法。

2. 实验仪器
光功率计,1台;FC/PC-FC/PC 单模光跳线,1根;万用表,1台;光发端机,1个。

3. 实验原理

(1) 平均光功率的测量

平均光功率是指给光发端机的数字驱动电路送入一伪随机二进制序列作为测试信号,用光功率计直接测试光发端机的光功率,此数值即为数字发送单元的平均光功率。平均光功率是在额定电流下测得的,否则结果有偏差。平均发送光功率测试连接如图8.1所示。

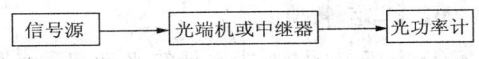

图 8.1 平均发送光功率测试连接

表 8.1

数字率/(kbit/s)	伪随机测试信号
2048	$2^{15}-1$
8448	$2^{15}-1$
34 368	$2^{23}-1$
139 264	$2^{23}-1$

根据 CCITT(国际电报电话咨询委员会)标准,信号源输出信号为表 8.1 所规定的要求。

(2) 消光比的测量

消光比指给光发端机的数字驱动电路发送全"0"码,测得此时的光功率 P_0,再给光发端机的数字驱动电路发送全"1"码,测得此时的光功率为 P_1,将 P_0、P_1 代入下式:

$$\text{EXT} = 10\lg \frac{P_1}{P_0} \tag{8.1}$$

即得到光发端机的消光比。消光比的值与光源工作电流有一定的关系,一般当发送"0"时,工作电流应在阈值附近,实验时可调节相应的驱动电流值。

光通信系统一般要求消光比越大越好,但是不可过大或过小。消光比太大,即预偏置电流太小或没有,影响通信系统传输速率;消光比太小,则调制深度浅,有用光功率比例减小,影响系统灵敏度。

光纤传输系统、发光器件、驱动电流,都会影响发光系统的平均光功率和消光比,本实验采用伪随机测试信号作为信号源,通过观察三种不同光纤通信系统(850nm、1310nm 和 1550nm)

传输 NRZ 码的平均光功率和消光比,比较其平均光功率和消光比异同点及其影响因素,同时观察驱动电流对平均光功率和消光比的影响。

4. 实验内容

① 测试数字光发端机的平均光功率。
② 测试数字光发端机的消光比。
③ 比较驱动电流的不同对平均光功率和消光比的影响。

5. 实验步骤

① 1550nm 数字光发端机平均光功率及消光比测试并填写表 8.2。

表 8.2

驱动电流/mA	5	10	15	20	25
平均光功率/μW					
P_1/μW					
P_0/μW					
消光比/μW					

② 1310nm 数字光发端机平均光功率及消光比测试。根据 1550nm 数字光发端机平均光功率及消光比测试方法,参照表 8.2 记录数据。

③ 比较不同驱动电流下的平均光功率及消光比,确定驱动电流取多大时,1310nm 光发送系统更符合传输要求。

④ 比较 850nm、1310nm 及 1550nm 数字光发送系统平均光功率及消光比,并分析系统性能指标。

6. 注意事项

① 由于光源、光功率计等光学器件的插头属易损件,应轻拿轻放,使用时切忌用力过大。
② 不可带电拔插光电器件,要拔插光电器件,需先关闭电源后进行。

7. 思考题

① 平均光功率大小对光纤通信系统有何影响?
② 消光比大小对光纤通信系统传输特性有何影响?
③ 如何确定数字光纤通信系统的驱动电流?

8.2 光接收单元指标测试实验

1. 实验目的

① 熟悉光收端机灵敏度的概念。
② 掌握光收端机灵敏度的测试方法。
③ 熟悉光收端机动态范围的概念。

2. 实验仪器

光纤通信原理实验箱,1 台;光功率计,1 台;万用表,1 台;可变光衰减器,1 个;误码分析仪,1 台;单模光跳线,若干。

3. 实验原理

CCITT 标准规定,用误码分析仪向光发端机的数字驱动电路发送 $2^{15}-1$ 的伪随机序列作为测试信号,调整光衰减器使其衰减值增大,从而使输入光收端机的平均光功率逐步减小,使系统处于误码状态,并且使得系统测试得到的误码率为 1×10^{-11},测得此时的光功率即为光收端机的最小光功率,这也就是光收端机的灵敏度。

光收端机动态范围的定义是在保证一定的误码率下所允许的最大和最小输入光功率之比的分贝数,即由下式计算得到:

$$D=10\lg\frac{P_{\max}}{P_{\min}} \quad (\text{dB}) \tag{8.2}$$

它表示了光收端机对输入信号变化时的适应能力。在测试光收端机的灵敏度时,减小光衰减器的衰耗,即加大光收端机的输入光功率,使其误码率达到 1×10^{-10} 时,得到允许最大的接收光功率 $P_{\max}$。

测试框图如图 8.2 所示,测试方法与测量灵敏度的方法基本相同,只是最后增加测量最大输入光功率一项,其方法是逐渐减小光衰减器的衰减量,直至误码仪指示误码降为 1×10^{-10},此时的接收光功率即为最大输入光功率。

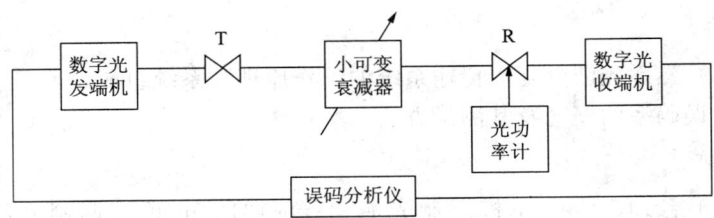

图 8.2 数字光收端机单元指标测试框图

4. 实验内容

① 测量 1310nm 光收端机的灵敏度。

② 测量 1550nm 光收端机的灵敏度。

5. 实验步骤

灵敏度测试方法如下:

① 按图 8.3 将误码分析仪与实验箱连接好,用两根 FC-FC 的光跳线把小可变衰减器串入其中。

② 当衰减增大到一定程度,系统开始出现误码,用光功率计测得的光接收端的光功率即为光收端机的灵敏度。

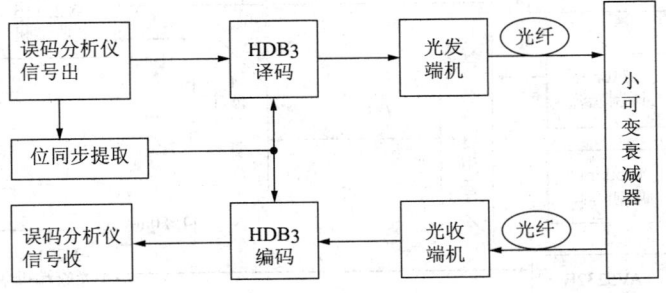

图 8.3 光接收机灵敏度的测试

6. 注意事项

① 光源的驱动额定电流为 25mA。

② 在使用误码分析仪之前，请读者仔细阅读使用说明书，当误码分析仪输出人工码型为 1000110001111000 时，解码输出波形如下：

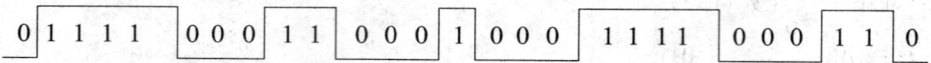

7. 思考题

① 光收端机误码产生的原因是什么？

② 分析光收端机的误码率与输入光功率的关系，并用实验验证此关系。

③ 若需要测试光收端机的动态范围，则实验方案如何？利用现有仪器能否完成？

8.3 光波分复用系统实验及其误码率测量

1. 实验目的

① 通过本实验，熟悉光波分复用传输系统的工作原理和系统组成。

② 熟悉误码、误码率的概念及其测量方法。

2. 实验仪器

误码测试仪，1 台；1550nm 单模调制光源，1 台；1310nm 单模调制光源，1 台；1550nm/1310nm 波分复用器，2 个；光纤和电缆线，若干。

3. 实验原理

(1) 单向光纤波分复用传输系统

单向光纤波分复用传输系统如图 8.4 所示。误码测试仪的发射部分提供某一码型的伪随机二进制序列，其码速可以为 2MHz、8MHz 或 34MHz。将 AV5232E 产生的电信号加到波长为 $1.31\mu m$ 的光源上，将 AV5233C 产生的电信号加到波长为 $1.55\mu m$ 的光源上，分别进行强度调制，$1.31\mu m$ 和 $1.55\mu m$ 两路被强度调制的光信号同向输出后经波分复用器合波，通过单根光纤同向传输。在接收端 $1.31\mu m$ 和 $1.55\mu m$ 两路光信号经解波分复用器将两路光信号分开，分别送入光收端机进行解调，恢复成电信号，最后传输到误码测试仪进行误码率的比较检测。

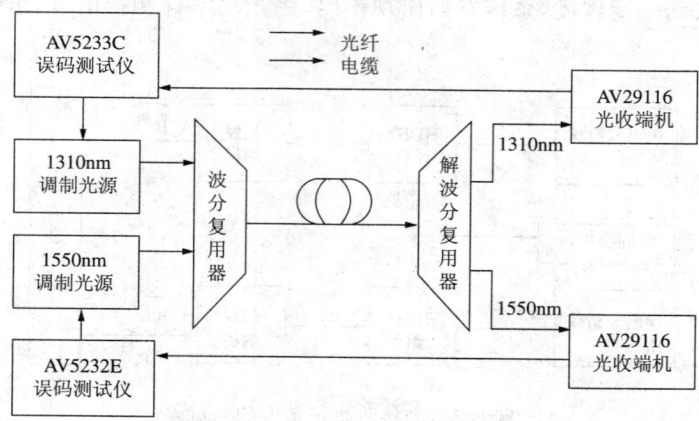

图 8.4 单向光纤波分复用传输系统

在数字光纤通信系统中,常用光信号的有无来表示"1"码和"0"码,而在本实验中,由误码仪输出的 AMI 码和 HDB3 码是以"1"码正负极性交替方式发送的三元码型,包含"1""0"和"-1"码,因此在光发端机中就需要有码型变换电路将电端机传来的码型变换成适合在光路中传输的码型,本实验中光发端机采用光强调制的办法,即用无光表示"-1"码,用 P_1(P_1 是"0"码光脉冲的平均光功率)表示"0"码,用 $2P_1$ 表示"1"码。

(2) 双向光纤波分复用传输系统

如图 8.5 所示,AV5232E 和 AV5233C 误码测试仪发射部分提供 AMI 或 HDB3 码,分别加到波长为 1310nm 和 1550nm 的光源上进行强度调制,两路光输出后沿相反方向传输,分别经过第一个波分复用/解复用器后,两路光开始在同一根光纤中反向传输,当分别经过第二个波分复用/解复用器后,分别将光信号送入光收端机,恢复成电信号,传输到误码仪进行误码的比较检测。

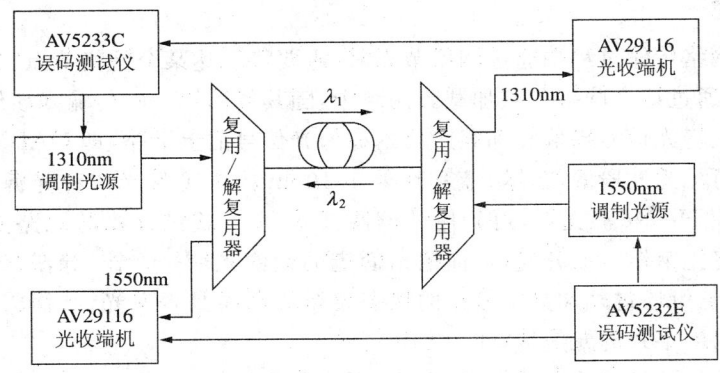

图 8.5 双向光纤波分复用传输系统

4. 实验步骤

① 按图 8.4 连接好仪器,开机。
② 调整好误码测试仪,产生所需信号。
③ 使光源工作在 EXT 外调制方式。
④ 这时改变不同信号和时钟频率,观察这时测量的误码率情况。
⑤ 测量数据,认真填写表 8.3 和表 8.4。
⑥ 讨论影响误码和误码率的因素。
⑦ 对比波分复用单向传输系统和双向传输系统,并观察两者的不同对误码率是否有影响。

表 8.3 某一时刻插入误码率为 10^{-3} 时单向传输系统误码表

	EC	SER	ER	ES	ES%	SES	SES%
AV5232E (2MHz)							
AV5233C (8MHz)							

表 8.4 某一时刻插入误码率为 10^{-3} 时双向传输系统误码表

	EC	SER	ER	ES	ES%	SES	SES%
AV5232E (2MHz)							
AV5233C (8MHz)							

8.4 OADM综合实验

1. 实验目的

① 熟悉 WDM 和 OADM 技术的基本原理。
② 掌握本实验实现 OADM 的技术手段和光路调整技巧。
③ 熟练掌握信号的加载、提取及测试。

2. 实验仪器

光学实验平台,1套;红光、绿光、蓝光激光器,各1台;各种棱镜、转镜,若干;各种光学调整架,若干。

3. 实验原理

光信号在光网络传输过程中通过网络节点时,需要将到达某个网络节点的信号全部下载下来,再将本地信号通过这个网络节点加载到网络中,随其他信号一同传输到该传送的地方,所以这种在网络节点上将光信号提取和加载的技术称为光信号的上下路,即 OADM 技术。

本实验采用可见光波段的红、绿、蓝和红外 1310nm 的不可见光四种光源作为光信号的传输信道。红光采用 He-Ne 激光器,可采用外调制技术,即在连续发光的光路上放置斩波器,该器件以固定频率将光束斩断或开通,从而输出固定周期的光信号。蓝、绿激光器内部附加了电接口的控制模块,它可通过外加数字信号的状态控制激光器是否发光,从而将数字电信号通过内调制方式转变为数字式的光信号,如图 8.6 所示。

经调制的光信号通过半反半透镜 R_1 和 R_2 后分为两路,一路由全反射镜 R_3 到达光上下路转镜 R_5,当 R_5 处在使 λ_1 下路的姿态时,该路光经 R_5 反射后,再经 λ_1 的带通滤波器 L_1 后,使 λ_2 和 λ_3 受到阻隔,而只有 λ_1 透过,完成了该信道信号的下路;另一路经补偿器 D_1 后能够保证与前一路光信号时延同步,且当 λ_1 的红光一下路时,λ_1 的截止滤波器 L_2 旋转进入该光路,使得

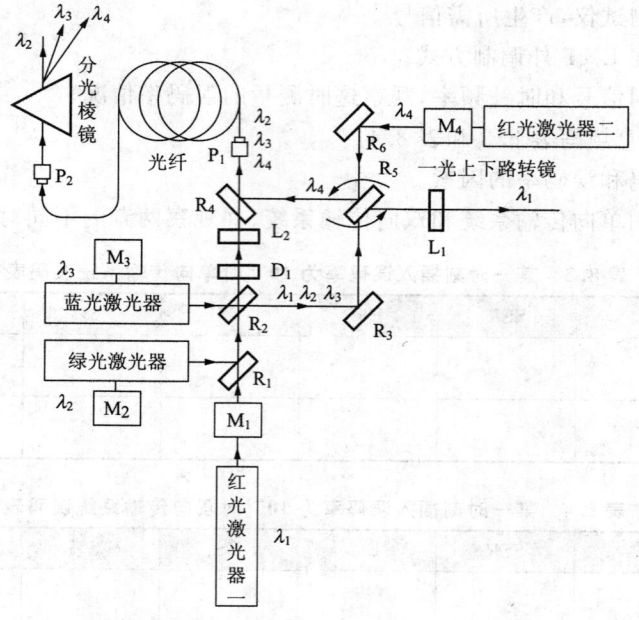

图 8.6 可见光波段 OADM 实验系统布局及系统处于上下路状态

只有 λ_2 和 λ_3 信道的光信号能够继续传输透过半反半透镜 R_4 和光耦合透镜 P_1 在光传输干线-光纤中传输。在 λ_1 下路的同时,由红光激光器二和调制器 M_4 发出的上路信号 λ_4 通过光上下路转镜 R_5 的另一个反射面反射,在半反半透镜 R_4 上反射后与通过 λ_1 的截止滤波器和透过 R_4 的 λ_2 与 λ_3 信道光信号合波在一起进入光纤中传输,从而完成了新信号 λ_4 的上路。由光纤传输的信号到达目的地时,经由耦合透镜 P_2 和分光棱镜分光,使 λ_2、λ_3 和 λ_4 各自分开,彼此独立接收,最终完成了光波信道的解复用,实现过程如图 8.6 所示。若当光上下路转镜处于与上述姿态成 90°角时,此时主路上的截止滤波器 L_2 也同时撤离光路,可以看到原信道光波 λ_1、λ_2 和 λ_3 由 R_3 和 R_5 反射到达半反半透镜 R_4,与主路传输的三个原信道的光波达到匹配相遇,信号能够完全吻合在一起,两者间的差别完全可以由设在传输主路上的相位延迟匹配器 D_1 的选取加以消除。而红光激光器二与调制器 M_4 发出的 λ_4 信道光波被上下路转镜反射后到达 λ_1 的带通滤波器 L_1,只要该滤波器的带宽足够窄,λ_1 信道的光波就无法通过这个滤波器,也实现了信道的阻隔作用,如图 8.7 所示的"直通"状态。因此,这个系统能够完成 OADM 实验的功能。

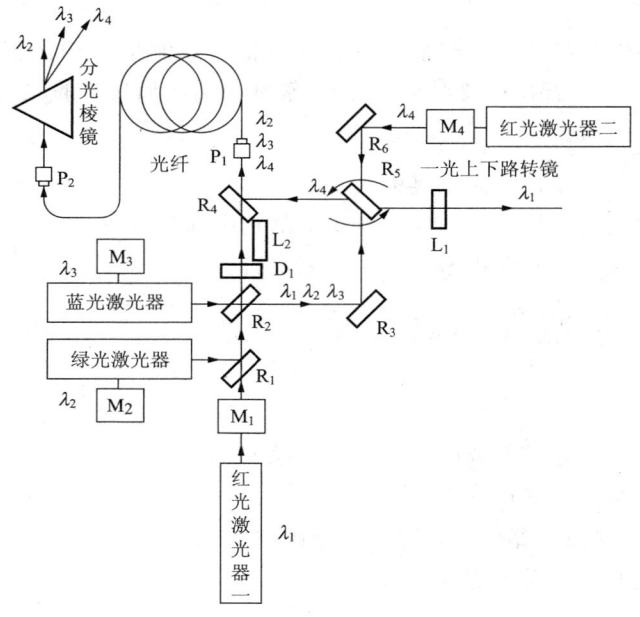

图 8.7 可见光波段 OADM 实验系统处于直通状态

4. 实验内容与实验步骤

OADM 实验系统的搭建与调试步骤如下。

(1) 实验系统搭建

按图 8.6 顺序摆放各激光器与调制器,调整各激光器,使它们发出的光束处于水平,且高度一致。依次放置各个反射镜于图 8.6 中所示位置。仔细调整激光器和相应的反射镜,使三色光波合于一路。光路调整要点如下:

① 先调整一个激光器,使之达到光束水平,可用尺沿光束度量水平高度。

② 沿该激光器的光路以 45°角放置相应的反射镜,使光束通过反射镜中心。

③ 让另一个激光器的光束中心直射于第一束光在 45°角反射镜出射表面的光斑上,从而使两束光波在该反射镜的后表面重合,若两光束经汇合点后分开,则调整夹持 45°角放置的反射镜所在的光学调整架,使两光束重合,这可以通过两光束形成的光斑重合情况来判断。

④ 按上述方法调整第三路光束，使三色光波重合。

按图 8.7 中指示放置并调整各个反射镜和滤波器，仔细调整 R_5 和 L_2 的角度。以光跳线代表传输光纤，用两个 $20\times$ 的显微透镜 P_1 和 P_2 使光束通过光跳线后汇聚在分光三棱镜上，将光束分离成三个不同方向，用光电探测器接收显示在示波器上。

(2) 实验系统的信号测试

① 光信道相关性检测。由于本实验采用三种可见激光作为光通信信道的载波，这三种可见光的中心波长相差较大，可直接目视观察下路通道和分光后各信道的光谱成分的相关性，通常不会发生信道之间的串扰现象。若发生信道串扰现象，则说明在上述实验系统搭建步骤中存在分光角度太小或选择滤波器与信道波长不匹配的错误，需加以改正。

② 调制信号的检测。将光电接收器的输出端口连接在高速示波器的信号输入端口上，分别开启各激光器调制器，并将光电接收器置于调制器的输出端，测试和记录相应的信号波形。

③ 通道输出信号检测。将光电接收器分别置于透镜 L_1 和分光棱镜之后测试并记录各信道对应的输出波形。

④ 信号传输前后的波形比较。与前面测量的各信道调制信号相比较，看是否出现信号传输过程中产生的波形变化，若存在波形失真现象，解释说明波形失真的原因。

5. 注意事项

① 注意人身安全。不要让激光直接射入人眼。
② 激光器的电源插孔或接头部分应与电源上的相应部分对应。
③ 开关激光电源时应注意保护激光器以免其烧毁。

8.5 红外光通信收发模块的设计

1. 实验目的

① 掌握简单的红外光通信系统的组成及设计原理。
② 掌握通信电子系统方案设计、电路设计的方法。
③ 掌握红外发送、接收电路的设计原理和原则。
④ 通过实验体会光通信系统的工作模式。

2. 实验要求

① 制定合理的实现方案，要求至少有两套红外设计的实现方法，理论计算出元件参数。
② 电路设计。根据自己的实现方案，提出元器件清单，确定元器件型号、数量，从可选方案中选出一套。
③ 电路仿真和优化。运用 Protel 等工具软件对电路进行优化和仿真。
④ 用面包板来搭建电路并进行调试。
⑤ 测试电路完成的功能，记录测试数据，对于音乐电路，能得到清晰的音乐。

3. 实验原理

红外光通信收发模块经常应用在无线短程光通信上，传输介质为大气、水等无线介质。无线短程光通信具有方便灵活的特点。图 8.8 是一个简单的红外通信系统的构造图。

本次实验的主要目的是进行模块化的设计，当然整个商用的光通信系统是相当复杂的，这里我们只考虑最基础和最必要的部分来完成整个红外光通信收发系统的设计，如图 8.9 所示。

8.5 红外光通信收发模块的设计

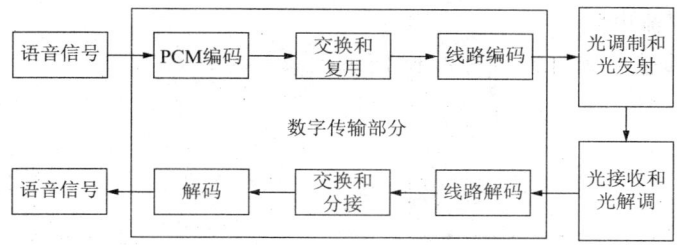

图 8.8 红外通信系统的构造

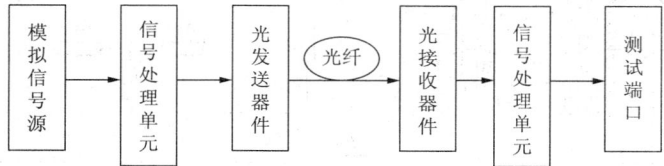

图 8.9 模拟信号光传输系统

(1) 信号产生

这里利用了音乐芯片 KD-9300 或是 LX-9300 来完成。有兴趣的读者可以查一下这两种芯片的使用手册和用法。图 8.10 是 9300 芯片的工作原理图。

信号产生当然也可以用 RC 振荡器构成,但注意信号的幅度不宜过大,读者在设计时可以思考一下原因。

(2) 红外光发送模块的设计

各种不同模拟信号产生后,首先要对发光管进行模拟调制,设发送电路的设计原则主要是考虑红外发送管的工作电流,电流过小,传输距离短,电流过大又容易毁坏发光管。图 8.11 是一个典型的光发送模块电路。

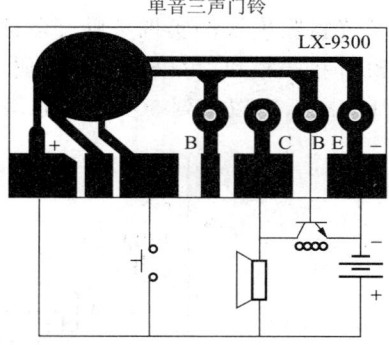

图 8.10 LX-9300 的接法

多红外管组成的光发送模块电路原理如图 8.12 所示。从单片机 AT90S2313 的 UART 的 TX 管脚发出的数据是不归零反转码(NRZI),所以要经过反向器 74ACT04 的反向才能调制 LED。LED 调制电路采用简单的三极管调制电路,三极管采用 NPN 型的 S8050,三极管工作在开关状态,通过集电极调制 LED。LED 采用 EVERLIGHT 公司的 SIR383,如图 8.12 所示,将两个 LED 串联后再并联,即每个三极管的集电极驱动四个 LED。此外,工作电压 V_{CC} 为 5V,

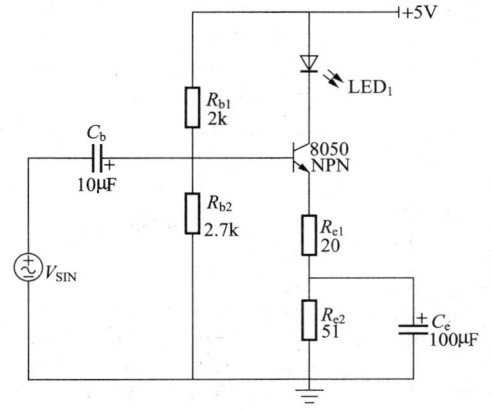

图 8.11 典型的光发送模块

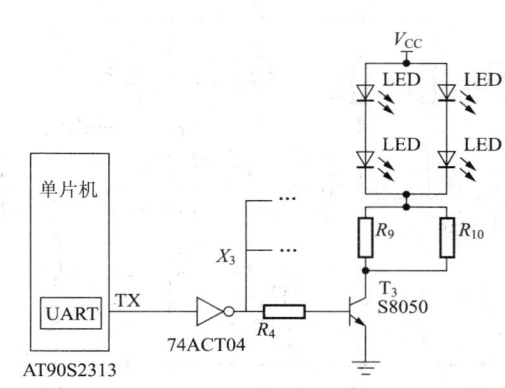

图 8.12 光发送模块电路原理

电阻 R_4、R_9、R_{10} 为限流电阻。

数字信号光纤传输系统组成如图 8.13 所示。

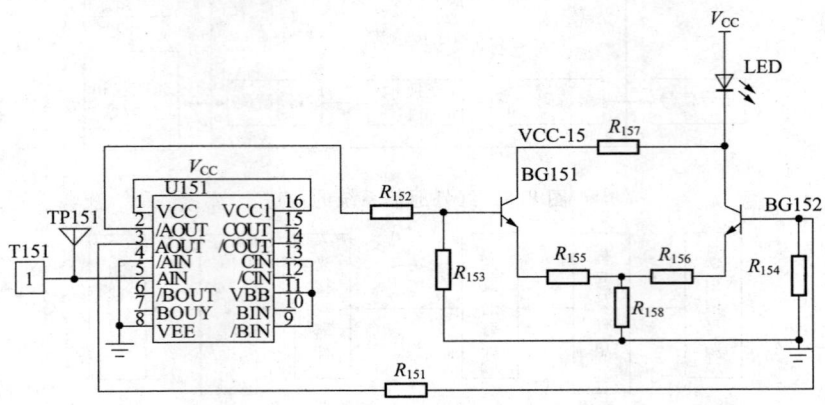

图 8.13　数字信号光纤传输系统

(3) 红外光接收模块的设计

光接收模块的实现可以有多种方案。第一种方案如图 8.14 所示。这种方案直接利用现有的红外接收模块，可以降低开发成本，缩短开发周期。如图 8.15 所示，利用音频功率专用放大器 LM386，可以得到 50～200 的增益，足以驱动 0.8W 的小喇叭。

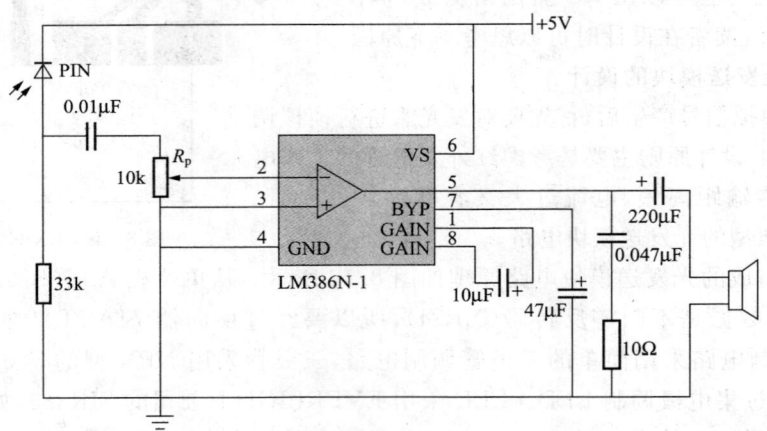

图 8.14　光接收模块的实现方案 1

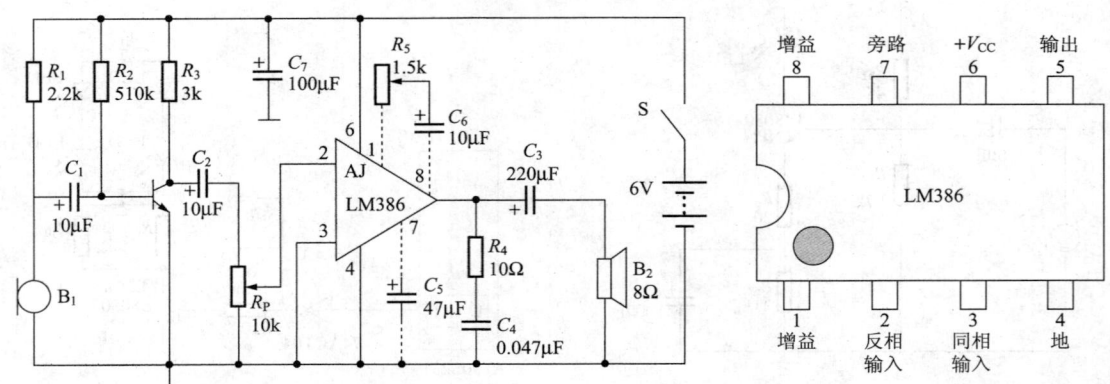

图 8.15　LM386 的工作原理图

还可以采用第二种方案,即自己搭建光接收电路。具体的光接收模块的电路原理如图 8.16 所示。

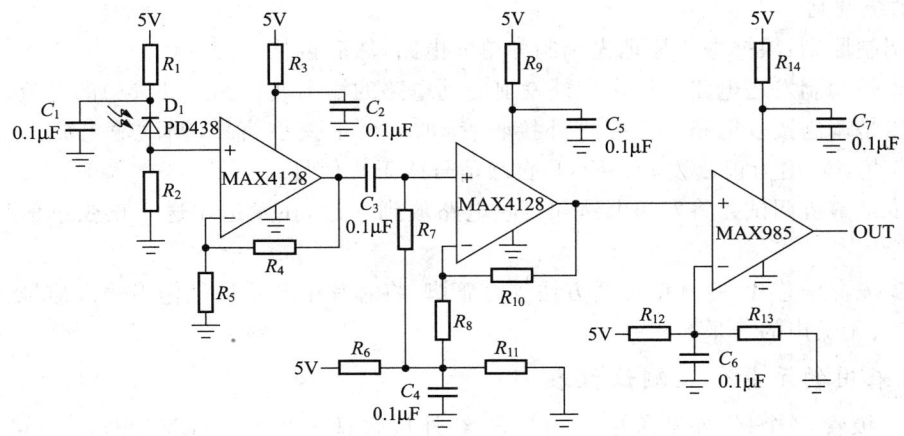

图 8.16 光接收模块电路原理

整个光接收电路主要由一个光电二极管、两个运算放大器和一个比较器构成,其型号分别为 EVERLIGHT 公司的 PD438、MAXIM 公司的 MAX4128(内含双运放)和 MAX985。在图 8.16 中,入射红外光通过光电二极管 D_1 将光信号转化为电信号,然后再经过两级由运算放大器所构成的放大电路将微弱的电信号进行放大,两级放大电路间采用交流耦合。放大后的电信号通过比较器进行电平判决,输出 TTL 兼容信号。R_6 与 R_{11} 构成的分压网络将第二级放大电路的偏置电压设定在 2.5V,R_{12} 与 R_{13} 组成的分压网络将判决比较器的参考电平设得比 2.5V 略高一点,如 2.6V。给系统一个噪声容限,同时也保证在没有光信号输入的情况下,比较器的输出保持为低电平。

由于两级放大电路均工作在同相放大状态,因而整个放大电路的互阻增益 G 可以通过下式算得:

$$G = R_2 \cdot \left(\frac{R_4}{R_5}+1\right) \cdot \left(\frac{R_{10}}{R_6}+1\right) \tag{8.3}$$

MAX4128 具有 25MHz 的增益带宽积,轨到轨(Rail-to-Rail)的电压输出,考虑到信号速率为 500kbit/s,所以设定每级同相放大器的电压放大系数设为 40,即

$$\frac{R_4}{R_5}+1 = \frac{R_{10}}{R_8}+1 = 40 \tag{8.4}$$

若 $R_2 = 10\text{k}\Omega$,则互阻增益 $G = 10^4 \times 40 \times 40 \approx 16(\text{M}\Omega)$。

下面就简单计算一下该电路的接收灵敏度,假设条件为

$$R_2 = 10\text{k}\Omega, \frac{R_4}{R_5}+1 = \frac{R_{10}}{R_8}+1 = 40 \tag{8.5}$$

R_6 与 R_{11} 构成的分压网络将第二级放大电路的偏置电压设定为 2.5V;R_{12} 与 R_{13} 组成的分压网络将判决比较器的参考电平设定为 2.6V;经过两级放大后信号的高低电平压差为 0.3V 时可经比较器正确判决。

此时要获得正确的判决输出,则光生电流为

$$I_{\text{optical}} = 0.3\text{V}/16\text{M}\Omega = 0.02\mu\text{A} \tag{8.6}$$

(4) 高通滤波器

红外接收的二极管都是光敏二极管,这样普通灯光也对其也有一定程度的影响。为了获得

更好的效果,还要在信号输出端加入高通滤波器,消除恒定的外接低频信号的干扰,这样接收效果和灵敏度将显著提高。

(5) 系统调制

系统调制原则:根据电路原理先调制各单元电路,然后再整机调试。

第一步是调制发送电路。记录红外发射驱动电路的输出波形和红外管中的电流。

第二步是调制接收电路。去掉红外接收管,加一个正弦小信号,调试输出放大倍数,要求50~200倍直至输出为正弦波,确保不是自激信号或干扰信号。

第三步是整机调试。将发送电路和接收电路放到一起,在发送端送入正弦小信号,观察输出信号波形。

第四步按音乐芯片9300的接线方法焊好管脚,将芯片中音乐信号作为输入信号,能在喇叭中听到优美、无噪声的音乐。

4. 所采用的元器件及测试仪表

8050三极管,2个;红外发送管303,1个;红外接收管302,1个;LM386,1个;可变电阻器($10k\Omega,100k\Omega$),各1个;电阻($2k\Omega$),1个;电阻($2.5k\Omega$),1个;电阻($30\Omega,50\Omega$),各1个;电阻(10Ω),2个;电解电容($100\mu F,33\mu F,250\mu F,10\mu F$),各1个;电容($0.05\mu F,0.01\mu F$),各2个;喇叭,1个;KD-9300,1个;发光管,1个;按键开关,1个。

5. 撰写实验报告

完整的写出设计思路和实现方案,主要包括以下几部分:

① 课题名称。
② 摘要(150字左右)和关键词(5个以内)。
③ 设计任务要求。
④ 设计思路、总体结构框图。
⑤ 分块电路和总体电路的设计(含电路图)。
⑥ 所实现功能说明(已完成的基本功能和扩展功能,主要测试数据,必要的测试方法等)。
⑦ 故障及问题分析。
⑧ 总结和结论。
⑨ Protel绘制的原理图。
⑩ 所用元器件及测试仪表清单。
⑪ 参考文献。

8.6 简易光功率计设计实验

1. 实验目的

① 学习检测器光电转换原理。
② 了解测试仪器校准方法。
③ 掌握光功率计设计基本思路。

2. 实验仪器

光纤通信原理实验箱,1台;光功率计,1台;FC/PC-FC/PC单模光跳线,若干;万用表,1台;连接导线,若干。

3. 实验原理

光通信离不开光功率这个重要参数,而光功率计就是测量光功率的仪表。

光电法就是用光电检测器检测光功率,实质上是测量光电检测器在受光辐射后产生的微弱电流,该电流与入射到光敏面上的光功率成正比,因此,此类光功率计实际上是半导体光电传感器(即检测器,亦称探测器)与电子电路组成的放大、数据处理单元的组合。

要设计一台完整的光功率计,其设计电路必须包括光电变换器(光电探测器)、I-V 变换电路、低通滤波器、波长矫正电路、A/D 变换、数字显示等部分,如图 8.17 所示。

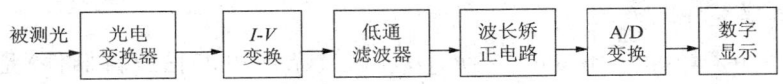

图 8.17 光功率计原理

光功率计最基本的检测原理就是光电探测器 I-P 的线性关系,即探测器的输出电流大小与输入光功率成线性关系。利用探测器的输出电流大小,即可得出输入光功率的大小。

光电变换器输出电流的测定主要通过 I-V 变换后测得的电压计算得到。根据 I-P 特性关系即可获得光功率的值。用标准光功率计对自己设计的简易光功率计进行校准。同一个探测器对输入不同波长光的响应度是不同的,即其 I-P 特性曲线不同。这就是标准光功率计中的波长矫正电路的作用,即对不同波长输入光设定不同的响应度。然后经过矫正的模拟信号进行 A/D 变换,最后用数字显示电路将具体光功率值显示出来。

利用探测器检测电路及 I-V 变换电路,可测得探测器检测光功率时得到的电流,根据 I-P 特性曲线,可以简略得知输入光的功率,从而达到设计简易光功率计的目的。

4. 实验内容

① 根据 I-P 根特性曲线设计简易光功率计。
② 对自己所设计的光功率计进行校准。

5. 实验报告

① 写出光功率计校准实验步骤。
② 用 PCB 画出光功率计的原理图和 PCB 版图。
③ 记录自己设计的光功率计与标准光功率计测量光功率时的差别,并指出偏差原因。

6. 注意事项

① 进行 I-P 特性曲线测试时,半导体激光器驱动电流不可超过 250mA,否则有烧毁激光器的危险。
② 使用光学器件时要轻拿轻放。

7. 思考题

① 校准光功率计时需要注意哪些注意事项?
② 不同波长光功率的检测有何不同?

8.7 CPLD 电路设计实验(综合设计型)

1. 实验目的

① 掌握 EDA 设计工具 Quartus2。

② 掌握 NRZ 码产生原理与电路实现原理。
③ 掌握 CMI 编译码原理与电路实现原理。
④ 利用 VHDL 语言设计实现三阶高密度双极性码(HDB3 码)的产生。
⑤ 自行设计一套 8FSK 即八进制移频键控信号产生。

2. 实验仪器

20MHz 双踪模拟示波器,1 台;PC 机(预装 EDA 软件),1 台;EPM7128SLC84-15 开发板,1 块;下载线,1 根;软件 Quartus2,1 套。

3. 实验原理

CPLD(Complex Programmable Logic Device,复杂的可编程逻辑器件)是半定制 ASIC(Application Specific Integrated Circuits,专用集成电路)中的重要分支,设计者可在现场对芯片编程,从而实现所需系统功能。可编程逻辑器件不仅近年来受到系统设计者的青睐,而且在半导体领域中呈现出一枝独秀的增长态势,成为系统级平台设计的首选。随着 CPLD 器件向更高速、更高集成度、更强功能和灵活的方向发展,将来也是掩膜式专用集成电路(全定制与半定制方式)有力的竞争者。

VHDL 的英文全称是 Very-High-Speed Integrated Circuit Hardware Description Language,主要用于描述数字系统的结构、行为、功能和接口。VHDL 的程序结构特点是将一项工程设计或称设计实体(可以是一个元件、一个电路模块或一个系统)分成外部(或称可视部分及端口)和内部(或称不可视部分),即涉及实体的内部功能和算法完成部分。在对一个设计实体定义了外部界面后,一旦其内部开发完成,其他的设计就可以直接调用这个实体。

本实验从光纤通信系统中选取两个关键的基本电路为例,对光纤通信中的 15 位伪随机码产生、CMI 编译码进行电路设计,以熟悉和了解 CPLD 的使用方法及光纤通信中关键电路的设计方法。

(1) 图形法实现各种编译码电路

① 15 位伪随机码产生。Quartus2 图形法电路如图 8.18 所示。

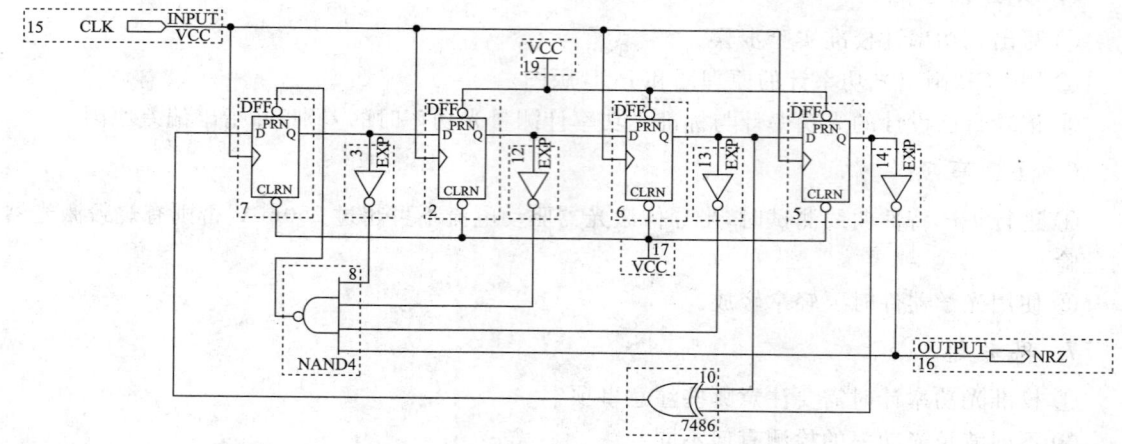

图 8.18 15 位伪随机码产生电路原理

15 位伪随机码速率由 CLK 输入信号的频率决定。测试平均光功率时的伪随机码产生电路即为这个电路。这个电路为 15 位伪随机码产生电路图,根据这个电路图,可以设计更复杂、更多位数的伪随机码。15 位伪随机码仿真波形如图 8.19 所示。

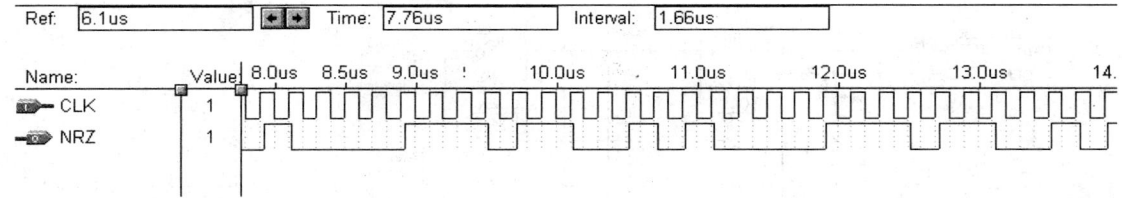

图 8.19 15 位伪随机码仿真波形

15 位伪随机码产生电路的真值表如表 8.5 所示。其中,15 位伪随机码真值表中,当 $Q_1Q_2Q_3Q_4$ 为"0000"时,这种状态不存在,$Q_1Q_2Q_3Q_4$ 立即变为"1000"。

② CMI 编、译码电路的设计。CMI 编码规则及编码电路的原理如图 8.20 和图 8.21 所示。

(2) VHDL 语言实现 HDB3 编译码电路

① AMI 码。AMI 码是光通信系统的常用码型,其编码规则是:二进码序列中的"0"码仍编

表 8.5 真值表

Q_1	Q_2	Q_3	Q_4	$/Q_4$
0	0	0	0	1
1	0	0	0	1
0	1	0	0	1
0	0	1	0	1
1	0	0	1	0
1	1	0	0	1
0	1	1	0	1
1	0	1	1	0
0	1	0	1	0
1	1	1	0	1
1	1	1	0	0
1	1	1	0	1
1	1	1	1	0
0	1	1	1	0
0	0	0	1	0
1	0	0	0	1

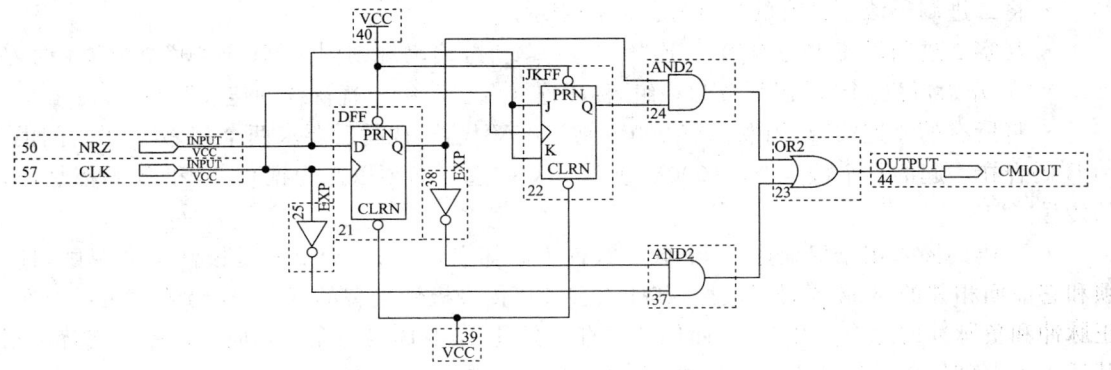

图 8.20 CMI 编码电路原理

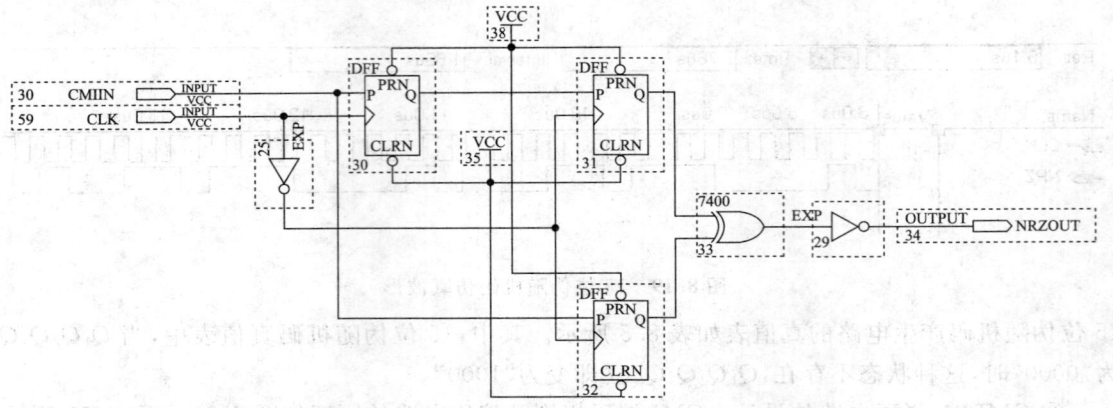

图 8.21　CMI 译码电路原理

为"0"码,而二进码序列中的"1"码则交替地变为"+1"及"-1"码,占空比为 50%。因为"1"的极性交替,故称为传号交替反转码,可以看出 AMI 码属于双极性归零码。

例如:

二进码序列：　0　1　0　1　1　0　1　0　0　1　1　1

AMI 码序列：　0　-1　0　+1　-1　0　+1　0　0　-1　+1　-1

AMI 码有如下优点：

· 无直流成分,低频成分也少。

· 高频成分少,可节省传输频带、提高信道利用率,也可以减少电磁感应引起的串话。

· 码型功率谱中虽无时钟频率成分,但经全波整流,可将 AMI 码变换成 RZ 码,就会含有时钟成分,可从中提取时钟成分。

· 具有一定的误码检测能力,因为传号码的极性是交替反转的,如果收端发现传号码的极性不是交替反转的,就一定是出现了误码,因而可以检出单个误码。

但 AMI 码的缺点是二进码序列中的"0"码变换后仍然是"0"码,如果原二进码序列中连"0"码过多,AMI 码中便会出现长连"0",提取时钟困难。为了克服这一缺点,可采用隔位翻转法(对码流奇数或偶数位取反),但根本性的解决方法是采用 HDB3 码。

② 三阶高密度双极性码(HDB3 码)。HDB3 码保留了 AMI 码的所有优点(如前所述),还可将连"0"码限制在 3 个以内,即克服了 AMI 码不能限制长连"0"个数对提取时钟不利的缺点。

HDB3 码的码型变换规则如下：

· 将二进制码流中已有的"1"码用"B"码表示。

· 观察二进制码流中的连"0"。连"0"个数≤3 时,编码规则同 AMI;连"0"个数≥4 时,从第 1 个"0"开始,每 4 个"0"码划分为一组,称 4 连"0"组,分组一直持续到连"0"个数≤3 时。

· 将所有的 4 连"0"组用取代节 000V 或 B′00V 代替,代替后要求两个相邻 V 码之间的 B 和 B′码合在一起的总个数为奇数(000V 或 B′00V 的选用必须以此为据)。V 和 B′码都是插入的传号"1"码。

· V 码的插入用于保证连"0"个数≤3,称为破坏点,V 码本身要满足极性交替规则,且必须和它前面相邻的 B 或 B′码同极性,其插入会破坏传号极性交替的规律;B′码的插入用于保证正脉冲和负脉冲的总个数相等,从而保证无直流分量,B 和 B′码合在一起应满足极性交替规则,其插入不会破坏传号极性交替的规律。

例如:

二进码序列： 1 0 0 0 0 0 0 0 0 0 0 0 1 1 0 0 1 0 0 0 0
HDB3 码：V+ ¦ B− 0 0 0 V− B+ 0 0 V+ 0 0 B− B+ 0 0 B− 0 0 0 V−

从该例可以看出 HDB3 码最大连"0"个数为 3 个。

其码型反变换规则为：寻找取代节，2 个极性相同的"1"码中间带 3 个"0"码，说明这 5 位码为 B000V，V 为插入的传号，反变换时应恢复为"0"码；2 个极性相同的"1"码中间带 2 个"0"码，说明这 4 位码为 B'00V，B'和 V 为插入的传号，反变换时都应恢复为"0"码。其他的"0"码不变，±1 一律还原为+1。

HDB3 码具有 AMI 所有的优点，同时克服了由于长连"0"无法提取时钟分量的问题，而且 HDB3 码中 B 和 V 码均符合各自的极性交替规则，故出现误码后会破坏这一规律，接收端可以具备自检能力，适合在 PCM 电缆信道传输，因此作为 ITU-T 推荐的 30/32 路 PCM 基群、二次群、三次群设备的传输接口码型。

③ HDB3 编解码的 VHDL 实现。HDB3 编码的原则：首先，要把源码变换成 AMI 码，再把 AMI 码变换成 HDB3 码。

具体实现代码如下：

```
if data_in= '1' then
 if  count_v= '1' then
last_signed< = not last_signed;
 count1< = not count1;
if last_signed= '1' then
temp< = temp(7 downto 0)&"10" ;
else temp< = temp(7 downto 0)&"01";
end if;
elsif count_v= '0' then
if signe_2v< = '1' then temp< = temp(7 downto 0)&"01";
else temp< = temp(7 downto 0)&"10" ;
end if;
end if;
elsif data_in= '0' then
if temp(7 downto 2)= "000000" then
count_v< = not count_v;
if count_v= '1' then     - - 第一个 V
if  last_signed= '0' then
temp< = temp(7 downto 0)&"01";
elsif  last_signed= '1' then
temp< = temp(7 downto 0)&"01";
end if;
elsif count_v= '0'  then    - - 第二个 V
if  count_1= '0' then
if last_signed= '0' then
temp< =  temp(7 downto 6)&"01000001";signe_2v< = '0';
```

```
            else temp<= temp(7 downto 6)&"10000010";signe_2v<='1';
         end if;
       else if last_signed='0' then
         temp<= temp(7 downto 0)&"01";
       else temp<= temp(7 downto 0)&"10";
       end if;
      end if;
     end if;
    else temp<= temp(7 downto 0)&"00";
    end if;
  end if;
```

其中,count1 表示进来 1 的个数,用来判断符号,count_1 表示 V 和-V 中间 1 的个数,signe_2v 用来记录第二个 V 的符号,count_v 记录 V 的个数。

HDB3 解码的实现:解码是编码的反过程。寻找到 HDB3 码和源码的对应关系后可以方便地实现解码。

解码的源代码如下:

```
process(clk)
begin
if clk'event and clk='1' then
if pos_in='1' and neg_in='0' then
data<="10";
elsif pos_in='0' and neg_in='1' then
 data<="01";
elsif pos_in='0' and neg_in='0' then
data<="00";
end if;
end if;
end process;
```

上面这个进程把两路 HDB3 码转换成一组对应的数字锁存下来,以备后面处理。

```
process(clk)
begin
if clk'event and clk='1' then
 if data="00" then temp<= temp(5 downto 0)&"00";count_0<= count_0+1;
 elsif data="10" then
 if count_0="11" then
 if temp(5 downto 4)="10" then
 temp<= temp(5 downto 0)&"00";count_0<="00";
 else temp<= temp(5 downto 0)&"10";count_0<="00";
 end if;
 elsif count_0="10" then
 if temp(5 downto 4)="10" then
```

```
                                        temp< = "00000000";count_0< = "00";
else temp< = temp(5 downto 0)&"10"; count_0< = "00";
end if;
else temp< = temp(5 downto 0)&"10";
end if;
elsif data= "01" then
    if count_0= "11" then
if temp(5 downto 4)= "01" then
                                        temp< = temp(5 downto 0)&"00";count_0< = "00";
else temp< = temp(5 downto 0)&"01";count_0< = "00";
    end if;
elsif count_0= "10" then
if temp(5 downto 4)= "01" then
                                        temp< = "00000000";count_0< = "00";
else temp< = temp(5 downto 0)&"01";count_0< = "00";
end if;
else temp< = temp(5 downto 0)&"01";
end if;
end if;
end if;
end process;
```

(3) VHDL 语言实现 8FSK 编译码电路(设计型)

8FSK 信号产生电路如图 8.22 所示。

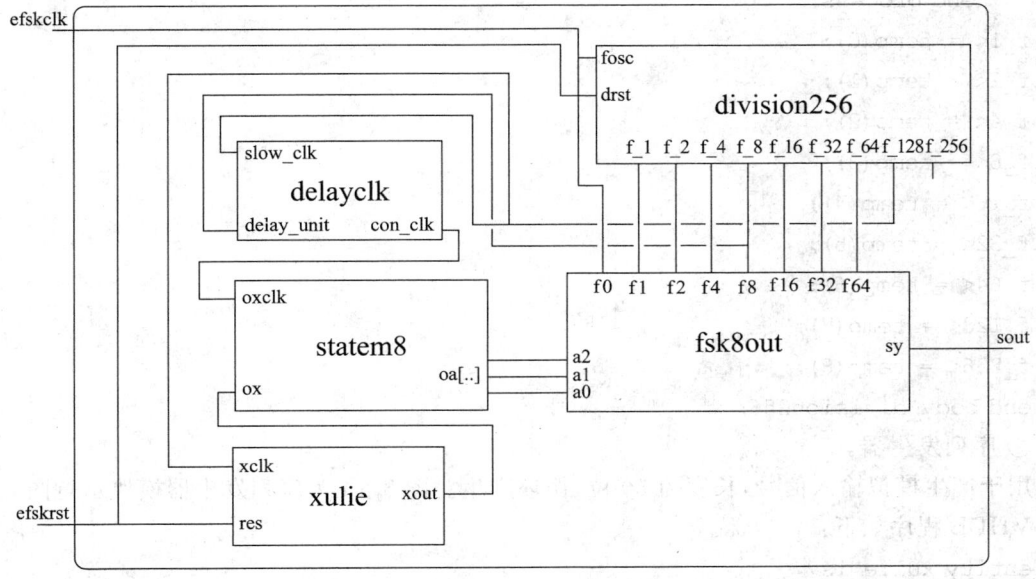

图 8.22 8FSK 信号产生电路

8FSK 即八进制移频键控,是一种数字频带调制方式。该部分将输入序列经过八进制调制输出 8 个不同频率的信号,以表征原序列信息。为了模拟信号输入,故采用了序列发生器模拟输入。此部分主要由频率信号产生(多分频器)、八进制符号调制(7 状态机)、FSK 调制器(数据选择器)组成。下面介绍各个部分。

① 频率产生(多分频器)。

本部分产生 9 个不同频率的信号。为了方便,本系统在满足上述条件下采用了 2N 法分频得到 8 个频率符号。剩下的 1 个作为序列发生器的时钟。图 8.23 为分频器模块示意图。

VHDL 程序如下:

```vhdl
核心程序 entity division256 is                     - - 分频输出
    port(fosc,drst:in std_logic;
            f_1,f_2,f_4,f_8,f_16,f_32,f_64,f_128,f_256:out std_logic);
            - - 共有 9 种频率,前 8 种作为八进制调制器的频率输出
end division256;
- - - - - - - - - - - - - - - - - - - - - - - - - - - - - - - - -
architecture body_division256 of division256 is
signal temp:std_logic_vector(8 downto 0);
begin
    process(fosc,drst)
    begin
    if drst= '1' then
        temp< = "000000000";
    elsif fosc'event and fosc= '1' then
        temp< = temp+ 1;
    end if;
    end process;
f_1< = temp(0);
f_2< = temp(1);
f_4< = temp(2);
f_8< = temp(3);
f_16< = temp(4);
f_32< = temp(5);
f_64< = temp(6);
f_128< = temp(7);
f_256< = temp(8);
end body_division256;
```

② 序列发生器。

用于产生模拟输入信号,长度为 30 位,循环产生。图 8.24 为序列发生器模块示意图。

VHDL 程序如下:

```vhdl
entity xulie is
    port(xclk,res:in std_logic;
        xout:out std_logic);
```

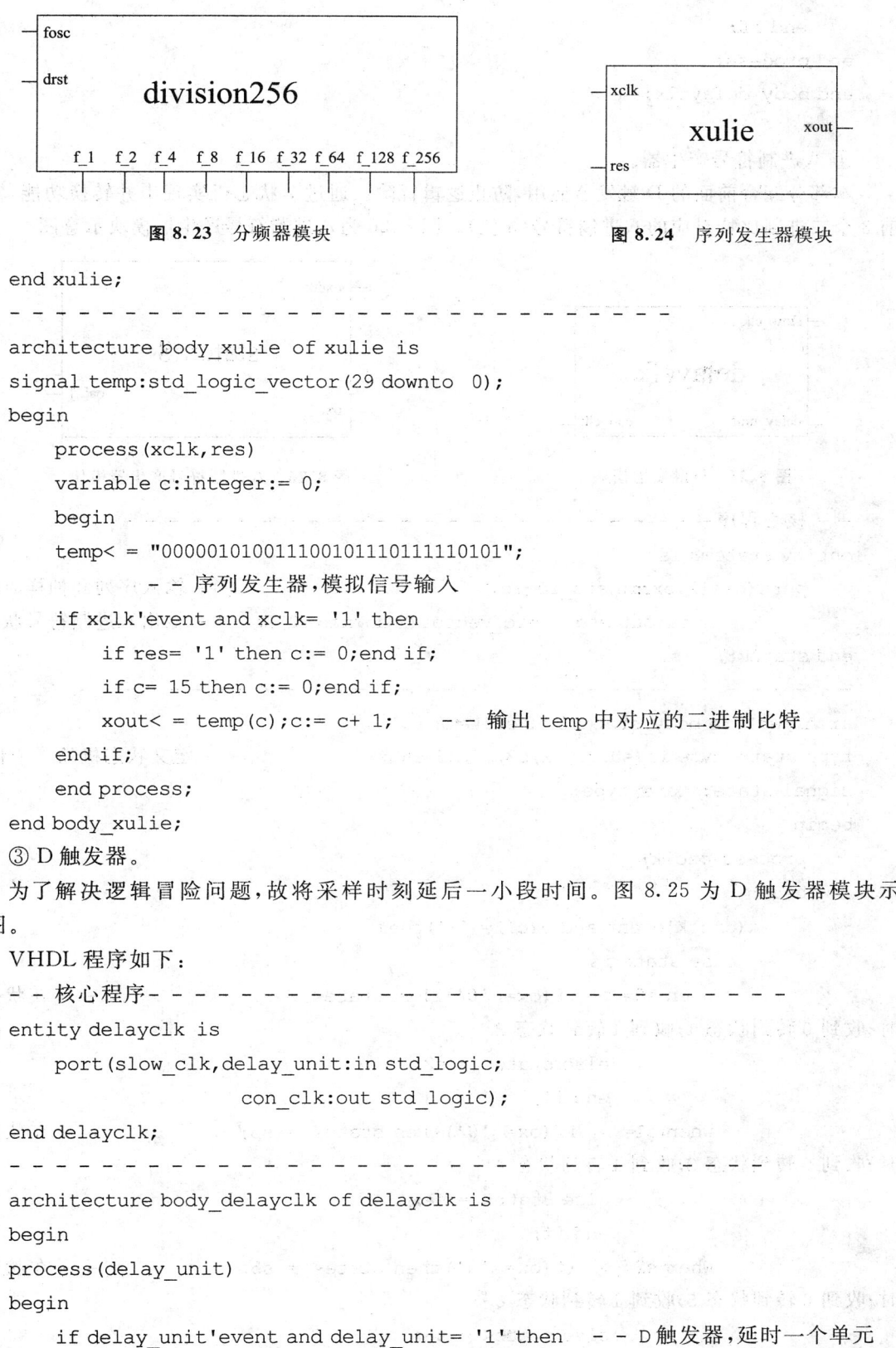

图 8.23 分频器模块　　　　　图 8.24 序列发生器模块

```
end xulie;
- - - - - - - - - - - - - - - - - - - - - - - - - - - - -
architecture body_xulie of xulie is
signal temp:std_logic_vector(29 downto 0);
begin
    process(xclk,res)
    variable c:integer:= 0;
    begin
    temp< = "000001010011100101110111110101";
            - - 序列发生器,模拟信号输入
    if xclk'event and xclk= '1' then
        if res= '1' then c:= 0;end if;
        if c= 15 then c:= 0;end if;
        xout< = temp(c);c:= c+ 1;    - - 输出 temp 中对应的二进制比特
    end if;
    end process;
end body_xulie;
```

③ D 触发器。

为了解决逻辑冒险问题,故将采样时刻延后一小段时间。图 8.25 为 D 触发器模块示意图。

VHDL 程序如下:

```
- - 核心程序- - - - - - - - - - - - - - - - - - - - - - - - - - -
entity delayclk is
    port(slow_clk,delay_unit:in std_logic;
                con_clk:out std_logic);
end delayclk;
- - - - - - - - - - - - - - - - - - - - - - - - - - - - -
architecture body_delayclk of delayclk is
begin
process(delay_unit)
begin
    if delay_unit'event and delay_unit= '1' then    - - D 触发器,延时一个单元
    con_clk< = slow_clk;
```

                end if;
            end process;
        end body_delayclk;

④ 八进制符号产生器。

本部分配合前面的 D 触发器使用,防止逻辑冒险。通过 7 状态机实现串并转换功能,输出前 3 个二进制比特对应的八进制符号(3 位)。图 8.26 为八进制符号产生器模块示意图。

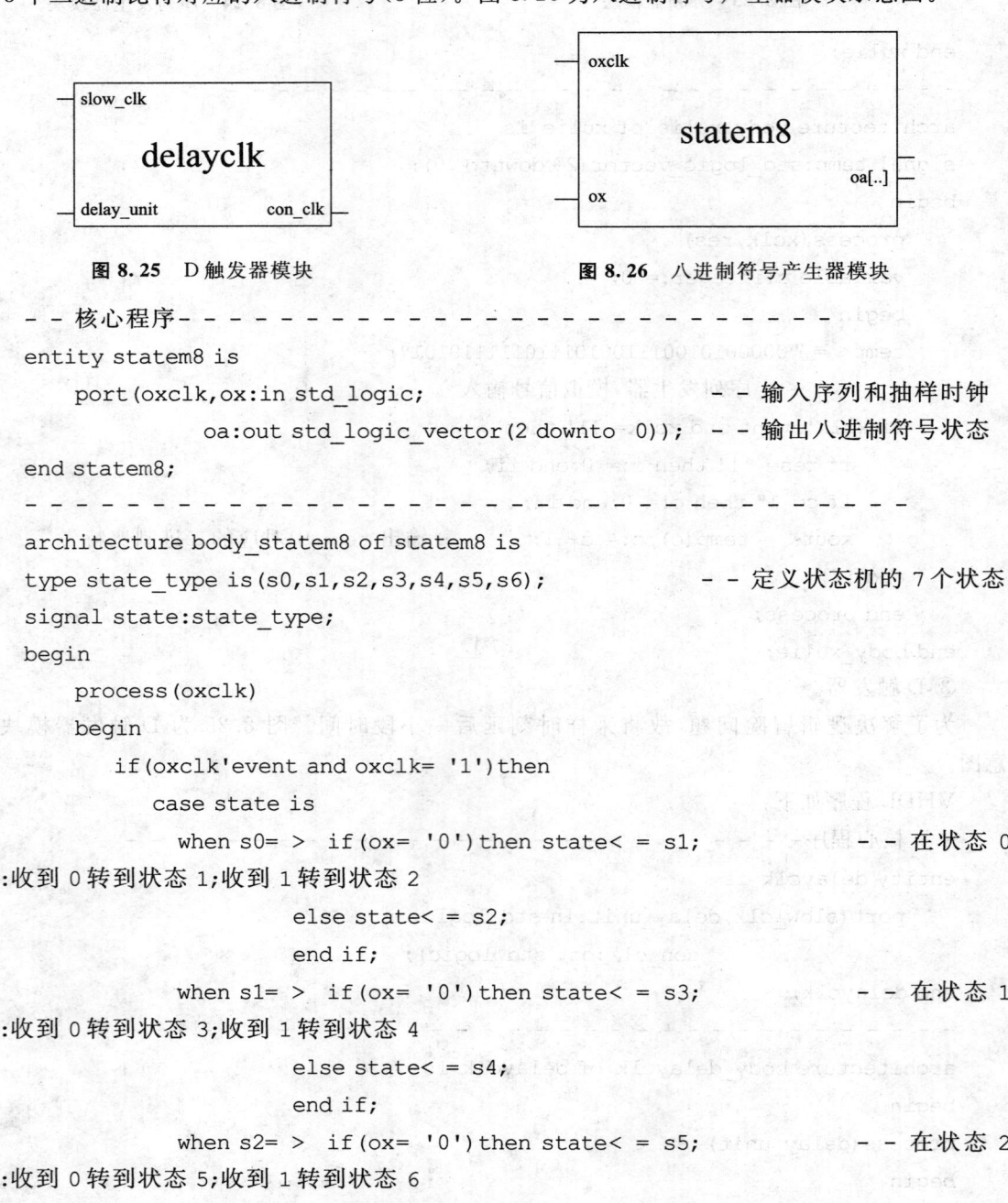

图 8.25 D 触发器模块　　　　　　　　图 8.26 八进制符号产生器模块

```
- - 核心程序- - - - - - - - - - - - - - - - - - - - - - - - - - - -
entity statem8 is
    port(oxclk,ox:in std_logic;                  - - 输入序列和抽样时钟
         oa:out std_logic_vector(2 downto 0));   - - 输出八进制符号状态
end statem8;
- - - - - - - - - - - - - - - - - - - - - - - - - - - - - - - - -
architecture body_statem8 of statem8 is
type state_type is(s0,s1,s2,s3,s4,s5,s6);        - - 定义状态机的 7 个状态
signal state:state_type;
begin
    process(oxclk)
    begin
        if(oxclk'event and oxclk= '1')then
            case state is
                when s0= >  if(ox= '0')then state< = s1;       - - 在状态 0
时:收到 0 转到状态 1;收到 1 转到状态 2
                            else state< = s2;
                            end if;
                when s1= >  if(ox= '0')then state< = s3;       - - 在状态 1
时:收到 0 转到状态 3;收到 1 转到状态 4
                            else state< = s4;
                            end if;
                when s2= >  if(ox= '0')then state< = s5;       - - 在状态 2
时:收到 0 转到状态 5;收到 1 转到状态 6
                            else state< = s6;
                            end if;
```

```
                    when s3= >  if(ox= '0')then state< = s0;oa< = "000";     - - 在状
态 3 时:收到 0 转到状态 0,输出"000";收到 1 转到状态 0,输出"001"
                             else state< = s0;oa< = "001";
                             end if;
                    when s4= >  if(ox= '0')then state< = s0;oa< = "010";     - - 在状
态 4 时:收到 0 转到状态 0,输出"010";收到 1 转到状态 0,输出"011"
                             else state< = s0;oa< = "011";
                             end if;
                    when s5= >  if(ox= '0')then state< = s0;oa< = "100";     - - 在状
态 5 时:收到 0 转到状态 0,输出"100";收到 1 转到状态 0,输出"101"
                             else state< = s0;oa< = "101";
                             end if;
                    when s6= >  if(ox= '0')then state< = s0;oa< = "110";     - - 在状
态 6 时:收到 0 转到状态 0,输出"110";收到 1 转到状态 0,输出"111"
                             else state< = s0;oa< = "111";
                             end if;
                    when others= >  state< = s0;
                end case;
            end if;
        end process;
end body_statem8;
```

⑤ FSK 调制器(频率选择器)。

通过八进制符号状态选择对应的频率输出。图 8.27 为 FSK 调制器模块示意图。

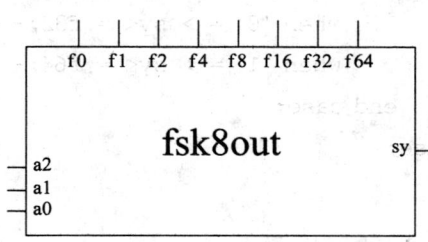

图 8.27　FSK 调制器模块

```
- - 核心程序- - - - - - - - - - - - - - - - - - - -
entity fsk8out is
    port(f0,f1,f2,f4,f8,f16,f32,f64,a0,a1,a2:in std_logic;
            sy:out std_logic);
end fsk8out;
- - - - - - - - - - - - - - - - - - - - - - - - - -
architecture body_fsk8out of fsk8out is
begin
    process(a0,a1,a2)
    begin
```

```
                case a2 is
                    when '0'= >
                        case a1 is
                            when '0' = >
                                case a0 is
                                    when '0' = > sy< = f0;- - "000"时输出频率 1
                                    when '1' = > sy< = f1;- - "001"时输出频率 2
                                end case;
                            when '1' = >
                                case a0 is
                                    when '0' = > sy< = f2;- - "010"时输出频率 3
                                    when '1' = > sy< = f4;- - "011"时输出频率 4
                                end case;
                        end case;
                    when '1' = >
                        case a1 is
                            when '0' = >
                                case a0 is
                                    when '0' = > sy< = f8;- - "100"时输出频率 5
                                    when '1' = > sy< = f16;- - "101"时输出频率 6
                                end case;
                            when '1' = >
                                case a0 is
                                    when '0' = > sy< = f32;- - "110"时输出频率 7
                                    when '1' = > sy< = f64;- - "111"时输出频率 8
                                end case;
                        end case;
                end case;
        end process;
end body_fsk8out;
```

4. 实验内容

① 参考有关 CPLD 设计资料,分别用图形法和 VHDL 语言实现 15 位 NRZ 码,要求完成编译、仿真和下载,用示波器观测波形。

② 分别用图形法和 VHDL 语言实现 CMI 编码和译码电路,完成仿真和下载。

③ 用图形法或文本输入法设计 HDB3 码的产生电路,完成仿真。

④ 设计 8FSK 即八进制移频键控编译码电路,完成仿真。

5. 实验报告

① 记录下载成功后输出信号的波形。

② 写出进行可编程逻辑器件使用的心得体会。

6. 提高要求

利用已经产生的 CPLD 编码和解码信号，搭建一个数字光通信传输系统。实现框图见图 8.28。

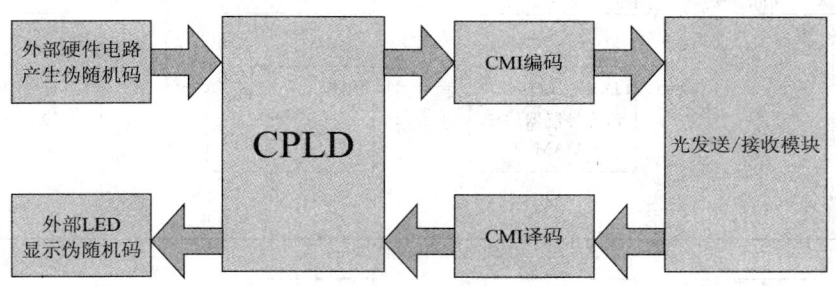

图 8.28 数字光传输系统

8.8 声音和图像的光纤传输系统

1. 实验目的

① 学习模拟视频信号光纤传输系统组成。
② 熟悉图像信号在光纤系统中的传输过程。
③ 了解光纤波分复用技术（WDM）的工作原理。

2. 实验仪器

光纤通信原理实验箱，1台；双踪模拟示波器，1台；万用表，1台；小摄像头（电视信号发生器），1个；小电视机（视频监视器），1台；光跳线、各种导线、视频信号线，若干。

3. 实验原理

（1）视频信号光纤传输

本实验主要采用模拟信号直接调制的方法进行视频信号的光纤传输。系统主要由小摄像头（电视信号发生器）、小型电视机（视频监视器）和模拟光纤通信系统组成。通过观察视频信号的光纤传输，测试光纤传输模拟信号的性能。该实验实质上也就是光纤传输模拟信号。实验框图如图 8.29 所示。

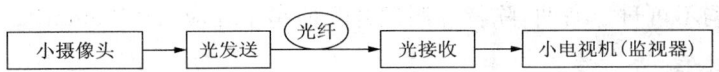

图 8.29 视频信号光纤传输系统

小摄像头产生视频信号（模拟信号），经过模拟调制送入光发端机，经光纤传输后，由光收端机监测到视频信号并输出到电视机接收端，观测视频信号光纤传输的效果及特点。在实验过程中，图像效果越好，说明光纤传输模拟信号的性能越好，性能越稳定。在进行光纤传输视频信号之前，先调节正弦波模拟传输，使 $V_{\mathrm{p-p}}=2\mathrm{V}$ 的正弦波正常传输。

（2）视频和声音波分复用的传输

光纤波分复用（WDM）是在光域进行的多信道复用方案，这种复用方案可用独立的电比特流，也可用在电域已复用的 TDM 或 FDM 复合比特流调制多个光载波，然后通过同一根光纤传输，实现多层复用。在接收端依次利用光域和电域解复用不同的信道，能够最大限度地利用光纤的带宽潜力。WDM 可复用信道数或可用的载波数主要决定于信道间隔，如图 8.30 所示。

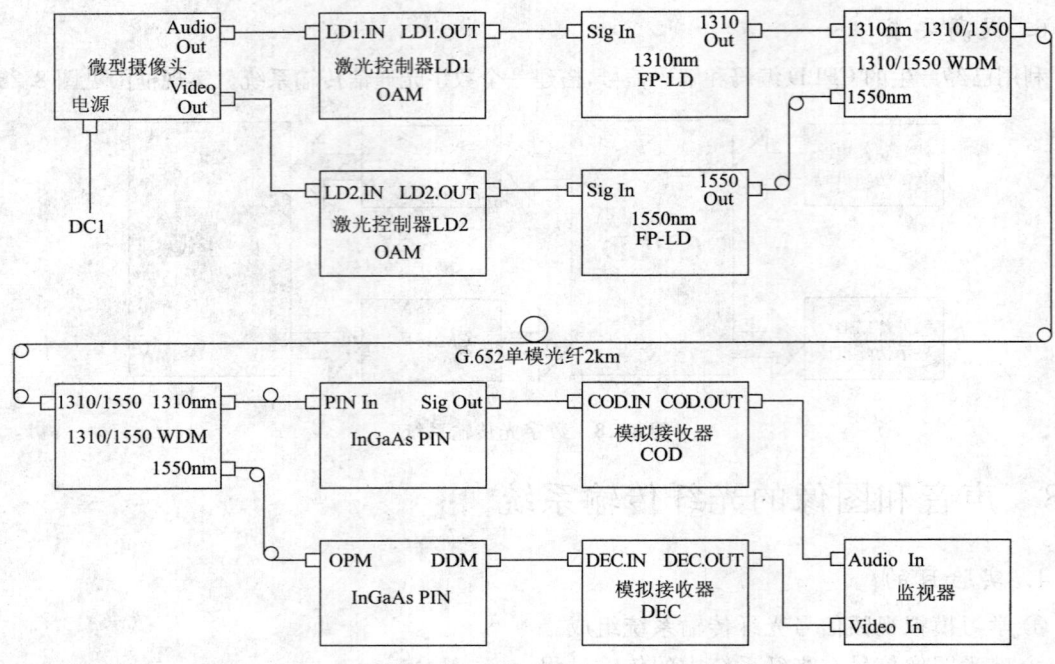

图 8.30 光纤通信及波分复用实验装置

4. 实验内容

① 模拟视频信号进行 LED 调制光纤传输。
② 模拟视频信号进行 LD 调制光纤传输。

5. 实验报告

观察视频信号经光纤传输后的效果，评估光纤传输视频信号的性能。

6. 注意事项

① 系统上电后禁止将光纤连接器对准人眼，以免灼伤。
② 光纤连接器陶瓷插芯表面光洁度要求极高，除用专用清洁布外，禁止用手触摸或接触硬物。空置的光纤连接器端子必须插上护套。
③ 所有光纤均不可过于弯曲，除特殊测试外其曲率半径应大于 30mm。

7. 思考题

如何用两套设备在一根单模光纤中进行双向可视电话传输？请画出系统光路。并给出硬件设计电路的原理图。

附录 1
专业词汇及缩略语

英文缩略语	英文全称	中文解释
ADM	Add and Drop Multiplexer	分插复用器
AGC	Automatic Gain Control	自动增益控制
ALC	Automatic Level Control	自动电平控制
AOWC	All Optical Wavelength Converter	全光波长转换器
APC	Automatic Power Control	自动功率控制
APD	Avalanche Photo Diode	雪崩光电二极管
ASE	Amplified Spontaneous Emission	放大的自发辐射
ASIC	Application Specific Integrated Circuit	专用集成电路
ATC	Automatic Temperature Control	自动温度控制
AWG	Arrayed Waveguide Grating	阵列波导光栅
BA	Booster Amplifier	功率放大器
BER	Bit Error Ratio	误码率
CCITT	International Consultive Committee Telegraph and Telephone	国际电报电话咨询委员会
CMI	Coded Mark Inversion	传号反转码
CPLD	Complex Programmable Logic Device	复杂的可编程逻辑器件
CRC	Cyclical Redundancy Check	循环冗余校验
CSES	Continuous Severely Errored Second	连续严重误码秒
CWDM	Coarse Wavelength Division Multiplex	稀疏波分复用
DBR	Distributed Bragg Reflector	分布布拉格反射
DCF	Dispersion Compensation Fiber	色散补偿光纤
DCM	Dispersion Compensation Module	色散补偿模块
DFB	Distributed Feedback	分布反馈
DSP	Digital Signal Processing	数字信号处理
DWDM	Dense Wavelength Division Multiplex	密集波分复用
EDFA	Erbium-Doped Fiber Amplifier	掺铒光纤放大器
ETDM	Electric Time-Division Multiplexing	电时分复用
ETSI	European Telecommunication Standards Institute	欧洲电信标准协会
FEC	Forward Error Correction	前向纠错
FIFO	First In First Out	先进先出
FWM	Four Wave Mixing	四波混频
GUI	Graphical User Interface	图形用户界面
HDLC	High-level Data Link Control	高级数据链路控制
IEEE	Institute of Electrical and Electronic Engineers	国际电力电子工程师协会
ITU-T	International Telecommunication Union-Telecommunication Sector	国际电信联盟-电信标准部

续表

英文缩略语	英文全称	中文解释
LA	Line Amplifier	线路放大器
LAN	Local Area Network	局域网
LD	Laser Diode	激光二极管
MEMS	Micro-electromechanical System	微机电系统
MPI-R	Main Path Interface at the Receiver	接收机主信道接口
MPI-T	Main Path Interface at the Transmitter	发送机主信道接口
NE	Network Element	网元
NF	Noise Figure	噪声指数
NOLM	Nonlinear Optical Loop Mirror	非线性光纤环镜
NRZ	Non Return to Zero	非归零码
OA	Optical Amplifier	光放大器
OADM	Optical Add and Drop Multiplexer	光分插复用设备
OBS	Optical Burst Switching	光突发交换
OCDMA	Optical Code-Division Multiple Access	光码分多址
ODF	Optical Distribution Frame	光纤配线架
ODN	Optical Distribution Network	光配线网络
OEIC	Optoelectronic Integrated Circuit	光电集成回路
OLS	Optical Label Switching	光标记交换
OPS	Optical Packet Switching	光分组交换
OSC	Optical Supervisory Channel	光监控通道
OSI	Open Systems Interconnection	开放系统互连
OSNR	Optical Signal/Noise Ratio	光信噪比
OTDM	Optical Time-Division Multiplexing	光时分复用
OTDR	Optical Time Domain Reflectormeter	光时域反射仪
OTM	Optical Terminal Multiplexer	光终端复用设备
OTU	Optical Transponder Unit	光发送单元
OXC	Optical Cross-connect	光交叉连接器
PA	Pre-amplifier	前置放大器
PDH	Plesiochronous Digital Hierarchy	准同步数字系列
PMD	Polarization Mode Dispersion	偏振模色散
PON	Passive Optical Network	无源光网络
PRBS	Pseudo Random Bit Sequence	伪随机序列
SCC	System Control & Communication	系统控制与通信
SCM	Subcarrier Multiplexing	副载波复用
SDH	Synchronous Digital Hierarchy	同步数字系列
SNCP	Subnetwork Connection Protection	子网连接保护
SOA	Semiconductor Optical Amplifier	半导体光放大器
STM	Synchronous Transport Module	同步传送模块
TCP/IP	Transport Control Protocol/Internet Protocol	传输控制协议/网间协议
TMN	Telecommunication Management Network	电信管理网
TTL	Transistor-Transistor Logic	晶体管-晶体管逻辑
WC	Wavelength Converter	波长转换器
WDM	Wavelength Division Multiplex	波分复用
XGM	Cross Gain Modulation	交叉增益调制
XPM	Cross Phase Modulation	交叉相位调制

附录 2

常用物理和数学符号

符号	意义	国际单位
$\bar{n}$	折射率	
$\bar{n}_{\text{eff}}$	有效折射率	
$\bar{n}_g$	群折射率	
C_d	扩散电容	F
C_{sc}	PN 结空间电荷电容	F
C_{sc0}	零偏压 PN 结空间电荷电容	F
E_f	Fermi 能级	J
E_{fc}	电子 Fermi 能级	J
E_{fv}	空穴 Fermi 能级	J
E_g	能带间隙	J
E_i	本征 Fermi 能级	J
E_v	价带顶能级	J
g_0	增益常数（微分增益）	m^{-1}
I_j	注入电流	A
n_e	平衡载流子密度	m^{-3}
N_A	受主杂质密度	m^{-3}
N_D	施主杂质密度	m^{-3}
N_c	导带有效状态密度	m^{-3}
N_v	价带有效状态密度	m^{-3}
R_L	激光器左端面反射率	
R_R	激光器右端面反射率	
V_j	结电压	V
int	激光器内部损耗	m^{-1}
p_h	光子寿命	s
c	真空光速	$m \cdot s^{-1}$
h	Planck 常数	$J \cdot s$
k	Boltzmann 常数	$J \cdot K^{-1}$
n_i	本征载流子密度	m^{-3}
q	电子电荷	C

参 考 文 献

[1] G. P. Agrawal. Nonlinear Fiber Optics. Second Edition. Boston：Academic，1995：29—55
[2] 王戈,李康,孔繁敏.单模光纤中椭圆双折射下偏振模色散特性研究.激光技术,2006,30(5):465—467
[3] 《中国集成电路大全》编写委员会.中国集成电路大全 ECL 集成电路.北京：国防工业出版社,1986：461—468
[4] 顾畹仪,李国瑞.光纤通信系统.北京邮电大学出版社,2006
[5] 张宝富,谭笑,蒋慧娟.光纤通信系统原理与实验教程.北京：电子工业出版社,2004
[6] 胡先志,张世海,陆玉喜.光纤通信系统工程应用.武汉理工大学出版社,2003
[7] 邱昆,王晟,邱琪.光纤通信系统.成都：电子科技大学出版社,2005
[8] 孙学军,张述军.DWDM 传输系统原理与测试.北京：人民邮电出版社,2000
[9] 金明晔,张智江,陆斌.DWDM 技术原理与应用.北京：电子工业出版社,2004
[10] 原荣.宽带光接入网.北京：电子工业出版社,2003
[11] 杨世平,张引发,邓大鹏.SDH 光同步数字传输设备与工程应用.北京：人民邮电出版社,2001
[12] 韦乐平,李英灏.SDH 及其新应用.北京：人民邮电出版社,2001
[13] 孙圣和,王廷云,徐颖.光纤测量与传感技术.哈尔滨工业大学出版社,2002
[14] 胡先志,刘泽恒.光纤光缆工程测试.北京：人民邮电出版社,2001
[15] 坎切列里,拉瓦约利.光纤和光器件的测量.于耀明,王洪生译.北京：宇航出版社,1990
[16] 饶云江,王义平,朱涛.光纤光栅原理及应用.北京：科学出版社,2006
[17] Joseph C. Palais.光纤通信.王江平等译.北京：电子工业出版社,2006
[18] N. Grote, H. Venghaus.光纤通信器件.王景山等译.北京：国防工业出版社,2003
[19] 黄章勇.光纤通信用光电子器件和组件.北京邮电学院出版社,2001
[20] 中国标准出版第四编辑室.通信光纤光缆标准汇编.北京：中国标准出版社,1997
[21] 中华人民共和国通信行业标准 YD/T 1065-2000,单模光纤偏振模色散的试验方法.2000
[22] 中华人民共和国通信行业标准 YD/T 1182-2002,2.5 Gb/s DWDM 用特定波长光发射模块技术条件.2002
[23] 中华人民共和国通信行业标准 GB/T15972.10-2008,光纤试验方法规范,第 10 部分:测量方法和试验标准.2008
[24] 中华人民共和国通信行业标准 YD/T 1154-2001,单波道用掺铒光纤放大器性能要求和试验方法.2001
[25] 中华人民共和国通信行业标准 YD/T 824-1996,成缆光纤截止波长的试验方法.1996
[26] 中华人民共和国通信行业标准 YD/T 816-2003,大芯径大数值孔径多模光纤.2003
[27] 中华人民共和国通信行业标准 YD/T 826-1996,FC-PC 型单模光纤光缆活动连接器技术条件.1996
[28] 中华人民共和国通信行业标准 YD/T 893-1997,光纤耦合器技术条件.1997
[29] 中华人民共和国通信行业标准 YD/T 1339-2005,城市光传送网波分复用(WDM)环网测试方法.2005
[30] 中华人民共和国通信行业标准 YD/T1418-2005,接入网技术要求——综合接入系统.2005
[31] 中华人民共和国通信行业标准 GB/T 16850.7-2001,光纤放大器试验方法基本规范.2001
[32] 中华人民共和国通信行业标准 GB/T 15972.5-1998,光纤总规范,第 5 部分：环境性能试验方法.1998
[33] 中华人民共和国通信行业标准 GB/T 15972.4-1998,光纤总规范,第 4 部分：传输特性和光学特性试验方法.1998
[34] 中华人民共和国通信行业标准 GB/T 15972.3-1998,光纤总规范,第 3 部分：机械性能试验方法.1998
[35] 中华人民共和国通信行业标准 GB/T 15972.2-1998,光纤总规范,第 2 部分：尺寸参数试验方法.1998
[36] 中华人民共和国通信行业标准 GB/T 15972.1-1998,光纤总规范,第 1 部分：总则.1998

[37] 中华人民共和国通信行业标准 GB/T 15941-1995,同步数字体系(SDH)光缆线路系统进网要求.1995
[38] 中华人民共和国通信行业标准 GB/T 15940-1995,同步数字体系信号的基本复用结构.1995
[39] 中华人民共和国通信行业标准 GB/T 14138-1993,纤维光学调制器,第二部分:分规范波导电光调制器.1993
[40] Yoo S. J. B. Wavelength conversion technologies for WDM network applications. IEEE J. Lightwave Technol. 1996,14(6):955—966
[41] C. Joergensen, S. Danielsen, K. Stubkjaer, et al. All-optical wavelength conversion at bit rates above 10Gb/s using semiconductor optical amplifier. IEEE J. Select Topics in Quantum Electron,1997,3(5):1168—1179
[42] T. Durhuus, C. Joergensen, B. Mikkelsen, et al. All optical wavelength conversion by SOA's in Mach-Zehnder configuration. IEEE Photon Technol Lett, 1994, 6(1): 53—55
[43] J. M. Yates, J. P. R. Lacey, M. P. Rumsewicz, et al. Performance of networks using wavelength converters based on four-wave mixing in semiconductor optical amplifiers. IEEE J. Lightwave Technol,1999,17(5):782—791
[44] Wang Ding, Golovchenko E A, Pilipetskii A N, et al. Nonlinear optical loop mirror based on standard communication fiber. IEEE J. Lightwave Technol,1997,15(4):642—646
[45] T. Durhuus, R. J. S. Pederesen, B. Mikkelsen, et al. Optical wavelength conversion over 18nm at 2.5Gb/s by DBR-Laser J. IEEE Photonics Technology Letters, 1993,5(1):86—88
[46] 陈高庭,瞿荣辉,赵浩.光纤光栅外腔分布布拉格反射激光器中的波长转换.光学学报,1998,18(3):257—261
[47] 赵同刚,任建华,李蔚.半导体激光器实现波长转换的理论模拟分析.光学学报,2003,23(9):1071—1075
[48] 赵同刚,任建华,赵荣华.自动交换光网络中全光波长转换器的应用和实现.半导体光电,2002,23(5):324—327
[49] 伍翔,王一超,冯重熙.一种光输出功率控制电路.光通信研究,2000,(1):37—41
[50] T. P. Lee. Recent advances in long-wavelength semiconductor lasers for optical fiber communication. Proceedings of the IEEE,1991,79 (3):253—276
[51] Bruce R. Clarke. The effect of reflections on the system performance of intensity modulated laser Diodes. IEEE Journal of Lightwave Technology, 1991,9(6):741—749
[52] 王启明.半导体激光器的进展(I).物理,1996,25(2):67—75
[53] K. Vahala, L. C. Chiu, S. Margalit, et al. On the linewidth enhancement factor α in semiconductor injection lasers. Applied Optics,1983,42:661—663
[54] K. Vahala, A. Yariv. Semiclassical theory of noise in semiconductor lasers-part 1. IEEE Journal of Quantum Eletronics,1983,QE-19(1):1096—1101
[55] Marpek Osinki, Jens Buus. Linewidth broadening factor in semiconductor lasers—an overview. IEEE Journal of Quantum Electronics,1987,QE-23(1):9—29
[56] Charles H. Henry. Theory of the linewidth of semiconductor lasers. IEEE Journal of Quantum electronics,1982,QE-18(2):259—264
[57] J. Hong, W. P. Huang, T. Makino. Static and dynamic simulation for ridge-waveguide MQW DFB lasers. IEEE Journal of quantum electronics,1995,31(1):49—59
[58] G. P. Agrawal. Nonlinear Fiber Optics. Boston:Academic,1995
[59] 黄志坚,孙军强,黄德修.快速与慢速饱和吸收体被动锁模掺铒光纤激光器的理论分析.物理学报,1998,47:9—18
[60] Huang Z J, Sun J Q, Huang D X. Theoretical analysis of fast and slow saturable absorber mode locking erbium-doped fiber laser. Acta Physica Sinica,1998,47:9—18
[61] G. P. Agrawal. Fiber-Optic Communication Systems. New York:Wiley,1997
[62] D. Marcuse. Pulse distortion in single-mode fibers. 3:chirped pulses. Applied Optics,1981,20(20):3573—3579
[63] 秦玉文等.均匀光纤光栅 Chirp 化及其用于色散补偿实验研究.中国激光,1999,26(10):935—939
[64] 郭长志.半导体激光器模式理论.北京:人民邮电出版社,1989
[65] 陈维友.光电子器件模型与 OEIC 模拟.北京:国防工业出版社,2001

科 学 出 版 社
科龙图书读者意见反馈表

书　　名 _____

个人资料

姓　　名： _____　**年　　龄：** _____　**联系电话：** _____

专　　业： _____　**学　　历：** _____　**所从事行业：** _____

通信地址： _____　**邮　　编：** _____

E-mail： _____

宝贵意见

◆ 您能接受的此类图书的定价

　　20元以内□　　30元以内□　　50元以内□　　100元以内□　　均可接受□

◆ 您购本书的主要原因有（可多选）

　　学习参考□　　教材□　　业务需要□　　其他_____

◆ 您认为本书需要改进的地方（或者您未来的需要）

_____

_____

◆ 您读过的好书（或者对您有帮助的图书）

_____

_____

◆ 您希望看到哪些方面的新图书

_____

_____

◆ 您对我社的其他建议

_____

_____

_____

> 谢谢您关注本书！您的建议和意见将成为我们进一步提高工作的重要参考。我社承诺对读者信息予以保密，仅用于图书质量改进和向读者快递新书信息工作。对于已经购买我社图书并回执本"科龙图书读者意见反馈表"的读者，我们将为您建立服务档案，并定期给您发送我社的出版资讯或目录；同时将定期抽取幸运读者，赠送我社出版的新书。如果您发现本书的内容有个别错误或纰漏，烦请另附勘误表。

回执地址： 北京市朝阳区华严北里11号楼3层

　　　　　　科学出版社东方科龙图文有限公司电工电子编辑部（收）

　　　　　　邮编：100029